林业有害生物监测预报 2021

LINYE YOUHAI SHENGWU
JIANCE YUBAO 2021

国家林业和草原局生物灾害防控中心　编著

中国林業出版社
China Forestry Publishing House

图书在版编目(CIP)数据

林业有害生物监测预报. 2021 / 国家林业和草原局生物灾害防控中心编著. —北京：中国林业出版社，2022.4

ISBN 978-7-5219-1626-3

Ⅰ. ①林… Ⅱ. ①国… Ⅲ. ①森林植物-病虫害防治-监测预报-中国-2021 Ⅳ. ①S763.1

中国版本图书馆 CIP 数据核字(2022)第 058513 号

出版发行 中国林业出版社(100009 北京西城区刘海胡同 7 号)
印刷 河北京平诚乾印刷有限公司
版次 2022 年 5 月第 1 版
印次 2022 年 5 月第 1 次
开本 889mm×1194mm 1/16
印张 16
字数 462 千字
定价 158.00 元

《林业有害生物监测预报·2021》
编著委员会

主　　编　周艳涛　王　越

编　　委（以姓氏笔画为序）

丁治国　于治军　王　君　王　越　王玉玲　王金利　王晓俪
王晓婷　韦曼丽　牛攀新　方松山　方国飞　方健惠　尹彩云
邓　艳　石全秀　石建宁　布日芳　占　明　叶利芹　叶勤文
冯　琛　皮忠庆　成　聪　朱雨行　刘　枫　刘　玲　刘　俊
刘子雄　刘长青　刘东力　刘杰恩　刘春燕　次旦普尺　许铁军
孙　红　孙　倩　孙晓艳　李　洪　李　硕　李加正　李红征
李建康　李亭潞　李晓冬　杨　萍　吾买尔·帕塔尔　轩娅萍
吴凤霞　吴丽君　吴宗仁　宋　东　宋　敏　宋淑霞　张　钰
张　娟　张军生　张岳峰　张秋梅　张素芬　张海武　张家胜
陈　伟　陈　凯　陈　亮　陈小平　陈怡帆　陈录平　陈晓洋
金　沙　周艳涛　郑　谊　郑凌杰　单艳敏　封晓玉　侯佩华
施凤生　姜珊珊　秦江林　柴晓东　钱晓龙　徐震霆　高丽敏
高晋华　郭　蕾　郭丽洁　郭春苗　唐　杰　桑旦次仁　黄向东
曹川健　董　宁　董振辉　韩阳阳　曾　艳　谢　菲　褚　彪
赫传杰　裴明阳　管铁军　潘彦平　戴　阳　戴　丽　魏红艳

主　　任　方国飞

副 主 任　董振辉　王金利

咨询专家　赵良平　叶建仁　孙江华　张星耀　郭安红

目　　录 MULU

01 全国主要林业有害生物 2021 年发生情况和 2022 年趋势预测

国家林业和草原局生物灾害防控中心；林草有害生物监测预警国家林业和草原局重点实验室

【摘要】2021 年全国主要林业有害生物呈高发频发态势，偏重发生，局地成灾。全年发生面积 1.883 亿亩，同比下降 1.81%，但中重度发生面积上升 2.89%。一是外来重大林业有害生物持续扩散，危害严重。松材线虫病疫情发生面积 2574.75 万亩，病死树数量 1407.92 万株，新增 2 个省级、24 个县级、190 个乡镇、14190 个松林小班疫情，在老疫区持续扩散，新疫情北扩西进态势明显，危害形势依然严峻；疫情防控成效初显，发生面积和病死树数量均呈下降趋势，扩散总体势头有所减缓，多个疫情发生县和乡镇实现无疫情。美国白蛾发生面积 1097.08 万亩，整体轻度发生，但第 3 代在华北、黄淮下游地区局地偏重发生并造成扰民情况；疫情持续向南扩散，全年新增 2 个县级发生区(江苏)，在长江下游沿江地区仍呈扩散形势。薇甘菊、加拿大一枝黄花等外来入侵植物在华南、华中地区呈现快速扩散态势。二是松树钻蛀类害虫危害严重，多地成灾，累计发生面积 2417.75 万亩，同比上升 13.24%。松褐天牛在华中、华南地区多地危害严重，中重度发生面积占比 14.14%，成灾 2.45 万亩；红脂大小蠹在华北北部冀蒙辽交界处局地危害较重，华山松大小蠹在陕川渝甘的秦巴山区和小陇山区成灾 2.18 万亩，切梢小蠹在云南南部和四川西部偏重成灾；松梢螟类累计发生面积 505.21 万亩，同比上升 34.33%，中重度发生面积占比达 54.33%，成灾面积 8.81 万亩，在东北小兴安岭和长白山区造成严重危害，但吉林省总体球果被害率有明显减轻。三是一些本土林业有害生物整体得到有效控制，但在局部常发区仍危害偏重。林业鼠(兔)害、松毛虫、杨树害虫、林木病害、经济林病虫害等病虫害整体中度以下发生面积占比 95.01%，重度面积同比下降 26.64%。但林业鼠(兔)害在内蒙古西部和内蒙古森工北部、新疆准噶尔盆地南部、宁夏中部、甘肃东北部，杨树蛀干害虫在内蒙古西部和陕西中部，落叶松毛虫在大兴安岭北部，松树病害在大兴安岭林区各地，杨树食叶害虫和病害在华北平原中部、新疆塔里木盆地周边等局部地区重度危害。

预计 2022 年全国主要林业有害生物仍将延续近年来偏重发生、局部暴发的特点，全年发生 1.90 亿亩。松材线虫病疫情片状散发、北扩西进态势明显，“控增量、消存量”压力较大。疫情在老疫区将持续扩散，新发乡镇疫点和县级疫情的可能性极高；北扩西进态势明显，吉林、黑龙江、甘肃、云南、山西等地存在出现新疫情可能；重点生态区位防控压力较大。县级疫情数量仍将呈上升趋势，疫情发生面积和病死树数量同比可能有所下降，但疫情松林小班和病死树存量仍然较大。美国白蛾整体将轻度发生，但第 1 代危害程度可能比往年同期严重；第 3 代在华北、黄淮下游及江淮下游 1~3 年新发区域可能偏重发生，北京、山东中西部、江苏北部和长江下游新发区等地局部区域存在暴发风险。疫情持续扩散但势头趋缓，老疫区连片扩散已趋于稳定，江淮下游地区可能由点向面持续扩散，向南扩散态势明显。薇甘菊、加拿大一枝黄花等外来入侵植物在华南沿海和华中内陆地区多地持续扩散蔓延。松树钻蛀类危害将整体严重，东北、西北、西南多地成灾风险较高。松褐天牛在华南、西南大部分地区危害可能进一步加重；小蠹类在东北、西南地区整体危害仍将偏重发生；松梢螟类在东北和西北地区危害有加重趋势。林业鼠(兔)害、松毛虫、杨树害虫、林木病害、经济林病虫等本土常发性有害生物在全国大部分发生区整体轻度发生，局部地区可能偏重。

根据当前我国林业生物灾害发生特点和形势，建议：强化监测预报网络体系建设，提升基层监测能力；推进松材线虫病疫情防控精细化管理；做好新发突发重大林业有害生物预防和治理；加强协同创新，强化重大技术研发和成果应用。

一、2021年全国主要林业有害生物发生情况

2021年全国主要林业有害生物呈高发频发态势，偏重发生，局地成灾。据统计，全年共发生18830.51万亩、同比下降1.81%，但中重度面积上升2.89%。其中，虫害发生11649.77万亩、同比下降1.77%；病害发生4271.04万亩、同比下降3.53%；林业鼠(兔)害发生2619.98万亩、同比持平；有害植物发生289.72万亩、同比上升3.41%(图1-1、图1-2)。主要呈现以下特征：松材线虫病、美国白蛾等重大外来林业有害生物持续扩散；松树钻蛀类害虫危害严重，多地成灾；一些本土林业有害生物整体得到有效控制，但在局部常发区仍危害偏重。

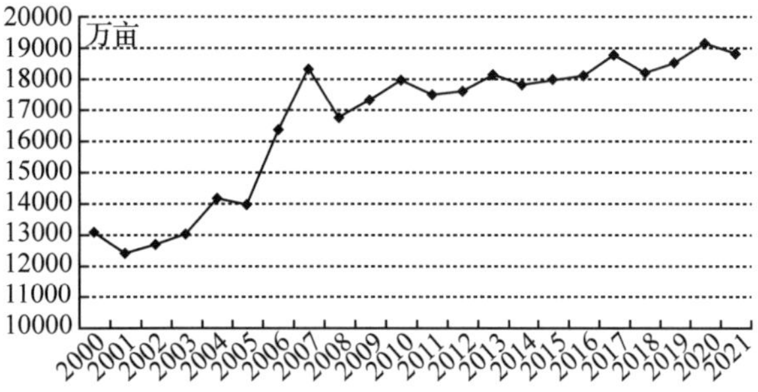

图1-1　2000—2021年全国主要林业有害生物发生面积

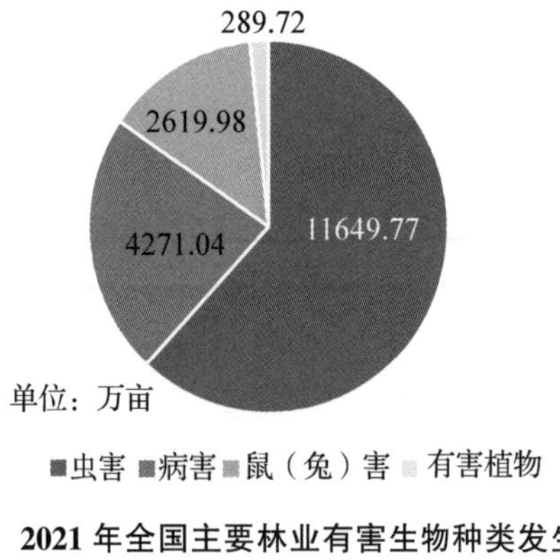

图1-2　2021年全国主要林业有害生物种类发生面积

(一)松材线虫病

疫情防控成效初显，发生面积和病死树数量出现双下降，但发生形势依然严峻，在老疫区持续扩散，新疫情北扩西进态势明显。

1. 松材线虫病疫情危害形势依然严峻

一是疫情分布范围扩大。全国共计19个省(自治区、直辖市)、742个县(区、市)、5530个乡镇、34.05万个松林小班发生松材线虫病疫情。县级疫情数量占全国县级行政区的比例达26.07%，重庆(94.74%)、江西(83.00%)、湖北(79.61%)、浙江(78.65%)、广东(63.64%)、福建(63.53%)、湖南(61.48%)县级疫情占该省份县级行政区比例均超过50%；乡镇疫情数量占全国乡镇行政区的14.27%，其中，浙江乡镇疫情占该省乡镇行政区比例超过2/3，江西(47.13%)、重庆(44.13%)、广东(38.42%)、福建(37.85%)和湖北(35.25%)等地乡镇疫情占各省份乡镇行政区比例均超过1/3；疫情松林小班占全国松林小班的1.98%，其中，浙江疫情松林小班占该省松林小班的20.06%，山东(13.15%)和广东(11.75%)疫情松林小班占各省份松林小班比例超过1/10。

二是疫情在老疫区持续扩散，北扩西进态势明显。全年新发2个省级(吉林、甘肃)、24个县级、190个乡镇、14190个松林小班疫情。老疫区疫情仍呈现持续扩散趋势，新发67%的县级、74%的乡镇、97%的松林小班疫情集中在广西、浙江、福建、广东、四川、湖南6省区。疫情北扩西进趋势明显。在北方防线，新增吉林1个省级发生区和3个县级发生区；在防控西线，新增甘肃1个省级发生区和1个县级发生区；在西南方向，四川、贵州和云南等地累计新增5个县级、10个乡镇和51个松林小班疫情。

三是疫情危害依然严重。全国松材线虫病疫情发生面积2574.75万亩、同比减少139.07万亩，病死(含枯死、濒死)松树1407.92万株、同比减少539.12万株(图1-3)。浙江、广东、江西、重庆、湖北、安徽、福建、山东、湖南等地发生面积超过100万亩，浙江、江西、山东等地致死松树超过100万株。全国有76个县疫情面

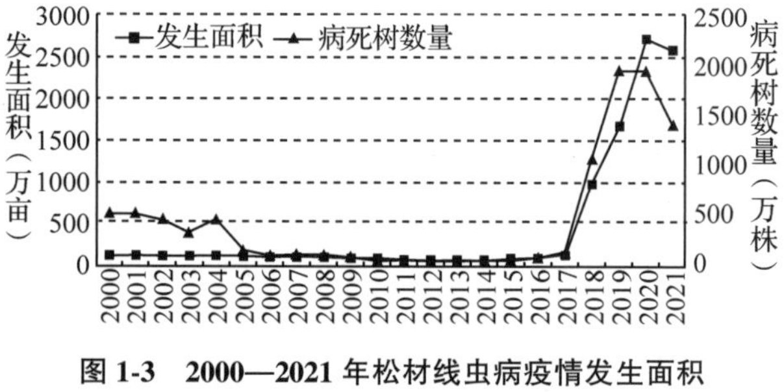

图1-3　2000—2021年松材线虫病疫情发生面积和病死树数量变化图

积在10万亩以上，有7个县在30万亩以上，其中浙江缙云县疫情面积达62.33万亩。有27个县病死树数量在10万株以上，有11个在20万株以上，其中浙江仙居县病死树数量达55.51万株。

四是重点区域形势严峻。陕西秦岭累计已有22个县、110个乡镇、3493个松林小班发生疫情，其中，新发5个乡镇、10个松林小班疫情，区域内半数以上县区已发生疫情。辽宁抚顺疫情发生面积4.28万亩、同比增加0.14万亩，病死树数量20.85万株、同比增加4.21万株，其中病死树数量占辽宁全省的92%。贵州梵净山景区周边疫情扩散迅猛，新增7个乡镇、26个松林小班疫情。湖南张家界景区周边疫情病死树同比增加6461株，同比增加近10倍。山东威海疫情面积81.09万亩，同比减少5.70万亩，但发生面积仍占山东全省疫情面积的70%以上。此外，安徽黄山风景区病死树数量同比减少10株，新增1个乡镇疫点；江西庐山风景区周边3个疫区病死树19.23万株、同比减少0.81万株，且有3个乡镇和3个松林小班实现无疫情；山东泰山连续2年实现无疫情，泰安市岱岳区病死树数量同比减少32株。

2. 松材线虫病疫情防控成效初步显现

一是疫情面积和病死树数量呈下降趋势。疫情发生面积和病死松树数量同比分别下降5.12%和27.69%，扭转近年来持续攀升态势。特别是浙江、重庆、江西、山东、湖北等疫情发生较重的省份，疫情面积和病死树数量减量较大。其中，浙江、重庆和江西疫情面积减量均超过30万亩，山东、浙江和湖北病死树数量减量均超过100万株。

二是疫情扩散总体势头有所减缓。全年新增县级疫情较去年同期下降60%，较近10年平均数下降61.60%。全年新增乡镇疫情较去年同期下降83.91%，较近5年平均数下降80.56%。

三是多地实现无疫情。全国共有47个县级、347个乡镇、31523个小班实现无疫情，累计面积205.03万亩。其中，有15个县级、83个乡镇疫情实现2年以上无疫情，同比分别增长87.50%和33.87%。浙江实现无疫情小班18762个、面积118.85万亩，重庆实现无疫情小班7017个、面积32.35万亩。

四是初步实现精细化管理。全国各地统一应用林草生态网络感知系统松材线虫病疫情防控监管平台开展疫情监测普查，将疫情精准到松林小班，初步实现从松树异常监测发现、疫情检测排查、疫木除治的全过程网格化精细化管理。截至2022年1月24日，全国共计有4.68万基层调查员应用监测APP开展松材线虫病疫情监测调查工作。平台共录入松材线虫病疫情松林小班26.83万个，占全量疫情松林小班的78.80%。其中，吉林、江苏、山东、河南、云南、甘肃、贵州录入率100%，福建、陕西、重庆、安徽、江西、湖南和湖北等7省（直辖市）录入率超过90%。

（二）美国白蛾

疫情持续向南扩散，整体轻度发生，但第3代在华北、黄淮下游地区局地偏重发生并造成扰民情况。全年累计发生面积1097.08万亩、同比下降2.02%，中度以下发生面积占比达99.12%（图1-4）。全国共计13个省（自治区、直辖市）、609个县级行政区发生美国白蛾疫情，与2020年相比，新增2个县级发生区。

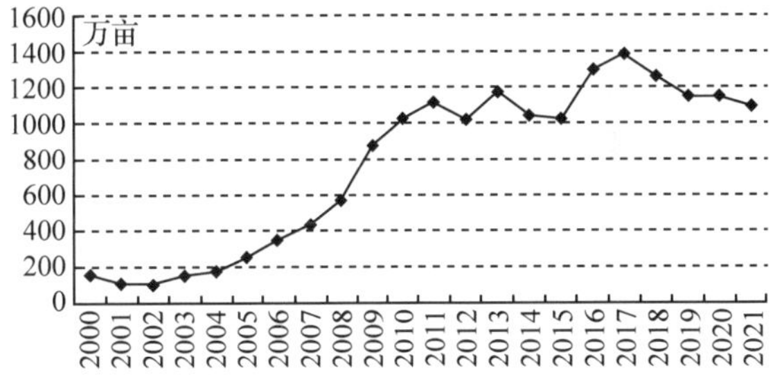

图1-4　2000—2021年美国白蛾发生面积

1. 美国白蛾持续向南扩散，老疫区未发现扩散

在长江中下游的新发疫情区仍有扩散，江苏省镇江市高新区、南京市玄武区新发疫情。自2020年监测到成虫以来，与上海市毗邻的浙江省嘉善县、平湖市又陆续发现零星幼虫，定殖风险加剧。此外，江苏、上海、安徽、浙江、湖北等省份19个非疫区县监测到美国白蛾成虫，疫情在长江下游沿江地区仍呈扩散形势。湖北、河北、辽宁、陕西等地的11个县级疫区2021年实现无疫情。

2. 第3代美国白蛾在华北、黄淮下游地区局部危害严重

美国白蛾总体呈现发生期不整齐，世代重叠严重，第1代、第2代整体危害较轻，第3代危害偏多偏重、多点暴发。进入9月，第3代美国白蛾在华北、黄淮下游多个省市危害程度加重；江苏西北部、山东西部、河北中部及北京、天津、上海等地局部地区危害严重。一些地区小范围片林或路网林带出现叶片吃花吃光现象，但未发生大面积成灾。在北京、天津、山东等地出现大量幼虫聚集和攀附居民楼等情况，引发扰民事件。

（三）有害植物

薇甘菊、加拿大一枝黄花等外来入侵植物在华南、华中地区呈现快速扩散态势；本土有害植物总体发生平稳，在主要分布区局地偏重危害。全年累计发生面积289.72万亩，同比上升3.41%（图1-5）。

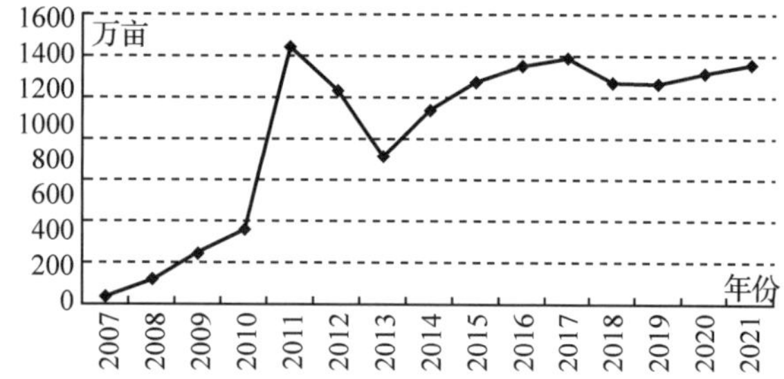

图1-5 2007—2021年有害植物发生面积

1. 外来入侵植物在华南、华中地区呈现快速扩散态势

薇甘菊累计发生面积127.53万亩、同比上升2.67%，在广东东部和西部、广西东南部、海南北部等华南沿海地区局部危害偏重，广西东南部、海南北部仍呈快速扩散态势。加拿大一枝黄花从东部沿海向内陆地区扩散趋势明显，江苏、湖北、湖南、四川多地出现新扩散，局部地区危害较重。紫茎泽兰累计发生面积16.58万亩，贵州西南部、云南南部局地危害偏重。

2. 本土有害植物总体发生平稳，主要分布区局地危害偏重

葛藤累计发生面积106.85万亩，在湖北十堰、黄冈等常发区危害偏重。金钟藤发生面积16.95万亩，在海南中部危害天然次生林。矮槲寄生在青海东南部和西藏东北部，菟丝子在山西南部、四川东部和西部的局部地区危害偏重。

（四）林业鼠（兔）害

整体轻度危害，在东北和西北局部地区的荒漠林地和新植林地造成偏重危害。全年累计发生面积2619.98万亩，同比基本持平（图1-6）。

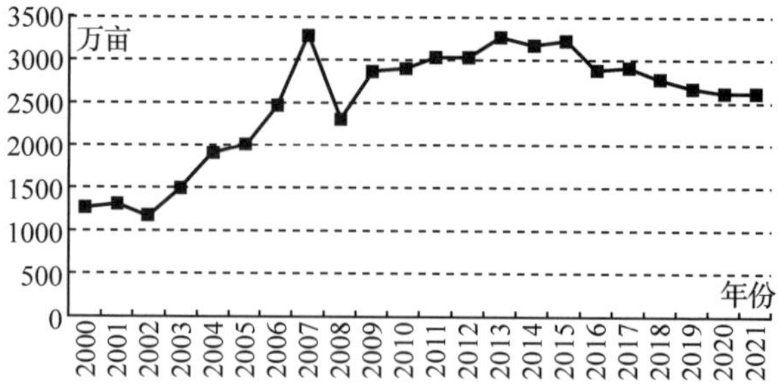

图1-6 2000—2021年林业鼠（兔）害发生面积

1. 鼢鼠类在宁夏南部、甘肃东部、青海东北部、陕西北部等局部地区危害偏重

全年累计发生面积408.80万亩、同比下降4.88%。中华鼢鼠主要在陕西中部、甘肃东部子午岭林区和宁夏南部六盘山区的中幼林地和未成林地偏重危害，累计成灾面积3.14万亩，甘肃子午岭林区人工油松林平均被害株率7.2%，幼树平均被害死亡率达12.3%。高原鼢鼠在青海东部农业区和农牧交错带对新造林地、退耕还林地的未成林和疏林危害较重。甘肃鼢鼠在陕西延安，宁夏固原、中卫等地危害偏重。草原鼢鼠在河北北部轻度发生，在内蒙古锡林郭勒盟宝格达山林区偏重发生。东北鼢鼠在内蒙古东部整体轻度发生为主。

2. 䶄鼠类在东北地区整体中度以下发生，但在大兴安岭北部和河北北部局地偏重危害

累计发生541.60万亩、同比上升8.02%，整体轻度危害。但棕背䶄在内蒙古森工的库都尔、阿尔山、满归等林业局和河北北部的承德、张家口等局部地区的人工造林地块危害偏重，库都尔林业局林木平均被害率达18%，平均鼠口密度达16只/亩，累计成灾面积达2.15万亩。红背䶄在黑龙江中北部和吉林东部呈中度以下发生。

3. 沙鼠类在西北荒漠植被区整体轻度发生，内蒙古西部、新疆北疆等局地有偏重危害

累计发生1005.39万亩、同比上升5.75%，中度以下发生面积占比达97.57%。其中，大沙鼠发生面积952.03万亩，仅在内蒙古阿拉善盟、新疆昌吉州、甘肃敦煌保护区等局地危害偏重。子午沙鼠在宁夏吴忠局地造成偏重危害。

此外，草兔发生 171.59 万亩，在宁夏石嘴山、内蒙古鄂尔多斯等地危害较重，陕西延安、宝鸡局地成灾。根田鼠发生 57.20 万亩，在新疆环塔里木盆地区域轻度发生，喀什、阿勒泰局部绿洲防护林中度发生。赤腹松鼠发生 48.23 万亩，在川西、滇东北地区对柳杉中龄林和近成熟林危害较重。达乌尔黄鼠主要分布在内蒙古中东部的通辽、锡林郭勒和乌兰察布等地，发生面积同比上升 26.51%，中度以上危害面积占比达 56.18%。高原鼠兔在青海南部、西藏中部的中高海拔地区有中度以上危害，青海门源捕获率达 13.64%。

(五)松树钻蛀类害虫

松树钻蛀类害虫危害严重，多地成灾。全国累计发生面积 2417.75 万亩，同比上升 13.24%(图 1-7)。

1. 松褐天牛在长江以南多地危害严重

全年累计发生面积 1430.03 万亩、同比上升 11.96%，江西、福建、安徽、山东、广西、云南等省份发生面积增幅超过 25%。中重度发生面积占比 14.14%，成灾 2.45 万亩，致死松树 35.16 万株。一些省份局部区域已呈现连片发展态势；尤其在江西南部、安徽南部、重庆西南部和东北部、陕西南部、广东北部、福建北部、贵州北部、山东胶东半岛等多地危害严重；江西赣州、陕西汉中、安徽黄山、浙江衢州等局地成灾。

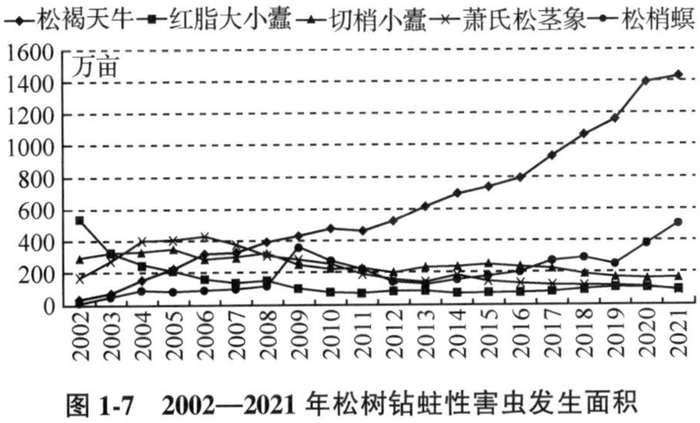

图 1-7　2002—2021 年松树钻蛀性害虫发生面积

2. 小蠹类害虫在东北、西南、西北等多省区危害偏重

全年累计发生面积 360.73 万亩、同比上升 1.96%，在东北、西南、西北多地危害严重。其中，红脂大小蠹累计发生面积 87.41 万亩、同比下降 13.13%，山西中南部、河北东北部、内蒙古中东部等常发区发生面积均有所下降，河北承德、内蒙古通辽、辽宁朝阳、山西晋中等局部地区危害较重，累计成灾 0.63 万亩。切梢小蠹累计发生面积 168.53 万亩、同比上升 4.87%，在重庆东北部、四川西南部、云南西北部和南部等局部地区危害严重；云南红河、大理、玉溪、楚雄，四川雅安等局地累计成灾面积 2.28 万亩。华山松大小蠹累计发生面积 49.83 万亩、同比上升 14.08%，在重庆东北部、四川东北部、陕西南部的秦巴山区和甘肃东南部的小陇山林区危害持续加重，陕西宝鸡、甘肃小陇山、四川巴中局地累计成灾面积 2.18 万亩。八齿小蠹累计发生面积 52.94 万亩、同比持平，在吉林东北部、黑龙江东部和西部、内蒙古森工北部林区危害严重，黑龙江齐齐哈尔、内蒙古森工金河林业局局地累计成灾面积 0.60 万亩。

3. 松梢螟类在东北林区多地偏重危害，但局部地区危害减轻

全年累计发生面积 505.21 万亩、同比上升 34.33%，中重度发生面积占比达 54.33%，成灾面积 8.81 万亩，在东北小兴安岭和长白山区造成严重危害。果梢斑螟(油松球果螟、松果梢斑螟、红松球果螟)累计发生面积 373.25 万亩、同比上升 120.07%，重度发生 29.50 万亩，在吉林东部的通化、延边、长白森工、吉林森工林区，黑龙江中东部的龙江森工林区发生面积仍呈上升态势，吉林森工的露水河、临江林业局成灾 8.67 万亩。吉林省平均球果被害率由 2019 年的 80%以上降至 2021 年的 14.30%。樟子松梢斑螟累计发生面积 20.61 万亩，在黑龙江西部广泛发生。云杉梢斑螟累计发生面积 9.50 万亩，在青海西宁局地危害加重。

4. 萧氏松茎象危害减轻

全年累计发生面积 84.12 万亩，同比下降 17.04%，在江西、湖南、贵州等常发区危害整体减轻，福建三明发生面积上升，仅在局部零星区域偏重发生。

(六)松毛虫

危害整体减轻，但东北大部、华北北部、长江中下游的局部地区发生偏重。全年累计发生面积1150.30万亩，同比下降22.49%(图1-8)。

1. 落叶松毛虫在东北地区危害减轻，但东北北部局部地区发生依然严重

全年累计发生面积351.67万亩、同比下降41.88%，中重度发生面积占比38.88%，逐渐从暴发周期进入平稳发生期，危害情况较去年明显减轻。黑龙江、吉林、辽宁、内蒙古、大兴安岭森工等地区发生面积大幅下降。但在内蒙古大兴安岭林区仍呈扩散趋势，发生范围进一步扩大，重度发生区平均虫口密度284条/株，最高达到3000头/株。河北北部、内蒙古东部、辽宁西北部、吉林东部等局部地区有偏重危害；内蒙古森工绰尔林业局、乌尔旗汉林业局，内蒙古牙克石市等局地成灾。

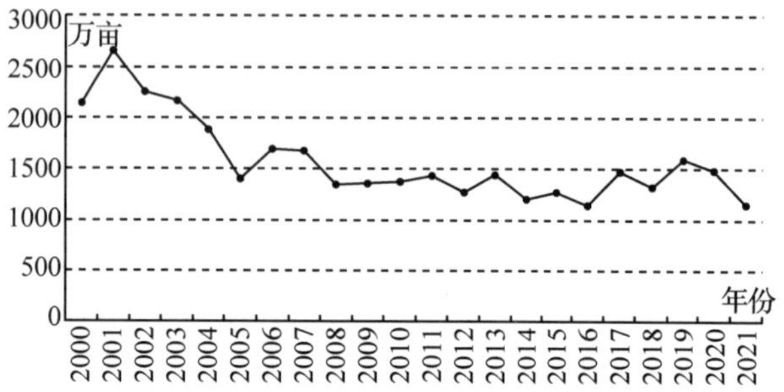

图1-8 2000—2021年松毛虫发生面积

2. 马尾松毛虫、油松毛虫等在华北和南方大部分发生区总体轻度发生，但华北北部、长江中下游局部地区危害有所反弹

马尾松毛虫累计发生面积483.17万亩、同比下降9.60%，在南方大部分发生区整体轻度危害，但在浙江西南部、安徽南部、江西南部、广西北部等局部地区危害情况程度加重、发生面积有所增加，浙江杭州、江西赣州局地偏重成灾。油松毛虫累计发生面积109.85万亩、同比下降15.34%，总体危害减轻，但山西南部、辽宁西北部局部地区危害较重。云南松毛虫累计发生面积126.15万亩、同比下降2.77%，在西南地区整体平稳发生，云南普洱、四川广元和绵阳等地重度发生。

此外，蜀柏毒蛾发生392.78万亩、同比基本持平，在四川东北部地区偏重危害，有危害加重态势。

(七)杨树蛀干害虫

整体危害减轻，但华北、西北常发区域局部危害偏重。全国累计发生面积397.52万亩、同比下降3.88%，中重度发生面积同比下降4.16%(图1-9)。

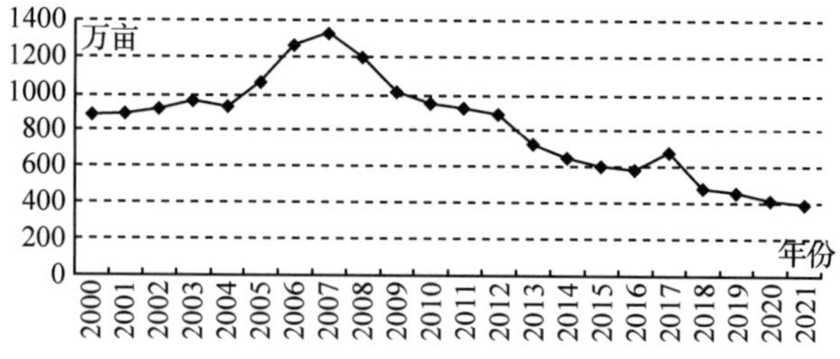

图1-9 2000—2021年杨树蛀干害虫发生面积

1. 光肩星天牛整体轻度发生，黄河中游沿黄地区局部危害偏重

全年累计发生面积119.57万亩，同比持平。在多个省区发生面积和危害程度均呈下降态势，整体轻度发生，但在内蒙古西部、陕西中部、甘肃西部等局部地区危害偏重，陕西宝鸡局地成灾。

2. 杨干象整体发生平稳

全年累计发生面积53.81万亩、同比下降14.04%，在主要分布区发生面积逐年下降，发生程度减轻。仅在河北省东北部有加重危害趋势，黑龙江哈尔滨、绥化局部小面积重度发生。

3. 其他主要杨树蛀干害虫种类危害整体减轻

桑天牛(85.65万亩)、青杨天牛(42.88万亩)、白杨透翅蛾(19.66万亩)发生面积均同比下降，危害整体减轻。但青杨天牛和杨干透翅蛾在西藏拉萨、日喀则局地发生面积增加，对藏川杨造成较重危害；桑天牛在安徽蚌埠、亳州局部地区发生较重；坡面方胸材小蠹在江苏盐城危害杨树，在局部区域呈扩散态势。

(八)杨树食叶害虫

总体轻度发生，新疆南疆、内蒙古西部、黄淮中下游流域局地发生面积增加、危害加重。全国发生1767.77万亩、同比持平，中度以下发生面积占比达93.92%(图1-10)。

1. 春尺蠖在全国大部分发生区轻度发生，但西北局地发生偏重

全年累计发生面积821.00万亩，同比基本持平。新疆南疆(含新疆兵团)天然胡杨林分布区危害面积同比增加30.72%，达416.22万亩。宁夏中部、内蒙古西部、西藏南部、天津北部等局地危害偏重，对内蒙古阿拉善盟和鄂尔多斯市柠条林、西藏雅江流域柳树林、新疆南疆天然胡杨林造成较重危害。

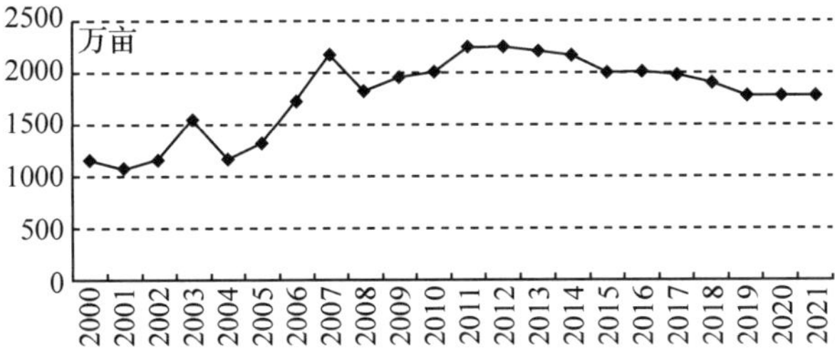

图 1-10　2000—2021 年杨树食叶害虫发生面积

2. 杨树舟蛾整体控制良好，黄淮中下游流域局地危害偏重

全年累计发生面积 586.61 万亩、同比持平，整体轻度发生，中度以下发生面积占比达 99.15%。北京、天津、河北发生面积较去年有所增加，杨小舟蛾、杨扇舟蛾等在江苏北部、安徽北部、山东中西部、河南北部等局部地区重度发生。

(九) 林木病害

林木病害(不含松材线虫病)整体平稳，东北、华北、西北局地发生偏重。全年累计发生面积 1696.29 万亩，同比持平(图 1-11)。

1. 杨树病害整体轻度发生，局部地区危害偏重

全年累积发生面积 565.71 万亩，同比上升 2.82%，在杨树主要种植区整体危害较轻。但杨树烂皮病在内蒙古乌兰察布、通辽，黑龙江哈尔滨、绥化、大庆等地局部危害严重；杨树黑斑病在河南周口、商丘等局地重度发生；胡杨锈病在新疆喀什地区发生面积 88.04 万亩，同比上升 88.7%，但轻度发生占比达 99.76%；青杨叶锈病在青海省东部危害面积上升，西宁局地危害严重。

2. 松树病害发生面积下降，但在东北、西北局地危害偏重

全年累计发生面积 253.86 万亩(不含松材线虫病)，同比下降 4.98%，但中重度发生面积同比上升 18.72%。落叶松早落病、松针红斑病发生面积上升、危害程度加重，中重度发生面积占比达 44.99%，在内蒙古呼伦贝尔和兴安盟北部、内蒙古森工林区中广泛发生，绰尔、柴河、五岔沟、根河、满归、金河、阿龙山、红花尔基等多个林业局危害严重。

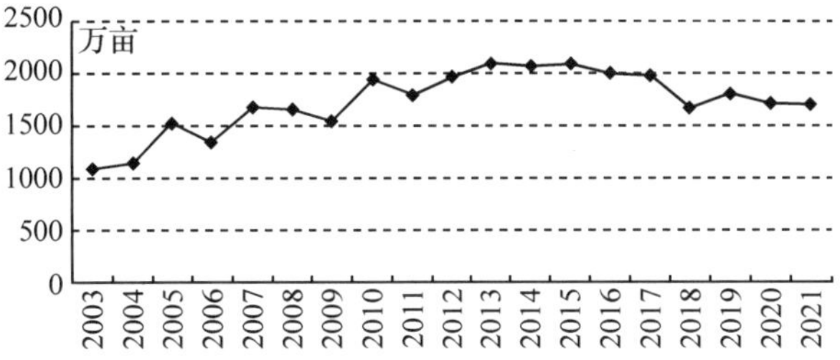

图 1-11　2003—2021 年林木病害
(不含松材线虫病)发生面积

此外，云杉落针病在四川阿坝州部分云杉幼林中发生较为严重。云杉锈病在青海东部的西宁、海东、海南、黄南等多个州市危害加重。桦树黑斑病发生面积 94.00 万亩，在大兴安岭北部林区大面积发生，重度发生 13.75 万亩，广泛分布在内蒙古森工各林业局。高山栎煤污病在西藏林芝局部高山栎林危害偏重。侧柏叶枯病在山西吕梁、陕西延安等地危害严重。矮槲寄生、桑寄生在西藏东部昌都、那曲等局地危害严重。

(十) 经济林病虫害

整体发生程度趋轻，西北、西南局部地区危害严重。全年累计发生面积 2301.80 万亩，同比下降 2.55%(图 1-12)。

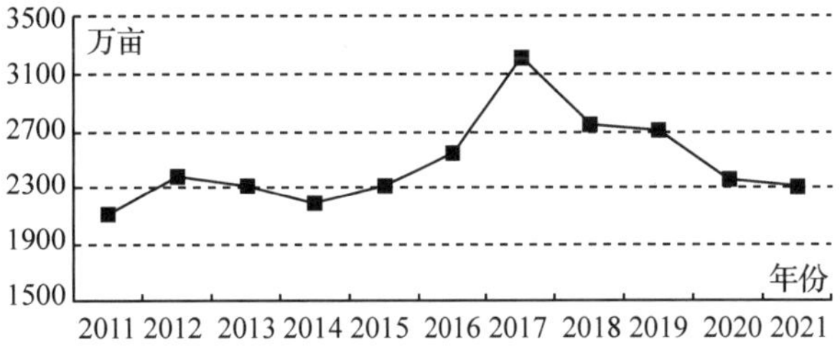

图 1-12　2011—2021 年经济林病虫害发生面积

1. 竹类病虫整体危害减轻，但在广西、湖南、重庆、江西、福建等西南和东南分布区局地突发成灾

全年累计发生 246.17 万亩、同比下降 13.99%，中度以下发生面积占比 97.75%。黄脊竹蝗发生面积 103.17 万亩、同比下降 15.71%，中度以下发生面积占比 98.69%，危害整体有所减轻，在湖南西部、广西中北部、重庆西南部、江西中西部等地零星区域危害严重，在云南南部仅有少量境外种群扩散入侵。刚竹毒蛾在福建北部局地偏重发生，福建南平、武夷山局地成灾。

竹丛枝病在广西桂林，长足大竹象在四川自贡、雅安等局部地区危害较重。

2. 鲜果类病虫在新疆、甘肃、宁夏、贵州等省区局部地区危害偏重

全年累计发生面积 897.84 万亩、同比下降 4.62%。梨小食心虫在新疆和田、昌吉等地发生严重，在贵州、甘肃等地中度发生。苹果蠹蛾在新疆和田，宁夏中卫、银川、吴忠等局部地区偏重发生。苹果小吉丁在新疆伊犁、内蒙古赤峰等地危害偏重。

3. 干果类病虫整体危害态势平稳，但在西北、华北局部地区偏重发生

全年累计发生面积 805.98 万亩、同比持平，整体轻度发生。核桃病虫发生 461.88 万亩、同比上升 7.95%，在新疆南疆的阿克苏、和田、喀什，重庆的奉节、巫溪，浙江杭州，陕西宝鸡、商洛，四川资阳、巴中，山西太行山区等局部地区偏重危害。栗瘿蜂、板栗疫病、板栗剪枝象等板栗病虫在湖北大别山区、安徽六安等局地偏重发生。枣类病虫在新疆西北部、甘肃中部地区、山西北部和西部、陕西北部局地偏重发生。枸杞病虫在甘肃河西地区、内蒙古巴彦淖尔、宁夏吴忠等局地危害偏重。

4. 其他

油茶病虫发生面积 93.26 万亩、同比持平，在华中地区的油茶主要种植区整体轻度危害，湖北东部、江西中部、湖南西部等局部地区偏重发生。

桉树病虫发生面积 92.52 万亩、同比下降 12.58%，危害减轻，但在广西东南部、福建南部等局部速生桉人工林区危害偏重。

椰心叶甲、椰子织蛾、锈色棕榈象等棕榈科害虫在海南各地轻度发生。

二、成因分析

全球性气候变暖和极端天气事件增加，经济贸易快速发展带来的物流活动频繁；现有森林过成熟林和中幼林比例高，部分地区林分质量较差，抵御有害生物能力较低；林业有害生物防控整体能力尚不能完全满足需要，重救灾轻预防普遍存在，监测预报的防灾减灾作用未能有效发挥，是导致当前一个时期我国林业有害生物持续高发的主要原因。

（一）气候异常有利于有害生物在局部地区暴发流行

2021 年第 3 代美国白蛾局地暴发受气象条件影响较大，2021 年 4~6 月气温起伏变化大，美国白蛾发生期非常不整齐，世代重叠严重；夏秋期降水总体偏多有利于美国白蛾生长发育，同时雨水冲刷降低了防治效果，防治作业窗口期缩短，影响总体防效。东北地区夏季降水偏多，气候湿润，对松树病害发生和传播有利，东北林区多地偏重发生。夏秋季华中、西北、西南等地旱涝灾害交替影响突出，导致树势衰弱，引发松褐天牛、小蠹类等钻蛀性害虫在多地偏重发生，局地成灾。去冬今春，广东等华南沿海省份平均气温较常年同期偏高，外来有害植物休眠期缩短，生长势头迅猛，加之同时期降水偏少，有利于有害植物的扩散。

（二）森林健康状况不佳有利于蛀干害虫、经济林病虫、鼠(兔)害等种类的区域性严重发生

西北、西南地区等早期造林区域成过熟林和大面积纯林比例偏高，立地条件贫瘠，经营管理方式相对粗放，林间树龄偏大且树势衰弱，是蛀干类害虫的主要危害对象，加之频发的异常气象条件，为蛀干类害虫严重发生提供有利环境。西北干旱、半干旱地区生态环境脆弱，生物多样性低下的生境导致食物匮乏，促成了鼠(兔)害在西北地区，特别在黄土高原和荒漠植被区对新植林木的偏重危害。经济林分布区纯林比例高、自然调控能力弱、受人为营林管理作用突出，一些地区重造林轻管理，经营方式较为粗放，导致经济林病虫在局部地区危害较重。

（三）各地落实林长制责任，防控力度加大，防控成效初显

松材线虫病疫情发生省份强化责任落实，加大防控力度，着力开展疫情防控攻坚行动，行动初期加强疫情精准监测，严格疫源封锁管控，采取清理病枯死松树等除治措施，疫情防控成效初步显现，疫情发生面积和病死树数量出现双下降。食叶类害虫的联防联治机制和飞机防治技术相对成熟，通过开展面上统防，总体发生态势可控。杨树蛀干害虫防治技术经过多年探索实践，

已形成了以打孔注药为主的综合防治技术体系，西北地区危害已得到有效控制，危害呈现逐渐减轻态势。

三、预测依据

(一)数据来源

全国林业有害生物防治信息管理系统数据、国家气象中心气象信息数据、林业有害生物发生历史数据。

(二)预测依据

各省级林业有害生物防治管理机构2022年林业有害生物发生趋势预测报告，主要林业有害生物历年发生规律和各测报站点越冬前有害生物基数调查数据。

(三)气候因素

据中国气象局气象监测信息显示，2021年12月以来，除东北地区北部及西藏西南部以外，全国大部地区气温较常年偏高；全国大部地区降水较常年同期偏少。2022年后冬及春季全国气候趋势预测显示，2022年后冬，北方大部气温偏高，南方气温偏低；降水南方偏多，北方大部接近常年同期到偏少；2022年春季，全国大部气温总体接近常年同期到偏高1~2℃，全国大部降水总体偏少，气候条件总体对主要林业有害生物种类越冬和发生发展有利。

四、2022年全国主要林业有害生物发生趋势预测

经综合分析，预计2022年全国主要林业有害生物仍将延续近年来偏重发生、局部暴发的特点，全年发生1.90亿亩。其中，虫害发生12000万亩，病害发生4100万亩，林业鼠(兔)害发生2600万亩，有害植物300万亩(表1-1)。

具体发生趋势：一是松材线虫病疫情片状散发、北扩西进态势明显，控增量、消存量压力较大。二是美国白蛾疫情持续扩散但势头趋缓，整体轻度发生，但黄淮下游局部地区和1~3年内的新发区存在暴发风险。三是薇甘菊等外来入侵植物将持续扩散蔓延。四是松树钻蛀类害虫危害整体严重，东北、西北、西南多地成灾风险较高。五是林业鼠(兔)害、松毛虫、杨树害虫、林木病害、竹类及经济林病虫等本土常发性林业有害生物在全国大部分发生区整体轻度发生，局部地区可能偏重。

表1-1 2022年主要林业有害生物发生面积预测

种　类	近年发生趋势	2021年发生面积(万亩)	2022年预测发生面积(万亩)	同　比
发生总面积	上升	18830.51	19000	持平
虫害	上升	11649.77	12000	上升
病害	上升	4271.04	4100	下降
林业鼠(兔)害	下降	2619.98	2600	持平
有害植物	持平	289.72	300	持平
美国白蛾	下降	1097.08	1000	下降
松毛虫	上升	1150.30	1050	下降
松树钻蛀性害虫	上升	2417.75	2500	上升
杨树食叶害虫	持平	1767.77	1700	持平
杨树蛀干害虫	下降	397.52	380	下降
经济林病虫	持平	2301.80	2200	下降

(一)松材线虫病

预计总体呈现片状散发态势，北扩西进趋势明显，控增量、消存量压力较大。

1. 松材线虫病疫情将持续扩散，呈现片状散发、北扩西进态势

一是疫情在老疫区将持续扩散，福建西南部、辽宁东部和中部、山东中部和胶东半岛、河

南西部和西南部、陕西中部和南部、湖南东北部、广东西部和东部、广西中部和东北部、贵州东部、四川东北部和攀西地区等地新发疫情的可能性极高。广西、云南、福建、广东、湖南等新发疫情区，疫情由点到面发展、新增乡镇疫点等风险较高。二是疫情北扩西进态势明显，吉林、黑龙江、甘肃、山西、云南等地存在出现新疫情可能。三是重点生态区位疫情防控形势严峻，贵州梵净山、吉林长白山、江西三清山、广西桂林景区、秦巴山区等重点区域疫情传入和进一步扩散风险较高。

2. 松材线虫病疫情危害依然严重，控增量、消存量压力较大

县级疫情数量仍将呈上升趋势，疫情发生面积和病死树数量同比可能有所下降，但疫情松林小班和病死树数量存量较大，短时间内疫情处置任务重、压力大，危害程度依然严重。

(二)美国白蛾

预计将持续扩散但势头趋缓，整体轻度发生，但黄淮下游局部地区和1-3年内的新发区存在暴发风险。

1. 美国白蛾持续扩散但势头趋缓，局地可能出现新疫情

在华北黄淮老疫区，疫情连片扩散已趋于稳定，新增县级疫情风险较低；在江苏南部、安徽南部、上海等地的新发县级疫区疫情可能由点向面持续扩散，新增乡镇疫点风险较高；长江以南和华北北部可能跳跃式扩散；在江苏南部、安徽南部、湖北南部等沿长江地区，新增县级疫区风险较高，持续向南扩散态势明显；浙江省北部新传入风险较高。

2. 美国白蛾整体轻度发生，但黄淮下游局部地区和1~3年内的新发区存在暴发风险

预计发生面积在1000万亩左右，整体轻度发生。第1代幼虫种群数量在华北、黄淮老疫区可能上升，危害程度可能比往年同期严重。第3代幼虫在华北、黄淮下游老疫区及江淮下游1~3年内的新发区域可能偏重发生，在北京、山东中西部、江苏北部和长江下游新发区等地局部区域存在暴发风险，在一些环境条件较差的居民聚居区易形成扰民事件。

(三)有害植物

预计发生面积300万亩左右，同比基本持平，薇甘菊等外来入侵植物仍将持续扩散。

1. 薇甘菊、加拿大一枝黄花等外来入侵植物将持续扩散蔓延

薇甘菊在广东西部和东部、广西南部和东南部、海南北部有蔓延扩散态势，危害可能进一步加重。加拿大一枝黄花在华中、华南、东南等多地出现跳跃式扩散可能性较大。紫茎泽兰在云南、贵州等西南地区局地可能危害偏重。

2. 其他本土有害植物将平稳发生，海南、青海局地可能有小范围偏重危害

金钟藤在海南中部热带雨林国家公园的天然林区可能危害偏重，葛藤在湖北、江苏等地以轻度发生为主，槲寄生在青海、西藏局部可能有中度以上危害。

(四)林业鼠(兔)害

预计发生面积在2600万亩左右，整体危害偏轻，但在“三北”及青藏高原局部地区的新造林地和中幼林，以及西北荒漠地带的灌木林地可能造成严重危害。

1. 西北地区局部荒漠林区可能有偏重危害

沙鼠类对内蒙古西部阿拉善盟、新疆准噶尔盆地南缘、甘肃河西五市等局部地区的荒漠植被造成危害。鼢鼠类在陕西北部和中部、青海东北部和甘肃东部等黄土高原区的新造林地和中幼林中可能偏重发生。根田鼠在新疆南北疆的绿洲边缘地带危害将有所加重。

2. 东北地区大、小兴安岭部分林区危害可能加重

䶄鼠类在内蒙古森工东部和北部林区的火烧迹地造林集中区、樟子松幼林分布集中区可能加重危害；大兴安岭东南部、吉林东部、黑龙江中部和东部有重度发生的可能。

3. 华北、西南地区整体轻度危害，局部可能危害加重

棕背䶄、鼢鼠、草兔在河北北部和山西北部危害樟子松新植林地、退耕还林地，局部地区可能危害加重；要重点关注2022年北京冬奥会张家口赛区周边新造林绿化用地的鼠害危害情况。赤腹松鼠在四川西部邛崃山区局部可能偏重危害人工柳杉林。白尾松田鼠、高原鼠兔等在西藏拉萨、日喀则、山南和那曲等地可能偏重发生。

（五）松树钻蛀类害虫

预计危害整体严重，东北、西北、西南多地成灾风险较高，全年累计发生面积 2500 万亩左右，同比略有上升。

1. 松褐天牛在华南、西南大部分地区危害可能进一步加重

预计全年发生面积 1500 万亩左右，同比上升，安徽南部、陕西南部、重庆西南部和东北部、四川东北部、贵州北部、湖北东部和西北部、湖南西部、江西南部和中部、广东北部、福建北部等多地危害可能加重，与松材线虫病等混合发生，可能造成大量松树死亡。

2. 小蠹类在东北、西南地区整体危害仍将偏重发生

红脂大小蠹在河北北部、辽宁西北部、内蒙古中东部、山西中部的危害整体将不会加重，但可能出现扩散，局部地区有重度危害。切梢小蠹在重庆东北部、四川西南部、云南西北部和南部等区域局部可能危害严重。华山松大小蠹在湖北西北部、重庆东北部、四川东北部、陕西南部危害可能加重，对秦巴山区、小陇山林区松林健康造成威胁，可能造成松树连片死亡。八齿小蠹在大兴安岭北部林区的局部区域可能偏重发生。

3. 松梢螟类在东北和西北地区危害有加重趋势

果梢斑螟在吉林长白山林区危害可能趋于稳定，在黑龙江东部危害程度整体仍呈现上升趋势，有进一步扩散和加重危害的态势。樟子松梢斑螟在黑龙江西部可能偏重发生。云杉梢斑螟在青海东部和甘肃祁连山林区可能加重危害。

此外，萧氏松茎象危害程度将整体减轻，在福建中部局地危害可能呈上升趋势。

（六）松毛虫

整体将轻度发生，东北和华北局部地区可能危害偏重。预计全年累计发生面积 1000 万亩左右，同比下降。落叶松毛虫在东北林区危害将整体减轻，发生面积将有明显回落，河北北部局地和内蒙古森工林区仍有可能偏重发生。油松毛虫在山西中南部、河北北部、辽宁西北部有危害反弹趋势。马尾松毛虫在南方主要发生区整体平稳发生，福建北部、江西东北部、湖北东部和西北部、广西北部的局部地区危害可能较重，并有局地成灾风险。云南松毛虫、思茅松毛虫整体轻度发生。

（七）杨树蛀干害虫

整体危害减轻，但在黄河中部流域的陕甘宁蒙、西藏雅江河谷、局部地区危害可能进一步扩大。预计发生面积 380 万亩左右，同比稳中有降，在主要分布区整体轻度发生。光肩星天牛在内蒙古巴彦淖尔市，陕西西安，甘肃张掖、酒泉等局部地区可能危害加重；杨干象在河北东北部的承德、秦皇岛等地有加重蔓延趋势；青杨天牛在西藏拉萨，内蒙古鄂尔多斯、巴彦淖尔等地可能偏重危害。

（八）杨树食叶害虫

发生面积将稳中有降，早春及夏末秋初在黄淮中下游、黄河中游、新疆南疆等局部地区偏重发生。全年发生 1700 万亩左右，同比略有下降。春尺蠖在全国主要分布区整体轻度发生，新疆南疆天然胡杨林区发生面积可能进一步增加，在内蒙古西部、山东沿黄两岸、西藏雅江河谷地区、宁夏中部、新疆塔里木盆地周边地区等地危害偏重，局部可能点、段状成灾。杨树舟蛾危害整体平稳，杨小舟蛾受周期性暴发特点影响，第 3 代、第 4 代可能在天津北部、河北东北部、江苏北部、安徽北部、山东中西部、湖北江汉平原的高速公路、绿色通道两侧林网及部分杨树片林偏重发生，局部虫源地极易暴发成灾。

（九）林木病害

林木病害（不含松材线虫病）整体平稳，但在西北、西南和东北局部地区可能发生偏重。预计发生面积在 1600 万亩左右（不含松材线虫病），同比下降。杨树病害在河北冀中平原东部、黑龙江中部、鲁中和鲁西南、湖北江汉平原、西藏雅江河谷地带、青海东北部、新疆南疆西部等局部地区可能偏重发生，对中幼林、新植林地和人工林地造成较重危害。松树病害预计在东北和西北地区仍将呈现偏重危害态势，松针红斑病、落叶松早落病等在内蒙古东部、龙江森工、内蒙古森工林区可能加重危害，侧柏叶枯病在山西西部局地偏重发生，云杉病害在四川西部、青海东部、甘肃东南部等地区可能偏重流行。

(十)经济林病虫害

整体将轻度发生，但局部地区仍将偏重危害。预计全年发生面积2200万亩左右，同比持平。竹类病虫发生面积将有所降低，但在江西中南部、湖北东南部可能中度发生，福建西北部、湖南东北部、广西中北部等局地偏重发生。鲜果类病虫在新疆、甘肃、宁夏等主要产区有下降趋势，宁夏中部、甘肃西部等地中度发生，贵州西部局地偏重发生。干果类病虫在安徽中东部和重庆东北部危害将呈上升趋势，山西南部有中度发生，湖北西北部、陕西中部、甘肃河西地区、新疆南疆西部等局部地区偏重发生。桉树病虫在广西南部和东部的集中种植区局地有偏重危害的可能。黑跗眼天牛、油茶织蛾、油茶炭疽病等油茶病虫在江西中部的油茶种植区偏重发生。

五、对策建议

松材线虫病等重大林草外来入侵物种发生扩散形势依然严峻、主要林业有害生物持续高发频发是当前和今后一段时期我国林业有害生物防治工作必须直面的基本态势。根据当前林业有害生物发生态势和基本特点，提出如下对策：

(一)强化监测预报网络体系建设，提升基层监测能力

贯彻落实《生物安全法》和习近平总书记关于生物安全重要指示精神，整合外来入侵物种、林业和草原有害生物等监测网络，运用遥感、大数据等先进技术，构建天空地一体化监测技术体系和点线面相结合的监测预报网络体系。一是依托现有防治机构及1000个国家级测报站点、科研机构监测站点、自然保护地体系等现有监测网络，优化调整站点布局，构建点线面相结合的监测预报网络体系。在面上，以灾害为导向开展面上灾情监测，以系统内各森防站、草原站为主体，坚持大林业大生态，依托广大护林员、草防员和广大农牧民，目标是发现灾害及时发现；在线上，针对松材线虫病等外来有害生物传入或迁徙通道，利用物联网等先进技术沿线布设监测站点，全程可视化管理；在点上，坚持专业事专业人干，依托生态定位站、大专院校试验站等布设100个专业性监测站点，同时优化调整现有1000个国家级林业有害生物中心测报点布局，针对虫情预报，实行系统调查。二是瞄准监测技术手段落后，基层监测能力薄弱等问题，研发松材线虫病疫情地面精细化监测APP、卫星和无人机遥感监测智能识别技术、人工智能大数据预测预报技术，建立卫星遥感、无人机遥感、地面网格化监测为一体的天空地立体化监测技术体系和基于人工智能大数据的预报预警体系，提升基层末端感知能力和监测预报水平。三是建立健全预防机制，理清预防和治理关系，把监测预报作为各级防治部门的常规性首要任务并指导防治工作开展，将预防为主体现在生产力布局上；调整优化救灾补助经费投入结构和方向，列支监测预报等预防性经费，建立健全经费保障机制，加大经费投入力度；以天空地立体监测、传统常规与大数据预报相结合的精细化监测预报为方向，做大做强做细监测预报，强化预防性治理。

(二)推进松材线虫病疫情防控精细化管理

2021年虽然在一定程度上控制了松材线虫病疫情存量，疫情防控呈现向好形势，但疫情仍处于扩散蔓延态势，控增量、消存量压力巨大。“十四五”松材线虫病疫情治的任务重，防的任务更重。一是要加强《国家林业和草原局关于科学防控松材线虫病疫情的指导意见》《全国松材线虫病疫情防控五年攻坚行动计划(2021—2025)》《松材线虫病防治技术方案》的宣传贯彻和细化落实，运用系统思维统筹做好疫情预防和治理，强化分区分级精准施策，科学布局，有序推进疫情精准监测、疫源封锁管控、防治治理提升和森林健康保护“十四五”疫情防控攻坚行动，坚决维护行业相关制度的严肃性，不走形式，狠抓落实。二是要因地制宜组建基层队伍，创新组织管理机制，激发基层干部和人民群众干事创业活力，充分发挥乡镇林业工作站作用，统筹护林员、林场管护人员、社会化组织及林草资源监测机构等力量，明确责任区域和工作任务，实行疫情防控网格化精细化管理，指导各地以松林小班为单位开展精

细化常态化日常监测、秋季普查和疫木除治。指导各地统一应用好林草生态网络感知系统松材线虫病疫情防控监管平台，及时准确掌握疫情发生发展情况和疫木除治动态。三是要建立健全疫情监测信息质量追溯和监测报告责任制度，强化疫情监测、山场除治、疫木处理和检疫封锁等关键环节督查指导和跟踪监管，实事求是报告疫情信息，严防虚报、瞒报、迟报和数据造假。四是要建立健全疫情核查问责和服务指导相结合的工作机制，加强疫情监测数据逐级核实核查管理，充分利用卫星遥感监测、有奖举报、蹲点暗访、第三方核查等手段，加大疫情数据真实性、及时性的核实核查，确保疫情数据真实准确。

（三）做好新发突发重大林业有害生物预防和治理

采取联防联治、联防联检和工程治理等有效途径，加大京津冀生态圈，黄山、泰山、秦巴山区、三峡库区，长江（经济带）生态涵养带等重点生态部位重大林业有害生物预防和治理。一是要统筹做好林草外来入侵物种普查和常态化监测，把已明确造成危害的主要外来入侵物种纳入常态化监测预报体系，强化日常监测和信息报送，以普查和监测数据为依据，组织开展外来物种入侵风险评估，掌握防控关键时机和关键环节，适时发布预警信息，指导做好防控工作。二是要以控制扩散和严防暴发为目标，加强美国白蛾兼顾其他食叶害虫的预防和治理。疫情发生区要按照“严防第1代压低虫口密度、严控第3代暴发成灾”工作思路，坚持面上飞防与地面补充防治相结合，严防防治盲点和漏点，加强对1~3年新发疫区、城乡结合部、村屯周边及特殊养殖区等防控薄弱环节的灭疫、补防和除治力度，遏制疫情扩散蔓延，严防局部成灾；重点预防区要加大监测巡查力度，加强定点监测，确保疫情传入第一时间发现、第一时间处置。三是要高度重视近年来松褐天牛、小蠹虫等松树钻蛀类害虫在一些地方危害不断加重态势，坚持分类施策，积极采取有效防控措施，降低林间虫口密度，减少灾害损失。要高度关注辖区内因钻蛀类害虫危害枯死松树情况，严格按照有关要求，进一步加强枯死松树取样检测和松材线虫病疫情排查。四是要制定和完善林业有害生物应急防控预案，加强应急队伍建设，积极做好应急防控所需的各项物质物资储备，一旦突发灾害，要迅速响应，及时高效采取应急处置措施，减少灾害损失。

（四）加强协同创新，强化重大技术研发和成果应用

聚焦松材线虫病等重大林草有害生物防控、林草入侵物种防控等关键技术，坚持协同创新、产学研用深度融合，组织开展林草生物灾害快速感知识别技术及产品研发，重点支持松材线虫病遥感智能监测、基于物联网的灾害信息互联、大数据人工智能预测等应用性技术研发攻关，扶持基于手机APP的林草生物灾害及林草外来入侵物种、林草有害生物种类智能识别、基于诱捕器或探头的林草有害生物种类智能识别等实用性技术及产品的落地应用。组织开展松树蛀干害虫和林木病害防治技术的研究，加大林业鼠（兔）害综合治理、松蠹虫引诱剂监测等成熟技术推广应用。积极开展生态调控等绿色防治技术系统集成和示范。

（主要起草人：王越　周艳涛　李晓冬　孙红　陈怡帆　王玉玲　董振辉　于治军；主审：方国飞　裴明阳）

02 北京市林业有害生物2021年发生情况和2022年发生趋势预测

北京市园林绿化资源保护中心(北京市园林绿化局审批服务中心)

【摘要】2021年，北京市林业有害生物发生面积为45.96万亩，比2020年减少1.06万亩(2.25%)。预计，2022年北京市林业有害生物发生面积为46.94万亩，比2021年发生面积增加0.98万亩(2.13%)，总体呈轻度发生，美国白蛾、红脂大小蠹、白蜡窄吉丁、悬铃木方翅网蝽、光肩星天牛、柳毒蛾、舞毒蛾、国槐尺蠖、草履蚧等呈现上升趋势，栎粉舟蛾、栎掌舟蛾、黄连木尺蠖、杨扇舟蛾、杨小舟蛾等呈现下降趋势，松材线虫病等有害生物有入侵的可能。

一、2021年林业有害生物发生情况

(一)发生特点

(1)与2020年同期相比，多种早春林业有害生物的出蛰、羽化日期提前。其中，春尺蠖成虫首次发现日期提前3天，双条杉天牛成虫提前10天，杨潜叶跳象成虫提前2天，柳蜷叶蜂成虫提前5天。

(2)检疫性、危险性有害生物发生面积有所上升，发生面积为4.86万亩，较2020年增加0.64万亩(15.04%)，其中美国白蛾2021年发生2.52万亩，较2020年增加0.73万亩(41.22%)，增幅明显，且第3代美国白蛾发生偏重，部分居住小区、街巷胡同、城乡结合部等易发、高发地出现了不同程度的树木被吃光吃花和扰民现象。

(3)常发性有害生物发生面积与去年持平，发生41.10万亩，较2020年减少1.69万亩(3.96%)。

(4)蛀干类害虫发生偏重。双条杉天牛、柏肤小蠹、纵坑切梢小蠹等蛀干类害虫在局部地块发生偏重。

(5)刺吸类害虫发生偏重。主要包括白蜡绵粉蚧、栾多态毛蚜、马尾松大蚜、黄栌丽木虱、槐豆木虱等局部发生偏重，对地面、花灌木及地被等下木环境造成污染。

(6)杨树炭疽病、杨树锈病等病害在顺义、大兴、通州、房山等区局部地区发生偏重，且多混合发生，造成提前落叶。

(二)主要林业有害生物发生情况

1. 常发性林业有害生物发生情况

(1)虫害发生情况

发生39.50万亩，占林业有害生物发生总面积的85.94%，比2020年减少1.52万亩(3.70%)。

食叶害虫　发生29.03万亩，占林业有害生物发生总面积的63.16%，比2020年减少2.21万亩(7.06%)。主要表现为：一是杨树食叶害虫主要包括春尺蠖、杨扇舟蛾、杨潜叶跳象、杨小舟蛾和柳毒蛾等，发生14.50万亩，占林业有害生物发生总面积的31.55%，比2020年增加0.50万亩(3.54%)，其中，杨小舟蛾发生1.61万亩，较2020年增加0.54万亩(50.07%)，杨扇舟蛾发生2.58万亩，较2020年增加0.51万亩(24.41%)，杨潜叶跳象发生1.91万亩，较2020年减少0.26万亩(12.17%)。二是松树食叶害虫主要包括油松毛虫、延庆腮扁叶蜂、落叶松红腹叶蜂和黑胫腮扁叶蜂等，发生4.14万亩，占林业有害生物发生总面积的9.01%，比2020年减少0.44万亩(9.67%)。三是山区食叶害虫主要包括栎粉舟蛾、栎掌舟蛾、黄连木尺蠖等，发生7.07万亩，占林业有害生物发生总面积的15.38%，比2020年减少2.28万亩(24.41%)。四是其他食叶害虫主要包括国槐尺蠖、黄栌胫跳甲、柳蜷叶蜂等，发生3.33万亩，

占林业有害生物发生总面积的7.25%，比2020年增加0.02万亩(0.75%)。

蛀干害虫　主要包括双条杉天牛、国槐叶柄小蛾、光肩星天牛、柏肤小蠹、松梢螟及纵坑切梢小蠹等，发生9.54万亩，占林业有害生物发生总面积的20.76%，比2020年增加0.69万亩(7.82%)。

刺吸类害虫　主要包括草履蚧、膜肩网蝽等，发生0.92万亩，占林业有害生物发生总面积的2.00%，基本与2020年持平(0.18%)。

(2)病害发生情况

主要包括杨树溃疡病、杨树烂皮病、杨树炭疽病和杨树锈病等，发生1.61万亩，占林业有害生物发生总面积的3.50%，比2020年减少0.18万亩(9.99%)。

2. 检疫性、危险性林业有害生物发生情况

美国白蛾等检疫性、危险性林业有害生物发生形势依然严峻。

松材线虫病　通过对全市域162.06万亩松林全覆盖春秋季两次普查，检测疑似样品564个，未在松木和天牛上检出松材线虫。

美国白蛾　发生2.52万亩，较2020年增加0.73万亩(41.22%)。第3代美国白蛾幼虫呈多点暴发，偏多偏重发生。

白蜡窄吉丁　发生1.15万亩，较2020年减少0.32万亩(21.82%)，在通州、平谷、门头沟等区局地危害偏重。

悬铃木方翅网蝽　发生1.02万亩，较2020年增加0.21万亩(26.36%)，局地发生偏重，对景观造成一定影响，偶有扰民现象。

红脂大小蠹　发生0.18万亩，较2020年增加0.01万亩(4.80%)，总体呈现零星、轻度发生。主要发生在门头沟、延庆、密云及怀柔区。

(三)成因分析

1. 气候因素

2020/2021年冬季(2020年12月至2021年2月)北京地区平均气温-2.9℃，比常年同期偏高0.2℃；降水量7.2mm，比常年同期偏少1成。

2021年春季(3~5月)北京地区平均气温13.6℃，比常年同期偏高0.6℃；降水量64.6mm，比常年同期偏少1成。2021年春季平均气温较常年同期偏高，降水较常年略偏少。气温高导致早春害虫发生期有所提前，加之降水偏少，二者非常有利于刺吸类害虫繁衍，个别地块养护不到位，也加剧了害虫的发生危害。

2. 防控责任有待进一步压实

重大林业有害生物地方政府负责制在一些单位、部门落实在执行层面存在薄弱环节，防控责任压力没有压实压紧，特别是物业管理差的小区、街道胡同、社会单位，村点、弃管失管苗圃果园及部分有林单位，属地管理和主体责任落实不够，需层层向下传导压力，严格落实“谁经营、谁防治”“谁管护、谁防治”的责任制度。

3. 防控意识有待进一步加强

林业有害生物防控意识需进一步加强，尤其是检疫性、危险性林业有害生物防控工作常态化推进不够。以2021年第三代美国白蛾为例，除了与降雨日多、降雨量大、高温高湿等气候因素密切相关外，对于美国白蛾防控工作存在麻痹、懈怠思想也是造成发生偏多偏重的原因之一。

4. 履职能力有待进一步提升

蛀干类害虫隐蔽性强，一些养护单位专业知识不扎实，养护不到位造成树势较弱、部分地块林地环境复杂防治难度较大、部分地块防治措施不到位等。

5. 双防疫工作不放松

一是在做好防控疫情的基础上，不断加大监测巡查力度，及时发布预警信息，2021年，发布林业有害生物发生动态及趋势预测信息96条。二是不断创新信息发布形式，充分利用政务新媒体平台及时发布监测预警信息，全年累计编辑发布抖音小视频133个，点击观看量达60.41万人次，有效指导了防治工作开展。三是高位推动，及时开会动员部署，实行专班督导推进，下乡传导防控压力，落实属地责任，有效遏制了美国白蛾严重发生势头，其他主要种类保持了总体平稳势头。

6. 高度重视松材线虫病防控工作

一是布设松褐天牛监测测报点234个，不断加大监测巡查力度，通过社会化服务形式及时应用精细化监管平台报送调查信息，夯实日常监测基础。二是完成松材线虫病春秋季两次普查，实现全市162.06万亩松林全覆盖，出动人员6.72万人次。三是通过地面人工踏查、无人机遥感普查核查等方式初步构建起“地空一体化”监测普查网络体系，其中开展固定翼无人机普查30架次、悬翼无人机核查150架次，监测面积达40.5万亩。四是初步完成松材线虫病检测鉴定体系建设。全市现有松材线虫病检测鉴定中心8个，其中市级5个、区级3个，全年检测疑似样品564个，未发现松材线虫病疫情。

二、2022年林业有害生物发生趋势预测

预计2021/2022年冬季(2021年12月至2022年2月)，本市大部分地区降水量为10~12mm，较常年同期略偏多；平均气温为-3~-4℃，较常年同期略偏低。预计2022年春季(3~5月)，本市大部分地区降水量为50~70mm，比常年同期略偏少；平均气温为14℃左右，比常年同期略偏高。

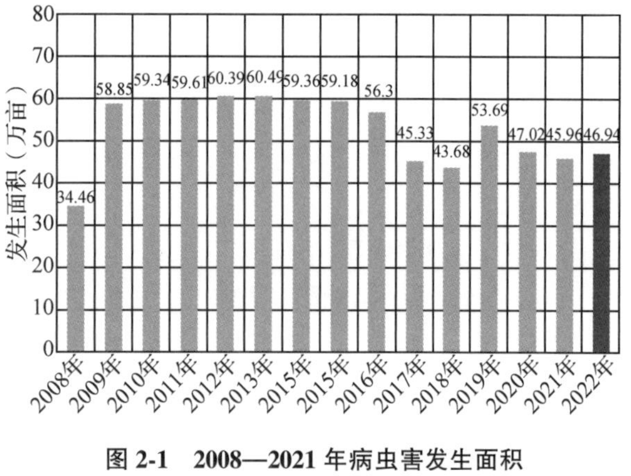

图2-1　2008—2021年病虫害发生面积与2022年预测面积对比图

预计2022年北京市林业有害生物发生面积总体较2021年实际发生面积有所增加。其中呈上升趋势的种类主要有美国白蛾、红脂大小蠹、白蜡窄吉丁、悬铃木方翅网蝽、杨潜叶跳象、柳毒蛾、舞毒蛾、榆掌舟蛾、黄褐天幕毛虫、黄栌胫跳甲、国槐尺蠖、柳蜷叶蜂、光肩星天牛、槐小卷蛾、草履蚧、杨树炭疽病等；呈下降趋势的种类主要有杨扇舟蛾、杨小舟蛾、梨卷叶象、落叶松红腹叶蜂、栎粉舟蛾、栎掌舟蛾、黄连木尺蛾、绵山天幕毛虫、双条杉天牛、柏肤小蠹、松梢螟、杨树烂皮病等；基本持平的种类主要有春尺蠖、延庆腮扁叶蜂、油松毛虫、黑胫腮扁叶蜂、刺蛾、缀叶丛螟、纵坑切梢小蠹、臭椿沟眶象、杨树溃疡病等。

(一)检疫性、危险性林业有害生物发生趋势

预计，2022年发生的检疫性、危险性林业有害生物主要包括美国白蛾、红脂大小蠹、白蜡窄吉丁和悬铃木方翅网蝽等，发生5.78万亩，比2021年增加0.93万亩(19.04%)。

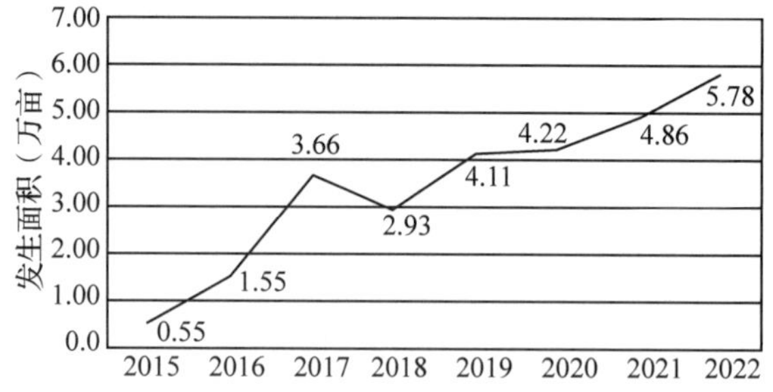

图2-2　2015—2021年检疫性、危险性林业有害生物发生面积及2022年趋势预测

1. 美国白蛾

根据越冬基数调查显示，越冬蛹平均为2.52头/株，有虫株率12.73%，属轻度发生，局部地区虫口密度最高达400头/株，极易出现灾情。预计2022年发生3.22万亩，比2021年增加0.71万亩(28.18%)，其中：中度发生0.16万亩，重度发生0.06万亩，总体依然表现为零星、轻度发生。除延庆外，各区均有发生。其中在密云、平谷、大兴、丰台、海淀、通州、朝阳和昌平等区发生范围较大。

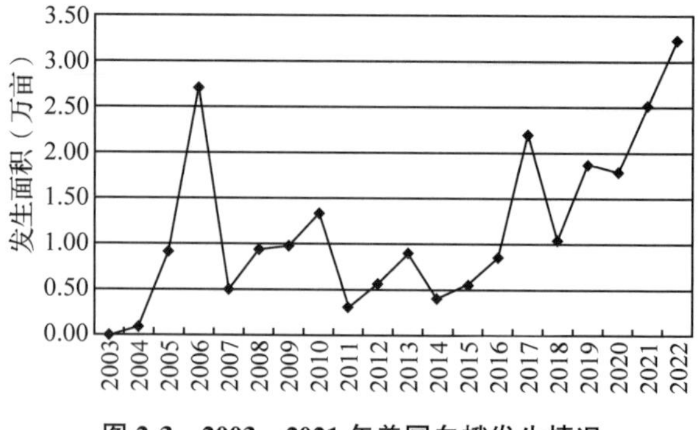

图2-3　2003—2021年美国白蛾发生情况及2022年预测趋势图

2. 白蜡窄吉丁

根据越冬基数调查显示，平均有虫株率为14.55%，预计2022年发生1.22万亩，比2021年增加0.08万亩(6.67%)，主要发生在近年来造林地块，部分区域有虫株率较大、危害

较重。

3. 红脂大小蠹

根据越冬基数调查显示，平均有虫株率为5.26%，预计2022年发生0.19万亩，比2021年增加0.01万亩（7.45%），在山区部分区域防控压力依然较大。

4. 悬铃木方翅网蝽

据越冬基数调查显示，越冬成虫平均虫口密度为9.24头/株，平均有虫株率达43.31%，属轻度发生，局部地区成虫密度高达147头/株，8月之后容易出现灾情。预计2022年发生1.15万亩，比2021年增加0.13万亩（12.41%）。

5. 松材线虫病、苹果蠹蛾等重大外来有害生物

入侵风险及防控压力加剧。

（二）常发性林业有害生物发生趋势

预计，2022年常发性有害生物发生41.16万亩，比2021年增加0.06万亩（0.14%）。其中食叶害虫发生27.92万亩，比2021年减少1.12万亩（3.84%）；蛀干害虫发生9.57万亩，比2021年增加0.03万亩（0.31%）；刺吸类害虫发生1.06万亩，比2021年增加0.14万亩（15.23%）。病害发生2.61万亩，比2021年增加1.00万亩（62.39%）。

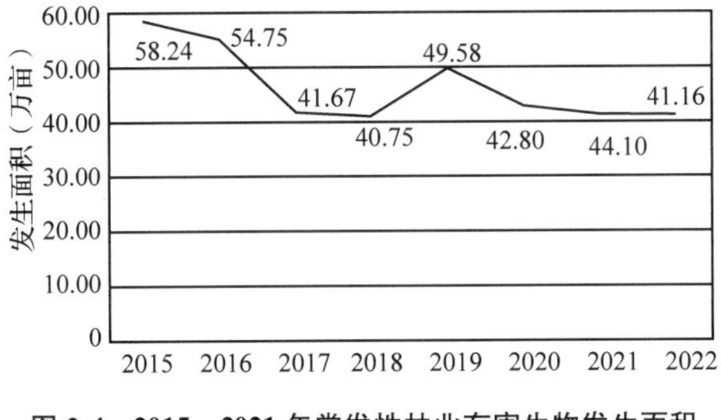

图2-4 2015—2021年常发性林业有害生物发生面积及2022年趋势预测

1. 食叶害虫发生面积与今年持平

主要包括杨树食叶害虫、松树食叶害虫、山区食叶害虫和其他食叶害虫，其中：杨树食叶害虫发生14.72万亩，比2021年增加0.23万亩（1.58%）。松树食叶害虫发生4.07万亩，比2021年减少0.08万亩（1.84%）。山区食叶害虫发生4.70万亩，比2021年发生面积减少2.37万亩（33.52%）。国槐尺蠖等其他食叶害虫发生

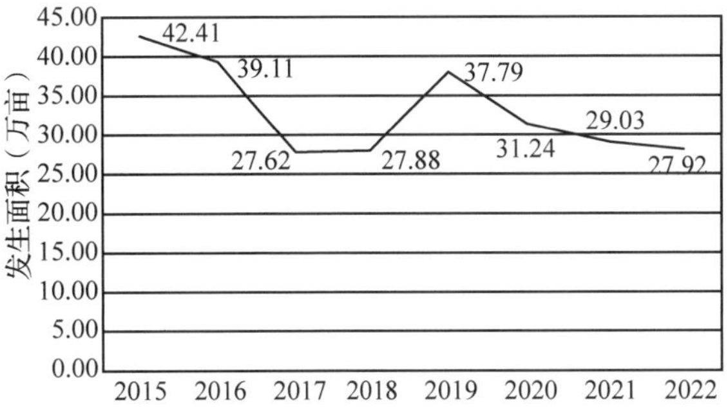

图2-5 2015—2021年食叶害虫发生面积及2022年趋势预测

4.43万亩，比2021年增加1.10万亩（33.13%）。

（1）杨树食叶害虫：主要包括春尺蠖、杨扇舟蛾、杨潜叶跳象、柳毒蛾、杨小舟蛾和梨卷叶象等。

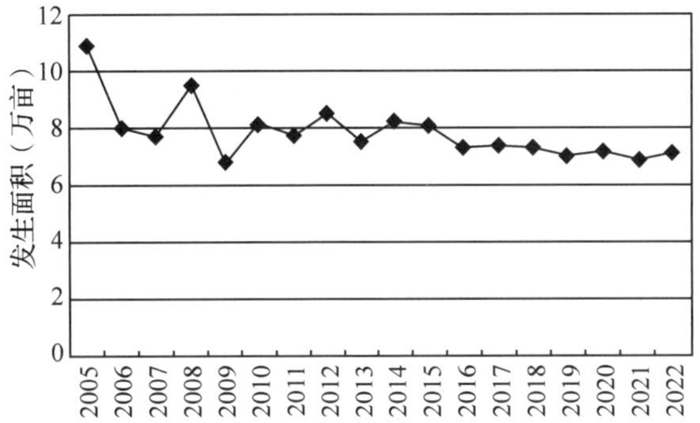

图2-6 2005—2021年春尺蠖发生情况及2022年预测趋势图

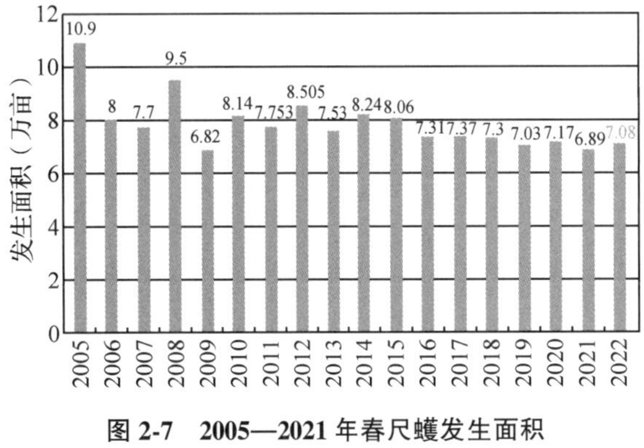

图2-7 2005—2021年春尺蠖发生面积及2022年预测面积对比图

春尺蠖　根据越冬基数调查显示，越冬蛹平均为4.88头/株，有虫株率为16.25%，总体呈轻度发生，局部地区虫口密度最高达365头/株，极易出现灾情。预计2022年发生7.08万亩，比2021年实际发生面积增加0.19万亩（2.76%），主要发生在房山、大兴、顺义、平谷、通州、昌平、怀柔、朝阳、延庆、密云、丰台等区，在大

兴和平谷等区部分乡镇发生较重。

杨扇舟蛾　根据越冬基数调查显示，越冬蛹平均虫口密度为 2.8 头/株，平均有虫株率 13.98%，总体呈轻度发生，局部地区最高虫口密度为 50 头/株，易出现灾情。预计 2022 年发生 2.30 万亩，比 2021 年实际发生面积减少 0.28 万亩(10.85%)，主要发生在顺义、房山、密云、昌平、大兴和通州等区。

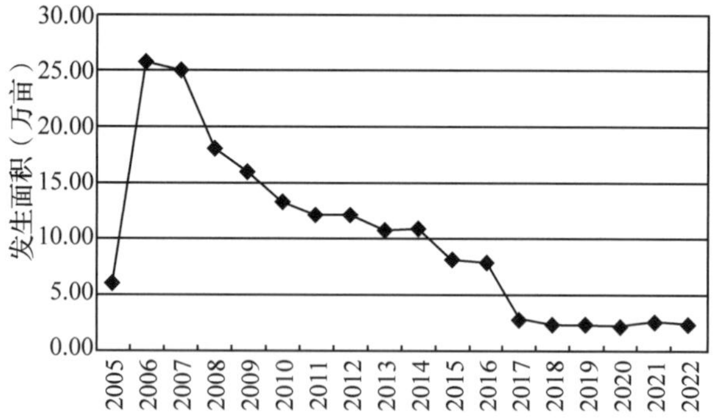

图 2-8　2005—2021 年杨扇舟蛾发生情况及 2022 年预测趋势图

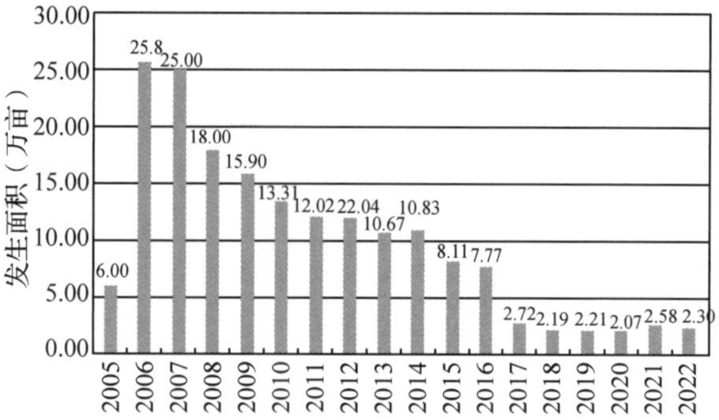

图 2-9　2005—2021 年杨扇舟蛾发生面积及 2022 年预测面积对比图

杨小舟蛾　根据越冬基数调查显示，越冬蛹平均虫口密度为 2.25 头/株，平均有虫株率 13.22%，属轻度发生，局部地区虫口密度达到 8 头/株。预计 2022 年发生 1.42 万亩，比 2021 年实际发生面积减少 0.19 万亩(11.53%)，主要发生在昌平、怀柔、密云和大兴等区。

杨潜叶跳象　根据越冬基数调查显示，越冬成虫平均虫口密度为 1.12 头/株，有虫株率 21.55%，属轻度发生。预计 2022 年发 2.14 万亩，比 2021 年实际发生面积增加 0.24 万亩(12.53%)，主要发生在房山、怀柔、海淀、昌平和延庆等区。

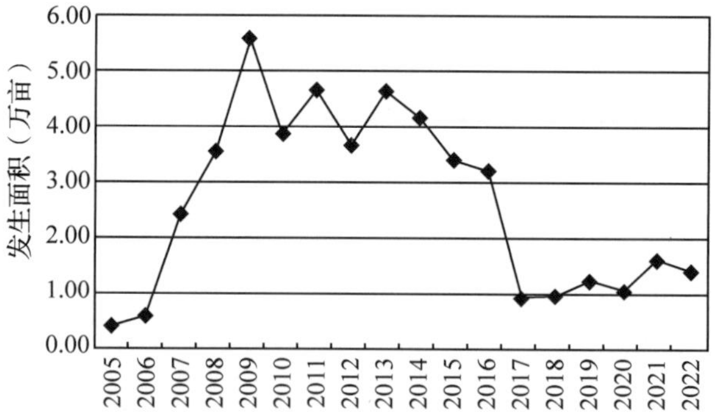

图 2-10　2005—2021 年杨小舟蛾发生情况及 2022 年预测趋势图

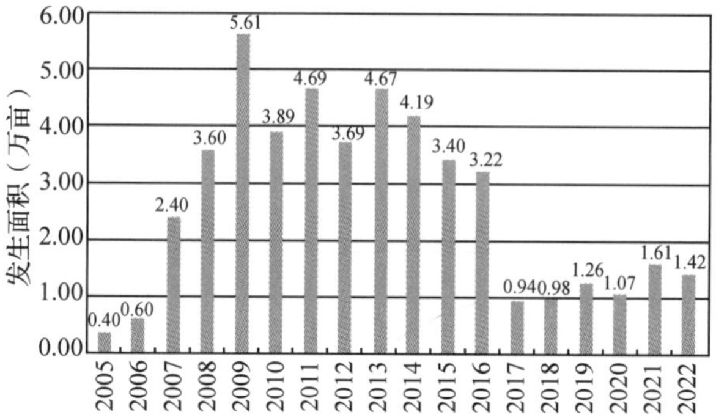

图 2-11　2005—2021 年杨小舟蛾发生面积及 2022 年预测面积对比图

柳毒蛾　根据越冬基数调查显示，越冬幼虫平均虫口密度小于 1 头/株，局部地区虫口密度达 6 头/株，平均有虫株率 10.77%，属轻度发生。预计 2022 年发生 1.70 万亩，比 2021 年实际发生面积增加 0.28 万亩(19.80%)，主要发生在密云、昌平、门头沟、大兴、延庆、房山和怀柔等区。

(2)松树食叶害虫：主要包括油松毛虫、延庆腮扁叶蜂、落叶松红腹叶蜂和黑胫腮扁叶蜂等。

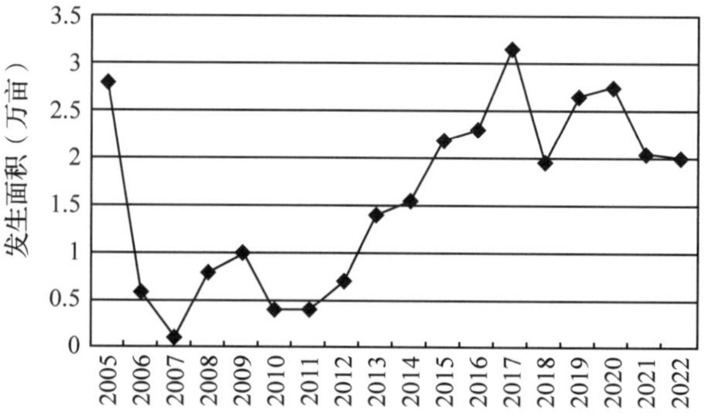

图 2-12　2005—2021 年油松毛虫发生情况及 2022 年预测趋势图

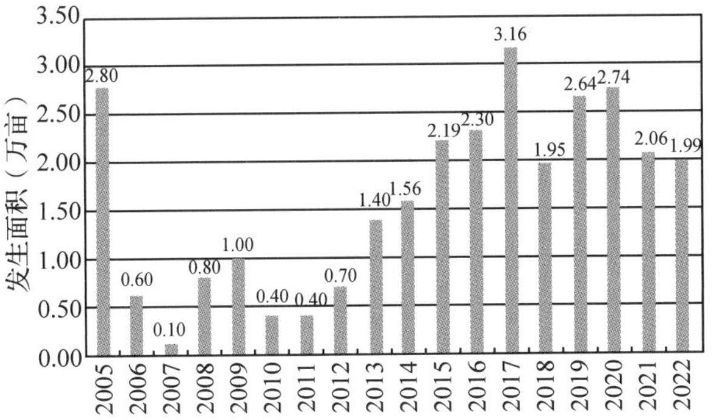

图 2-13　2005—2021 年油松毛虫发生面积及 2022 年预测面积对比图

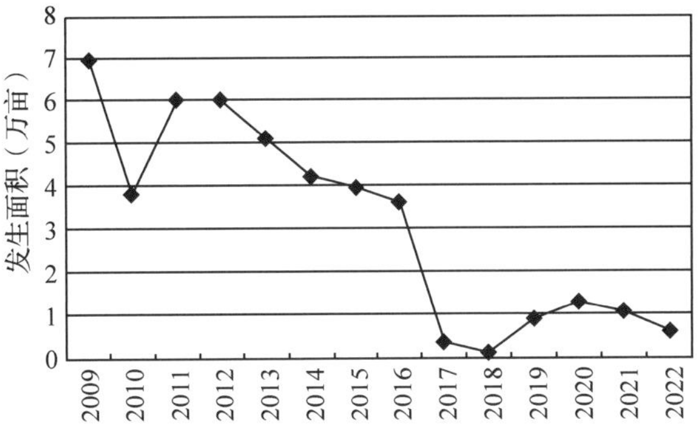

图 2-14　2009—2021 年黄连木尺蠖发生情况及 2022 年预测趋势图

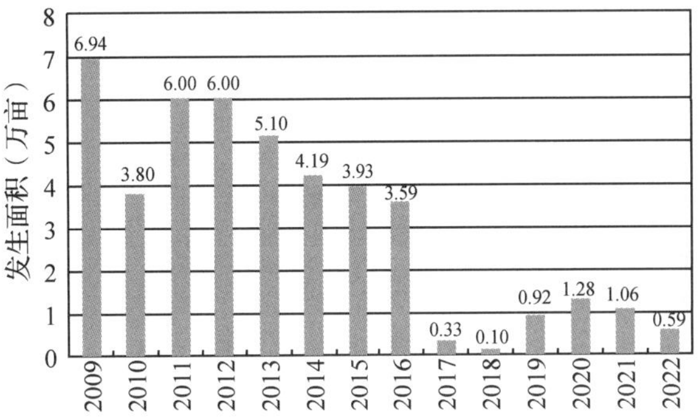

图 2-15　2009—2021 年黄连木尺蠖发生面积及 2022 年预测面积对比图

油松毛虫　根据越冬基数调查显示，平均虫口密度小于 1 头/株，有虫株率 5.87%，总体属轻度发生。预计 2022 年发生 1.99 万亩，比 2021 年实际发生面积减少 0.08 万亩(3.73%)，主要发生在密云、昌平、怀柔和延庆等区，在密云区溪翁庄镇、冯家峪镇、穆家峪镇、不老屯镇和密云水库管理处等区域部分地块发生偏重。

延庆腮扁叶蜂　根据越冬基数调查显示，越冬幼虫平均虫口密度为 3.8 头/株，有虫株率 43%，属轻度发生。预计 2022 年发生 1.3 万亩，比 2021 年实际发生面积增加 0.04 万亩(3.17%)，主要发生在延庆区香营、旧县和刘斌堡等乡镇。

黑胫腮扁叶蜂　据越冬基数调查显示，越冬幼虫平均虫口密度为 1.1 头/株，最高虫口密度为 2 头/株，有虫株率 30%，属轻度发生。预计 2022 年发生 0.3 万亩，比 2021 年实际发生面积增加 0.01 万亩(3.45%)，主要分布在延庆等区。

(3)山区食叶害虫：主要包括栎纷舟蛾、栎掌舟蛾、黄连木尺蠖、缀叶丛螟、绵山天幕毛虫、榆掌舟蛾、刺蛾等，依然有偏重发生的可能，局部地区易出现灾情。

黄连木尺蠖　根据越冬基数调查显示，越冬蛹平均虫口密度为 1.07 头/株，最高虫口密度为 8 头/株，平均有虫株率 23.38%，总体呈轻度发生，局地发生偏重。预计 2022 年发生 0.59 万亩，比 2021 年实际发生面积减少 0.47 万亩(44.58%)，主要发生在门头沟、怀柔、密云、延庆和昌平等区。

栎粉舟蛾　根据越冬基数调查显示，越冬蛹平均虫口密度为 1.72 头/株，平均有虫株率 15.87%，总体呈轻度发生。局部地区虫口密度可达 83 头/株，极易出现灾情。预计 2022 年发生 1.79 万亩，比 2021 年实际发生面积减少 1.43 万亩(44.39%)，主要分布在怀柔、平谷、密云、昌平和延庆等山区，其中平谷、密云等局部地区呈偏重发生。

栎掌舟蛾　根据越冬基数调查显示，越冬蛹平均虫口密度为 1.24 头/株，平均有虫株率 15%，总体呈轻度发生。局部地区虫口密度可达 86 头/株，极易出现灾情。预计 2022 年发生 1.46 万亩，比 2021 年实际发生面积减少 0.48 万亩(24.58%)，主要发生在怀柔、密云、延庆和门头沟等区。

绵山天幕毛虫　根据越冬基数调查显示，平均虫口密度为小于 1 个卵块/株，最高 3 个卵块/株，平均有虫株率 6%，属轻度发生。预计 2022 年发生 0.11 万亩，比 2021 年实际发生面积减少 0.13 万亩(54.17%)，主要发生在门头沟区斋堂和清水镇等。

(4)其他食叶害虫：主要包括国槐尺蠖、黄栌胫跳甲、黄褐天幕毛虫、柳蜷叶蜂等，预计 2022 年发生 4.43 万亩。

国槐尺蠖　根据越冬基数调查显示，越冬蛹平均虫口密度为 3.41 头/株，有虫株率 20.31%，属轻度发生。局部地区虫口密度可达 126 头/株，极易出现灾情。预计 2022 年发生 2.98 万亩，比 2021 年实际发生面积增加 0.49 万亩(19.51%)。主要发生在顺义、昌平、大兴、通州、海淀、房山、门头沟、朝阳、密云、丰台、平谷和怀柔等区。

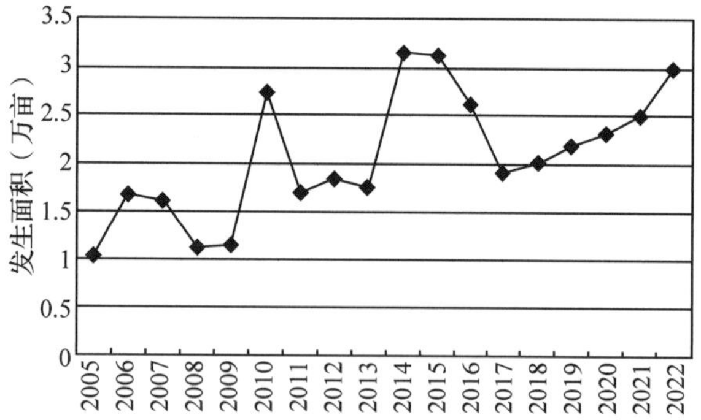

图 2-16　2005—2021 年国槐尺蠖发生情况及 2022 年预测趋势图

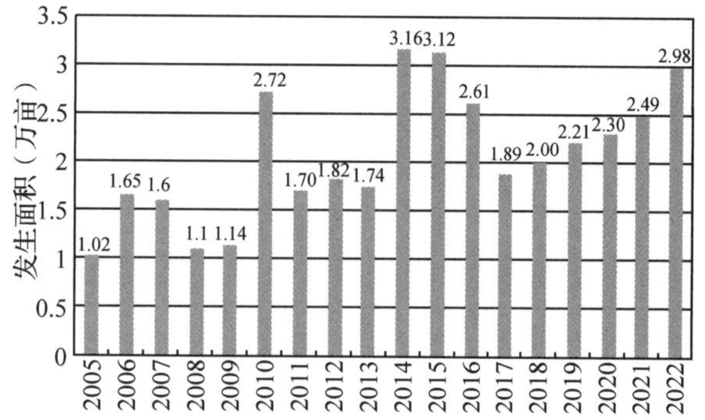

图 2-17　2005—2021 年国槐尺蠖发生面积及 2022 年预测面积对比图

黄栌胫跳甲　根据越冬基数调查显示，平均虫口密度为 2 个卵块/株，有虫株率 21.69%，属轻度发生。预计 2022 年发生 0.80 万亩，比 2021 年实际发生面积增加 0.07 万亩(9.44%)，主要发生在昌平、密云、门头沟、房山和延庆等区。

2. 蛀干害虫发生面积与今年持平

预计 2022 年发生 9.57 万亩，比 2021 年实际发生面积增加 0.03 万亩(0.31%)，主要包括双条杉天牛、槐小卷蛾、光肩星天牛、柏肤小蠹、纵坑切梢小蠹、松梢螟、臭椿沟眶象和小线角木蠹蛾等。

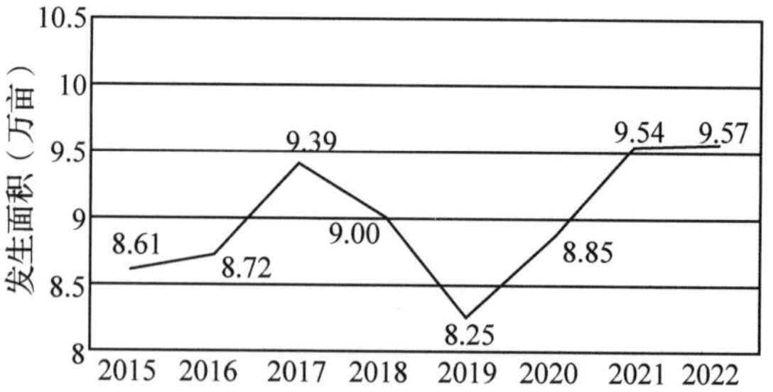

图 2-18　2015—2021 年蛀干害虫发生面积及 2022 年趋势图预测

光肩星天牛　根据越冬基数调查显示，平均有虫株率为 16.57%，预计 2022 年发生 1.48 万亩，比 2021 年实际发生面积增加 0.29 万亩(23.95%)，主要发生在大兴、房山、通州和门头沟等区。

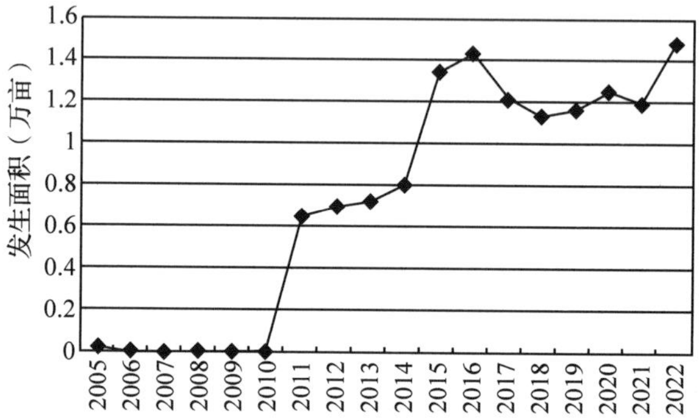

图 2-19　2005—2021 年光肩星天牛发生情况及 2022 年预测趋势图

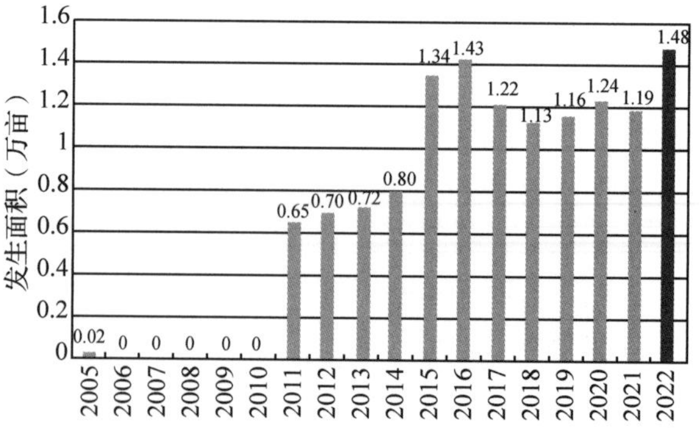

图 2-20　2005—2021 年光肩天牛发生面积及 2022 年预测面积对比图

槐小卷蛾　根据越冬基数调查显示，平均有虫株率为 28%，预计 2022 年发生 1.66 万亩，比 2021 年实际发生面积增加 0.17 万亩(11.67%)，主要发生在大兴、丰台、昌平、海淀、通州、房山、怀柔和顺义等区。

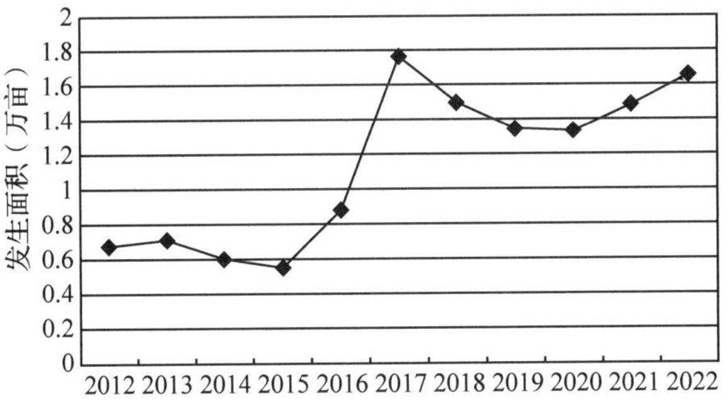

图 2-21　2012—2021 年国槐小卷蛾发生情况及 2022 年预测趋势图

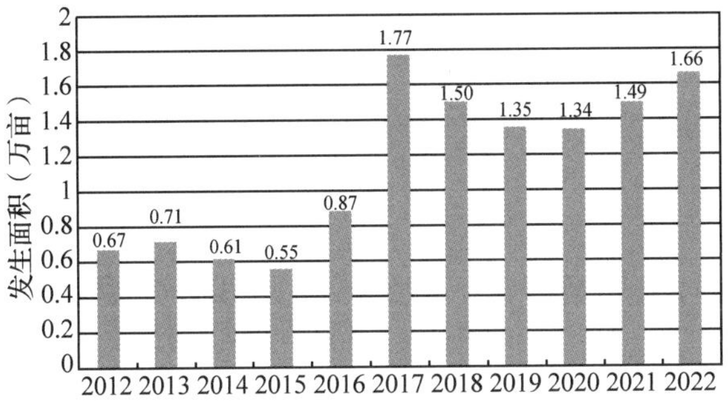

图 2-22　2012—2021 年国槐小卷蛾发生面积及 2022 年预测面积对比图

纵坑切梢小蠹　根据越冬基数调查显示，平均有虫株率为 30.30%，预计 2022 年发生 0.65 万亩，比 2021 年实际发生面积增加 0.03 万亩(4.84%)，主要发生在延庆区刘斌堡乡、四海镇和怀柔区九渡河、渤海镇等地。

柏肤小蠹　根据越冬基数调查显示，平均有虫株率为 13.18%，预计 2022 年发生 0.95 万亩，比 2021 年实际发生面积减少 0.07 万亩(7.24%)，主要发生在密云和门头沟等区。

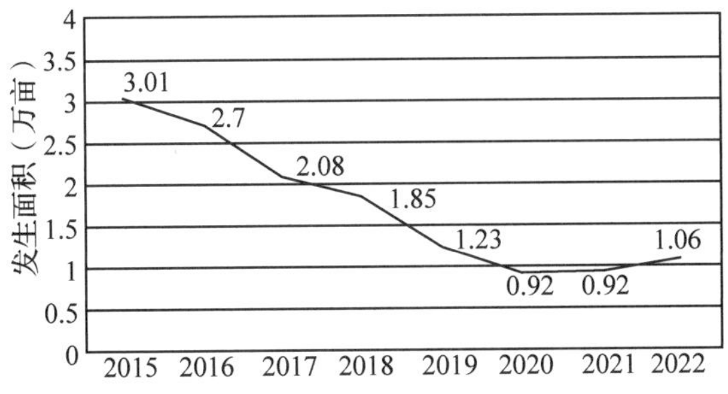

图 2-23　2015—2021 年刺吸类害虫发生面积及 2022 年趋势图预测

小线角木蠹蛾　根据越冬基数调查显示，平均有虫株率为 49%，预计 2022 年发生 0.1 万亩，总体呈上升趋势，主要发生在通州、大兴等平原生态林区。

3. 刺吸类害虫发生面积有所上升

主要包括草履蚧、白蜡绵粉蚧、斑衣蜡蝉、栾多态毛蚜、黄栌丽木虱、槐豆木虱等，在居民小区、胡同、街巷、公园等局部地区容易污染下木及地面环境卫生，虫口密度大时易引发扰民现象。

草履蚧　预计 2022 年发生 1.06 万亩，比 2021 年实际发生面积增加 0.16 万亩(17.78%)，主要发生在昌平、门头沟、丰台和通州等区。

4. 病害发生面积有所上升

主要包括杨树溃疡病、杨树烂皮病、杨树炭疽病及杨树锈病。预计 2022 年发生 2.61 万亩，比 2021 年增加 1.00 万亩(62.39%)。

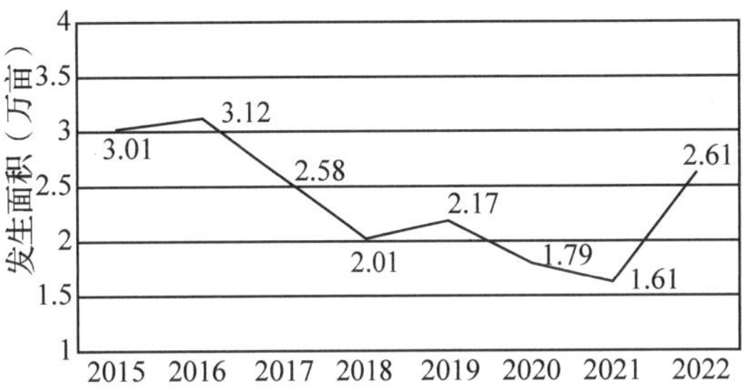

图 2-24　2015—2021 年病害发生情况及 2022 年预测趋势图

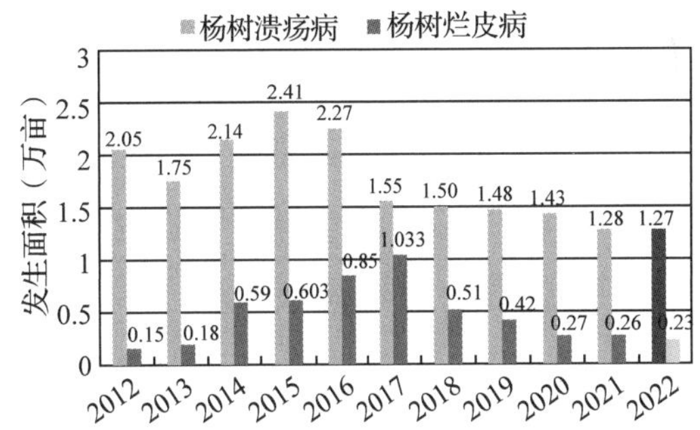

图 2-25　2012—2021 年病害发生面积及 2022 年预测面积对比图

杨树溃疡病　根据越冬基数调查显示，平均感病株率为 9.88%，预计 2022 年发生 1.27 万亩，比 2021 年实际发生面积减少 0.01 万亩(0.78%)。主要发生在房山、昌平、顺义、怀柔和大兴等区。

杨树炭疽病　根据越冬基数调查显示，平均感病株率为 8.32%，预计 2022 年发生 0.66 万亩，比 2021 年实际发生面积增加 0.58 万亩(757.14%)。主要发生在顺义、房山、大兴、通州、密云、昌平、怀柔和延庆等区局部地区。

杨树锈病　预计，2022年发生0.46万亩。主要发生在平谷、大兴、房山和顺义等区局部地区，常与炭疽病混合发生，容易造成提前落叶。

杨树烂皮病　根据越冬基数调查显示，平均感病株率为6.0%，预计2022年发生0.23万亩，比2021年实际发生面积减少0.03万亩(11.85%)。主要发生在昌平、大兴和怀柔等区。

5. 部分有害生物在局部地区表现突出

一是银杏焦叶、雪松枯梢、白皮松针叶发黄等林木生理性病害在街道、绿地及部分管护差的地块中表现突出。二是葡萄十星叶甲在顺义、平谷、房山、密云等区路网两侧对地锦危害较重，前期应加强监测巡查，早期预防除治。三是元宝枫花细蛾发生呈逐年扩大加重态势，造成植物卷叶、枯叶，影响景观效果。四是延庆区首次监测到落叶松腮扁叶蜂，山区松林应重点关注，加大监测和防治。

三、对策建议

以习近平生态文明思想为指导，坚决贯彻党中央国务院、市委市政府关于松材线虫病、美国白蛾等重大林业有害生物治理以及土壤污染防治、生物安全、林产品质量安全、优化营商环境等工作的决策部署，认真落实市领导同志批示指示，按照“预防为主、科学治理、依法监管、强化责任”的防治方针，坚持检疫监督御灾、监测预警防灾、科学防治减灾，加强防治检疫行政管理部门、行政执法部门、技术业务部门的密切配合，发挥联席会议联动机制制度和京津冀协同防控联动机制作用，采取积极科学措施，确保首都园林绿化资源安全、生态安全及生物安全。

1. 突出抓好四项重点工作

一是全力保障重点地区和重大活动期间园林绿化景观完整。二是全面开展材线虫病疫情防控五年攻坚行动。做好日常监测和春秋两季专项普查，确保实现174.528万亩松林资源监测全覆盖。三是持续做好美国白蛾防控，高度警惕美国白蛾等害虫扰民舆情。四是全面落实外来入侵物种、草原有害生物普查及防控任务。

2. 全面提升灾害预防治理能力

一是加大新一轮百万亩造林等重点绿化工程区两证一签使用推广，联合开展检疫检查和执法，加强林业植物检疫监督管理。二是实施林木有害生物精细化监测预报。三是实施林木有害生物科学治理。四是全面加强农药使用管理完善林用农药购买、使用及回收监督检查，研究推广高利用率药械，推动农药减量及土壤污染防治。

3. 持续增强高质量发展动能

一是充分发挥“五员”作用。加强专职(兼职)检疫员培训和管理，举办北京地区林业有害生物防治员职业技能大赛，进一步发挥监测巡查员、生态公益林管护员及市民社会查防员的职能和作用。二是加快推进绿色防控示范区建设，加大环保高效新技术新成果的推广应用。三是完善标准化检测流程和分子检测中心实管理制度建设，大力提升松材线虫病检测普查能力。四是继续优化营商环境，优化植物和植物产品跨区域流通检疫申请流程。五是以林保部门业务骨干为主体，以新媒体线上和线下等多种培训积极增强科普能力建设。六是探索开展科技成果征集推荐活动。七是研究开展林用农药产品推荐，规范行业市场。

4. 继续推进服务保障能力建设

一是推进防治检疫责任体系建设。建立以林长制为核心的责任体系。要进一步落实重大有害生物地方政府防治主体责任、各区园林绿化局的行业监管责任、有害生物防治检疫机构的业务指导责任和林地绿地管护单位预防除治责任。要落实“谁经营、谁防治”“谁管护、谁防治”的责任制度。做到第一时间发现、第一时间除治。二是完善应急防控预案，加大应急资金、物资、技术及人才储备。三是大力推进法治体系建设。继续推进《北京市林业有害生物防治条例》立法。四是推进科技体系建设，加强检疫、测报、防治行政管理和专业技术人才队伍建设，积极为人才提供能力提升渠道。五是加强行业业务培训，培育社会化专业化服务人才队伍，加强市民科普宣传，主动开展舆论正向引导，形成群防群治、联防联治良好氛围。六是推进京津冀协同联动防控，筑牢首都生态环境护城河。

（主要起草人：郭蕾　潘彦平；主审：王越　赫传杰）

03 天津市林业有害生物2021年发生情况和2022年趋势预测

天津市规划和自然资源综合行政执法总队；天津市规划和自然资源局林业事务中心

【摘要】天津市2021年林业有害生物发生82.77万亩，较2020年有所上升。其中病害发生7.37万亩，虫害发生75.4万亩，没有成灾林地。根据天津市近年来主要林业有害生物发生趋势以及林业发展情况、气象等因素，预测2022年林业有害生物发生面积较2021年略有下降，在78.47万亩左右，其中病害发生7.74万亩，虫害发生70.73万亩。

一、2021年林业有害生物发生情况

据统计，天津市2021年林业有害生物发生82.77万亩，其中轻度发生73.86万亩，中度发生6.14万亩，重度发生2.77万亩，全部进行了有效防治，无公害防治率为100%，成灾率为0。各类有害生物发生情况：松材线虫病和红脂大小蠹未发生新疫情；美国白蛾发生43.58万亩，较2020年上升21.1%；其他食叶害虫发生27.96万亩，较2020年上升20.3%；枝干害虫发生3.86万亩，较2020年下降17%；杨树病害发生7.37万亩，较2020年下降18.4%。

（一）发生特点

总的看来，2021年天津市林业有害生物发生面积较2020年有所上升，上升13.5%（图3-1、图3-2）。主要表现为以下特点：一是松材线虫病疫区撤销。2018年蓟州区首次发现4棵松材线虫病致死油松，面积360亩，2019、2020年春季、秋季普查均未发现新疫情，2021年3月24日，国家林业和草原局第6号公告确定天津市撤销蓟州区松材线虫病疫区。二是未发现红脂大小蠹新疫情。2018年蓟州区首次发现2株红脂大小蠹危害油松，2021年未见新发生。三是美国白蛾发生面积有所上升。2021年全市美国白蛾发生43.58万亩，较2020年上升21.1%，轻度发生比例92.8%，中度发生比例7.2%，较2020年有所下降，无重度发生，总体危害程度有加重趋势。四是蛀干害虫发生面积持续下降。主要蛀干害虫光肩星天牛2021年发生1.21万亩，较2020年下降32.5%。主要枝梢害虫松梢螟2021年发生2万亩，与2020年持平，全部为轻度发生，危害程度有所降低。五是杨树食叶害虫发生面积增幅较大。2021年杨树舟蛾发生12.44万亩，较2020年上升17.8%，春尺蠖发生10.67万亩，较2020年上升30.4%。六是国槐尺蠖危害有所加重。2021年国槐尺蠖发生4.06万亩，较2020年上升14%，中重度比例达到26%。

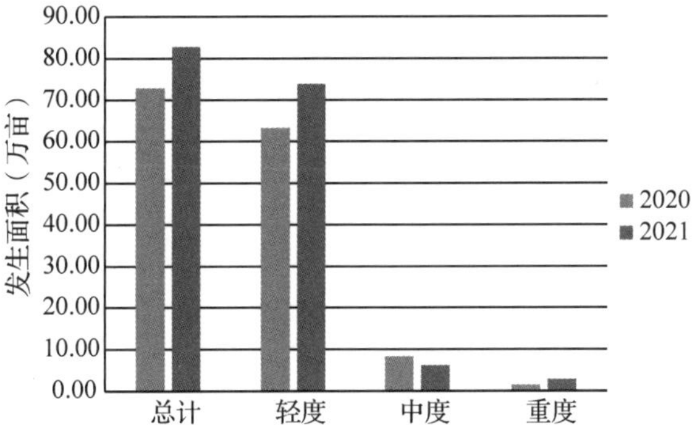

图3-1　2020、2021年林业有害生物发生程度对比

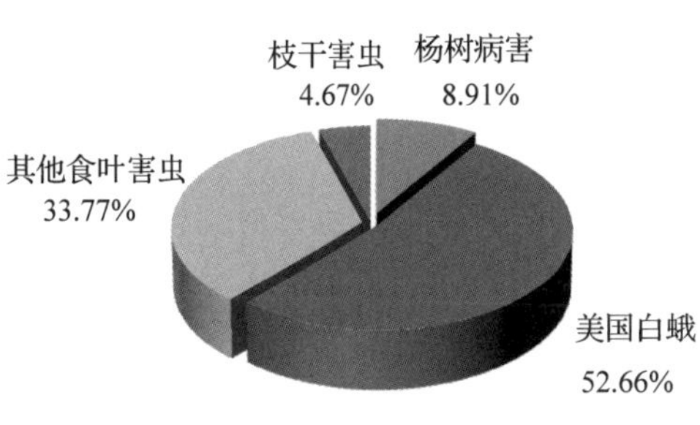

图3-2　2021年各类林业有害生物发生比例

（二）主要林业有害生物发生情况分述

1. 松材线虫病

发生于蓟州区北部山区，2018年春季首次发现4株松材线虫病致死油松，面积360亩，2019、2020年春季、秋季普查均未发现新疫情，2021年3月24日，国家林业和草原局第6号公告确定天津市撤销蓟州区松材线虫病疫区。

2. 美国白蛾

2021年美国白蛾发生43.58万亩，较2020年增加7.6万亩，其中轻度发生40.44万亩，占全部发生面积的92.8%，中度发生3.14万亩，占全部发生面积的7.2%，无重度发生，无成灾面积。各区均有发生，其中蓟州区、滨海新区有中度发生。全市寄主面积359.4万亩，监测面积1063.2万亩，监测覆盖率为100%，防治率为100%，无公害防治率100%。

建成区局部成灾扰民，林业有害生物防治部门积极与城建、交通等部门及时督促协调，负责城区防治的单位较多，个别防治区域防治责任没有完全明晰，导致出现防治真空地带，个别部位发生情况严重。

3. 红脂大小蠹

2018年蓟州区首次发现2株红脂大小蠹危害油松，2021年未见新发生。

4. 其他食叶害虫

包括春尺蠖、杨扇舟蛾、杨小舟蛾、国槐尺蠖、榆蓝叶甲和刺吸式害虫悬铃木方翅网蝽、斑衣蜡蝉等，发生27.95万亩，其中轻度发生23.05万亩，中度发生2.45万亩，重度发生2.45万亩。发生面积大、分布范围广的有春尺蠖、杨扇舟蛾、杨小舟蛾、国槐尺蠖4种。

春尺蠖　主要发生区为武清区、静海区、宝坻区、蓟州区。2021年发生10.67万亩，较2020年上升30.4%，以轻度发生为主，中度发生面积有所下降，但重度发生面积有所增加。

杨扇舟蛾　主要发生区为宁河区、武清区、宝坻区。2021年发生8.13万亩，较2020年上升8%，全部为轻度发生。

杨小舟蛾　发生于静海区、蓟州区、宝坻区、武清区。2021年发生4.31万亩，较2020年上升41.8%，虽然以轻度发生为主，但重度发生0.9万亩，占全部发生面积的20.9%，较2020年有所增加。

国槐尺蠖　主要发生区为静海区、武清区、宁河区、东丽区。2021年发生4.06万亩，较2020年上升14%，中、重度发生比例有所下降。

悬铃木方翅网蝽　2021年武清区轻度发生0.48万亩，较2020年下降36%。

其他种类发生情况为：斑衣蜡蝉发生面积0.1万亩，榆蓝叶甲发生0.12万亩，枣尺蠖0.08万亩。

5. 其他枝干害虫

包括光肩星天牛、松梢螟、白杨透翅蛾、白蜡窄吉丁、六星黑点豹蠹蛾、小木蠹蛾、国槐小卷蛾、日本双棘长蠹、沟眶象9种，以光肩星天牛和松梢螟为主，占枝干害虫发生量的83%（图3-3）。

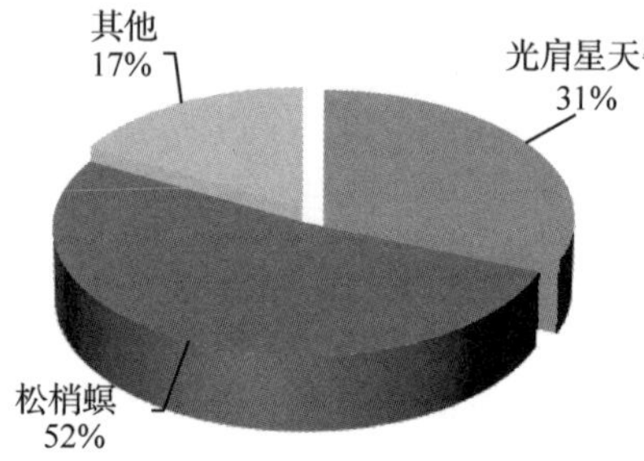

图3-3　各种枝干害虫发生比例

光肩星天牛　重点发生区为宝坻区、武清区、静海区。2021年发生1.21万亩，较2020年下降32.5%，且危害程度以轻度为主，占全部发生面积的91.7%。

松梢螟　发生于蓟州区北部山区，2021年发生2万亩，与2020年持平，全部为轻度发生。

小线角木蠹蛾　发生于武清区、静海区、滨海新区、津南区。2021年发生0.2万亩，较2020年上升6.4%，轻度发生为主，占全部发生面积的97.5%。

其他种类发生情况　六星黑点豹蠹蛾发生0.21万亩，国槐小卷蛾发生0.14万亩，沟眶象发生0.04万亩，日本双棘长蠹发生0.03万亩，白蜡窄吉丁发生0.02万亩，白杨透翅蛾0.02万亩。

6. 杨树病害

包括杨树溃疡病和杨树烂皮病两种。2021年发生7.37万亩，较2020年下降18.4%。其中轻度发生占全部发生面积的89.7%。杨树溃疡病各主要分布于宝坻区、静海区、宁河区，杨树烂皮病主要分布于宝坻区及静海区。

(三)原因分析

(1)松材线虫病疫区撤销。2018 年蓟州区发现松材线虫病疫情后，各级政府高度重视，立即进行了疫木粉碎焚烧处理，制订防治方案，财政下达专项资金进行防治，有效控制了疫情。此后，蓟州区加强松材线虫病监测，2019、2020 年春季、秋季普查及日常踏查过程中，发现不明原因死亡松科植物，及时上报分析处理，未发现新疫情。2021 年 3 月 24 日，国家林业和草原局第 6 号公告确定天津市撤销蓟州区松材线虫病疫区

(2)未发生红脂大小蠹新疫情。2018 年发现红脂大小蠹疫情后，蓟州区高度重视，立即按照相关规定进行了疫情处理，并要求在松材线虫病监测的同时进行红脂大小蠹监测。

(3)美国白蛾发生面积有所上升，但发生程度仍以轻度为主。究其原因，一是受暖湿气候等因素影响，2021 年越冬蛹成活率偏高，成虫产卵量大，幼虫孵化率高，且幼虫虫龄极为不整齐，第 2 代防治期恰逢高温多雨，对防治作业影响很大，使得美国白蛾基数有所增加，高温多雨给美国白蛾提供了很好的孵化及生存条件，故第 3 代美国白蛾发生偏重。二是城镇小区的防治难度较大，防治责任部门多，虽然对相关部门进行多次督导，但防治效果仍不理想。三是由于部分林地作业道狭窄，造成防治死角的存在，加上个别区域周边有鱼池虾池等，给机械防治带来一定难度。

(4)国槐尺蠖发生面积有所增加。近几年槐树种植面积持续增加，各地虽加强了监测防治，但寄主植物的增加为危害的发生提供了条件，需高度重视。

(5)杨树舟蛾类发生面积略有上升。杨扇舟蛾近几年在天津以轻度发生为主，杨小舟蛾具周期性暴发特点，2021 年中、重度发生面积略有增加，处于上升通道。

(6)主要枝干害虫发生面积进一步下降。由于天津大部分地区对光肩星天牛危害较重的柳树进行更新，而速生杨受害较轻，近几年光肩星天牛的发生面积逐年下降；松梢螟发生面积与 2020 年持平，蓟州区采取了有效防治，并进一步加强监测，以轻度发生为主。小线角木蠹蛾发生面积有所增加，需加强监测。

二、2022 年林业有害生物发生趋势预测

(一)2022 年总体发生趋势预测

根据近年来主要林业有害生物发生趋势、林业资源发展情况，结合近年气象条件、最后一代有害生物发生和防治情况、越冬基数调查以及有害生物发生规律等，预测天津市 2022 年主要林业有害生物发生面积较 2021 年有所下降，发生面积在 78.47 万亩左右，总体仍以轻、中度发生为主。其中病害发生 7.74 万亩，虫害发生 70.73 万亩，松材线虫病和红脂大小蠹无新发生。主要种类包括美国白蛾、杨树病害、春尺蠖、杨扇舟蛾、杨小舟蛾、国槐尺蠖、光肩星天牛、松梢螟以及悬铃木方翅网蝽和杨树叶蜂类，从大类来看，食叶害虫发生面积增加，而蛀干害虫发生面积仍呈下降态势。

(二)分种类发生趋势预测

1. 松材线虫病和红脂大小蠹

预测 2022 年无发生。预测依据：2018 年春季发现疫情后，立即采取了防治措施。2020 年、2021 年春季和秋季普查均未发现新疫情。

2. 美国白蛾

预测发生 37.8 万亩，较 2021 年有所下降，发生程度仍以轻、中度为主，但不排除村庄、养殖场周边会出现点状零散重度发生。预测依据：2021 年第 3 代美国白蛾及时进行了补防，控制了越冬虫口基数，且各区提高了监测及防治重视程度，基本可以控制其扩散蔓延(图 3-4)。

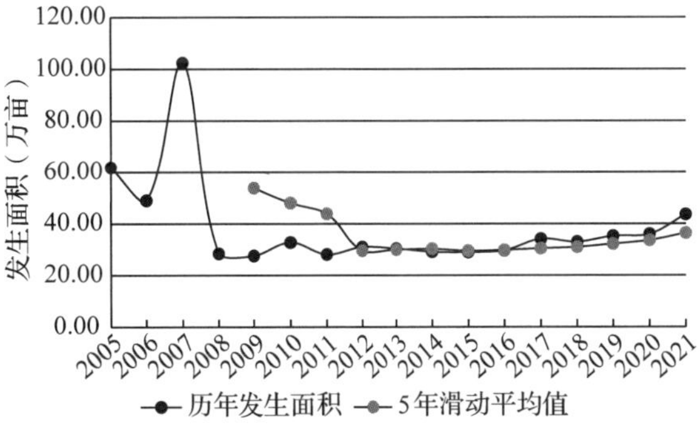

图 3-4　美国白蛾发生趋势

3. 春尺蠖

预测发生 10 万亩，较 2021 年减少 0.67 万亩，主要发生区为武清区、宝坻区、静海区、蓟州区。预测依据：2021 年春尺蠖发生面积较 2020 年有所增长，且中重度发生比例，各区加大了监测防治力度，控制了虫口基数，加之杨树面积进一步减少，寄主面积随之减少(图 3-5)。

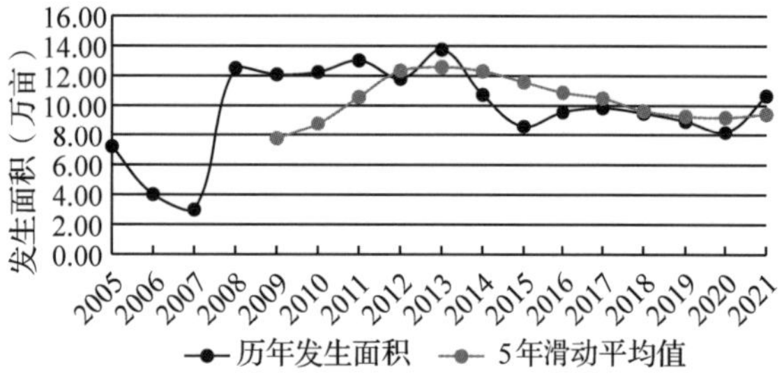

图 3-5　春尺蠖发生趋势

4. 杨扇舟蛾

预测发生 6.1 万亩，较 2021 年减少约 2 万亩，主要发生在蓟州区、宝坻区、武清区、宁河区。预测依据：近几年杨扇舟蛾基本以轻度发生为主，尽管 2021 年局部区域中度发生，但只要加强监测防治，可控制其危害面积(图 3-6)。

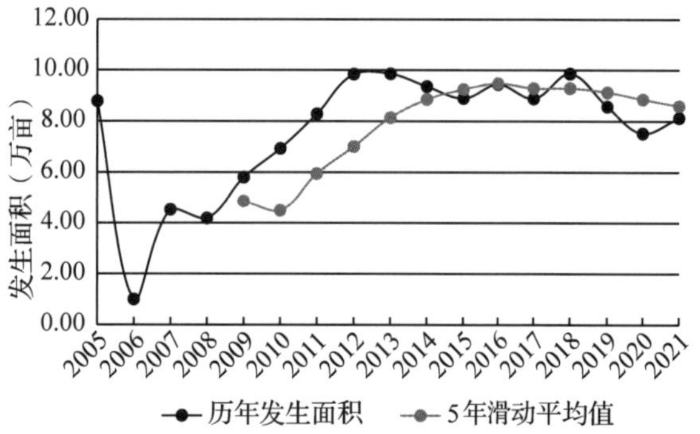

图 3-6　杨扇舟蛾发生趋势

5. 杨小舟蛾

预测发生 4.65 万亩，较 2021 年增加约 0.4 万亩。主要发生在蓟州区、静海区、宝坻区、武清区，中重度发生面积有可能增加。预测依据：2021 年重度发生面积有所增加，且杨小舟蛾具有周期性暴发特点(图 3-7)，近期仍为上升趋势。

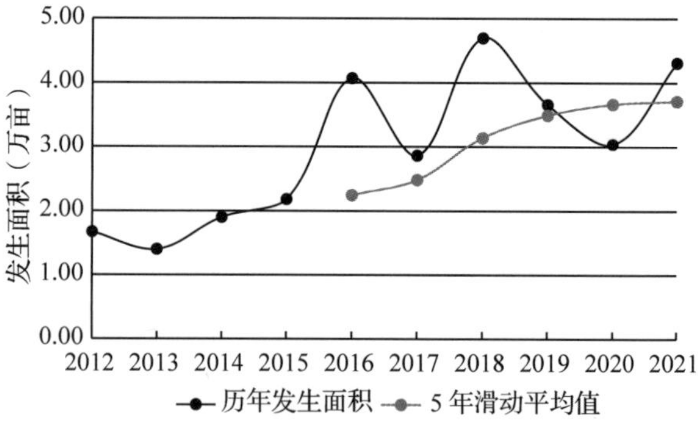

图 3-7　杨小舟蛾发生趋势

6. 国槐尺蠖

预测发生 3.7 万亩，较 2021 年减少 0.36 万亩，主要发生在静海区、各区零星分布。预测依据：纯林栽植形式致使虫口基数依然较大，寄主相对集中，无人管护的苗圃，为国槐尺蠖发生创造了条件(图 3-8)。

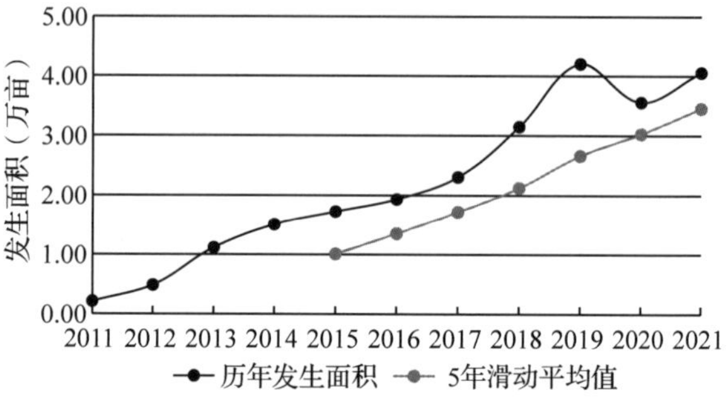

图 3-8　国槐尺蠖发生趋势

7. 光肩星天牛

预测发生 1.23 万亩，比 2021 年略有上升，主要发生区为宝坻区、武清区、静海区、滨海新区。预测依据：主要发生区宝坻区柳树进行更新，光肩星天牛发生面积继续下降，但部分林分老化，仍需重视监测防治(图 3-9)。

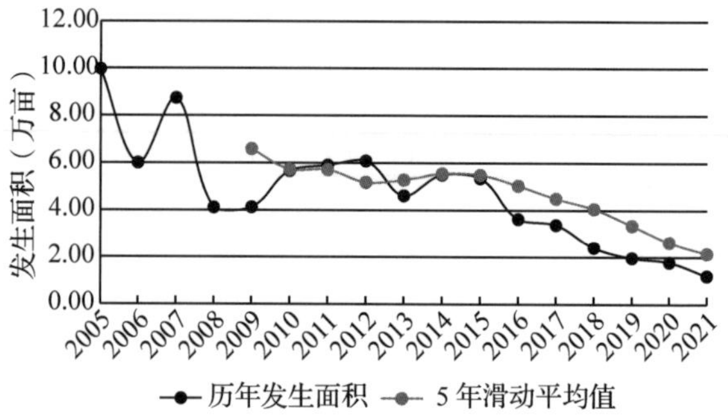

图 3-9　光肩星天牛发生趋势

8. 杨树病害

包括杨树溃疡病和杨树烂皮病，预测发生 7.74 万亩，较 2021 年略有增加。预测依据：新植幼树容易发病，结合 2021 年新造林情况，预计杨树病害发生面积相应增加(图 3-10)。

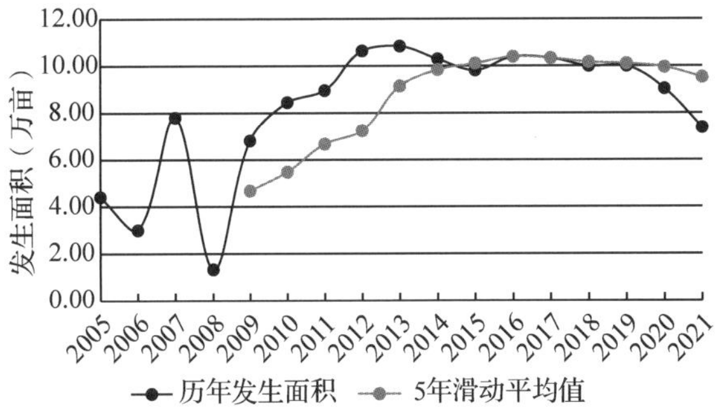

图 3-10　杨树病害发生趋势

9. 松梢螟

预测发生 2 万亩，与 2021 年持平。预测依据：松梢螟在天津的危害周期为 4～5 年，2018 年危害较重，及时采取了防治措施，短期内将维持相近的发生面积，但危害程度会进一步减轻。

10. 悬铃木方翅网蝽

预测 2022 年发生 0.55 万亩，较 2021 年增加 0.07 万亩，主要发生区为武清区。预测依据：悬铃木方翅网蝽飞行能力强，传播速度快，危害状不明显，如不加强防治，有暴发可能。

11. 栎粉舟蛾

预测 2022 年发生 1.5 万亩，发生区为蓟州北部山区。预测依据：栎类和板栗树在蓟州山区广泛分布，虫口密度低时不易发现，虫口密度积累到一定程度导致较大范围发生。

12. 木橑尺蠖

预测 2022 年发生 2 万亩，发生区为蓟州区北部山区。预测依据：木橑尺蠖有周期性发生和暴发特点，上一个发生时期 2007 年成虫数量增加，2008 年较大面积发生，从 2018 年起监测到其成虫数量开始增加，2021 虫口基数继续积累，有危害可能。

13. 其他虫害

预测 2022 年发生 1.2 万亩左右，主要包括杨树叶蜂、榆蓝叶甲、柳蜷叶蜂、黄点直缘跳甲、枣尺蠖等食叶害虫以及六星黑点豹蠹蛾、小线角木蠹蛾、国槐小卷蛾、日本双棘长蠹、白蜡窄吉丁、沟眶象等枝干害虫及斑衣蜡蝉。

三、对策建议

(一)加强宣传，落实责任，增加防治投入

在机构改革完成后，各职能单位应根据相关职责，明确责任，探索落实“双线目标管理责任制”的新机制，以“林长制”为抓手，进一步明确责任，提高各级政府和主管部门对森防工作的重视程度，充分发挥镇街护林员作用，加强基础建设，提高森防整体实力，增加各级财政的防治投入，降低林业有害生物危害，保护生态安全。

(二)加强检疫，科学防控，防止重大外来有害生物传播

一是继续全面开展美国白蛾防治及苗木调运检疫，防止美国白蛾疫情扩散。二是加强宣传、督导，克服麻痹怠惰情绪，坚持美国白蛾防治力度不减。三是全面做好松材线虫病检疫防控，对调入、调出天津的松树及其制品进行严格复检和检疫检查，加大对辖区内所有松属植物和流通、贮存的松木及其制品的监测力度，一经发现不明原因死亡松树，及时检测、处理。四是采取多种措施对蓟州北部山区松林进行全面监测。

(三)加强杨树舟蛾、国槐尺蠖等食叶害虫的监测防治

食叶害虫中，杨树舟蛾及国槐尺蠖的发生危害近几年呈上升趋势。为此，一是提高重视程度，加强监测调查，全面掌握其分布范围、发生面积和危害程度，及时发布虫情动态和预警信息。二是科学防治，降低危害损失。针对其发生、危害特点，科学制定监测和防治方案，适时开展防治，遏制其扩散势头。

(四)加强监测、防治技术研究，提高栎粉舟蛾防治效率

通过总结以往栎粉舟蛾防治经验，2022 年计划采取以下防控措施：一是加强监测，全面掌握其发生范围和危害程度。二是因地制宜采取综合措施进行治理，如成虫期用高压汞灯(发电机)对重点地区进行防治，无人机点片精准防控幼虫等。

(五) 全面监测，防止木橑尺蠖暴发

木橑尺蠖具有暴发危害特点，其食量大、扩散迅速，各有关区将加强监测，制订防治方案，科学、及时开展防治。

(六) 加强科技支撑，提高防治效率

继续加强防治措施的研究试验，不断探索高效、低成本、低污染的防治方法，搞好监测预报，掌握好防治适期，科学防治。对发生危害较重的有害生物，要不断引进先进的防治措施，进一步提高防治效果，降低危害程度。

（主要起草人：张素芬　宋东　张钰；主审：王越　赫传杰）

04 河北省林业有害生物2021年发生情况和2022年趋势预测

河北省林业和草原有害生物防治检疫站

【摘要】2021年全省林业有害生物发生态势总体上平稳，全省林业有害生物发生面积708.55万亩，危害程度基本在中度以下。预测2022年全省林业有害生物发生面积720万亩左右。比2021年发生略有上升，其中：虫害645万亩，病害25万亩，鼠(兔)害50万亩。2022年要严格检疫监管，加强监测预警，充分做好物资储备，科学综合防治，加大联防联治等区域合作，强化重点区域部位的重大危险性林业有害生物预防和治理。

一、2021年林业有害生物发生情况

全省主要林业有害生物发生708.55万亩，同比下降2.17%。其中森林虫害645.66万亩，同比下降0.63%；病害21.74万亩，同比下降27.536%；鼠(兔)害41.16万亩，同比下降7.57%。全省林业有害生物测报准确率为98.41%。全年共防治1440.98万亩次，成灾率控制在0.09‰。对全省1115万亩松林实施普查监测，发现枯死松树23948株，取样检测2726株，未发现松材线虫病。

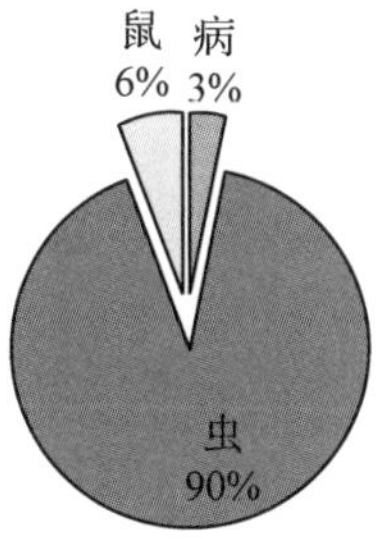

图4-1 河北省林业病、虫、鼠份额图

(一)发生特点

2021年河北省林业有害生物发生特点为：总体发生情况同比去年略有下降，区域性局部危害偶有发生。一是第1代美国白蛾幼虫孵化较常年提前1~3天，第2代、第3代美国白蛾与去年同期相比偏重发生，世代重叠严重。二是杨树舟蛾大部分发生区林间虫口基数偏低，整体危害较轻，但发生面积增加较大。三是秋季以第3代美国白蛾、杨扇舟蛾、杨小舟蛾危害为主，个别村庄、路段发生较重。成灾面积较去年有所增加。四是红脂大小蠹在河北省与内蒙古、辽宁交界的县(市)，发生危害得到控制，发生面积同比下降明显。五是经济林病虫持续危害，如栗粉舟蛾今年继续在太行山、燕山山区板栗产区市县较大面积发生，悬铃木方翅网蝽在公路两侧持续危害。

(二)主要林业有害生物发生情况

河北省林业有害生物11月至翌年3月为越冬期，除鼠、兔危害外，其他林业有害生物基本无危害；4~10月为病虫危害期，最早危害的是春尺蛾和松毛虫等，到了6月，第1代美国白蛾幼虫和杨树食叶害虫危害、发生面积较大，也是全年新增有害生物危害面积最大的一个月。7~10月，第2、3、4代杨树食叶害虫和第2、3代美国白蛾幼虫在第1代基础上都有所增加，各种经济林有害生物亦多在此时间段危害最为猖獗。具体情况：

1. 松毛虫

发生37.60万亩，比去年下降5.0%，其中油松毛虫14.44万亩、赤松毛虫0.49万亩、落叶松毛虫22.68万亩。落叶松毛虫主要发生在塞罕坝机械林场、平泉县、沽源县局部地块，个别山坡虫口密度较大。油松毛虫发生面积较多的地区主要是石家庄、张家口和承德的部分县，其他地区与去年比呈现平稳趋势。

2. 森林鼠(兔)

发生 41.16 万亩，同比下降 7.57%。但局部危害仍较重。棕背䶄、鼢鼠、野兔等在坝上地区发生，野兔在承德的围场、丰宁和张家口的沽源等地危害较重。主要原因：一是坝上地区大范围风电装机造成鼠兔天敌锐减，鼠密度积累增加，逐渐从低密度发展到相对较高的密度形成危害。二是鼠兔在冬季食物短缺，造成危害。

3. 杨树虫害

发生 129.98 万亩，同比下降 9.1%。其中杨树食叶害虫发生面积 120.36 万亩，比 2020 年下降 8.86%。春尺蠖发生 67.39 万亩，主要发生在廊坊、衡水、保定等部分县(市、区)，危害较去年轻。主要是由于沧州、廊坊、保定、邢台大面积推广阻隔法防治春尺蠖，防效明显，除个别地块外，基本没有出现大面积吃光的现象。杨扇舟蛾发生面积 29.26 万亩，同比下降 4.69%，杨小舟蛾发生面积 19.7 万亩，同比上升 80.07%。进入 8 月中、下旬后，杨扇舟蛾、杨小舟蛾等害虫在部分道路路段、高速公路两侧和片林持续危害，但出现“吃糊”“吃花”现象很少。杨树蛀干(梢)害虫发生 9.62 万亩，同比下降 12.07%。杨干象发生 4.31 万亩、光肩星天牛发生 3.68 万亩，沧州、衡水以天牛危害为主，杨干象危害逐年增多，主要发生在唐山、承德、秦皇岛等县区。

4. 杨树病害

发生 16.02 万亩，同比下降 44.61%，其中杨树烂皮病发生 6.17 万亩、杨树溃疡病发生 3.88 万亩、杨树细菌性溃疡病发生 4.3760 万亩。今年全省大部分地区春季、夏季降雨虽较常年多，但夏季雨季期间持续高温闷热天气不多，近年来造林质量要求高，基本上造林选用的是壮苗、大苗。再加上河北省加强了春、秋两季苗木产地检疫和复检，严禁带病虫苗木出圃、造林。因此今年杨树溃疡病、烂皮病等病害发生面积小。

5. 美国白蛾

发生 268.38 万亩，同比上升 6.85%。发生范围涉及除张家口外的 10 个设区市、2 个省直管县级市和雄安新区，共 131 个县(市、区)、1271 个乡(镇、街道办事处、林场、农场)、19976 个疫点村(街道、小区)，与 2020 年相比增加 31 个乡(镇)、155 个疫点村。今年，美国白蛾第 1 代、第 2 代整体轻度零星发生，第 3 代美国白蛾与去年同期相比偏重发生，世代重叠严重，个别村庄、小区、路段发生较重。在今年周边省(市)危害反弹、多点暴发的情况下，河北省继续保持了持续稳定控制。据统计，第 3 代美国白蛾发生期间，全省共计网络、电话反映报告虫情 38 起，其中：网上反映 2 起，电话反映 36 起，城区居民反映 28 起、村民反映 10 起，反映信息主要是个别小区、街道、村庄，美国白蛾发生较重，不知如何防治或防治后效果不好，请求技术支持或帮助防治。根据反映情况，省、市、县林草主管部门高度重视，迅速安排技术人员现场调研指导，协调乡镇、街道办、社区物业等单位及城镇园林、交通等相关部门协同开展防治，部分县组织防治专业队、防治公司开展防治，或发放药剂、提供器械指导防治。全省对反映的虫情区域，都得到及时处置，取得较好成效，未发生举报投诉事件。

6. 红脂大小蠹

发生面积 13.62 万亩，同比去年下降 26.85%，危害程度较轻。涉及石家庄、邯郸、邢台、保定、张家口、承德 6 个设区市的 28 个县(市)，在承德市区域与内蒙古、辽宁交界的县(市)，发生危害得到控制，发生面积同比下降明显。两个直属林场(塞罕坝机械林场、木兰林管局)也有发生。

7. 舞毒蛾

发生面积 27.64 万亩，同比上升 73.29%，主要发生在承德、张家口部分县。发生面积从 2020 年开始增加，2021 年发生面积继续加大。其原因是该虫从低发生周期逐渐步入较高发生周期，是该虫自身的生物学特性。

8. 栗粉舟蛾(栎粉舟蛾)

发生面积 67.38 万亩。同比下降 12.75%。主要发生在承德、邢台部分山区县。虽有所下降，但仍维持在高发态势。

(三)成因分析

河北省 2020 年冬季(2020 年 12 月 ~2021 年 2 月)气温冷暖起伏显著，前冬冷后冬暖。全省平均降水量为 15.8mm，较常年偏多 49.1%。2001 年春季：平均气温为 13.9℃，较常年偏高 0.9℃，属偏高年份，全省平均降水量为 53.9mm，较常年偏少 25.8%，属于偏少年份。

夏季：全省平均降水量为487.0mm，较常年偏多45.7%，属于显著偏多年份，季内强降水时段较常年偏早，多地出现极端强降水事件，进入7月，强降水过程频繁，暴雨过程偏多；9月，平均降水量171.1mm，较常年偏多近2.4倍，为历史同期降水最多，79个县(市、区)月降水量突破历史9月极值，23个县(市、区)月降水量突破历史秋季(9~11月)极值。多地出现连阴雨和大雾天气，连阴雨发生站次历史同期第二多。

分析2021年全省林业有害生物发生的主要原因：①去冬今春气候条件没有出现极端天气，且暖冬，有利美国白蛾、杨树食叶害虫越冬发育。越冬蛹孵化率高于去年，致使第1代发生明显，虽第1代危害中后期防治力度加大，有效控制了2代美国白蛾化蛹数量，表现2代前期危害相对较轻，这样又造成了人们对2代美国白蛾防治的盲目乐观，从而忽视了对2代美国白蛾中后期的防治，此时的高温高湿，致使蛹期较短，蛹寄生率较低，而卵的孵化率较高，造成第3代美国白蛾虫口密度大、网幕明显、危害重，且在第3代美国白蛾幼虫防治关键时期，持续降雨，影响了喷药防治作业开展和药效，飞防和地面防治效果都不理想，致使局部区域虫口密度大，导致部分地域3代危害程度较重。②森林结构单一，大面积杨树纯林，再加上频繁人为活动影响，生态系统脆弱，自身抵御病虫害能力差。以上两点都有利于美国白蛾、杨树舟蛾的发生。但美国白蛾、杨树食叶害虫发生危害多在中度以下且没有出现大面积成灾的原因，一是林业有害生物防治队伍和基础建设经几十年发展，取得了长足进步，防控能力明显提升。二是重大林业有害生物防治得到了各级政府和相关部门的高度重视，认真落实政府和部门的“双线目标”责任制，组织领导不断加强，经费投入不断增加，监测预警、检疫御灾、应急救灾等体系不断完善，美国白蛾等重大林业有害生物今年得到了比较有效治理。三是外来有害生物定居本土化，有害生物的天敌跟进，形成了相对稳定的“食物链”，发生逐渐趋于稳定。美国白蛾、杨树舟蛾已经在河北省形成了一个较稳定的种群群落。再加上近年来河北省大面积使用无公害农药飞机防治春尺蛾、美国白蛾、杨树舟蛾，结合推广阻隔法防治春尺蠖等防控措施，防效明显，使得美国白蛾、杨树舟蛾危害程度减轻。③栗粉舟蛾危害严重，是因为夏季高温高湿等特殊气候因素，利于害虫繁衍生长。再加上发生地点多为高山深山，坡陡林密，现有的机械难以开展防治作业。特别是8月老熟幼虫都进入暴食期，几天时间就能将成片树叶吃光。各地积极布设高压钠灯，取得了很好的防治成效。④悬铃木方翅网蝽持续危害，主要是悬铃木作为行道树及小区绿化主要树种，种植面积越来越大，为其传播提供了场所，加上该虫1年多代，世代重叠，再加上对其研究不多，现有防治方法效果不理想。

二、2022年林业有害生物发生趋势预测

(一)2022年总体发生趋势预测

根据全省2021年林业有害生物发生与防治情况和国家级林业有害生物中心测报点、全省重点测报点越冬基数调查，及各市森防站预测数据，结合林业有害生物发生规律及气象资料综合分析，经趋势会商和数学模拟分析以及分析历年发生情况，预测2022年河北省林业有害生物发生720万亩左右，与2021年实际发生相比略有上升。其中：虫害645万亩，病害25万亩，鼠(兔)害50万亩，危害程度总体为中度以下。

(二)2021年度预测结果评估

2021年河北省林业有害生物实际发生以及主要虫害与年初的预测相吻合。

表4-1　2021年预测与2021年发生及2020年度对比主要病虫害预测结果评估表

病虫种类	2021预测发生(万亩)	2021实际发生(万亩)	2020年实际发生(万亩)	实际发生趋势	预测准确率(%)	预测结果
病虫害总计	720	708.55	724.27	下降	98.41	吻合
虫害	640	645.66	649.74	下降	99.11	吻合

（续）

病虫种类	2021 预测发生（万亩）	2021 实际发生（万亩）	2020 年实际发生（万亩）	实际发生趋势	预测准确率（%）	预测结果
病害	30	21.74	30.0	下降	72.47	基本吻合
森林鼠兔	50	41.16	44.53	下降	82.32	吻合
松毛虫	35	37.60	39.58	下降	92.57	吻合
杨树蛀干害虫	10	9.62	10.94	下降	96.2	吻合
杨树食叶害虫	120	120.36	132.06	下降	99.7	吻合
松叶蜂类	13	5.3	10.27	下降	40.77	不吻合
天幕毛虫	16	14.09	17.19	下降	88.06	吻合
舞毒蛾	23	27.64	15.95	上升	79.83	吻合
美国白蛾	275	268.38	251.17	上升	97.59	吻合

从表 4-1 中，我们可以清楚地看到 2021 年预测与 2021 年发生及 2020 年度发生面积总体上有变化，特别是具体到单虫种发生面积变化差异很大。如舞毒蛾实际发生与 2020 年比，发生面积增加逾 73%，松叶蜂类实际发生与 2020 年比，发生面积减少近半。

（三）分种类发生趋势预测

1. 数学模型预测

依据 21 年来全省林业有害生物发生面积统计结果，利用预测预报系统软件进行自回归预测，对 2022 年发生面积预测结果如下：

表 4-2　河北省 2022 年几种主要病虫害发生情况预测　　万亩

病虫鼠名称	2021 年发生	回归预测	综合预测
病虫害总计	708.55	718	720
病害合计	21.74	35	25
虫害合计	645.66	626	645
鼠兔害合计	41.16	54	50
松毛虫	37.60	49	38
杨树蛀干害虫	9.62	13	10
杨树食叶害虫	120.36	144	125
美国白蛾	268.38	257	265
红脂大小蠹等	13.62	13	15

2. 预测分析

美国白蛾　预测发生 265 万亩，与 2021 年实际发生相比略有下降。主要发生在唐山、秦皇岛、廊坊、沧州、石家庄、保定、承德、衡水、邢台、邯郸等市和雄安新区及定州辛集 2 个省管县级市。特点有变化，虫口密度应低于今年、危害程度减轻，但疫点、疫情不会减少，应注意防止疫情反弹。形势依然严峻，各发生区要加大监测点密度，重点抓住第 1 代防治关键期，大大降低虫口基数，严控第 2 代，严防第 3 代暴发危害。另外张家口市一定要加强监测，严防美国白蛾传入，一旦发现，果断扑灭。

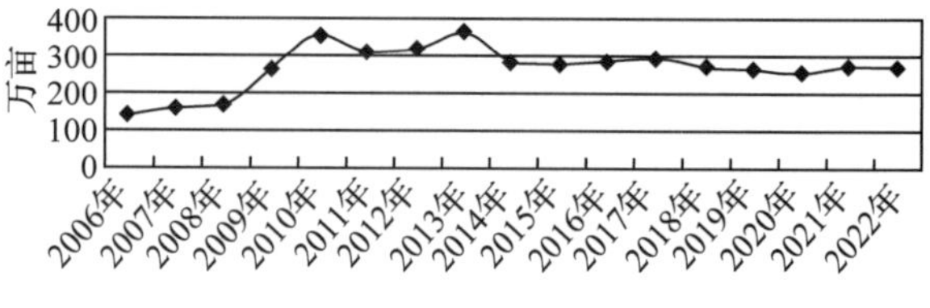

图 4-2　2022 年美国白蛾发生趋势预测

松毛虫　预测发生 38 万亩，其中中度以上发生在 10 万亩以下，严重发生面积与 2021 年持平。据河北省 12 个松毛虫诱捕监测点预报和燕山山区、太行山山区的虫情监测调查情况综合分析，油松毛虫开始逐渐进入下一个发生周期，发生面积可能将逐渐加大，需加强监测。冀北坝上地区的落叶松毛虫和承德市部分县、张家口市的赤城、尚义，石家庄的平山等县油松毛虫亦有抬头加重趋势。需防面积 10 万亩左右。

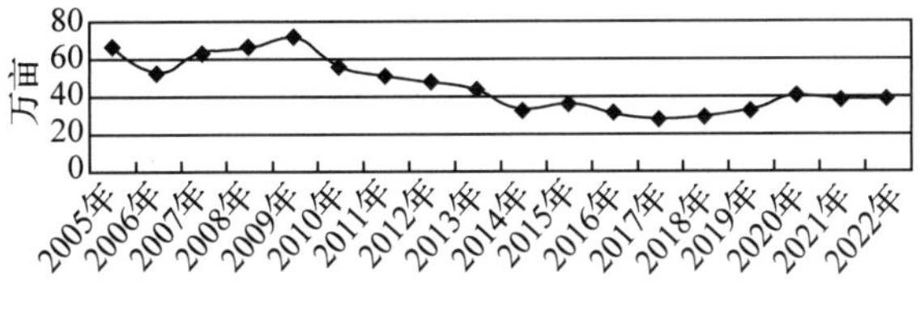

图 4-3　2022 年松毛虫发生趋势预测

红脂大小蠹等松树钻蛀性害虫　预测发生 15 万亩，与 2021 年实际发生略有上升。红脂大小蠹的危害，整体不会加重，但局部危害可能加重。特别是承德各县不容忽视，一定要加强监测。其他一些钻蛀类害虫如八齿小蠹、梢小蠹等发生呈平稳趋势，主要涉及燕山、太行山一带的承德、隆化、平泉、围场、宽城、临城、内丘、沙河、赞皇、平山、涞源、武安、涿鹿、赤城等地。

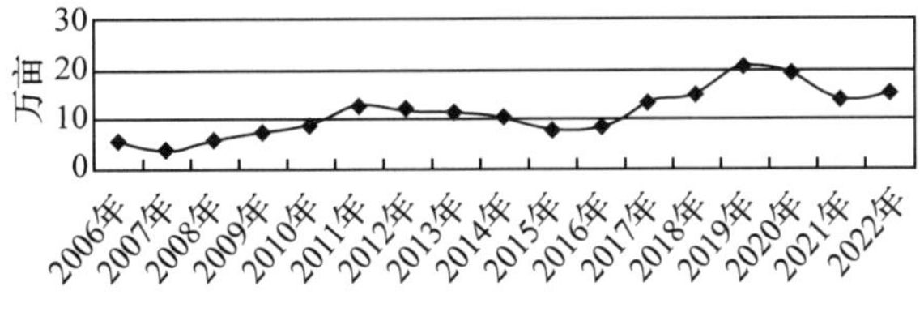

图 4-4　2022 年红脂大小蠹发生趋势预测

杨树蛀干害虫　预测全省发生 10 万亩。主要虫种为杨干象、桑天牛、光肩星天牛等，呈平稳趋势，近年来杨干象危害在承德、唐山、秦皇岛等市有加重蔓延的趋势，不可掉以轻心。各市重点危害种类有主次，沧州市光肩星天牛危害轻而桑天牛危害相对重，而光肩星天牛危害主要分布在沟渠、路旁的柳树上；全省防治重点为沧州、衡水、廊坊、石家庄、保定、邢台等市。

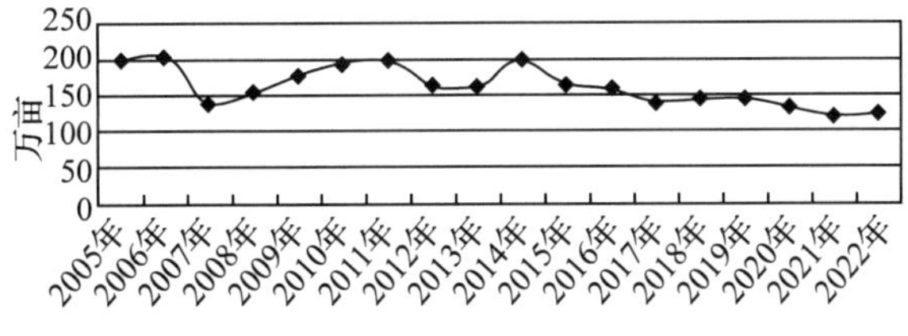

图 4-5　2022 年杨树蛀干害虫发生趋势预测

杨树食叶类害虫　预测全年发生 125 万亩。与 2021 年实际发生比略有上升，春天和 9 月局部小面积可能成灾。大面积集中连片的杨树纯林，面积大、范围广、林分抗虫能力差，治理难度大。主要种类为春尺蛾、杨扇舟蛾、杨小舟蛾、杨二尾舟蛾、杨毒蛾、杨白潜叶蛾等，春季，春尺蛾在廊坊、保定、衡水、沧州、邢台等市部分县(市、区)杨树林中危害比较严重，7 月以后杨扇舟蛾、杨小舟蛾、杨毒蛾类等害虫将在平原及低山区各市县区的公路两侧。村庄、农田林网大面积发生，要重点抓好 5、6 月的第 1 代防治工作，以避免因前期防治不到位，可能造成的局部成灾。

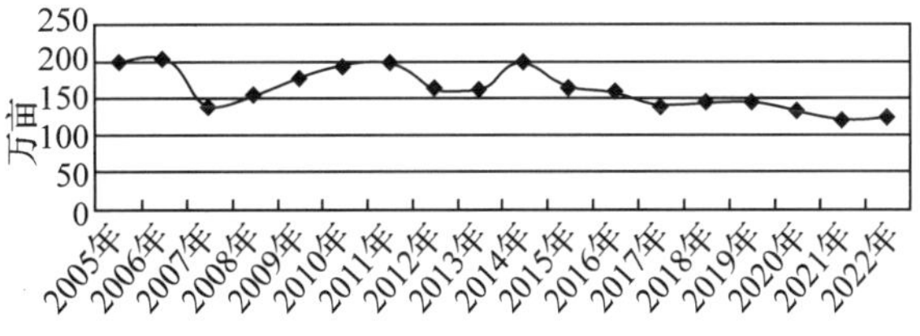

图 4-6　2022 年杨树食叶类害虫发生趋势预测

天幕毛虫　预测发生 14 万亩，相比 2021 年实际发生基本持平，主要发生在张家口、承德的山杏产区。

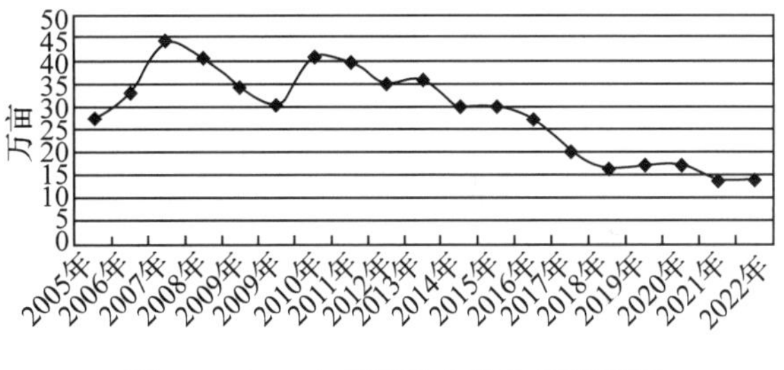

图 4-7　2022 年天幕毛虫发生趋势预测

舞毒蛾　预测发生 27 万亩左右，与 2021 年实际发生基本持平或稍上升。该虫从 2018 年发生低谷逐渐呈上升趋势，主要发生在张家口、承德、唐山。2012 年是舞毒蛾自 1998 年以来的一个高峰期，2015 年下降到最低谷，预测 2022 年发生继续爬升，危害程度可能高于 2021 年。

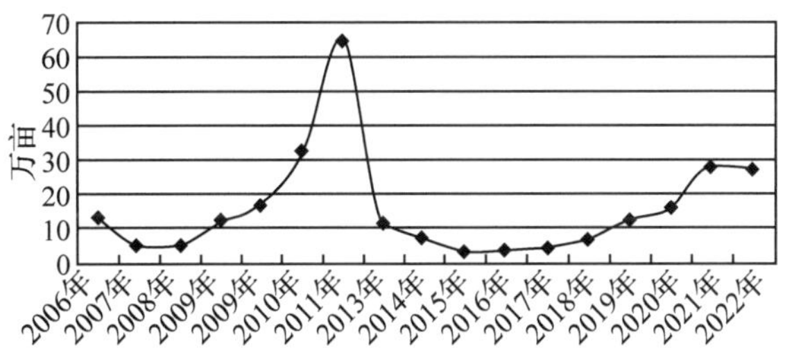

图 4-8　2022 年舞毒蛾发生趋势预测

松叶蜂类　预测发生6万亩，比2021年实际发生呈上升态势。包括落叶松鳃扁叶蜂、红腹叶蜂、锉叶蜂、阿扁叶蜂等，主要发生在承德和张家口的坝上地区及中南部太行山区松林。但是该类害虫发育龄期不整齐，又有滞育现象，防治困难，难于全面控制。必须加强监测，严防大面积发生。

鼠兔害　预测发生50万亩。主要是棕背䶄、草原鼢鼠、花鼠、托氏兔等种类。从全局看将呈平稳态势，不同鼠种、不同地区升降变化各异。重点发生在承德、张家口北部和坝上地区。各地要加强监测。主要原因是：一是退耕还林后山上不再种庄稼，鼠兔缺少食料在冬春季咬食造林地苗木。二是生态系统脆弱缺少天敌制约。三是禁猎之后人为扑杀野兔活动减少，使其种群数量上升。三是入冬以来降雪较多，是诱发棕背䶄发生危害增加的主要原因。

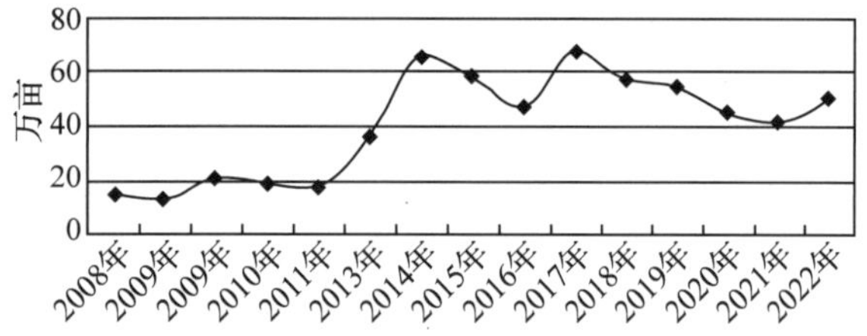

图4-9　2022年鼠兔害发生趋势预测

林木病害　预测发生25万亩。主要包括杨树溃疡病、杨树烂皮病、杨树黑斑病等主要发生在平原农田林网，主要危害幼龄林，特别是冀中平原的东部地区。有可能局部地区流行严重。

其他主要虫害　预测发生155万亩。主要包括栗粉舟蛾、落叶松尺蛾、松针小卷蛾、松针卷叶蛾、金龟子、榆蓝叶甲、黄连木尺蛾、樗蚕、板栗红蜘蛛、核桃举肢蛾、沙棘木蠹蛾、悬铃木方翅网蝽等病虫害。

三、对策建议

1. 深入开展松材线虫病疫情防控五年攻坚行动

认清形势，提高站位，认真贯彻落实国家林草局《关于科学防控松材线虫病疫情的指导意见》《松材线虫病五年攻坚行动计划(2021—2025)》《松材线虫病防治技术方案(2021年版)》和《河北省松材线虫病疫情防控五年攻坚行动方案(2021—2025年)》，以实现"十四五"防控目标为导向，科学系统开展松材线虫病防控，实施人工地面监测与航空航天遥感监测相结合的"天空地"一体化监测调查，推广应用林草生态网络感知系统松材线虫病疫情精细化监管平台，加强疫情精细化监测和数据管理、信息核实核查。

2. 强化监测预警

贯彻落实《生物安全法》，开展林草外来入侵物种主动监测和趋势预警。一是进一步加密监测网点，健全省、市、县三级测报网络体系，抓好国家级、省级测报点专业队伍和基层护林员测报队伍建设。二是充分发挥专家群体的作用，及时分析监测结果，准确掌握虫情规律和疫情动态，提升数据分析的系统性、趋势预测的科学性和应用的时效性，提高预警预报能力。主动为广大林农群众提供准确及时的林业生物灾害信息和防治指导服务，及时发现灾情，发布预警信息和短期趋势预测的信息发布工作，减免灾害损失。三是充分发挥村级查防员的作用，切实搞好疫情、虫情监测和巡查，特别是要密切监控重点区域、窗口。四是以社会化购买服务为补充的基层监测组织模式，靠前布局，优化布局，打造协同指挥、运行规范、优势互补、信息顺畅的监测预警体系。

3. 严格检疫监管

切实加强外来林业有害生物风险评估体系建设，强化检疫监管，严防外来有害生物的传入。完善检疫信息系统建设，加强产地检疫、调运检疫和复检，开展远程诊断，提高检疫检验质量，防止危险性林业有害生物的扩散蔓延。

4. 科学综合防治

针对最有可能突发的林业有害生物，如美国白蛾、杨树食叶害虫等，积极做好各项应急准备，针对可能发生的林业有害生物，制定统一领导、分级联动、部门协作、应对有力的专项应急预案，提早做好防治资金和药剂、药械等应急防控物资储备，一旦发生突发林业有害生物灾害，立即启动预案，果断处置，减少灾害损失，防止形成大的灾害。

5. 深化联防联治

突出防治重点、加强区域合作，推进联防联治工作向深层次发展。加强京津冀重点生态部位重大林业有害生物预防和治理力度，全面落实《冀蒙辽红脂大小蠹联防联治协议》，推进红脂大小蠹等重大有害生物的联防联控，确保区域整体防效。

6. 加强行业宣传

围绕中心工作，不断创新宣传形式、拓展宣传途径、提升宣传效果。充分利用广播、电视、报纸、网络等各种媒体广泛深入地宣传，增强全民防控减灾意识，营造良好的社会氛围。

（主要起草人：宋淑霞；主审：王越 赫传杰）

05 山西省林业有害生物2021年发生情况和2022年趋势预测

山西省林业和草原技术推广(防治检疫)总站

【摘要】2021年山西省林业有害生物发生整体处于平稳态势，局部地区出现灾情。据统计，全省主要林业有害生物发生353.2万亩，较去年同比下降3.2%。根据山西省目前森林资源状况、林业有害生物发生及防治情况、今冬有害生物越冬基数调查分析，结合省气象局2022年气象预报，综合分析，预计2022年山西省主要林业有害生物仍将偏重发生，全年发生面积约为350万亩。仍要持续关注突发性灾害发生，进一步加大监测面积、强化检疫执法工作、加强监测预警网络体系建设，运用好智慧林业平台和松材线虫监测平台，合力开展科技监管防治工作。

一、2021年林业有害生物发生情况

山西省林业有害生物2021年发生353.2万亩，其中：轻度发生308.18万亩，中度发生42.53万亩，重度发生2.49万亩（图5-1）。

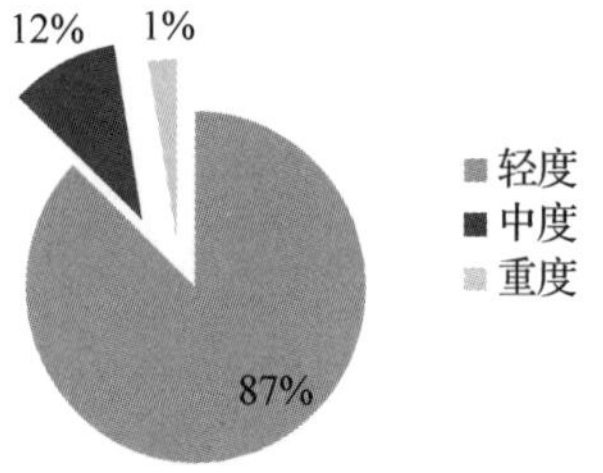

图5-1 2021年林业有害生物发生程度比重

总发生面积中，虫害发生237.29万亩(同比下降5.99%)，病害发生22.09万亩(同比下降8.3%)，鼠(兔)害发生92.08万亩(同比上升7.16%)，有害植物发生1.75万亩(同比下降37.27%)(图5-2)。

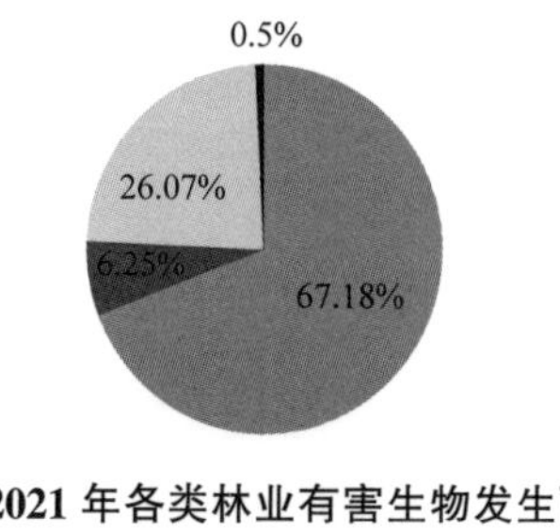

图5-2 2021年各类林业有害生物发生面积比例

全年采取各种措施共防治各类有害生物314.61万亩，其中无公害防治301.32万亩，无公害防治率达95.77%。

(一)发生特点

2021年，山西省林业有害生物总体发生平稳，没有出现大的灾情，个别有害生物在局部地区发生呈加重危害，与2020年相比发生面积略有下降，且以轻度发生为主，占全部发生面积的87%(图5-3)。

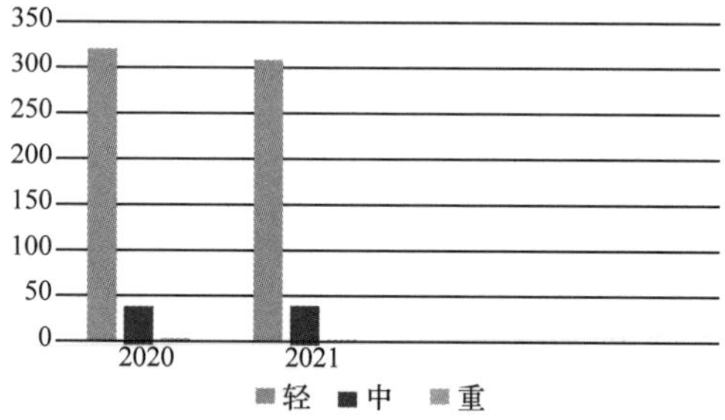

图5-3 2020、2021年林业有害生物发生程度对比(万亩)

主要表现为以下特点：

(1)食叶害虫发生危害与去年相比略有下降，但个别种类危害仍较为严重。落叶松红腹叶蜂、松阿扁叶蜂、落叶松鞘蛾稳中有所下降；松大蚜、草履蚧、桑白蚧、大青叶蝉等刺吸性害虫发生频次高，危害仍然严重；特别是油松毛虫在山西省南部地区突发成灾。

(2)钻蛀性害虫总体处于稳定态势，个别种类在局部地区发生仍较为严重。红脂大小蠹随中幼林抚育的开展，危害程度增加不大，但有扩大

的趋势。日本双棘长蠹、柏肤小蠹、沙棘木蠹蛾在部分地区发生有所加重；松切梢小蠹呈下降趋势。

(3)经济林虫害发生较去年总体呈上升趋势，发生面积和危害程度均有所加大。枣飞象在保德、临县和石楼发生严重；核桃举肢蛾在太行山核桃主产区危害仍较重。

(4)林业鼠、兔害在西部和北部丘陵山区发生较去年有所增加，同比上升7.16%。

(5)林木病害整体发生平稳，侧柏叶枯病、杨树腐烂病在局部地区危害仍较为严重。

(6)有害植物较去年发生减少，主要为菟丝子危害。

(7)松材线虫病、美国白蛾入侵风险巨大。松褐天牛、云杉花墨天牛、小灰长角天牛等松材线虫媒介昆虫发生呈上升趋势，在晋城、大同、太原和关帝林局、太岳林局、管涔林局等地均有分布，防控形势依然极为严峻。

(二)主要林业有害生物发生情况分述

1. 食叶害虫

油松毛虫　2021年发生15.7万亩，较去年同比上升了59%，主要发生在大同、晋城、忻州、临汾的部分县区和中条、五台和吕梁林局，特别是临汾的安泽和吕梁林局危害严重。

靖远松叶蜂　2021年发生10.19万亩，较去年同比上升了9%，主要发生在太原万柏林区、清徐、古交、尖草坪和关帝林局、太岳林局。

松阿扁叶蜂　2021年发生11.48万亩，较去年同比下降了21%。主要发生在阳泉、长治、万荣、平陆、夏县、汾西、沁水和中条林局等地。

华北落叶松鞘蛾　2021年发生9.9万亩，较去年同比下降了10%，但在管涔林局、五台林局、黑茶林局个别林场危害仍较重。

落叶松红腹叶蜂　2021年发生9.9万亩，较去年同比下降了17%，在灵丘、太行林局、五台林局、关帝林局部分林场危害。

杨树食叶害虫发生9.8万亩。

春尺蠖　主要发生在洪洞、襄汾和晋中、吕梁的个别县区。

杨、柳毒蛾　2021年发生1.7万亩，较去年同比下降了50%。主要发生在临汾、晋城的部分县区。

2. 松树钻蛀性害虫

2021年发生47.54万亩，较去年同期下降5.8%。其中，红脂大小蠹：全年发生40.87万亩，较去年同比下降6.7%，陵川、沁水、左权、吉县以及黑茶林局、太岳林局、中条林局部分林场危害较重。松纵(横)切梢小蠹：全年发生3.87万亩，在关帝林局和太行林局、阳曲等地发生，较去年同比下降了14%。

3. 杨树蛀干害虫

2021年发生4.3万亩，与去年相比持平。其中，光肩星天牛全年发生1.58万亩，桑天牛全年发生0.84万亩，在大同、朔州、忻州、晋城、运城、临汾等地均有发生。

4. 经济林病虫害

2021年发生56.45万亩，较去年同比上升了2.3%。核桃举肢蛾全年发生7.24万亩，与去年同期相比基本持平，主要发生在大同、阳泉、晋中、吕梁、运城的部分县区；桃小食心虫全年发生6.8万亩，较去年同比上升了9.7%，主要发生在临县、稷山；枣飞象全年发生5.3万亩，与去年基本持平，主要发生在兴县、临县、石楼、太谷和保德；沙棘木蠹蛾发生3.7万亩，较去年同比持平，主要发生在右玉。核桃腐烂病发生4.25万亩，较去年同比上升10%，在大同、阳泉、长治、晋城、晋中、运城等核桃产区发生较为严重；枣疯病发生2.74万亩，主要发生在榆次、太谷、石楼等地。

5. 鼠(兔)害

中华鼢鼠　2021年发生43.52万亩，主要发生在晋西北丘陵地和黄土高原新造林地，尤以大同、朔州、忻州、临汾部分县区和杨树林局、五台林局、黑茶林局、关帝林局个别林场发生较重。野兔：2021年发生43.55万亩，较去年同比上升了12.3%。其分布广，发生范围大，从南到北新造林地均不同程度受害。

6. 森林病害

2021年发生22.09万亩，较去年同比下降8.3%。其中，侧柏叶枯病、杨树黑斑病、杨树烂皮病和核桃腐烂病在局部地区发生较为严重。

(三)成因分析

1. 气候因素变化影响

2021年，异常气候仍是影响山西省林业有害生物发生危害的主要因素。一是由于去年冬季气温略高于常年，一定程度上提高了病虫越冬基数，林业有害生物危害加重。二是2021年全年降水量较多，夏季集中降雨较多，助长了一些病害的滋生和蔓延。总体气候异常，造成某些种类突发成灾。

2. 林木经营管理状况

近年来，随着造林绿化工程的推进，山西省加大了混交林的营造力度，树种结构得到一定改善，一定程度上减少了病虫害集中连片的暴发，但已经成林的树种纯林面积比例仍然较大，林分结构不合理，抚育管理措施不科学，林分健康程度较差，林业有害生物容易发生蔓延；一些新造林地、退耕地、灌木林地等地生态环境差，林牧矛盾突出，鼠(兔)害缺少天敌制约，种群密度仍然较大；经济林面积日益增长，集约化管理程度有所提高，但是经营管理水平仍然较低，整体生态系统抵御病虫能力差，病虫害发生面积大、分布广。

3. 监测检疫工作现状

全省监测网络体系日臻完善，监测技术和手段有效提高，监测覆盖率和准确率得到保障，为早发现、早防治提供了科学依据，避免了小灾酿大灾。但一些基层单位重造轻管，部分地区监测调查工作不到位，基层部分地方对林业有害生物防治工作不够重视，导致一些隐蔽性害虫不能被及早发现，致使小灾变大灾；经费投入不足，林业有害生物无法实施全面监测，得不到及时有效的治理，边防治边扩散的现象仍然存在。加之日益频繁的物流、贸易、旅游、大量的苗木及林木制品跨省调运，加速了林业有害生物的传播扩散。

4. 综合防治措施实施

针对主要有害生物发生危害，各地突出重点，认真开展综合治理，实施联防联治，加之财政资金投入增加和森林保险理赔资金注入，以及飞防等先进防治手段的应用，提高了防治面积和成效，一些主要有害生物灾情得到有效控制，减轻了发生危害。但是特殊生态区、养殖区和居民区防治受限，部分地区容易留下漏洞和死角，成为向外扩散的虫源地，容易导致虫情反复。再有针对部分钻蛀性害虫、地下害虫及鼠害等隐秘性有害生物，目前缺少经济高效的科学防治技术，难以取得理想的防治效果。

二、2022年林业有害生物发生趋势预测

(一)2022年总体发生趋势预测

根据省气象局2022年的气候趋势预测，参考历年资料、森林生态条件和病虫害周期性发生特点，结合各地越冬基数调查结果和防治现状，运用自回归模型，有效虫口基数预测法和逐步回归分析等方法，经综合分析预测，2022年山西省林业有害生物发生面积约350万亩左右，总体发生与2021年相比基本持平，部分病虫鼠(兔)害危害仍较为严重。其中，食叶害虫发生面积略有上升，局部地区有小幅度下降；钻蛀害虫发生总体稳中有降，但个别种类在局部地区偏重发生；经济林病虫害发生整体平稳，局部地区可能出现灾情；林木病害发生个别地区可能偏重发生；鼠(兔)害发生呈下降趋势，个别地区危害仍较重；有害植物发生呈稳定态势。

(二)分种类发生趋势预测

1. 松树食叶害虫

预测2022年松树类食叶害虫发生稳中有升，局部地区危害会有所减轻，预测面积70万亩。

油松毛虫　越冬虫口基数较大，加之周期性发生特点，发生呈上升趋势，预测2022年发生15万亩(图5-4)，主要在大同、忻州、临汾、晋城以及吕梁林局、中条林局等地，个别林场呈抬头趋势。

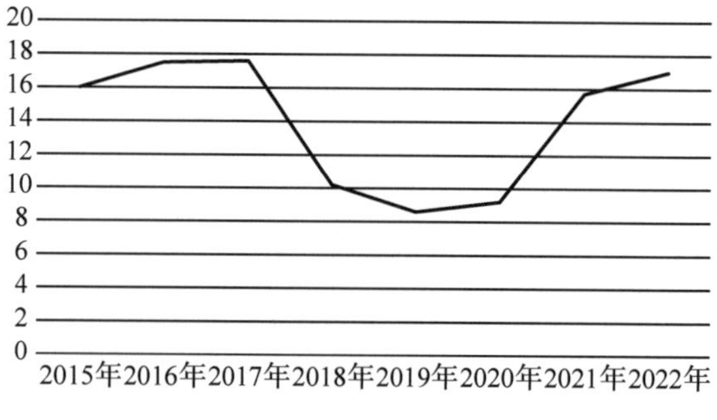

图5-4　油松毛虫发生趋势预测(万亩)

松阿扁叶蜂、落叶松红腹叶蜂、靖远松叶蜂等松叶蜂　发生与2021年基本持平，预测

2022 年发生 40 万亩，局部地区可能出现灾情；华北落叶松鞘蛾由于近年来防治力度加大，虫情得到有效控制，预测 2022 年发生 10 万亩，主要分布在管涔林局、五台林局、黑茶林局、关帝林局的部分林场。

2. 松树钻蛀害虫

2022 年松树钻蛀害虫发生处于下降趋势，但个别种类在局部地区尤其是火烧迹地将偏重发生，预测 2022 年山西省松钻蛀类害虫发生面积约 50 万亩。

红脂大小蠹　发生基本稳定，预测发生 40 万亩（图 5-5），主要发生在太原、晋中、晋城、临汾、忻州、长治和关帝林局、吕梁林局、太岳林局、黑茶林局、中条林局等地。

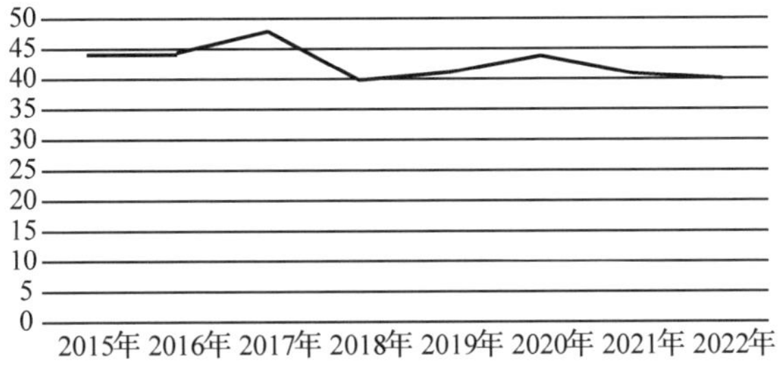

图 5-5　红脂大小蠹发生趋势预测（万亩）

3. 杨树害虫

杨树食叶害虫预测 2022 年发生约 10 万亩；杨树蛀干害虫预测发生 5 万亩。

光肩星天牛、桑天牛　在临汾、运城、晋城等地发生平稳，危害程度将有所减缓，预测发生 5 万亩；杨柳毒蛾总体呈下降趋势，预测发生 3 万亩，不会形成大的灾情；舞毒蛾发生稳中有降，分布在大同广灵、朔州朔城、晋中左权和吕梁林局等地，预测发生 4 万亩。

4. 经济林病虫

经济林病虫种类多、分布广，遍及全省红枣、核桃等经济林产区，近年来随着集约化程度的日益提高，管理水平不断加强，经济林病虫害得到有效控制，发生和危害程度有所减轻，预测 2022 年发生总体平稳，面积约 60 万亩，但在局部地区仍将偏重发生。

沙棘木蠹蛾、杏球坚蚧、桃小食心虫、枣飞象、桑白蚧、日本龟蜡蚧发生稳中有降；枣尺蛾发生呈稳定态势；核桃举肢蛾发生呈上升趋势。核桃腐烂病、核桃黑斑病、枣疯病等病害总体发生平稳，但在个别地区仍然危害严重。

5. 林业鼠（兔）害

随着山西省造林绿化力度加大，未成林地面积逐年增加，野兔、中华鼢鼠等鼠兔种群密度较大，林业鼠（兔）害发生连续多年居高不下，连年持续有效的综合治理措施的实施，种群密度得到一定控制，发生呈下降趋势，但在局部地区危害仍较为严重。预测 2022 年鼠（兔）害发生 90 万亩（图 5-6）。种类以中华鼢鼠、棕背䶄和草兔为主，主要分布在大同、朔州、忻州、晋中、临汾和省直各林局，北部地区较南部地区偏重发生，退耕还林后栽植的新造林地易受危害。

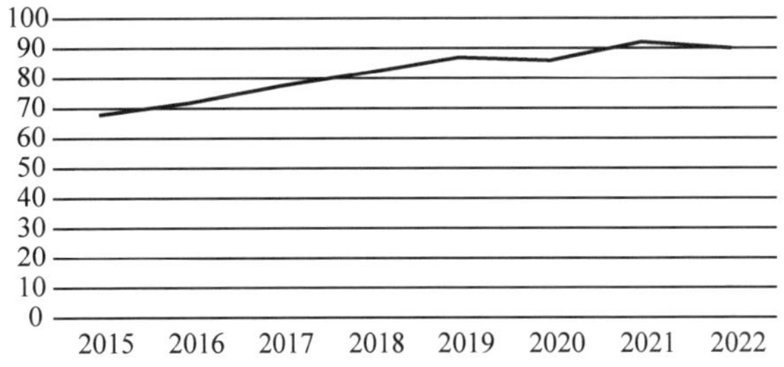

图 5-6　鼠兔害发生趋势预测（万亩）

6. 林木病害

根据 2022 年山西省气候预测分析，夏季降水局部地区较往年偏多，林木病害整体发生平稳，与 2021 年基本持平，预测 2022 年发生面积约 25 万亩。其中，侧柏叶枯病预测 5 万亩，个别地区偏重发生；杨树腐烂病、松苗立枯病发生呈下降趋势，在局部地区危害仍较重；杨树黑斑病发生稳中有升，预测发生 6 万亩，主要分布在右玉、沁源等地。

7. 有害植物

由于这几年各地对有害植物的重视不够，防治不彻底，导致蔓延迅速，对一些灌木林地造成一定危害，预测 2022 年发生 2 万亩。发生种类主要为日本菟丝子，分布较广，主要以临汾、晋城、太原等地发生较重。

8. 其他有害生物

预测 2022 年发生 40 万亩。

栎旋木柄天牛预测发生 10 万亩；木橑尺蠖、春尺蠖发生呈稳定态势，与 2022 年基本持平；国槐尺蛾、白蚁等越冬基数较大，发生呈上升趋势；蚜虫、草履蚧、牡蛎盾蚧、大青叶蝉、悬铃木方翅网蝽等刺吸性害虫发生频次高，发生程度轻度至中度，全省范围均有分布，预测发生面积约 10 万亩。

9. 重大外来有害生物

美国白蛾在周边的北京、河北、河南、内蒙古均有发生，对山西形成包围态势；松材线虫病在周边陕西、河南发生，最近疫区县距直线距离不足30km，随着贸易往来，入侵概率不断加大，在山西省发生疫情的可能性较大。近两年，山西省松材线虫媒介昆虫松褐天牛、云杉花墨天牛成虫和灰长角天牛等发生呈上升趋势，防控形势更加紧迫和严峻，需引起高度重视。

三、对策建议

（一）加强监测预报工作，提升灾害预警能力

一要进一步建立健全省、市、县、乡四级监测网络，落实监测责任，继续实施护林员巡查、森防专业人员重点核查的监测网格化管理，全面推行护林员监测日志制度，划定责任区，建立责任人名录，实施日常化巡查，定时观察、记录，及时采集、报告监测数据，做到疫情监测全覆盖、普查无盲区。二要开展监测预警天空地立体网络体系建设，动态监控虫情发生动态，提高监测覆盖面，促进主要林业有害生物监测的规范化、数字化及科学化。三要加强测报点管理，及时发布灾情预警信息，为科学控灾提供决策依据，全面提升林业有害生物监测预报水平。

（二）强化检疫御灾工作，防范有害生物入侵

一要进一步加强产地检疫和调运检疫，严格执行《检疫要求书》和检疫审批制度，强化对苗木、松材制品的流通监管，加大检疫执法力度，严厉打击违法违规调运。二要落实各项防控措施，加强检疫阻截，认真组织开展秋季疫情普查和日常监测工作，严防松材线虫病、美国白蛾等重大林业有害生物入侵危害，切实增强检疫御灾能力。三要依法落实林业植物检疫监管制度，加快建设检疫监管追溯平台，加强和规范报检员制度，严格开展产地检疫、调运检疫和复检工作，强化源头管理，严防人为传播。

（三）加强科技支撑力度，提高防治减灾水平

一要加大林业有害生物防控科研和新技术推广力度，积极了解林业有害生物防治技术的发展，筛选适合本省的防治新技术，进行引进消化吸收，提高科技转化率。二要大力推行人工、物理、天敌、引诱等无公害防治措施，加强林木抚育管理，通过修剪、平茬、间伐等措施，增强树势，保护生物多样性，提高抵抗病虫的能力，实现有害生物可持续控灾。提高防治减灾能力。三要构建联防联控机制，毗邻区域要协作配合，推进构建以“监测互动、防治互帮、执法互助、信息互通”为主要内容的联防联控机制，建立合作机制，整体推进林业有害生物防控工作，全面提高防控成效。四要积极推动政府购买防治服务。鼓励、扶持、引导社会化防治专业队伍参与林业有害生物特别是重大林业有害生物防治。

（四）开展森防知识宣传，提高公众防控意识

充分利用广播、电视、报刊、简报、宣传栏、宣传车等媒介途径，采取多种形式开展森防检疫法规及主要林业有害生物防治技术科普知识宣传，切实提高公众对林业有害生物危害性和危险性的认识，激发群众的参与主动性和积极性，增强全社会的防治意识，建立和完善林业有害生物防控长效机制。普及森防基础知识，以网络森林医院为服务平台，提升社会化服务水平。同时，进一步加大相关法律法规的宣传，为依法防治营造良好的社会环境。

（五）抓好基层技术培训，加强森防队伍建设

一要定期对基层森防人员开展业务培训，建立常态化培训机制，进一步提升一线业务人员监测、防治技术能力和业务水平，加强森防基础设施建设，强化队伍建设，提高森防队伍的整体素质。二要组建应急防治队伍，为及时有效处置重大或突发林业有害生物灾害，最大限度减少林业有害生物事件发生和灾害损失，依托林业企事业单位和社会团体或村集体等，组建民间救援或自救力量，协助地方政府做好防灾、减灾、应急防治等有偿服务。

（主要起草人：王晓俪　高晋华　郭春苗；主审：王越　赫传杰）

06 内蒙古自治区林业有害生物2021年发生情况和2022年趋势预测

内蒙古自治区林业和草原有害生物防治检疫总站

【摘要】2021年，内蒙古自治区共发生各类林业有害生物1067.71万亩，其中轻度发生623.61万亩，中度发生336.15万亩，重度发生107.95万亩。与2020年相比，整体呈下降趋势，局部地区个别虫种灾情严重。检疫性林业有害生物发生面积稳中有降，但松材线虫病传入到内蒙古的风险极大；突发性林业有害生物蔓延速度快、危害重；常发性林业有害生物多发、频发势头有所减缓；钻蛀性林业有害生物和林业鼠(兔)害发生趋于平稳，危害程度减轻。

2022年，内蒙古自治区林业有害生物呈上升趋势，预测发生1147万亩，发生程度以轻度为主，但部分种类仍将在局部地区重度发生。

为有效防控林业有害生物，建议：筑牢检疫防线，严防疫情传播；强化监测预警，规范测报管理；广泛深入宣传，提高社会认知；加强应急准备，提升处置能力；强化机制创新，解决突出问题。

一、2021年林业有害生物发生情况

2021年，内蒙古自治区共发生各类林业有害生物1067.71万亩，同比下降5%。其中轻度发生623.61万亩，中度发生336.15万亩，重度发生107.95万亩。2020年预测发生1080万亩，测报准确率98.8%。2021年，内蒙古自治区林业病害发生103.42万亩，同比上升50%，林业虫害发生802.15万亩，同比下降9%，林业鼠(兔)害发生235.37万亩，同比上升2%(图6-1)。

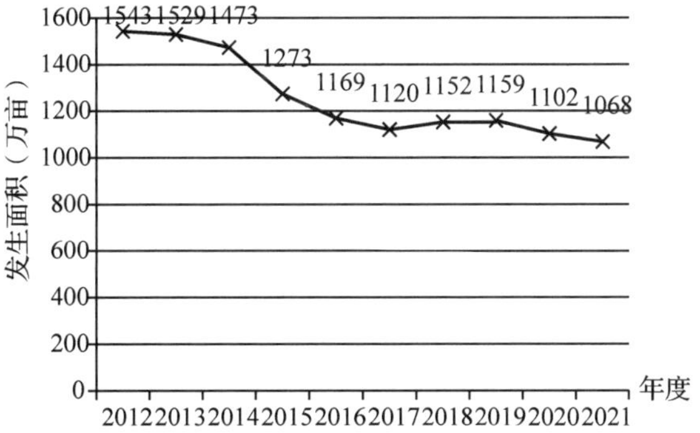

图6-1 近10年林业有害生物发生趋势

依据各地年度防治管理目标任务考核，内蒙古自治区各类林业有害生物防治面积622.26万亩，无公害防治率达到98.47%，主要林业有害生物成灾率控制在4‰以下(0.46‰)，实现了预期任务目标。

(一)发生特点

2021年，内蒙古自治区林业有害生物发生总体呈下降趋势，局部地区个别虫种灾情严重。美国白蛾、红脂大小蠹、杨干象等检疫性林业有害生物发生面积稳中有降，但松材线虫病传入内蒙古风险加大；栎尖细蛾、舞毒蛾等突发性林业有害生物蔓延速度快，发生重；黄褐天幕毛虫、松毛虫、柳毒蛾等常发性林业有害生物多发、频发势头有所减缓；光肩星天牛、槐绿虎天牛、红缘天牛等钻蛀性林业有害生物和大沙鼠等林业鼠(兔)害发生趋于平稳，危害程度减轻；枸杞蚜虫、苹果小吉丁等经济林病虫害危害有所加重。

(二)主要林业有害生物发生情况分述

1. 虫害

全区统计到发生虫害132种。其中：食叶性害虫82种，合计发生545.20万亩；钻蛀性害虫26种，合计发生103.79万亩；地下害虫、种实害虫、刺吸类害虫、枝梢害虫等其他害虫24种，合计发生79.93万亩。发生面积50万亩以上的3种，发生面积20万~50万亩的5种，均为食叶害虫；发生面积10万~20万亩的10种，发生面

积 10 万亩以下的 114 种(图 6-2)。

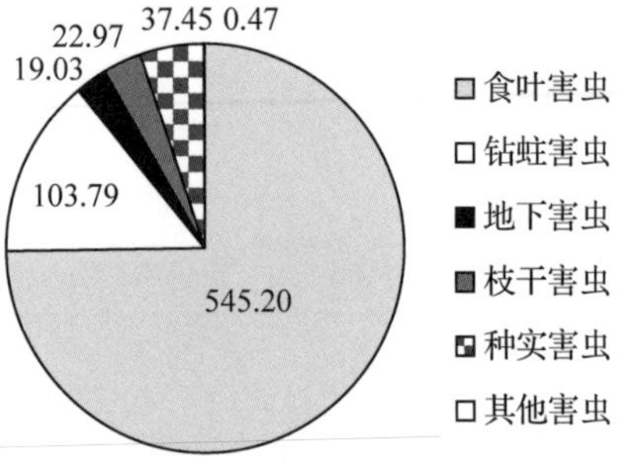

图 6-2　2021 年林业害虫发生情况

(1)检疫性害虫发生情况

美国白蛾　发生 3.76 万亩，与上一年基本持平。发生范围为科尔沁左翼中旗(以下简称科左中旗)巴彦塔拉镇和科尔沁左翼后旗(以下简称科左后旗)散都苏木、查日苏镇、常胜镇。通辽市全年共诱到美国白蛾成虫 122 头，其中，科左中旗诱到 7 头，科左后旗诱到 105 头。科左中旗自发现美国白蛾成虫 9 年以来，首次发现幼虫，表明美国白蛾已在科左中旗定殖成功(图 6-3)。

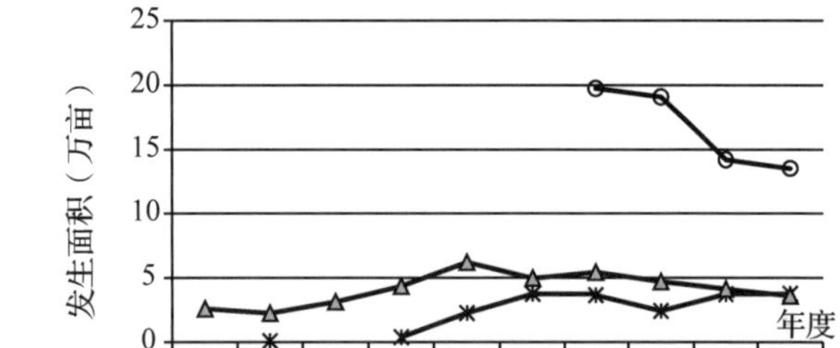

	2012	2013	2014	2015	2016	2017	2018	2019	2020	2021
美国白蛾		0.07		0.38	2.26	3.74	3.64	2.42	3.73	3.76
红脂大小蠹							19.74	19.07	14.21	13.52
杨干象	3	2.25	3.13	4.34	6.20	4.96	5.43	4.70	4.12	3.59

图 6-3　近 10 年林业检疫性害虫发生趋势

红脂大小蠹　发生 13.52 万亩，同比下降 5%。发生范围为赤峰市、通辽市的 7 个旗(县、区)。赤峰市发生面积逐渐减少。通辽市诱捕到 1666 头红脂大小蠹成虫，危害面积进一步扩大，局部地区重度发生。

杨干象　发生 3.59 万亩，同比下降 12%。发生范围为赤峰市、通辽市的 8 个旗(县、区)。由于营造混交林比例不断提高，杨干象发生面积逐年下降，虫口密度降低，发生程度减轻。

(2)突发性害虫发生情况

栎尖细蛾　发生 75.78 万亩，同比上升 116%，占全区林业有害生物总发生面积的 10%。发生范围为呼伦贝尔市扎兰屯市、巴林、南木、柴河 3 个林业局和兴安盟科尔沁右翼前旗(以下简称科右前旗)、扎赉特旗，主要危害蒙古栎。自 2017 年以来，栎尖细蛾发生呈逐年上升趋势，2021 年在兴安盟大面积暴发，发生范围扩大，发生程度加剧(图 6-4)。

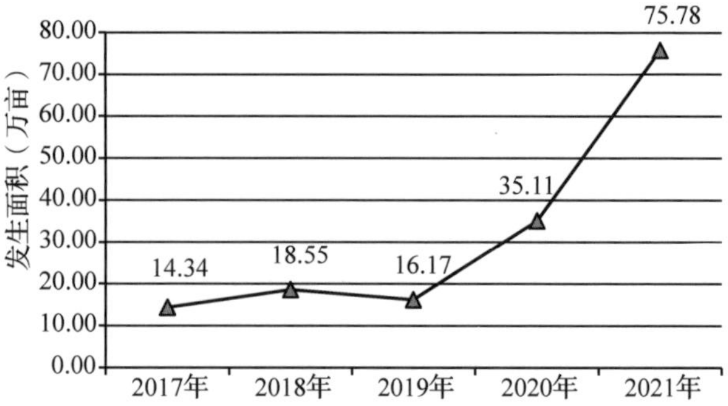

图 6-4　2017—2021 年栎尖细蛾发生趋势

舞毒蛾　周期性发生，分布范围广，局部地区灾情严重。发生 50.25 万亩，同比上升 245%。发生范围为全区除阿拉善盟和巴彦淖尔市外 10 个盟(市)的 21 个旗(县、区)，赤峰市喀喇沁旗、松山区和宁城县 3 个旗(县、区)发生面积达 33.35 万亩(图 6-5)。

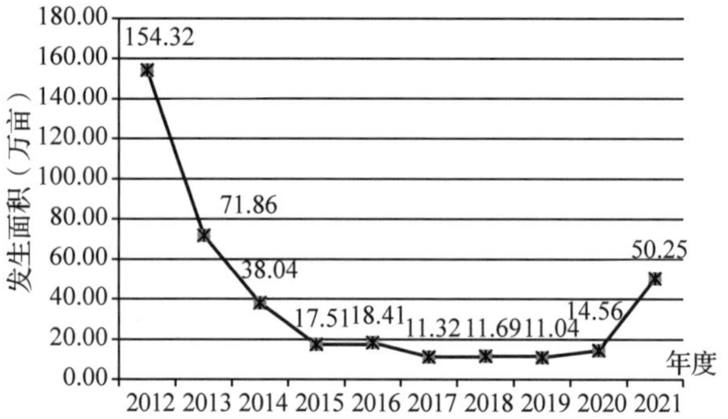

图 6-5　近 10 年舞毒蛾发生趋势

杨潜叶跳象　发生 36.74 万亩，同比上升 50%。发生范围为通辽市、赤峰市、兴安盟、呼和浩特市和阿拉善盟的 11 个旗(县、区)。其中通辽市扎鲁特旗发生面积最大，达 20 万亩(图 6-6)。

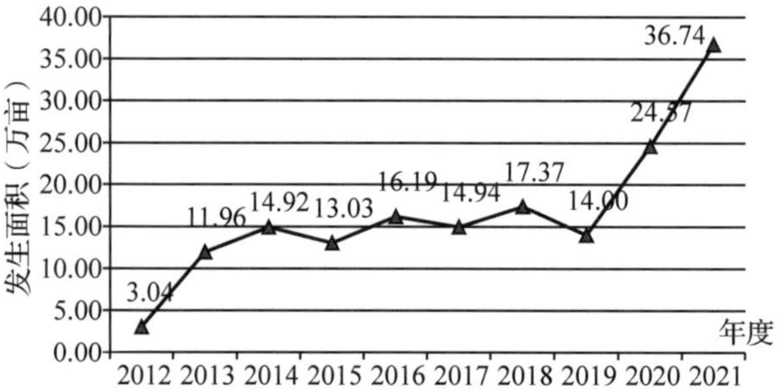

图 6-6　近 10 年杨潜叶跳象发生趋势

(3)食叶性害虫发生情况

2021年，内蒙古自治区发生的食叶性害虫主要有黄褐天幕毛虫、松毛虫、柳毒蛾、春尺蠖、榆紫叶甲等，整体呈下降趋势，个别虫种发生面积增加，发生程度以轻度为主。

黄褐天幕毛虫　发生72.41万亩，同比下降46%。发生范围为全区除阿拉善盟、乌兰察布市和乌海市外9个盟(市)的35个旗(县、区)。其中赤峰市北部4旗和兴安盟5个旗(县、市)发生面积最大(图6-7)。

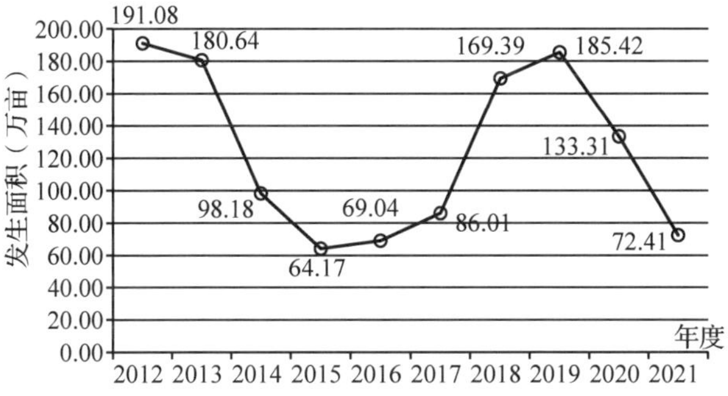

图6-7　近10年黄褐天幕毛虫发生趋势

松毛虫　发生42.48万亩，同比下降64%。发生范围为全区除阿拉善盟、巴彦淖尔市和乌海市外9个盟(市)的28个旗(县、区)。主要发生区为赤峰市克什克腾旗、兴安盟五岔沟林业局和呼伦贝尔市牙克石市(图6-8)。

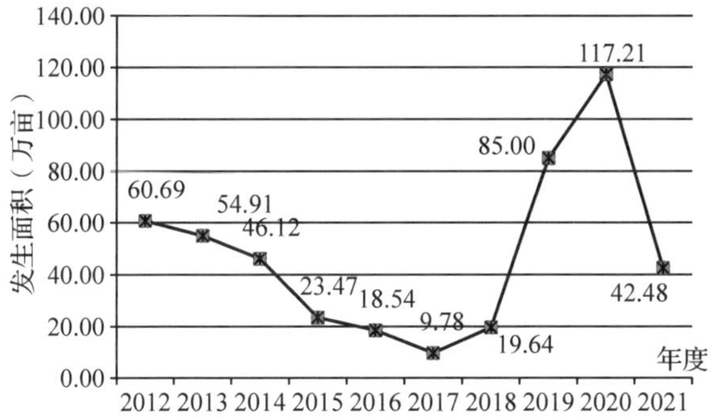

图6-8　近10年松毛虫发生趋势

柳毒蛾　发生42.21万亩，同比下降17%。发生范围为通辽市、鄂尔多斯市等6个盟(市)13个旗(县、区)。主要发生区在鄂尔多斯市伊金霍洛旗、鄂托克前旗和杭锦旗(图6-9)。

春尺蠖　发生34.10万亩，同比上升4%。发生范围为除兴安盟和呼和浩特市外10个盟(市)的23个旗(县、区)。阿拉善盟阿拉善左旗，鄂尔多斯市鄂托克旗、鄂托克前旗的柠条林发生较为严重(图6-10)。

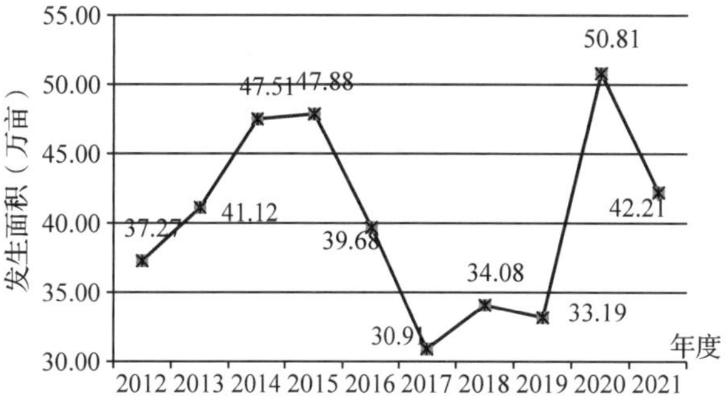

图6-9　近10年柳毒蛾发生趋势

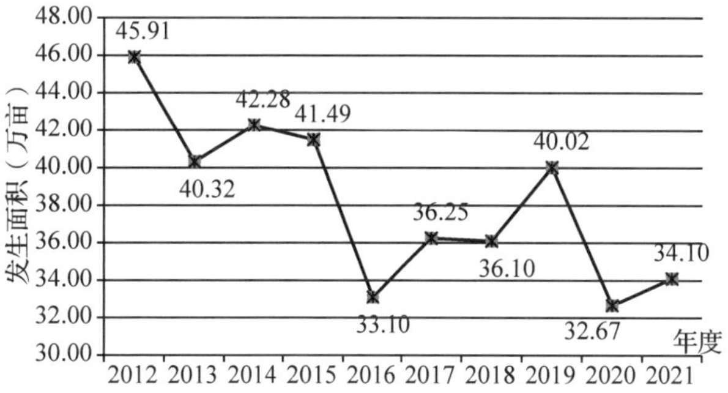

图6-10　近10年春尺蠖发生趋势

榆紫叶甲　发生23.39万亩，同比上升19%。发生范围为通辽市、兴安盟、呼伦贝尔市、锡林郭勒盟和巴彦淖尔市的13个旗(县、区)，通辽市科左中旗、科左后旗和兴安盟科右中旗发生面积较大(图6-11)。

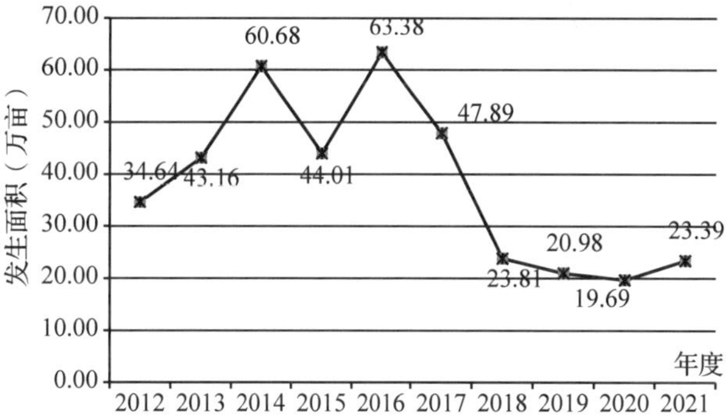

图6-11　近10年榆紫叶甲发生趋势

(4)钻蛀性害虫发生情况

2021年，内蒙古自治区发生的钻蛀性害虫主要有光肩星天牛、槐绿虎天牛、红缘天牛、青杨天牛、云杉大墨天牛、柳脊虎天牛和沙棘木蠹蛾等。钻蛀性林业有害生物发生趋于平稳，危害程度以轻度为主(图6-12)。

光肩星天牛　发生17.97万亩，与2020年基本持平。发生范围为巴彦淖尔市、呼和浩特市、包头市等8个盟(市)的25个旗(县、区)。巴彦淖尔市河套地区发生面积最大(图 6-12)。

槐绿虎天牛　发生 10 万亩，同比上升 64%。发生区仅限于鄂尔多斯市鄂托克旗。

红缘天牛　发生 9.88 万亩，同比下降 38%。发生范围为鄂尔多斯市和乌海市的 4 个旗(县、区)。鄂尔多斯市鄂托克旗发生面积最大。

青杨天牛　发生 8.8 万亩，同比下降 12%。发生范围为通辽市、鄂尔多斯市、巴彦淖尔市等 5 个盟(市)的 20 旗(县、区)。鄂尔多斯市乌审旗发生面积最大。

云杉大墨天牛　发生 6.5 万亩，同比上升 31%。发生范围为呼伦贝尔市柴河林业局和红花尔基林业局。

柳脊虎天牛　发生 1.5 万亩，与 2020 年基本持平。仅在阿拉善盟额济纳旗发生。

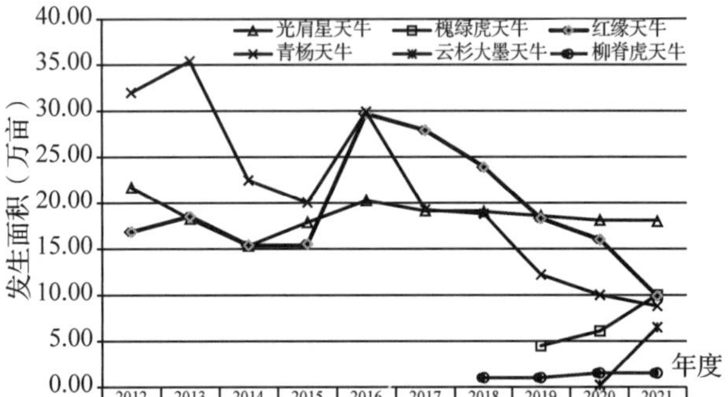

	2012	2013	2014	2015	2016	2017	2018	2019	2020	2021
光肩星天牛	21.69	18.26	15.33	17.88	20.26	19.11	19.04	18.58	18.09	17.98
槐绿虎天牛								4.50	6.10	10.00
红缘天牛	16.86	18.54	15.39	15.54	29.68	27.90	23.90	18.30	16.00	9.88
青杨天牛	31.99	35.39	22.47	20.03	29.90	19.25	18.79	12.20	10.00	8.80
云杉大墨天牛									0.20	6.50
柳脊虎天牛							1	1	1.5	1.5

图 6-12　近 10 年 6 种天牛发生趋势

沙棘木蠹蛾　发生 14.23 万亩，同比下降 31%。发生范围为鄂尔多斯市、乌兰察布市、呼和浩特市等 6 个盟(市)的 11 个旗(县、区)。鄂尔多斯市东胜区和准格尔旗发生面积最大(图 6-13)。

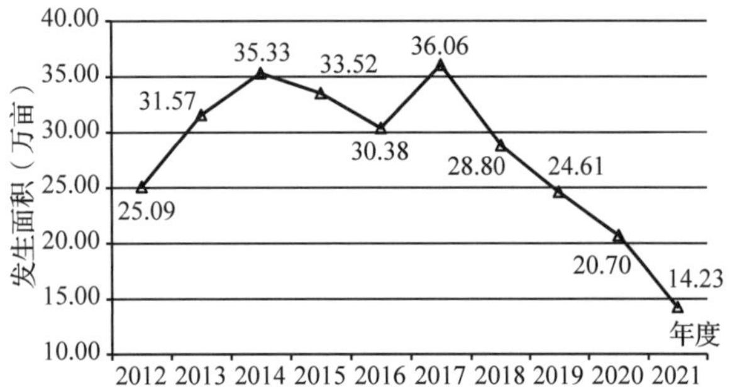

图 6-13　近 10 年沙棘木蠹蛾发生趋势

2. 林业病害发生情况

2021 年，内蒙古全面开展松材线虫病监测、普查，同时进行检疫督查，尚未监测到松材线虫病。

内蒙古发生的林业病害有 30 种，发生程度以轻度为主。其中杨树病害 10 种，松树病害 8 种，经济林病害 7 种，柳树、桦树和槐树病害各 1 种，其他病害 2 种(图 6-14)。

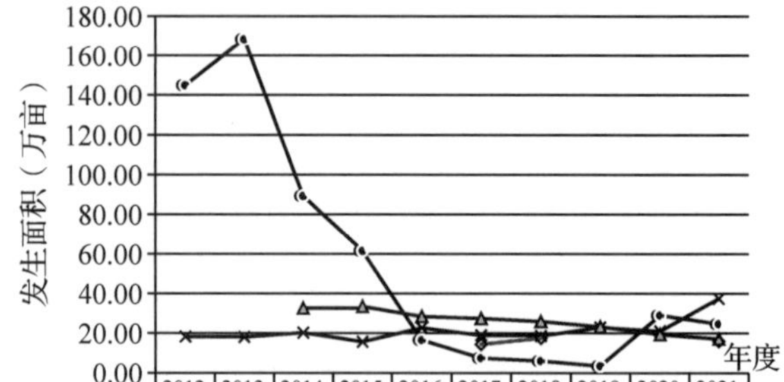

	2012	2013	2014	2015	2016	2017	2018	2019	2020	2021
杨树病害	18.29	18.06	20.26	15.69	22.70	18.96	18.63	22.94	21.02	37.42
松树病害	144.90	168.34	89.30	61.46	16.54	7.50	6.06	3.49	29.05	24.72
旱柳枯萎病			32.65	33.47	28.44	27.47	25.95	23.29	19.40	17.15
桦树黑斑病						14.44	17.52			15.92

图 6-14　近 10 年主要病害发生趋势

杨树病害　发生 21.02 万亩，同比上升 78%。主要有杨树烂皮病 20.53 万亩，冠瘿病 4.5 万亩，青杨叶锈病 3.5 万亩，杨树锈病 2.84 万亩，杨破腹病 2.14 万亩。发生区广泛分布在乌兰察布市、通辽市、赤峰市等 11 个盟(市)的 36 个旗(县、区)。

松树病害　发生 24.72 万亩，同比下降 15%。发生范围为呼伦贝尔市和兴安盟的 4 个林业局。主要有落叶松早落病 15.43 万亩，松树枯梢病 7.66 万亩。其中落叶松早落病在呼伦贝尔市柴河林业局和兴安盟五岔沟林业局、松树枯梢病在呼伦贝尔市红花尔基林业局发生最为严重。

旱柳枯萎病　发生 17.15 万亩，同比下降 12%。发生范围为鄂尔多斯市乌审旗和伊金霍洛旗等 6 个旗(县、区)。

桦树黑斑病　发生 15.92 万亩，继 2017 年和 2018 年后再一次在呼伦贝尔市免渡河林业局大面积发生，主要危害桦树叶片。

3. 林业鼠(兔)害发生情况

2021 年，全区统计到发生 10 种林业鼠(兔)害。其中：地上鼠 5 种，地下鼠 3 种，野兔 1 种，鼠兔 1 种。发生范围涉及全区 11 个盟(市)的 41 个旗(县、区)(图 6-15)。

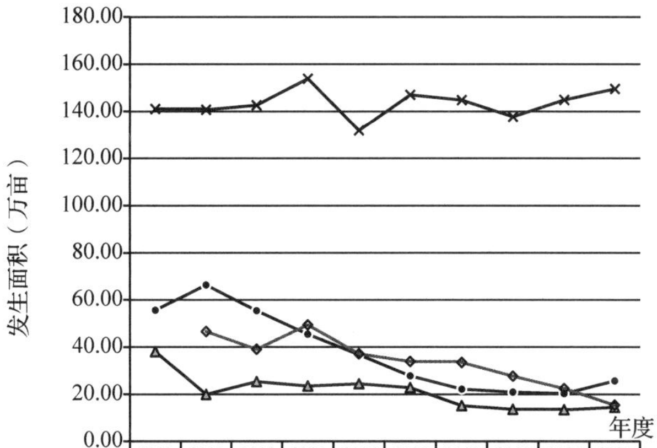

	2012	2013	2014	2015	2016	2017	2018	2019	2020	2021
大沙鼠	141.07	140.71	142.65	153.84	131.87	147.01	144.80	137.73	144.89	149.54
达乌尔黄鼠	55.60	66.30	55.40	45.45	36.74	27.82	22.20	20.95	20.31	25.69
鼢鼠	38.09	19.97	25.38	23.53	24.46	22.83	15.21	13.68	13.49	14.49
野兔		46.60	39.10	49.40	37.15	33.90	33.50	27.70	22.45	15.43

图 6-15　近 10 年主要鼠(兔)害发生趋势

大沙鼠　发生 149.54 万亩，同比上升 3%。发生范围为阿拉善盟、巴彦淖尔市和乌海市的 8 个旗(县、区)。主要危害梭梭等荒漠植物。

达乌尔黄鼠　发生 25.69 万亩，同比上升 27%。发生范围为通辽市、乌兰察布市、锡林郭勒盟的 9 个旗(县、区)，主要在飞播区、幼林地盗食种子和幼苗根茎。

鼢鼠　发生 14.49 万亩，同比上升 7%。其中东北鼢鼠在呼伦贝尔市和兴安盟的 5 个旗市(林业局)发生；草原鼢鼠在通辽市、锡林郭勒盟的 5 个旗(县、区)发生；中华鼢鼠在呼和浩特市、鄂尔多斯市、乌兰察布市 6 个旗(县、区)发生。通过啃食针叶树根系，导致树木死亡。锡林郭勒盟东乌珠穆沁旗宝格达山林场樟子松受害严重，受害率达到 10%，部分植株死亡。

野兔　发生 15.43 万亩，同比下降 31%。发生范围为鄂尔多斯市、呼和浩特市和乌兰察布市的 7 个旗(县、区)。在早春和干旱缺水时，啃食油松、樟子松幼树的树皮、嫩茎、嫩芽，树根等，也盗食种子，严重影响造林成活率。

(三)成因分析

1. 气候因素

如乌兰察布市 2021 年春季持续低温干旱，使一些原本就在立地条件较差的林分生长发育受阻，树势衰弱，为林业有害生物发生危害创造了条件；呼伦贝尔市夏季大部分地区雨水充沛，适宜林木病害孢子萌发扩散，林木病害发生比例显著上升；兴安盟 2021 年春夏气温整体偏低，导致害虫发育减缓，取食减少，虫害的整体发生量有所减少。

2. 林分状况

如锡林郭勒盟近年造林树种基本为鼢鼠喜食的樟子松纯林，为鼢鼠提供了丰富而便利的食物来源，导致发生范围不断扩大；呼伦贝尔市柴河林业局云杉大墨天牛发生区域均是 2019 年落叶松毛虫的严重发生区，该区域基本为落叶松纯林或优势树种为落叶松的林分，在遭受严重叶部危害后，树势减弱，为蛀干害虫的生存、繁衍和传播提供了必要条件。

3. 林业有害生物发生特点

如舞毒蛾产卵量大、产卵地点多样，幼虫食性广、转移危害能力强。舞毒蛾具有周期性暴发性特点，自然发生周期 8~10 年，部分地区经过 2010—2020 年一个发生周期后，2021 年进入了暴发期。

4. 新发林业有害生物

对柳脊虎天牛、元宝槭籽象甲等新发林业有害生物的生活史、生活习性和发生规律没有完全掌握，监测和防治技术体系没有完全建立，导致今后虫害发生的风险增大。

5. 防治取得成效

如食叶害虫黄褐天幕毛虫、松毛虫、柳毒蛾和钻蛀害虫红缘天牛、青杨天牛等经过连续多年综合治理，虫口密度、发生范围、危害程度均明显下降。

二、2022 年林业有害生物发生趋势预测

(一)2022 年总体发生趋势预测

综合 2021 年内蒙古自治区林业有害生物发生防治情况、今冬和明年的气候预测、林业有害生物发生规律和各地区越冬基数调查分析，2022 年，内蒙古自治区林业有害生物发生面积将呈上升趋势，预计发生 1147 万亩，发生程度以轻度为主。其中病害预计发生 87 万亩，将在兴安盟、赤峰市、呼和浩特市和阿拉善盟呈上升趋势，在呼伦贝尔市、锡林郭勒盟和包头市呈下降趋势；虫害预计发生 766 万亩，将在中西部地区

呈上升趋势，东部地区呈下降趋势；林业鼠(兔)害预计发生293万亩，将在呼伦贝尔市、通辽市、乌兰察布市和呼和浩特市呈下降趋势，其他地区呈上升趋势(图6-16)。

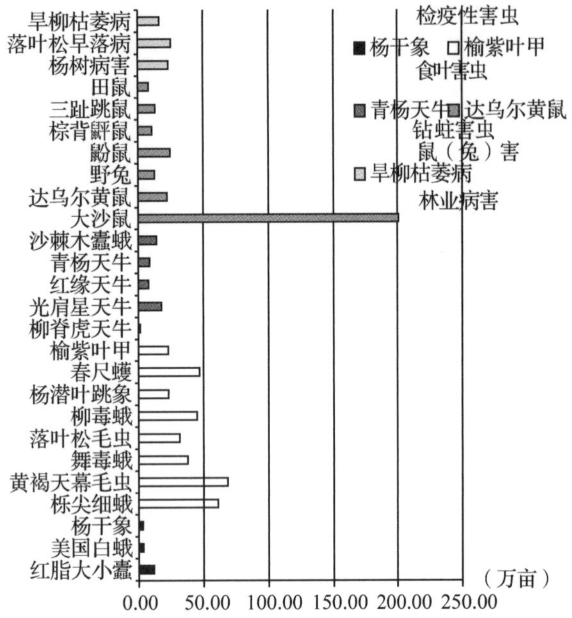

图6-16　2022年主要林业有害生物发生预测

2022年，需重点监测松材线虫病、美国白蛾、红脂大小蠹、栎尖细蛾、舞毒蛾、松毛虫、黄褐天幕毛虫等检疫性和暴发性林业有害生物，加强荒漠植被林业有害生物监测，掌握林业有害生物发生发展动态，及时发布灾情信息，提前做好防控准备，适时开展防治工作，有效降低灾害损失。

(二)分种类发生趋势预测

1. 检疫性林业有害生物发生预测

松材线虫病　内蒙古自治区周边的辽宁、吉林、甘肃、陕西均为松材线虫病疫区，距离内蒙古最近的松材线虫病疫区直线距离不足70km，传入内蒙古的可能性极大；随着交通运输、贸易活动，以及电力、通讯等基础设施和生态工程建设加快，疫木、制品及包装材料流入内蒙古的数量也会相应增加，加之检疫工作难度大，疫情防控形势异常严峻。

美国白蛾　预计发生3.66万亩，发生面积稳中有降，发生程度将有所加重，发生范围主要集中在通辽市科左中旗和科左后旗。美国白蛾在通辽市的1年发生两代，寄主范围广，繁殖能力强，其幼虫破网后，可迅速扩散蔓延，如监测不到位、防控不及时，极易暴发成灾。

红脂大小蠹　预计发生11.77万亩，发生面积呈下降趋势，发生程度以轻度为主，发生范围主要集中在赤峰市的4个旗(县、区)和通辽市的3个旗，传入邻近地区的可能性增大。

杨干象　预计发生3.36万亩，略有下降，发生程度以轻度为主，在通辽市3个旗呈上升趋势，在赤峰市的4个旗(县、区)有大幅下降趋势。

2. 林业食叶害虫发生预测

黄褐天幕毛虫　预计发生68.45万亩，与2021年相比稳中有降，发生程度以轻度为主，局部地区发生严重，主要在兴安盟、赤峰市的山杏林发生。赤峰市部分旗县越冬调查，最大虫口密度151粒/株，平均虫口密度110粒/株，有虫株率27%，发生程度加重。

栎尖细蛾　预计发生61.1万亩，与2021年相比将呈下降趋势，发生程度以轻度为主，发生范围主要集中在兴安盟的2个旗和呼伦贝尔市的4个旗(局)。兴安盟扎赉特旗和科右前旗监测和越冬基数调查结果显示，平均虫口密度为70.69/株，有虫株率为74.85%，发生程度降低。

春尺蠖　预计发生46.99万亩，与2021年相比将呈上升趋势，发生程度以中度为主，发生范围主要在阿拉善盟和鄂尔多斯市。

柳毒蛾　预计发生45.06万亩，与2021年相比将呈上升趋势，发生程度以轻中度为主，集中发生在鄂尔多斯市，危害沙柳。沙柳多为人工纯林，树种单一，林地自我调节能力弱，加之越冬基数大，易于连片暴发。

舞毒蛾　预计发生37.85万亩，与2021年相比呈明显下降趋势，发生程度以轻中度为主，发生范围主要在赤峰市、呼和浩特市和鄂尔多斯市。赤峰市越冬调查平均有虫株率11%，较去年略有降低；在鄂尔多斯市可能暴发成灾。

松毛虫　预计发生31.84万亩，与2021年相比呈明显下降趋势，发生程度以轻度为主，发生范围主要在赤峰市、兴安盟和呼伦贝尔市。赤峰市越冬调查，落叶松毛虫平均虫口密度29头/株、有虫株率30%，油松毛虫在南部旗(县、区)平均虫口密度27头/株、有虫株率48%，发生程度降低。

榆紫叶甲　预计发生23.16万亩，与2021年基本持平，发生程度以轻度为主，发生范围主要在通辽市和兴安盟。

杨潜叶跳象　预计发生23.33万亩，与2021年相比呈大幅下降趋势，发生程度以轻度为主，发生范围主要在通辽市和兴安盟。

3. 林业钻蛀害虫发生预测

光肩星天牛　预计发生17.96万亩，与2021年相比基本持平，发生程度以中度为主，发生范围主要在巴彦淖尔市，发生面积变化不大，发生程度可能加重。

青杨天牛　预计发生8.73万亩，与2021年相比基本持平，发生程度以轻度为主，发生范围主要在鄂尔多斯市和巴彦淖尔市，发生面积保持不变，发生程度将加重。

红缘天牛　预计发生7.96万亩，与2021年相比呈下降趋势，发生程度以轻度为主，发生范围主要在鄂尔多斯市和乌海市。

柳脊虎天牛　预计发生1.5万亩，与2021年相比基本持平，发生程度以轻度为主，仅在阿拉善盟额济纳旗发生。

沙棘木蠹蛾　预计发生14.22万亩，与2021年相比基本持平，发生程度以轻度为主，发生范围主要在鄂尔多斯市和呼和浩特市。

4. 林业鼠(兔)害发生预测

大沙鼠　预计发生200.74万亩，与2021年相比呈明显上升趋势，发生程度以轻度为主，主要在阿拉善盟、巴彦淖尔市和乌海市荒漠区发生。

达乌尔黄鼠　预计发生22.41万亩，与2021年相比呈下降趋势，发生程度以中度为主，主要发生在锡林郭勒盟和乌兰察布市。锡林郭勒盟西乌珠穆沁旗调查结果显示，平均有效洞口243个/hm^2，平均被害株率9.2%。

鼢鼠　预计发生24.89万亩，较2021年相比呈大幅上升趋势，发生程度以中度为主，主要在锡林郭勒盟、兴安盟、呼和浩特市等7个盟(市)樟子松、油松幼林发生。

野兔　预计发生12.65万亩，与2021年相比呈下降趋势，发生程度以轻度为主，主要在鄂尔多斯市新造林地发生。

三趾跳鼠　预计发生13.3万亩，与2021年相比基本持平，发生程度以轻度为主，主要在鄂尔多斯市发生。

田鼠　预计发生8.28万亩，与2021年相比稳中有升，轻度发生，主要在巴彦淖尔市发生。

5. 林业病害发生预测

落叶松早落病　预计发生25.63万亩，与2021年相比呈下降趋势，发生程度以轻度为主，主要在呼伦贝尔市和兴安盟发生。

松树梢枯病(樟子松枯萎病)　预计发生11.7万亩，发生程度以中度为主，仅在红花尔基林业局形成危害。

杨树病害　主要病害种类有杨树烂皮病、杨破腹病和锈病等。预计发生23.64万亩，与2021年相比呈下降趋势，发生程度以轻度为主，在乌兰察布市、通辽市、赤峰市等11个盟(市)都有不同程度发生。

旱柳枯萎病　预计发生16.6万亩，与2021年相比稳中有降，发生程度以轻中度为主，主要在鄂尔多斯市各旗(县、区)发生。

三、对策建议

(一)筑牢检疫防线，严防疫情传播

认真贯彻《植物检疫条例》《植物检疫条例实施细则(林业部分)》和《内蒙古自治区植物检疫条例实施办法》，严格执行《国内森林植物检疫技术规程》，全面加强产地检疫、调运检疫和复检工作，严密防范危险性有害生物传播扩散和松材线虫病等外来有害生物入侵。

(二)强化监测预警，规范测报管理

规范和加强国家级中心测报点、自治区级中心测报点和旗县测报站点的建设和管理，提高监测能力。明晰各级林业有害生物专、兼职测报人员职责，落实责任制度，保障原始调查数据真实性。加大基层测报人员培训力度，开展监测调查技能培训。

始终以松材线虫病、美国白蛾等重大林业有害生物作为监测工作的重点，进一步完善落实“林业有害生物监测方案”“监测调查工作历”。及时分析监测调查结果，准确掌握对当地发生危害的各类林业有害生物以及天敌的生活史、生物学特性和发生规律，做出科学准确趋势分析预测，及时发布趋势预报，强化生产性预报，提高

监测成效，为防治提供可靠依据。

（三）广泛深入宣传，提高社会认知

积极向各级政府、业务主管部门宣传林业有害生物防治工作的重要性，提高地位，引起领导思想上的重视，争取工作上的支持，巩固良好的林业有害生物防控工作局面，切实形成“属地管理、政府主导、部门协作、社会参与”的工作机制。充分利用各种媒体开展多形式、深层次、全方位宣传，切实提高公众对林业有害生物危害性和危险性的认识，增强全社会防控意识，形成群防群治的良好氛围。

（四）加强应急准备，提升处置能力

针对可能发生的林业有害生物，制定统一领导、部门协作、应对有力的专项防治方案和应急预案，加强应急演练和技术培训，提升应急反应能力、处置能力。加强物资储备库建设，做好药剂药械等防控物资储备，一旦突发灾情，立即启动应急预案，积极应对、果断处置，有效遏制灾情扩散蔓延，减少灾害损失。

（五）强化机制创新，解决突出问题

积极推进防治机制创新，加强防治社会化、市场化、专业化进程。加大先进高效便捷的监测和防治技术推广及重点基础研究，抓好现有科技成果总结、整理、筛选、推广工作。强化科技攻关与技术服务工作，加大营林措施、生物防治、无公害防治试验示范和推广力度，科学指导防控工作，提高防灾减灾水平。

（主要起草人：单艳敏　刘东力；主审：王越　赫传杰）

07 辽宁省林业有害生物 2021 年发生情况和 2022 年趋势预测

辽宁省林业有害生物防治检疫站

【摘要】2021 年辽宁省林业有害生物发生 759.93 万亩，其中轻度发生 640.28 万亩，中度发生 100.52 万亩，重度发生 19.13 万亩，比 2020 年的 830.87 万亩，发生面积有所下降。总体发生特点为林业有害生物发生面积总体呈平稳下降态势。根据 2021 年全省林业有害生物发生与防治情况及主要林业有害生物发生发展规律，结合气象资料，综合分析预测，2022 年全省主要林业有害生物发生面积与 2021 年相比总体平稳，预测 2022 年发生面积在 760 万亩左右，危害程度总体呈轻中度发生，松材线虫病和红脂大小蠹有出现新疫点的可能，松毛虫在辽西和辽北局部地区可能造成危害，辽东地区已不造成危害。

一、2021 年林业有害生物发生情况

2021 年全省发生 759.93 万亩，同比 2020 年发生减少 70.94 万亩，重度发生面积减少 19.63 万亩。全省成灾面积 12.05 万亩，成灾率为 1.34 ‰，较去年相比略有下降。其中病害发生 54.52 万亩，虫害发生 696.63 万亩，鼠兔害发生 8.78 万亩。防治作业面积达 985.75 万亩，无公害防治作业率达 98.89%。

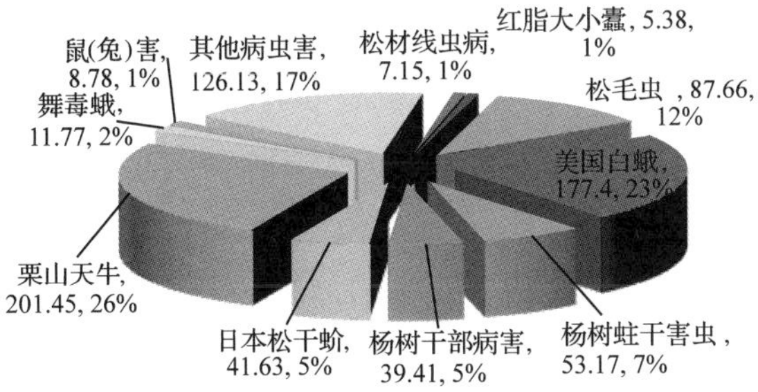

图 7-1　2021 年主要林业有害生物份额图(万亩)

(一)发生特点

(1)松材线虫病发生总体呈下降趋势，疫情涉及范围为：大连市的沙河口、甘井子、中山、西岗和长海；丹东的凤城和宽甸；抚顺市的新宾、清原、东洲、抚顺和顺城；本溪市的明山、溪湖和本溪；沈阳市浑南；铁岭市的铁岭和开原，辽阳市的辽阳和灯塔，共 7 个市的 20 个县级行政区。

(2)红脂大小蠹目前在朝阳的 7 个县区，阜新的 5 个县区，葫芦岛市 4 个县区均有分布，分布特点为零星分布。锦州市在秋普过程中发现红脂大小蠹危害情况，目前红脂大小蠹危害呈扩散态势，周边的沈阳存在较高的入侵风险。

(3)栗山天牛危害的天然次生林分质量逐年下降。由于栗山天牛危害的不可逆性，目前全省的栗山天牛对栎树类的危害将逐渐加重，天然次生林分的质量逐渐下降，枯死木将逐年增加。

(4)全省松毛虫危害已过大发生周期高峰，目前已开始进入平稳期。在辽西和辽北局部地区可能造成危害，在辽东地区未造成危害。

(二)主要林业有害生物发生情况

1. 松材线虫病

2021 年全省共普查松林 2292 万亩，监测覆盖率 100%；发现枯死松木 668279 株，取样检测 14608 株，检测发现感病松木 4554 株。松材线虫病疫点乡镇 41 个，疫情发生小班 1374 个(其中无疫情的染疫小班 229 个)，疫情发生 7.15 万亩(其中无疫情的染疫小班 1.855 万亩)，病死松树 226403 株。目前全省尚未发现新疫区，宽甸、本溪、明山 3 个疫区未普查到病死松树。

2. 红脂大小蠹

2021 年全省完成了春季、秋季两次松林排查工作。普查结果表明，目前全省红脂大小蠹疫情

分布在朝阳市、阜新市、葫芦岛市3市的16个县区分布面积为5.38万亩。其中，阜新市在5个县区分布面积为12797亩，发现侵染株数为6548株；朝阳市涉及全市7个县(市)区分布面积38726亩，侵染株数14.45万株，枯死320株；葫芦岛市4个县区分布面积2300亩，侵染株数6421株。

3. 美国白蛾

2021年全省美国白蛾发生面积总体呈下降趋势，美国白蛾发生177.4万亩，占全省林业有害生物发生总面积的23.34%，比2020年(181.99万亩)减少4.59万亩。其中轻度发生173.74万亩，中度发生3.18万亩，重度发生0.48万亩。全省除朝阳市外，其他各市均有发生，大连、丹东发生面积较大，为轻度发生，今年全省没有出现新疫点。总体上2代发生不整齐，2代较1代发生程度偏重。

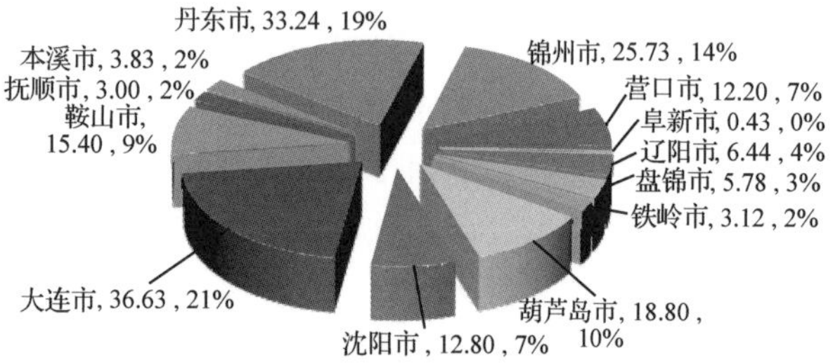

图7-2　2021年全省市级美国白蛾份额图(万亩)

4. 松毛虫

2021年全省松毛虫发生危害程度大幅度下降，松毛虫发生87.66万亩，占全省林业有害生物发生总面积的11.53%，比2020(131.16万亩)减少43.5万亩，面积下降的主要原因是辽东地区的落叶松毛虫目前已不造成危害。松毛虫包括落叶松毛虫、赤松毛虫、油松毛虫。主要发生区域在朝阳和葫芦岛两地。朝阳发生56.63万亩，轻度发生34.8万亩，中度发生17.75万亩，重度发生4.08万亩。葫芦岛发生12.2万亩，轻度发生11.4万亩，中度发生0.8万亩。锦州市发生4.09万亩，轻度发生3.8万亩，中度发生0.39万亩。沈阳市、鞍山市、营口市、抚顺市、丹东市的部分地区均有发生。

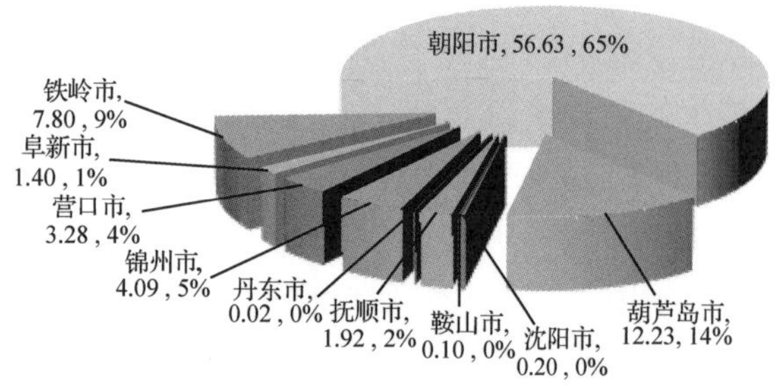

图7-3　2021年全省市级松毛虫份额图(万亩)

5. 杨树蛀干害虫

2021年全省杨树蛀干害虫发生呈下降趋势，发生53.17万亩，占全省林业有害生物发生总面积的6.99%，比2020年(62.67万亩)减少9.5万亩。其中轻度发生42.9万亩，中度发生9.67万亩，重度发生0.6万亩。杨树蛀干害虫包括杨干象、白杨透翅蛾、光肩星天牛、青杨天牛。杨干象全省发生39.01万亩，其中轻度发生30.85万亩、中度发生7.56万亩、重度发生0.6万亩。沈阳市、朝阳市发生面积均在5万亩以上。锦州市的发生面积在10万亩以上。阜新地区的发生面积较比去年大幅度下降。大连、鞍山、丹东、营口、盘锦、铁岭、葫芦岛均有发生。

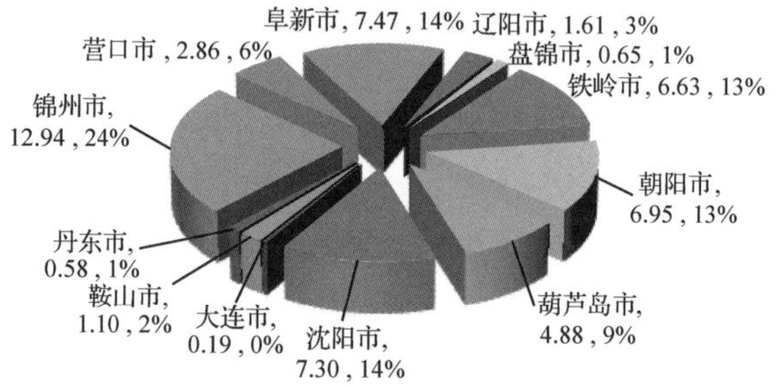

图7-4　2021年全省市级杨树蛀干害虫份额图(万亩)

6. 日本松干蚧

2021年全省日本松干蚧发生41.63万亩，占全省林业有害生物发生总面积的5.49%，比2020年(42.2万亩)减少0.9万亩。其中轻度发生40.73亩，中度发生0.9万亩，无重度发生。主要发生在大连、鞍山、抚顺、本溪、丹东、营口、辽阳、铁岭地区。丹东市轻度发生19.73万亩；辽阳轻度发生7.69万亩；抚顺轻度发生6.34万亩；大连市轻度发生0.2万亩；鞍山轻度发生0.10万亩。本溪轻度发生3.43万亩，其中

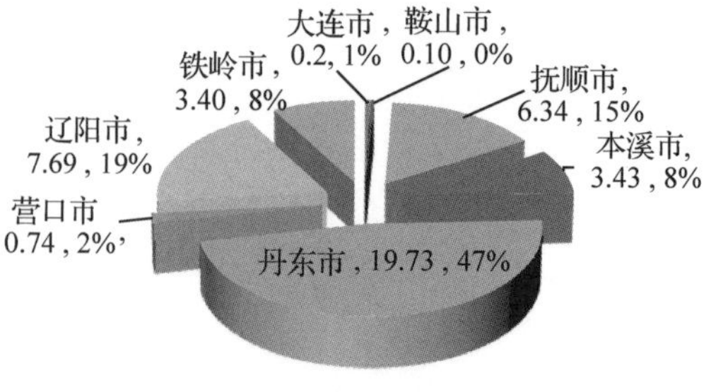

图7-5　2021年全省市级日本松干蚧份额图(万亩)

轻度发生 0.62 万亩。营口轻度发生 0.74 万亩，其中轻度发生 0.08 万亩。铁岭发生 3.40 万亩，其中中度发生 0.20 万亩。

7. 栗山天牛

2021 年全省栗山天牛发生呈平稳态势。发生 201.45 万亩，占全省林业有害生物发生总面积的 26.50%，比 2020 年(212.69 万亩)减少 11.24 万亩。其中轻度发生 158.2 万亩，中度发生 37.62 万亩，重度发生 5.63 万亩。重点发生区域为丹东，发生 121.58 万亩，占全省发生面积的 60.35%。

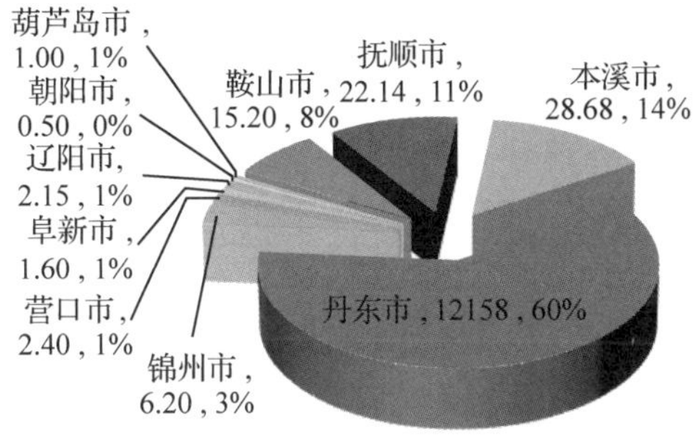

图 7-6　2021 年全省市级栗山天牛份额图(万亩)

8. 舞毒蛾

2021 年全省舞毒蛾发生危害程度减轻，全省发生 11.77 万亩，占全省林业有害生物发生总面积的 1.55%，比 2020 年(13.54 万亩)减少 1.77 万亩。其中轻度发生 10.06 万亩，中度发生 1.71 万亩，重度无发生。阜新、辽阳地区发生面积较大。阜新市共发生 3.60 万亩，其中轻度发生 2.90 万亩，中度发生 0.70 万亩。辽阳轻度发生 2.20 万亩。此外，沈阳、大连、锦州、丹东、营口、朝阳、葫芦岛等地区均有发生。

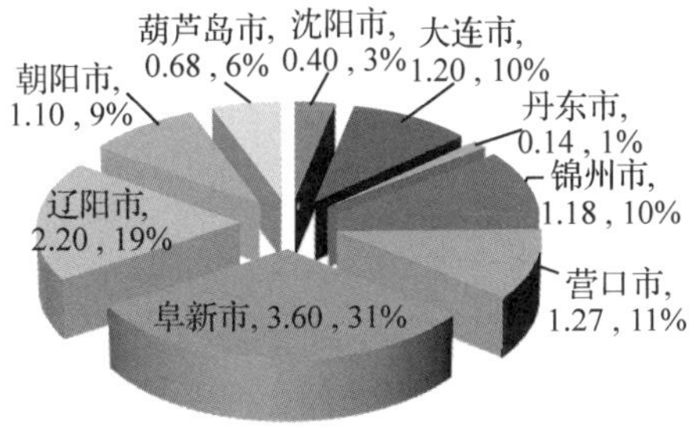

图 7-7　2021 年全省市级舞毒蛾份额图(万亩)

9. 杨树干部病害

2021 年全省杨树干部病害发生面积略有上升，发生 39.41 万亩，占全省林业有害生物发生总面积的 5.19%，比 2020 年(38.36 万亩)增加 1.05 亩。杨树干部病害包括杨树溃疡病、杨树烂皮病、杨树细菌性溃疡病、杨棒盘孢溃疡病。其中轻度发生 33.01 万亩，中度发生 5.75 万亩，重度发生 0.65 万亩。除抚顺、本溪、丹东之外，其他地区均有发生。

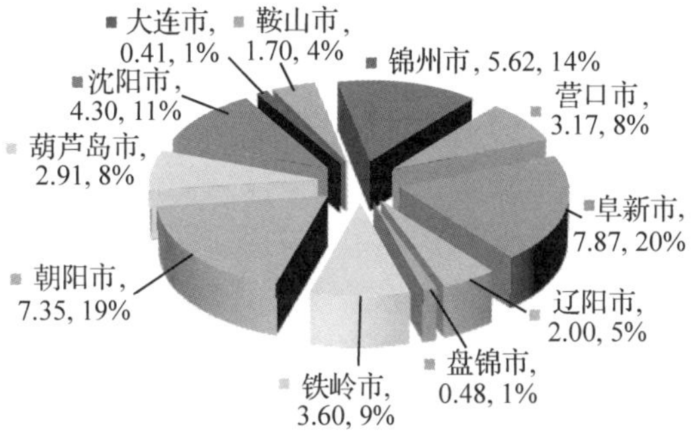

图 7-8　2021 年全省市级杨树干部病害份额图(万亩)

10. 森林鼠(兔)害

2021 年全省森林鼠兔害发生面积减少，全省鼠兔害共发生 8.78 万亩，占全省林业有害生物发生总面积的 1.16%，比 2020 年(9.60 万亩)减少 0.82 万亩。其中轻度发生 7.49 万亩，中度发生 1.20 万亩、重度发生 0.08 万亩，主要分布在鞍山、抚顺、本溪、丹东、朝阳、葫芦岛。其中朝阳市发生 3.78 万亩，本溪市发生 1.93 万亩，葫芦岛市发生 1.31 万亩。

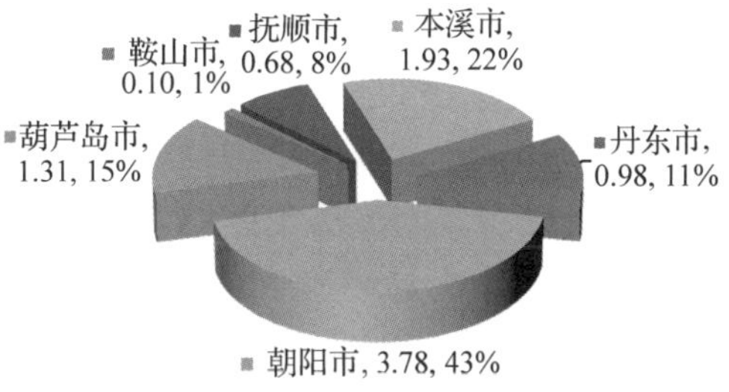

图 7-9　2021 年全省市级鼠兔害份额图(万亩)

11. 其他林业有害生物

2021 年全省其他林业有害生物发生呈下降趋势，发生 126.13 万亩，占全省林业有害生物发生总面积的 16.59%，比 2020 年(128.77 万亩)减少 1.17 万亩。虫害以突发性害虫伊榛实象、松梢螟、杨毒蛾、天幕毛虫为主。

(三)成因分析

1. 松材线虫病发生呈下降趋势的原因

为全面加强辽宁省松材线虫病疫情防控工作，省政府启动了松材线虫病疫情防控专项行动，全省已完成疫木“即死即清”作业 14.33 万株，完成松材线虫病媒介昆虫飞机防治作业

62.9 万亩次。开展“秋风 2021”松材线虫病疫木专项整治行动，各级林草主管部门和公安机关紧密配合，共出动检疫执法人员 6453 人次，开展部门联合执法 1184 次，排查各类木材经营加工企业 2975 家，排查建筑工地等场所 881 处，处置涉嫌违规松木 8.12 万 m^3；查处行政案件 31 起，移交刑事犯罪线索 14 条。全面加强了松科植物的检疫复检工作，要求对在山区里实施的交通、水利、通讯、电力等工程项目使用的松科植物及其制品检疫复检率要达到 100%；对其他松科植物及其制品检疫复检率不少于 40%。

2. 红脂大小蠹呈下降趋势的原因

省林草局组织开展防治攻坚行动，进行全面防治。主要采取了诱捕器防治、干基喷药、虫孔施药、打孔注药、活立木熏蒸、粉碎等措施。对普查到的 5.38 万亩进行全面防控，防治作业总面积 14.74 万亩次，挂置诱捕器 5920 套。朝阳市挂诱捕器 5000 套，阜新市挂诱捕器 570 套，葫芦岛市挂诱捕器 350 套，锦州市挂诱捕器 100 套。今年新发现的红脂大小蠹疫点，其地理位置和生态环境非常接近，适宜红脂大小蠹的发生与扩散。根据其发生范围及地理情况分析，很可能是自然迁飞入侵。

3. 栗山天牛发生危害呈平稳态势

一是由于栗山天牛的生活史周期为三年一代，幼虫在树干的木质部内危害时期长，对树木干部危害极大。二是由于栗山天牛为蛀干类害虫，对树木造成的危害不可逆。三是栗山天牛在全省分布范围广，除盘锦之外的 13 个市均有分布。

4. 松毛虫发生呈下降趋势的原因

一是今年全省大部分地区松毛虫大发生周期的高峰已过，开始进入平稳期。二是辽东地区的落叶松毛虫大发生为突发性害虫，与近些年坚持不懈防治。三是残次林修复、封山育林、保护生物多样性、加大抚育间伐力度、改善林分卫生状况有直接关系。

二、2022 年林业有害生物发生趋势预测

(一) 2022 年总体发生预测趋势

根据 2021 年全省林业有害生物发生与防治情况及主要林业有害生物发生发展规律，综合分析预测，2022 年全省主要林业有害生物发生面积与 2021 年相比总体呈平稳态势，发生面积在 760 万亩左右，其中预测病害发生 55 万亩，虫害发生 697 万亩，鼠兔害发生 8 万亩。危害程度总体呈轻中度发生，但成灾面积同去年比仍然持平。松材线虫病发生呈下降趋势；红脂大小蠹发生范围有所扩大；松毛虫的大发生周期开始回落，但在局部地区仍会造成较重危害；美国白蛾发生面积比上一年有所下降，突发性虫害在部分地区有暴发成灾的可能。

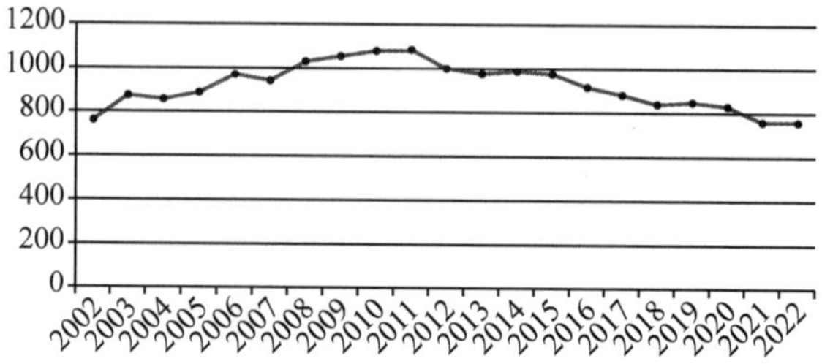

图 7-10 2002—2021 年全省有害生物发生面积及 2022 年预测值(万亩)

(二) 分种类发生预测趋势

1. 松材线虫病

预测 2022 年全省松材线虫病发生面积与 2021 年相比总体呈下降趋势，发生面积在 4 万亩左右(地方预测值合计)。可能发生区域为沈阳、大连、抚顺、本溪、丹东、辽阳、铁岭等地区。但根据松材线虫病除治技术局限性和传播特点，周边地区面临随时传入的可能，全省各地未有发生新疫点的可能。

2. 红脂大小蠹

预测 2022 年全省红脂大小蠹的扩散蔓延呈高危态势，发生面积在 7.5 万亩左右。发生区域为朝阳的五县两区，阜新的阜蒙、彰武、清河门、新邱、太平，葫芦岛建昌的过火立木林地内部和周围接壤林分。锦州市、沈阳市等周边区域依然存在疫情传入的高风险。

3. 美国白蛾

预测 2022 年全省美国白蛾发生与危害呈平稳态势，发生面积在 177 万亩左右。发生区域为养殖场周边、村屯道路两侧新植绿化带、市区及郊区接壤地区等。主要分布在沈阳、大连、营口、辽阳、鞍山、丹东、本溪、抚顺、锦州、葫芦岛、盘锦、铁岭等地。阜新、朝阳地区可能会

出现新疫点。

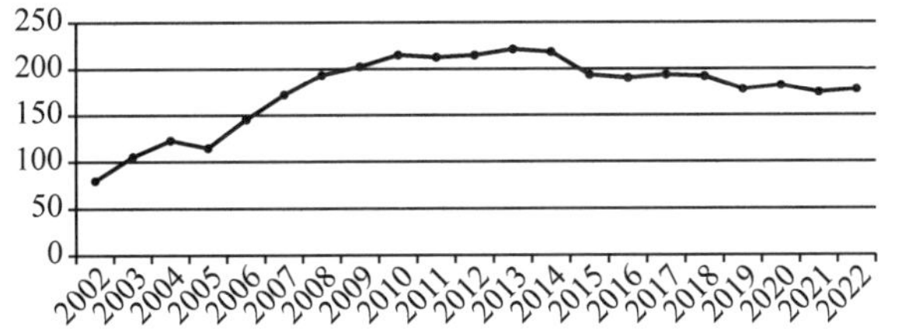

图 7-11　2002—2021 年全省美国白蛾发生面积及 2022 年预测值(万亩)

4. 松毛虫

预测 2022 年全省松毛虫发生危害呈下降趋势，但不排除个别地块有成灾的情况，发生面积在 74 万亩左右。朝阳的凌源、建平、喀左和朝阳发生面积可能有所增加，局部地块危害可能有所加重；铁岭的昌图和西丰，葫芦岛绥中和建昌的个别地块危害程度有可能加重；锦州的北镇，营口的盖州及沈阳、大连、鞍山等地预测轻度发生。落叶松毛虫在辽东地区的清原、新宾、桓仁，已不造成危害。

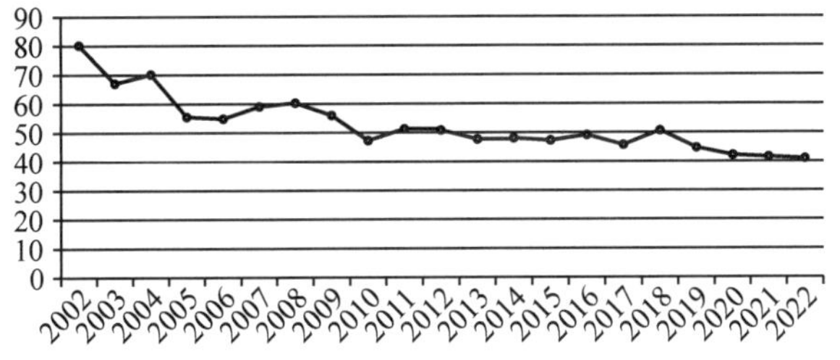

图 7-12　2002—2021 年全省日本松干蚧发生面积及 2022 年预测值(万亩)

5. 日本松干蚧

预测 2022 年日本松干蚧发生危害总体呈平稳态势，发生面积在 41 万亩左右。主要发生在大连、鞍山、抚顺、本溪、丹东、营口、辽阳、铁岭地区，均以轻度发生危害为主。

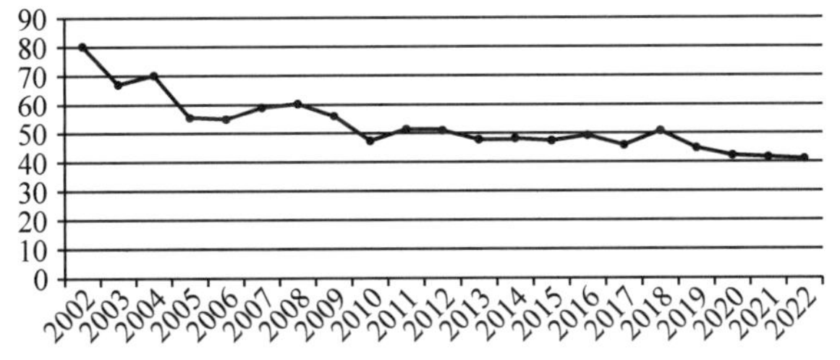

图 7-13　2002—2021 年全省日本松干蚧发生面积及 2022 年预测值(万亩)

6. 杨树蛀干害虫

预测 2022 年杨树蛀干害虫发生面积呈略有下降趋势，发生面积在 47 万亩左右。杨树蛀干害虫以杨干象、白杨透翅蛾、光肩星天牛等天牛类为主。该类害虫在沈阳、锦州、阜新、铁岭、朝阳发生危害面积较大，大连、鞍山、本溪、丹东、营口、辽阳、盘锦、葫芦岛等地区以轻度发生危害为主。

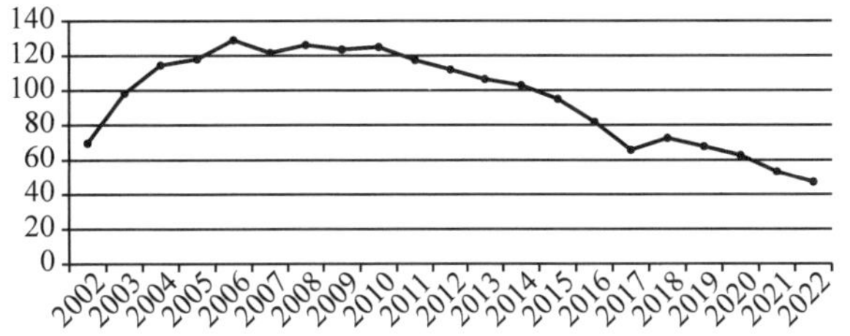

图 7-14　2002—2021 年全省杨蛀干害虫发生面积及 2022 年预测值(万亩)

7. 杨树干部病害

预测 2022 年杨树溃疡(烂皮)病等杨树干部病害发生危害呈上升趋势，发生面积在 43 万亩左右。其主要在沈阳、锦州、营口、阜新、铁岭、朝阳、葫芦岛地区发生危害面积较大，大连、鞍山、辽阳、盘锦等地以轻度发生危害为主。

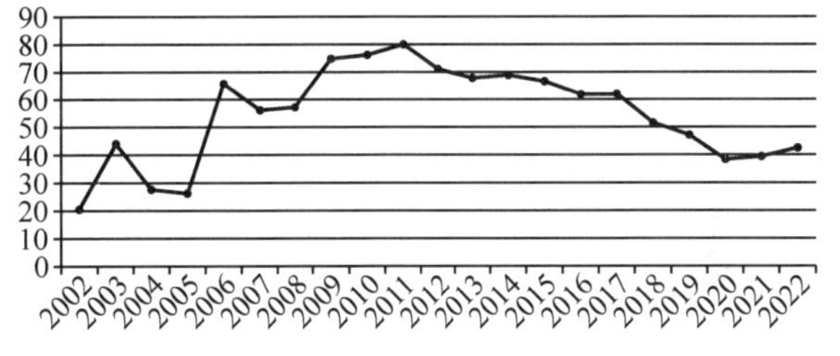

图 7-15　2002—2021 年全省杨松干部病害发生面积及 2022 年预测值(万亩)

8. 栗山天牛

预测 2022 年栗山天牛发生危害呈平稳趋势，发生面积在 201 万亩左右。栗山天牛在辽宁省三年一代，2022 年多数地区为幼虫期，因此不会出现危害面积扩大危害程度加重的情况。但是栗山天牛危害的不可逆性，造成目前全省的栗山天

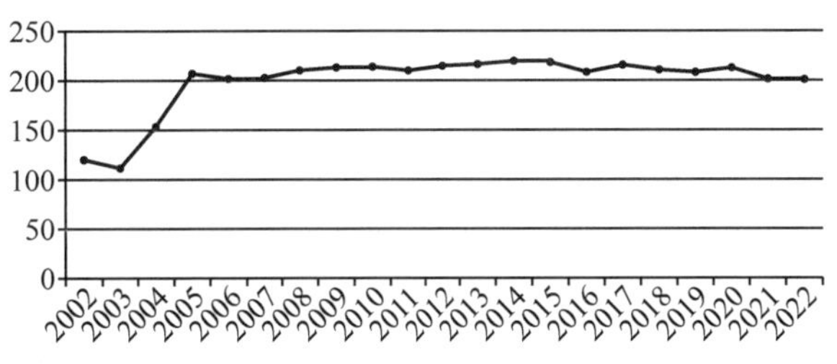

图 7-16　2002—2021 年全省栗山牛发生面积及 2022 年预测值(万亩)

牛危害的林分质量将逐年下降，枯死木将逐年增加。其主要发生区域在丹东市的宽甸和凤城、鞍山的岫岩、抚顺市的抚顺、本溪市的本溪和桓仁。除盘锦之外的13个市均有分布。2021年沈阳、大连、铁岭未上报发生面积，但是不排除沈阳、大连、铁岭仍然存在危害的可能。

9. 舞毒蛾

预测2022年舞毒蛾发生危害呈平稳态势，发生面积在14万亩左右，阜新、丹东、辽阳等地的发生的面积较大，大连、营口、朝阳、葫芦岛等地以轻度发生危害为主。

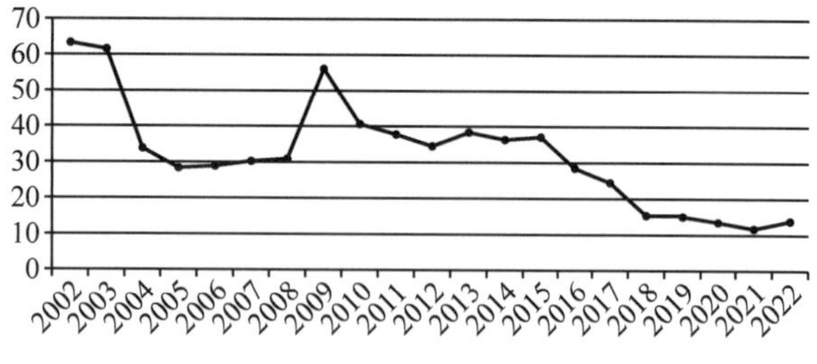

图7-17　2002—2021年全省舞毒蛾发生面积及2022年预测值(万亩)

10. 森林鼠(兔)害

预测2022年森林鼠(兔)害发生将呈平稳态势，发生面积在8万亩左右。鼠害主要在鞍山、抚顺、本溪、丹东、阜新地区发生。兔害其主要发生在朝阳和阜新地区，葫芦岛也有少量分布。

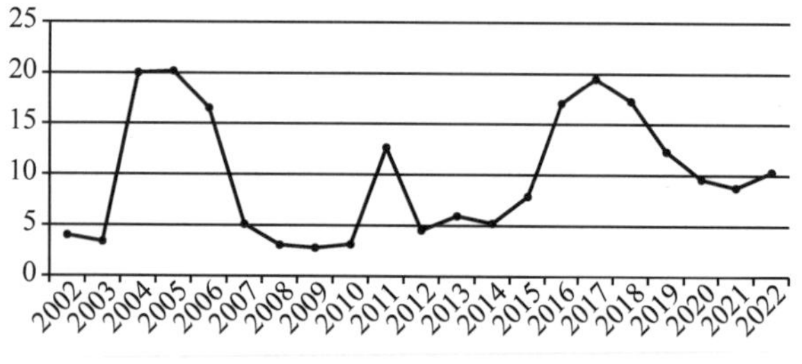

图7-18　2002—2021年全省鼠害发生面积及2022年预测值(万亩)

11. 其他病虫害

预测2022年发生面积140万亩左右。病害主要是落叶松枯梢病和松林衰退病等；虫害主要是黄褐天幕毛虫、银杏大蚕蛾、松梢螟、杨毒蛾、杨树舟蛾类、榛实象、栗实象等。

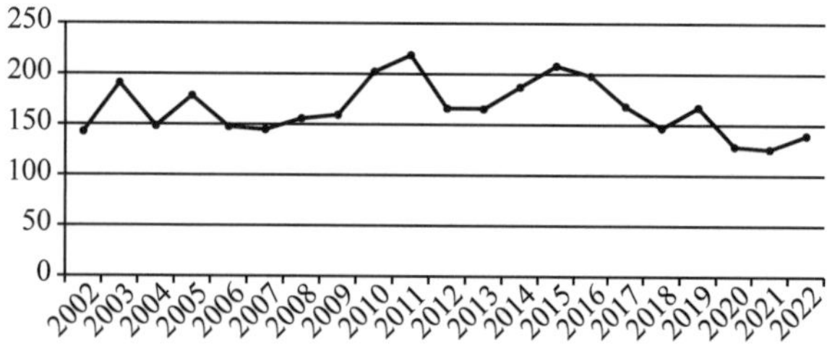

图7-19　2002—2021年全省其他病虫发生面积及2022年预测值(万亩)

三、对策建议

1. 全面加强防治检疫监测队伍建设

以贯彻《生物安全法》为契机，不断提升全行业能力和业务水平。加大业务培训，多层次多专业方向提高森防人员业务水平，强化能力培养，提高素质和技能，进而提升全国森防工作的水平。

2. 不断加强测报网络建设

进一步规范国家级中心测报点的管理，强化测报点数据直报；建立省级中心测报点主测和监测对象数码影像库。充分利用省级监测预警能力提升项目建设，积极推进省级测报点、监测点的建设，更新测报装备设备，积极应用先进技术手段，进一步提升监测预警工作的水平。

3. 持续加强疫情监测工作

督促各地持续做好疫情监测普查工作，确保全省新发疫情做到早发现、早处置。强化疫情防控能力建设。进一步加强检疫机构建设，积极捋顺工作机制，明确执法主体，加强队伍建设，逐步提升监测、执法装备水平和人员素养，进而提升对疫情的应急反应速度和能力。

4. 加大疫情防控宣传力度

采取多层次、多媒体的组合式宣传，特别是县区内进一步强化宣传，在重点区域高速公路出入口、主要交通干线以及疫情发生村镇、小班附近设置疫情防控警示宣传牌，发动群众监督，营造群防群控的良好社会氛围。

5. 开展技术培训，做好技术保障工作

突出重点区域，对风景名胜区、旅游景区、交通要道、木材集散地、大型建设项目地周边等，提高排查工作质量，确保辽宁省有害生物工作做到早发现、早部署、早除治。

6. 各地要根据预报，结合本地实际情况，加强监测，准确掌握本地区虫情发生动态，准确发布短期生产性预报，及时开展防治工作

特别要加强高速公路可视范围内林带及农田林网和绿化带的虫情监测，严防出现大面积疫情危害，加大边界的巡查密度和力度。

（主要起草人：柴晓东；主审：周艳涛　李硕）

08 吉林省林业有害生物 2021 年发生情况和 2022 年趋势预测

吉林省森林病虫防治检疫总站

【摘要】2021 年，吉林省主要林业有害生物发生形势呈现出危害种类多样化、防控难度大、发生范围广等特征。据统计，全省林业有害生物总发生面积为 464.79 万亩，较去年同期下降了 15.58%，全省大部分林业有害生物发生形势稳中有降，尤其是落叶松毛虫，经过近三年积极有效防治，其发生情况下降较为明显，较去年同期下降 73.76%。根据各地对主要林业有害生物越冬前的调查结果，结合 2021 年全省各国家级林业有害生物中心测报点监测数据分析，预测 2022 年吉林省林业有害生物发生面积有所下降，预测发生 432 万亩。

一、2021 年林业有害生物发生情况

2021 年全省应施调查监测的林业有害生物种类为 64 种，通过调查监测达到发生的种类为 56 种，全省应施调查监测面积为 20797.7 万亩，实施调查监测面积为 20751.5 万亩，全省平均调查监测覆盖率为 99.78%。2021 年全省林业有害生物发生总面积为 464.79 万亩，较去年同期下降 15.58%。按发生程度统计，其中轻度发生 337.49 万亩，中度发生 85.85 万亩，重度发生 41.45 万亩。按发生类别统计，其中虫害发生 382.85 万亩，占总发生面积的 82.37%；病害发生 24.24 万亩，占总发生面积的 5.22%；鼠害发生 57.7 万亩，占总发生面积的 12.41%。

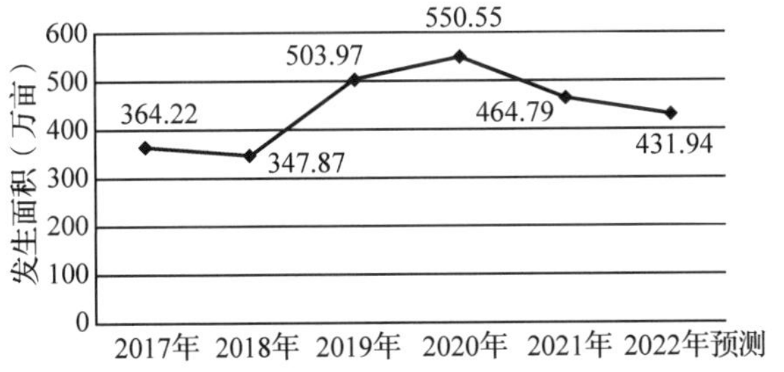

图 8-1　2017—2021 年吉林省林业有害生物发生面积及 2022 年趋势预测

2021 年全省林业有害生物预测发生面积为 470.04 万亩，实际发生面积为 464.79 万亩，测报准确率为 98.87%；全省现有林面积 12891.3 万亩，成灾面积为 11.57 万亩，成灾率 0.9‰。

（一）吉林省林业有害生物发生特点

2021 年全省大部分林业有害生物发生形势稳中有降，尤其是落叶松毛虫，经过近 3 年积极有效防治，其发生情况下降较为明显，较去年同期下降 73.76%。吉林省林业有害生物发生情况主要表现出以下特点：

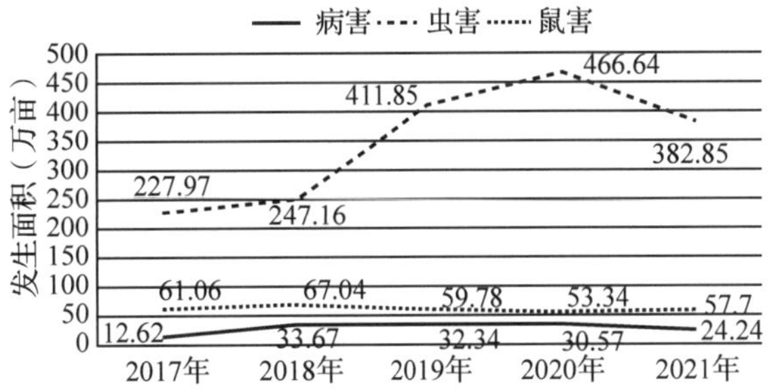

图 8-2　2017—2021 年吉林省林业有害生物发生面积比例图

1. 发生种类以虫害为主

主要林业有害生物发生种类以虫害为主，发生面积占总发生面积的 82.37%，鼠害发生面积次之，病害发生面积最少。发生形势呈覆盖范围广、防控难度大、整体发生危害种类多样化趋势明显的特征。

2. 发生种类区域性明显

吉林省中、东部山区发生种类主要有落叶松毛虫、红松球果害虫、小蠹虫类等寄主为松科树种的有害生物，西部平原地区发生种类主要为黄

褐天幕毛虫、杨潜叶跳象、黑绒金龟子、杨毒蛾、柳毒蛾、分月扇舟蛾、白杨透翅蛾、青杨天牛、榆紫叶甲等寄主为杨、榆属的有害生物。

3. 发生程度以轻度发生为主

通过防控措施的有效落实，全省林业有害生物总发生面积、轻度发生、中度发生、重度发生情况同比上年度均有不同程度的下降，发生趋势得到有效控制，发生程度以轻度发生为主，占总发生面积的 72.61%。

4. 食叶害虫此消彼长

经过积极防治，落叶松毛虫、银杏大蚕蛾、分月扇舟蛾、杨毒蛾、黑绒金龟子下降趋势明显。柳毒蛾、榆紫叶甲发生面积与去年相差无几。因 4 月下旬至 5 月干旱、少雨等天气影响，杨潜叶跳象、黄褐天幕毛虫发生面积有所上升。

5. 枝干害虫稳中有降

栗山天牛、青杨天牛下降趋势明显，落叶松球蚜、红松球蚜、白杨透翅蛾发生面积与去年持平，由于及时清理风折风倒木和悬挂诱捕器，小蠹虫类包括落叶松八齿小蠹、云杉八齿小蠹、多毛切梢小蠹、纵坑切梢小蠹发生面积较去年同期略有下降。

6. 红松球果害虫危害有所减轻

主要为梢斑螟类，此类害虫 2019 年开始危害严重，因吉林省无此类害虫详细资料，无具体的梢斑螟类调查技术，近两年通过组织召开专家研讨会、监测和防治工作会、总结会等，研究、讨论并制定了一系列红松球果害虫相关文件和统计指标，指导全省开展红松球果害虫的防治工作。经过两年的防控，全省红松球果害虫严重危害情况得到了有效的控制。

7. 鼠害发生分布范围广、以轻度发生为主

鼠害发生种类主要为棕背䶄、红背䶄。发生区域分布范围广，全省除白城、松原西部平原地区以外其他地区均有发生。发生程度以轻度发生为主，占总发生面积的 97.16%。发生林分既有天然林也有人工林，主要危害幼、中龄林，特别是对冠下更新的红松和云杉危害较重。

8. 美国白蛾整体呈零星分布和轻度发生

吉林省每年坚持开展美国白蛾两代成虫性诱监测、加大成虫诱捕器使用数量，在两代幼虫期持续开展调查和及时采取剪除幼虫网幕、无公害药剂喷雾防治，同时加强了疫情源头的管控，防止疫情传入和扩散蔓延。通过以上有效措施，美国白蛾在吉林省整体呈零星分布和轻度发生。

9. 松材线虫病疫情在吉林省首次发生，防控形势严峻

7 月 2 日，吉林省首次在通化市东昌区发现松材线虫病疫情，截至目前，已有 2 个松材线虫病疫区和 1 个新疫情县级发生区，疫情发生面积总计 749 亩，乡镇疫点数量 4 个，疫情防控形势比较严峻。

(二)吉林省主要林业有害生物发生情况分述

1. 森林虫害

(1)干部害虫

主要包括栗山天牛、白杨透翅蛾、小蠹虫类。

栗山天牛　全省发生 17.96 万亩，较去年同期下降 11.66%。按发生程度统计，其中轻度发生 9.5 万亩，中度发生 5.17 万亩，重度发生 3.29 万亩。主要分布于长春市的榆树，吉林市的龙潭、船营、丰满、永吉、蛟河、舒兰、磐石，辽源市的东丰，通化市的辉南、柳河、梅河口、集安，红石林业局。

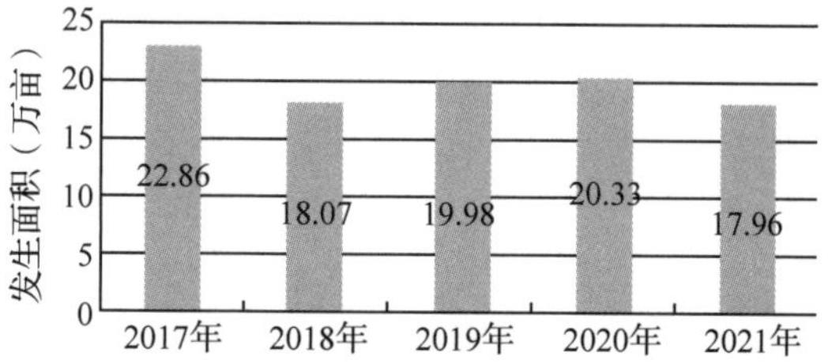

图 8-3　2017—2021 年吉林省栗山天牛发生面积

白杨透翅蛾　发生 5.26 万亩，与去年同期持平。按发生程度统计，其中轻度发生 4.14 万亩，中度发生 0.92 万亩，重度发生 0.20 万亩。分布于四平市的双辽，松原市的宁江、扶余，白城市洮北、镇赉、通榆、大安。其中松原市的宁江，白城市镇赉县呈中、重度发生，其他地区发生程度较轻。6 月上中旬成虫羽化期采取性诱和喷洒溴氰菊酯喷雾防治。

小蠹虫类　包括落叶松八齿小蠹、云杉八齿小蠹、多毛切梢小蠹、纵坑切梢小蠹发生面积合计 21.75 万亩，较去年同期略有下降，其中云杉八齿小蠹发生 20.31 万亩，较去年同期下降了 3.93%。小蠹虫类发生区主要分布于吉林省的东

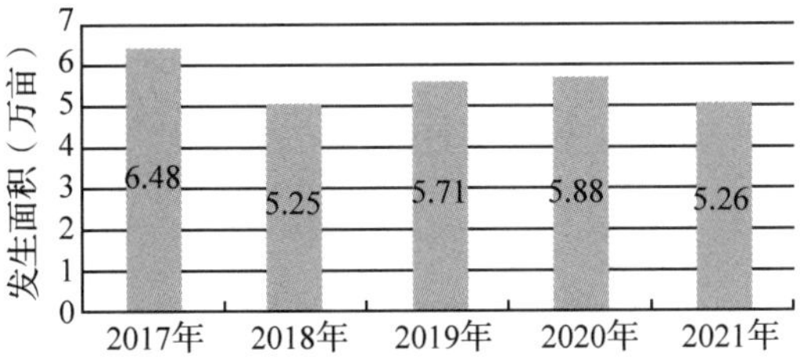

图 8-4　2017—2021 年吉林省白杨透翅蛾发生面积

中部地区，包括长春市的净月区，通化市的通化县，白山市的抚松县、长白县、长白森经局，延边朝鲜族自治州(以下简称延边州)的龙井市、白河林业局、黄泥河林业局、和龙林业局、八家子林业局、珲春林业局、汪清林业局、大兴沟林业局、天桥岭林业局，省直单位的松江河林业局、红石林业局。其中长白山国家级自然保护区管理局的云杉八齿小蠹以中、重度发生为主，其他地区的小蠹虫类均以轻、中度发生为主。各单位采取聚集信息素诱捕对小蠹虫类进行防治。

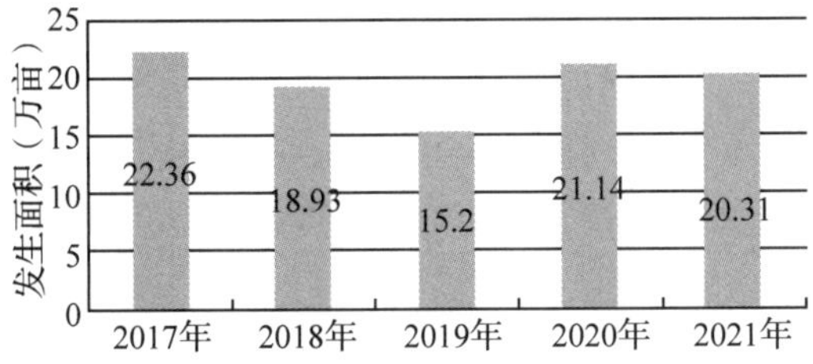

图 8-5　2017—2021 年吉林省云杉八齿小蠹发生面积

(2)枝梢害虫

主要包括青杨天牛、松树球蚜类。

青杨天牛　应用物理防治和生物防治相结合的防治措施，各单位积极组织人力物力对发生林分在早春进行人工剪虫瘿，并集中烧毁；7~8 月份施放管氏肿腿蜂防治幼虫；或招引啄木鸟等方法进行防治。全省发生 21.43 万亩，较去年同期下降 5.88%。其中轻度发生 17.98 万亩，中度发生 3.24 万亩，重度发生 0.2 万亩，轻度发生面积占比为 83.9%。主要分布于吉林省中、西部地区，包括长春市的农安，四平市的梨树、双辽，

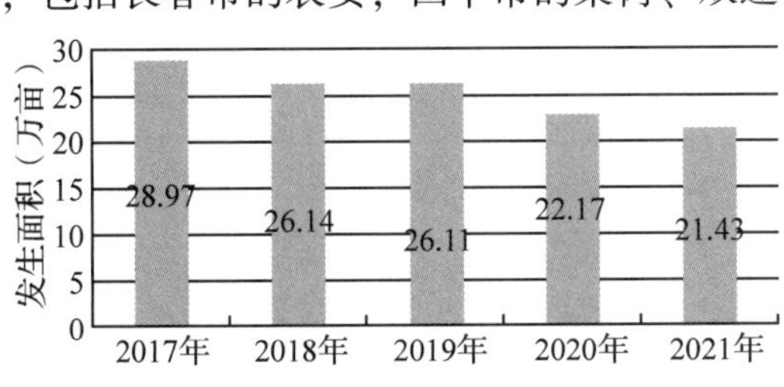

图 8-6　2017—2021 年吉林省青杨天牛发生面积

松原市的宁江、前郭、长岭、乾安、扶余，白城市的洮北、镇赉、通榆、洮南、大安。其中白城市的镇赉重度发生 0.2 万亩，其他地区均呈轻、中度发生。

松树球蚜类　包括落叶松球蚜、红松球蚜，发生面积合计 6.72 万亩，与去年同期持平，其中轻度发生面积占 95.8%。主要分布于白山市的抚松、靖宇、长白、长白森经局，省直单位的临江林业局、三岔子林业局、松江河林业局、泉阳林业局、吉林省林业实验区国有林保护中心。

(3)食叶害虫

主要包括杨树食叶害虫、落叶松毛虫、银杏大蚕蛾、榆紫叶甲、美国白蛾。

杨树食叶害虫　发生合计 61.88 万亩，较去年同期相差无几，以轻、中度发生为主。其中：分月扇舟蛾发生 5.48 万亩，较去年同期下降 24.2%，主要分布于白城市的大安，省直单位的湾沟林业局、泉阳林业局、露水河林业局；杨毒蛾发生 6.98 万亩，较去年同期下降 10.28%，主要分布于白城市的洮北、镇赉、洮南；柳毒蛾发生 5.38 万亩，与去年同期相差无几，主要分布于松原市长岭，白城市的洮北、大安，全部为轻、中度发生；杨小舟蛾发生 0.21 万亩；杨扇舟蛾 0.67 万亩；杨潜叶跳象发生 13.67 万亩，较去年同期上升 6.13%，其中轻度发生 8.52 万亩，中度发生 4.4 万亩，重度发生 0.75 万亩，主要分布于松原市市辖区、长岭、乾安，白城市市直单位、通榆；黑绒金龟子发生 8.25 万亩，较去年同期下降 5.71%，其中轻度发生 5.86 万亩，中度发生 1.84 万亩，重度发生 0.56 万亩，主要分布于吉林省的西部地区，包括松原市的市辖区，白城市的镇赉、通榆、洮南、大安；黄褐天幕毛虫发生 21.25 万亩，较去年同期上升 16.12%，其中轻度发生 14.72 万亩，中度发生 4.7 万亩，重度发生 1.83 万亩，主要分布于松原

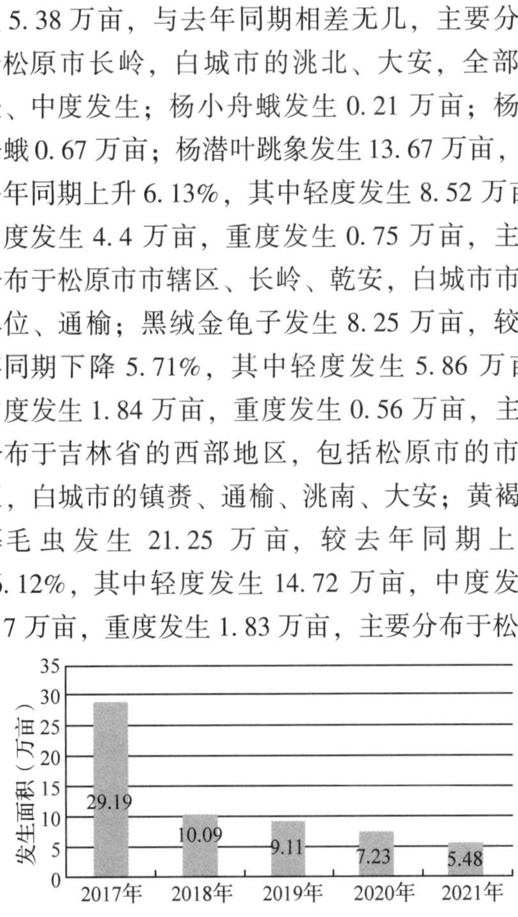

图 8-7　2017—2021 年吉林省分月扇舟蛾发生面积

市的宁江、前郭、乾安，白城市的洮北、镇赉、通榆、洮南、大安。

落叶松毛虫　全省 2019、2020 年对落叶松毛虫采取了“飞机防治为主、地面防治为辅”的无公害防控对策，通过积极防治，221 年落叶松毛虫发生 40.46 万亩，较去年同期下降 73.76%，其中轻度发生 38.4 万亩，中度发生 1.26 万亩，重度发生 0.81 万亩，全省大部分地区都有不同程度的发生，以轻度发生为主，主要分布于吉林省的中东部山区，吉林市的龙潭、丰满、永吉、上营森经局；辽源市的东丰；通化市的东昌；白山市的浑江、长白；延边州、长白山森工的大部分单位；吉林森工所属 8 个国有林业局及 3 个省直事业单位。临江林业局和露水河林业局有中、重度发生，其他单位均为轻度发生。

图 8-8　2017—2021 年吉林省落叶松毛虫发生面积

银杏大蚕蛾　发生 9.25 万亩，较去年同期下降 13.79%，其中轻度发生 7.88 万亩，中度发生 1.24 万亩，重度发生 0.13 万亩。主要分布于吉林市的上营森经局，白山市市本级，安图森经局，湾沟林业局、泉阳林业局、露水河林业局、红石林业局、白石山林业局、吉林省辉南国有林保护中心、蛟河林业实验管理局。由于各发生的森林经营单位高度重视，积极防治，特别是采取人工收拣卵块和蛹等有效措施，降低了发生林分的种群密度。

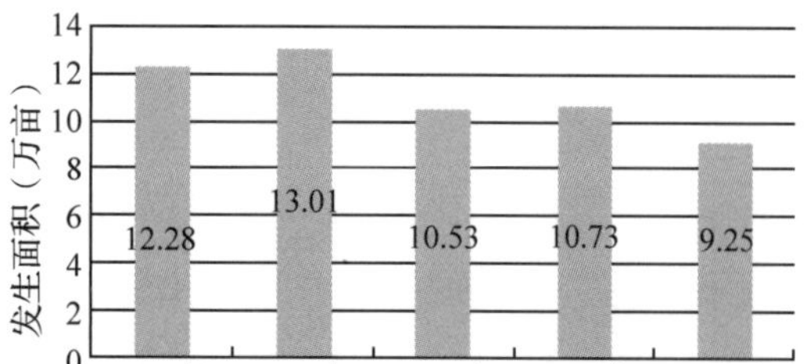

图 8-9　2017—2021 年吉林省银杏大蚕蛾发生面积

榆紫叶甲　发生 16.26 万亩，与去年同期持平，其中轻度发生 10.93 万亩，中度发生 2.86 万亩，重度发生 2.48 万亩。主要分布于吉林省的西部地区，具体地区为四平市的铁西，松原市乾安，白城市的通榆、洮南，向海国家级自然保护区管理局。

美国白蛾　发生 0.053 万亩，均为轻度发生，较去年同期下降 66.38%。主要分布于吉林省的中西部地区。为全面掌握全省诱捕情况，要求各地在规定时间内对美国白蛾越冬代和第 1 代成虫进行监测，并实行成虫诱捕的数量日报制度，以便于全面掌握全省诱捕情况。2021 年共挂置美国白蛾性诱捕器 5891 套，其中越冬代挂置 2925 套，第一代挂置 2966 套。越冬代在 11 个县(市、区)共诱捕到美国白蛾成虫 332 头，诱到成虫数量较上一年同期下降了 62.19%。第 1 代在 21 个县(市、区)共诱到美国白蛾成虫 4470 头，诱到成虫数量较上一年同期下降了 33.68%。

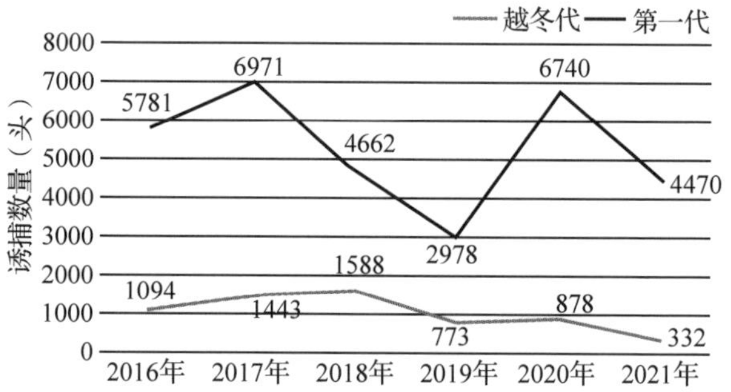

图 8-10　2016—2021 年吉林省两代美国白蛾成虫诱捕数量比较

在两代幼虫期，开展发生情况调查。经调查，疫点中的长春高新技术开发区的双德街道，四平市铁西区的地直街道，梨树县的梨树镇，辽源市龙山区的西康街道、北寿街道、西宁街道、新兴街道，西安区的仙城街道、太安街道，东辽县的白泉镇、泉太镇、云顶镇，梅河口市的光明街道、和平街道、解放街道、海龙镇发现幼虫。各单位对发现的幼虫都采取了及时有效的防治措施。本年度国家林业和草原局下达吉林省防治面积 0.20 万亩次，实际完成防治作业面积 3.22 万亩次，超额完成了下达的防治任务，取得了较好的防治成效，没有成灾面积。

2021 年吉林省两代美国白蛾成虫诱捕数量均较上一年同期有所下降，幼虫发生面积进一步减小、没有造成灾害。2021 年县和乡两级均无新的疫情发生，经过封锁除治，辽源市东辽县渭津镇具备了撤销疫点的要求。由此可见，近几年吉林省美国白蛾防控工作取得了明显成效。

(4)红松球果类害虫

主要包括梢斑螟类。

梢斑螟类　包括果梢斑螟、松梢螟发生面积合计169.29万亩，较去年上升24.94%。上升原因是各地按照新制定的《红松球果害虫调查方法和发生成灾统计指标》，调查了本辖区内的红松球果害虫发生面积，之前未发生的单位在调查后有新发生情况，导致面积较上一年度有所提高。其中，果梢斑螟发生161.26万亩，较去年同期上升19%，轻度发生91.28万亩，中度发生48.75万亩，重度发生21.23万亩。主要分布于通化市的柳河，白山市的江源、抚松，延边州、长白山森工的大部分单位，吉林森工的8个国有林业局及2个省直单位。

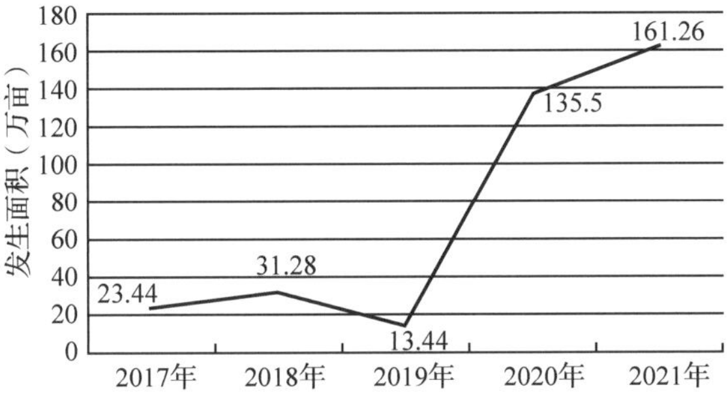

图8-11　2017—2021年吉林省果梢斑螟发生面积

在总结了近两年的监测和防治工作经验后，吉林省2021年要求有红松球果害虫发生的单位于6月10日至7月5日、7月20日至8月10日开展两次成虫灯诱监测工作，每日记载诱捕数量，绘制红松球果害虫羽化高峰期曲线，为红松球果害虫防治时间提供科学依据。全省第一轮防治作业时间为6月20日至6月25日；第二轮防治作业期为7月28日至8月6日。经过两轮有效防治，全省2021年度飞机施药作业平均防治效果为79.8%，平均球果被害率14.3%，平均虫口密度为1.7头/球果；地面放烟施药作业平均防治效果为76.5%，平均球果被害率19.3%，平均虫口密度为2.3头/球果。2020年度防治后平均球果被害率为29.6%，平均虫口密度为3.3头/球果；2019年全省红松球果害虫暴发成灾，球果被害率达到80%以上，处于绝收程度。

通过2020、2021年两年的持续防控，全省红松球果害虫严重危害情况得到了有效的控制，全面平息了红松球果害虫承包户上访局面，有效维护了吉林省东部林区社会的和谐稳定。

2. 森林病害

杨树病害　杨树烂皮病发生面积4.36万亩，以轻、中度发生为主；杨树溃疡病发生面积0.77万亩，以轻度发生为主。主要分布于吉林省的中西部地区。

松树病害　主要有落叶松落叶病、松落针病、落叶松枯梢病、松针红斑病发生面积合计19.05万亩，较去年同期下降22.53%，其中轻度发生19.04万亩。落叶松落叶病发生10.64万亩，占全年松树病害发生面积的55.8%；松落针病发生6.8万亩，占全年松树病害发生面积的35.7%；落叶松枯梢病发生1.31万亩，松针红斑病发生0.3万亩。松树病害发生区主要分布于吉林省东南部地区，包括吉林市的丰满、蛟河、桦甸、上营森经局，通化市的通化、集安，白山市的靖宇、长白县，延边州的图们、敦化，长白山森工集团的安图森经局、大石头林业局、黄泥河林业局、和龙林业局、八家子林业局、天桥岭林业局，省直单位的三岔子林业局、湾沟林业局、泉阳林业局、露水河林业局、红石林业局、白石山林业局、吉林省辉南国有林保护中心、吉林省林业实验区国有林保护中心。

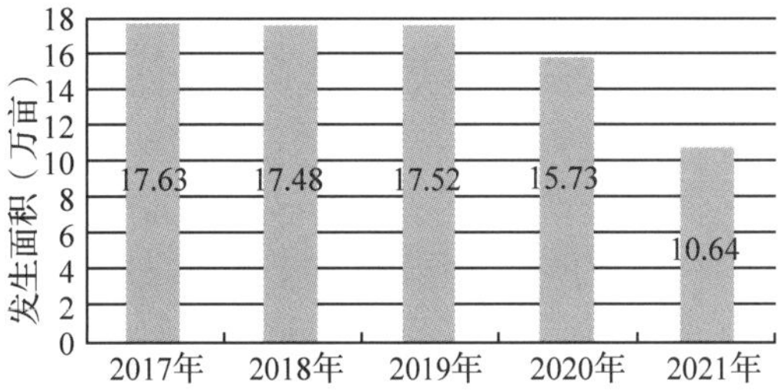

图8-12　2016—2021年吉林省落叶松落叶病发生面积

松材线虫病　截至目前，吉林省有3个松材线虫病疫情发生区，疫情发生面积总计749亩，分别为通化市东昌区(7月2日确认)，发生地位于金厂镇、环通乡，面积为475.5亩，共有1251株枯黄枯死松树。通化市二道江区(10月26日确认)，发生地位于二道江乡三道江村17林班80小班、88小班、101小班和样子沟村19林班205小班，面积为210.5亩，共有1060株枯黄枯死松树。延边州汪清县(7月14日确认)，发生地位于汪清镇61林班24小班，面积为63亩，枯黄枯死松树862株。

7月2日，吉林省首次发现松材线虫病疫情

后，省委、省政府高度重视，景俊海书记、韩俊省长第一时间作出指示批示，要求各级政府和部门层层落实责任，采取“狠、硬、实”的措施，尽早拔除疫情。7月8日，省政府组织召开“全省松材线虫病疫情应急处置预案启动会议”，全面部署吉林省松材线虫病疫情应急防控工作。为加大松材线虫病疫情防控工作力度，统筹中央林业改革发展资金3000万元，申请省级财政补助资金1025万元，用于全省疫情防控工作。购置疫木粉碎机8台，通过调拨使用方式满足疫木无害化处置需要。购买长光卫星公司卫星遥感监测松林枯黄枯死立木技术服务，提高疫情调查监测覆盖率。同时抓住契机，利用林业有害生物防治能力提升项目资金，购置监测无人机、显微镜等设备仪器。在全省设立1个省级检测鉴定中心及7个区域性检测鉴定机构，分区分级实施检测鉴定工作，综合提升检测能力。针对从业人员专业技术能力不足问题开展精准化培训，分别在吉林省林业技术师范学院及通化市杨靖宇干部培训学院举办两期全省松材线虫病疫情防控培训班，有效提升专业技术人员的业务能力和水平。

下一步，吉林省将利用今冬明春4个月时间，以清理枯黄枯死树为核心，开展一次全面集中采伐除治行动，全部按松材线虫病疫木实施提级管理，采取就地焚烧或粉碎处置，降低疫情扩散蔓延的风险。

3. 森林鼠害

全省森林鼠害发生总面积为57.7万亩，同比上升8.17%，发生种类主要为棕背䶄、红背䶄、东方田鼠、大林姬鼠、黑线姬鼠。其中轻度发生56.06万亩，中度发生1.63万亩，重度发生0.008万亩。由于鼠类基数不高，因此均以轻度发生为主。除西部平原地区以外，全省大部分地区均有发生。主要利用物理防治和生物源药剂控制害鼠种群密度，一是布设捕鼠铗、捕鼠笼、捕鼠井等器械捕杀，减少林间害鼠数量。二是利用生物灭鼠剂和不育剂等生物制剂防治，控制害鼠种群长期保持在低密度，降低危害程度。

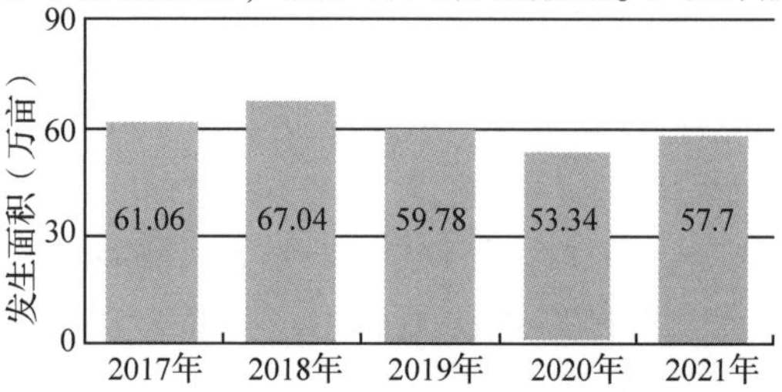

图8-13　2017—2021年吉林省森林鼠害发生面积

(三)成因分析

1. 气候条件有利于林业有害生物发生

近年来，全球气温逐渐升高给林业有害生物的发生提供了有利的气候条件，使得林业有害生物更加容易生存及繁衍。加之，随着极端天气的频繁出现，近些年少雪、干旱、高温等情况持续发生，为各类林业有害生物的发生创造了有利条件，特别在林农交错的浅山区，森林生态系统功能脆弱，大大增加了突发性、暴发性灾害的发生概率和不确定性。

2. 人为活动日益频繁，加大林业有害生物的传播和危害

随着社会经济的快速发展，地区间木材贸易也随之增加，从而增加了林业有害生物的传播几率。同时，人为活动的日益频繁，对森林生态环境造成严重破坏，林间天敌数量的减少，大大降低了森林系统的自身防御能力，促进了林业有害生物的发生。以红松球果害虫为代表，人工采摘方式和粗放管理严重破坏了自然的平衡和调节功能，在天然林中尤其明显。

3. 营林树种单一，生态系统脆弱

营林方式不科学，林分结构、树种搭配不合理，为林业有害生物种类急剧增殖提供了有利条件，且常常呈此消彼长的发生态势。人工林中的落叶松林和云杉林大多毗邻，这种营造林方式恰好给营转主寄生的落叶松球蚜创造了良好的繁衍基地，使危害连年发生。吉林省西部几乎都是杨树人工纯林，林分长势不旺盛，自身抵御能力减弱，是导致林业有害生物连年发生的又一原因。

4. 局部冬季降雪较大和寄主植物数量显著增加，使鼠害呈大面积发生

根据气象部门统计，2021年2月中旬吉林省南部和东部有中雪，部分地方有大雪。由于吉林省局部地区冬季降雪较大，有利于鼠类危害，导致鼠害发生面积有所上升，吉林省发生区域以人工林为主，局部天然林有发生，近年来造林绿化工作和退耕还林工作加快步伐，退耕还林的未成林造林地内主要营造树种是红松、云杉、水曲柳、黄檗、胡桃楸等，这些树种也都是害鼠的危害对象，致使危害连年发生。

5. 加大防控力度，使林业有害生物高发态势有所缓解

经过多年连续对林业有害生物的预防、综合措施防治，使突发性和常发性林业有害生物种群数量控制在安全、平衡的程度范围内，发生较为平稳、危害呈现下降趋势。例如：经过2019、2020年全省松毛虫特大灾情应急处置工作的开展，各地全面积极响应，主动担当作为，采取了微生物源、植物源和昆虫生长调节剂三类无公害防治药剂，使松毛虫发生面积大幅度下降，较去年同期下降73.76%。红松球果害虫2019年开始危害严重，经过两年的防控，全省红松球果害虫严重危害情况得到了有效的控制。

二、2022年吉林省林业有害生物发生趋势预测

依据全国林业有害生物防治信息管理系统数据、吉林省气象中心气象信息数据，结合各地对主要林业有害生物越冬前的调查结果、全省各国家级林业有害生物中心测报点监测数据分析，预测2022年吉林省林业有害生物发生总体态势呈下降趋势，预测发生面积为432万亩。

梢斑螟类　包括果梢斑螟、松梢螟，预测发生150.16万亩，以轻度发生为主。发生的区域主要分布在中东部山区，包括延边州、长白山森工，通化市的柳河，白山市的江源、抚松、临江，吉林森工、吉林省辉南国有林保护中心、吉林省林业实验区国有林保护中心。

落叶松毛虫　预测落叶松毛虫发生26.77万亩。全省大部分地区均有发生，通过积极防治，虫口密度下降明显，发生情况与常年持平，以轻度发生为主。

云杉八齿小蠹　预测云杉八齿小蠹发生19.38万亩。发生的区域主要分布在长白山森工的汪清林业局、黄泥河林业局、八家子林业局、珲春林业局，白山市的长白县、长白森经局，吉林森工的松江河林业局、红石林业局，长白山国家级自然保护区管理局。

栗山天牛　预测栗山天牛发生18.06万亩。发生的区域主要分布在长春市的榆树，吉林市的龙潭、船营、丰满、蛟河、舒兰、磐石、永吉、松花湖林场，通化市的集安、梅河口、柳河、辉南，省直事业单位的红石林业局。

松树球蚜类　包括落叶松球蚜和红松球蚜，预测发生7.17万亩。主要分布在白山市大部分地区，吉林森工的临江林业局、三岔子林业局、松江河林业局、泉阳林业局。

杨树枝干害虫　预测青杨天牛发生17.64万亩、白杨透翅蛾发生5.12万亩、杨干象发生1.11万亩。主要分布于吉林省的中西部地区，以轻、中度发生为主。

杨树食叶害虫　主要包括黄褐天幕毛虫、黑绒金龟子、杨潜叶跳象、分月扇舟蛾、杨扇舟蛾、杨小舟蛾、杨毒蛾、柳毒蛾、黄刺蛾，预测发生59.87万亩。主要分布在吉林省中西部地区，以轻、中度发生为主，危害程度较轻。黄褐天幕毛虫预测发生20.72万亩。发生区域主要分布于白城市所有县级单位，松原市的前郭、乾安、宁江；黑绒金龟子预测发生9.66万亩。发生区域主要分布在白城市地区；杨潜叶跳象预测发生12.6万亩。发生区域主要分布在吉林省西部地区，具体地点为白城市的通榆，松原市的长岭、前郭、乾安、市辖区；分月扇舟蛾预测发生4.14万亩，发生区域在白城市大安、吉林森工的泉阳林业局和露水河林业局；杨毒蛾预测发生6.3万亩；柳毒蛾预测发生4.3万亩；黄刺蛾预测发生0.7万亩。

银杏大蚕蛾　预测银杏大蚕蛾发生7.88万亩。发生的区域主要分布在上营森经局，安图森经局，白山市的市直单位，吉林森工的湾沟林业局、泉阳林业局、露水河林业局、红石林业局、白石山林业局，吉林省辉南国有林保护中心、蛟河林业实验管理局。

美国白蛾　预测发生0.0568万亩，吉林省将在2022年加大对美国白蛾的监测力度，在越冬代和第1代成虫期做好性诱监测；在第1代和第2代幼虫期做好调查工作，一旦新发现幼虫及时封锁扑灭，对现有疫点加大防治力度，努力不造成疫情扩散。

榆紫叶甲　预测发生14.7万亩。发生区域主要分布于白城市的洮南、通榆，松原市的乾安，省直单位的向海国家级自然保护区管理局。

松树病害预测落叶松病害发生18.78万亩；其中，松落针病预测发生6.69万亩，落叶松落

叶病预测发生10.31万亩，落叶松枯梢病预测发生1.79万亩。主要分布于吉林省中东部山区。

杨树病害　杨树烂皮病、杨树溃疡病仍将在中西部地区对幼林和新植林造成一定的危害，影响造林的成活率，对中幼龄林也会造成危害。预测发生4.58万亩。

森林鼠害　预测森林鼠害发生62.29万亩，全省大部分地区均有发生。

三、对策建议

针对当前林业有害生物灾害高发、频发、重大危险性林业有害生物入侵风险加剧，结合吉林省林业有害生物防治工作基本情况，吉林省制定如下对策：

（一）坚持政府领导、属地管理，进一步落实林业有害生物防控责任制度

坚持“政府领导、属地管理”层层分解落实政府目标责任，建立考核评价制度，纳入林长制考核体系，实行林业有害生物防治目标责任，是切实加大林业有害生物防控力度、遏制重大林业有害生物扩散蔓延的重要举措。林业有害生物防治工作的全局性和公益性决定了必须坚持政府主导，落实责任，各部门联动，强化重大林业有害生物的检疫封锁和应急除治，加大相关工作的检查督导力度，建立责任稽查和追究制度。

（二）在做好监测预报工作的基础上，完善防治计划，做好资金、物资储备工作

抓住林业有害生物防治的各有利时机，采取有效措施做好防治工作。加大对林业有害生物防治工作的扶持和资金投入的力度，认真贯彻吉林省重大林业灾害资金和物资储备制度，确保吉林省森林资源的安全。同时，积极向国家和省财政申请专项防控资金，提前做好防治器械及防治药剂的政府采购，并与相关社会化防治组织提前签订防治作业合同，确保防治工作按时开展。

（三）突出重点区域，推进社会化防治服务，加大林业有害生物防治力度

探索社会化防治服务新模式，吸引社会化防治组织为林业有害生物防治工作提供专业服务。以减缓松材线虫病、美国白蛾等重大林业有害生物扩散蔓延为目标，加大新发疫点治理力度，同时兼顾其他常规林业有害生物种类。重点防范城乡结合部、物流集散地、高速公路两侧等重点区域。采取切实措施有效遏制灾情，减轻灾害损失。

（四）多措并举开展松材线虫病监测调查工作，降低疫情扩散蔓延的风险

针对吉林省松材线虫病重大疫情的严峻形势和防控工作实际需要，确定吉林省松材线虫病防控工作目标。以专项调查和日常调查相结合的方式，以监测普查为重点，实施疫情调查监测网格化管理，将调查监测任务落实到人头地块。同时利用无人机调查和卫星遥感监测技术，采用“天空地”协同监测手段开展疫情排查，充分做到调查监测全覆盖、无死角。同时，完善检疫、测报体系，加强防控能力建设，明确责任，分级管理，层层落实，努力提高全社会的防范意识。

（主要起草人：姜珊珊　皮忠庆；主审：周艳涛　李硕）

09 黑龙江省林业有害生物2021年发生情况和2022年趋势预测

黑龙江省森林病虫害防治检疫站

【摘要】黑龙江省2021年全省林业有害生物发生746.17万亩，其中轻度发生290.99万亩，中度发生430.76万亩，重度发生24.42万亩，成灾6100亩，已实施防治641.81万亩。病害发生48.19万亩，虫害发生447.61万亩，林业鼠害发生250.37万亩。黑龙江省地方林业2021年林业有害生物发生309.03万亩，与2020年同期比较下降10%，其中轻度发生189.69万亩，中度发生101.86万亩，重度发生17.48万亩，成灾5633亩。龙江森工2021年林业有害生物发生274.91万亩，伊春森工2021年林业有害生物发生162.22万亩。依据黑龙江省各市(地)秋季调查，结合冬春气候趋势，预测2022年全省林业有害生物发生约638万亩，其中病害发生约48万亩，虫害发生约359万亩，林业鼠害发生约231万亩，与2021年实际发生面积比较下降14%。2022年地方林业有害生物预测发生约275万亩，与2021年比较下降11%。龙江森工预测发生212万亩，伊春森工预测发生150万亩。预测林业有害生物全省发生面积整体呈现下降趋势，松钻蛀害虫危害整体呈现加重趋势，局地有新虫害发生，有扩散态势。杨树蛀干害虫、松树食叶害虫、林业鼠害发生面积呈现下降趋势。杨树食叶害虫、栎树害虫和松树病害发生情况呈现上升趋势。杨树病害整体发生情况平稳。

一、2021年林业有害生物发生情况

2021年全省林业有害生物发生总面积746.17万亩。其中轻度发生290.99万亩，中度发生430.76万亩，重度发生24.42万亩，成灾0.61万亩。病害发生48.19万亩，虫害发生447.61万亩，林业鼠害发生250.37万亩。已实施防治641.81万亩。

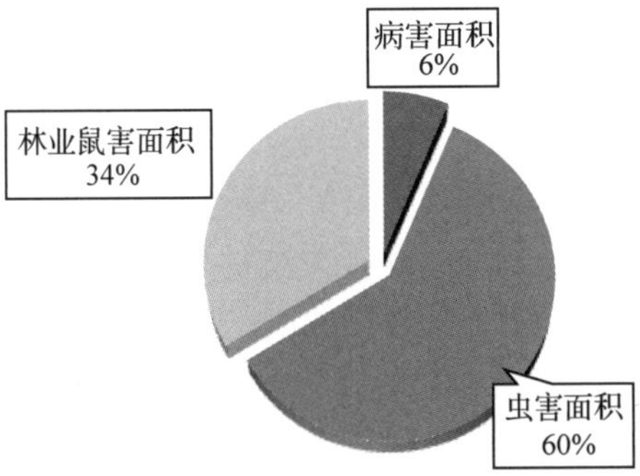

图9-1 黑龙江省2021年林业有害生物发生情况

2021年黑龙江省地方林业有害生物发生总面积309.03万亩，同比下降10%。其中轻度发生189.69万亩，中度发生101.86万亩，重度发生17.48万亩，成灾5633亩。病害发生43.04万亩，与去年同期基本持平。虫害发生186.71万亩，同比下降13%。林业鼠害发生79.29万亩，同比下降6%。已实施防治249.24万亩。

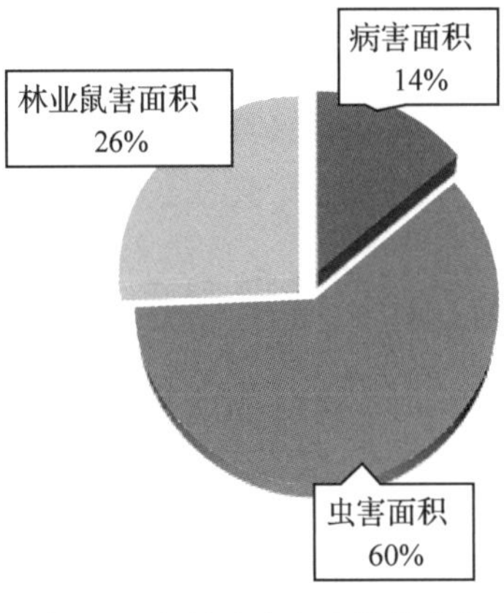

图9-2 黑龙江省2021年林业有害生物发生情况(地方林业)

2021年龙江森工集团林业有害生物发生274.91万亩。其中病害发生5.16万亩，虫害发生187.63万亩，林业鼠害发生82.12万亩。已实施防治236.5万亩。

2021年伊春森工集团林业有害生物发生162.22万亩。其中虫害发生73.27万亩，林业鼠

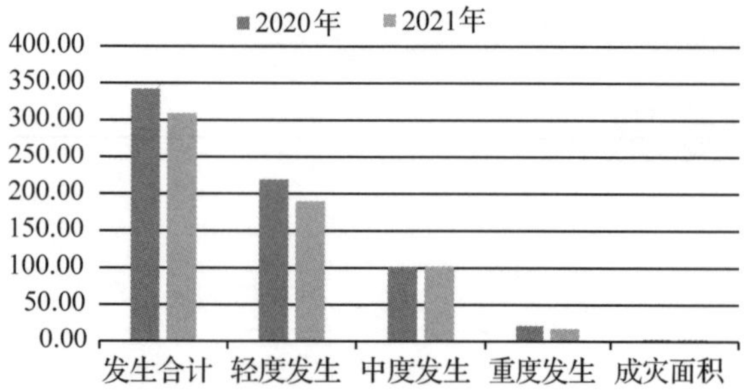

图 9-3　黑龙江省 2021 年和 2020 年林业有害生物发生情况比较(地方林业)(万亩)

害发生 88.96 万亩。已实施防治 156.04 万亩。

(一)发生特点

(1)落叶松毛虫等常发性林业有害生物危害呈下降趋势。受生物危害周期因素影响，以及各地近年来各地采取有效的防控措施，全省大部分地区落叶松毛虫发生面积呈下降趋势，危害程度减轻。

(2)松钻蛀害虫危害呈上升趋势。果梢斑螟呈现上升趋势，危害加重，在中东部地区危害严重，局部地区虫口密度偏大，有扩散趋势。

(3)偶发、突发性有害生物局部地区危害严重。落叶松八齿小蠹、暮尘尺蛾在佳木斯地区桦南、桦川地区有小面积成灾，暮尘尺蛾在东部地区呈现扩散趋势。杨黑点叶峰在哈尔滨双城地区有小面积轻度发生。

(4)林业鼠害整体发生平稳，局地有小面积重度发生。春季林业鼠害危害呈现加重的态势，2021 年秋季在南部哈尔滨尚志市、东部佳木斯孟家岗林场、尚志管局、庆安管局、龙江森工林口林业局有小面积重度发生。

(二)林业主要林业有害生物发生情况

1. 杨树病害

杨树病害整体平稳发生，杨树烂皮病危害加重。杨树病害全省发生 33.29 万亩，其中轻度发生 19.69 万亩，中度发生 11.93 万亩，重度发生 1.67 万亩，均发生于地方林业。发生的种类主要有杨树灰斑病、杨树破腹病、杨树烂皮病和杨树溃疡病。其中杨树灰斑病发生 16.07 万亩，同比下降 16%，在大庆和绥化地区发生相对较大。杨树烂皮病全省发生 11.6 万亩，主要以轻、中度危害发生于哈尔滨、绥化和大庆市，同比上升 42%，杨树烂皮病危害加重。杨树破腹病全省发生 4.57 万亩，同比上升 10%，主要发生于绥化、双鸭山和庆安管局，绥化安达市有小面积重度发生。

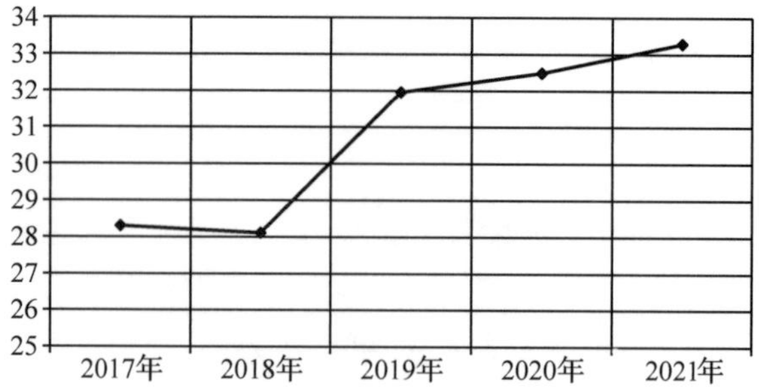

图 9-4　黑龙江省 2017—2021 年杨树病害发生情况(地方林业)(万亩)

2. 杨树食叶害虫

杨树食叶害虫近 5 年整体呈现持续下降趋势，舞毒蛾在龙江森工集团呈上升趋势。杨树食叶害虫全省总计发生 41.96 万亩，其中轻度发生 24.23 万亩，中度发生 16.62 万亩，重度发生 1.1 万亩。发生的种类主要有杨潜叶跳象、分月扇舟蛾、杨小舟蛾、舞毒蛾、梨(杨)卷叶象、杨叶甲和杨毒蛾等。主要以轻、中度发生于哈尔滨、绥化和大庆等中、西部地区。杨潜叶跳象全省发生 17.61 万亩，同比下降 7%，杨潜叶跳象在齐齐哈尔地区危害呈现上升趋势，发生面积增加，在大庆地区危害呈现下降趋势。杨树舟蛾全省发生 3.04 万亩，其中轻度发生 1.48 万亩，中度发生 1.56 万亩，同比下降 64%。分月扇舟蛾全省发生 0.65 万亩，同比下降 70%，主要以轻、中度发生于哈尔滨市。杨小舟蛾全省发生 2.39 万亩，同比下降 61%，主要以轻、中度发生于哈尔滨、齐齐哈尔地区。梨卷叶象全省发生 4.47 万亩，其中轻度发生 1.59 万亩，中度发生 2.1 万亩，重度发生 0.78 万亩，同比上升 22%，主要以轻、中度发生于哈尔滨和绥化地区。舞毒蛾全省发生 14.76 万亩，主要以轻、中度发生于黑河、齐齐哈尔、伊春和龙江、伊春森工集团。其中地方林业舞毒蛾发生 5.59 万亩，同比下降 13%。主要以轻、中度发生于哈尔滨、齐齐哈尔、双鸭山、伊春、佳木斯、黑河地区，在黑河地区有小面积重度发生，黑河地区有虫株率 84.2%，平均虫口密度 47.1 条/株。龙江森工舞毒蛾发生面积 4.87 万亩，伊春森工舞毒蛾发生面积4.3万亩，在龙江森工呈现上升趋势。

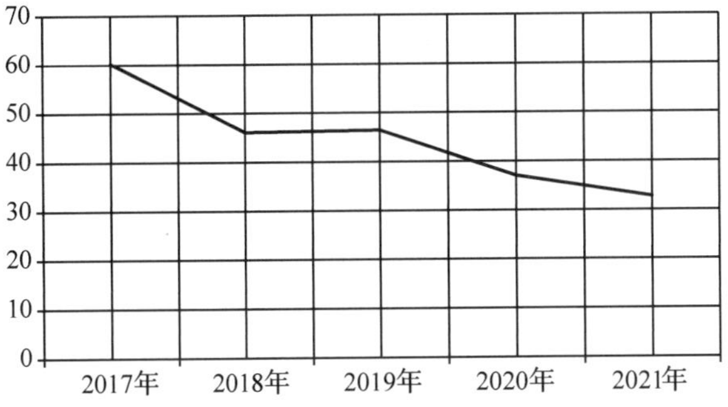

图9-5　黑龙江省2017—2021年杨树食叶害虫发生情况(地方林业)(万亩)

3. 杨树蛀干害虫

杨树蛀干害虫发生情况基本平稳。杨树蛀干害虫全省发生10.1万亩，其中轻度发生5.12万亩，中度发生4.53万亩，重度发生0.44万亩，与去年同期基本持平。发生的种类主要有杨干象、白杨透翅蛾和青杨脊虎天牛等，主要以轻度危害发生于黑龙江省中、西部地区，局部地区有小面积重度发生。杨干象发生4.96万亩，同比下降8%，主要发生于哈尔滨、齐齐哈尔、绥化和大庆市，其中绥化和齐齐哈尔市发生面积相对较大，哈尔滨双城和绥化安达有小面积重度发生。白杨透翅蛾发生3.86万亩，同比下降7%，主要发生于大庆、绥化和齐齐哈尔市中、西部地区。青杨脊虎天牛发生1.09万亩，同比上升38%，主要轻、中度发生于哈尔滨和大庆地区，哈尔滨宾县有3000亩重度发生。

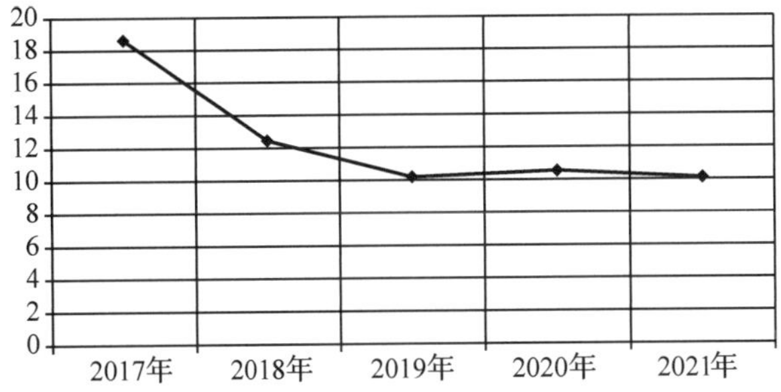

图9-6　黑龙江省2017—2021年杨树蛀干害虫发生情况(地方林业)(万亩)

4. 松树病害

松树病害整体呈下降趋势，危害程度有所减轻。松树病害全省发生14.85万亩，其中轻度发生9.88万亩，中度发生4.91万亩，重度发生632亩。发生的种类有落叶松落叶病、松疱锈病、枯梢病和松瘤锈病。

地方林业松树病害发生9.74万亩，其中轻度发生8.37万亩，中度发生1.31万亩，重度发生632亩，同比下降11%。主要以轻、中度危害发生于鸡西、佳木斯、大庆和黑河市。落叶松落叶病发生3.32万亩，其中轻度发生2.96万亩，中度发生0.33万亩，重度发生210亩，同比下降45%。主要发生于鸡西、佳木斯地区，佳木斯桦南县有210亩重度发生。樟子松红斑病发生4.41万亩，同比上升7%。松树梢枯病发生1500亩，与去年同期基本持平，全部为轻度发生，发生于尚志管局。松瘤锈病在黑河市局部地区有小面积重度危害发生。

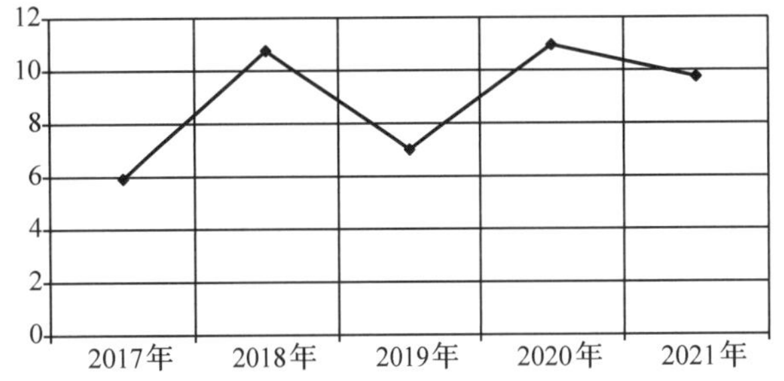

图9-7　黑龙江省2017—2021年松树病害发生情况(地方林业)(万亩)

龙江森工松树病害发生5.11万亩。发生的种类主要为樟子松红斑病、松落针病和樟子松瘤锈病。樟子松红斑病发生2.57万亩，落叶松落叶病发生2.38万亩，红松流脂溃疡病发生0.15万亩。

5. 松树食叶害虫

松树食叶害虫整体呈现下降趋势，新发生虫种危害呈上升趋势。松树食叶害虫全省发生130.65万亩，其中轻度发生73.53万亩，中度发生56.74万亩，重度发生3800亩。发生的种类有落叶松毛虫、落叶松鞘蛾、落叶松红腹叶蜂、伊藤厚丝叶蜂、暮尘尺蛾和松阿扁叶蜂等。

地方林业松树食叶害虫发生52.83万亩，其中轻度发生40.07万亩，中度发生12.38万亩，重度发生3800亩，同比下降43%。落叶松毛虫在地方林业呈现大幅度下降趋势，危害程度减轻。落叶松毛虫发生47.38万亩，轻度发生37.36万亩，中度发生9.83万亩，重度发生0.18万亩，主要发生于牡丹江、哈尔滨、佳木斯、鸡西和齐齐哈尔地区。落叶松鞘蛾发生1.21万亩，其中轻度发生0.36万亩，中度发生0.65万亩，重度发生0.2万亩，主要发生于伊春和黑河地区。松阿扁叶蜂发生0.92万亩，其中轻度发生0.67万亩，中度发生0.25万亩，同比下降28%。主要发生于哈尔滨、齐齐哈尔、大庆和佳木斯地区，危害程度有所上升，危害发生范围呈扩散趋势。落叶松红腹叶蜂发生0.55万亩，其中轻度发生0.47万亩，中度发生800亩，同比下降35%。主要发生于哈尔滨、齐齐哈尔和鸡西市，危害程度出现加重的情况。伊藤厚丝叶蜂发生2170亩，其中轻度发生1780亩，中度发生390亩，主要发生于齐齐哈尔富裕。暮尘尺蛾发生11.44万亩，其中轻度发生1.04万亩，中度发生2.07万亩，重度发生8.33万亩，主要发生于东部地区佳木斯桦南、桦川和孟家岗林场，出现危害天然次生林情况，危害呈现扩散趋势。

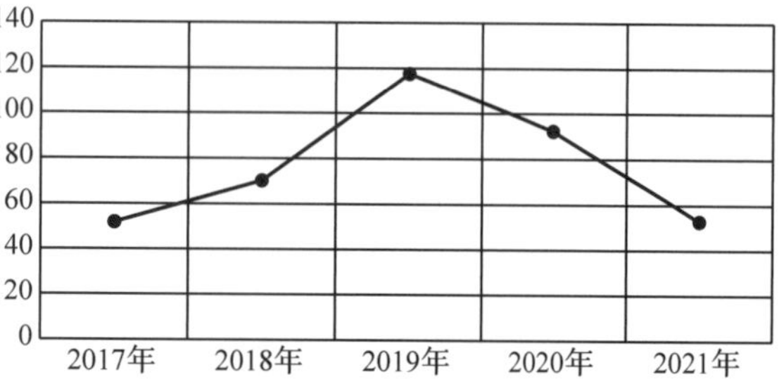

图9-8　黑龙江省2017—2021年松树食叶害虫发生情况(地方林业)(单位：万亩)

龙江森工松树食叶害虫发生32.66万亩，发生种类为落叶松毛虫和松阿扁叶蜂，落叶松毛虫发生32.46万亩，以轻、中度为主。松阿扁叶蜂发生1257亩。伊春森工松树食叶害虫发生45.16万亩，发生的种类为落叶松毛虫和落叶松鞘蛾，落叶松毛虫发生42.66万亩，以轻、中度为主。落叶松鞘蛾有1万亩轻度发生。

6. 松钻蛀害虫

果梢斑螟有扩散趋势，部分地区出现新虫种危害。松钻蛀害虫全省发生234.76万亩，其中轻度发生44.66万亩，中度发生180.24万亩，重度发生9.86万亩，发生的种类有樟子松梢斑螟(梢斑螟)、果梢斑螟、落叶松八齿小蠹、纵坑切梢小蠹和云杉大墨天牛等。

地方林业松钻蛀害虫发生65.2万亩，其中轻度发生39.09万亩，中度发生23.14万亩，重度发生2.98万亩，同比上升28%。樟子松梢斑螟发生19.06万亩，其中轻度发生9.45万亩，中度发生9.47万亩，重度发生1432亩，与去年同期基本持平，主要发生于齐齐哈尔、大庆、佳木斯、哈尔滨和绥化地区。果梢斑螟发生42.27万亩，其中轻度发生27.97万亩，中度发生12.95万亩，重度发生1.36万亩，同比上升35%。主要发生于哈尔滨、鹤岗、佳木斯、七台河、牡丹江、鸡西、绥化市和尚志国有林场管理局。果梢斑螟在佳木斯郊区调查球果内害虫数量，球果最高被害率为20%，球果内幼虫数最高为3条。东部地区发生落叶松八齿小蠹、纵坑切梢小蠹和多毛切梢小蠹虫种危害。落叶松八齿小蠹发生3.09万亩，主要发生于佳木斯、鸡西和牡丹江地区。纵坑切梢小蠹发生5050亩，发生于哈尔滨呼兰和牡丹江海林地区。多毛切梢小蠹发生2734亩，发生于佳木斯桦南和孟家岗林场。

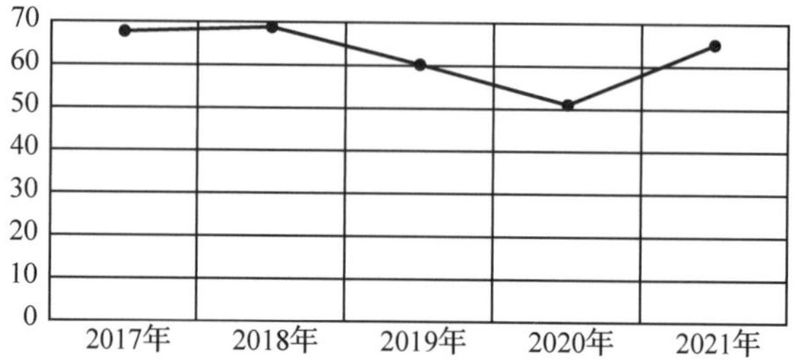

图9-9　黑龙江省2017—2021年松钻蛀害虫发生情况(地方林业)(单位：万亩)

龙江森工松钻蛀害虫发生145.76万亩。其中果梢斑螟发生143.89万亩，大海林、东方红和桦南林业局发生面积相对较大。落叶松八齿小蠹发生1.66万亩，主要发生于林口、沾河和桦南林业局。云杉大墨天牛发生0.21万亩，全部为中度发生，主要发生于山河屯林业局。

伊春森工松钻蛀害虫发生23.8万亩。其中果梢斑螟发生20.8万亩，主要以中、重度发生于朗乡、南岔和汤旺河林业局。

7. 栎树虫害

栎树虫害全省整体呈大幅度下降趋势。栎树虫害全省发生6.62万亩，其中轻度发生3.02万亩，中度发生3.2万亩，重度发生0.4万亩。地方林业栎树虫害发生4.64万亩，同比下降62%。发生的种类主要有栗山天牛、栎尖细蛾和花布灯蛾。其中栗山天牛发生3.19万亩，以轻、中度发生于哈尔滨、鸡西和双鸭山地区。栎尖细蛾发生1.11万亩，与去年比较呈大幅度下降趋势，以中、重度发生于牡丹江东宁市，在黑河市也有零星分布于天然林。龙江森工栗山天牛发生1.98万亩。

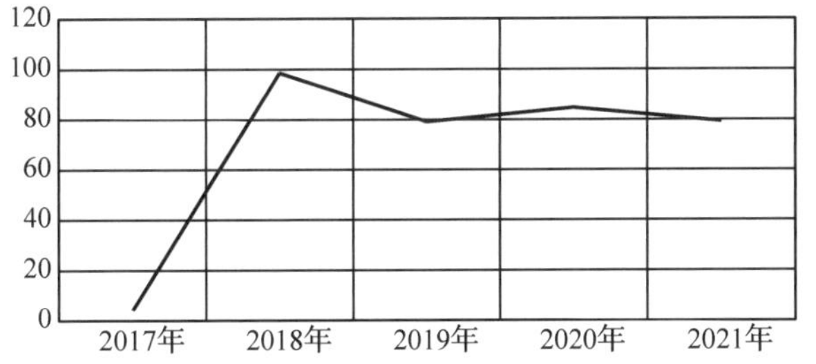

图 9-10　黑龙江省 2017—2021 年栎树虫害发生情况（地方林业）（万亩）

8. 其他害虫

榆紫叶甲全省发生 1.22 万亩，与去年同期比较有大幅度下降。黄褐天幕毛虫全省发生 3.76 万亩，同比下降 17%，在黑河地区有重度发生。

9. 林业鼠害

林业鼠害全省整体发生情况平稳。林业鼠害全省发生 250.04 万亩，其中轻度发生 104.33 万亩，中度发生 145.34 万亩，重度发生 6948 亩。发生的种类主要有棕背䶄、红背䶄、大林姬鼠和黑线姬鼠。全省除齐齐哈尔市和大庆市外均有不同程度的发生。危害多发生于新植林和未成林中，主要危害樟子松、落叶松和红松幼苗。

地方林业鼠害发生 79.29 万亩，其中轻度发生 50.7 万亩，中度发生 27.96 万亩，重度发生 0.69 万亩，同比下降 6%。春季林业鼠害发生面积 52.76 万亩，发生面积与去年同期基本持平，发生危害程度有所加重。秋季林业鼠害发生面积 26.03 万亩，发生面积同比下降 10%。南部庆安、

图 9-11　黑龙江省 2017—2021 年林业鼠害发生情况（地方林业）（万亩）

尚志管局发生面积呈现上升趋势，危害程度加重。在南部哈尔滨尚志、东部佳木斯孟家岗林场和庆安管局局部地区有小面积重度发生，尚志管局有 4990 亩重度发生。

龙江森工林业鼠害发生 82.12 万亩，以轻、中度发生为主，方正、山河屯和鹤北林业局地区发生面积较大，林口林业局有小面积重度发生。伊春森工林业鼠害发生面积 88.96 万亩，以轻、中度发生为主，美溪、金山屯和铁力林业局地区发生面积较大。

（三）成因分析

1. 受气候因素影响较为明显

2021 年全省平均气温比常年略高，夏季大部分地区降雨频繁，降雨量骤增，极端天气偏多，时空分布不均，部分林地积水严重，是诱发中、西部地区杨树烂皮病加重的主要原因，林间湿度大，利于杨树灰斑病的发生和传播。

2. 森林资源结构、营造林环境等因素

黑龙江省森林资源丰富，但地域性树种分布特点明显，部分地区存在树种组成结构单一、林分质量差，纯林抵抗有害生物能力不强，林内卫生状态不良，导致常发性病虫害频发。

3. 受生物学特性因素影响

落叶松毛虫具有比较明显的周期特性，2019 年松毛虫在黑龙江省多地暴发，2020 年松毛虫种群处于大暴发后消退期，2021 全省各地松毛虫发生面积锐减，逐渐进入低虫口的平稳发生期，危害持续减轻。

二、2022 年林业有害生物发生趋势预测

（一）2022 年总体发生趋势预测

据国家气候中心发布，受拉尼娜的气候因素影响，黑龙江省 2021 年冬季大部分地区平均气温较往年低，冬季降雪量大幅度增加，暴雪天气频袭，局部地区会有灾害发生。

依据黑龙江省各市（地）秋季调查，结合冬春气候条件，预测 2022 年全省林业有害生物发生面积 638 万亩，与 2021 年实际发生面积比较下降 14%，预测病害发生 48 万亩，与 2021 年实际发生面积基本持平，预测虫害发生 359 万亩，与 2021 年实际发生面积比较下降 20%，预测林业鼠害发生 231 万亩，与 2021 年实际发生面积比较下降 8%。2022 年林业有害生物发生面积呈现下

降趋势，危害以轻、中度为主。

表 9-1 黑龙江省 2022 年预测发生面积与 2021 年发生面积比较情况

林业有害生物种类	2021 年发生面积（万亩）	2022 年预测发生面积（万亩）	同比情况（%）
林业有害生物合计	746.17	638	-14
病害合计	48.19	48	基本持平
虫害合计	447.61	359	-20
林业鼠害合计	250.37	231	-8
杨树病害	33.29	32	基本持平
杨树食叶害虫	41.96	47	12
杨树蛀干害虫	10.1	9	-11
松树病害	14.85	16	8
松树害虫	365.42	288	-21
栎树虫害	6.62	8	21
其他虫害	2.02	8	296

预测 2022 年地方林业有害生物发生 275 万亩，与 2021 年实际发生情况比较下降 11%；预测病害发生 38 万亩，与 2021 年实际发生面积比较下降 12%；预测虫害发生 170 万亩，与 2021 年实际发生面积比较下降 9%；预测林业鼠害发生 67 万亩，与 2021 年实际发生面积比较下降 16%。2022 年地方林业有害生物发生面积呈现下降趋势，危害以轻、中度为主。

表 9-2 2022 年黑龙江省林业有害生物预测发生面积与 2021 年发生面积比较（地方林业）

林业有害生物种类	2021 年发生面积（万亩）	2022 年预测发生面积（万亩）	同比情况（%）
林业有害生物合计	309.03	275	-11
病害合计	43.04	38	-12
虫害合计	186.71	170	-9
林业鼠害合计	79.29	67	-16
杨树病害	33.29	32	基本持平
杨树食叶害虫	32.77	35	7
杨树蛀干害虫	10.1	9	-11
松树病害	9.75	6	-38
松树害虫	118.05	115	基本持平
栎树虫害	4.64	5	基本持平
其他虫害	1.22	7	474

（二）主要林业有害生物发生趋势预测

1. 杨树病害

杨树病害呈现下降趋势。杨树病害预测全省发生 32 万亩，与 2021 年比较下降 4%。发生的种类主要有杨树灰斑病、杨树破腹病、杨树烂皮病和杨树溃疡病，主要以轻、中度危害发生于绥化、大庆、哈尔滨地区。杨树灰斑病预测发生 17 万亩，与 2021 年基本持平。杨树烂皮病预测发生 10 万亩，与 2021 年比较下降 16%，在大庆、绥化局部地区有加重的趋势。

2. 杨树食叶害虫

杨树食叶害虫发生情况呈现上升趋势。预测杨树食叶害虫全省发生 47 万亩。发生的种类主要有杨潜叶跳象、舞毒蛾、分月扇舟蛾、杨扇舟蛾、杨小舟蛾、白杨叶甲和梨卷叶象等。地方林业杨树食叶害虫预测发生35万亩，与2021年比较上升7%。杨潜叶跳象发生面积呈现下降趋势，预测发生15万亩，与2021年比较下降13%，仅在哈尔滨地区有小面积重度发生。杨树舟蛾预测发生6万亩，与去年比较呈现大幅度上升趋势，主要以轻、中度发生于哈尔滨和大庆等南部和西南部地区，发生的种类有分月扇舟蛾、杨小舟蛾和杨扇舟蛾。分月扇舟蛾在哈尔滨地区呈现大幅度上升趋势。杨小舟蛾发生面积在哈尔滨、齐齐哈尔呈现下降趋势。梨卷叶象预测发生4万亩，主要发生于哈尔滨、绥化地区，发生面积呈下降趋势。舞毒蛾预测发生16万亩，与2021年比较发生面积基本持平，主要以轻、中度发生于齐齐哈尔、黑河、佳木斯、大兴安岭，鸡西、绥化、庆安、伊春、龙江森工和伊春森工集团，在佳木斯、龙江森工地区有小面积上升趋势，在黑河局地有小面积重度发生。杨黑点叶蜂预测发生3万亩，主要以轻、中度发生于哈尔滨双城地区。春尺蠖预测在尚志地区有1万亩轻度发生。

3. 杨树蛀干害虫

杨树蛀干害虫危害呈减轻趋势。杨树蛀干害虫预测发生9万亩，与2021年比较下降11%。发生的种类主要有杨干象、白杨透翅蛾、青杨天牛和青杨脊虎天牛，主要发生于哈尔滨、绥化、大庆等中西部地方林业地区。杨干象主要发生于哈尔滨、齐齐哈尔、大庆和绥化地区，预测发生面积与2021年比较基本持平。青杨脊虎天牛在哈尔滨中部、南部地区危害呈现减轻趋势，发生面积呈现大幅度下降。

4. 松树病害

松树病害全省整体呈现上升趋势，地方林业地区呈现下降趋势。松树病害预测全省发生16万亩。地方林业松树病害发生6万亩，与2021年比较有大幅度下降趋势。发生的种类主要为落叶松落叶病、松针红斑病、松枯梢病、松瘤锈病和樟子松瘤锈病。落叶松落叶病预测发生5800亩，在佳木斯地区发生面积呈现下降趋势。松针红斑病预测发生9万亩，在伊春、大兴安岭和伊春森工有上升趋势。松枯梢病在尚志地区、樟子松瘤锈病在黑河地区危害呈现小幅度上升趋势。松瘤锈病在黑河地区有500亩中度发生，呈大幅度下降趋势。

龙江森工松树病害预测发生9万亩。落叶松落叶病预测发生4万亩，呈上升趋势。五针松疱锈病在龙江森工地区会有小面积中度发生。松落针病预测有1万亩轻度发生。偃松流脂溃疡病预测有1800亩中度发生，发生情况平稳。云杉叶锈病预测有600亩轻度发生。伊春森工松针红斑病预测有1万亩中度发生。

5. 松树食叶害虫

松树食叶害虫全省总体危害呈现下降趋势，危害程度减轻，局地有新虫种危害发生。发生的种类主要有落叶松毛虫、落叶松鞘蛾、伊藤厚丝叶蜂、暮尘尺蛾等。

松树食叶害虫预测全省发生92万亩，其中地方林业预测发生50万亩。地方林业落叶松毛虫预测发生32万亩，与2021年实际发生面积有大幅度下降趋势，危害呈减轻趋势，全省除大庆市外均有不同程度发生，在牡丹江、鸡西、双鸭山、佳木斯等东部地区仍可能有大面积中度以上危害发生。地方林业落叶松鞘蛾预测发生面积1万亩，发生情况平稳，主要发生于哈尔滨、绥化和黑河地区。伊藤厚丝叶蜂预测在齐齐哈尔地区发生危害2000亩，主要为轻、中度危害。暮尘尺蛾预测发生面积11万亩，主要以轻、中度发生于佳木斯桦南、桦川地区，在牡丹江东宁和鹤岗会有新发生。

龙江森工松树食叶害虫预测发生5万亩，发生的种类为落叶松毛虫和松阿扁叶蜂，落叶松毛虫发生5万亩，呈大幅度下降趋势，松阿扁叶蜂预测有1300亩中度发生。伊春森工松树食叶害虫预测发生37万亩，发生的种类为落叶松毛虫、落叶松鞘蛾，落叶松毛虫发生面积35万亩，呈下降趋势，落叶松鞘蛾发生情况平稳。

6. 松树钻蛀害虫

果梢斑螟危害程度整体呈现上升趋势，虫情有进一步扩散的态势。松钻蛀害虫预测全省发生193万亩，其中地方林业预测发生66万亩。发生的种类为果梢斑螟、樟子松梢斑螟、落叶松八齿小蠹和横坑切梢小蠹。地方林业果梢斑螟预测发生42万亩，主要以轻、中度发生于黑龙江省东部和南部地区。在绥化、佳木斯、牡丹江、鹤岗、尚志、七台河部地区会有小面积重度发生。樟子松梢斑螟预测发生18万亩，与2021年比较基本持平，主要以轻、中度发生于哈尔滨、齐齐哈尔、大庆、绥化、佳木斯地区，在大庆地区呈现扩散态势。落叶松八尺小蠹预测发生2万亩，主要发生于齐齐哈尔克东、牡丹江宁安和海林地区。云杉八尺小蠹预测发生5000亩，主要以轻、中度发生于牡丹江牡丹峰林场，呈上升趋势。横坑切梢小蠹预测发生1万亩，主要发生于牡丹江海林、佳木斯汤原地区，呈上升趋势。纵坑切梢小蠹预测在哈尔滨呼兰发生2000亩。

龙江森工松树钻蛀害虫预测发生112万亩，发生的种类有果梢斑螟、云杉花墨天牛、云杉大墨天牛和云杉八尺小蠹。果梢斑螟发生108万亩，有1万亩重度发生。云杉大墨天牛预测发生0.41万亩。云杉八尺小蠹发生6000亩。伊春森工松树钻蛀害虫预测发生16万亩，发生的种类为果梢斑螟，有3万亩重度发生。

7. 栎类害虫

栎类害虫整体呈现上升趋势，地方林业发生情况平稳，栗山天牛、花布灯蛾呈小幅上升趋势。栎类害虫预测发生8万亩，地方林业栎类害虫预测发生5万亩。发生的种类有栎尖细蛾、栗山天牛、花布灯蛾和柞褐叶螟。栎尖细蛾预测发生1万亩，发生面积与2021年基本持平，主要以中、重度危害发生于牡丹江东宁市，黑河地区将有小面积轻度发生，逊克县奇克和新立虫害失叶率较大，需要重点防控。栗山天牛预测全省发生5万亩，地方林业预测发生3万亩，与2021年比较下降18%，主要发生于哈尔滨、双鸭山。龙江森工栗山天牛预测发生2万亩，呈上升趋势。花布灯蛾预测发生1500亩，上升50%，主要以轻、中度危害发生于哈尔滨呼兰区。

8. 其他害虫

其他害虫发生情况总体平稳。预测全省发生8万亩，地方林业发生7万亩，发生的种类主要有黄褐天幕毛虫、榆紫叶甲和柳沫蝉等。黄褐天幕毛虫危害呈现下降，榆紫叶甲有小幅上升趋势。

9. 林业鼠害

林业鼠害发生面积整体呈现下降趋势，局部地区会有小面积重度危害发生。2022年林业鼠害预测全省发生231万亩。地方林业预测发生67万亩，与2021年比较下降8%。发生的种类主要为棕背䶄和红背䶄，全省除齐齐哈尔和大庆市外均有分布，危害以轻、中度为主。气象预测黑龙江省今冬明春全省大部分地区气温偏低降水偏多，受降雪频发影响，降雪多不易于害鼠活动，不排除在哈尔滨、绥化、庆安、尚志和伊春森工有重度危害发生的可能。龙江森工林业鼠害预测发生73万亩，伊春森工林业鼠害预测发生92万亩，森工地区林业鼠害发生种类为棕背䶄，以轻、中度发生为主，龙江森工地区有3万亩重度发生。

三、对策建议

（一）加强日常监测，指导防治工作

各地要将日常监测与专项调查相结合，充分发挥国家级中心测报点监测作用，逐步提高测报数据的真实性、可靠性、时效性。准确掌握林间动态，及时发布生产性预报，指导林业生产。

（二）提高整体监测能力水平

各地要加强与大专院校合作，利用科学手段监测分析林间病虫害发生动态，及时掌握突发性林业有害生物学特性，根据发生区域提前采取防控措施，以免出现虫情蔓延的情况。

（三）深入开展联防联控工作

持续加强与临近省份联防联控工作机制，强化省际间区域监测工作，共享数据信息，形成防控合力，突出重点区域，严防外来林业有害生物入侵黑龙江省。

（主要起草人：宋敏　陈晓洋；主审：周艳涛　李硕）

10 上海市林业有害生物 2021 年发生情况和 2022 年趋势预测

上海市林业病虫防治检疫站

【摘要】上海市森林面积 175.80 万亩，林业有害生物监测覆盖率 85%。2021 年全市主要林业有害生物发生 20.118 万亩，同比上升 7.3%；林业有害生物成灾率 1.7‰。美国白蛾疫情在 8 区 43 个街镇发生，重度和成灾面积 0.064 万亩。防治面积 20.110 万亩，防治作业面积 75.756 万亩次，其中无人机防治作业面积 9.034 万亩次；无公害防治率 89.5%。林业有害生物发生特点为：检疫性害虫美国白蛾发生点位增多，疫情跨界蔓延、随交通沿线传播；常发性病虫害发生总体呈上升趋势，生态林病虫害发生面积明显增长，经济林病虫害发生面积减少。

根据 2021 年林业有害生物发生情况、面临的形势和天气预测，预测 2022 年全市林业有害生物发生总体呈上升趋势，发生程度轻度至中度，发生 19.90 万~21.80 万亩。其中，生态林有害生物发生呈上升趋势，发生 17.30 万~18.90 万亩，经济林有害生物发生平稳，发生 2.60 万~2.90 万亩；美国白蛾疫情加速扩散，发生 4.80 万~5.00 万亩，重度和成灾面积 1.00 万亩。

一、2021 年林业有害生物发生情况

2021 年全市林业有害生物发生 20.118 万亩，同比上升 7.3%。按发生程度划分，轻度、中度和重度发生面积分别为 18.937 万亩、0.883 万亩、0.298 万亩。按有害生物类型划分，病害发生 1.822 万亩、虫害发生 18.472 万亩。按林地类型划分，主要生态公益林有害生物发生 17.731 万亩，主要经济林有害生物发生 2.387 万亩(图 10-1)。

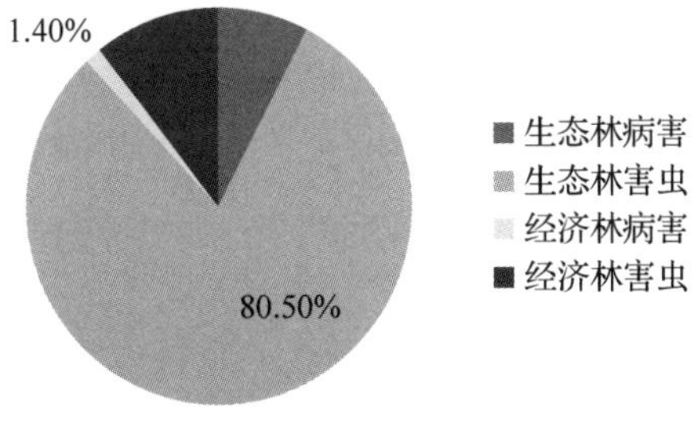

图 10-1　2021 年林业有害生物发生面积占发生总面积百分比

2021 年全市林业有害生物防治面积 20.110 万亩，防治作业面积 75.756 万亩次，其中无人机防治作业面积 9.034 万亩次；无公害防治率 89.5%，其中生物及仿生措施、人工及物理措施和营林措施防治面积占比分别为 76.9%、11.3%、1.3%(图 10-2)。

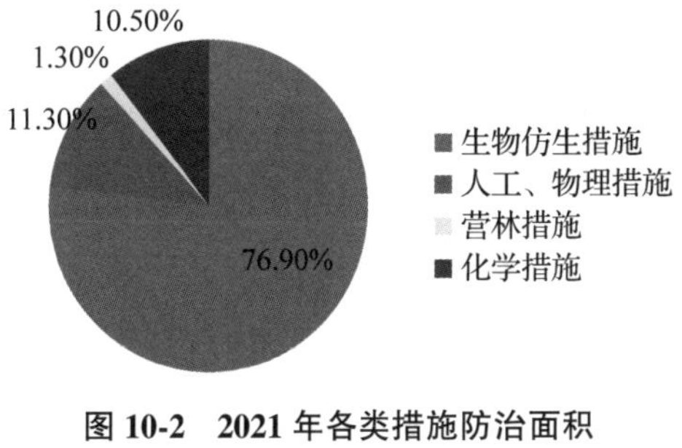

图 10-2　2021 年各类措施防治面积占防治总面积百分比

(一)发生特点

2021 年林业有害生物发生特点：

1. 检疫性害虫美国白蛾发生点位增多、疫情跨界蔓延、随交通沿线传播

(1)疫情发生点位明显增多。2020 年 8 个区 55 个街镇监测到成虫，5 个区 25 个街镇发现幼虫危害；2021 年 9 个区 60 个街镇监测到成虫，8 个区 43 个街镇发生幼虫危害，监测到成虫的街镇比去年增加了 5 个，发生幼虫危害的街镇比去年增加了 18 个，如青浦区赵巷镇、白鹤镇、华新镇，浦东新区康桥镇，嘉定区外冈镇、安亭

镇、华亭镇，徐汇区长桥街道等是今年新发生的疫点。

(2)疫情跨界蔓延趋势突出。今年新发现的青浦区夏阳街道新阳村、赵巷镇中步村，闵行区华漕镇鹫山村，奉贤区柘林镇王家圩村等地的林地均靠近两区交界；青浦区白鹤镇发生区域与江苏省昆山市隔河相望，金泽镇发生区域靠近江苏省昆山市周庄镇。为应对跨界蔓延，本市相关相邻区及上海市与江苏省、浙江省之间已建立联防联控机制。

(3)疫情随交通沿线传播特征明显。如青浦区朱家角镇太阳岛林地位于拦路港河道中央，青浦区重固镇、白鹤镇以及松江区小昆山镇、石湖荡镇等疫情发生林地位于油墩港、苏州河、华田泾、斜塘、圆泄泾等黄浦江水系两侧；青浦区香花桥街道、赵巷镇，松江区石湖荡镇，闵行区颛桥镇、浦东新区康桥镇发生区域位于G1503、G50、G60、S32、S20高速公路1km范围内；松江区泖港镇、石湖荡镇、永丰街道及新桥镇发生区域位于沪杭高铁沿线两侧。美国白蛾随水流、车流、人流传播特点较为明显。

2. 常发性病虫害发生总体呈上升趋势，生态林病虫害发生面积明显增长，经济林病虫害发生面积减少

(1)水杉赤枯病发生面积增加，发生程度加重。2021年水杉赤枯病发生面积较2020年增加0.549万亩，同比上升55.6%，其中重度发生占比较2020年增加2.9%。

(2)食叶害虫(除美国白蛾)发生情况总体持平。全市2021年食叶性害虫(除美国白蛾)发生面积共8.706万亩，同2020年基本持平。其中，刺蛾类和樟巢螟发生面积有小幅增加，杨树舟蛾、黄杨绢野螟和重阳木锦斑蛾发生面积均有所下降。

(3)天牛类蛀干害虫发生面积增加，总体轻度发生。本市天牛类蛀干害虫主要以桑天牛、星天牛和云斑白条天牛为主，总体发生面积较2020年增加0.649万亩，同比上升81.1%。但是，发生程度整体较轻，重度发生仅在嘉定区和浦东新区零星林地出现。

(4)经济林病虫害发生面积减少，发生程度以轻度为主。梨锈病、桃炭疽病、梨小食心虫、桃红颈天牛发生面积比2020年分别减少7.5%、3.3%、33.0%、13.1%。

(二)主要林业有害生物发生情况分述

1. 检疫性、危险性有害生物

(1)松材线虫

全市范围内无松材线虫发生。2021年组织完成松材线虫疫情秋季普查工作，普查涉及全市9个区86个街镇292个村593个小班，树种包括雪松、湿地松、五针松、黑松、马尾松、罗汉松等，普查地点主要为林地、苗圃、盆景园、绿地等，也对有调运木制品要求的企业进行了检查。对需要进一步确认的松树取样并带回实验室检测，163份样品中均未发现松材线虫。

(2)美国白蛾

美国白蛾监测工作依托上海市林业有害生物测报网络体系开展，2021年全市范围内林业条线共布设美国白蛾监测点2151个，其中745个点监测到美国白蛾。2021年4月7日、8日，在松江区新浜镇、闵行区马桥镇均诱捕到美国白蛾越冬代成虫，始见期较2020年提早8天。全年在松江区、金山区、闵行区、青浦区、嘉定区、奉贤区、浦东新区、宝山区、普陀区等9区共60个街镇监测到美国白蛾成虫。

2021年5月9日、10日，在金山区朱泾镇、廊下镇以及闵行区马桥镇发现美国白蛾第一代初孵幼虫。全年在金山区9个街镇、松江区9个镇、青浦区9个镇、闵行区4个镇、嘉定区3个镇、浦东新区6个镇、奉贤区2个镇、徐汇区1个街道，共8区43个街镇发现美国白蛾幼虫危害。

2021年全市美国白蛾发生3.004万亩，同比上升16.4%。重度和成灾0.064万亩，同比下降59.7%。美国白蛾在上海地区主要危害落羽杉、水杉、池杉等杉类针叶树种，以及悬铃木、杨树、樱花等阔叶树种。

(3)舞毒蛾

2021年全市共布设舞毒蛾监测点310个。6月9日在浦东新区迎宾7标监测点监测到舞毒蛾成虫1头，全年仅在浦东新区监测到成虫共7头；未发现幼虫及卵块。

(4)锈色棕榈象

全年调查加拿利海枣、银海枣、布迪椰子、华棕、沙巴榈、散尾葵等棕榈科植物共5500余株，在 75 株寄主植物上发现锈色棕榈象危害。闵行区梅陇镇 2 株加拿利海枣受害，已拔除并销毁；金山区工业区 20 株加拿利海枣受害死亡、9 株受害较轻，已全部集中销毁；浦东新区染疫植株 44 株，其中 25 株死亡株已销毁，19 株受害较轻的植株进行了有效防治。

（5）扶桑绵粉蚧

全年调查扶桑绵粉蚧寄主植物 25 万 m^2，主要为大花马齿苋、朱槿、木槿、蜀葵等，发现青浦区一花卉基地种植的大花马齿苋上有扶桑绵粉蚧零星发生，已全部销毁；浦东新区 2 个点 600m^2 寄主植物上发生扶桑绵粉蚧，均已用药剂除治。

2. 生态林有害生物

（1）水杉赤枯病

水杉赤枯病发生 1.537 万亩，同比上升 55.6%，比前 3 年均值上升 44.7%，比历年均值上升 95.7%（图 10-3）。其中轻度发生占比 71.9%，中度发生占比 23.2%，重度发生占比 4.9%。全市各区均有分布。

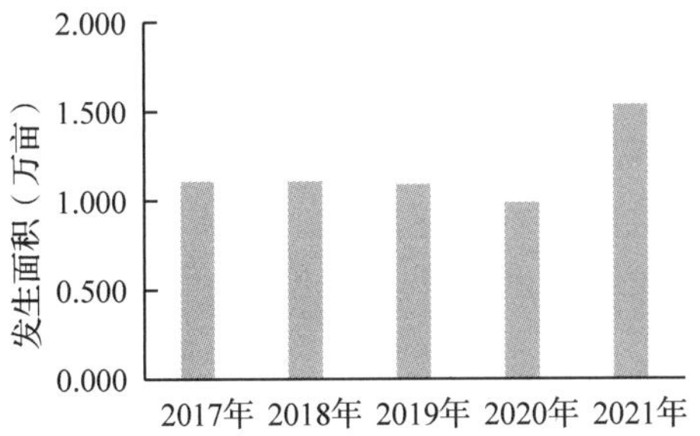

图 10-3　2017—2021 年水杉赤枯病发生面积

（2）食叶性害虫

刺蛾类　发生 3.300 万亩，同比上升 12.1%，比前 3 年均值上升 27.2%，比历年均值上升 78.0%（图 10-4）。其中轻度发生占比 94.9%，中度发生占比 4.4%，重度发生占比 0.7%。主要种类为黄刺蛾（3.276 万亩）、丽绿刺蛾（0.024 万亩）等。全市各区均有分布。

樟巢螟　发生 3.964 万亩，同比上升 6.8%，比前 3 年均值下降 12.0%，比历年均值上升 53.8%（图 10-5）。其中轻度发生占比 97.6%，中、重度发生占比 2.4%。全市各区均有分布。

杨树舟蛾　发生 0.232 万亩，同比下降 52.6%，比前 3 年均值下降 49.0%，比历年均值下降 26.9%（图 10-6）。其中轻度发生占比

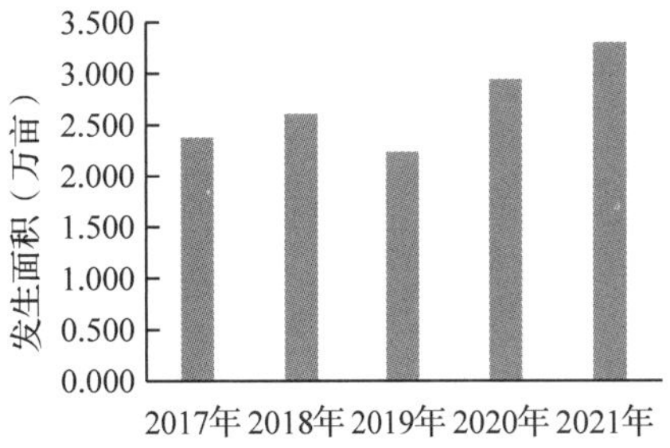

图 10-4　2017—2021 年刺蛾类发生面积

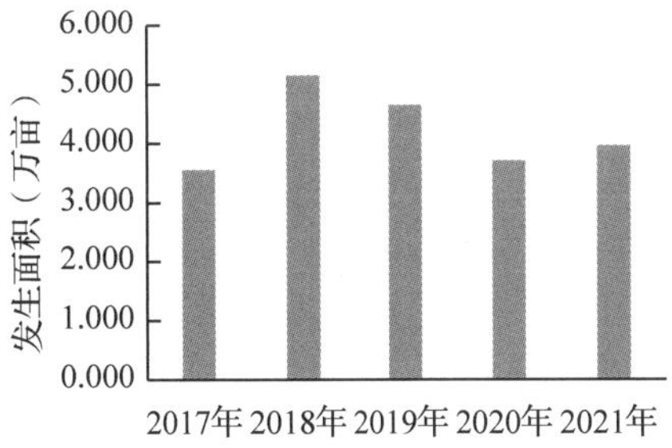

图 10-5　2017—2021 年樟巢螟发生面积

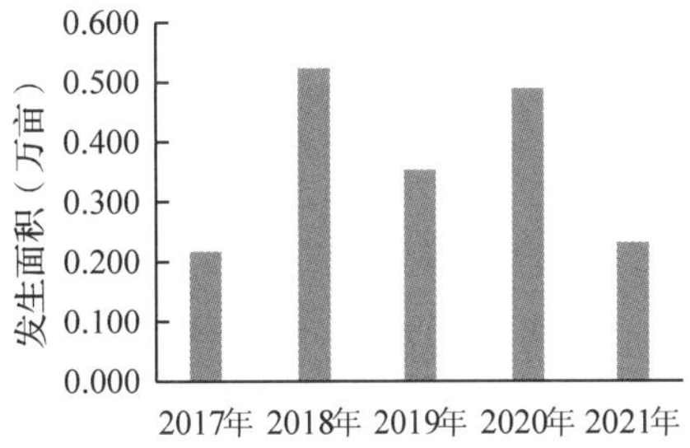

图 10-6　2017—2021 年杨树舟蛾发生面积

97.3%，中度发生占比 2.7%。全市各区均有分布。

黄杨绢野螟　发生 0.546 万亩，同比下降 11.9%，比前 3 年均值下降 0.8%，比历年均值上升 59.7%。其中轻度发生占比 94.7%，中、重度发生占比 5.3%。全市各区均有分布。

重阳木锦斑蛾　发生 0.664 万亩，同比下降 28.3%，比前 3 年均值下降 20.5%，比历年均值上升 39.2%。其中轻度发生占比 90.0%，中度发生占比 9.2%，重度发生占比 0.8%。8～10 月第三、第四代发生面积较大，占全年发生面积的 64.2%。全市各区均有分布。

（3）刺吸性害虫

蚧虫类　发生 2.283 万亩，同比上升 50.4%，比前 3 年均值上升 41.8%，比历年均值上升 44.5%（图 10-7）。其中轻度发生占比 92.4%，中度发生占比 4.2%，重度发生占比

3.4%。主要种类有红蜡蚧(1.873 万亩)、藤壶蚧(0.410 万亩)。全市各区均有分布。

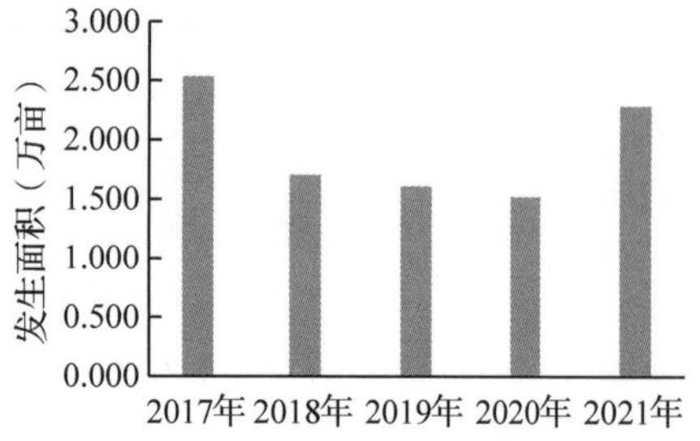

图 10-7　2017—2021 年蚧虫类发生面积

柿广翅蜡蝉　发生 0.367 万亩，同比下降 29.2%，比前 3 年均值下降 39.4%，比历年均值上升 1.9%。其中轻度发生占比 98.6%，中度发生占比 1.4%。主要分布于松江区、崇明区、青浦区等区。

(4)蛀干性害虫

天牛类　发生 1.449 万亩，同比上升 81.1%，比前 3 年均值上升 15.3%，比历年均值上升 60.9%(图 10-8)。其中轻度发生占比 97%，中度发生占比 2.7%，重度发生占比 0.3%。主要种类为星天牛(0.586 万亩)、云斑白条天牛(0.619 万亩)、桑天牛(0.244 万亩)。全市各区均有分布。

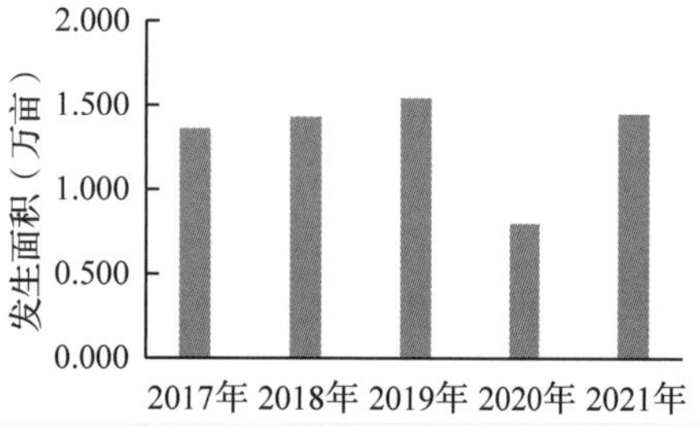

图 10-8　2017—2021 年天牛类发生面积

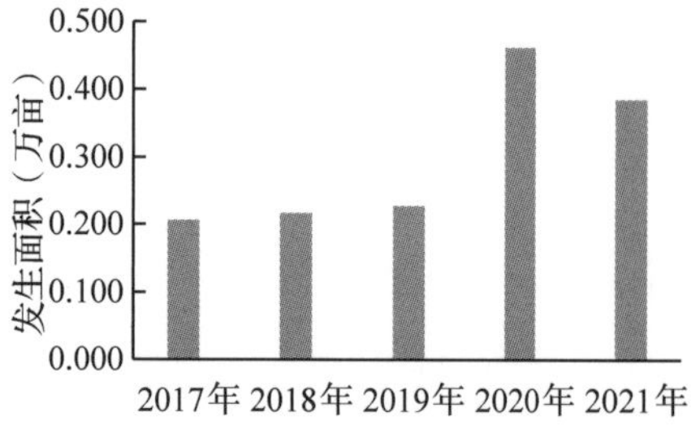

图 10-9　2017—2021 年香樟齿喙象发生面积

香樟齿喙象　发生 0.385 万亩，同比下降 16.7%，比前 3 年均值上升 27.5%，比历年均值上升 28.6%(图 10-9)。其中轻度发生占比 99.7%，中度发生占比 0.3%。全市各区均有分布。

3. 经济林有害生物

(1)病害

梨锈病　发生 0.197 万亩(图 10-10)。其中轻度发生占比 98.6%，中、重度发生占比 1.4%。主要分布于浦东新区、奉贤区、松江区、金山区、嘉定区、宝山区、青浦区等区。

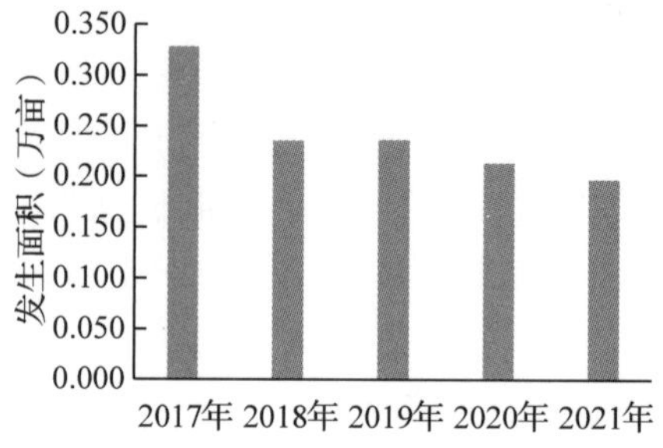

图 10-10　2017—2021 年梨锈病发生面积

桃炭疽病　发生 0.088 万亩。轻度发生。主要分布于奉贤区、松江区等区。

(2)害虫

梨小食心虫　发生 1.290 万亩(图 10-11)。其中轻度发生占比 99.0%，中、重度发生占比 1%。主要分布于浦东新区、奉贤区、松江区等区。

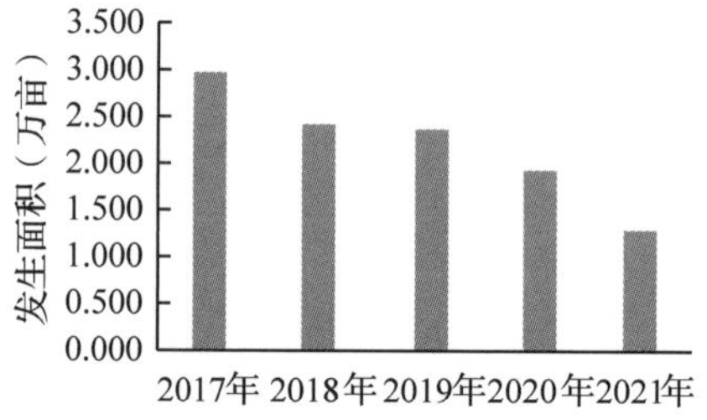

图 10-11　2017—2021 年梨小食心虫发生面积

桃蛀螟　发生 0.440 万亩。轻度发生。主要分布于奉贤区、松江区等区。

桃红颈天牛　发生 0.372 万亩(图 10-12)。其中轻度发生占比 94.3%，中度发生占比 4.4%，

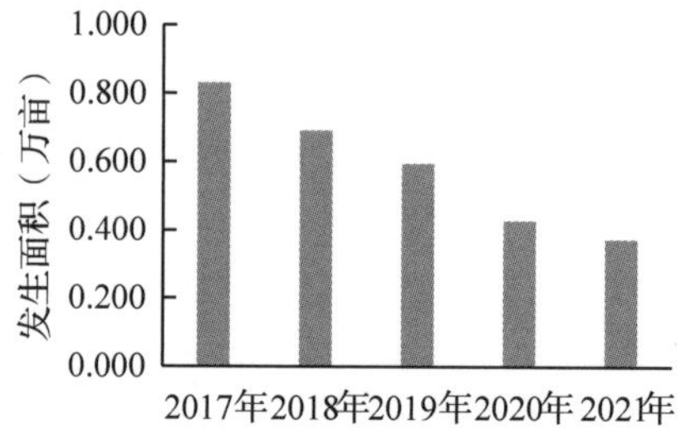

图 10-12　2017—2021 年桃红颈天牛发生面积

重度发生占比1.3%。主要分布于浦东新区、奉贤区、金山区、青浦区、松江区、宝山区、嘉定区等区。

（三）成因分析

结合全市主要林业有害生物发生规律、防治措施以及气象因子等因素进行综合分析，2021年上海市林业有害生物发生的主要成因如下：

1. 天气条件有利于林业有害生物发生与危害

在美国白蛾第1代成虫羽化高峰期，台风“烟花”影响上海市，借助风势，可能造成了疫情的扩散；台风“灿都”影响我市时，正值美国白蛾第2代低龄幼虫期，也是最佳防治期，但台风导致防控工作未能及时展开，并且幼虫出现提前破网现象。

2021年7~10月降水偏多，其中7月降水异常偏多、为历史同期最多，8月雨日多、日照少，湿度较大有利于病菌的繁殖和传播，因此水杉赤枯病发生面积较往年增加较多、发生程度也较重。

2. 林地面积增大导致蛀干性害虫发生量增加

截至2020年底，上海市森林覆盖率已达18.49%，林地面积比前一年又增加了8.8万亩，新造林主栽树种为栾树、女贞、白蜡、海棠等天牛的喜食树种。寄主面积的不断扩大，为天牛提供了更大的生存空间，提高了监测防控难度，造成近几年天牛等蛀干性害虫的发生面积逐年增加。

3. 监测存在盲点造成疫情未能及时发现

上海市部分林地因权属复杂，造成林业有害生物监测仍存在盲点。从美国白蛾疫情发生区域来看，许多林地位于两区交界、河道和公路两侧、尚未移交管护单位的新造林地等区域，因权属涉及水务、农业、交通、道路、园林等管辖部门，责任不明，存在监测盲区，导致在第一时间未能及时发现疫情，待到发现时疫情已严重发生。

4. 频繁的苗木调运、发达的交通造成有害生物传播风险高

上海市工程建设项目、造林绿化项目、美丽乡村建设、村镇道路绿化等所需要的苗木90%以上需从外省市调入，加上高速公路和河流船运发达，交通运输以及航运船舶工具携带，导致美国白蛾不断输入上海市，今年先后在嘉定区外冈镇、普陀区绿化工程和新造林地监测到美国白蛾成虫。上海市美国白蛾部分发生区域沿河道、高速、高铁分布，造成疫情传播扩散风险高。

5. 部门协调不力、防控设备简陋使得防治效果不佳

上海市美国白蛾主要发生在林地、公路绿化、河道绿化、乡村道路、农田林网、经济果林等区域，涉及绿化、林业、农业、水务、公路等多个条线多个部门，各部门的重视程度和协调能力参差不齐，监测水平和防治能力差距较大，无法真正做到防治全覆盖和联防联治。部分乡镇防治设备简陋，还在使用传统的高压水枪，美国白蛾危害区域部分林地，树木高、郁闭度大，林况复杂，大部分林地内普遍缺少防治作业通道，导致先进防治设备无法进入、河道两旁药械无法操作等难题，难以达到预期的防治效果。

6. 经济林面积的不断减少使得经济林有害生物发生面积逐年下降

截至2020年底，全市经济林面积为19.57万亩，比2018年减少近2万亩，寄主面积的减少使得经济林有害生物的发生面积逐年下降。另外，由于机构职能调整，各区经济果林划归农业部门，乡镇林业部门职能变动大、测报人员调动多，使得经济林有害生物监测工作面临巨大困难。

二、2022年林业有害生物发生趋势预测

（一）总体发生趋势预测

2022年冬季天气预测：预计上海市冬季平均气温接近常年（6.8℃）。极端最低气温-5~-3℃。气温冷暖变幅大，有阶段性低温。预计冬季降水总量较常年（187.6mm）略少。雨日略少于常年（30天），有阶段性阴雨。

针对全市林地面积增加和林分质量较差、外来有害生物入侵的威胁不断加大等因素，结合天气条件、人为影响以及林业有害生物发生规律等多种因素进行综合分析，预测2022年全市林业有害生物发生呈上升趋势，发生程度总体轻度至中度，发生19.90万~21.80万亩。其中生态林有害生物发生呈上升趋势，发生17.30万~

18.90 万亩，经济林有害生物发生平稳，发生 2.60 万~2.90 万亩(表 10-1)；美国白蛾疫情将加速扩散，发生面积 4.80 万~5.00 万亩，重度和成灾面积 1.00 万亩。

表 10-1　2021 年林业有害生物发生趋势预测　　万亩

有害生物种类	2021 年发生面积	预测 2022 年发生面积	发生趋势	主要发生种类
生态林病害	1.537	1.10~1.30	下降	水杉赤枯病
生态林害虫	16.194	16.20-17.60	上升	美国白蛾、刺蛾类、杨树舟蛾类、樟巢螟、重阳木锦斑蛾、黄杨绢野螟、蚧虫、柿广翅蜡蝉、桑天牛、星天牛、云斑天牛、香樟齿喙象
经济林病害	0.285	0.25~0.30	持平	梨锈病、桃炭疽病
经济林害虫	2.102	2.35~2.60	上升	桃红颈天牛、桃蛀螟、梨小食心虫
合计	20.118	19.90~21.80	上升	

(二)分种类发生趋势预测

1. 检疫性有害生物发生点位增加，分布范围扩大，发生程度加重

松材线虫　目前上海市虽未发生松材线虫，但近几年绿化和造林项目中，有零星的松科植物种植；存在国外进口松木、跨省市调入松木及其制品的情况，松材线虫传入我市的潜在风险较大。

美国白蛾　根据美国白蛾的发生规律及其在外省市的发生发展过程，预测 2022 年疫情将加速扩散，发生面积 4.80 万~5.00 万亩，重度和成灾面积达到 1.00 万亩。分布范围为：金山区、松江区、青浦区全区，奉贤区、闵行区、浦东新区北部的疫情由点状向片状发展，浦东新区南部、嘉定区、宝山区、崇明区及中心城区可能跳跃式出现新的疫情。金山区的吕巷镇、亭林镇，闵行区的颛桥镇、吴泾镇，浦东新区的康桥镇，青浦区的练塘镇、朱家角镇、重固镇，松江区的石湖荡镇、小昆山镇等区域可能偏重发生。

舞毒蛾　诱捕到舞毒蛾成虫的点位将会增加，浦东新区迎宾绿带附近有幼虫发生的可能。

锈色棕榈象　将会继续呈多点零星暴发的趋势，主要发生于有加拿利海枣种植的住宅小区、公共绿地等。

扶桑绵粉蚧　呈多点零星发生，发生时间主要为 9、10 月，寄主为马齿苋、朱槿、木槿、蜀葵等植物。

2. 生态林有害生物发生呈上升趋势，发生 17.30 万~18.90 万亩

(1)水杉赤枯病发生面积比 2021 年略有下降，发生 1.10 万~1.30 万亩。

根据近 9 年的发生数据，用自回归法建立数学模型 $X(N)=0.5400\times X(N-1)+0.3419\times X(N-2)+0.0317\times X(N-3)$。预测 2022 年水杉赤枯病发生面积 1.10 万~1.30 万亩。主要分布在水杉种植较多的青浦区、崇明区、浦东新区等区。6、7 月梅雨期后，危害进入高峰期；对于景观道路林带、生态林，要加强监测，抓住防治适期，早防联防。

(2)除美国白蛾外其他食叶性害虫发生平稳，发生 7.80 万~8.50 万亩。

刺蛾类　根据近 13 年的发生数据，用自回归法建立数学模型 $X(N)=0.8126\times X(N-1)+0.4127\times X(N-7)-0.2028\times X(N-2)$。预测 2022 年刺蛾发生 2.40 万~2.60 万亩。主要种类包括黄刺蛾、丽绿刺蛾、褐边绿刺蛾等。发生程度轻度。全市范围内均有分布。

樟巢螟　根据近 9 年的发生数据，用自回归法建立数学模型 $X(N)=2.8840\times X(N-1)-1.9237\times X(N-2)+0.0157\times X(N-3)$。预测 2022 年樟巢螟发生 4.20 万~4.40 万亩。发生程度轻度至中度。全市范围内均有分布。

杨树舟蛾类　根据近 16 年的发生数据，用自回归法建立数学模型 $X(N)=0.4414\times X(N-1)+0.2295\times X(N-2)+0.2545\times X(N-4)$。预测 2022 年杨树舟蛾发生 0.30 万~0.40 万亩。发生程度轻度。8、9 月世代重叠发生量较大。全市范围内均有分布。

黄杨绢野螟　根据近 16 年发生数据，用自回归法建立数学模型 $X(N)=1.0143\times X(N-1)-0.2287\times X(N-2)+0.1361\times X(N-10)$。预测 2022 年黄杨绢野螟发生 0.40 万~0.50 万亩。发生程度轻度。全市范围内均有分布。

重阳木锦斑蛾　根据近12年发生数据，用自回归法建立数学模型 $X(N)=1.0907\times X(N-1)-0.1558\times X(N-2)-0.0417\times X(N-3)$。预测2022年重阳木锦斑蛾发生0.50万~0.60万亩。发生程度大部分轻度，局部林地发生程度中度。主要分布于松江区、青浦区、崇明区等区。

(3)刺吸性害虫发生面积比2021年略有下降，发生1.90万~2.10万亩。

蚧虫类　预测2022年蚧虫类发生面积比2021年略有下降，达到1.60万~1.70万亩。主要种类有藤壶蚧、红蜡蚧等。发生程度轻度至中度。全市范围内均有分布。

柿广翅蜡蝉　根据近11年发生数据，用自回归法建立数学模型 $X(N)=0.4303\times X(N-1)+0.2338\times X(N-2)+0.2588\times X(N-7)$。预测2022年柿广翅蜡蝉发生0.30万~0.40万亩。发生程度轻度。主要分布于松江区、青浦区、崇明区等区。

(4)蛀干性害虫继续呈上升趋势，发生1.70万~2.00万亩。

天牛类　预测2022年天牛类发生1.30万~1.50万亩。主要种类有星天牛、桑天牛、云斑白条天牛等。个别林地出现中度至重度的危害。全市范围内均有分布。

香樟齿喙象　预测2022年香樟齿喙象发生0.40万~0.50万亩。发生程度轻度至中度。发生程度及发生范围呈稳定态势。

3. 经济林有害生物发生平稳，发生2.60万~2.90万亩

(1)病害发生面积与2021年持平，发生0.25万~0.30万亩。

梨锈病　根据近15年发生数据，用自回归法建立数学模型 $X(N)=0.4593\times X(N-1)+0.2664\times X(N-2)+0.2183\times X(N-3)$。预测2022年梨锈病发生0.18万~0.21万亩。发生程度轻度至中度。主要分布于浦东新区、奉贤区、松江区、金山区等区。

桃炭疽病　根据近15年发生数据，用自回归法建立数学模型 $X(N)=1.1965\times X(N-1)-0.3577\times X(N-2)+0.0215\times X(N-3)$。预测2022年桃炭疽病发生0.07万~0.09万亩。发生程度轻度。桃炭疽病是下半年主要的经济林病害，高温、高湿有利于病害发生。主要分布于奉贤区、金山区、松江区等区。

(2)害虫发生面积比2021年略有增加，发生2.35万~2.60万亩。

梨小食心虫　根据近5年发生数据，用自回归法建立数学模型 $X(N)=1.2420\times X(N-1)-0.6110\times X(N-2)+0.3771\times X(N-4)$。预测2022年梨小食心虫发生1.30万~1.40万亩。发生程度轻度至中度。主要分布于浦东新区、金山区、松江区、奉贤区等区。

桃蛀螟　根据近16年发生数据，用自回归法建立数学模型 $X(N)=0.3791\times X(N-1)+0.2989\times X(N-2)+0.2702\times X(N-3)$。预测2022年桃蛀螟发生0.45万~0.50万亩。发生程度轻度。主要分于在浦东新区、金山区、松江区、奉贤区等区。

桃红颈天牛　根据近11年发生数据，用自回归法建立数学模型 $X(N)=-0.7332\times X(N-2)+0.2585\times X(N-1)+1.4654\times X(N-3)$。预测2022年桃红颈天牛发生0.60万~0.70万亩。发生程度轻度至中度。主要分布在浦东新区、金山区、奉贤区、松江区、青浦区等区。

三、对策建议

(一)落实防控责任，提升应对突发事件的能力

抓住全面推行林长制的契机，进一步明确各级政府在松材线虫、美国白蛾等防控中的主体责任，相关部门的直接责任，将林业有害生物防控工作纳入各级领导综合考核指标体系，加速形成政府主导、部门协作、全社会共同参与的防控工作格局。强化各镇人财物保障，积极推动将松材线虫、美国白蛾等防控纳入生物安全体系、应急体系和防灾减灾救灾体系。

(二)优化预警体系布局，提高监测覆盖率

发挥监测预报工作的防灾减灾作用，结合林业管护设施建设规划政策落地、落实，进一步优化上海市林业有害生物监测预警体系，合理布局国家级、市级、区级三级测报点，做到监测覆盖全面化、预测预报精细化、社会服务多元化。加强监测队伍建设和能力提升，提高监测、防治设

施设备水平，扩大监测覆盖率，做到早发现早预警。

（三）强化源头治理，严厉打击违法行为

全面加强产地检疫、调运检疫和复检复查力度，加大检疫执法力度，重点加强造林绿化工程用苗的检疫检查，确保第一时间发现疫情；重点打击弄虚作假、未经检疫擅自调运苗木的行为，情节严重的移送公安机关追究刑事责任。以植物检疫互认互通为基础，建立检疫追溯、案件协查、信息共享和联合执法机制，构建全方位协同、多层次联动的一体化合作。

（四）坚持联防联治，控制有害生物灾情

积极推动上海市行政区域之间和毗邻省市之间建立完善联防联控、统防统治机制，构建各负其责、协调配合、集中统一、上下协同、运行高效的工作机制，实现数据共享、网格监测、联合执法、联动治理。以沪苏浙皖赣闽五省一市联席会议为平台，积极推动省际毗邻地区深度合作，不断提升有害生物防控工作的整体水平。

（五）加强宣传培训，提高社会认知度

充分利用网络、新媒体等宣传渠道，广泛宣传松材线虫、美国白蛾等林业有害生物灾害防控，努力营造群防群治的工作局面。面向基层，开展多形式的林业有害生物监测、检疫和防治技术培训，提高林业有害生物防控队伍快速应对突发灾情的技术能力和专业水平。

（主要起草人：张岳峰　冯琛　韩阳阳；主审：周艳涛　李硕）

11 江苏省林业有害生物 2021 年发生情况和 2022 年趋势预测

江苏省林业有害生物检疫防治站

【摘要】2021 年全省主要林业有害生物发生 166.98 万亩，同比上升 9.1%，成灾率控制在 1.8% 以下，总体呈中等偏重发生，局部成灾，防治作业 509 万亩次。结合气象、林情、虫情等因素综合分析，预测 2022 年全省主要林业有害生物发生约 190 万亩，同比略有上升，松材线虫病发生面积、病死树数量基本持平或略有上升，美国白蛾疫情可能会出现新疫点、疫区，部分苏北老疫区可能会有所反弹；以舟蛾类为主的杨树食叶害虫发生面积同比有所上升，其他病虫害发生趋于平稳或呈小幅上升。

一、2021 年林业有害生物发生情况

据统计，2021 年全省主要林业有害生物发生 166.98 万亩，同比上升 9.1%，总体呈偏重发生，局部成灾（图 11-1）。林业病害发生 19.41 万亩，其中松材线虫病疫情发生 17.59 万亩，同比下降 5.54%；虫害发生 145.66 万亩，同比上升 10.85%，其中美国白蛾发生 105.06 万亩，同比增长 8.97%，占林业有害生物发生总面积的 62.9%，以舟蛾为主的杨树食叶害虫发生 31.52 万亩，同比上升 25.88%；有害植物发生 1.91 万亩，同比上升 20.89%（图 11-2）。全省林业有害生物防治作业 509 万亩次，飞防作业 360 万亩次，地面防治 149 万亩次，释放周氏啮小蜂等生物天敌 21 亿头，主要林业有害生物监测覆盖率 99.64%，无公害防治率达 90%，成灾率控制在 1.8% 以内，全面实现全年防治管理目标。

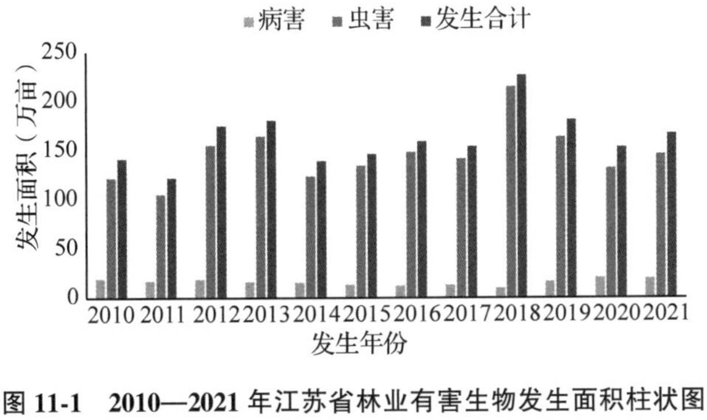

图 11-1　2010—2021 年江苏省林业有害生物发生面积柱状图

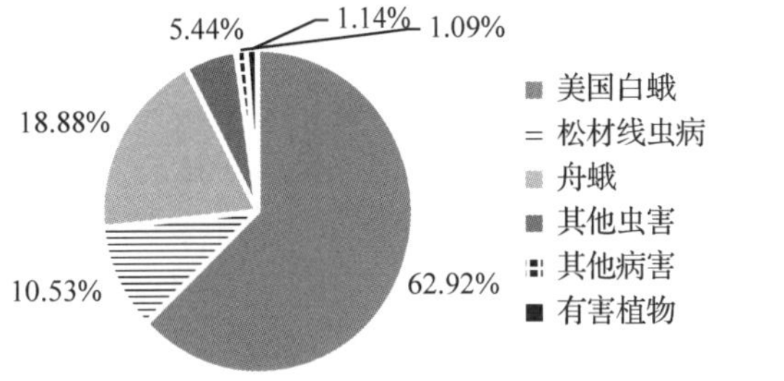

图 11-2　2021 年江苏省主要林业有害生物发生面积饼状图

（一）林业有害生物发生特点

一是全省林业有害生物发生面积同比有所上升，总体呈中等偏重发生，局部地区严重。二是松材线虫病疫情发生面积和病死株数实现“双下降”。三是受持续高温天气等因素影响，美国白蛾第三代发生严重，局部地区出现疑似第四代美国白蛾幼虫危害。四是以舟蛾为主的杨树食叶害虫种群数量渐增，杨小舟蛾第四、五代发生危害相比去年较重。五是坡面材小蠹、银杏超小卷叶蛾、黄脊竹蝗、杨树溃疡病、松毛虫、天牛类等病虫害发生面积有所下降。六是以葛藤为主的有害植物发生基本持平。

林业有害生物监测预警重要事件：

4 月，南京市雨花台区、溧水区，常州市金坛区、武进区，镇江市丹阳市、句容市、京口区、高新区，苏州市吴中区，常熟市高新区等非疫区监测到美国白蛾成虫。

5 月，南通市海安市、泰州市高港区等非疫区监测到美国白蛾成虫。

9月，镇江高新区、南京市玄武区首次发现美国白蛾幼虫网幕。

10月，扬州市宝应县发现疑似美国白蛾第四代幼虫危害。

11月，泰州市兴化市，镇江市润州区、扬中市发现疑似美国白蛾第四代幼虫危害。

(二)主要林业有害生物发生情况分述

1. 松材线虫病

经监测调查，全省松林面积87.16万亩，松材线虫病疫情发生17.59万亩，病死松树8.62万株(图11-3)。与2020年秋季普查结果相比，今年秋季松材线虫病发生面积和病死株树分别下降5.54%和5.68%，呈“双下降”趋势；疫情范围涉及南京市的江宁、雨花台、栖霞、玄武、六合、浦口、溧水、高淳；镇江市的句容、丹徒、润州、镇江高新；常州市的溧阳、金坛；无锡市的宜兴、滨湖、惠山；扬州市的仪征；淮安市的盱眙；连云港市的连云、海州、赣榆、灌云，共计7个设区市23个县(市、区)99个乡镇级行政区。其中：宜兴、盱眙、常州市金坛区、镇江市高新区、南京市雨花台区通过采取综合治理措施，松材线虫病发生面积和病死株数下降明显，疫情得到有效控制。但是，一些地区如连云港市海州、赣榆、灌云疫情发生程度较重，发生面积、病死株数均有所上升。

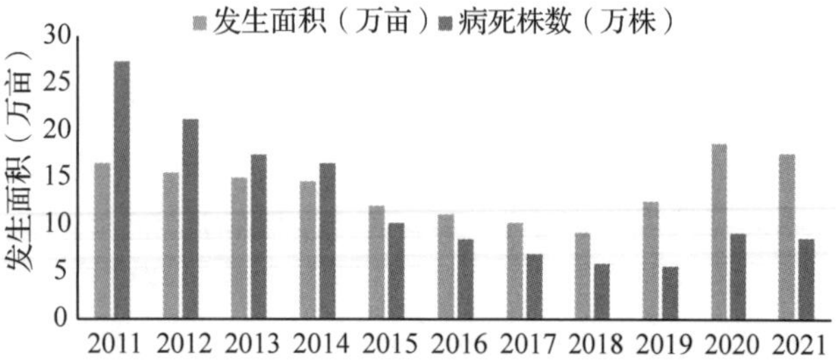

图11-3　2011—2021年江苏省松材线虫病发生面积与病死株数柱状图

今年以来，江苏省启动松材线虫病防控五年攻坚行动，全面实行松材线虫病疫区分区分级管理，采取系列过硬措施全力推进防控工作，扩散势头延缓，疫情发生面积和病死株数总体下降明显，防控成效显著。一是强化组织领导。今年省政府主要领导专门针对松材线虫病防控工作做出批示，要求各级林长认真履职，切实抓好防控，继续加压加力，确保完成任务；成立省林业局重大林业有害生物防控领导小组，统筹领导全省重大林业有害生物防控工作。二是严格考核制度。省两办《关于全面推行林长制的实施意见》把做好松材线虫病、美国白蛾等检疫性有害生物防控工作内容纳入其中，各地建立健全“政府主导、部门协作、社会参与”的防控机制，压实防治责任。三是严控除治质量。严格采取以疫木清理为核心的防治措施，在规定期限全面完成松材线虫病疫情集中除治工作，除治面积和清理枯死及衰弱树数目分别为去年同期的1.5倍和1.9倍。各地严格按照技术规程，在山场范围内将所伐疫木全部切片粉碎或者就地焚烧，并对伐桩进行安全处理。分类施策，重点对名胜保护区推广树干注药防治，全省预防保护近3万株健康松树。同时，经积极采取化学、物理、生物等综合防治措施，扬州市仪征市连续3年实现无疫情，计划今年拔除疫区。

2. 美国白蛾

今年美国白蛾疫情在苏北全部、苏中大部、苏南局部范围发生，疫情分布范围、危害程度均有所上升，呈多点分散暴发、局部地区危害严重态势。全省美国白蛾疫情发生105.06万亩，同比增长8.9%，其中重度发生0.43万亩，同比大幅上升，是去年同期的2.5倍。目前全省美国白蛾疫情涉及连云港、徐州、盐城、宿迁、淮安、扬州、泰州、南京、镇江等9个设区市的58个县(市、区)(图11-4)，其中，镇江市高新区、南京市玄武区2个区今年首次发现美国白蛾幼虫危害，并已申报调整为疫情新发区。自今年10月26日以后，扬州市宝应、泰州市兴化、镇江市润州、扬中市相继监测到美国白蛾幼虫网幕，初步判断为疑似第4代美国白蛾幼虫，这是自2010年江苏省发现美国白蛾疫情以来，首次在10月底11月初发现美国白蛾幼虫。

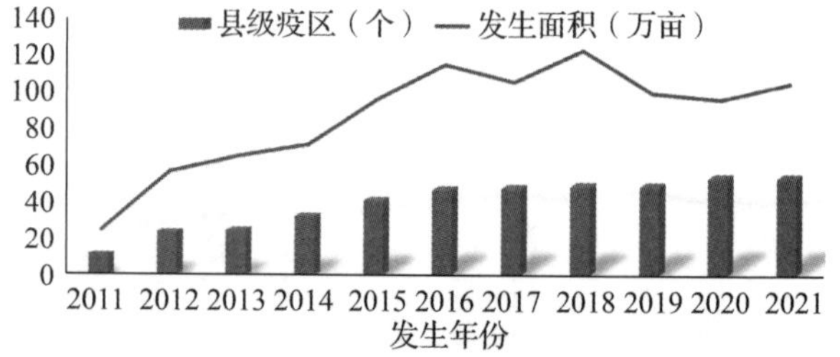

图11-4　2011—2021年江苏省美国白蛾发生疫情县区和面积图

第3代美国白蛾呈偏重发生。2021年美国白蛾第1代、第2代危害较轻，林间虫口密度、网幕数量得到有效控制，发生面积同比下降，虽然越冬代成虫监测数量较去年大幅上升，但经各地严密监测，科学防治，并针对同一区域美国白蛾与舟蛾类杨树食叶害虫危害重叠的情况，合理选择防治“窗口期”，实施飞机喷药防治，在一定程度上压缩了危害范围，控制了灾情。由于多种因素叠加影响，今年9月以来，江苏省第3代美国白蛾虫口密度普遍较去年同期增加，性诱成虫数量、网幕数量增多，在徐州市睢宁、邳州，盐城市阜宁，淮安市涟水，宿迁市泗阳等部分地区危害比去年同期偏重，呈现出局部地区反弹，其余苏北老疫区由于采取飞机施药防治结合地面补防措施，压低了虫口基数，有效控制了疫情，实现了“有虫不成灾”的目标。苏中地区虫口基数整体较去年偏高，危害期延长，但各地在严密监测基础上及时采取综合应对措施，未发生较重灾情，疫情总体可控。

长江沿线警情不断。自今年4月下旬以来，南京市雨花台、溧水、高淳，常州市金坛、武进，苏州市吴中、常熟，南通市海安，镇江市丹阳、句容、京口、镇江高新区，泰州市高港区、靖江等14个非疫区先后监测到美国白蛾成虫，部分监测点性诱到成虫数量较多，疫情明显有向长江以南方位扩散趋势。针对美国白蛾疫情的突发，各地迅速启动应急预案，及时采取扑杀措施，对监测到美国白蛾成虫区域周边范围进行大面积预防性防治，有效控制疫情扩散。

3. 杨树食叶害虫

2021年全省以舟蛾为主的杨树食叶害虫(主要是杨小舟蛾、杨扇舟蛾、分月扇舟蛾、绿刺蛾、扁刺蛾、黄刺蛾、杨黄卷叶螟，其中舟蛾类占80%左右)发生31.5万亩，同比上升32.92%，整体呈中度发生危害(图11-5)，局部区域出现吃光吃花现象，总体林木叶片保存率达80%以上，其中主要风景区、交通要道两侧及重大活动场所周边等主要林分叶片保存率95%以上。

今年江苏省各地积极开展预防性除治，徐州、淮安、宿迁、连云港、盐城等24个市、县(市、区)结合美国白蛾飞防降低了舟蛾类害虫的虫口基数，加上树种更新林分改造等有利因素，杨树舟蛾类食叶害虫1~3代林间虫口密度总体较低，危害较轻，但在第4、5代杨树舟蛾发生危害期，江苏省出现持续高温晴热天气，虫口数量激增，徐州市丰县、沛县，镇江市句容，淮安市涟水、盱眙，南京市江宁、浦口、六合，连云港市未飞防区域、泰州姜堰区等地部分乡镇及沪宁高速、京沪高速等绿色通道局部路段出现小范围或短距离吃花吃光现象。

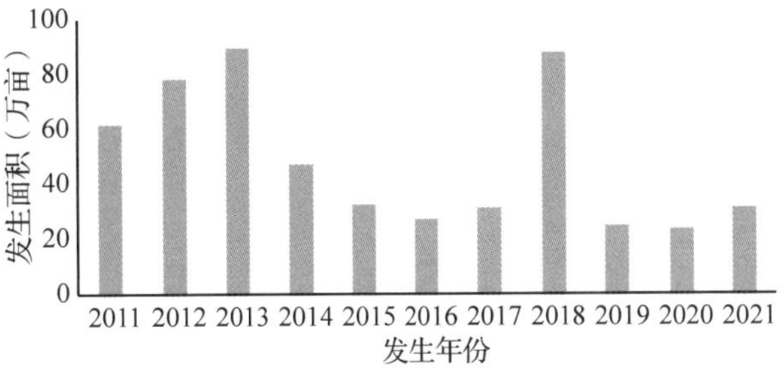

图 11-5　2011—2021年江苏省舟蛾类杨树食叶害虫发生面积柱状图

4. 杨树枝干害虫

江苏省常见的杨树枝干害虫主要是草履蚧和以桑天牛、云斑白条天牛、光肩星天牛为主的天牛类害虫。草履蚧在主要发生在徐州、连云港、淮安、盐城、宿迁等地，2021年整年危害较轻，发生2449亩，近几年由于各地严密监测、部署到位，并采取胶带阻隔、注干预防等措施，危害明显减轻，只在淮安市的金湖、盱眙，盐城市的射阳等部分地区局部发生严重，造成部分杨树死亡。

以桑天牛、云斑白条天牛、光肩星天牛等为主的天牛类害虫主要危害北方品系杨树、柳树以及近几年新造林地的栾树、红枫、榉树、女贞、薄壳山核桃等树种，全年共发生0.96万亩，同比下降8.6%，天牛类主要以幼虫在树干基部和主根内越冬，卵孵化后，在树干皮内向下蛀食，至地平线以下时，再向树干基部周围迂回扩展蛀食，被害后树势衰弱，叶黄化，严重时植株枯死。由于天牛类蛀干害虫危害的隐蔽性，基层在调查过程中不易发现，通过测报系统上报的发生防治数据比实际发生的数据偏小。

5. 其他虫害

竹蝗、竹螟为主的竹类害虫主要在南京地区和宜溧山区发生，2021年发生0.75万亩，同比下降48.3%，同去年相比大幅下降，南京市江宁区与安徽省马鞍山市花山区连续两年在竹蝗防治关键期开展联合防治，有效压低了竹蝗的林间虫口密度，防治效果显著。银杏超小卷叶蛾和茶黄蓟马主要分布在三泰地区和徐州的邳州市，银杏超小卷叶蛾发生 2.29 亩，同比下降 42.89%，茶黄蓟马发生面积 3.86 万亩，为有效防控银杏病虫害，邳州市近年来连续开展飞机防治工作，今年共计实施 40 架次的飞防，飞防面积达 12 万亩次，防治效果明显。

马尾松毛虫在江苏省主要处于“有虫无灾”状态，零星发生，危害微轻，主要分布在苏南的苏州市、南京市、常州市等地。侧柏毒蛾主要分布在徐州市铜山区，呈零星轻度发生。杨直角叶蜂、小蠹虫、黑翅土白蚁、重阳木锦斑蛾、栎掌舟蛾等次要害虫种群有上升趋势，局部地区危害有加重态势。其中，坡面方胸材小蠹已危害东台市、大丰区、盐都区等地杨树，发生危害明显呈北延西扩态势，省站及时组织科研院校专家实地查看诊断，会商防治对策，及时发布灾情预警信息，指导当地有针对性开展应急性防控和常态化科学治理工作。黑翅土白蚁危害香樟、杉木等树种，在南京、无锡、苏州、镇江等地林区及城市绿化带发生危害比较重，由于主要在林区及城市道路两边发生危害，且具有隐蔽性，系统中填报数据远小于实际发生面积。

6. 其他病害

杨树溃疡病发生 0.30 万亩，与常年相当，主要在杨树新造林地上有不同程度发生，苗杆出现黑斑、水泡性溃疡，影响苗木生长。银杏叶枯病在局部地区零星发生，发生面积 1.46 万亩，危害较轻。杨树黑斑病、锈病、炭疽病，林苗煤污病、根腐病，园林植物白粉病等病害受春夏季阴雨天气影响，在局部地区危害较重。

7. 有害植物

葛藤、何首乌、野蔷薇等有害植物发生 1.91 万亩，主要在苏南、苏中丘陵山区发生危害，与去年基本持平。葛藤属于多年生植物，根状茎发达，经冬复萌而防治困难，近年来随着葛藤开发利用率提高、苏南山区林地总体规模减小、人工除治和化学药剂防治力度加大，发生面积有下降趋势。

加拿大一枝黄花自 2002 年入侵以来，在江苏省扩散蔓延迅速，危害严重并呈向林间逃逸态势，在林缘发生较为普遍，根据近年农业农村部门专项调查数据和林业部门开展的有害生物普查资料，江苏省 13 个设区市都已确认有加拿大一枝黄花分布，发生范围涉及 80 多个县级行政区。今年受秋季高温少雨天气影响，加拿大一枝黄花发生扩散形势严峻，多地暴发成灾，引起了领导重视、媒体关注、群众关切。

8. 重点监测预警对象

经全省林业有害生物普查，我已查明确认的外来有害生物为 20 种，并呈入侵扩散蔓延态势。检疫对象扶桑绵粉蚧：常州市武进区、徐州市睢宁县近年来曾先后监测到扶桑棉粉蚧，疫情入侵定殖风险较高。检疫对象红棕象甲：许多地区大量从广东、海南等疫情发生省份引进棕榈科植物进行造林绿化，红棕象甲随着苗木调运而侵入江苏省的风险较大，目前江苏省尚未监测到红棕象甲危害。检疫对象红火蚁：近年来在国内部分省份传播速度加快、疫情发生程度加重，目前已传播至毗邻省份浙江省，江苏省每年从发生红火蚁的广东、浙江等省份大量调入花卉苗木、草坪草等，红火蚁随植物传入风险加大，一旦传入极易定殖危害。

危险性有害生物橙带蓝尺蛾：自 2016 年我国首次从日本进口的罗汉松上截获橙带蓝尺蛾以来，目前已在广东、广西、福建等地发生危害，近几年南通市、无锡市等地从日本大量引进罗汉松，入侵风险极高。危险性林业有害生物悬铃木方翅网蝽：分布范围已涉及南京、徐州、苏州、常州、淮安、连云港、盐城、扬州、泰州、宿迁等 10 个设区市，35 个县(市、区)，并在部分地区危害较重。

(三)成因分析

2021 年江苏省林业有害生物防控形势总体呈现出松材线虫病发生面积和病死株树双下降、美国白蛾疫情发生严重、杨树舟蛾类食叶害虫发生小幅上升、次要病虫发生平稳等特点，是多种因素叠加影响造成的。

1. 暖冬、高温少雨等气候条件使得食叶害虫种群数量增加、活动范围变广、发生期提前

一是冬季气温较高。据江苏省气候中心统计，2021 年 1 月 1 日至 2 月 28 日江苏全省平均气温 5.7℃，较常年同期偏高 2.7℃。一方面加快了越冬代成虫的羽化进度，导致美国白蛾越冬代成虫羽化高峰出现时间比常年提前 3~5 天出现。另一方面提高了病虫的越冬后存活基数。根据年初越冬后基数调查数据，美国白蛾平均有蛹株率和每株有蛹头数分别为5.39%和1.31，同比分别上升了2.1%和68.8%；杨舟蛾类食叶害虫越冬样地845个，平均有蛹株率和每株有蛹头数分别为4.81%和0.72，同比分别上升了16.75%和2.86%。二是入梅提前，雨水偏少。根据江苏省气象局发布的气象信息，今年为2000年以来次早入梅的年份，全省降雨量较常年同期偏少3.5成。降雨偏少、气温偏高有利于美国白蛾等多种食叶害虫发育定殖，根据徐州市铜山区、泰州市兴化市、姜堰区等地的监测数据(图11-6、7)，美国白蛾一代成虫首发时间较常年提前且数量同比大幅增加，但由于各地严密监测，主动出击，科学防治，江苏省第1代、第2代美国白蛾疫情得到有效控制。三是秋天晴热高温天气居高不下。根据气象发布信息，今年江苏省秋季平均气温创1961年以来历史最高，全省平均气温18.5℃，较常年同期显著偏高1.6℃，持续晴热高温天气加快了美国白蛾、舟蛾类食叶害虫发育进度，加剧了危害程度，杨舟蛾第4、5代及第3代美国白蛾在局部地区危害较重，甚至出现疑似第4代美国白蛾幼虫危害的现象。

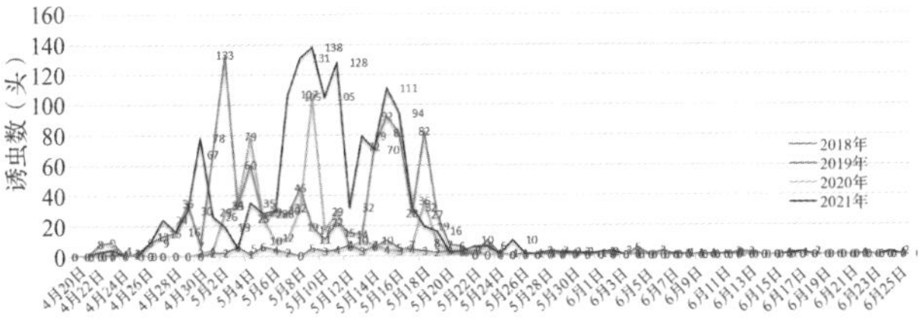

图11-6　兴化市2018—2021年美国白蛾越冬代成虫对比图

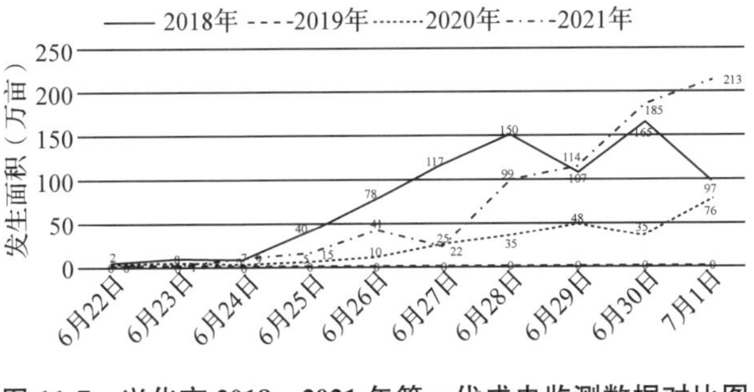

图11-7　兴化市2018—2021年第一代成虫监测数据对比图

2. 货物流通频繁、联防联治机制不健全、叠加新冠疫情影响造成美国白蛾扩散加速、危害加重

一是物流人流跨区域流动频繁增加扩散风险。由于江苏省物流交通发达，跨区域苗木调运频繁，物流人流跨区域流动，极易发生林业有害生物疫情扩散事件。今年上半年，江苏省14个美国白蛾非疫区先后监测到美国白蛾成虫，经分析，除了近距离从疫区向非疫区自然传播外，其余主要原因之一可能是随苗木调运携带，大量苗木随绿化工程异地调运，为美国白蛾疫情跨区域、大范围传播蔓延提供了机会。近年来，江苏省长江沿线的南京市、镇江市、苏州市等市大力推进长江沿岸造林绿化工程，有大量的外地苗木调入，部分苗木可能携带有美国白蛾虫蛹，增大了外来有害生物入侵定殖的风险。二是多部门区域防治增加了防控难度。林业有害生物发生区域涉及绿化、城建、农业、水利、公路等多个部门，各部门的重视程度和协调能力参差不齐，部分地区很难做到统防统治。三是新冠疫情等多种因素叠加影响。美国白蛾、舟蛾类食叶害虫防治关键期短、战线长，部分防治责任单位容易出现麻痹厌战情绪，加之受新冠疫情影响，林业有害生物防控人员紧缺，飞防避让区出现盲区和死角，造成疫情反弹。

3. 寄主树种变化、森林生态系统脆弱等原因导致有害生物种类多，次生性害虫分布范围广

近年来，江苏省深入推进绿美江苏建设，开展国土绿化行动，突出抓好长江两岸造林绿化、沿海防护林体系和农田防护林体系建设，加大了对人工纯林的改造，大量种植乡土优势阔叶树种和观赏景观树种，林种树种不断增加，森林生态系统日趋稳定，生物多样性更加丰富，优势有害生物种群暴发成灾概率下降。但在短期内，林种树种结构的快速变化也有可能导致危害种类年度变化明显，次生性害虫危害水平上升。同时，由于营林措施不够合理，林分健康状况下降，自然抵御林业有害生物的能力减弱，纯林树种单一，林分抗逆能力遭到破坏，森林自我修复能力差，加之高密度的造林模式使得林木成林后郁密度大，树势衰弱，有利于病虫害蔓延和传播，容易导致林业有害生物集中大面积发生。比如，东台市的杨树纯林生长过密，近些年抚育采伐力度不足，导致杨树长势衰弱，加上坡面方胸小蠹侵染危害，灾害范围迅速增大。邳州市大量发展银杏产业，银杏纯林面积迅速增大，原有生态系统受到破坏，银杏病虫的生物抑制因子不足，导致茶黄蓟马等病虫危害水平上升。

4. 监测手段、防治药剂及防治技术影响林业有害生物防控成效

一是监测预报能力有待提高。虽然全省各地不断加大监测巡查力度，及时发布预警信息，2021 年各国家级、省级中心测报点上报至林业有害生物防治信息系统监测信息 1364 条，同比增幅 60 %，兴化市、铜山区、宝应县等国家级中心测报点及时开展监测，抢抓关键期开展防治，有效降低林业有害生物发生危害，但从整体来看江苏省各国家级、省级中心测报点监测预报能力参差不齐，人员队伍不稳定、技术水平有限等原因，导致部分林业有害生物监测预报不及时，监测发现时已大面积发生危害。二是药剂药械技术有待突破。尽管全省各地综合运用化学、物理、人工、生物等防控措施，全力控制疫情，最大限度地降低灾害损失，但由于采取飞机防治时使用较多的灭幼脲等仿生制剂对鱼虾、螃蟹等有杀生性，特殊养殖区和居民区防治受限，留下漏洞和死角，加之杨树树体高大，一般防治机械喷洒不上去，且多数成片林、农田林网交通不便、林中空间狭小，不利于大型机械机动，特定车载式高扬程防治机械无法靠近实施作业，局部地区防治效果不甚理想，导致灾害反复发生。

二、2022 年林业有害生物发生趋势预测

(一) 预测依据

数据来源：江苏省林业有害生物防治信息管理系统数据，江苏省、国家气候中心信息数据。

预测依据：2021 年各国家级、省级中心测报点主要林业有害生物越冬前基数调查结果，各市 2022 年林业有害生物发生趋势预测，林业有害生物发生规律，国家气候中心 2021 年冬季、2022 年气候趋势预测。

(二) 预测因子

1. 越冬基数偏高，成灾风险较高

根据江苏省 11~12 月份组织的美国白蛾、杨舟蛾类杨树食叶害虫越冬前基数调查结果表明，当前林间蛹头基数较大，局部地区美国白蛾、杨舟蛾越冬前蛹基数较高，达到中重度危害预测标准，美国白蛾：江宁 6.11 头/株、栖霞 1.88 头/株、淮安 2.55 头/株、淮阴 1.35 头/株、铜山 2.58 头/株、泗阳 5.29 头/株；杨舟蛾类：栖霞 2.7 头/株，江宁 2.66 头/株，溧水 2.41 头/株，高淳 3.33 头/株、泗阳 4.23 头/株，可以说江苏省杨舟蛾、美国白蛾局部地区成灾风险依然存在，应引起高度警觉。

2. 气候因素多变，加大成灾概率

根据国家气候中心预测，今冬明春江苏省气温总体偏高，春季气温较常年同期偏高 1~2℃，冬季偏暖将导致林业有害生物越冬蛹死亡率下降，越冬蛹羽化提前，在越冬虫口基数较大地区会增加林业有害生物成灾风险。

3. 物流交通发达，增加扩散风险

江苏省地处长江下游，是一个典型的平原林区省份，交通便利，物流频繁，日益频繁的物流、贸易、大量的苗木及林木制品跨区域调运，为林业有害生物的传播扩散提供了机会和条件。同时，部分地区存在苗木调运检疫、调运复检及疫木处置监管不利的情况，增加了检疫性和危险性林业有害生物长距离跳跃性传播风险。

(三) 预测结果

预计 2022 年江苏省主要林业有害生物发生面积约 190 万亩，同比略有上升，成灾率 1.6% 以下，林木虫害面积约 160 万亩，病害面积约 25 万亩，有害植物面积约 2 万亩（图 11-8）。总体特点：松材线虫病发生面积、病死树数量基本持平或略有上升；美国白蛾疫情将在苏中、苏南局部地区进一步扩散蔓延，可能会出现新疫点、疫区，部分苏北老疫区可能会有所反弹；以舟蛾类为主的杨树食叶害虫发生面积同比有所上升，第 3、4 代种群数量可能急速增长，在高速公路、

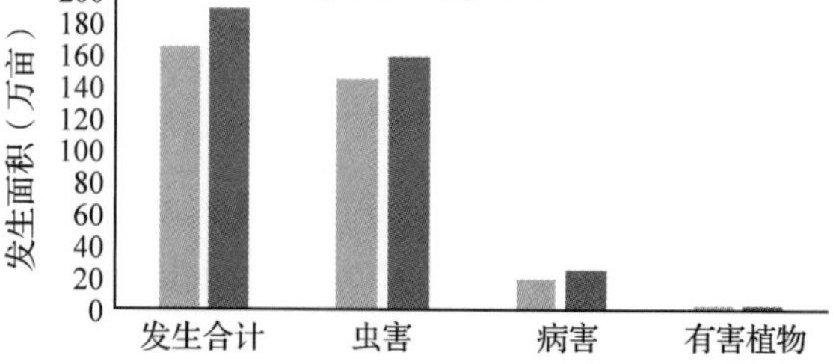

图 11-8　2022 年林业有害预测发生面积与 2021 年发生面积柱状图

绿色通道两侧、部分村庄周围特别是在虫源地极易暴发成灾；其他病虫害发生与危害发生趋于平稳或呈小幅上升。

(四)分种类发生趋势预测

1. 松材线虫病

近几年江苏省松材线虫病发生趋于稳定，目前松树成片死亡现象已不多见，但疫情防控形势仍然严峻，死树主要呈零星分布，大多位于山势陡峭之处，清理任务更加艰巨。预计2022年度松材线虫病发生面积将在17万亩左右，病死树数量将在8万株左右。若冬春季遇到恶劣天气，影响除治进度与质量，则夏秋季疫情会有所加重；若夏秋之时遇高温干旱少雨天气，则立地条件差的丘陵山区松树死亡数量有增加可能，连云港市连云、海州、灌云等地松树死亡数量有可能上升。同时，近年来全国松材线虫病呈暴发态势，江苏省周边省份几乎都是松材线虫病疫情发生区，染疫松林面积大、疫木除治难度大，通过人为携带、违规调运等途径流入江苏省的概率较大，造成松林染病，江苏省尚未发生松材线虫病的松林区域染病风险较高。

扬州市仪征市已连续3年实现松材线虫病发生面积为0，预计今年拔除。连云港市赣榆、灌云今冬明春若加大除治力度，狠抓除治质量，有望2022年发生面积、病死株数急剧下降。淮安市盱眙、雨花台区经大力防治，疫情得到有效控制，预计发生面积、病死株数呈下降态势。

2. 美国白蛾

近年来，江苏省美国白蛾已扩散至苏北全部、苏中大部、苏南局部，目前美国白蛾疫情的自然传播受长江天险以及沿江暖湿气候影响，扩散蔓延速度受到一定程度的遏制，但防控形势依然严峻，特别是林木种苗频繁异地调运、物流人流跨区域流动，美国白蛾疫情跳跃式扩散至非疫区风险加大。根据2021年越冬前基数调查，江苏省美国白蛾越冬蛹虫口基数偏高，如遇暖冬，成活率有所上升，疫情危害程度将加重。

预计2022年美国白蛾疫情呈缓慢上升趋势，发生面积约120万亩，部分区域危害加重。徐州市、宿迁市、盐城市、连云港市、淮安市等地在飞防避让区及地面防控不力的区域仍将会暴发成灾。其中，淮安市淮安、涟水，南京市江宁、连云港市连云区等地虫口基数高、寄主面积大，若防控不力，将有偏重、发生风险。南京市的秦淮、雨花台、高淳、溧水、江北新区，镇江市的城区、丹徒、句容、丹阳、扬中，泰州市的泰兴、海陵、高港，南通市的海安、如皋、如东，苏州市的太仓、昆山、吴江等地与省内或省外美国白蛾疫区毗邻，都为高危区。特别是今年监测到美国白蛾成虫14个非疫区，其辖区在2022年发生美国白蛾幼虫危害可能性极大，要加强监测力度、频度，确保及时发现、及时防治。

3. 杨树食叶害虫

近几年江苏省杨树食叶害虫发生危害情况波动较大，主要受气候条件和防治成效影响。如今冬明春为暖冬气候，杨舟蛾越冬蛹成活率将上升，杨舟蛾越冬后虫口基数增大。若夏秋季出现高温少雨天气，将导致第2、3、4、5代杨舟蛾虫口数量暴增，重点危害公路两侧林网及生态环境脆弱地区的杨树成片林，尤其是在杨舟蛾虫源地极易暴发成灾。

预计2022年以舟蛾类为主的杨树食叶害虫发生呈上升趋势，发生面积约50万亩，局部可能成灾，在南京市六合、浦口、栖霞，扬州市邗江、高邮、宝应、仪征，徐州市铜山、丰县、沛县，镇江市句容、丹阳，淮安的涟水、盱眙、洪泽，泰州市姜堰、兴化，连云港市东海、灌云，宿迁市宿城区等地中重度发生，在第3代、第4代将危害加重，甚至在局部地段暴发成灾。

4. 杨树枝干害虫

预计2022年草履蚧发生呈加重趋势，发生面积约1万亩。近几年草履蚧在江苏省危害呈加重趋势，危害严重的可以造成树木死亡，主要危害沟、渠、路、河道两侧的杨树，预计在淮安市金湖、淮安，宿迁市泗洪、泗阳，盐城市东台、射阳等地发生危害并成灾。预计2022年天牛类害虫发生1.5万亩左右，重点危害生长较慢、长势衰弱的杨树、柳树、女贞等树种，同时红枫、栾树等彩叶化树种危害也将加重。

5. 其他危害生物

预计2022年竹类害虫在丘陵山区发生面积稳中有降，危害面积0.6万亩左右。徐州地区的侧柏毒蛾、苏南地区的松毛虫危害程度基本持平；银杏超小卷叶蛾、茶黄蓟马、银杏病害等危害程度缓慢下降；樟巢螟、重阳木锦斑蛾、杨潜叶蛾、苹掌舟蛾、杨直角叶蜂、女贞白蜡蚧、介壳虫、黑翅土白蚁等部分次要害虫发生面积将进一步扩大，在局部地区危害加重。有害植物清理难度大，预计 2022 年全省葛藤、何首乌等有害植物发生 2 万亩，与去年基本持平。

6. 重点监测预警对象

随着交通工具发展、贸易往来增加，外来入侵物种的风险不断上升，结合江苏省省情、林情等特点，将重点加强对扶桑绵粉蚧、红棕象甲、橙带蓝尺蛾、橘小实蝇、红火蚁、舞毒蛾、松树蜂、李痘病毒、小圆胸小蠹、坡面方胸小蠹等重大检疫性、危险性有害生物的监测，及时开展外来有害生物普查工作，防范外来有害生物入侵传播扩散，确保全省森林资源安全。

三、对策建议

当前及今后一个时期，江苏省主要林业有害生物防控形势依然严峻。我们将以强化防治责任为抓手，以健全法规制度为保障，扎实推进全省林业有害生物防控“十四五”规划实施，全面提升林业有害生物防控能力，主要有害生物成灾率控制在 1.8% 以下，无公害防治率达到 88% 以上，林木叶片保存率达 80% 以上，其中主要风景区、交通要道两侧及重大活动场所周边等主要林分叶片保存率 95% 以上，确保树木健壮、森林优美。

（一）落实防治责任

全面贯彻落实《中华人民共和国森林法》《江苏省林业有害生物防控办法》等法律法规的相关规定，积极探索重大林业有害生物防治工作情况专项考核制度。继续贯彻落实《国务院办公厅关于进一步加强林业有害生物防治工作的意见》《江苏省政府办公厅关于进一步加强林业有害生物防治工作的实施意见》。持续贯彻落实省委省政府领导批示精神，全力推进松材线虫病五年攻坚行动和包片蹲点工作在全省有序展开。

（二）夯实监测基础

认真落实《国家级林业有害生物中心测报点管理规定》，充分发挥国家级、省级中心测报点的示范带头作用，推动林业有害生物智能监测进程。持续推进林业有害生物灾害监测预警新技术新产品试验示范工作，筛选出一批适合江苏省实际的新技术新产品，积极推广应用；及时开展外来有害生物补充调查工作，准确掌握外来有害生物发生种类、分布范围；强化与媒体、气象部门的合作，拓宽疫情灾情发现途径，实现林业有害生物监测网络城乡全覆盖。

（三）规范检疫执法

强化产地检疫、调运检疫和落地复检，着力做好松材线虫病疫木和携带美国白蛾的高危植物及其产品的检疫监管。加强引进林木种苗隔离试种、检疫监管和风险评估，严防外来有害生物入侵。继续组织开展疫木执法专项行动，严厉打击各类林业植物检疫违法行为，做好重大检疫违法案件的协调督办。

（四）创新防控机制

进一步总结经验，锐意创新，积极探索适合江苏省情、林情特点，适应市场经济规律的防控机制。对松材线虫病、美国白蛾等重大林业有害生物实施工程治理，对松林集中区、木材进口口岸等生态敏感区域实施重点防治。积极推行区域联防联治，重点解决毗邻区防治难、有害生物跨区域传播严重的问题。积极践行无公害防治，实现绿色减灾和可持续控灾。

（主要起草人：叶利芹　钱晓龙　刘俊成聪；主审：周艳涛　李硕）

12 浙江省林业有害生物 2021 年发生情况和 2022 年趋势预测

浙江省森林病虫害防治总站

【摘要】2021 年，浙江省林业有害生物发生总体偏重，各类林业有害生物发生面积 774.29 万亩，其中病害 703.55 万亩，虫害 70.74 万亩。防治面积 726.98 万亩，无公害防治面积 725.63 万亩，无公害防治率 99.79%。根据 2021 年全省林业有害生物发生基数、发生规律，以及防治作业等人为干预因子，结合未来天气趋势，经省森防总站组织专家及市县测报技术人员综合分析、会商，预测 2022 年浙江省林业有害生物仍将偏重发生，全省的林业有害生物总发生面积预计 715.56 万亩左右，与 2021 年相比略有下降，周期性林业有害生物发生将会平稳、小幅波动上升。

一、2021 年主要林业有害生物发生危害情况

截至 2021 年 11 月底，浙江全省完成林业有害生物监测面积 55465.59 万亩次，占应施监测面积 55636.81 万亩次的 99.69%。全省林业有害生物总发生面积 774.29 万亩，与 2020 年的 787.73 万亩相比，发生面积基本持平，其中病害发生 703.55 万亩，占比 90.867%，虫害 70.74 万亩，占比 9.14%。

防治情况：全省完成防治面积 726.98 万亩；无公害防治面积 725.63 万亩，无公害防治率 99.79%。

2021 年发生的主要林业有害生物有：松材线虫病、松褐天牛、松毛虫、柳杉毛虫、一字竹象、卵圆蝽、竹螟、黄脊竹蝗、板栗瘿蜂、山核桃花蕾蛆、山核桃干腐病和舞毒蛾、樟萤叶甲等 13 种，计 822.93 万亩，占总发生面积的 99.21%。

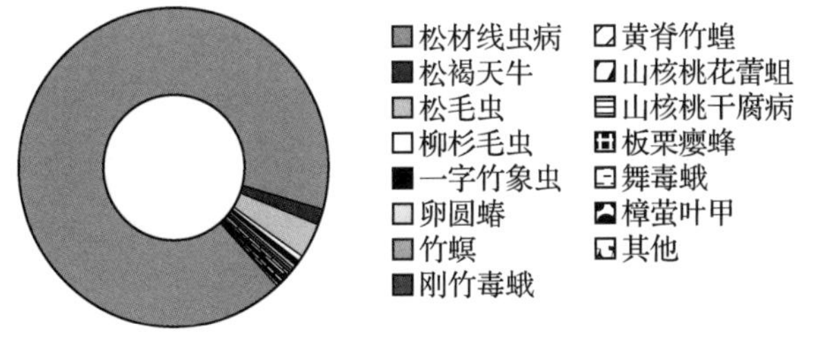

图 12-1　浙江省 2021 年主要林业有害生物发生情况比重图

(一)发生特点

(1)2021 年发生的林业有害生物种类与历年基本相同，以松材线虫病为主，总体仍偏重发生。

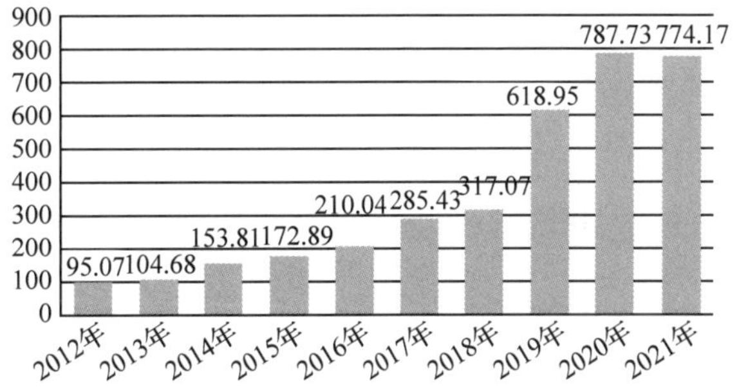

图 12-2　浙江省近 10 年林业有害生物发生情况变化图(万亩)

(2)松杉类病虫危害面积持续增加，病死松树总量下降。

松材线虫病疫情发生 698.83 万亩，病死树数量 390.11 万株。在去年病死树数量出现拐点之后，今年浙江省首次实现疫情面积和病死树数量双下降，发生区病死树数量，从 2020 年的 0.94 株/亩下降到 0.56 株/亩，发生范围相对集中。嘉兴全市仍保持无松材线虫病疫情。

松褐天牛　发生 13.89 万亩，致死松树 0.7 万株，主要集中在杭州、绍兴、金华、衢州、丽水等地区，发生面积零散。

松杉林食叶害虫　全省发生 34.48 万亩。较上年 7 万亩，发生面积上升 27.48 万亩，升幅 392.51%。主要为马尾松毛虫、思茅松毛虫、柳

杉毛虫等周期性食叶害虫局部发生。其中马尾松毛虫主要发生在杭州、丽水、金华、衢州等老发生区；柳杉毛虫发生区域主要在宁波、温州、衢州、台州的高海拔山区，湿地、自然保护区范围内较多。

(3)经济林病虫发生面积有所上升，主要集中在山核桃、板栗油茶以及香榧等传统经济林，危害经济林的病虫害发生 8.81 万亩，同比上升 66.23%。杭州的临安、建德、桐庐和淳安等天目山脉周边地区山核桃林，山核桃病虫发生 6.57 万亩，较上年的 3.01 万亩，上升 118.18%；板栗等传统经济林趋于稳定并下降。

(4)竹林有害生物发生 13.09 万亩，较上年上升 25.88%；主要为一字竹象发生 4.82 万亩、卵圆蝽发生 2.95 万亩、竹螟发生 1.59 万亩，部分竹林发现毛基腐病，程度较轻。

(5)危害园林绿地、景观林病虫害 7.44 万亩，主要为舞毒蛾、樟巢螟、樟萤叶甲、斜纹夜蛾、白蚁、银杏细小卷蛾等，多数危害的面积零散、虫口密度不高，但舞毒蛾发生面积较上年大幅上升。

(6)通过大范围监测、敏感地区重点诱捕、网幕期巡查，在嘉兴市的平湖、嘉善应用性信息素诱捕器发现美国白蛾成虫。

(二)主要林业有害生物发生概况分述

1. 松杉林病虫害

松杉林病虫害主要有松材线虫病、松褐天牛、马尾松毛虫、柳杉毛虫和松干蚧等，2021 年发生面积共 766.08 万亩。

松材线虫病　根据数字森防平台数据统计，截至 2021 年 11 月 26 日，全省松材线虫病疫情分布在 10 个市的 70 个县(市、区)，疫点乡镇 915 个，疫情发生面积 698.83 万亩，病死树数量 390.11 万株。一是灾害程度明显减轻。在去年病死树数量出现拐点之后，今年已实现疫情面积和病死树数量双下降，即发生面积减少 36.24 万亩，同比下降 4.9%；病死树数量减少 127.01 万株，降幅 24.6%。宁波、温州、绍兴、金华、台州、丽水等 6 个市中的 50 个县(市、区)病死树数量下降，其中宁波、金华、丽水下降超过 30%，鄞州、乐清、上虞、东阳、永康、遂昌、庆元等地下降超过 70%；富阳、海曙、苍南等 36 个县(市、区)实现发生面积、病死树数量双下降。二是疫情发生相对集中。仙居、天台、永嘉、莲都、泰顺、缙云、文成、平阳、青田等 9 个区县病死树超过 10 万株，占全省病死树总量的 64%；其中仙居、天台、永嘉单县(区)病死树数量超过 40 万株，占全省总量的 35.6%。

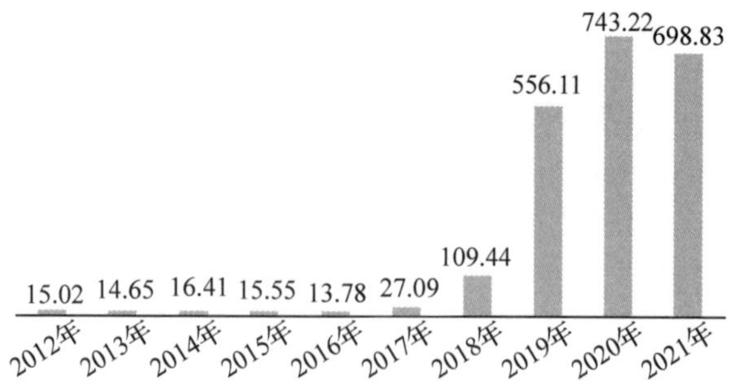

图 12-3　浙江省近 10 年松材线虫病发生面积情况图(万亩)

松褐天牛　发生 13.89 万亩，枯死松树 0.7 万株，主要集中在杭州、绍兴、金华、衢州、丽水等浙江西南和中西部地区，寄主为马尾松林以及少部分黑松林，发生面积较为分散，危害的区域逐渐缩小。据分析，随着对松林枯死木大范围的清理除治，松褐天牛的虫口也大幅下降，发生危害面积回落，因此枯死松树数量也大幅下降。

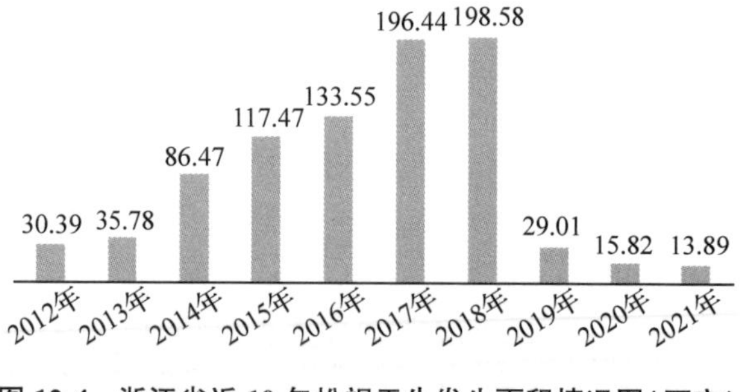

图 12-4　浙江省近 10 年松褐天牛发生面积情况图(万亩)

松杉类食叶害虫　全省发生 34.48 万亩，较上年增加 27.48 万亩，上升幅度 392.51%。主要为马尾松毛虫、思茅松毛虫、柳杉毛虫等周期性食叶害虫局部发生。其中马尾松毛虫、思茅松毛虫发生 29.72 万亩，取食危害马尾松等树木针叶，主要发生在杭州、丽水、金华、衢州等老发生区。松毛虫是典型的周期性食叶害虫，从近些年发生规律看，每 3~5 年为一个发生周期，发生区域相对稳定，整体区块稍稍向北偏移，呈局部块状发生，近年的发生面积上升幅度较大。

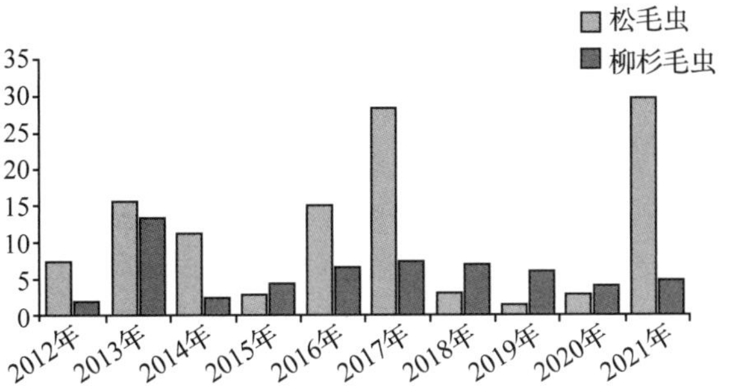

图 12-5　浙江省 2012—2021 年松毛虫、柳杉毛虫等食叶害虫发生面积情况图(万亩)

全省柳杉毛虫发生 4.75 万亩，取食危害柳杉和柏木针叶，发生区域一般都在高海拔山区，有不少是在湿地、自然保护区范围。近几年基本处于发生稳定阶段。从保护生物多样性考虑，仅采取跟踪监测手段，除景区、生产基地外基本不进行人工防治干预，而利用森林自然生态系统进行各种生物种群消长自我调节。

2. 竹林病虫害

2021 年竹林有害生物发生 13.09 万亩，较上年 10.48 万亩上升 24.9%，主要为一字竹象 4.82 万亩、卵圆蝽 2.95 万亩、竹螟 1.59 万亩。其他危害竹林的刚竹毒蛾、黄脊竹蝗等有害生物，零星分布在衢州、湖州、丽水和宁波等地。

经过多年综合治理，今年一字竹象、竹螟、卵圆蝽等一些常见的竹林有害生物发生趋于稳定。另一方面，由于近几年竹产业调整，毛竹收购价格下滑，竹农经营竹林的积极性较低，竹林经营方式的改变，引起竹螟等危害竹林的病虫害种群变迁，同时天敌种群数量和种类大大增加，因此竹螟、刚竹毒蛾等发生呈下降趋势。但竹林经营水平下降后，特别是失管竹林，林内竹子密度高、死竹多，卫生状况差，竹林病害发生可能会有所上升。

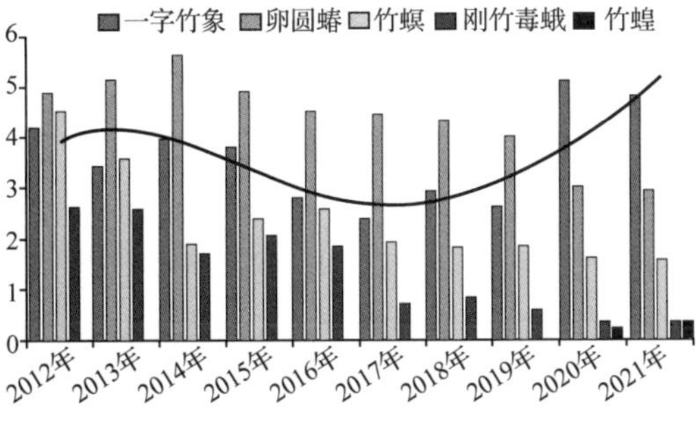

图 12-6　浙江省 2012—2021 年主要竹林害虫发生面积变化图(万亩)

3. 经济林病虫害

2021 年全省经济林病虫害发生 8.81 万亩，较上年发生 5.30 万亩同比上升 66.23%，浙江省的经济林主要为板栗、山核桃、香榧、油茶等干果、油料类林种。

山核桃病虫害主要集中在杭州的临安、建德、桐庐、淳安和湖州的安吉等天目山脉周边地区，发生 6.57 万亩，较上年的 3.01 万亩，同比上升 118.27%，其中山核桃干腐病发生 3.78 万亩，较上年的 1.18 万亩上升 220.34%；山核桃花蕾蛆发生 2.34 万亩，较上年的 1.52 万亩，同比上升 54.61%；山核桃其他病虫发生 0.44 万亩。板栗病虫发生 1.10 万亩，其中栗瘿蜂 0.47 万亩，桃蛀螟 0.25 万亩，栗绛蚧 0.11 万亩，板栗大蚜 0.11 万亩，板栗剪枝象甲 0.16 万亩，铜绿金龟子 0.36 万亩。

此外，其他经济林病虫害发生 1.14 万亩，主要为危害香榧、油茶、林下经济和其他果树的病虫害。

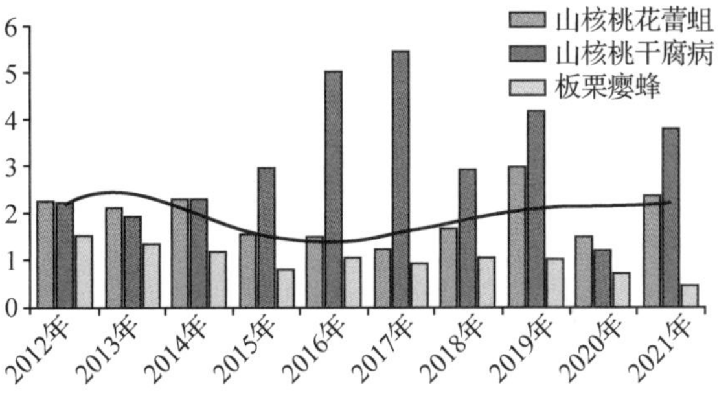

图 12-7　浙江省 2012—2021 年主要经济林病虫害发生变化图(万亩)

4. 园林绿化苗圃等其他病虫害

园林绿化苗圃、通道林等病虫害约发生 7.44 万亩，其中舞毒蛾 5.0 万亩，樟巢螟 0.39 万亩，斜纹夜蛾 0.37 万亩，樟萤叶甲 0.67 万亩，主要危害通道林、河岸绿化带以及苗圃地、城市景观林。另外，银杏大蚕蛾等在，今年只有零星、少量分布，未达到发生程度。舞毒蛾分布在杭州市余杭、西湖、富阳三区的交界处，发生面积较去年增幅较大。

(三)成因分析

近几年浙江省林业有害生物发生发展呈上升趋势，经分析，对松材线虫病除治管理薄弱，防控意识和能力不足，造成大量枯死松树、疫木未能清理干净，引起反复感染；另外，气候异常，极端灾害性天气的频频出现，人为生产经营活动频繁，管理不善，干扰了林分的正常生长环境，是主要原因。

1. 除治工作存在漏洞，病虫交叉危害影响和自然扩散蔓延，导致松材线虫病疫情形势严峻

浙江地处东南沿海，属亚热带季风区，广泛分布松树，绝大部分为松材线虫病高度感病的马尾松、黑松。松树纯林较多且连片，发病松林与健康林分之间缺乏有效的天然屏障和阻隔，以自然传播的方式扩散蔓延已经成为浙江省松材线虫病传播的重要途径，加上基层在清理除治和疫木管理工作上存在漏洞，造成边除治边扩散。虽然浙江省的东部、北部的嘉兴、宁波、湖州、绍兴、舟山等市松材线虫病发生面积和病死松树已连续多年下降，嘉兴已多年无疫情，但浙南的温州、丽水、台州、金华等区域受高温干旱和松褐天牛、松毛虫危害等因素影响，以及其他植物如毛竹等侵入掠夺了松林的生长环境资源，压制了松林的正常生长，松树抗病能力下降，引发衰弱松木加速死亡，枯死松树数量增加。从调查情况看，这些松林立地条件差，生长势弱，林内天牛虫口密度大，松树发病、死亡且呈加速趋势，逐渐向浙中、浙西的松林扩散蔓延。

2. 异常气候气象条件变化，导致森林健康状况下降，扰乱林业有害生物发生节律

全球持续变暖，“厄尔尼诺”“拉尼那”现象交替出现等因素，出现暖冬及倒春寒，降雨量分布不均，夏季高温期雨水偏少，进入秋季后又出现持续干旱等极端天气，从而影响寄主的健康状况，诱发多种有害生物种群的猖獗暴发，大量树木因干旱失水，造成生长衰弱，蛀干类害虫携带传播病原，加剧了林木的受害和死亡。

3. 环境变化和人为经营，导致部分有害生物在局部地区发生

发展、引种、扩种新兴的经济林作物、新产业规模加大，新建立的林业特色产业园区森林生态、生物群落还处于极不平衡、极不稳定的脆弱状态。另外，部分传统经济林和毛竹林由于经济效益低下而失管；绿化苗木、景观植物受迁移、引种等人为干扰等影响，病虫随之带入种植地，造成有害生物危害加剧。

二、2022年主要林业有害生物发生趋势预测

（一）总体趋势

浙江省2022年林业有害生物发生趋势，经专家及市县测报技术人员根据2021年全省林业有害生物越冬基数、防治情况以及未来气候趋势和当地分项预测数据，综合分析、会商，预测2022年浙江省林业有害生物仍将偏重发生，全省的总发生面积预计将会在650万亩左右，与2021年相比发生面积将有一定幅度的下降，而周期性林业有害生物发生将会趋于平稳、小幅波动。

松材线虫病在浙江发生范围已处于历史高位，疫区数量已经“触顶”回落，通过综合治理和林分改造，浙江北部、东部发生区的发病面积和病死树数量正在逐年减少，浙南的温州、台州，浙中的金华等疫区的发生面积和死树株数也将开始进入下降通道，但浙江西部、西南部风险加剧，疫情逐步向西南扩散，衢州、丽水的部分县疫情暴发风险加剧。全省总体发病面积、致死松树总体趋于缓慢减少。松褐天牛因松材线虫病防治力度加大，发生面积和危害树木数量将会继续回落。马尾松毛虫、柳杉毛虫等松杉林周期性食叶害虫的发生已处于发生高峰期，有逐步下降趋势。竹林病虫的发生面积受气候和大小年生产影响，将会有所减少；香榧、油茶等新兴经济林因引种扩种较多，虽然发生面积不大，但有虫面积不小，危害将会在未来几年缓慢上升，其他如山核桃、板栗等传统经济林，通过这些年生态治理，经济市场调控、生产规模压缩，有害生物发生将进一步得到控制。园林绿地、景观林有害生

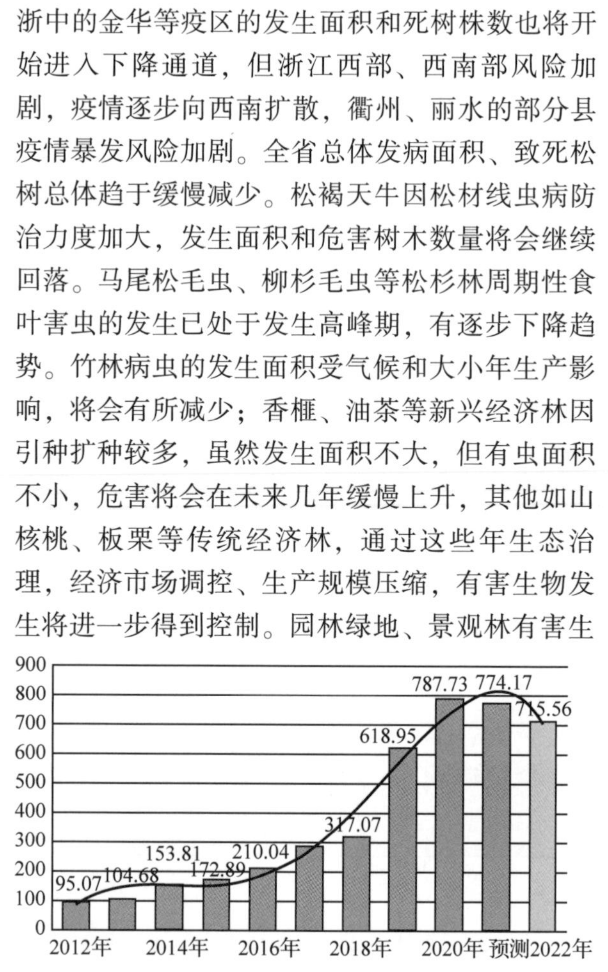

图 12-8 浙江省近年林业有害生物发生面积变化趋势图（万亩）

物受人为干扰影响较多，危害的病虫种类和发生面积将会有小幅上升。浙江北部的杭嘉湖平原为美国白蛾适生区，寄主较多，已连续两年在嘉兴的监测中发现成虫，传入定殖的危险性极大。

（二）主要林业有害生物分项预测分析

1. 松材线虫病

基于 2021 年全省松材线虫病发生面积 698.83 万亩，病死树数量 390.11 万株，加之传播媒介松褐天牛虫口仍有较高基数、新老发生区交替变化，全省总的发生面积会有一定幅度下降，局部地区疫情分布点多面广此消彼长，预测 2022 年松材线虫病疫情仍然比较严重，发生面积将在 600 万亩左右，将主要分布于全省 10 个市的 70 个县（市、区），以温州、金华、台州、丽水等地为较严重发生区域。

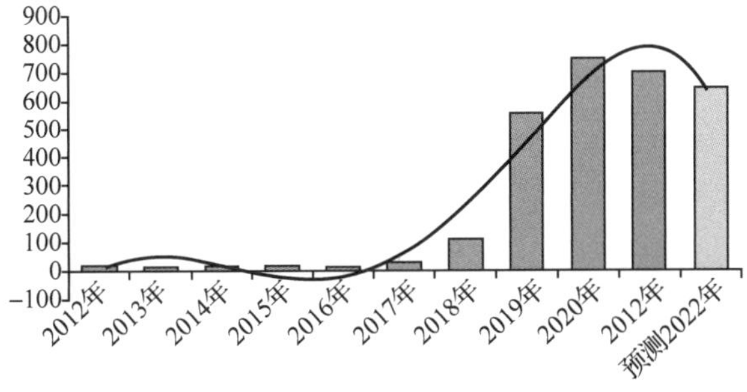

图 12-9　浙江省近年松材线虫病发生变化趋势图（万亩）

2. 松褐天牛

松褐天牛属钻蛀性害虫，近几年通过对松材线虫病除治措施，松褐天牛发生已大幅度下降，据此松褐天牛的发生面积也将趋于稳定，故预测 2022 年全省将发生松褐天牛 10 万亩左右。

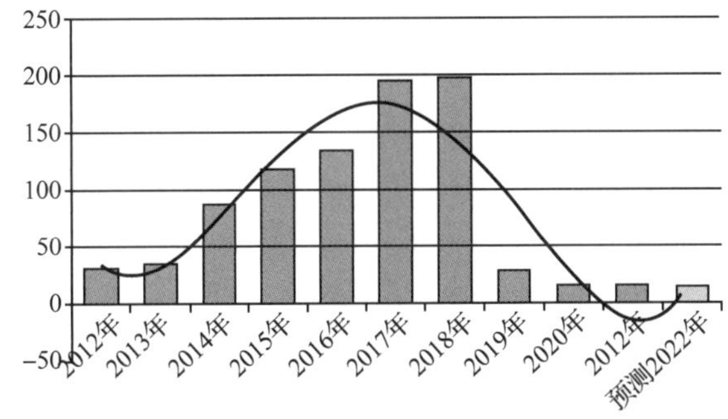

图 12-10　浙江省近年松褐天牛发生变化趋势图（万亩）

3. 松毛虫、柳杉毛虫等松杉林食叶害虫

松毛虫等松杉林食叶害虫预测发生面积约 20 万亩，其中松毛虫 10 万亩，柳杉毛虫约 10 万亩。马尾松毛虫为周期性食叶害虫，在浙江北部、中部地区如杭州、金华、衢州发生，依此虫周期性分析，目前已处于发生高峰期即将进入下降期，虫口密度有所下降，发生范围缩小，杭州、金华、丽水等地近几年的马尾松毛虫的虫口基数一直较高，预测 2022 年全省发生面积约 10 万亩左右。柳杉毛虫的发生已处于高峰期，发生程度会小幅回落，预测发生面积约 10 万亩，主要分布在丽水的遂昌、景宁，温州的文成、苍南、平阳、瑞安以及台州部分高海拔山区。其他如松茸毒蛾、松叶蜂等零星分布。

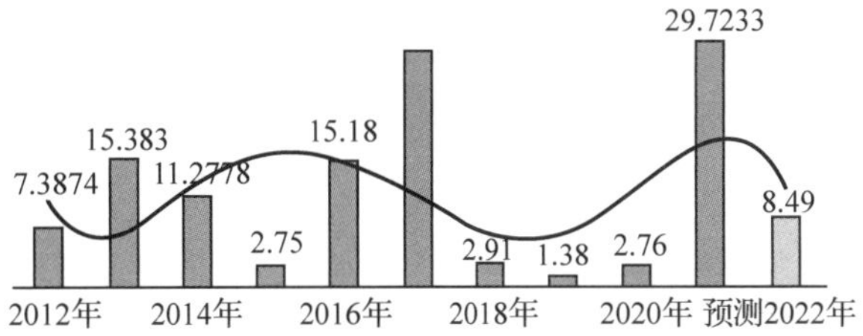

图 12-11　浙江省近年松毛虫发生变化趋势图（万亩）

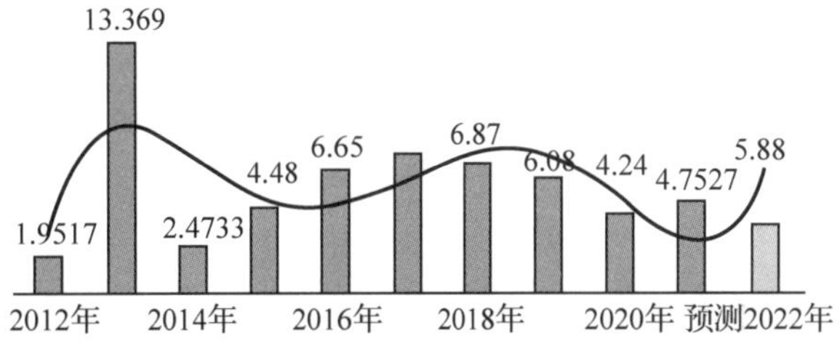

图 12-12　浙江省近年柳杉毛虫发生变化趋势图（万亩）

4. 竹林病虫

预测 2022 年全省竹林病虫发生面积约 14 万亩，与 2021 年相比基本持平。其中，一字竹象发生约 5 万亩，主要分布于丽水的庆元、遂昌、龙泉，湖州的安吉和杭州的余杭等地；卵圆蝽约 3 万亩，主要分布于湖州的德清、安吉，宁波的余姚，杭州的余杭、富阳，衢州的龙游和丽水的遂昌等主要竹子产区；竹螟发生约 2 万亩，主要分布于衢州的江山、龙游、衢江，湖州的安吉、长兴、吴兴区、德清，杭州的余杭和宁波的余姚等地；刚竹毒蛾约 1 万亩，主要分布在丽水、衢州、温州等地；竹篦舟蛾、竹蝗等其他竹林病虫与 2021 年基本持平。另外在浙北部分竹林发现毛竹死亡现象，经取样培养分析，确诊为毛竹基腐病，将组织技术人员密切关注。

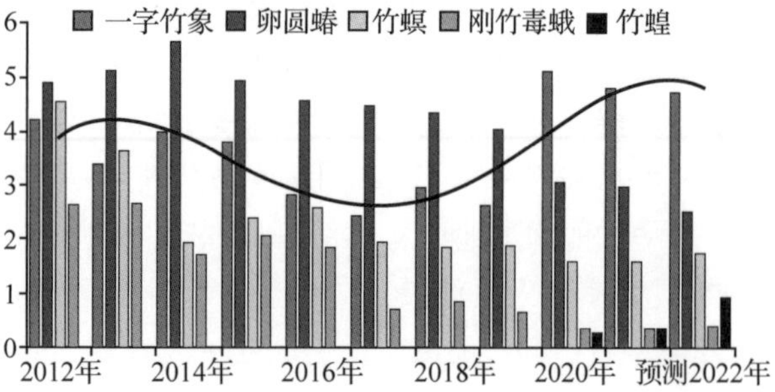

图 12-13　浙江省近年主要竹虫发生变化趋势图(万亩)

5. 经济林病虫

全省经济林病虫 2022 年预测发生面积约 8 万亩，同比略有下降。主要经济林病虫中，预测山核桃花蕾蛆的发生面积约 1.5 万亩，山核桃干腐病约 2.5 万亩，主要分布于桐庐、淳安、建德和临安等山核桃产区；预测板栗病虫害发生约 2 万亩，主要为栗瘿蜂，主要分布于新昌、上虞、开化、松阳、遂昌和庆元等板栗产区。香榧病虫 0.4 万亩，其余经济林病虫害约 0.5 万亩，继续呈平稳下降态势，预测有油茶煤污病、板栗潜叶蛾等小规模发生。

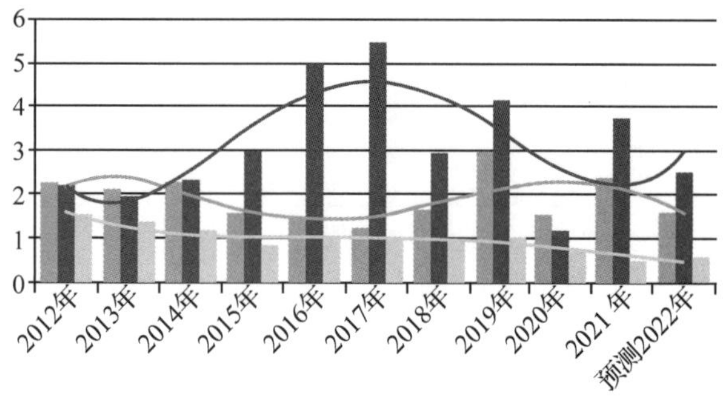

图 12-14　浙江省近年主要经济林病虫发生发展趋势图(万亩)

6. 园林绿化苗圃等其他病虫

预测危害绿化通道、苗木等病虫害发生面积约为 20 万亩。其中舞毒蛾发生约 15 万亩，樟萤叶甲约 1 万亩，樟巢螟约 0.5 万亩，主要危害杭州、温州和嘉兴、湖州等地的绿化行道树；斜纹夜蛾 0.35 万亩，主要危害当地的苗木和通道林、防护林。其他零星发生园林绿地病虫合计约 1.5 万亩。据最近两年对舞毒蛾的跟踪监测，局部地方有虫面积相对较大，受反常天气和人为经营影响，局部区域、个别病虫害有可能成灾，突发性病虫害发生的可能性加大。浙江北部的杭嘉湖平原为美国白蛾适生区，寄主较多，周边的上海、江苏、安徽等省份已有发生，今年在与上海金山区交界的平湖、嘉善两县市应用信息素诱捕已监测发现美国白蛾成虫，传入浙江的危险性加大。

三、林业有害生物监测防治对策

深入贯彻习近平总书记关于生物安全重要论述，落实省委书记袁家军对危险性有害生物防治工作的批示精神，围绕“在更严要求、更高水平上遏制重大有害生物危害”的总体目标，加强领导，加大投入，织牢织密生物安全风险监测预警网络，扩展监测覆盖面，重点加强基层监测站点建设，探索推进测报、防治工作社会化服务进程，坚持全面预防、防治结合，最大限度地减少林业有害生物灾害损失。

(一)重点做好危险性林业有害生物的除治工作

动员部署松材线虫病疫木清零行动，下达年度疫情防控任务，对各地除治工作开展除治质量、除治进度和资金保障“三跟踪”，扎实开展全省松材线虫病疫情防控五年攻坚行动。推动变革，提高除治质量，贯彻落实领导指示精神，督促各地建立健全长效机制，进一步规范除治合同，对疫木除治质保期、保证金等进行调整，继续实行第三方质量抽查机制，实现省级抽查监理全覆盖。

(二)加大对美国白蛾等外来有害生物的防控和阻击工作

继续抓好美国白蛾、舞毒蛾、红火蚁等重大有害生物调查工作和跟踪监测，加强组织领导、层层压实责任，坚持全覆盖的林业小班化管理，建立健全网格化、精细化的管理制度和措施。按照《浙江省美国白蛾防控方案》的分区施策要求，细化监测、扑灭措施，开展全省性的监测防控工作。

(三)加快机制创新、推动智慧防控

全面推广数字森防，充分应用数字森防平台，通过技术倒逼、机制重塑，进一步完善监测防控各个环节。认真总结成功技术和管理经验，

利用国家级中心测报点和省市县级测报点，加大基础设施建设，充实监测力量，整合优质资源，充分调动基层监测站点的工作积极性，加强基层森防专业知识和技术培训，整体提升森防队伍监测预报、防治等能力和水平。加大科学研究支持力度，针对疫情监测、检测、除治、监理、检疫等工作过程中的问题和难点开展研究。加强与相关科研院所合作配合，利用无人机、卫星遥感、大数据、物联网、人工智能等数字技术，开展疫情监测、除治监管，推动决策更加科学、治理更加精准、服务更加高效。

（主要起草人：金沙；主审：李晓冬　刘枫）

13 安徽省林业有害生物2021年发生情况和2022年趋势预测

安徽省林业有害生物防治检疫局

【摘要】2021年，安徽省主要林业有害生物发生626.9万亩，较2020年减少36.8万亩；其中：轻度发生587.8万亩，中度发生27.7万亩，重度发生11.4万亩。病害发生190.8万亩，虫害发生436.1万亩。预测2022年属于安徽省林业有害生物中等偏轻发生年份，林业有害生物发生611万亩左右，局部区域可能成灾。

一、2021年全省主要林业有害生物发生情况

（一）2021年全省主要林业有害生物总体发生特点

总体上，全省林业有害生物发生面积较2020年有所下降。其中，松材线虫病发生面积和病死树数量实现双下降，但仍点多面广，防控形势依然严峻，安徽省大面积松林资源及重要松林景观安全面临威胁；美国白蛾发生面积继续下降，发生程度总体较轻；杨树病虫害发生有所下降，整体危害较轻。松褐天牛、松毛虫、经济林病虫害的发生面积较2020年有不同程度的上升，局部区域发生较重。

1. 2021年主要林业有害生物发生构成情况

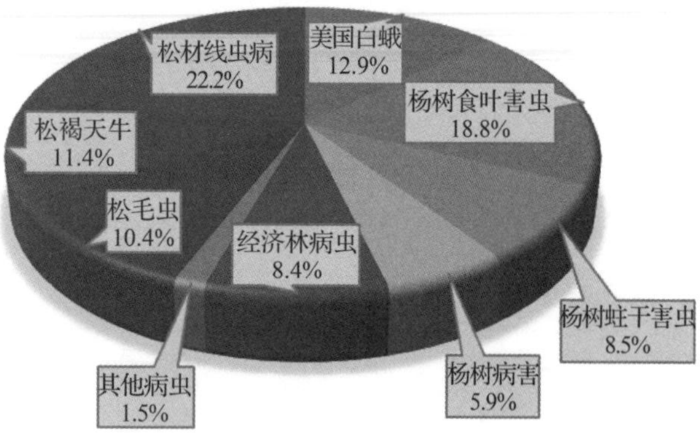

图13-1　2021年主要林业有害生物发生构成情况

2. 2017—2021年主要林业有害生物发生面积对比

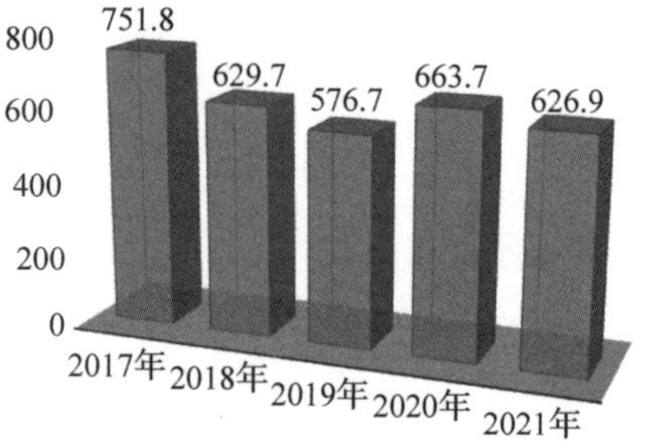

图13-2　2017—2021年主要林业有害生物发生面积对比（万亩）

3. 2021年主要种类发生预测和实际发生吻合对比

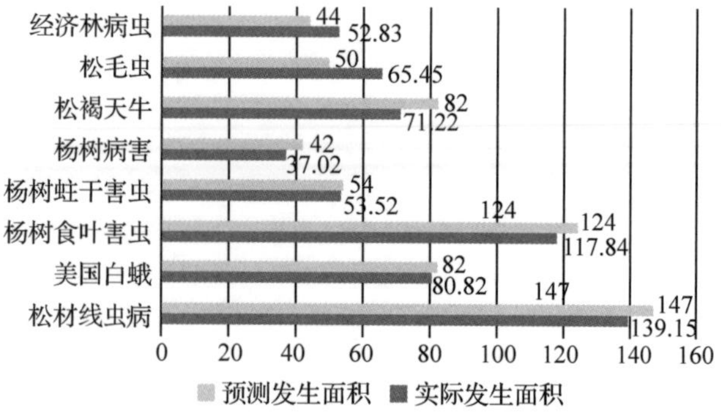

图13-3　2021年主要种类发生预测和实际发生面积吻合对比（万亩）

（二）2021年全省主要林业有害生物发生情况分述

1. 松材线虫病

全省松材线虫病发生139.15万亩，病死松

树58万株，疫情涉及10个市49个县(市、区)409个乡镇(国有林场)，发病小班15173个。与2020年度相比，全省疫情发生面积、病死树、发生乡镇、发病小班数量均实现下降，24个乡镇(场)实现无疫情。但疫情防控形势依然严峻，分布点多面广，重要松林区、自然保护地的生态安全受到严重威胁，黄山风景区疫情呈现进一步向纵深高海拔区域进逼之势，毗邻黄山风景区的八镇一场徽州区杨村乡新发生疫情，古井园国家级自然保护区疫情有所扩散。

2. 美国白蛾

全省美国白蛾疫情发生80.82万亩(轻度发生80.56万亩、中度0.26万亩)，较2020年减少32.17万亩，同比下降28.5%。轻度发生面积80.56万亩，占发生面积的99.7%，有虫株率在0.1%以下的低虫口面积122.95万亩。疫情涉及13个市59个县级发生区537个乡镇级发生点。全省3个疫区、44个疫点未发现美国白蛾疫情；新增21个乡镇级发生点，其中，10个发生点为新发现疫情，11个发生点为疫情复发。全省未发生美国白蛾连片成灾和扰民现象，宿州市因采取区域分年度防治方式间隔防治，在今年未防治的地区，第3代网幕数较往年有所上升。

3. 松毛虫

全省松毛虫发生面积略有上升，危害程度总体较轻。全省松毛虫发生65.45万亩(其中马尾松毛虫58.03万亩、思茅松毛虫7.42万亩)，其中马尾松毛虫比2020年增加15.3万亩，思茅松毛虫发生面积下降2.5万亩。松毛虫主要分布在黄山、安庆、宣城、滁州、池州、六安、铜陵等松林分布区，在黄山市歙县、宣城市绩溪县等局部区域发生较重。

4. 杨树病虫害

全省杨树食叶害虫发生117.8万亩，较2020年减少5.2万亩，整体危害程度较轻。种类主要有杨小舟蛾、杨扇舟蛾、草履蚧、黄翅缀叶野螟、春尺蠖，主要发生在宿州、阜阳、亳州、合肥、六安、蚌埠、滁州、池州、淮南等市。其中，杨扇舟蛾在亳州市蒙城、铜陵市枞阳等局部区域发生较重；杨小舟蛾在池州市东至局部区域造成危害；草履蚧发生面积略有上升，以轻度发生为主，主要发生在宿州、亳州、淮北、阜阳等市，在宿州市萧县、灵璧、砀山的局部区域发生较重。

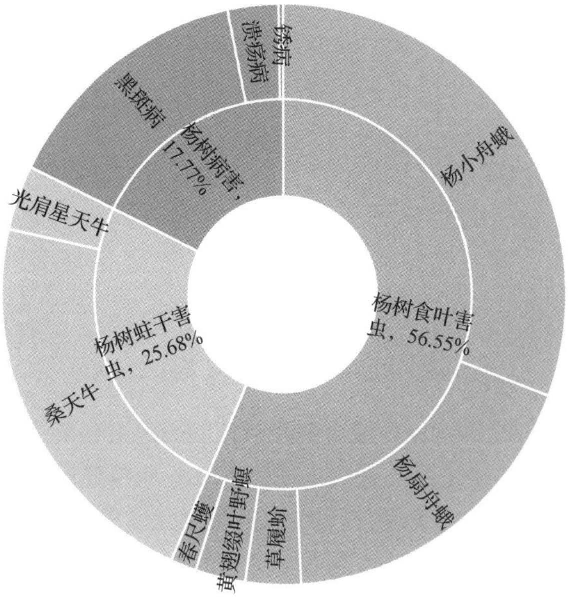

图13-4　2021年杨树病虫害发生构成情况

杨树蛀干害虫发生相对平稳，全省发生53.5万亩，较2020年减少3.4万亩，发生种类以桑天牛、光肩星天牛为主，其中桑天牛在蚌埠市怀远、亳州市蒙城的局部区域发生较重。

全省杨树病害以杨树黑斑病、杨树溃疡病、杨树锈病为主，发生面积、危害程度均较2020年有所下降，全省发生37万亩，较去年下降6.5万亩。

5. 松褐天牛

全省发生71.2万亩，较2020年上升17.5万亩，主要分布在安庆、黄山、六安、宣城、滁州、池州、马鞍山等松林分布区，在黄山市黄山区、歙县，六安市舒城的局部区域发生较重。

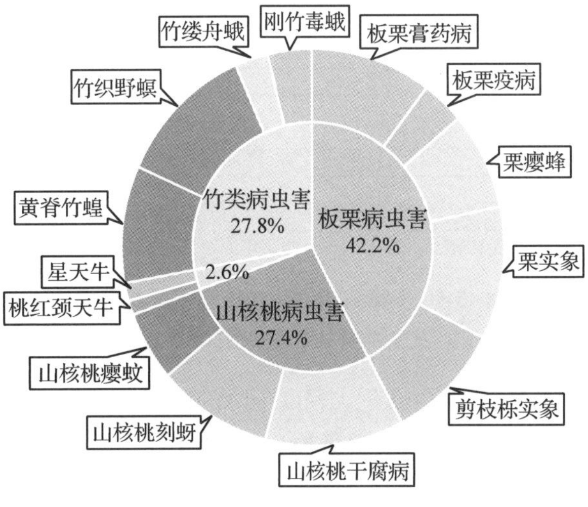

图13-5　2021年经济林树病虫害发生构成情况

6. 经济林病虫害

全省经济林病虫害发生面积上升，局部区域危害较重。经济林病虫害发生 52.8 万亩，较 2020 年上升 10.3 万亩，主要分布在六安、宣城、安庆等经济林分布较多的地区。其中，板栗病虫害发生 22.3 万亩，竹类病虫害发生 14.7 万亩，核桃病虫害 14.5 万亩，其中板栗膏药病、栗实象、黄脊竹蝗在六安市舒城县局部区域发生较重。

(三)成因分析

1. 影响松材线虫病疫情控制的因素分析

一是监测先进技术的应用。各地按照国家林草局要求，使用“松材线虫病精细化监管平台”及“移动端监测 APP”开展普查工作，各地普遍应用无人机监测技术开展普查，特别是安庆、黄山等市应用高精度卫星遥感数据，结合地面人工调查，使疫情发现更加准确，疫情管理更加精准规范。二是防治难度较大。松材线虫病防治是世界性难题，缺乏经济有效的防治技术，现行防治措施技术环节多、操作难、成本高，防治效果短期内难以立竿见影。三是疫情传播途径多。近年来，全省高速公路、高铁纵横交错，电力、通讯等重点工程建设向高山延伸，特别是人流物流的快速发展，疫木传播途径隐蔽复杂，疫情传播风险增大。四是存在思想认识不到位的情况。有的地方对松材线虫病疫情防控工作认识不到位，大局观不强，责任落实不严不实，具体表现在疫情监测、山场除治、疫木监管、检疫执法等环节还存在不足之处和漏洞。

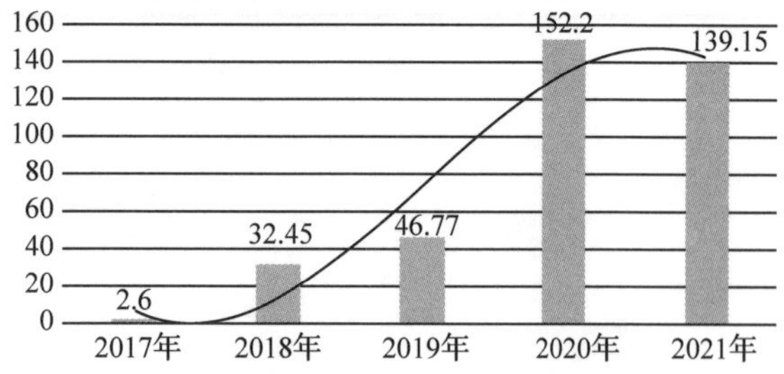

图 13-6 安徽省 2017—2021 年松材线虫病发生面积对比柱状图(万亩)

2. 美国白蛾危害程度下降的原因分析

自 2012 年发现美国白蛾疫情后，安徽省高度重视，经过连续多年治理，2018 年开始，全省美国白蛾发生面积、危害程度持续下降。其主要原因：一是切实开展美国白蛾虫情监测普查，准确掌握虫情动态，为有效防控提供科学依据。二是持续开展美国白蛾大面积飞机防治，结合地面综合防控措施，有效遏制了美国白蛾扩散蔓延的态势。三是加强联防联治，有效减少了防治死角。

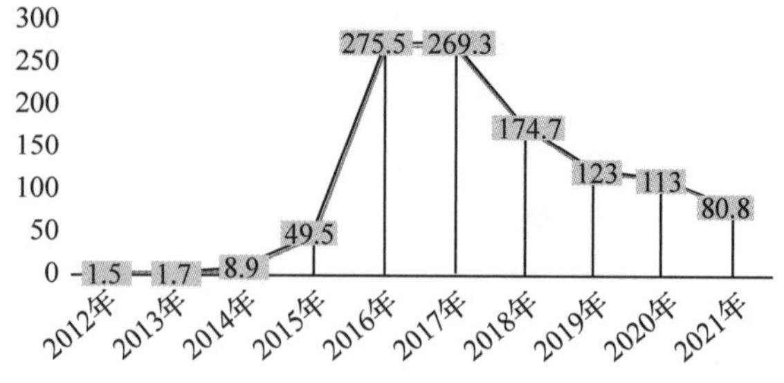

图 13-7 安徽省美国白蛾发生面积对比(万亩)

3. 杨树病虫害变化的原因分析

杨树病虫害稳中有降的原因有：一是杨树主要分布区持续开展大面积飞防美国白蛾，对杨树舟蛾类食叶害虫也起到明显的控制作用。二是皖北绿化造林近年注重调整树种结构，杨树纯林面积逐年减少，杨树虫害寄主面积有所减少。由于杨树木材经济价值走低，林农对病虫害防治积极性不高，近年来草履蚧发生面积呈缓慢增长的趋势。

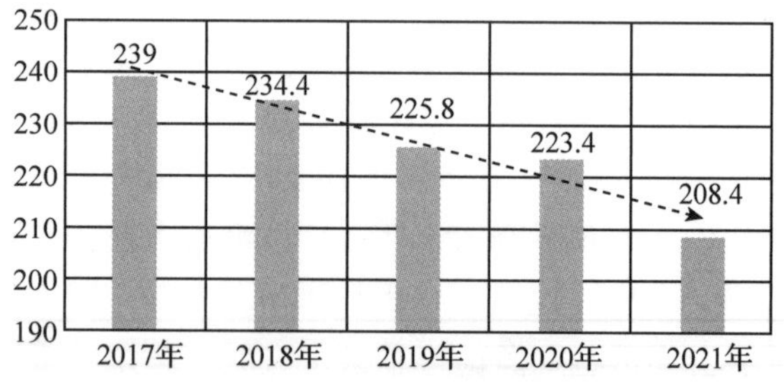

图 13-8 2017—2021 年杨树病虫害发生面积对比(万亩)

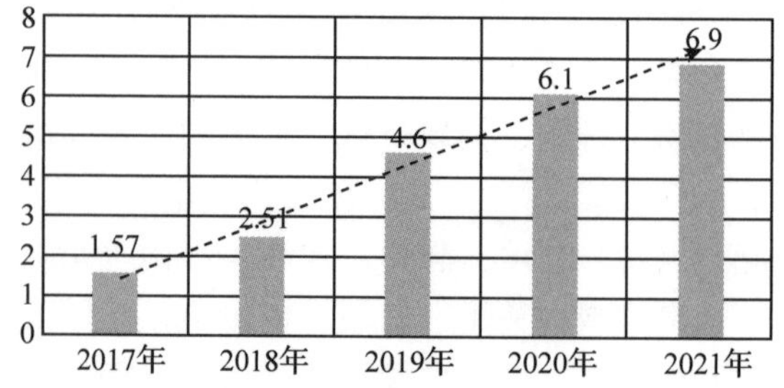

图 13-9 2017—2021 年草履蚧发生面积对比(万亩)

二、2022年主要林业有害生物发生趋势预测

（一）2022年总体发生趋势预测

在全面分析2021年林业有害生物发生和防治情况的基础上，根据国家级中心测报点对主要林业有害生物越冬前的虫口基数监测调查数据，结合其发生规律，并经全省趋势会商会会商，预测2022年安徽省属于中等偏轻发生年份，发生面积比2021年略有下降。预测2022年全省主要林业有害生物发生在611万亩左右，其中松材线虫病发生较2021年略有下降，美国白蛾发生趋于稳定，杨树食叶害虫、杨树蛀干害虫的发生面积与2021年持平，杨树病害、松毛虫发生面积略有下降，松褐天牛、经济林病虫及其他绿化苗木病虫危害将上升，一些突发性、偶发性病虫害可能在局部成灾。

（二）主要种类发生趋势预测

1. 松材线虫病

预计2022年松材线虫病发生较2021年略有下降，预测发生131万亩左右，主要分布在安庆、滁州、六安、黄山、宣城、铜陵、池州、合肥、马鞍山、芜湖等市。

2. 美国白蛾

预计2022年安徽省美国白蛾发生面积继续下降，预测发生面积约76万亩。美国白蛾局部防控风险仍较大，马鞍山市花山区、博望区、和县，合肥市肥西县连续几年发现美国白蛾成虫，存在新发疫情的可能；铜陵、池州沿江局部地区美国白蛾疫情可能出现反弹；宿州市未防治的地区及避让区美国白蛾危害程度可能加重，局部可能成灾。

3. 杨树病虫害

预计以舟蛾类为主的杨树食叶害虫2022年发生116万亩左右，与2021年持平，主要分布在宿州、亳州、阜阳、合肥、六安、蚌埠、滁州、池州、马鞍山等地，如遇到高温干旱等天气，虫口基数较高等局部区域可能偏重发生。全省杨树蛀干害虫危害保持稳定，预测2022年发生54万亩，主要分布在阜阳、蚌埠、宿州、亳州、合肥、滁州、六安等地。杨树病害预计2022年发生面积、危害程度有所下降，全省发生面积31万亩左右。

4. 松毛虫

根据2021年松毛虫防治效果、越冬虫口基数数据和重点区域调查情况，结合安徽省松毛虫发生规律来看，预计2022年安徽省松毛虫发生将下降，全省预测发生54万亩，主要分布在黄山、安庆、宣城、滁州、池州、六安、铜陵等地。马尾松毛虫、思茅松毛虫、松茸毒蛾可能在黄山、宣城局部区域混合发生，局部可能成灾。

5. 松褐天牛

预计2022年松褐天牛发生面积上升，预测2022年发生77万亩左右，主要分布在安庆、黄山、六安、宣城、池州、滁州等地。

6. 经济林病虫害

随着近年来油茶、核桃类等多种经济林种植面积的增加，经济林病虫害发生的种类和发生面积将有所上升。预计2022年以板栗、竹类、核桃类病虫害为主的经济林病虫害发生58万亩左右，主要分布在宣城、六安、安庆等地。

7. 其他病虫害

由于各地加大生态文明创建力度，绿化树种呈多样化发展，导致园林绿化病虫害发生的种类和面积都随之上升；双条杉天牛在宿州市萧县局部有加重可能；预测方翅网蝽发生范围较广，点状发生，个别地区局部可能发生较重。另外，一些偶发性病虫害可能在局部暴发成灾。

表13-1　安徽省2022年主要林业有害生物发生情况预测表（万亩）

林业有害生物种类	2021发生	2022年预测	趋势	危害程度
总计	626.94	611	略有下降	局部成灾
松材线虫病	139.15	131	下降	
美国白蛾	80.82	76	略有下降	轻度为主
杨树食叶害虫	117.84	116	持平	轻度，局部成灾
杨树蛀干害虫	53.52	54	持平	轻度为主

（续）

林业有害生物种类	2021 发生	2022 年预测	趋势	危害程度
杨树病害	37.02	31	有所下降	轻度为主
松褐天牛	71.22	77	上升	局部较重
松毛虫	65.45	54	下降	轻度，局部成灾
经济林病虫害	52.83	58	有所上升	轻度，局部成灾

三、对策建议

（一）提高监测预警能力

充分发挥基层林长以及护林员作用，不断完善全省监测网络体系。积极应用航天航空遥感等新技术开展林业有害生物监测，着力构建“天、空、地”一体化监测网络。鼓励各地创新监测机制，通过政府购买服务委托第三方专业机构开展监测工作，改善监测技术人员严重不足的局面。督促指导开展松材线虫病、美国白蛾的日常监测和专项普查的同时，不放松对松毛虫、杨树食叶害虫等常规病虫害的监测调查，及时发布虫情预报，指导防治有效开展。

（二）科学有效开展防治

进一步贯彻落实党中央、国务院领导同志对松材线虫病、美国白蛾工作做出的重要批示，全面做好今冬明春松材线虫病和美国白蛾防控工作；认真实施松材线虫病 5 年攻坚行动，实施分区分级管理，精准施策，努力完成国家林草局提出的“十四五”松材线虫病防控的总体要求。针对今年第 3 代美国白蛾在华北地区、黄淮下游区域局地暴发成灾的情况，安徽省将做好越冬蛹和越冬成虫调查，督促今年第 3 代美国白蛾有所反弹的区域，提前做好防治准备。督促、指导各地适时开展松毛虫、杨树食叶害虫等病虫害防治，确保防治措施科学有效，全省林业有害生物得到持续控制。

（三）加强检疫执法工作

进一步加强检疫执法检查，严厉打击非法采伐、运输、加工、经营、使用疫木等行为，全面管控松木流动；加强产地检疫和苗木企业监管，切断松材线虫病、美国白蛾等检疫性林业有害生物的人为传播路径，遏制疫情快速扩散蔓延势头。

（主要起草人：孙倩　叶勤文；主审：李晓冬　刘枫）

14 福建省林业有害生物 2021 年发生情况和 2022 年趋势预测

福建省林业有害生物防治检疫局

【摘要】2021 年福建省林业有害生物发生 426.9 万亩，呈现危害种类多、松杉类病虫害发生比重大、松材线虫病发生危害严重、蛀干害虫发生呈上升态势等特征。根据 2021 年全省各国家级中心测报点监测数据，及全省林业有害生物发生基数、发生规律，结合各地越冬代调查结果和未来气候趋势，预测 2022 年福建省林业有害生物发生总体平稳，发生 428.6 万亩。

一、2021 年林业有害生物发生情况

2021 年，福建省林业有害生物发生 426.9 万亩，同比上升 3.87%，其中病害 150.5 万亩，同比上升 0.9%，虫害 276.4 万亩，同比上升 5.5%（图 14-1）。林业有害生物防治面积 403.1 万亩，防治率 94.4%，其中病害防治面积 140.4 万亩，防治率 93.3%；虫害防治面积 262.7 万亩，防治率 95.0%。

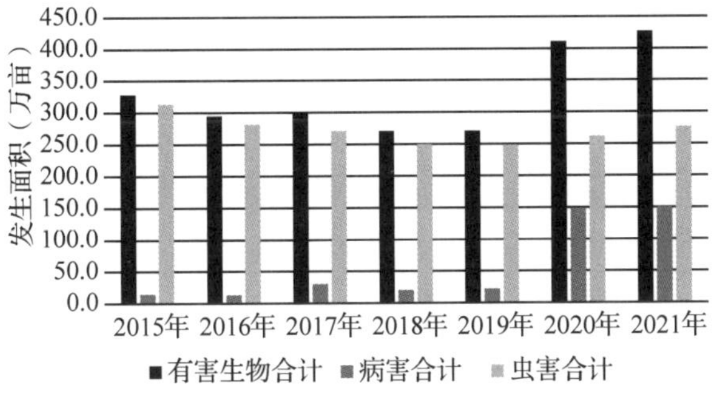

图 14-1　2015—2021 年福建省林业有害生物发生面积图

（一）发生特点

一是林业有害生物种类多，松杉类病虫害发生比重大。全省林业有害生物发生种类有 33 种，危害松科、柳杉、杉木、毛竹、桉树、樟、油茶、板栗等植物，其中松杉类病虫害发生面积达 375.2 万亩，占全省发生面积的 87.9%（图 14-2）。二是松材线虫病危害仍最为严重。松材线虫病疫情发生及危害程度仍居全省林业有害生物首位，造成大量枯死松树，且在一些区域仍处扩散蔓延态势。松材线虫病外的其他林业有害生物大多轻度发生，没有造成大的危害。三是蛀干害虫发生呈上升态势，食叶害虫发生呈下降趋势。松墨天牛、萧氏松茎象等蛀干害虫发生面积均较去年明显增长，马尾松毛虫、柳杉毛虫、木麻黄毒蛾、桉树尺蛾等食叶害虫发生面积均较去年明显下降。

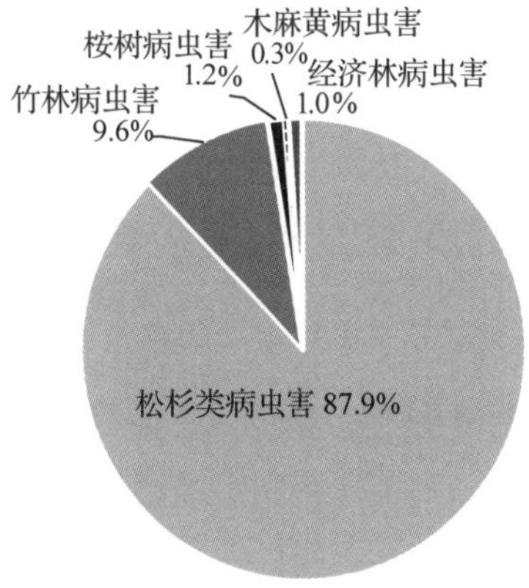

图 14-2　2021 年福建省主要林业有害生物种类发生面积图

（二）主要林业有害生物发生情况分述

1. 松材线虫病

根据 2021 年秋季普查统计，福建省松材线虫病疫情发生 132.1 万亩，同比去年秋普下降 5.4%，有县级疫区 54 个，乡镇级疫点 419 个。福建省加大除治力度，疫情控制取得一定成效，实现 14 个疫点乡镇无疫情发生及 5 个疫点乡镇拔除，但疫情仍有扩散趋势。

2. 松杉类其他病虫害

除松材线虫病外，松杉类其他病虫害主要

有：松墨天牛、萧氏松茎象等蛀干害虫，马尾松毛虫、松突圆蚧、柳杉毛虫、脊纺异丽金龟等叶部害虫，此外，松针褐斑病、杉木炭疽病、黑翅土白蚁等病虫害等也有零星发生。松杉类病虫害是全省发生面积最大、分布最广的一类，但除松墨天牛外，其他种类危害较轻。

松墨天牛　全省普遍发生，面积较往年上升明显，局部区域已成连片发生。发生 126.7 万亩，同比上升 52.7%，主要分布在宁德市、泉州市、三明市及南平市。

萧氏松茎象　局部发生，总体发生平稳，危害轻。发生 10.7 万亩，同比上升 34.9%，主要分布在三明市。

马尾松毛虫　较普遍发生，面积较往年明显下降，危害轻。发生 39.9 万亩，同比下降 34.9%，主要分布在南平市。

松突圆蚧　在闽东南沿海局部发生，面积较往年明显下降，危害轻。发生 48.1 万亩，同比下降 9.34%，主要分布在莆田市和泉州市。

柳杉毛虫　局部发生，危害轻。发生 3.1 万亩，主要分布在宁德市。

3. 竹林病虫害

2021 年福建省竹林病虫害发生 40.8 万亩，总体发生平稳，基本为轻度发生。常见的竹类病虫害有毛竹枯梢病、刚竹毒蛾、黄脊竹蝗、竹镂舟蛾、毛竹叶螨等，主要分布在南平市、三明市和龙岩市。

毛竹枯梢病　危害轻。发生 2.2 万亩，同比下降 10.8%，主要分布在宁德市。

刚竹毒蛾　各发生区采用白僵菌、阿维菌素等进行第一代防治成效明显，危害轻。发生 23.4 万亩，同比下降 7.5%，主要分布在三明市和南平市。

黄脊竹蝗　各发生区采用尿药诱杀等方法进行防治成效明显，危害轻。发生 8.9 万亩，同比下降 2.09%，主要分布在龙岩市、南平市及三明市。

竹镂舟蛾　危害轻，局部地区达中度发生。发生 2.5 万亩，同比略微上升，分布在三明市。

毛竹叶螨　危害轻。发生 1.9 万亩，同比上升 32.55%，分布在三明市和南平市。

4. 桉树病虫害

主要是桉树尺蛾，危害轻，发生 5.2 万亩，同比呈下降趋势，主要分布在漳州市。

5. 木麻黄病虫害

主要是木麻黄毒蛾和星天牛，危害轻，发生 1.4 万亩，其中木毒蛾发生 1.25 万亩，星天牛 0.15 万亩，主要分布在平潭。

6. 经济林病虫害

病虫害种类主要有板栗疫病和油茶宽盾蝽，其中板栗疫病发生 4.3 万亩，主要分布于南平市；油茶宽盾蝽零星发生。

(三)成因分析

一是防治工作存在薄弱环节难以遏制松材线虫病高发。一些地方政府防控主体责任落实和责任传导不到位，工作措施不够具体，应急措施不够有力；一些地方资金保障不足，资金投入不能满足防治需要，导致疫情反复，没能从根本上控制疫情；随着经济贸易发展和国内交通日益便捷，调进使用松木及其制品渠道广、种类多、数量大，监管难度也越来越大。

二是大面积人工针叶树纯林致松杉类病虫害多发。松树、杉木是福建省用材林当家树种、荒山造林绿化先锋树种、水土流失治理功勋树种，其中全省马尾松占优势树种的林分面积高达 3553 万亩，且有大面积人工松树、杉木纯林，树种组成较单一，森林生态系统稳定性和抗逆性差，森林自身抵御自然林业有害生物能力弱，为林业有害生物发生与传播蔓延创造了有利条件。

三是防控技术瓶颈与台风等灾害天气造成蛀干害虫频发。蛀干害虫的早期监测和防治均在一定程度上存在技术难点和瓶颈，且近几年高温干旱天气、夏季台风等气候导致树势衰弱，更是有利于蛀干害虫发生危害。

二、2022 年林业有害生物发生趋势预测

(一)2022 年总体发生趋势预测

根据 2021 年全省主要林业有害生物发生与防治情况，以及国家级林业有害生物中心测报点、林业有害生物普查提供的调查数据，结合林业有害生物发生规律、越冬代调查结果及气象资

料，运用病虫测报软件的数学模型进行分析，预计2022年全省林业有害生物发生面积约428.6万亩，总体较2021年小幅上升，其中病害约130.7万亩，虫害约297.9万亩(表14-1)。

表14-1　2022年主要林业有害生物预测情况表(万亩)

有害生物种类	预测2022年发生面积(万亩)	主要发生地	预测发生趋势
有害生物合计	428.6		小幅上升
病害合计	130.7		下降
松材线虫病	123.7	宁德市、福州市、南平市	下降
虫害合计	297.9		上升
松突圆蚧	43.8	泉州市、莆田市	下降
松墨天牛	152.8	泉州市、宁德市、福州市、三明市	上升
萧氏松茎象	11.7	三明市	上升
桉树尺蛾	6.1	漳州市	上升
马尾松毛虫	38.1	南平市	平稳
柳杉毛虫	3.0	宁德市	平稳
竹镂舟蛾	2.0	三明市	平稳
刚竹毒蛾	24.9	南平市、三明市	平稳
毛竹叶螨	1.8	三明市、南平市	平稳

(二)分种类发生趋势预测

1. 松材线虫病

通过采取以松枯死木清理为核心，辅以防治性采伐改造、松墨天牛综合防治等综合措施，松材线虫病总体发生趋势下降，发生拐点可能出现，但局部区域仍会扩散，预计2022年发生123.7万亩左右，疫情面积、疫区和疫点数量都将有效控制。

2. 松墨天牛

受暖冬和夏季高温干旱、台风天气等影响，发生呈上升趋势，宁德市、福州市等局部地区成灾可能性大，预计2022年发生152.8万亩，主要发生在宁德市、福州市、泉州市和三明市。

3. 萧氏松茎象

受暖冬和夏季高温干旱、台风天气等影响，发生呈上升趋势，但成灾可能性小，预计2022年发生11.7万亩，主要发生在三明市。

4. 马尾松毛虫

经过多年施放白僵菌、森得保等进行预防，全省马尾松毛虫发生较平稳，且虫口密度一直处于较低水平，但受今年暖冬天气和松毛虫周期性暴发规律影响，南平市和宁德市局部地区有暴发成灾的可能，预计2022年发生38.1万亩，主要发生在南平市。

5. 柳杉毛虫

发生较平稳，预计2022年发生3.0万亩，主要发生在宁德市。

6. 松突圆蚧

发生呈下降趋势，成灾可能性小，预计2022年发生43.8万亩，主要发生在泉州市和莆田市。

7. 毛竹枯梢病

总体发生平稳，但局部地区高温、高湿天气可能诱发灾害，预计2022年发生2.1万亩，主要在宁德市。

8. 刚竹毒蛾

经过主要虫源地多年施放白僵菌、森得保等进行预防，全省发生较平稳，且虫口密度一直处于较低水平，成灾可能性小，预计2022年发生24.9万亩，主要分布在南平市和三明市。

9. 黄脊竹蝗

发生较平稳，但局部地区可能成灾，预计2022年发生8.7万亩，主要分布在龙岩市、三明市和南平市。

10. 毛竹叶螨

发生较平稳，成灾可能性较小，预计2022年发生1.9万亩，主要分布在三明市和南平市。

11. 竹镂舟蛾

发生较平稳，成灾可能性较小，预计2022年发生2.0万亩，主要分布在三明市。

12. 桉树尺蛾

发生呈上升趋势，闽南局部地区可能成灾，预计2022年发生6.1万亩，主要发生在漳州市。

13. 板栗疫病

发生较平稳，成灾可能性小，预计2022年发生4.3万亩，主要发生在南平市。

14. 其他林业有害生物

预计2022年木麻黄毒蛾发生0.5万亩，主要分布在漳州市、泉州市。国外松松针褐斑病、杉木炭疽病、竹织叶野螟、竹茎广肩小蜂、大竹象、竹笋禾夜蛾、栗瘿蜂、油茶宽盾蝽、黑翅土白蚁、樟萤叶甲、竹节虫、异丽金龟等成灾可能性不大。

三、对策建议

一是以林长制为抓手进一步压实疫情防控责任。狠抓责任落实为主，抓紧防控阶段性检查，以全面推行林长制为契机，对责任不落实、防治组织不力的，毫不手软，运用约谈、重点县整治等手段，进一步压实地方政府疫情防控主体责任，落实部门责任，形成地方政府主导、属地管理、部门协作的工作格局。

二是以能力提升为重点进一步夯实监测预警基础。统筹护林员、乡镇及林场管理员、社会化防治服务组织力量，落实监测网格化管理；推广应用林草生态网络管理感知系统松材线虫病精细化监管平台，推广应用无人机开展枯死木监测，实施人工地面监测与航天航空遥感监测相结合的“天空地”一体化监测行动；加强开展森防技术人员、测报员、护林员监测技术培训，提高技术水平。

三是以控灾为重点进一步推进疫情全链条精准防控。坚持系统治理策略，全力以赴抓牢疫情监测、疫情除治和疫源疫木管控3个关键环节。落实松材线虫病疫情日常监测与专项普查制度，及时准确掌握疫情发生底数和动态；采取限期除治与集中除治相结合，全面彻底清理枯死松树；运用综合防治措施，开展媒介昆虫松墨天牛辅助防治；结合松林改造提升，加大松材线虫病发生小班松林改造力度，遏制疫情快速扩散蔓延的势头；常态化检疫执法与专项检查行动相结合，前移检疫关口，强化疫木管控，加大对非法采伐、出售、收购、存放、处理、加工和利用疫木及其剩余物的查处力度，防止疫木流失，并以案释法加大宣传教育，增强对检疫犯罪行为的震慑力。

四是以目标为导向确保全面完成防治任务。盯紧目标任务，加强跟踪督查指导，实行分片挂钩、专人负责督查制度，推动防治措施落实，特别抓好春季食叶害虫防治工作，力争不出现大的病虫灾害，全力保护森林安全。

（主要起草人：陈伟　石全秀　郑凌杰；主审：李晓冬　刘枫）

15 江西省林业有害生物2021年发生情况和2022年趋势预测

江西省林业有害生物防治检疫中心

【摘要】2021年全省主要林业有害生物属重度发生。全年发生890.24万亩，同比上升2.05%，其中病害465.74万亩、虫害424.46万亩。表现出危险性病虫害松材线虫病发生面积和病死树株数双下降，媒介昆虫松褐天牛发生上升明显、点多面广，局部危害加重；常发性病虫害略有上升，局部暴发，如马尾松毛虫在兴国、南康等赣南局地危害严重，黄脊竹蝗在贵溪、樟树、湘东等赣中西部暴发成灾的特点。

基于森林健康状况、气候条件、生物学特性以及各地上报情况等因素分析，预测2022年林业有害生物发生总面积890万亩，其中病害460万亩，虫害430万亩。松材线虫病疫情由高发态势转为平缓下降的趋势，松褐天牛危害将减轻，松毛虫等常发性病虫害将会有小幅上升，局部可能暴发成灾；毛竹、油茶等经济林病虫害种类多，危害将缓慢上升；其他病虫害突发、频发事件会增加。针对当前有害生物发生特点及趋势，建议从落实责任、提升能力、宣传培训以及联防联治等几方面开展来年的测报工作。

一、2021年林业有害生物发生情况

根据各地监测调查数据显示，截至12月中旬，全省主要林业有害生物发生890.24万亩，同比上升2.05%。其中病害465.74万亩，同比下降15.47%；虫害424.46万亩，同比上升32.09%。按发生程度统计，其中轻度444.89万亩、中度112.65万亩、重度332.27万亩，成灾面积31.49万亩，成灾率18.45‰。全年防治面积749.9万亩，无公害防治面积744.38万亩，无公害防治率99.26%。

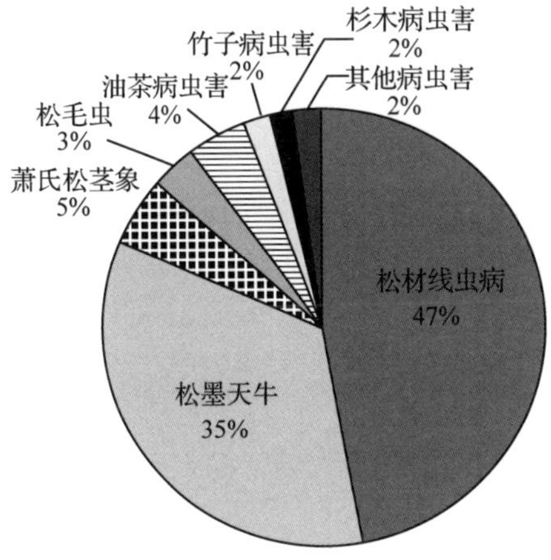

图15-1　全省主要林业有害生物发生情况占比图

(一)发生特点

主要林业有害生物发生面积与去年相比略呈上升，但病害处于下降趋势。主要表现为：危险性病虫害松材线虫病发生面积和病死树株数双下降，媒介昆虫松褐天牛发生上升明显、点多面广，局部危害加重；常发性病虫害略有上升，局部暴发，如马尾松毛虫在兴国、南康等赣南局地危害严重，黄脊竹蝗在贵溪、樟树、湘东等赣中西部暴发成灾；局部发生杉树、毛竹、樟树等不明原因病害。

(二)主要林业有害生物发生情况分述

1. 松树病虫害

松材线虫病疫情得到一定控制，发生面积和病死树株数双下降，但防控压力依然大；松褐天牛发生面积大，分布范围广；马尾松毛虫在赣南局部区域危害严重。

松材线虫病　根据专项普查结果显示：全省84个县(市、区)发生，发生面积414.9236万亩、死亡松树418.9686万株，同比分别下降7.25%、11.11%，疫点乡镇742个，虽然发生面积和死亡

株数呈现双下降，但庐山、龙虎山等重点生态区位疫情防控形势依然严峻，井冈山、三清山重点风景名胜区生态安全面临严重威胁。

松褐天牛　整体上升、点多面广。发生306.12万亩，同比上升64.44%。发生面积连续7年上升，在全省均有分布。虫情发生较为严重的是赣州市、吉安市、九江市、南昌市和抚州市，占全省发生总面积的9成左右，其中赣州市发生面积最大，84.54万亩。发生面积超过10万亩的县(市、区)有10个，分别是万安、庐山、定南、信丰、新建、泰和、进贤、宁都、南康、遂川，除此之外，还有44个县(市、区)发生面积超过万亩。

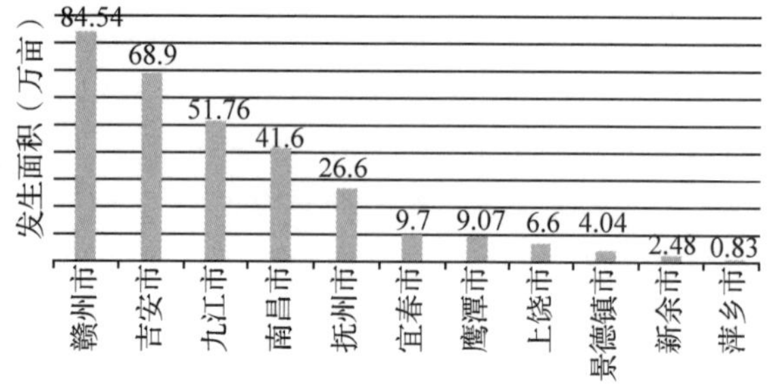

图 15-2　2021 年松褐天牛设区市发生情况图

萧氏松茎象　总体下降、局部危害。发生45.88万亩，同比下降25.07%。分布在8个设区市的46个县(市、区)，主要是在赣州市、吉安市、九江市、宜春市和景德镇市。发生面积超过万亩的县(市、区)有15个，分别是赣州市的宁都、石城、定南、于都、信丰、会昌，宜春市的靖安，吉安市的吉安、安福、永丰，景德镇市的浮梁、枫树山林场，九江市的修水、武宁、永修，其中发生面积最大的宁都为11.1万亩。

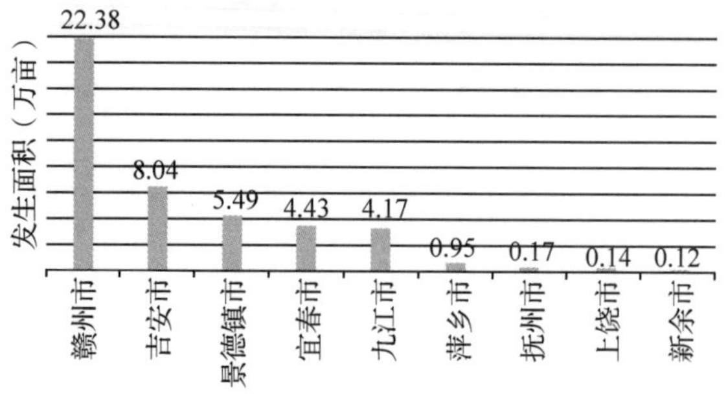

图 15-3　2021 年萧氏松茎象设区市发生情况图

马尾松毛虫　整体偏轻发生、局部危害加重。发生23.76万亩，同比上升4.39%。越冬代发生4.97万亩，同比下降46.39%，47个县(市、区)有虫情，主要分布在赣州市、上饶市和九江市。发生面积超过万亩的有兴国、南康、武宁、鄱阳，超过500亩的有安福、浮梁、上犹和赣州经济技术开发区，发生面积超过千亩的县(市、区)有14个。第1代发生8万亩，同比上升2.7%；第2代发生10.79万亩，同比上升89.3%，主要分布在上饶市的铅山、弋阳和九江市的修水和武宁。

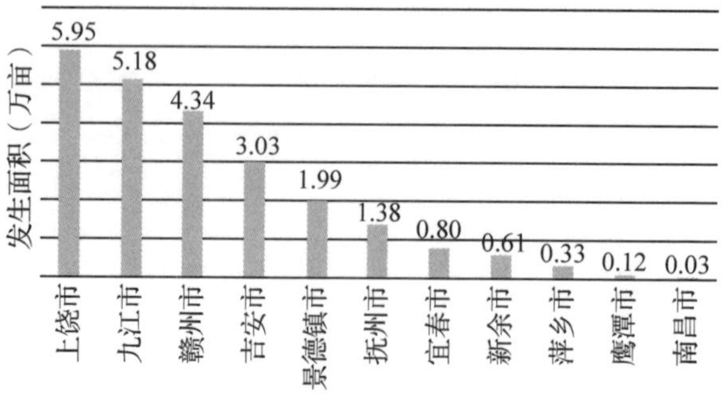

图 15-4　2021 年马尾松毛虫设区市发生情况图

思茅松毛虫　整体下降、局部危害。发生5.23万亩，同比下降32.09%。共26个县(市、区)报告有发生，主要分布在景德镇市、吉安市和萍乡市，发生面积超过5000亩的县(市、区)有4个，分别是枫树山林场、昌江区、浮梁和莲花。发生面积超过千亩的县(市、区)还有9个。

松针褐斑病　发生7.13万亩，同比下降6.31%。主要分布在赣州市和抚州市，发生面积超过5000亩的有宁都县、瑞金市、会昌县、崇仁县。

松突圆蚧　发生2.8万亩，同比下降25.73%，主要分布在赣州的龙南和全南。

湿地松粉蚧　发生5.53万亩，分布在定南、寻乌、龙南等3县。

松梢螟　发生1.05万亩，主要分布在景德镇市昌江、上饶市弋阳和余干等。

马尾松赤枯病　发生0.85万亩，分布在上饶市的弋阳、景德镇市的枫树山林场和抚州市的南城。

2. 油茶病虫害

病害严重、虫害略上升。发生38.98万亩，同比下降4.55%。其中油茶煤污病8.19万亩、油茶炭疽病15.98万亩、油茶软腐病8.83万亩，受今年上半年雨水影响，油茶林内软腐病发生严重，造成大量落叶；黑跗眼天牛3.02万亩、油茶象0.92万亩、油茶织蛾1.41万亩、茶黄毒蛾0.54万亩，主要分布在宜春市、上饶市、赣州市、萍乡市等高产油茶种植区和传统产区。

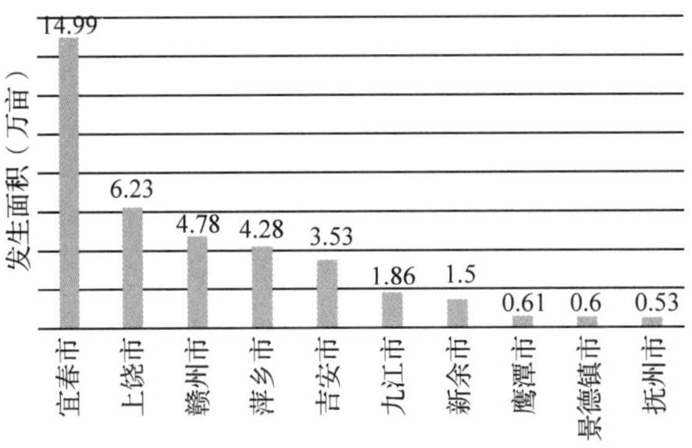

图 15-5　2021 年油茶病虫害设区市发生情况图

3. 竹子病虫害

整体偏轻，但竹蝗局部突发，危害严重。发生 17.37 万亩，同比上升 7.62%。主要有黄脊竹蝗 12.68 万亩，同比上升 22.28%，湘东、宜丰、樟树、大余、浮梁发生面积超过万亩；刚竹毒蛾 1.25 万亩，竹织叶野螟 0.94 万亩，毛竹枯梢病 0.93 万亩，环斜纹枯叶蛾 0.6 万亩，还有刚竹煤污病、竹丛枝病、竹丽甲、一字竹象、竹毒蛾等。分宜县近 2000 亩连片毛竹和万载县毛竹均突发不明病害，导致毛竹死亡。

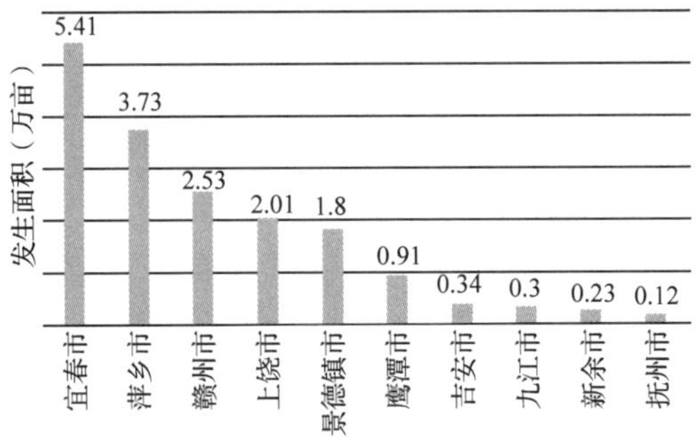

图 15-6　2021 年竹子病虫害设区市发生情况图

4. 杉木病虫害

发生 14.71 万亩，同比下降 14.01%。主要种类有杉木炭疽病 7.04 万亩，黑翅土白蚁 6.76 万亩，杉梢小卷蛾 0.7 万亩，杉木细菌性叶枯病 0.15 万亩等。主要分布在赣州、萍乡、九江、上饶、景德镇等设区市。萍乡等市有部分杉木出现不明原因死亡。

5. 杨树病虫害

发生 3.23 万亩，同比下降 11.51%。其中杨树病害(炭疽病、锈病)0.45 万亩，杨树食叶害虫(杨扇舟蛾、杨二尾舟蛾、分月扇舟蛾等)0.95 万亩，杨树蛀干害虫(星天牛等)1.83 万亩。主要分布在吉安、宜春、南昌、上饶、抚州、九江等市通道绿化两旁和荒地、滩涂地种植的杨树林内。

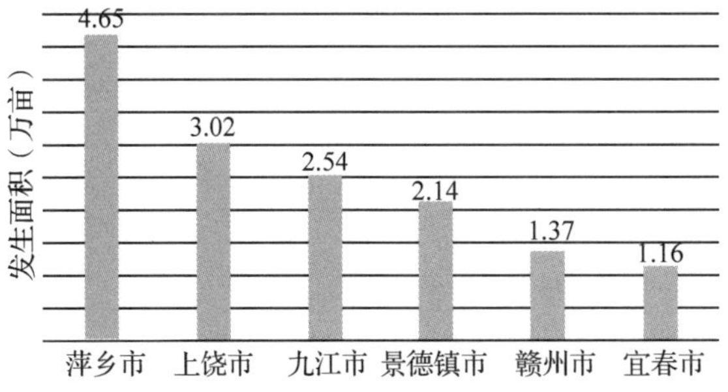

图 15-7　2021 年杉木病虫害主要发生设区市情况图

6. 其他有害生物

桉树枝瘿姬小蜂发生 3.35 万亩，分布在南康、龙南等地的桉树林内；银杏大蚕蛾发生 0.21 万亩，分布在芦溪、德兴；舞毒蛾发生 0.47 万亩，分布在浮梁、莲花等地。星天牛等蛀干害虫在萍乡市芦溪县、吉安市井冈山市危害“四化”树种红叶石楠、美国红枫，并导致少量植株死亡。樟树不明原因枯死现象在南昌、吉安、萍乡等市范围内持续发生。

(三)成因分析

1. 压实主体责任，创新防控模式，松材线虫病疫情实现双下降

一是领导高度重视、强化责任考核。省领导多次就松材线虫病防控工作作出批示；省、市两级林长分别带队到责任区域进行督导，推动松材线虫病防控工作；将松材线虫病防控工作作为林长制的重要考核内容，纳入各设区市和县(区)政府推进高质量发展、生态文明试验区建设、生态文明建设年度目标考核体系；九江、吉安、抚州、上饶等设区市相继出台松材线虫病疫情重点乡镇(街道)管理办法，进一步压实松材线虫病疫情防控主体责任。二是加大推动力度，强化资金保障。省政府召开了全省松材线虫病防控电视电话会议，出台了《江西省松材线虫病疫情防控五年攻坚行动计划》；各设区市相继召开庐山、三清山、井冈山等重点区域松材线虫病防控保卫战。2021 年度全省共投入松材线虫病防控资金 6.8 亿元，省级财政安排松材线虫病防控专项资金 1 亿元。三是强化联防联控，形成疫情防控合力。联合省公安厅等 12 部门印发《关于进一步加强松材线虫病疫情防控工作的通知》，进一步压实部门松材线虫病防控责任。建立了赣东北、赣抚、赣中西、赣中南 4 个松材线虫病等重大林业有害生物联防片，沪、苏、浙、皖、赣、闽

"五省一市"联防片和赣韶联防片，强化疫情防控信息共享，建立重大有害生物防控疫情监测、信息通报制度，协同开展疫情防控工作。四是加强行业行律、规范企业行为。向社会公布林业有害生物防治组织信用评价"红、黑"名单，召开松材线虫病打孔注药企业代表座谈会，相继出台《关于加强打孔注药防治松材线虫病相关工作的意见》《关于加强林业有害生物社会化防治管理的通知》《关于印发〈松材线虫病枯死松树除治合同(范本)〉的通知》，进一步规范除治企业行为，明确打孔注药技术标准，降低药品价格，进一步巩固防控成效，有效保护松林资源。

2. 经营和管护模式影响林业有害生物的发生

一是经营模式的影响。不规范的采脂行为如过度采脂造成树势衰弱，导致以松褐天牛为主的松树钻蛀性害虫连年高发；随着近年来毛竹价格走低，林农对竹林的管护和关注降低，采取粗放经营模式，导致竹蝗在贵溪、樟树、湘东等局部暴发成灾。二是管护模式的影响。近年来，油茶种植作为巩固脱贫成果的重要措施在全省大力推广，高产油茶种植面积逐年增加，因其经济效益可观，种植企业和林农对病虫害的防治相对重视，防治意识强，使油茶病虫害发生面积维持在较低的水平；为了方便采脂，经营者会对林间进行清杂，破坏了萧氏松茎象的小生境，抑制害虫繁衍，萧氏松茎象的发生程度大部分以轻度为主，发生面积也维持在较低水平。

3. 创新监测手段，林业有害生物发生数据更趋于真实

一是开展航天航空遥感监测。省本级利用卫星和无人机遥感监测技术开展疫情监测核查，各地充分应用国家级中心测报点防治能力提升等项目购置的无人机开展林业有害生物日常监测调查和灾情核查。二是通过政府向第三方购买松材线虫病监测服务，开展松材线虫病专项普查。三是应用松材线虫病疫情防控监管平台和其移动端监测 APP 开展疫情专项普查，同时做好了本省疫木监管 APP 与疫情防控监管平台的对接，按照精准到松林小班的要求，将疫情监测信息录入到疫情防控监管平台，防止了瞒报、漏报等现象，上报数据趋于真实、准确，强化了疫情监测和信息报送的全过程可视化管理。

4. 气候因素影响林业有害生物的发生

2020 年秋季，全省平均气温显著偏高，降水北多南少，赣南出现轻度以上干旱，造成树势衰弱，加快了部分衰弱木死亡。今年全省气温偏高，除 4 月气温略偏低外，其他月份气温均偏高，其中 2 月、9 月气温创历史新高，不利于萧氏松茎象的成虫活动。今年 4、5 月赣中、赣北出现多次明显的风雹灾害天气，引起松树倒伏，导致今年松褐天牛发生面积上升。上半年雨水偏多，下半年高温干旱持续时间长，导致以油茶软腐病为主的油茶病害偏重发生。根据马尾松毛虫在江西省 7～10 年为一个发生周期的规律，赣南自 2011 年大发生后，距今已有 10 年时间，正处于虫情上升期，部分松毛虫常发区坚持施放白僵菌，对延长松毛虫发生周期、控制种群数量发挥了积极的作用，但在兴国、南康、赣州经开区等林相较差、生物多样性水平低的地方，过多的雨水导致防治效果不佳，马尾松毛虫第 1、2 代在局部危害加重。

二、2022 年林业有害生物发生趋势预测

(一) 总体趋势预测

据江西省气候中心预测，2021/2022 年冬季(2021 年 12 月至 2022 年 2 月)全省气温略偏高，总雨量偏少。1～2 月有 3 次阶段性强降温(低温雨雪冰冻)。季内气温变化幅度较大，有阶段性强降温和低温冰冻天气发生。2022 年春季气温略偏高，总降水量略偏少。根据全省近年来林业有害生物发生和防治情况、主要林业有害生物越冬前基数和发生发展规律、各市预测情况、36 个国家级中心测报点以及主要寄主植物种植和管护状况，结合气象因素，预测 2022 年全省主要林业有害生物发生面积约为 890 万亩，其中病害 460 万亩，虫害 430 万亩。松材线虫病疫情由高发态势转为平缓下降的趋势，松褐天牛危害将减轻，松毛虫等常发性病虫害将会有小幅上升，局部可能暴发成灾；毛竹、油茶等经济林病虫害种类多，危害将缓慢上升；其他病虫害突发、频发事件会增加。

表 15-1　江西省各设区市 2022 年主要林业有害生物预测面积和趋势

单位：万亩

设区市	2021 年发生面积	2022 年预测面积	总体趋势	主要病虫害 2022 年预测面积和趋势																					
				松材线虫病		松褐天牛		马尾松毛虫		思茅松毛虫		萧氏松茎象		竹类病虫害		油茶病虫害		杉木病虫害		杨树病虫害		松蚧虫		松针褐斑病	
				预测面积	趋势	预测面积	趋势	预测面积	趋势	预测面积	趋势	预测面积	趋势	预测面积	趋势	预测面积	趋势	预测面积	趋势	预测面积	趋势	预测面积	趋势	预测面积	趋势
全省	887.24	890	下降	405	下降	300	下降	36	上升	45	持平	20	上升	50	上升	20	上升								
南昌市	59.55	59	持平	17	下降	40	持平	0.1	下降																
九江市	101.3	95.8	上升	38	上升	39	上升	7	上升	5.5	略上升			1.5	上升	3	上升								
景德镇市	22.89	21.35	下降	3.45	下降	5.02	上升	1.59	下降	4.9	下降	1.61	下降			2	下降								
萍乡市	16.77	16	略下降			0.9	略上升	0.2	下降	0.8	持平	3.7	持平	4.5	持平	4.1	下降								
新余市	7.63	7.5	略下降	2	下降	2.3	持平	0.5	下降	1	上升	0.2	持平	1.5	上升	1	上升								
鹰潭市	28.82	23.5	下降	13.57	下降	7.65	下降	0.09	下降			0.37	下降	1	上升										
赣州市	274.63	265	下降			100	上升	4	下降	22	持平	2.5	持平	5	上升	2	下降								
宜春市	48.17	50	上升	10	持平	12	上升	5	上升	4	下降	6	持平	16	上升	5	上升								
吉安市	139.95	130	下降	50	持平	50	上升	5	上升	15	上升	2	上升	7	上升										
抚州市	143.69	150	上升	111	降低	28	上升	3	上升	0.2	持平	2	上升	1.5	上升	1	上升								
上饶市	44.55	33	持平	18	下降	8	上升	2	持平			1	上升	8.6	上升										

(二)分种类发生趋势预测

1. 松树病虫害

松材线虫病

(1)高位推动、聚焦目标任务

近年来，省领导多次就松材线虫病防控工作作出指示和批示，专题调研、下达年度防控目标责任书、召开松材线虫病防控现场会，对今冬明春松材线虫病防控工作进行部署；各地按照国家五年攻坚行动计划等有关要求，因地制宜、分类施策，制订有针对性的防控策略和具体措施，科学制定五年攻坚行动和年度除治实施方案；成立8个联系指导组，分区包片对全省疫木清理等工作进行督查指导，实行半月一通报(督导发现的问题)，对问题突出的下发整改督办函并要求限期整改，通报情况抄送纪检组备存。去冬今春全省清理病(枯)死松树593.68万株、清理面积458.59万亩，打孔注药50.66万株。持续打好庐山、三清山、龙虎山、井冈山和梅岭等重点区域保卫战，将庐山“保卫战”打造成全国松材线虫病疫情防控的样板。

(2)强化考核机制，进一步巩固防控成效

一是强化疫情核查。充分运用无人机、卫星等遥感新技术，对重点风景名胜区或重要区域开展松材线虫病监测调查和疫情核查。无人机监测面积30万亩、高分辨率遥感卫星影像1000万亩。二是持续开展省级评价。聘请第三方对全省疫木清理成效开展省级评价，评价结果作为高质量发展评价、林长制履责考核的评分依据。三是开展飞机防治。2021年龙虎山、三清山等重点风景名胜区在松褐天牛羽化高峰期开展飞机防治，有效减少种群数量、降低虫口密度，减少自然传播概率。飞防作业面积共计20.69万亩。

(3)经济发展、机构改革等诸多因素可能造成疫情在局部区域扩散蔓延

随着我国经济持续高速发展，基础建设投入逐年增长，通信、电力不断延伸，交通运输物流持续增长可能导致疫情在局部进一步扩散蔓延。面对事业单位改革，绝大部分县级林机构合并，林业工作站转隶到乡镇管理，人员老化、人员少、检疫设备不全，削减基层林检人员力量；松材线虫病防控工作是一场持久战，由于江西省松林面大、松材线虫病点多面广、投入大，当前防控手段单一，江西作为经济欠发达省份，防控资金很难持续保障。

综合以上因素，围绕五年攻坚目标和各地持续高压防控形势，预测2022年全省松材线虫病发生面积缓慢下降趋势，预计发生面积约405万亩。

松褐天牛　松墨天牛虫口基数大，2年3代和1年2代的情况在江西省都存在，且蛀干害虫具有难发现、难防治、的特点，但是随着松材线虫病疫情除治工作开展，加大病、枯、濒死木的清理和天敌防治、飞防等综合治理的措施，虫情会得到一定的控制，预计明年将略呈下降趋势，发生290万亩，主要分布下半年重度干旱明显的赣中、赣南等地。

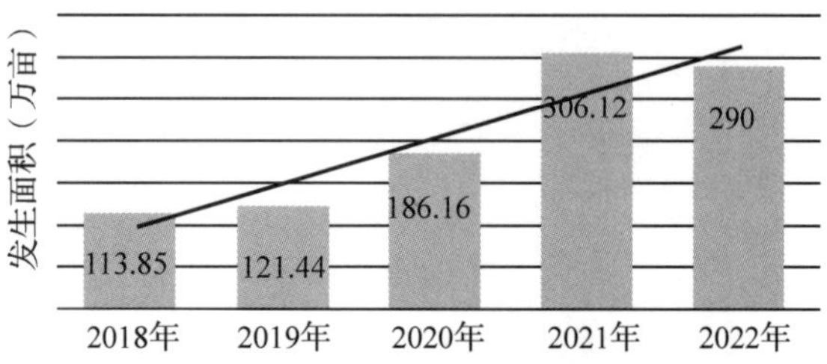

图15-8　2018—2021年松褐天牛发生面积对比及2022年趋势预测图

萧氏松茎象　主要危害湿地松，虫情受林下植被盖度、腐殖质层厚度和杂灌高度影响较大。因采脂而进行的清杂等破坏了林间小生境，抑制了萧氏松茎象发生，降低了虫口密度。预计明年虫情基本持平，约45万亩。主要分布在赣州市、吉安市、九江市、宜春市和景德镇市。

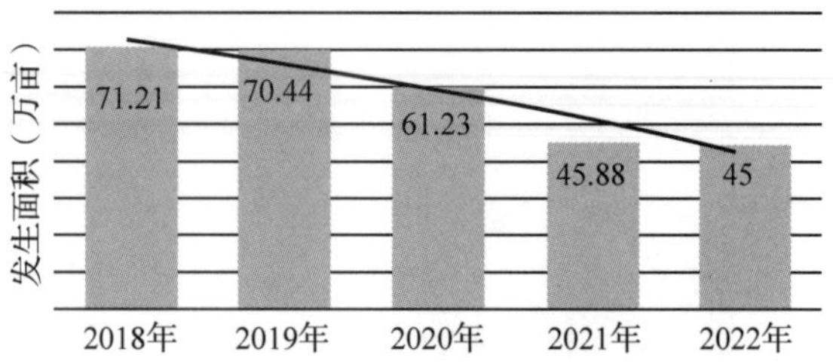

图15-9　2018—2021年萧氏松茎象发生面积对比及2022年趋势预测图

松毛虫　江西省坚持多年在常发区开展白僵菌防治，封山育林导致松毛虫天敌数量和种类增加，马尾松毛虫在发生得到了较好的控制，2021年暴发成灾的赣州市兴国、赣县、上犹、南康等地在越冬代和第1代分别开展了防治，且力度较大，多数马尾松毛虫常发区及周边的越冬虫

口密度较低，但赣南、赣中自上一周期已过去近10年，目前虫情仍处于增殖期，且在信江流域第2代以及九江地区有些地方都是发生未防治，预计明年虫情将上升，马尾松毛虫约30万亩，仍将在赣州市的兴国、南康、赣县，上饶市(信江流域)的铅山、弋阳、横峰；鹰潭市的贵溪；宜春市的丰城、上高、樟树、奉新；吉安市的安福、青原、吉安、泰和、吉水；九江市的修水和武宁的局地发生。思茅松毛虫6万亩，主要分布崇仁、德兴、玉山。

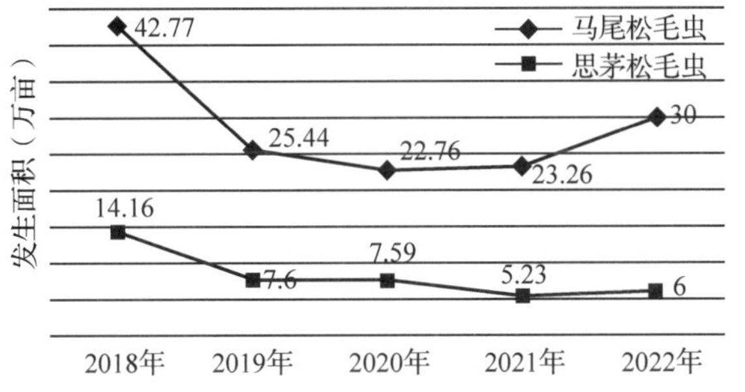

图 15-10　2018—2021 年松毛虫发生面积对比及 2022 年趋势预测图

松树其他病虫害　松突圆蚧、湿地松粉蚧预计发生6万亩，有所下降，主要分布在龙南、定南、全南和寻乌。松针褐斑病预计发生6万亩，下降，主要分布在赣州市各县(市、区)。

2. 油茶病虫害

江西省正在大力发展油茶产业，油茶病虫害的发生与寄主面积呈正相关关系。随着寄主树种面积的逐年增加，以及企业和大户的单一、连片纯林、密度过大的种植模式和过度抚育，导致生态环境单一，生物多样性差、害虫天敌少、自身抵抗病虫能力弱；大部分油茶种植大户为确保茶油质量，减少了化学防治使用频次，多采用人工等无公害防治措施，短期内防治效果不明显；经营管理方式粗放，有些地方仍然处于半自然状态，经营户只管收果，不管抚育除草、防治病虫等情况，预测油茶病虫害呈上升趋势，发生50万亩，主要分布在宜春、上饶、赣州、萍乡、吉安等市的油茶种植区。

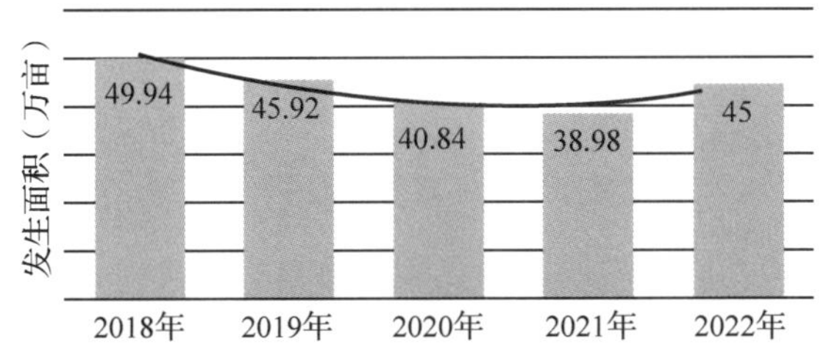

图 15-11　2018—2021 年油茶病虫害发生面积对比及 2022 年趋势预测图

3. 竹子病虫害

毛竹市场行情波动，管护成本等投入产出不成正比，林农采取粗放型经营模式，导致黄脊竹蝗等害虫在局部突发成灾。竹子病虫害预计发生20万亩，预计黄脊竹蝗呈上升趋势，发生15万亩，主要分布在萍乡市、赣州市、宜春市、抚州市。

油茶、毛竹作为经济林，林农主要追求的是经济效益，在没出现病虫害之前，不肯花钱花精力去预防，加之林分结构单一、林内卫生差、生物多样性低，生态系统极为脆弱，一旦有病虫发生，很难控制，基本是连片出现。

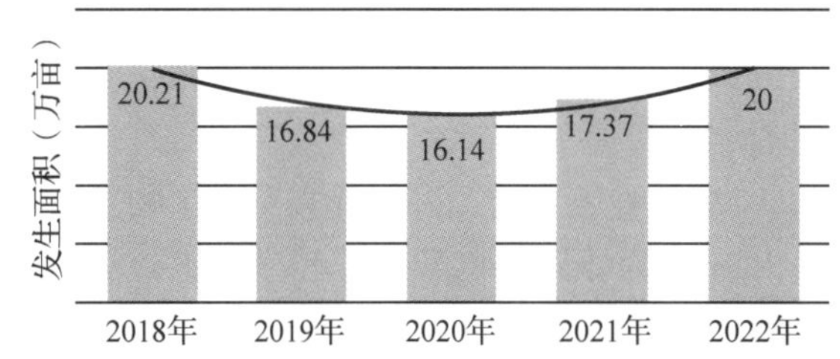

图 15-12　2018—2021 年竹子病虫害发生面积对比及 2022 年趋势预测图

4. 杉木病虫害

下半年的高温干旱天气，林间枯死木增多，杉木林区林分单一、郁闭度高、透光性差，林木抵抗力弱，预计杉木病虫害发生20万亩，其中黑翅土白蚁发生8万亩。

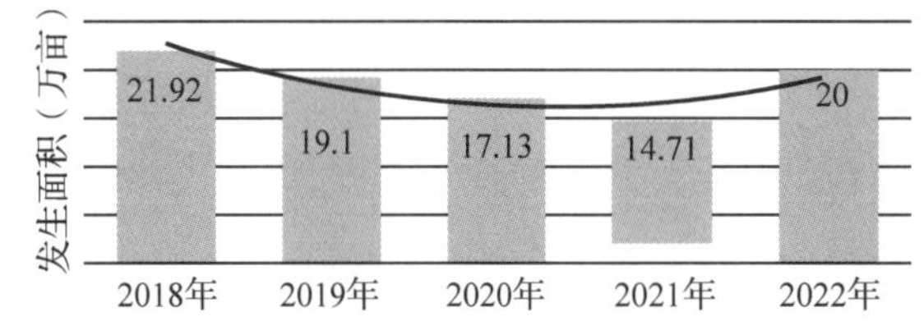

图 15-13　2018—2021 年杉木病虫害发生面积对比及 2022 年趋势预测图

三、对策和建议

1. 压实防控主体责任、落实攻坚行动目标

贯彻落实国家林草局《全国松材线虫病疫情防控五年攻坚行动计划(2021—2025年)》和省委省政府各项工作部署，加大高质量发展、林长制等各项政府考核评价力度，加强年度防控目标责任书履责考核检查，全面压实疫情防控责任。坚持因地制宜、分类施策，“清、保、改、封、补”等技术措施，科学制定年度除治实施方案，做到一县一策，实行“控制一批、压缩一批、拔除一批”，确保完成“五年攻坚行动”目标任务，有效遏制疫情快速蔓延态势，切实保护好生态安全和经济发展。

2. 持续开展联防联控、强化疫木源头管控

一是指导赣东北片、赣抚片、赣中西片、赣中南片等联防片开展联防工作，加强毗邻地区的防治工作，做到监测防控全覆盖、无死角。二是主要抓好产地检疫、调运检疫和复检工作，立足“双随机一公开”工作，与公安、海关和市场监督等执法部门的配合，持续开展检疫执法联合专项行动，加大检疫案件的查处力度，打击非法调运、生产经营加工疫木及其制品的行为，防止疫木违法调运事件发生。

3. 加强监测预警，警惕外来有害生物

以灾害为导向，积极推广和应用测报先进技术、新方法、新成果。如无人机监测、灯光和信息素监测调查，将基层测报员从具体繁重的日常监测中解放出来。以林长制为契机，建立以“一长两员”资源保护林长+专职护林员为灾情报告、宣传员等乡村两级林业有害生物监测预警网络，做到早发现、早报告、早处置。督促各地做好常发性林业有害生物日常监测，适时发布病虫情预警信息和生产性短期预报，指导科学防治，突出监测预报公用服务职能。应用松材线虫病精细化管理平台，强化疫情日常监测和专项调查，做到疫情数据真实、精准、全面。根据国家五部委《进一步加强外来物种入侵防控工作方案的通知》和七部委《关于印发外来入侵物种普查总体方案的通知》的要求，组织各地开展外来入侵物种普查，进一步摸清外来入侵种的种类、分布范围、发生面积、危害程度等，分析外来物种入侵对江西省经济、生态和社会影响，研判外来物种入侵扩散趋势，为科学防控提供基础数据支撑。

4. 加强宣传与培训，全提升监测预警能力

一是拓宽宣传渠道。加大疫情防控法规及科普宣传力度，利用网络、广播电视、公群号、宣传车、悬挂横幅、张贴标语、发放宣传单等形式，提升全社会参与的疫情防控意识。二是加强培训力度。随着机构改革接近完成，基层林检机构撤并后，普遍存在人员变动大、年龄老化、技术力量薄弱等诸多问题，国家、省市县都应加大基层人员培训力度，持续举办形式多样的监测、防治、检疫和新技术应用等业务知识培训，努力打造一支专业水平过硬、经验丰富的基层测报队伍，全面提升监测预警能力。

5. 加大新技术研究与推广应用、提升防控成效

一是加大卫星、无人机等遥感监测新技术在生态重要区域或松材线虫病重灾区、新发区和除治区开展疫情监测和核查，构建高空卫星遥感监测、天上无人机遥感监测、地面人工核查的空天地三位一体的监测模式。二是加强与北京林业大学、江西农业大学、江西省林科院、中国林业科学研究院亚林中心等高校和科研院所开展松材线虫病防控相关的实用技术研究。

（主要起草人：吴宗仁　侯佩华　管铁军　李红征　占明　谢菲　施凤生；主审：李晓冬　刘枫）

16 山东省林业有害生物 2021 年发生情况和 2022 年趋势预测

山东省森林病虫害防治检疫站

【摘要】根据森防报表数据，2021 年全省主要林业有害生物发生 757.49 万亩(轻度发生 721.97 万亩，中度发生 25.4 万亩，重度发生 10.11 万亩)，同比上升 11.65%。其中病害发生 183.22 万亩，同比下降 9.24%；虫害发生 574.26 万亩，同比上升 20.5%。全省共投入防治资金 5.29 亿元，防治作业面积 4848.85 万亩次。

一、2020 年林业有害生物发生情况

根据森防报表数据，2021 年全省主要林业有害生物发生 757.49 万亩(轻度发生 721.97 万亩，中度发生 25.4 万亩，重度发生 10.11 万亩)，同比上升 11.65%。其中病害发生 183.22 万亩，同比下降 9.24%；虫害发生 574.26 万亩，同比上升 20.5%(图 16-1)。全省共投入防治资金 5.29 亿元，防治作业面积 4848.85 万亩次。

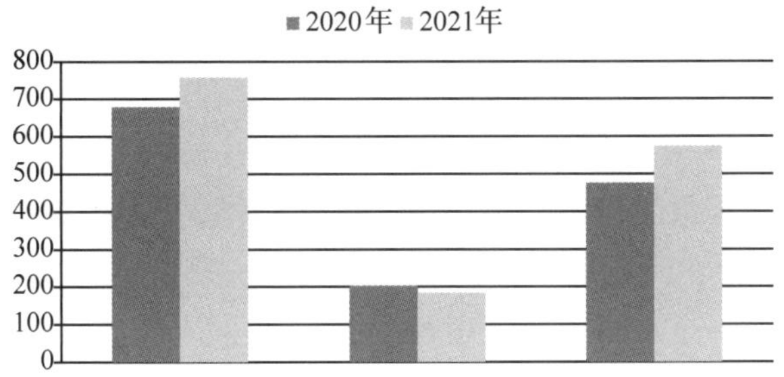

图 16-1　近两年林业有害生物发生情况(万亩)

发生特点受气候因素的影响，2021 年全省林业有害生物发生总体偏轻，但外来有害生物在局部地区危害严重。今年监测的 33 种重要林业有害生物中，美国白蛾、悬铃木方翅网蝽、松梢螟、黄连木尺蛾、国槐尺蠖、杨小舟蛾、舞毒蛾、杨扁角叶蜂等 8 种发生面积上升，其他 25 种发生面积下降(表 16-1)。主要发生特点：一是外来林业有害生物发生形势仍然严峻。松材线虫病发生面积略有压缩，因病致死树木下降幅度较大，但在威海、烟台、青岛等市局部地区危害仍然严重；美国白蛾发生面积上升幅度较大，在全省大部分地区第 2 代第 3 代出现反弹；日本松干蚧发生面积、致死松树双下降，但在鲁中、鲁东局部地区危害仍然严重；悬铃木方翅网蝽继续扩散。二是常发林业有害生物得到有效控制。杨树病害、杨树食叶害虫、杨树蛀干害虫、松树和侧柏有害生物发生面积下降，危害程度有所减轻。

表 16-1　山东省 2020—2021 年主要林业有害生物发生情况

病虫名称	2020 年发生面积(万亩)	2021 年发生面积(万亩)	同比上升(%)
病虫害总计	678.45	757.49	11.65
病害总计	201.88	183.22	-9.24
松烂皮病	7.48	7.12	-4.84
杨树黑斑病(褐斑病)	30.67	29.38	-4.20
杨树溃疡病	43.98	42.10	-4.26
板栗疫病	1.49	1.49	-0.07
泡桐丛枝病	0.93	0.66	-29.38
松材线虫病	119.59	113.75	-7.23

（续）

病虫名称	2020 年发生面积（万亩）	2021 年发生面积（万亩）	同比上升（%）
虫害总计	476.57	574.26	20.50
日本龟蜡蚧	0.33	0.30	-10.61
草履蚧	5.12	4.10	-19.91
日本松干蚧	26.76	20.59	-23.07
悬铃木方翅网蝽	17.01	17.82	4.76
光肩星天牛	12.99	11.61	-10.59
桑天牛	4.38	3.88	-11.38
锈色粒肩天牛	0.06	0.05	-22.83
松褐天牛	114.92	78.95	-31.30
双条杉天牛	6.26	5.85	-6.47
大袋蛾（南大蓑蛾）	0.23	0.19	-18.65
杨白潜蛾	4.04	3.45	-14.65
白杨（杨树）透翅蛾	0.58	0.19	-67.24
松梢螟	1.77	2.65	49.89
春尺蠖	24.85	23.31	-6.18
黄连木尺蛾（木橑尺蠖）	0.05	0.07	40.00
槐尺蛾	1.36	1.47	8.08
赤松毛虫	4.07	3.78	-7.04
杨扇舟蛾	21.88	20.62	-5.77
杨小舟蛾	57.27	58.76	2.60
美国白蛾	266.87	333.55	24.99
舞毒蛾	0.74	1.11	50.98
侧柏毒蛾	2.63	2.18	-17.30
杨毒蛾	5.23	4.18	-20.09
枣叶瘿蚊	1.22	1.10	-9.84
松阿扁叶蜂	11.44	10.47	-8.43
杨直角（扁角）叶蜂	0.28	0.73	163.04
朱砂叶螨（红蜘蛛）	5.06	4.96	-1.96

（一）主要林业有害生物发生情况分述

1. 美国白蛾

全省发生 333.55 万亩，同比下降 24.99%（图 16-2）。16 市均有发生，济南、淄博、潍坊、济宁、泰安、日照、临沂、德州、聊城、滨州、菏泽等 11 市发生面积同比上升；青岛、枣庄、东营、烟台、威海等 5 个市发生面积同比下降。济南、枣庄、潍坊、济宁、临沂、德州、聊城、滨州等 8 市局部地区中、重度发生。商河、惠民、博兴、章丘、莒南发生面积在 10 万亩以上，无棣、滨城、费县、德州市开发区、长清、河东、高青、东明、黄岛、莱芜、牡丹、郯城、济阳、莒县等 16 个县（市、区）发生面积在 5 万～10 万亩。全省投入 2.18 亿元，防治作业 3535.64 万亩次，除烟台、威海 2 市外，其他 14 个市飞机防治 3028.98 万亩，取得较好的防治效果，没有出现大面积成灾现象。第 2 代第 3 代在全省大部分地区出现反弹，城乡结合部，县、乡交界处，以及水源地周围、沿海虾蟹等特殊养殖区、市区居民区等防治困难的地方，发生较重，局部成灾。

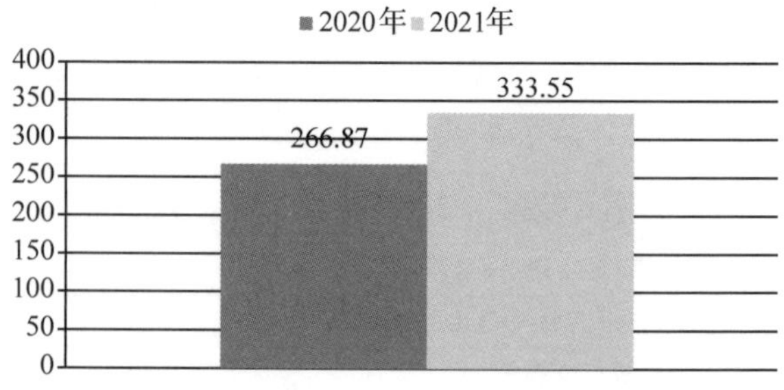

图 16-2 近两年美国白蛾发生情况（万亩）

2. 松材线虫病

全省发生113.75万亩，同比下降7.23%（图16-3）。死亡松树135.24万株，同比下降了49.32%。截至目前，疫情涉及济南、青岛、烟台、济宁、泰安、日照、威海、临沂等8个市、24个县（市、区）、145个乡（镇、街道、林场），秋季普查在青岛、烟台、泰安、威海、日照5个市19个县发现松材线虫病疫情，济南、济宁、临沂等3市4个疫区以及泰安的泰山林场秋季普查没有发现疫情。全省投入1.63亿元，防治作业258.85万亩次。

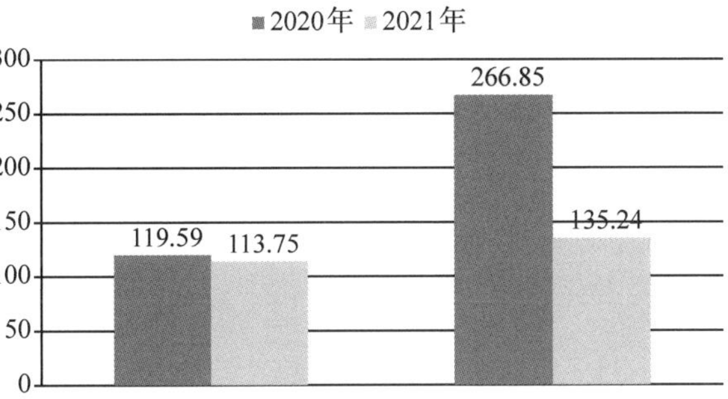

图16-3　近两年松材线虫病发生情况（万亩）

3. 悬铃木方翅网蝽

发生17.82万亩，同比上升4.76%（图16-4）。寿光、任城、鄄城、河口、安丘、泰山、临朐、鱼台、牡丹等9个县（市、区）发生面积在0.5万亩以上，潍坊、济宁、滨州等市局部地区发生较重，8月出现叶片枯黄现象。自2012年开始监测以来，发生面积呈逐年上升趋势。全省投入609.58万元，防治作业35.79万亩次。

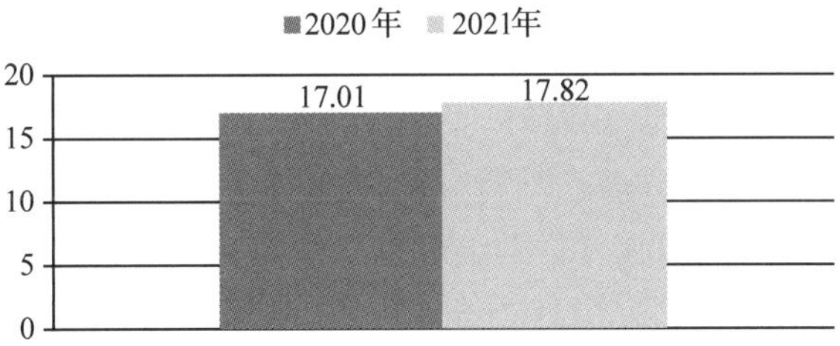

图16-4　近两年悬铃木方翅网蝽发生情况（万亩）

4. 日本松干蚧

发生20.59万亩，同比下降23.07%（图16-5）。淄博发生面积同比上升，济宁市今年新发现。济南、青岛、烟台、潍坊、泰安、临沂等6市发生面积同比下降。莱芜、栖霞、牟平、临朐、徂徕山林场、沂源、蒙阴、钢城、五莲、招远、莱阳等11个县（市、区、林场）发生面积在0.5万亩以上。烟台市危害致死松树1.82万株。全省投入807.99万元，防治作业面积21.13万亩次。

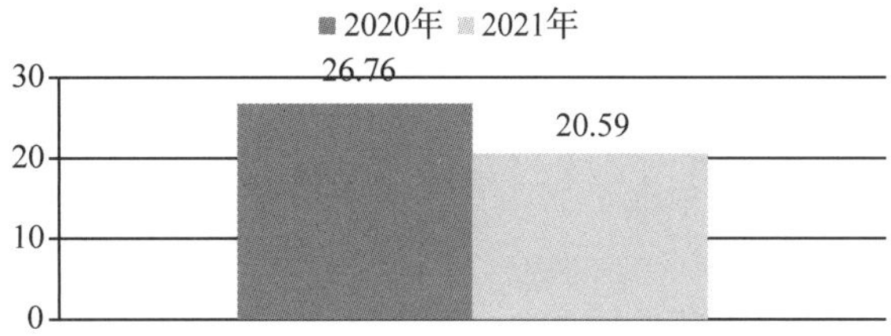

图16-5　近两年日本松干蚧发生情况（万亩）

5. 杨树溃疡病

发生42.1万亩，同比下降4.26%（图16-6）。商河、曹县、黄岛、惠民、牡丹、东明、成武、东平、滕州、郓城等10个县（市、区）发生面积在1万亩以上。济南、枣庄、烟台、潍坊、济宁、滨州等市局部地区中度发生。全省投入843.94万元，防治作业56.99万亩次。

6. 杨树黑斑病

发生29.38万亩，同比下降4.2%（图16-6）。单县、曹县、郓城、东明、商河、成武、牡丹、定陶、滕州、惠民等10个县（市、区）发生面积在1万亩以上，枣庄市局部地区中重度发生。全省投入491.45万元，防治作业43.29万亩次。

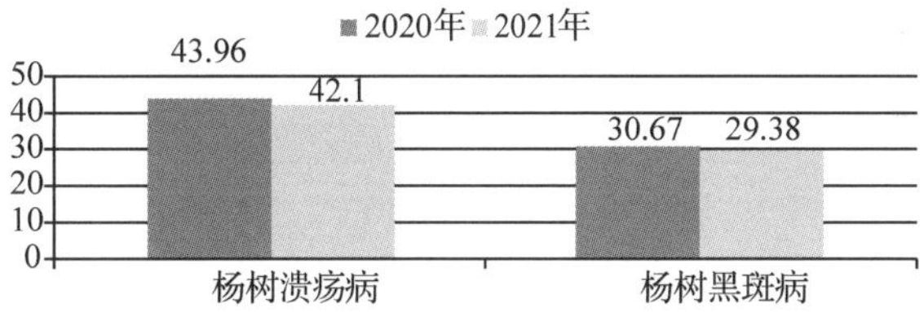

图16-6　近两年杨树病害发生情况（万亩）

7. 杨扇舟蛾

发生20.62万亩，同比下降5.77%（图16-7）。莱西、博兴、高青、滕州、黄岛、平度、莒南、沾化等8个县（市、区）发生面积在1万亩以上。临沂、滨州等市局部地区中度发生。全省投入783.9万元，防治作业104.81万亩次。

8. 杨小舟蛾

发生58.76万亩，同比上升2.6%（图16-7）。黄岛、莱西、商河、平度、高青、滕州、邹平、章丘、胶州、东平、牡丹、先行、单县、茌平、平阴、曹县、邹城、东明、高密、济阳等20个县（市、区）发生面积在1万亩以上。济南、枣庄、潍坊、济宁、滨州等局部地区第3、4代出现反弹，呈中重度发生。全省投入 2961.43 万元，防治作业 297.29 万亩次。

9. 春尺蠖

发生 23.31 万亩，同比下降 6.18%(图 16-7)。高青、先行、滨城、曹县、牡丹、单县、东明、历城、高新、济阳、邹平等 11 个县(市、区)发生面积在 1 万亩以上。济南、东营、潍坊、聊城、滨州等局部地区中重度发生，个别地区出现叶片被吃残、吃光现象。全省投入 470.97 万元，防治作业 60.78 万亩次。

10. 杨毒蛾

发生 4.18 万亩，同比下降 20.09%(图 16-7)。招远、莱西发生在 0.5 万亩以上。全省投入 125.98 万元，防治作业 6.22 万亩次。

11. 杨白潜蛾

发生 3.45 万亩，同比下降 14.65%(图 16-7)。主要发生在菏泽，均为轻度发生。投入 43.57 万元，防治作业 3.58 万亩次。

12. 杨扁角叶蜂

发生 0.73 万亩，同比上升 163.04%(图 16-7)。在淄博、德州两市局部地区轻度发生。全省投入 8.9 万元，防治作业 0.73 万亩次。

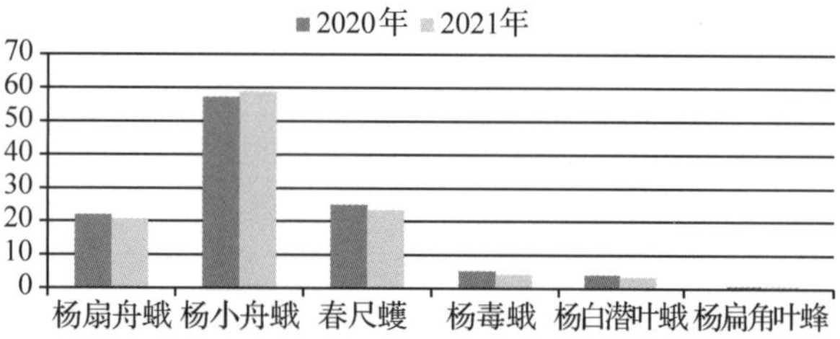

图 16-7 近两年杨树食叶害虫发生情况(万亩)

13. 光肩星天牛

发生 11.61 万亩，同比下降 10.59%(图 16-8)。莱西、牡丹、莒南、定陶区、曹县、广饶、新泰、滨城等 8 个县(市、区)发生面积在 0.5 万亩以上。枣庄、烟台、临沂等市局部地区中重度发生。全省投入 365.48 万元，防治作业 24.5 万亩次。

14. 桑天牛

发生 3.88 万亩，同比下降 11.38%(图 16-8)，均为轻度发生。牡丹区发生面积在 0.5 万亩以上。全省投入 56.1 万元，防治作业 9.11 万亩次。

15. 白杨透翅蛾

发生 0.19 万亩，同比下降 67.24%(图 16-8)。在东营、烟台两市轻度发生。全省投入 3.36 万元，防治作业 0.24 万亩次。

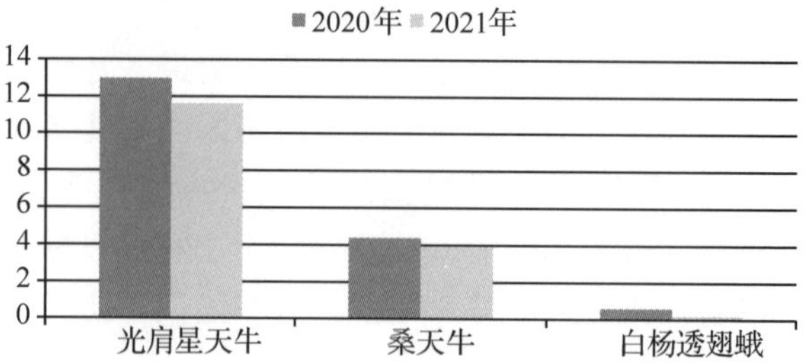

图 16-8 近两年杨树蛀干害虫发生情况(万亩)

16. 松烂皮病

发生 7.12 万亩，同比下降 4.84%(图 16-9)。牟平、栖霞、黄岛、崂山、莱州等 5 个县(市、区)发生面积在 0.5 万亩以上，烟台市局部地区中度发生。全省投入 190.11 万元，防治作业 10.19 万亩次。

17. 赤松毛虫

发生 3.78 万亩，同比下降 7.04%(图 16-9)，有松林地区普遍轻度发生，其中黄岛区发生面积在 2.5 万亩。全省投入 73.05 万元，防治作业 7.95 万亩次。

18. 松褐天牛

发生 78.95 万亩，同比上升 31.3%(图 16-9)。牟平、文登、环翠、崂山、荣成、徂徕山林场、临港区、栖霞市、东港区、芝罘区、蒙阴县等 11 个县(市、区、林场)发生面积在 1 万亩以上。全省投入 6059.79 万元，防治作业 319.25 万亩次。

19. 松阿扁叶蜂

发生 10.47 万亩，同比下降 8.43%(图 16-9)。莱芜区、徂徕山林场、鲁山林场、泰山林场、沂源、原山林场等 6 个县(区、林场)发生面积在 0.5 万亩以上。泰安市局部地区中、重度发生。全省投入 61.27 万元，防治作业 8.48 万亩次。

20. 松梢螟

发生 2.65 万亩，同比上升 49.89%(图 16-9)。全省投入 56.9 万元，防治作业 4.7 万亩次。主要在青岛、淄博、日照等 3 市局部地区轻度发生。

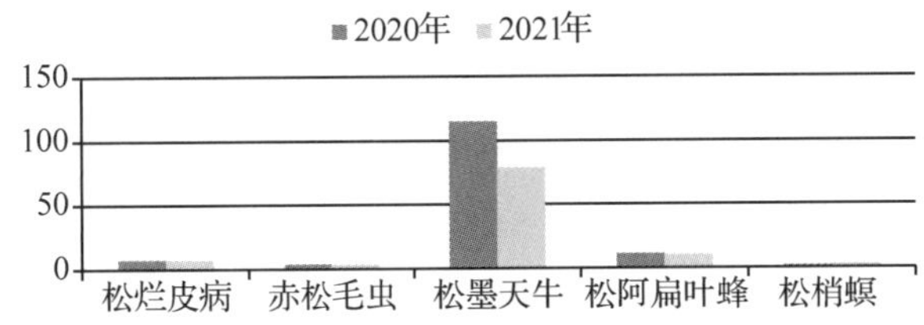

图 16-9 近两年松树有害生物发生情况(万亩)

21. 双条杉天牛

发生 5.85 万亩，同比下降 6.47%(图 16-10)。平阴、泰山林场、滕州、淄川、山亭、青州等 6 个县(市、区、林场)发生面积在 0.5 万亩以上，枣庄、潍坊两市局部地区中、重度发生。全省投入 449.62 万元，防治作业 15.87 万亩次。

22. 侧柏毒蛾

发生 2.18 万亩，同比下降 17.3%。滕州市发生面积在 0.5 万亩以上，枣庄市局部地区中、重度发生(图 16-10)。全省投入 43.36 万元，防治作业 4.16 万亩次。

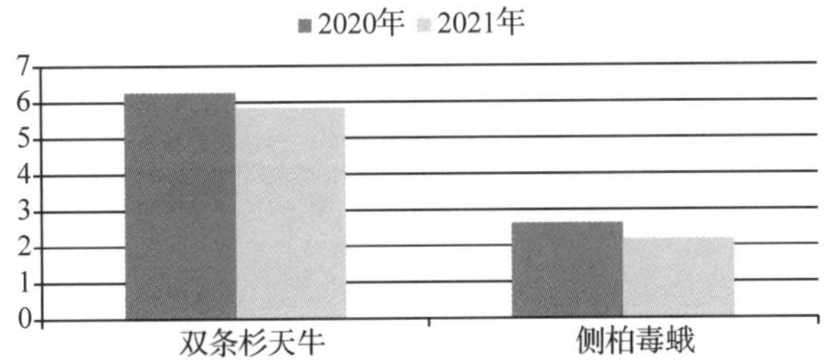

图 16-10 近两年侧柏有害生物发生情况(万亩)

23. 板栗疫病

发生 1.49 万亩，同比下降 0.07%(图 16-11)。枣庄、济宁、日照、临沂等市局部地区轻度发生，枣庄、临沂两市局部地区中度发生。全省投入 49 万元，防治作业 1.83 万亩次。

24. 日本龟蜡蚧

发生 0.3 万亩，同比下降 10.61%(图 16-11)。在枣庄、德州、滨州等市轻度发生。全省投入 4.37 万元，防治作业 0.36 万亩次。

25. 枣叶瘿蚊

发生 1.11 万亩，同比下降 9.84%(图 16-11)。在东营、滨州两市局部地区轻度发生。全省投入 21.8 万元，防治作业 1.28 万亩次。

26. 红蜘蛛

发生 4.96 万亩，同比下降 1.96%。在日照、临沂、滨州等市局部地区轻度发生(图 16-11)。全省投入 142.1 万元，防治作业 5.5 万亩次。

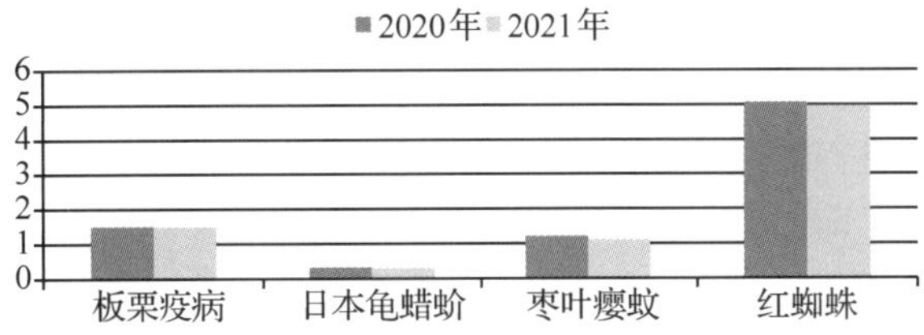

图 16-11 近两年经济林有害生物发生情况(万亩)

27. 大袋蛾

发生 0.19 万亩，同比下降 18.65%，在烟台市局部地区零星发生。全省投入 5.18 万元，防治作业 0.29 万亩次。

28. 泡桐丛枝病

发生 0.66 万亩，同比下降 29.38%，在菏泽市局部地区轻度发生。全省投入 11.07 万元，防治作业 0.72 万亩次。

29. 锈色粒肩天牛

发生 0.05 万亩，同比下降 22.83%，在聊城市局部地区发生。全省投入 1.97 万元，防治作业 0.05 万亩次。

30. 槐尺蛾

发生面积 1.47 万亩，同比上升 8.08%，在潍坊、淄博、济宁、德州、滨州等市局部地区轻度发生。全省投入 60.5 万元，防治作业 3.5 万亩次。

31. 舞毒蛾

发生 1.11 万亩，同比上升 50.98%，在济南、泰安两市局部地区轻度发生。全省投入 10.56 万元，防治作业 1.59 万亩次。

32. 草履蚧

发生 4.1 万亩，同比上升 19.91%，在济南、淄博、德州、滨州、菏泽等市局部地区轻度发生。全省投入 41.74 万元，防治作业 4.07 万亩次。

33. 木橑尺蠖

发生 0.07 万亩，同比上升 40%，在淄博市局部地区轻度发生。全省投入防治经费 1.07 万元，防治作业面积 0.11 万亩次。

(二)发生原因分析

1. 外来林业有害生物处于扩散蔓延期

松材线虫病近几年在胶东局部地区发生严重，在鲁中、鲁东快速蔓延。日本松干蚧近几年从沿海蔓延到鲁东、鲁中，危害严重，虽然经过近两年的防治取得了一定的成效，但形势仍不容乐观。美国白蛾处于上升期。悬铃木方翅网蝽为近年新传入有害生物，正处于扩散蔓延期。

2. 气候对林业有害生物的发生和防治造成较大影响

2020—2021 年充沛降水对松材线虫病和松褐天牛发生有一定抑制，加上防治力度加大，连续两年呈现双下降。但丰富的降雨有利于美国白蛾、杨小舟蛾等食叶害虫发育繁殖，加上降雨影响了防治效果，美国白蛾第 2 代、第 3 代，杨小舟蛾在第 3 代、第 4 代在局部地区反弹，造成点、片状成灾。

3. 属地管理、各负其责难以落实

因为林业有害生物灾害的特殊性，涉及行业部门多，协调困难，全面防治难以实现，总是存在防控漏洞，留下虫源，导致虫情不断反复。特别是有些地方与驻地军队协调不力，导致松材线虫病不能及时发现，病死树不能及时除治，成为向周围扩散蔓延的传播源。

4. 防治药剂及防治技术有待突破

近几年飞机防治效果明显，但飞防使用最多的灭幼脲等仿生制剂对虾蟹、桑蚕、蜜蜂、蚂蚱等有杀伤，特殊养殖区和居民区防治受限，留下漏洞和死角，成为向外扩散的虫源地，导致虫情反复。对于松材线虫病、蛀干害虫、刺吸性害虫，目前缺少经济高效的防治技术，难以取得理想防治效果。

二、2022 年主要林业有害生物发生趋势预测

（一）2022 年总体发生趋势预测

全面分析 2021 年全省发生及防治情况，结合森林状况、气象因素、主要林业有害生物历年发生规律，综合各市意见，预测 2022 年林业有害生物呈中度偏重发生态势，发生面积与今年基本持平，在 760 万亩左右。总体发生特点：外来林业有害生物进一步扩散概率较大，形势依然严峻。松材线虫病呈多发态势，近几年新增疫区疫情基本可控，老疫区疫情仍然严重，出现新疫区的概率较大。日本松干蚧、悬铃木方翅网蝽继续扩散蔓延，局部地区危害严重；美国白蛾发生危害呈上升趋势。常发性林业有害生物发生相对平稳。松褐天牛随着松材线虫病疫情面积的扩大，发生面积继续上升；松阿扁叶蜂在山区危害仍然严重；春尺蠖呈下降趋势，但在局部地区仍有暴发成灾的可能；杨小舟蛾在局部地区虫口密度较大，仍可能局部暴发；其他林业有害生物发生面积平稳或者呈下降趋势。

预测依据：

1. 综合 16 市预测意见，2022 年发生趋势下降

10 个市预测上升，6 个市预测下降。33 种林业有害生物中，各市预测 10 种上升，1 种持平，22 种下降（表 16-2、表 16-3）。

表 16-2　各市预测 2022 年林业有害生物总计发生面积

单位名称	2021 年发生面积（万亩）	预测 2022 年发生面积（万亩）	发生趋势
合计	757.49	743.55	下降
济南市	86.92	90	上升
青岛市	56.68	86.29	上升
淄博市	34.18	30.05	下降
枣庄市	27.34	28.4	上升
东营市	13.94	13.08	下降
烟台市	46.14	42.1	下降
潍坊市	32.8	35.42	上升
济宁市	25.57	29	上升
泰安市	31.2	35	上升
威海市	125.15	85.2	下降
日照市	17.37	23.67	上升
临沂市	58.40	65	上升
德州市	19.38	11.8	下降
聊城市	30.45	37.63	上升
滨州市	78.26	81.36	上升
菏泽市	69.69	69.55	下降

表 16-3　各市预测 2022 年林业有害生物分种类发生情况

病虫名称	2021 年发生面积（万亩）	预测 2022 年发生面积（万亩）	发生趋势
病虫害总计	757.49	743.55	下降
病害总计	183.22	177.72	下降
松烂皮病	7.12	6.64	下降

（续）

病虫名称	2021 年发生面积（万亩）	预测 2022 年发生面积（万亩）	发生趋势
杨树黑斑病	29.38	30.91	上升
杨树溃疡病	42.1	38.06	下降
板栗疫病	1.49	0.85	下降
泡桐丛枝病	0.66	0.47	下降
松材线虫病	113.75	112.63	下降
虫害总计	574.26	565.83	下降
日本龟蜡蚧	0.3	0.34	上升
草履蚧	4.1	2.85	下降
日本松干蚧	20.59	20.82	上升
悬铃木方翅网蝽	17.82	16.72	下降
光肩星天牛	11.61	11.83	上升
桑天牛	3.88	3.5	下降
锈色粒肩天牛	0.05	0.08	上升
松褐天牛	78.95	120	上升
双条杉天牛	5.85	6.18	上升
大袋蛾	0.19	0.13	下降
杨白潜蛾	3.45	3.3	下降
白杨透翅蛾	0.19	0.07	下降
松梢螟	2.65	2.13	下降
春尺蠖	23.31	20.18	下降
木橑尺蠖	0.07	0.08	上升
槐尺蛾	1.47	1.26	下降
赤松毛虫	3.78	3.36	下降
杨扇舟蛾	20.62	17.85	下降
杨小舟蛾	58.76	55.05	下降
美国白蛾	333.55	357.55	上升
舞毒蛾	1.11	0.41	下降
侧柏毒蛾	2.18	1.94	下降
杨毒蛾	4.18	3.58	下降
枣叶瘿蚊	1.1	1.10	持平
松阿扁叶蜂	10.47	8.89	下降
杨直角叶蜂	0.73	0.8	上升
朱砂叶螨	4.96	3.78	下降

2. 历年发生规律

从历年发生面积趋势图看，从 2007—2011 年处于上升期，2012—2016 年处于下降。2017 以来处于上升期，预测 2022 年仍处于稳中有升趋势（图 16-12）。

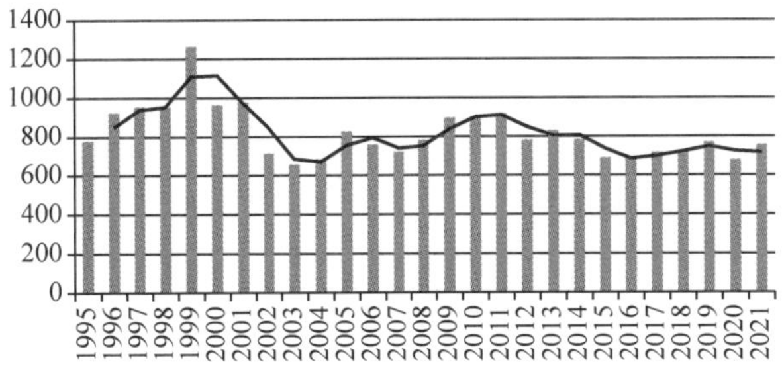

图 16-12　山东省林业有害生物历年发生情况（万亩）

（二）分种类发生趋势预测

1. 美国白蛾

预测 2022 年发生面积呈上升趋势，发生 350 万亩左右，大多数地区轻度发生。但济南、烟台、潍坊、济宁、临沂、德州、滨州、菏泽、聊城等市局部地区，以及其他漏防区域发生仍然严重，如防控不力，可能会暴发成灾。

预测依据：

（1）疫情分布情况。2021 年全省 16 个市均有美国白蛾疫情。第 2 代第 3 代在多地出现反弹，局部出现叶片吃光以及扰民现象，大部分市出现舆情。

（2）综合 16 市预测意见，2022 年发生面积上升。13 个市预测上升，1 个市预测持平，2 个市预测下降（表 16-5）。

表 16-4　各市预测 2022 年美国白蛾发生面积

城市	2021 年发生面积（万亩）	预测 2022 年发生面积（万亩）	发生趋势
全省合计	333.55	357.55	上升
济南市	58.85	50.00	下降
青岛市	14.04	22.02	上升
淄博市	11.8	11.94	上升
枣庄市	15.11	16.6	上升
东营市	6.36	6.78	上升
烟台市	3.07	3.22	上升
潍坊市	17.68	21.28	上升
济宁市	14.95	16.53	上升
泰安市	10.53	13.41	上升
威海市	4.44	4.44	持平
日照市	7.94	12.56	上升
临沂市	52.15	54	上升
德州市	12.89	8.00	下降

（续）

城市	2021 年发生面积（万亩）	预测 2022 年发生面积（万亩）	发生趋势
聊城市	22.33	27.86	上升
滨州市	55.88	62.5	上升
菏泽市	25.55	26.45	上升

（3）历年发生规律处于反弹期。从美国白蛾历年发生趋势图看，自 2005—2011 年呈上升趋势，2012—2016 年发生面积下降，2017 年以来处于上升趋势，预测 2022 年仍处于上升趋势（图 16-13）。

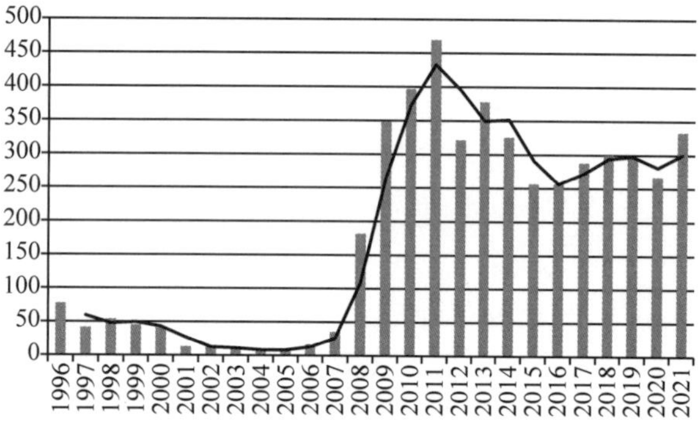

图 16-13　山东省美国白蛾历年发生情况（万亩）

2. 松材线虫病

预测发生面积同比持平或略有下降，在 112 万亩左右，因病致死树木将会下降。

（1）各级重视力度空前，防治效果逐年显现。近几年松材线虫病危害引起空前关注，各级重视力度加大，疫木清理质量、媒介昆虫防治都取得比较好的效果，老疫区死亡树木将会有所下降，新发生区疫情将会得到较好控制。

（2）高新监测技术有效指导疫木除治工作的开展。2021 年所有疫区都对松林开展了无人机监测调查和地面灾害 APP 巡查：一是可以早发现疫情。二是能够对疫木进行精准定位，将有效指导和促进疫木的清理，取得更好的防治效果。

（3）气候因素影响。2020 年以来进入了丰水期，树木生长旺盛，对媒介昆虫繁育不力，会在一定程度上压低虫口，会降低松材线虫病的传播概率。2021 年冬季遭遇低温，可能会导致局部地区黑松冻害，有可能会加重 2021 年的疫情。

（4）综合各市预测意见。8 个有疫情的市，济南、济宁、临沂预测明年实现无疫情的概率较大，青岛、烟台、青岛、日照、泰安预测明年继续压缩的概率较大。

（5）发生规律。松材线虫病处于暴发期（图 16-14）。

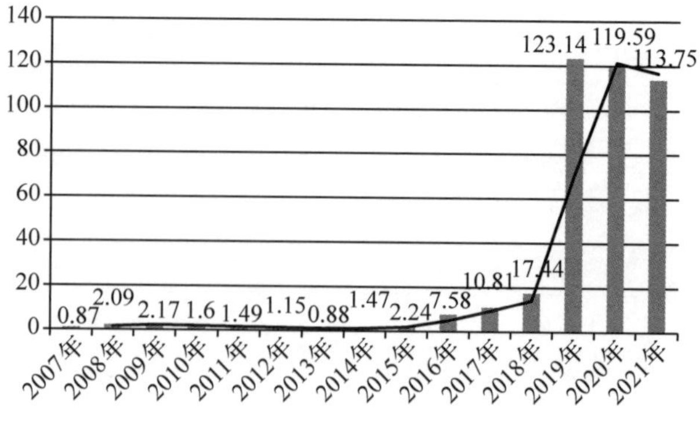

图 16-14　山东省松材线虫病历年发生情况（万亩）

3. 悬铃木方翅网蝽

近几年新传入外来林业有害生物，虽然各市普遍加大了监测与防治力度，危害程度得到遏制，但因为防治困难，仍呈逐年扩散蔓延趋势，预测 2022 年发生面积呈稳中有降趋势，发生 17 万亩左右，主要在城区和交通要道发生。

（1）各市预测意见，2022 年发生面积与今年持平。6 个市预测发生面积上升，5 个市预测下降，3 个预测持平，青岛、德州 2 市没有对其预测（表 16-5）。

表 16-5　各市预测 2022 年悬铃木方翅网蝽发生面积

城市	2021 年发生面积（万亩）	预测 2022 年发生面积（万亩）	发生趋势
全省合计	17.81	17.82	持平
济南市	1.33	1.3	下降
淄博市	1.26	0.73	下降
枣庄市	0.01	0.01	持平
东营市	1.19	0.49	下降
烟台市	0.33	0.4	上升
潍坊市	4.26	3.74	下降
济宁市	3.04	3.16	上升
泰安市	1.09	1.1	上升
威海市	0.48	0.40	下降
日照市	0.16	0.16	持平
临沂市	0.35	0.35	持平
聊城市	1.49	1.91	上升
滨州市	0.56	0.77	上升
菏泽市	2.28	2.3	上升

(2)防治效果不理想。各地均加大了对悬铃木方翅网蝽的防治力度，但因为寄主树木多在城区，树木高大且比较分散，防治困难，效果不理想。

4. 日本松干蚧

胶东半岛老发生区虫情比较平稳，不会造成大的灾害。近几年在鲁东、鲁中快速扩散蔓延，在临沂、济南、泰安、潍坊等市危害严重，加上连年天气干旱等因素，造成松树生长衰弱，局部地区出现树木死亡，但各地防治力度加大，取得比较好的效果。预测 2022 年发生面积 20 万亩左右，呈下降趋势。

预测依据：

(1)取得了一定的防治成效。2021 年发生严重的地区，虽然进行了打孔注药等措施防治，取得了一定的防治效果，受害比较重的树木经过防治后已经返绿，虫口密度降低。但是因为防治困难，效率比较低，大部分轻度发生地区没有进行防治，预计 2022 年如果遇到极度寒冷或者干旱气候，还会进一步加重。

(2)综合各市预测意见，2022 年稳中有降趋势。8 个发生日本松干蚧的市，3 个预测上升，2 个预测持平，3 个预测下降(表 16-6)。

表 16-6　各市预测 2022 年日本松干蚧发生面积

单位名称	2021 年发生面积（万亩）	预测 2022 年发生面积（万亩）	发生趋势
全省合计	20.59	20.82	上升
济南市	6.81	6	下降
青岛市	0.02	0	下降
淄博市	1.61	1.6	持平
烟台市	6.05	4.05	下降
潍坊市	2.21	2.21	持平
泰安市	1.7	1.8	上升
日照市	0.79	0.87	上升
临沂市	1.42	4.29	上升

5. 杨树病害

预测发生面积呈稳中有降趋势，杨树溃疡病发生面积 40 万亩左右，在菏泽以及临沂、济南、滨州市的部分区域发生较重。预测杨树黑斑病发生面积在 30 万亩左右，主要发生在菏泽市。

预测依据：

(1)防治情况。在飞防美国白蛾过程中，使用尿素作为沉降剂，加之 2021 年虫害对树木危害较轻，杨树生长旺盛，病害发生较轻。2022 年部分地区还会采取飞防措施，对杨树生长有利，抗病性增强。

(2)林分情况。山东省杨树幼林比例大，易发生杨树溃疡病。现有树种结构中，107 杨易感染杨树溃疡病。中林 46 杨为杨树黑斑病的高感病树种，且栽植密度大，为病害的流行创造了有利条件，如果夏季降雨量大，还会大面积流行。

(3) 2021 年杨树黑斑病发生面积较大的地区，因为提前落叶可能会引起杨树二次抽叶，导致生长势弱，易发生杨树溃疡病。

(4)历年发生规律。根据历年发生规律，杨树溃疡病、杨树黑斑病呈稳中有降趋势(图 16-15)。

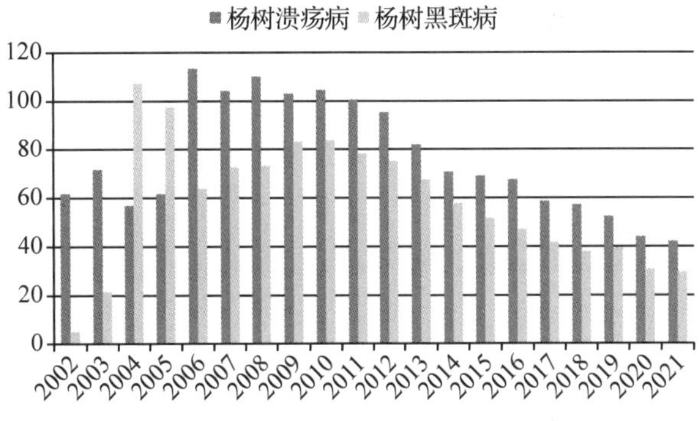

图 16-15　山东省杨树病害历年发生情况(万亩)

6. 杨树食叶害虫

预测 2021 年发生面积稳中有降，局部地区仍有暴发成灾的可能。杨扇舟蛾在青岛、潍坊、泰安、临沂等市的局部地区可能中度偏重发生。杨小舟蛾在济南、青岛、枣庄、潍坊、济宁、泰安、德州、聊城等市局部地区中重度发生，如防控不力可能暴发成灾。杨毒蛾在胶东半岛局部地区发生较重。春尺蠖在沿黄河两岸特别是菏泽、德州、聊城、济宁、枣庄、济南等市局部地区危害严重，可能点片状成灾。预测杨扇舟蛾发生 18 万亩左右，杨小舟蛾发生 55 万亩左右，杨毒蛾发生 3 万亩左右，春尺蠖发生 20 万亩左右，杨白潜叶蛾发生 3 万亩左右，杨扁角叶蜂发生 1 万亩左右。

预测依据

(1)防治成效显著。2021 年全省对春尺蠖、杨树舟蛾实施飞机防治 260 万亩，取得了较好的防治效果，大部分地区看不到危害状。

(2)历年发生规律。从山东省历年发生规律看，杨小舟蛾处于高发期，春尺蠖、杨扇舟蛾、杨毒蛾、杨白潜叶蛾处于下降趋势(图 16-16)。

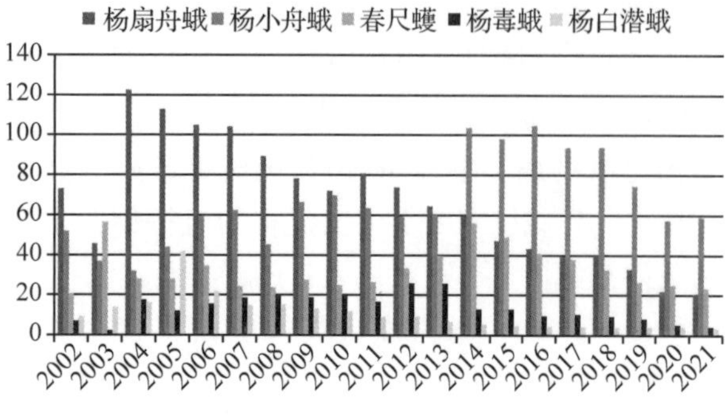

图 16-16　山东省杨树食叶害虫历年发生情况(万亩)

(3)综合各市预测意见，2022 年杨树食叶害虫呈下降趋势。

杨小舟蛾：5 个市预测发生面积上升，10 个市预测下降，威海市没有对其预测。综合各市意见，2022 年发生面积下降(表 16-7)。

表 16-7　各市预测 2022 年杨小舟蛾发生面积

单位名称	2021 年发生面积(万亩)	预测 2022 年发生面积(万亩)	发生趋势
全省合计	58.76	55.05	下降
济南市	10.56	9	下降
青岛市	13.48	14.88	上升
淄博市	3.43	2.77	下降
枣庄市	3.14	0.5	下降
东营市	0.6	0.56	下降
烟台市	0.51	0.54	上升
潍坊市	3.99	3.78	下降
济宁市	3	5.05	上升
泰安市	2.44	2.64	上升
日照市	0.72	0.63	下降
临沂市	2.02	1.69	下降
德州市	2.4	0.05	下降
聊城市	3.12	3.57	上升
滨州市	2	1.5	下降
菏泽市	7.75	7.44	下降

春尺蠖：5 个市预测上升，5 个市预测下降，1 个预测持平，综合各市意见，2022 年发生面积下降(表 16-8)。

表 16-8　各市预测 2022 年春尺蠖发生面积

单位名称	2021 年发生面积(万亩)	预测 2022 年发生面积(万亩)	发生趋势
全省合计	23.31	20.18	下降
济南市	6	5.00	下降
淄博市	2.8	2.05	下降
东营市	0.74	0.67	下降
潍坊市	0.5	0.5	持平
济宁市	0.76	0.85	上升
泰安市	0.74	1.2	上升
德州市	0.07	0.30	上升
临沂市	0.01	0.2	上升
聊城市	1.28	1.51	上升
滨州市	3.2	1.85	下降
菏泽市	7.22	6.05	下降

7. 杨树蛀干害虫

近几年杨树蛀干害虫呈稳中有降的趋势，预测 2022 年发生面积同比基本持平。光肩星天牛发生 12 万亩左右，桑天牛发生 3 万亩左右，白杨透翅蛾发生 0.5 万亩左右。

预测依据：

从历年发生规律看，处于下降趋势，但是蛀干害虫防治比较困难，发生相对平稳，预测 2022 年发生面积同比基本持平或下降(图 16-17)。

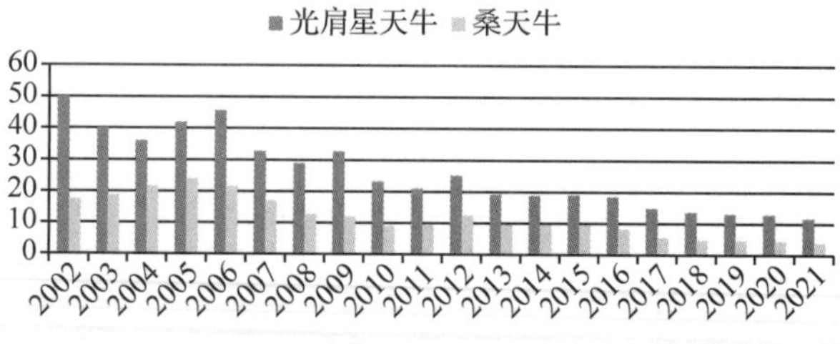

图 16-17　山东省杨树蛀干害虫历年发生情况(万亩)

8. 松树有害生物

2021 年松树有害生物发生面积呈下降趋势。预测松褐天牛有所上升，赤松毛虫、松梢螟发生面积基本持平，松烂皮病发生面积有所下降。预测发生面积分别为赤松毛虫 4 万亩，松烂皮病 6 万亩，松褐天牛 120 万亩，松阿扁叶蜂 8 万亩，松梢螟 2 万亩左右。

预测依据：

(1)防治情况。青岛、烟台、威海市对松褐天牛施行了飞机防治，虫口密度明显下降。人工摘茧、毒笔涂环等措施防治松毛虫取得了良好的效果，虫口密度一直维持在较低的水平，近期内不会出现大的灾情。

（2）林分状况。近年来采取封山育林和抚育措施，森林生态环境得到较大的改善，天敌种类增多，生物多样性增加，森林生态系统自身的调控作用得到加强，对有害生物的发生起到了有效的抑制作用。

（3）气象因素。松烂皮病发生程度与春秋季降水密切相关，如果2021年冬季和2022年春季继续干旱，发生面积可能会上升。

（4）历年发生规律。从松树有害生物历年发生规律看，除松褐天牛、松阿扁叶蜂、松梢螟呈上升趋势外，其他有害生物稳中有降趋势（图16-18）。

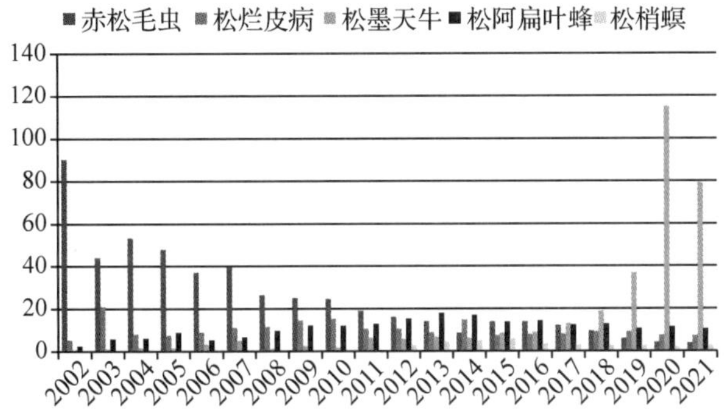

图16-18　山东省松树有害生物历年发生情况（万亩）

（5）综合各市预测意见，预测松褐天牛上升，松阿扁叶蜂在局部地区危害加重，松烂皮病发生面积下降；其他松树害虫发生基本稳定，不会形成大的灾害。

9. 侧柏有害生物

双条杉天牛、侧柏毒蛾发生面积呈稳中有降趋势。预测双条杉天牛发生6万亩左右，侧柏毒蛾发生2万亩左右。

预测依据：

（1）防治情况。双条杉天牛发生区积极采取清理死树、饵木诱杀、释放管氏肿腿蜂等有效防治措施，取得一定成效。

（2）气象因素。山东省连续多年较为干旱，侧柏长势衰弱，双条杉天牛为弱寄生有害生物，发生面积可能上升，局部地区危害严重。

（3）林分状况。近年来采取封山育林措施，森林生态环境得到较大的改善，天敌数量增多，对害虫起到了较好的抑制作用。

（4）历年发生规律。从历年发生趋势看，双条杉天牛、侧柏毒蛾呈下降趋势（图16-19）。

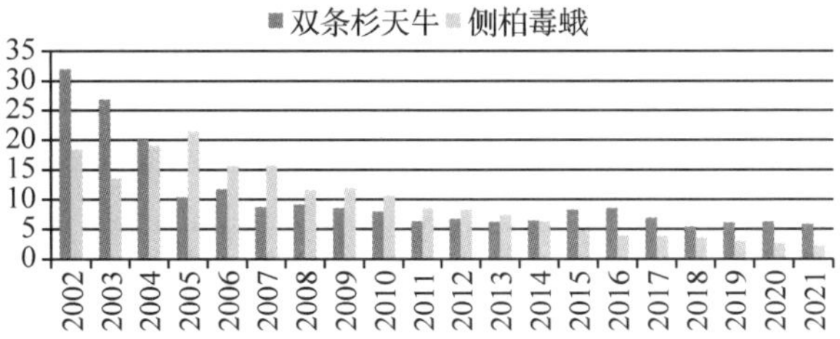

图16-19　山东省侧柏有害生物历年发生情况（万亩）

（5）综合各市预测意见。双条杉天牛为下降趋势，侧柏松毛虫、侧柏毒蛾趋于稳定。

10. 经济林有害生物

经济林有害生物发生面积呈稳中有降趋势。预测板栗疫病发生1万亩，枣叶瘿蚊发生1万亩，红蜘蛛发生3万亩，日本龟蜡蚧发生0.3万亩左右。

11. 其他有害生物

预测2022年发生总面积同比持平。预测刺槐有害生物木橑尺蠖发生0.1万亩；泡桐有害生物大袋蛾发生0.5万亩，在淄博、东营、烟台、日照等地轻度发生；泡桐丛枝病发生1万亩，菏泽、淄博等地零星发生。国槐有害生物锈色粒肩天牛发生0.1万亩，主要在淄博、聊城等地零星发生。槐尺蛾发生2万亩，零星发生；舞毒蛾发生0.2万亩；草履蚧发生5万亩。

三、对策建议

根据山东省林业有害生物灾害发生特点及对2022年林业有害生物发生趋势研判，建议：

（一）立即部署，开展疫区枯死松树清理专项行动

当前最主要、最紧急的任务就是疫区枯死松树的清理。根据秋季普查数据，山东省24个疫情县，除泰山、莱芜、莒南、临沭、泗水等5个疫区外，其他19个疫情县发生面积113.75万亩、死亡松树135.25万株。威海的环翠区、文登区、荣成市，烟台的牟平区，仍是重灾区。各级应立即制定疫木清理方案，筹集资金，多措并举，严格按照国家新修订的技术方案要求，务必于4月30日前完成枯死松树清理工作。各级林业主管部门要组织林业技术人员全程跟踪监督，确保疫木按照国家标准进行处理。

（二）加快遥感监测技术应用进度，开展松材线虫病疫情督导核查

深入贯彻落实《国务院办公厅关于进一步加强林业有害生物防治工作的意见》和全国松材线虫病专家座谈会精神，以“全面监测、强化督导、形成威慑、促进工作”为目标，加大卫星和无人机遥感监测技术应用力度，构建全面监测、服务指导与核查问责相结合的管理机制，全面提升重大林业有害生物监管水平，遏制松材线虫病快速扩散势头。一是对重要自然保护区、风景名胜区，如泰山、蒙山、沂山、鲁山、五莲山、崂山、昆嵛山、徂徕山及沿海防护林等重点区域开展多频次定期遥感监测，及时监测松树枯死情况。二是对疫情严重区实行动态监测，及时掌握疫情发展动态，科学指导开展除治工作。三是对重点区域除治工作进行动态核查监测，监督松材线虫病除治任务完成情况。

（三）加强监测预报工作，提高灾害预报预警能力

监测预报是林业有害生物防治工作的基础和关键，要进一步创新工作机制，完善监测体系、全面落实监测责任、提升科技含量，注重监测预报的防灾减灾实效，突出监测预报的公共服务职能，在造成灾害之前，做出预报预警，向政府和社会发布，指导做好防灾减灾工作。各市要针对本地重要林业有害生物，制订适合本地实际的全年监测预报工作方案。16 市均要制订美国白蛾、杨小舟蛾监测预报工作方案；沿黄河两岸涉及的市，均要制订春尺蠖监测预报工作方案；济南、淄博、潍坊、泰安、临沂等市要制订日本松干蚧的监测预报工作方案；济南、青岛、烟台、泰安、济宁、日照、威海、临沂等市要制订松材线虫病和松褐天牛的监测预报工作方案。

（主要起草人：张秋梅；主审：李晓冬 刘枫）

17 河南省林业有害生物2021年发生情况和2022年趋势预测

河南省森林病虫害防治检疫站

【摘要】河南省2021年林业有害生物发生总面积计722.74万亩，其中，病害发生146.46万亩，虫害发生576.28万亩，病害、虫害发生均呈下降趋势；同比减少41.62万亩、下降5.45%，2021年全省林业有害生物发生面积稳中有降，整体呈轻度发生，局部零星成灾，松材线虫病、美国白蛾发生面积减少，常发性林业有害生物发生面积减少、危害减轻。预测2022年河南全省林业有害生物发生总面积约为720万亩，整体基本持平，局部可能偏重发生。

一、2021年主要林业有害生物发生情况

河南省2021年林业有害生物发生总面积为722.74万亩，其中，轻度发生678.84万亩、中度发生38.42万亩、重度发生5.48万亩，危害轻于去年，有零星成灾，成灾面积0.71万亩，成灾率0.10‰。

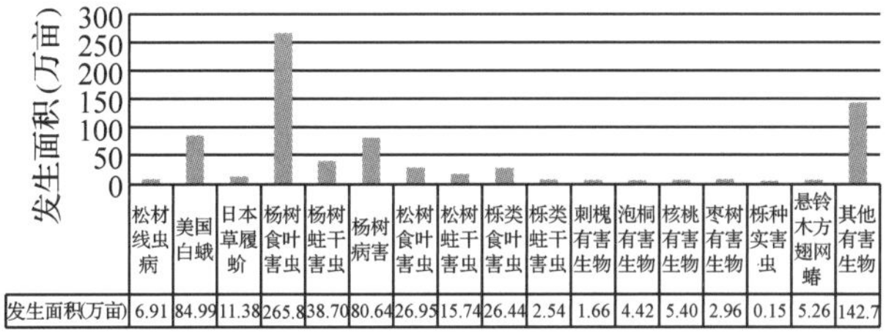

	松材线虫病	美国白蛾	日本草履蚧	杨树食叶害虫	杨树蛀干害虫	杨树病害	松树食叶害虫	松树蛀干害虫	栎类食叶害虫	栎类蛀干害虫	刺槐有害生物	泡桐有害生物	核桃有害生物	枣树有害生物	栎种实害虫	悬铃木方翅网蝽	其他有害生物
发生面积(万亩)	6.91	84.99	11.38	265.8	38.70	80.64	26.95	15.74	26.44	2.54	1.66	4.42	5.40	2.96	0.15	5.26	142.7

图17-1 河南省2021年林业有害生物分种类发生情况

预测2021年林业有害生物发生面积约为743.98万亩，实际发生面积为722.74万亩，测报准确率为97.06%；各类林业有害生物防治作业面积为1198.28万亩，其中，防治面积为640.79万亩，无公害防治面积615.79万亩，无公害防治率96.10%。

(一)主要林业有害生物发生情况

1. 松材线虫病

松材线虫病发生6.91万亩，占全省林业有害生物发生总面积的0.96%，发生于信阳市新县、光山、罗山、固始，南阳市西峡、淅川，三门峡卢氏，洛阳市栾川，同比减少0.11万亩、下降1.57%。

(1)信阳市发生6.24万亩，发生在新县、罗山、光山和固始4县。其中，新县发生6.10万亩，涉及郭家河乡、卡房乡、苏河镇、陡山河乡、千斤乡、陈店乡、泗店乡、金兰山办事处、箭厂河乡、吴陈河镇、浒湾乡、八里畈镇、田铺乡、新集镇、国有新县林场等15个乡(镇、林场)。光山疫情发生0.06万亩，涉及晏河乡、殷棚乡2个乡(镇)。罗山疫情发生0.04万亩，涉及定远乡、山店乡2个乡(镇)。固始疫情发生在国有固始林场2个林班，发生0.04万亩。

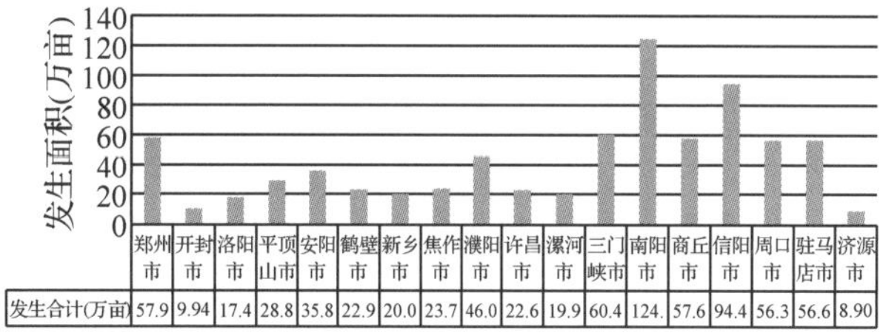

	郑州市	开封市	洛阳市	平顶山市	安阳市	鹤壁市	新乡市	焦作市	濮阳市	许昌市	漯河市	三门峡市	南阳市	商丘市	信阳市	周口市	驻马店市	济源市
发生合计(万亩)	57.9	9.94	17.4	28.8	35.8	22.9	20.0	23.7	46.0	22.6	19.9	60.4	124.	57.6	94.4	56.3	56.6	8.90

图17-2 河南省2021年林业有害生物分地区发生情况

(2)三门峡市发生0.47万亩，主要发生在卢氏，涉及瓦窑沟乡、朱阳关镇、狮子坪乡3个乡(镇)。

(3)南阳市发生0.15万亩，发生在淅川和西峡。其中，西峡疫情发生0.11万亩，涉及西坪镇、丁河镇、重阳镇、寨根乡4个乡(镇)。淅川疫情发生0.04万亩，涉及荆紫关镇、西簧乡2个乡(镇)。

(4)洛阳市发生0.05万亩，发生在栾川，涉及城关镇、栾川乡2个乡(镇)。

	栾川县	卢氏县	西峡县	淅川县	罗山县	光山县	新县	固始县
发生面积（万亩）	0.05	0.47	0.11	0.04	0.04	0.06	6.10	0.04

图 17-3 河南省 2021 年松材线虫病分地区发生情况

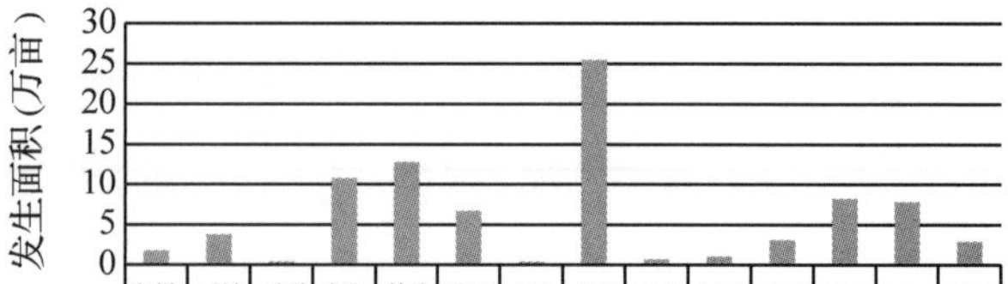

	郑州市	开封市	平顶山市	安阳市	鹤壁市	新乡市	焦作市	濮阳市	许昌市	漯河市	商丘市	信阳市	周口市	驻马店市
发生面积万亩	1.78	3.76	0.40	10.80	12.80	6.65	0.04	25.44	0.33	1.05	3.08	8.22	7.77	2.87

图 17-4 河南省 2021 年美国白蛾分地区发生情况

2. 美国白蛾

美国白蛾发生 84.99 万亩，其中，轻度发生 82.68 万亩、中度发生 1.94 万亩、重度发生 0.37 万亩，以轻度危害为主，占全省林业有害生物发生总面积的 11.76%，同比减少 6.31 万亩、下降 6.91%。

美国白蛾疫情主要发生于濮阳、安阳、鹤壁、新乡、郑州、开封、许昌、周口、商丘、信阳、驻马店、漯河、焦作、平顶山 14 省辖市的 84 个县(市、区)。

表 17-1 河南省 2021 年美国白蛾发生情况一览表

行政区划	2020 发生面积（万亩）	2021 发生面积（万亩）	同比（%）	发生县（区、市）
郑州市	0.54	1.78	上升	金水、惠济、郑东新、中牟
开封市	3.35	3.76	12.31	龙亭、顺河、鼓楼、开封新、祥符、通许、尉氏、兰考
平顶山市		0.40	上升	叶县
安阳市	11.77	10.80	-8.21	文峰、北关、内黄、汤阴、安阳、滑县
鹤壁市	14.65	12.80	-12.60	淇滨、山城、浚县、淇县
新乡市	6.57	6.65	1.28	红旗、卫滨、新乡、原阳、延津、封丘、长垣、卫辉
焦作市	0.03	0.04	33.50	修武、武陟
濮阳市	27.91	25.44	-8.90	华龙、经开、濮阳、南乐、台前、清丰、范县
许昌市	0.11	0.33	197.91	建安、魏都、鄢陵、襄城
漯河市	0.77	1.05	36.57	源汇、郾城、召陵、舞阳、临颍
商丘市	3.23	3.08	-4.67	梁园、睢阳、夏邑、虞城、民权、睢县、永城
信阳市	10.64	8.22	-22.71	浉河、平桥、罗山、光山、新县、商城、固始、潢川、淮滨、息县
周口市	8.44	7.77	-7.97	川汇、扶沟、淮阳、沈丘、商水、项城、西华、郸城
驻马店市	3.29	2.87	-12.77	驿城、西平、上蔡、平舆、正阳、确山、泌阳、汝南、遂平、新蔡

3. 杨树食叶害虫

发生 265.85 万亩，其中，轻度发生 251.64 万亩、中度发生 12.54 万亩、重度发生 1.66 万亩，占全省林业有害生物发生总面积的 36.78%，是河南省发生面积最大的林业有害生物类别。同比减少 24.09 万亩、下降 8.31%。主要种类包括春尺蠖、杨小舟蛾、杨扇舟蛾、杨扁角叶爪叶蜂、黄翅缀叶野螟、杨白纹潜蛾、杨毒蛾、杨柳小卷蛾、白杨叶甲、铜绿异丽金龟、黄刺蛾等，以杨小舟蛾、杨扇舟蛾为主。

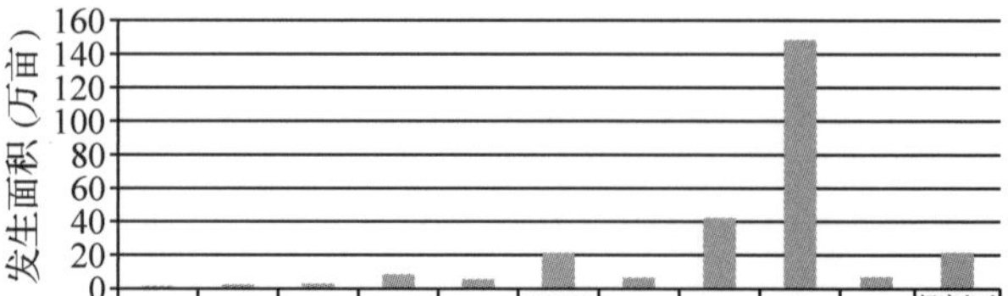

	白杨叶甲	黄刺蛾	铜绿异丽金龟	杨白纹潜蛾	杨柳小卷蛾	黄翅缀叶野螟	春尺蠖	杨扇舟蛾	杨小舟蛾	杨毒蛾	杨扁角叶爪叶蜂
发生面积（万亩）	0.07	2.23	2.92	8.38	5.61	21.25	6.44	42.15	148.29	7.00	21.51

图 17-5 河南省 2021 年杨树食叶害虫分种类发生情况

(1)杨树舟蛾合计发生面积为 190.44 万亩，占全省杨食叶害虫发生面积的 71.63%，同比减少 13.66 万亩、下降 6.69%。成灾面积 0.23 万亩。

(2)黄翅缀叶野螟发生 21.25 万亩，占全省杨树食叶害虫发生面积的 7.99%，同比减少 1.26 万亩、下降 5.60%。

(3)杨扁角叶爪叶蜂发生 21.51 万亩，占全省杨树食叶害虫发生面积的 8.09%，同比减少 0.76 万亩、下降 3.41%。

(4)春尺蠖发生 6.44 万亩，以轻度发生为主，占全省杨树食叶害虫发生面积的 2.42%。同比减少 8.05 万亩、下降 55.56%。

(5)其他杨树食叶害虫种类有杨白纹潜蛾、杨毒蛾、杨柳小卷蛾、黄刺蛾、铜绿异丽金龟、白杨叶甲等，发生面积 26.21 万亩，占全省杨树食叶害虫发生面积的 9.86%，同比基本持平。

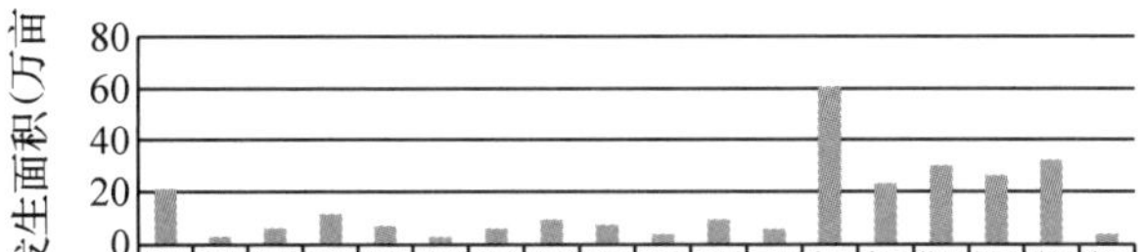

	郑州市	开封市	洛阳市	平顶山市	安阳市	鹤壁市	新乡市	焦作市	濮阳市	许昌市	漯河市	三门峡市	南阳市	商丘市	信阳市	周口市	驻马店市	济源市
发生面积(万亩)	21.1	2.56	5.81	11.2	6.83	2.42	5.65	9.08	7.23	3.62	9.08	5.60	60.7	23.1	29.9	26.2	32.1	3.55

图 17-6　河南省 2021 年杨树食叶害虫分地区发生情况

4. 杨树病害

发生 80.64 万亩，其中，轻度发生 73.07 万亩、中度发生 6.70 万亩、重度发生 0.86 万亩，占全省林业有害生物发生总面积的

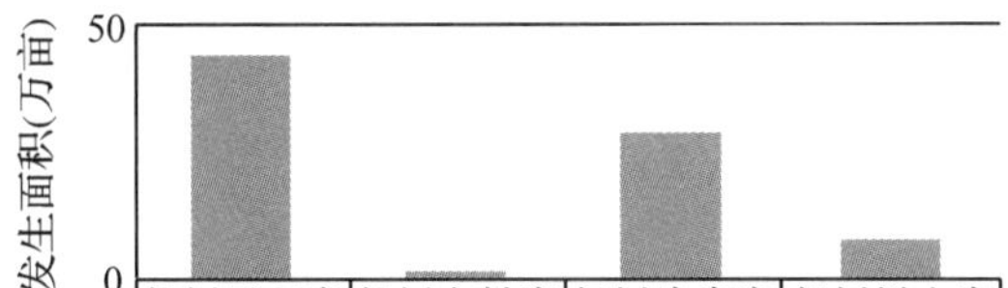

	杨树黑斑病	杨树白粉病	杨树溃疡病	杨树烂皮病
发生面积(万亩)	43.75	1.09	28.43	7.37

图 17-7　河南省 2021 年杨树病害分种发生情况

11.16%，同比减少 4.62 万亩、下降 5.42%。主要种类有杨树溃疡病、杨树烂皮病、杨树黑斑病、杨树白粉病。

以轻度危害为主，全省各地均有发生。

5. 杨树蛀干害虫

发生 38.70 万亩，其中，轻度发生 36.74 万亩、中度发生 1.69 万亩、重度发生 0.27 万亩，占全省林业有害生物发生总面积的 5.35%，同比减少 0.72 万亩、下降 1.83%。主要种类有光肩星天牛、桑天牛、星天牛。

以轻度发生为主，除济源外其他市均有发生；自 2015 年以来，已经连续 7 年发生面积递减。

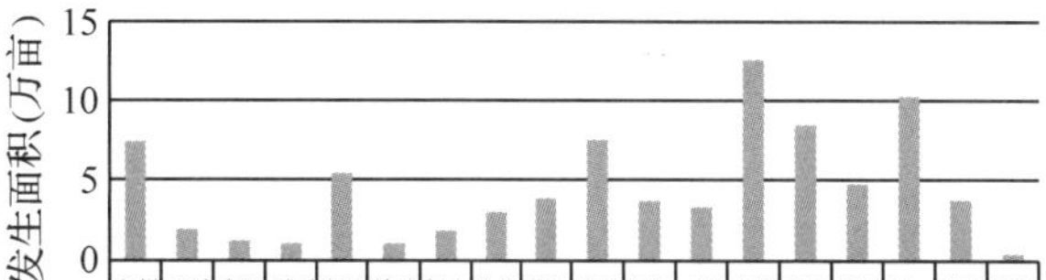

	郑州市	开封市	洛阳市	平顶山市	安阳市	鹤壁市	新乡市	焦作市	濮阳市	许昌市	漯河市	三门峡市	南阳市	商丘市	信阳市	周口市	驻马店市	济源市
发生面积(万亩)	7.39	1.86	1.13	0.98	5.39	0.97	1.79	2.95	3.82	7.49	3.67	3.26	12.5	8.45	4.71	10.2	3.71	0.30

图 17-8　河南省 2021 年杨树病害分地区发生情况

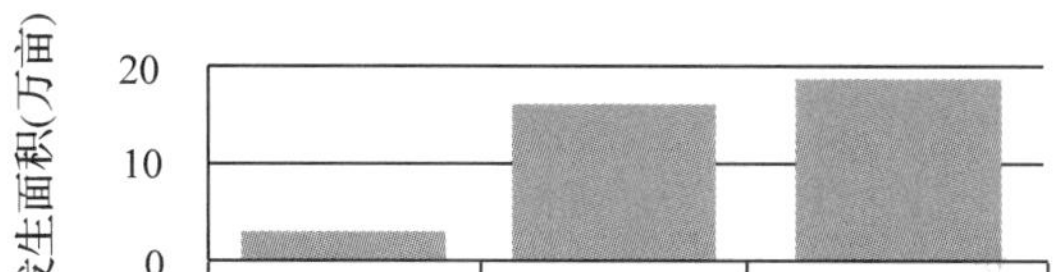

	星天牛	光肩星天牛	桑天牛
发生面积(万亩)	3.71	16.24	18.75

图 17-9　河南省 2021 年杨树蛀干害虫分地区发生情况统计

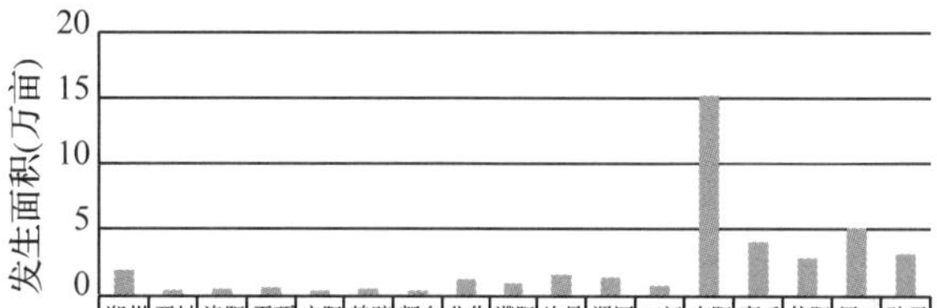

	郑州市	开封市	洛阳市	平顶山市	安阳市	鹤壁市	新乡市	焦作市	濮阳市	许昌市	漯河市	三门峡市	南阳市	商丘市	信阳市	周口市	驻马店市
发生面积(万亩)	1.84	0.31	0.16	0.52	0.03	0.19	0.01	1.16	0.84	1.51	1.29	0.67	15.20	4.02	2.77	5.08	3.10

图 17-10　河南省 2021 年杨树蛀干害虫分地区发生情况统计

6. 日本草履蚧

发生 11.38 万亩，其中，轻度发生 10.76 万亩、中度发生 0.51 万亩、重度发生 0.11 万亩，占全省林业有害生物发生总面积的 1.57%，同比减少 0.95 万亩、下降 7.70%。发生于除南阳、信阳之外的其他 16 个省辖市的部分县(市、区)，呈零星、点、片小范围发生。洛阳市的偃师、焦作的沁阳市零星成灾。

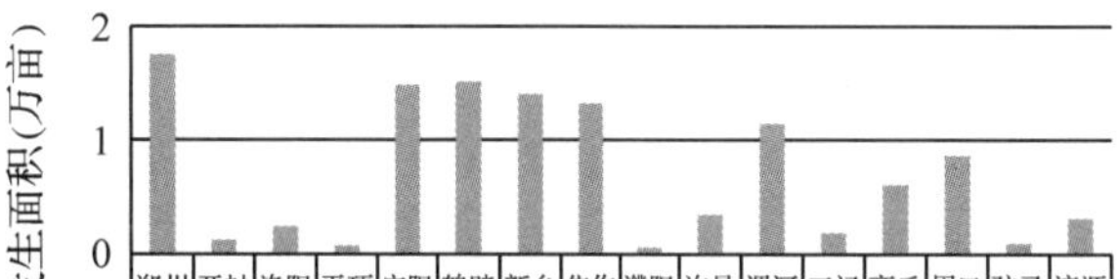

	郑州市	开封市	洛阳市	平顶山市	安阳市	鹤壁市	新乡市	焦作市	濮阳市	许昌市	漯河市	三门峡市	商丘市	周口市	驻马店市	济源市
发生面积(万亩)	1.75	0.11	0.23	0.06	1.48	1.51	1.40	1.32	0.04	0.33	1.14	0.17	0.60	0.86	0.08	0.30

图 17-11　河南省 2020 年草履蚧分地区发生情况

7. 松树叶部害虫

发生 26.95 万亩，其中，轻度发生 19.93 万亩、中度发生 5.92 万亩、重度发生 1.10 万亩，占全省林业有害生物发生总面积的 3.73%，同比增加 0.87 万亩、上升 3.34 %。主要种类为中华松针蚧、松阿扁叶蜂、马尾松毛虫、油松毛虫、华北落叶松鞘蛾、松梢螟。

中华松针蚧发生 14.42 万亩，发生于洛阳市栾川和三门峡市陕州、卢氏、灵宝，同比略有上升。全省成灾面积 0.02 万亩，成灾率 0.16‰，在洛阳市的栾川。

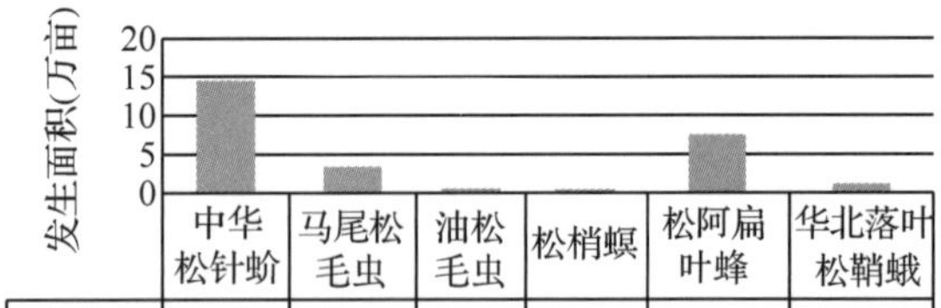

	中华松针蚧	马尾松毛虫	油松毛虫	松梢螟	松阿扁叶蜂	华北落叶松鞘蛾
发生面积(万亩)	14.42	3.36	0.10	0.46	7.48	1.13

图 17-12　河南省 2021 年松树叶部害虫分地区发生情况

松阿扁叶蜂发生 7.48 万亩，轻度发生在洛阳市的嵩县、栾川和三门峡市的渑池、卢氏、灵宝、河西林场。有零星成灾现象，全省成灾面积 0.09 万亩，成灾率 0.71‰。在洛阳市栾川和嵩县。

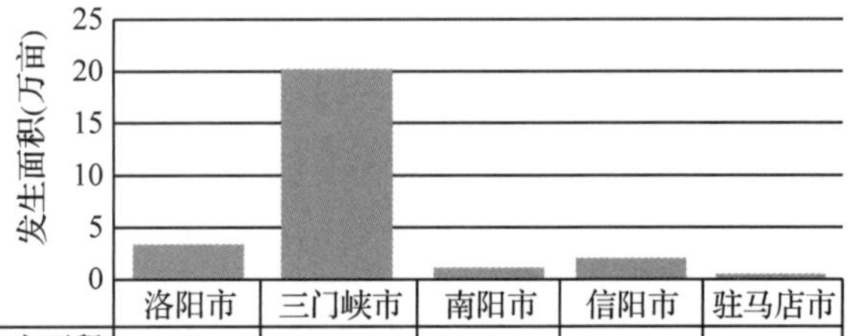

	洛阳市	三门峡市	南阳市	信阳市	驻马店市
发生面积(万亩)	3.36	20.23	1.13	2.03	0.2

图 17-13　河南省 2021 年松树叶部害虫分地区发生情况

马尾松毛虫发生 3.36 万亩，较去年同期增加 0.95 万亩，以轻度发生为主。发生在南阳市的南召、唐河、桐柏，信阳市的浉河、平桥、光山、罗山、商城、固始，驻马店市的确山、泌阳。

华北落叶松鞘蛾发生 1.13 万亩，以轻度发生为主，主要发生在洛阳市的栾川、嵩县，三门峡市卢氏。

松梢螟发生 0.46 万亩，发生于洛阳市的栾川和三门峡市的卢氏。

油松毛虫轻度发生 0.1 万亩，在三门峡市卢氏。

8. 松树钻蛀性害虫

发生 15.74 万亩，占全省林业有害生物发生总面积的 2.18%，以轻度发生危害为主。同比减少 0.26 万亩、下降 1.63%。主要种类有松墨天牛、纵坑切梢小蠹、红脂大小蠹。

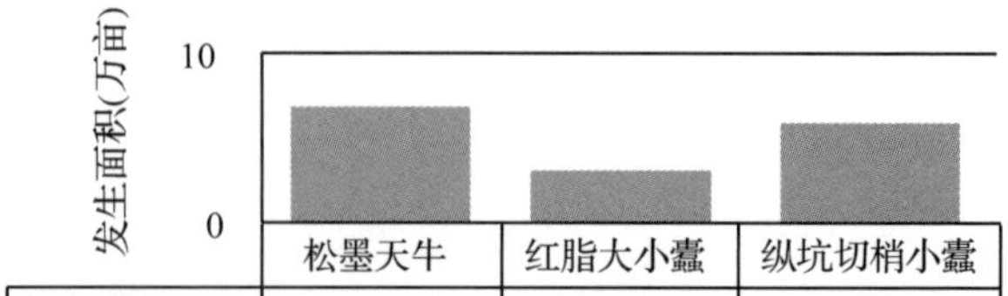

	松墨天牛	红脂大小蠹	纵坑切梢小蠹
发生面积(万亩)	6.81	3.06	5.87

图 17-14　河南省 2021 年松树钻蛀害虫分种发生情况

松墨天牛轻度发生 6.81 万亩，同比略有上升。发生于南阳市的西峡、桐柏，信阳市的新县、固始，驻马店市的确山、泌阳。

松纵坑切梢小蠹轻度发生 5.87 万亩，同比增加 0.11 万亩、上升 1.91 %。主要发生于三门峡市的卢氏、灵宝，南阳市的南召、西峡、内乡、淅川，信阳市的浉河、光山。

红脂大小蠹发生 3.06 万亩，以轻度发生为主，同比减少 0.42 万亩、下降 12.07%。发生在新乡市的辉县、焦作市的修武、安阳市的林州及济源。

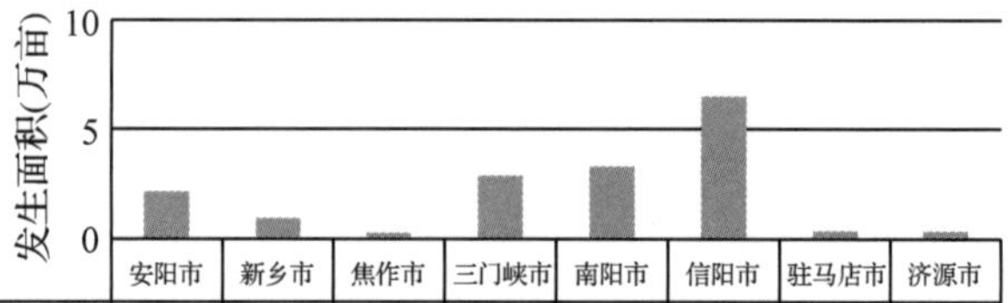

	安阳市	新乡市	焦作市	三门峡市	南阳市	信阳市	驻马店市	济源市
发生面积(万亩)	2.07	0.86	0.03	2.80	3.27	6.50	0.11	0.10

图 17-15　河南省 2021 年松树钻蛀害虫分地区发生情况

9．栎类食叶害虫

发生 26.44 万亩，其中，轻度发生 25.87 万亩、中度发生 0.49 万亩、重度发生 0.08 万亩，占全省林业有害生物发生总面积的 3.66%，同比增加 0.71 万亩、上升 2.76%。主要发生于郑州、洛阳、平顶山、安阳、三门峡、信阳、驻马店、南阳、济源 9 市的部分县(市、区)，主要种类有栎黄掌舟蛾、栓皮栎尺蛾、黄连木尺蛾、栎粉舟蛾、黄二星舟蛾、栓皮栎薄尺蛾、舞毒蛾、栗黄枯叶蛾。

(1)栓皮栎尺蛾发生 6.93 万亩，同比增加 0.59 万亩、上升 9.31%，主要发生在郑州市的新密，平顶山市的舞钢、汝州，南阳市的南召、方

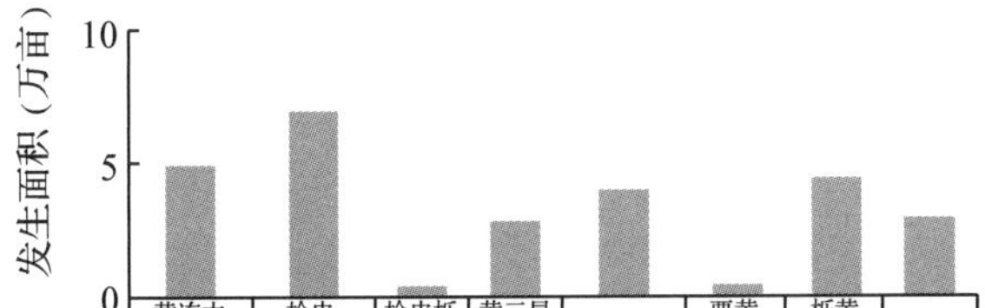

	黄连木尺蛾	栓皮栎尺蛾	栓皮栎薄尺蛾	黄二星舟蛾	栎纷舟蛾	栗黄枯叶蛾	栎黄掌舟蛾	舞毒蛾
发生面积(万亩)	4.91	6.93	0.32	2.76	3.92	0.37	4.37	2.86

图 17-16　河南省 2021 年栎类食叶害虫分种发生情况

城、西峡、镇平、内乡、淅川、桐柏，驻马店市的确山、泌阳。

(2)黄连木尺蛾发生 4.91 万亩，同比减少 0.23 万亩、下降 4.47%，发生于洛阳市的新安、栾川，安阳市的林州，三门峡市的陕州、渑池、灵宝。

(3)栎黄掌舟蛾发生 4.37 万亩，同比减少 1.92 万亩、下降 30.52 %。主要发生在洛阳市的新安、嵩县、汝阳，平顶山市的叶县、鲁山、郏县、舞钢、汝州，驻马店市的驿城、确山、泌阳。

(4)舞毒蛾发生 2.86 万亩，同比减少 0.52 万亩、下降 15.38%，以轻度发生为主。发生在郑州市的登封、洛阳市的新安、嵩县、安阳市的林州。

(5)栎粉舟蛾发生 3.92 万亩，同比增加 1.02 万亩、上升 35.17%，以轻度发生为主。发生在洛阳市的新安、嵩县、汝阳、宜阳，南阳市的南召、西峡、镇平、内乡、淅川及济源。

(6)黄二星舟蛾发生 2.76 万亩，以轻度发生危害为主。发生在平顶山市的叶县、鲁山，南阳市的南召、方城、内乡、社旗，信阳市的平桥、罗山，驻马店市的驿城、确山、泌阳。

(7)栗黄枯叶蛾发生 0.37 万亩，以轻度发生为主。发生在洛阳市的新安、嵩县和信阳市的固始。

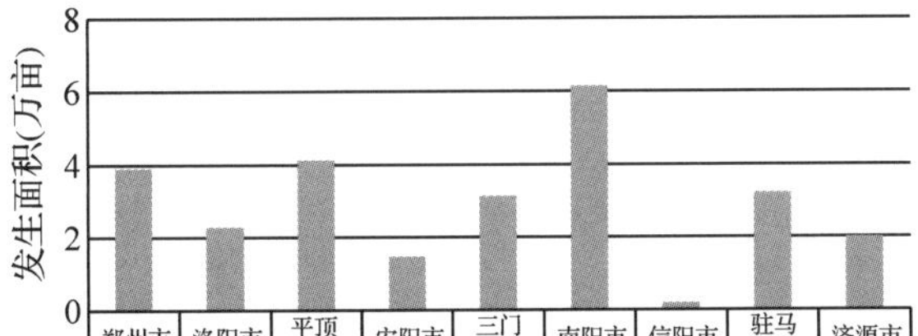

	郑州市	洛阳市	平顶山市	安阳市	三门峡市	南阳市	信阳市	驻马店市	济源市
发生面积(万亩)	3.9	2.28	4.12	1.47	3.12	6.15	0.19	3.21	2.00

图 17-17　河南省 2021 年栎类食叶害虫分地区发生情况

(8)栓皮栎薄尺蛾发生 0.32 万亩，以轻度发生为主，同比略有上升。主要发生在驻马店市的确山、泌阳。

10. 栎类蛀干害虫

发生 2.54 万亩，以轻度发生危害为主，同比减少 0.21 万亩、下降 7.24%。主要种类有栎旋木柄天牛、云斑白条天牛。

栎旋木柄天牛发生 1.92 万亩，主要发生在洛阳市的嵩县、汝阳、宜阳，南阳市的西峡、淅川及济源市。

云斑白条天牛轻度发生 0.62 万亩，发生于南阳市的西峡、淅川。

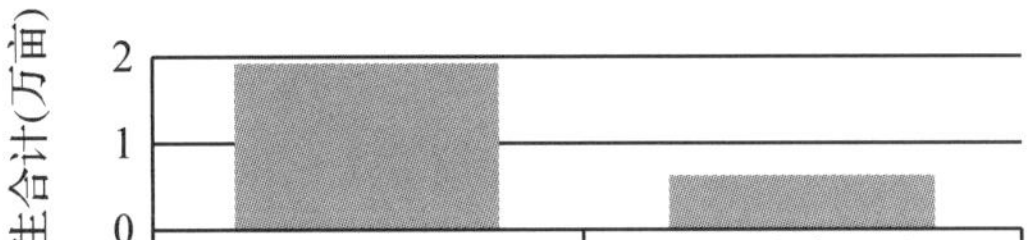

	栎旋木柄天牛	云斑白条天牛
发生面积(万亩)	1.92	0.62

图 17-18　河南省 2021 年栎类蛀干害虫分种发生情况

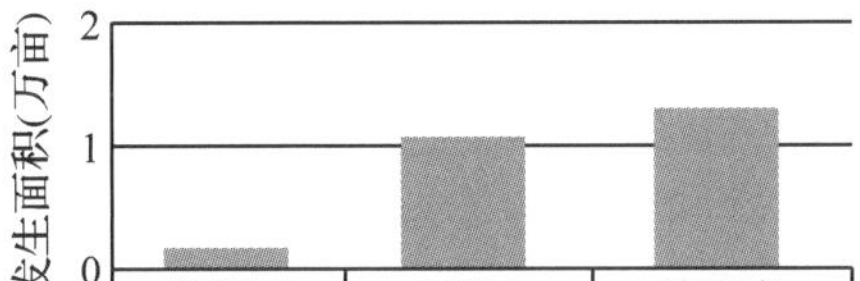

	洛阳市	南阳市	济源市
发生面积(万亩)	0.17	1.07	1.30

图 17-19　河南省 2021 年栎类蛀干害虫分地区发生情况

11. 泡桐有害生物

发生 4.42 万亩，以轻度发生危害为主，同比减少 0.47 万亩、下降 9.61%。主要种类有泡桐丛枝病、北锯龟甲、大袋蛾等。发生于郑州、开封、洛阳、平顶山、安阳、鹤壁、三门峡、商丘、周口 9 市的部分县(市、区)。

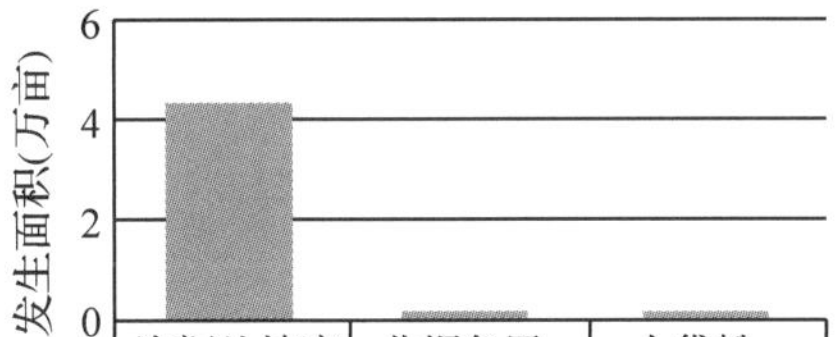

	泡桐丛枝病	北锯龟甲	大袋蛾
发生面积(万亩)	4.33	0.05	0.04

图 17-20　河南省 2020 年泡桐有害生物分种发生情况

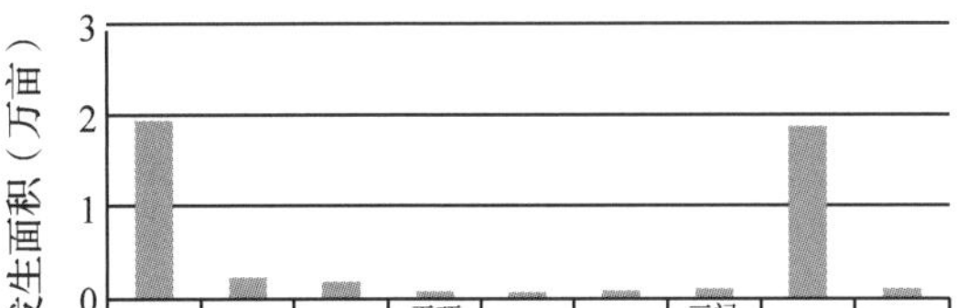

	郑州市	开封市	洛阳市	平顶山市	安阳市	鹤壁市	三门峡市	商丘市	周口市
发生面积（万亩）	1.94	0.21	0.17	0.02	0.01	0.02	0.09	1.87	0.09

图 17-21　河南省 2021 年泡桐有害生物分地区发生情况

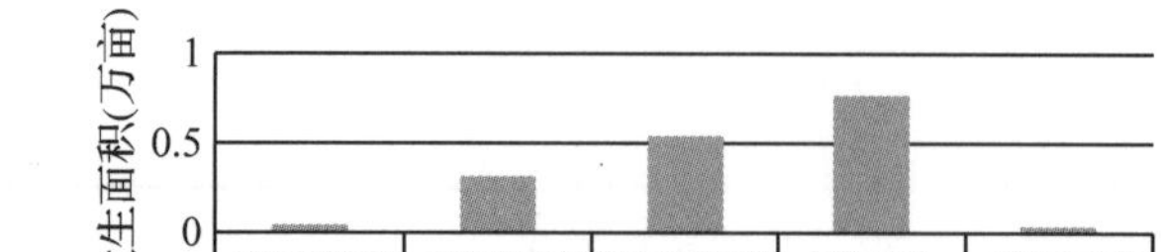

	刺槐白粉病	刺槐叶斑病	刺槐外斑尺蛾	刺槐尺蠖	桑褶翅尺蛾
发生面积(万亩)	0.02	0.32	0.54	0.77	0.01

图 17-22 河南省 2021 年槐树有害生物分种发生情况

12. 槐树有害生物

发生 1.66 万亩，同比减少 0.08 万亩、下降 4.60%，主要种类为刺槐白粉病、刺槐叶斑病、刺槐尺蠖、刺槐外斑尺蠖、桑褶翅尺蛾。发生于郑州、洛阳、平顶山、新乡、商丘、济源 6 市的部分县(市、区)，轻度发生危害。

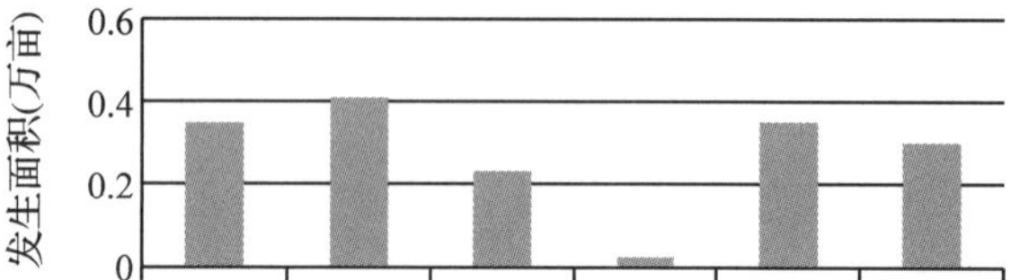

	郑州市	洛阳市	平顶山市	新乡市	商丘市	济源市
发生面积(万亩)	0.35	0.41	0.23	0.02	0.35	0.30

图 17-23 河南省 2021 年槐树有害生物分地区发生情况

13. 枣树有害生物

发生 2.96 万亩，以轻度发生危害为主。同比减少 0.47 万亩、下降 13.70%，主要种类有枣疯病、枣尺蛾、桃蛀果蛾。发生于郑州市新郑、安阳市内黄和三门峡市灵宝。

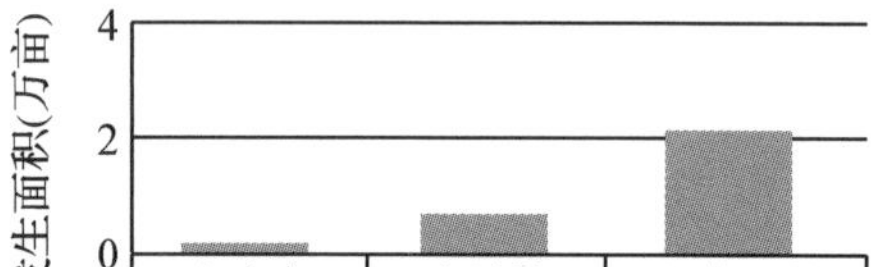

	枣疯病	枣尺蛾	桃蛀果蛾
发生面积(万亩)	0.16	0.67	2.13

图 17-24 河南省 2021 年枣树有害生物分种情况

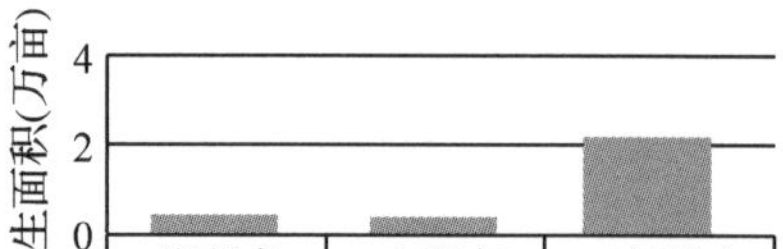

	郑州市	安阳市	三门峡市
发生面积(万亩)	0.42	0.37	2.17

图 17-25 河南省 2021 年枣树有害生物分地区发生情况

14. 核桃有害生物

发生 5.40 万亩，轻度发生危害，同比增加 1.64 万亩、上升 43.62%；主要是种类有核桃细菌性黑斑病、核桃溃疡病、核桃举肢蛾、核桃小吉丁。发生于郑州、洛阳、三门峡、济源 4 市。

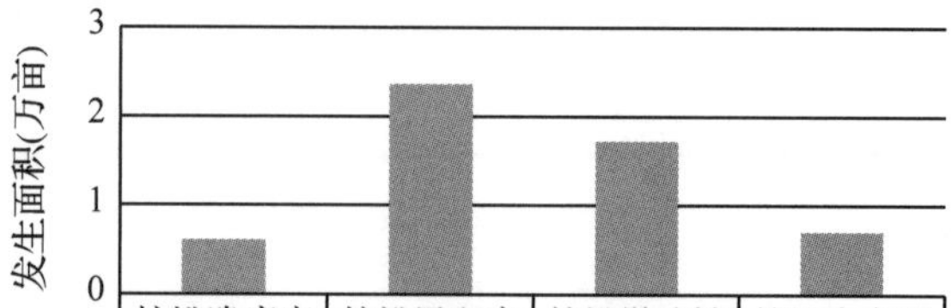

	核桃溃疡病	核桃黑斑病	核桃举肢蛾	核桃小吉丁
发生面积(万亩)	0.61	2.36	1.73	0.70

图 17-26 河南省 2021 年核桃有害生物分种发生情况

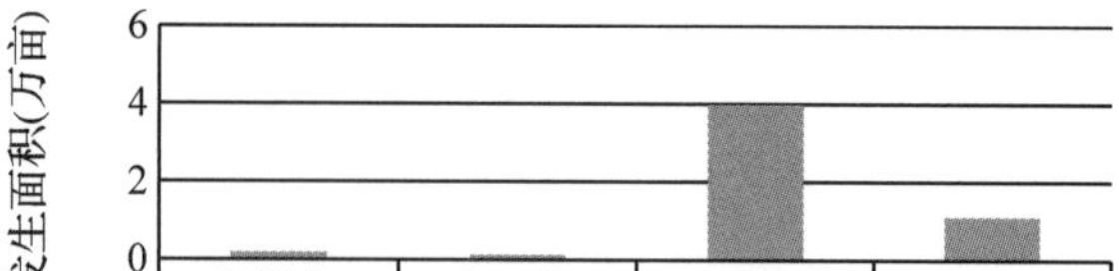

	郑州市	洛阳市	三门峡市	济源市
发生面积(万亩)	0.18	0.13	3.99	1.10

图 17-27 河南省 2021 年核桃有害生物分地区发生情况

15. 悬铃木方翅网蝽

发生 5.26 万亩，其中，轻度发生 4.78 万亩、中度发生 0.44 万亩、重度发生 0.04 万亩，成灾面积 0.01 万亩，同比增加 0.22 万亩、上升 4.37%。发生在郑州、开封、洛阳、平顶山、新乡、商丘。

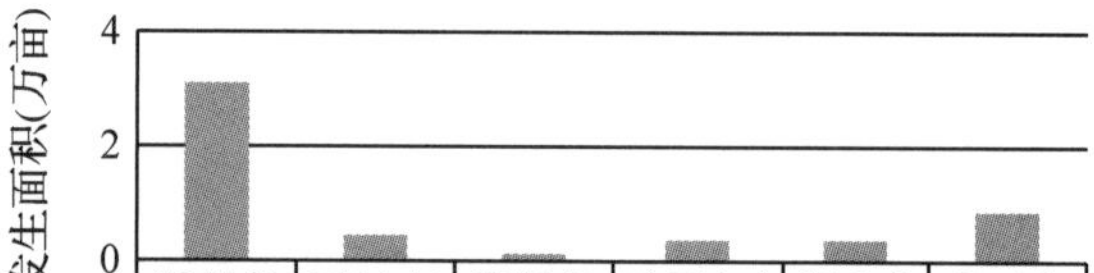

	郑州市	开封市	洛阳市	平顶山市	新乡市	商丘市
发生面积(万亩)	3.10	0.44	0.12	0.37	0.37	0.86

图 17-28 河南省 2021 年悬铃木方翅网蝽发生情况

16. 栎(栗)属种实害虫

发生 0.15 万亩，主要发生在信阳市商城。

17. 其他有害生物

发生 142.76 万亩，其中，轻度发生 136.00 万亩、中度发生 5.97 万亩，重度发生 0.78 万亩，同比减少 6.86 万亩、下降 4.59%；种类有松针褐斑病、合欢枯萎病、梨锈病、重阳木锦斑蛾、杉肤小蠹、黄连木种子小蜂、绿盲蝽、锈色粒肩天牛、淡娇异蝽、膜肩网蝽、丝棉木金星尺蛾等。

(二)发生特点

河南省 2021 年林业有害生物整体发生轻于去年。其中，松材线虫病发生面积减少；美国白蛾整体危害下降、局部有上升抬头趋势，以杨树食叶害虫为主的常发性林业有害生物发生危害稳步下降。

1. 外来检疫性有害生物扩散蔓延趋缓，但是，防控形势依然严峻

2021年，松材线虫病疫区仍为信阳市的新县、光山、罗山和固始，南阳市的西峡、淅川，洛阳市的栾川，三门峡市的卢氏，驻马店市确山县，共计5个省辖市的9个县，发生6.91万亩，同比减少0.11万亩、下降1.57%，未有新发生县级疫区出现。但仍有向外扩散可能，防控形势依然严峻。

2021年，美国白蛾疫区数量保持84个县级行政区，未有新的县级疫区出现。发生84.99万亩，以轻度危害为主，同比下降6.91%。扩散势头得到有效减缓。但是，疫区数量多，与疫区相邻的县(市、区)仍有可能出现新的疫点，防控形势不容乐观。

2. 常发性本土林业有害生物危害得到有效控制，发生、危害逐年下降

表17-2　常发性林业有害生物近年发生面积对比表

类别 / 年份	2015年	2016年	2017年	2018年	2019年	2020年	2021年
杨树食叶害虫发生面积(万亩)	350.14	307.37	306.92	305.46	290.76	289.94	265.85
杨树蛀干害虫发生面积(万亩)	50.67	49.62	46.02	43.73	41.50	39.42	38.70
杨树病害发生面积(万亩)	107.07	91.29	95.83	92.03	85.81	85.26	80.64

林业有害生物发生总面积由2015年的896.81万亩，下降为2021年的722.81万亩，发生总面积逐年减少，危害逐年减轻。作为河南省发生面积最大、危害相对较重的常发性林业有害生物杨树食叶害虫、杨树蛀干害虫、杨树病害呈现出发生面积逐年减少、危害程度逐年下降趋势。

(三)成因分析

1. 多种因素并存导致外来检疫性林业有害生物仍处于扩散蔓延期

一是河南省松树面积大，分布广，寄主植物和媒介昆虫双重因素叠加，使河南省松材线虫病疫情仍处于扩散蔓延期。二是交通物流与商贸活动频繁，从而使疫情仍有扩散蔓延可能。三是人为因素。近年来，交通工程、建筑工程等建设迅速，使用大量木质包装材料，疫情随着包装材料传入成为重要途径，个别违法商贩违规使用疫木是造成疫情人为扩散的重要原因之一。多种因素并存导致松材线虫病在河南省扩散蔓延风险依然存在，防控形势依然严峻。

美国白蛾仍有扩散蔓危险。全省共18个省辖市150多个县(市、区)，目前，14个省辖市的84个县(市、区)有美国白蛾疫情分布，防控形势不容乐观。

2. 各种因素对本土常发性林业有害生物的发生、危害产生了一定抑制作用

一是气候因素。2021年7月以来，全省范围内多有降雨，尤其是7月20日，河南中部、北部地区经历了千年一遇的大暴雨，之后，全省各地降雨偏多，对降低美国白蛾虫口密度、减轻危害起到了积极作用。二是树种结构明显变化。随着树种结构调整力度不断加大，全省林木树种结构发生了显著改变，尤其在平原地区，通道两边的树种多样性增加，杨树比重显著下降，寄主植物的多样性抑制了杨树有害生物发生，导致多种有害生物发生面积减少，危害减轻。三是防控力度明显加大。监测和防控能力的提升和实施，对本土常发性林业有害生物的发生起到了较好的控制作用，多年来全省各级政府和林业主管部门十分重视对美国白蛾、杨树食叶害虫等重大、重要林业有害生物的监测和防治工作，智能化监测系统在多个省辖市应用，使全省对有害生物的监测能力不断提高；近年来，以飞机喷药防治为主、地面防治为辅的防治措施年年开展，防治成效十分明显，有效控制了美国白蛾和杨树食叶害虫等主要林业有害生物的发生和危害。

二、2022 年主要林业有害生物发生趋势预测

（一）2022 年总体发生趋势

根据省气候中心分析：2021/2022 年冬季，豫北和豫西西部降水量偏多 0~2 成、其他地区偏少 0~2 成，平均气温大部偏低 0~1℃，最冷时段出现在 1 月。2022 年春季降水量大部偏少 0~2 成，平均气温全省大部偏高 0~1℃。夏季降水量大部偏多 0~2 成，平均气温全省偏高 0~1℃。

根据全省各地林业有害生物越冬前调查情况、省气候中心预测的气象趋势数据、林业有害生物寄主分布及生长状况、2021 年全省林业有害生物发生和防治情况、主要林业有害生物发生发展规律结合气象因素，以及各市预测情况，经综合分析，预测 2022 年全省主要林业有害生物发生面积约 720 万亩，其中，病害发生面积约 146.47 万亩，虫害发生面积约 573.53 万亩，总体持平，整体以轻度发生为主。

表 17-3　河南省 2022 年主要林业有害生物分类发生趋势预测

病虫分类名称	2021 年实际发生面积（万亩）	2022 年预测发生面积（万亩）	发生趋势	病虫分类名称	2021 年实际发生面积（万亩）	2022 年预测发生面积（万亩）	发生趋势
病虫合计	722.74	720.00	基本持平	栎类食叶害虫	26.44	24.81	下降
松材线虫病	6.91	6.67	下降	栎类钻蛀性害虫	2.54	2.46	基本持平
美国白蛾	84.99	90.12	上升	槐树有害生物	1.66	1.59	下降
日本草履蚧	11.38	11.81	上升	泡桐有害生物	4.42	4.16	下降
杨树食叶害虫	265.85	257.47	下降	核桃有害生物	5.40	4.50	下降
杨树蛀干害虫	38.70	37.74	基本持平	枣树有害生物	2.96	3.39	上升
杨树病害	80.64	80.09	基本持平	悬铃木方翅网蝽	5.26	5.18	基本持平
松树食叶害虫	26.95	31.37	上升	栗种实害虫	0.15	3.70	上升
松树钻蛀性害虫	15.74	15.90	持平	其他有害生物	142.77	139.04	下降

具体发生趋势：一是松材线虫病发生呈下降趋势，但依然存在扩散风险。二是美国白蛾危害将呈上升趋势。三是杨树食叶害虫等本土常发性林业有害生物危害将整体减轻，个别病虫害可能偏重发生。

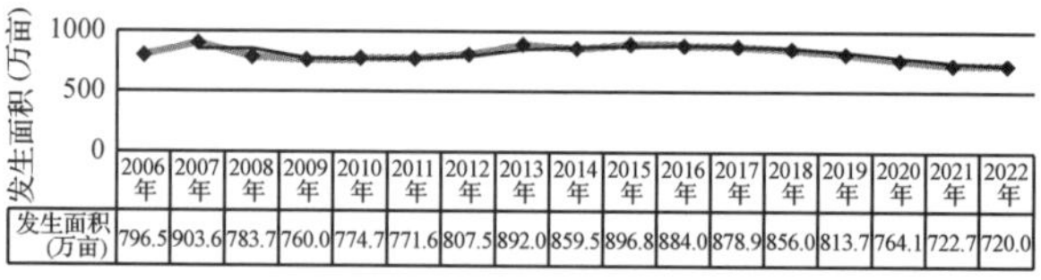

图 17-29　河南省历年林业有害生物发生情况及 2022 年发生预测

表 17-4　河南省 2022 年主要林业有害生物各市总体发生趋势预测

区划名称	2021 年发生面积（万亩）	2022 年预测发生面积（万亩）	发生趋势	区划名称	2021 年发生面积（万亩）	2022 年预测发生面积（万亩）	发生趋势
河南省	722.74	720.00	基本持平				
郑州市	50.81	53.35	上升	许昌市	22.13	21.93	下降
开封市	10.41	10.62	上升	漯河市	19.61	18.74	下降
洛阳市	17.20	17.21	基本持平	三门峡市	58.77	57.75	下降
平顶山市	31.25	30.47	下降	南阳市	121.85	120.00	下降
安阳市	33.09	32.57	下降	商丘市	56.16	56.98	上升
鹤壁市	20.69	20.97	上升	信阳市	78.28	80.84	上升
新乡市	19.98	20.09	上升	周口市	56.59	54.18	下降

（续）

区划名称	2021 年发生面积（万亩）	2022 年预测发生面积（万亩）	发生趋势	区划名称	2021 年发生面积（万亩）	2022 年预测发生面积（万亩）	发生趋势
焦作市	24. 05	23. 36	下降	驻马店市	52. 18	52. 57	上升
濮阳市	40. 74	40. 67	基本持平	济源市	8. 95	7. 70	下降

（二）2022 年主要林业有害生物发生趋势预测

1. 松材线虫病发生呈下降趋势

预测 2022 年发生 6. 67 万亩。涉及信阳市新县、光山、罗山，南阳市淅川、西峡，三门峡卢氏，洛阳市栾川。疫情县可能出现新的疫情林班，与疫情发生区毗邻的县（市、区）可能出现新的疫点。

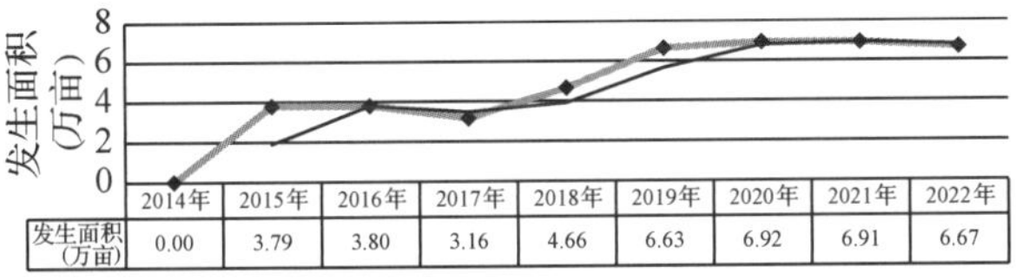

图 17-30　河南省历年松材线虫病发生情况及 2022 年发生预测

预计三门峡、南阳、信阳 3 市发生面积将会减少，洛阳市发生面积基本持平，松材线虫病疫情总体总体发生将呈下降趋势。

表 17-5　河南省 2022 年松材线虫病发生趋势预测

区划名称	2021 年发生面积（万亩）	2022 年预测发生面积（万亩）	发生趋势
河南省	6. 91	6. 67	下降
洛阳市	0. 05	0. 05	持平
三门峡市	0. 47	0. 37	下降
南阳市	0. 15	0. 13	下降
信阳市	6. 24	6. 12	下降

2. 美国白蛾发生将呈上升趋势

预测 2022 年美国白蛾发生 90. 12 万亩，除洛阳、三门峡、南阳、济源 4 市外，其他 14 个市有发生。

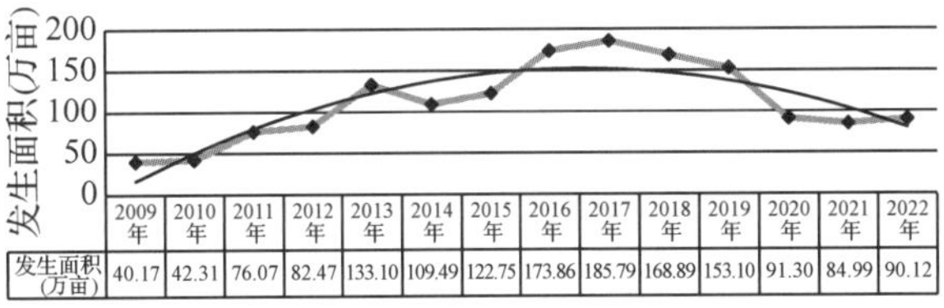

图 17-31　河南省历年美国白蛾发生情况及 2022 年发生趋势预测

预计濮阳市发生面积会略有减少，开封、周口 2 市发生将基本持平，郑州、平顶山、安阳、鹤壁、新乡、焦作、许昌、漯河、信阳、商丘、驻马店等 11 市发生面积将会增加。全省美国白蛾整体危害将呈上升趋势。

3. 杨树食叶害虫发生危害将减轻，继续呈现下降趋势

预测 2022 年发生 257. 47 万亩，发生继续呈下降趋势，局部会出现点状零星成灾。种类有春尺蠖、杨小舟蛾、杨扇舟蛾、黄翅缀叶野螟、杨白纹潜蛾、杨扁角叶爪叶蜂、黄刺蛾、杨柳小卷蛾、杨毒蛾、铜绿异丽金龟等。

表 17-6　河南省 2022 年美国白蛾发生趋势预测

区划名称	2021 年发生面积（万亩）	2022 年预测发生面积（万亩）	发生趋势	区划名称	2021 年发生面积（万亩）	2022 年预测发生面积（万亩）	发生趋势
河南省	84. 99	90. 12	上升				
郑州市	1. 78	3. 00	上升	濮阳市	25. 44	24. 56	下降
开封市	3. 76	3. 81	基本持平	许昌市	0. 33	0. 50	上升
平顶山市	0. 40	0. 50	上升	漯河市	1. 05	1. 40	上升
安阳市	10. 80	11. 42	上升	商丘市	3. 08	3. 45	上升
鹤壁市	12. 80	13. 05	上升	信阳市	8. 22	9. 91	上升

（续）

区划名称	2021 年发生面积（万亩）	2022 年预测发生面积（万亩）	发生趋势	区划名称	2021 年发生面积（万亩）	2022 年预测发生面积（万亩）	发生趋势
新乡市	6.65	7.21	上升	周口市	7.77	7.82	基本持平
焦作市	0.04	0.05	上升	驻马店市	2.87	3.44	上升

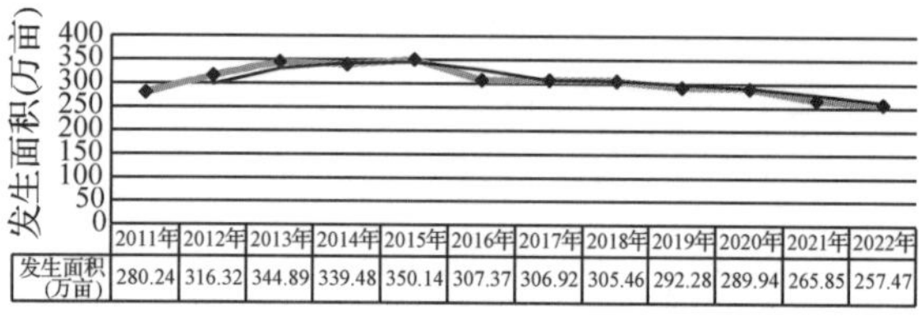

图 17-32　河南省历年杨树食叶害虫发生情况及 2022 年发生预测

郑州、平顶山、南阳、济源 4 市将略呈上升趋势，开封、濮阳、三门峡 3 市基本持平，其他 11 市发生将呈下降趋势。全省 2022 年杨树食叶害虫整体发生将呈下降趋势。

表 17-7　河南省 2022 年各市杨树食叶害虫发生趋势预测

区划名称	2021 年发生面积（万亩）	2022 年预测发生面积（万亩）	发生趋势	区划名称	2021 年发生面积（万亩）	2022 年预测发生面积（万亩）	发生趋势
河南省	265.85	257.47	下降				
郑州市	21.11	22.65	上升	许昌市	3.62	3.31	下降
开封市	2.56	2.58	基本持平	漯河市	9.08	8.26	下降
洛阳市	5.81	5.43	下降	三门峡市	5.60	5.50	基本持平
平顶山市	11.27	11.46	上升	南阳市	60.70	62.00	上升
安阳市	6.83	6.52	下降	商丘市	23.10	22.18	下降
鹤壁市	2.42	2.26	下降	信阳市	29.92	25.62	下降
新乡市	5.65	5.04	下降	周口市	26.20	24.95	下降
焦作市	9.08	8.37	下降	驻马店市	32.12	30.31	下降
濮阳市	7.23	7.33	基本持平	济源市	3.55	3.70	上升

春尺蠖预计发生 7.54 万亩，主要发生在郑州、开封、洛阳、平顶山、安阳、鹤壁、新乡、濮阳、商丘市的部分县(市、区)，发生略呈上升趋势。

表 17-8　河南省 2022 年春尺蠖发生趋势预测

区划名称	2021 年发生面积（万亩）	2022 年预测发生面积（万亩）	发生趋势
河南省	6.44	7.54	上升
郑州市	1.50	2.00	上升
开封市	0.24	0.37	上升
洛阳市	0.03	0.03	持平
平顶山市	0.02	0.06	基本持平
安阳市	1.58	1.65	上升
鹤壁市	0.17	0.14	下降
新乡市	0.50	0.40	基本持平
濮阳市	1.71	1.98	上升
商丘市	0.69	0.91	上升

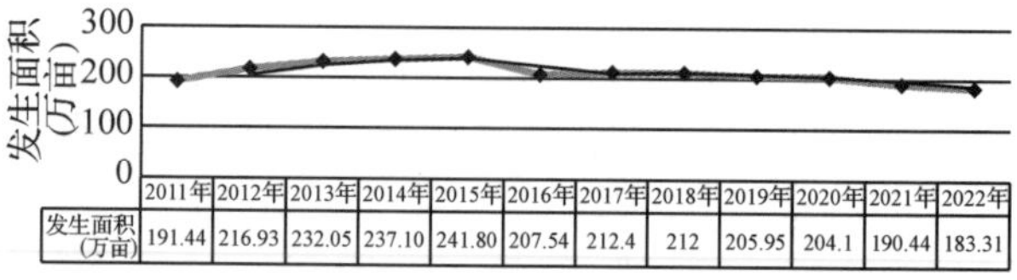

图 17-33　河南省历年来杨树舟蛾发生面积及 2022 年发生预测

杨树舟蛾(杨小舟蛾、杨扇舟蛾)预计发生 183.31 万亩，全省各地均有发生。

郑州、平顶山、南阳、济源 4 市发生面积将略有增加，开封、三门峡 2 市发生将基本持平，其他 12 市预测发生面积将会减少。全省杨树舟蛾发生整体呈下降趋势。

表 17-9　河南省 2022 年各市杨树舟蛾发生趋势预测

区划名称	2021 年发生面积（万亩）	2022 年预测发生面积（万亩）	发生趋势	区划名称	2021 年发生面积（万亩）	2022 年预测发生面积（万亩）	发生趋势
河南省	190. 44	183. 31	下降				
郑州市	15. 11	16. 15	上升	许昌市	2. 15	1. 92	下降
开封市	1. 86	1. 80	基本持平	漯河市	7. 98	7. 32	下降
洛阳市	3. 13	2. 63	下降	三门峡市	1. 61	1. 60	基本持平
平顶山市	9. 91	10. 00	上升	南阳市	46. 77	48. 50	上升
安阳市	4. 88	4. 51	下降	商丘市	13. 17	12. 44	下降
鹤壁市	1. 79	1. 69	下降	信阳市	19. 63	16. 31	下降
新乡市	3. 74	3. 44	下降	周口市	24. 84	23. 52	下降
焦作市	6. 81	6. 41	下降	驻马店市	20. 40	18. 75	下降
濮阳市	3. 25	2. 83	下降	济源市	3. 40	3. 50	上升

其他杨树食叶害虫发生 66. 62 万亩，主要种类有黄翅缀叶野螟、杨白潜蛾、杨扁角叶爪叶蜂、黄刺蛾、杨柳小卷蛾、柳毒蛾、铜绿异丽金龟等，发生将略呈下降趋势。

4. 杨树病害发生继续呈下降趋势

预测发生 80. 09 万亩，发生面积会略有减少，主要种类有杨树黑斑病、杨树溃疡病、杨树烂皮病、杨树白粉病、杨树灰斑病等，叶部病害以杨树黑斑病为主，干部病害以杨树溃疡病为主。

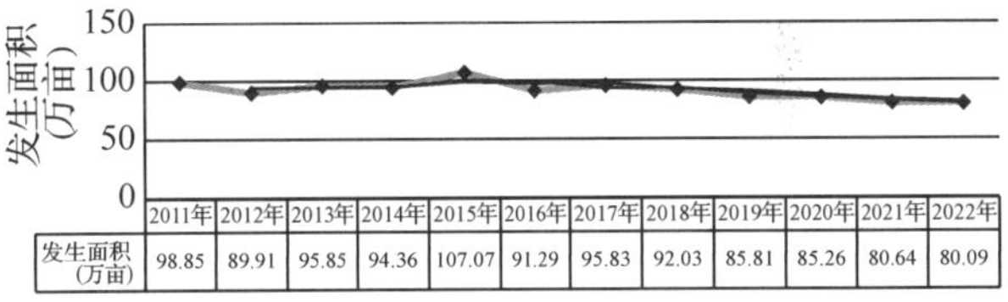

图 17-34　河南省历年杨树病害发生情况及 2022 年发生预测

预计开封、鹤壁、商丘、信阳、驻马店 5 市发生面积略有增加，洛阳、平顶山、安阳、新乡、三门峡、济源 6 市基本持平，郑州、焦作、濮阳、漯河、许昌、南阳、周口 7 市呈下降趋势。全省杨树病害发生整体将呈下降趋势。

表 17-10　河南省 2022 年各市杨树病害发生趋势预测

区划名称	2021 年发生面积（万亩）	2022 年预测发生面积（万亩）	发生趋势	区划名称	2021 年发生面积（万亩）	2022 年预测发生面积（万亩）	发生趋势
河南省	80. 64	80. 09	下降				
郑州市	7. 39	6. 63	下降	许昌市	7. 49	6. 53	下降
开封市	1. 86	1. 98	上升	漯河市	3. 67	3. 25	下降
洛阳市	1. 13	1. 08	基本持平	三门峡市	3. 26	3. 26	持平
平顶山市	0. 98	0. 99	基本持平	南阳市	12. 53	12. 00	下降
安阳市	5. 39	5. 40	基本持平	商丘市	8. 45	9. 30	上升
鹤壁市	0. 97	1. 04	上升	信阳市	4. 71	5. 10	上升
新乡市	1. 79	1. 77	基本持平	周口市	10. 24	9. 53	下降
焦作市	2. 95	2. 84	下降	驻马店市	3. 71	5. 34	上升
濮阳市	3. 82	3. 76	下降	济源市	0. 30	0. 30	持平

5. 杨树蛀干害虫发生略呈下降趋势

预测发生 37.74 万亩，发生面积将略有减少，主要种类有桑天牛、星天牛、光肩星天牛等。

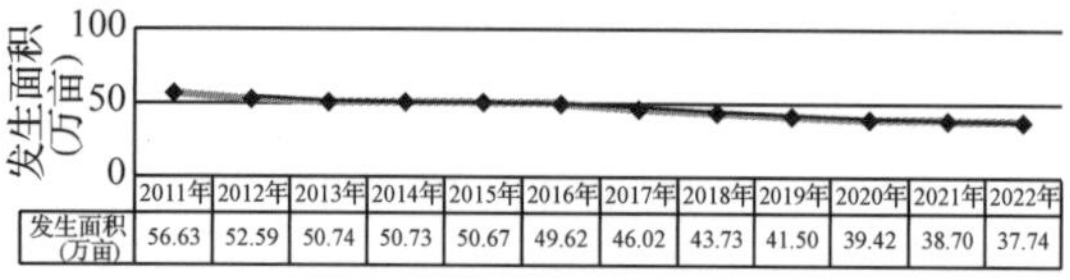

图 17-35　河南省历年杨树蛀干害虫发生情况及 2022 年发生预测

预计新乡、漯河、南阳、商丘、济源 5 市发生面积将略有增加，郑州、开封、洛阳、安阳、鹤壁、濮阳、许昌、三门峡 8 市将基本持平，平顶山、焦作、信阳、周口、驻马店 5 市发生面积将会略有减少。杨树蛀干害虫整体发生将略呈下降趋势。

表 17-11　河南省 2022 年杨树蛀干害虫发生趋势预测

区划名称	2021 年发生面积（万亩）	2022 年预测发生面积（万亩）	发生趋势	区划名称	2021 年发生面积（万亩）	2022 年预测发生面积（万亩）	发生趋势
河南省	38.70	37.74	下降				
郑州市	1.84	1.86	基本持平	许昌市	1.51	1.50	基本持平
开封市	0.31	0.30	基本持平	漯河市	1.29	1.47	上升
洛阳市	0.16	0.19	基本持平	三门峡市	0.67	0.65	基本持平
平顶山市	0.52	0.02	下降	南阳市	15.20	15.50	上升
安阳市	0.03	0.02	基本持平	商丘市	4.02	4.15	上升
鹤壁市	0.19	0.20	基本持平	信阳市	2.77	2.02	下降
新乡市	0.01	0.11	上升	周口市	5.08	4.64	下降
焦作市	1.16	1.10	下降	驻马店市	3.10	2.98	下降
濮阳市	0.84	0.86	基本持平	济源市	0.00	0.20	上升

6. 日本草履蚧将持平或略有上升

预测发生 11.81 万亩，除南阳和信阳 2 市外，全省各市均有发生。

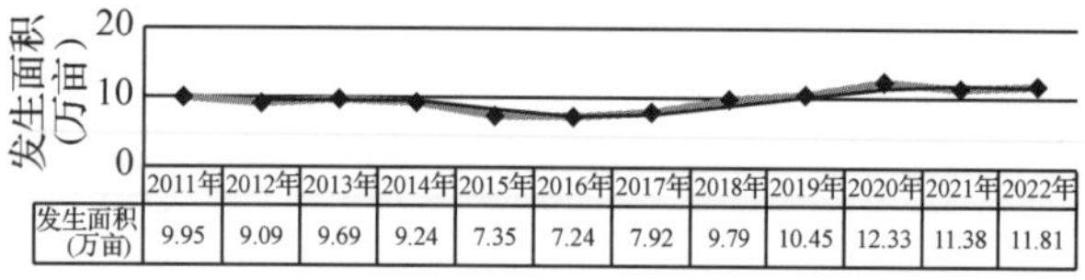

图 17-36　河南省历年来日本草履蚧发生情况 2022 年发生趋势预测

预计郑州、洛阳、安阳、濮阳、商丘 5 市发生面积略有增加，开封、平顶山、鹤壁、焦作、漯河、三门峡、周口、驻马店、济源 9 市发生面积将持平，新乡、许昌 2 市发生面积将略有下降。全省日本草履蚧整体发生将持平或略呈上升趋势。

表 17-12　河南省 2022 年草履蚧发生趋势预测

区划名称	2021 年实际发生面积（万亩）	2022 年预测发生面积（万亩）	发生趋势	区划名称	2021 年实际发生面积（万亩）	2022 年预测发生面积（万亩）	发生趋势
河南省	11.38	11.81	上升				
郑州市	1.75	2.00	上升	濮阳市	0.04	0.17	上升
开封市	0.11	0.13	基本持平	许昌市	0.33	0.27	下降
洛阳市	0.23	0.28	上升	漯河市	1.14	1.16	基本持平
平顶山市	0.06	0.06	持平	三门峡市	0.17	0.17	持平

（续）

区划名称	2021 年实际发生面积（万亩）	2022 年预测发生面积（万亩）	发生趋势	区划名称	2021 年实际发生面积（万亩）	2022 年预测发生面积（万亩）	发生趋势
安阳市	1.46	1.68	上升	商丘市	0.60	0.80	上升
鹤壁市	1.51	1.51	持平	周口市	0.86	0.88	基本持平
新乡市	1.40	1.02	下降	驻马店市	0.08	0.08	持平
焦作市	1.32	1.30	基本持平	济源市	0.30	0.30	持平

7. 松树叶部害虫发生将呈上升趋势

预测发生 31.37 万亩，发生面积将会增加；种类有马尾松毛虫、油松毛虫、松阿扁叶蜂、中华松针蚧、华北落叶松鞘蛾，以中华松针蚧和松阿扁叶蜂发生危害为主，主要发生在洛阳、三门峡、南阳、信阳、驻马店 5 市。

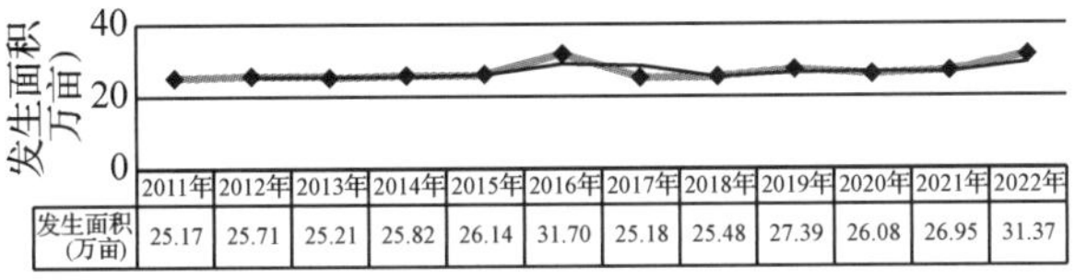

图 17-37 河南省历年松树叶部害虫发生情况及 2022 年发生预测

洛阳、南阳、信阳 3 市发生面积将会增加，驻马店市基本持平，三门峡市发生面积将会略有减少。预计全省松树叶部害虫整体发生略呈上升趋势。

表 17-13 河南省 2022 年松树叶部害虫发生趋势预测

区划名称	2021 年发生面积（万亩）	2022 年预测发生面积（万亩）	发生趋势
河南省	26.95	31.37	上升
洛阳市	3.36	3.55	上升
三门峡市	20.23	20.05	下降
南阳市	1.13	2.00	上升
信阳市	2.03	5.58	上升
驻马店市	0.20	0.19	基本持平

8. 松树钻蛀性害虫发生略呈上升趋势

预测发生面积约 15.90 万亩，发生面积将会增加，种类有松墨天牛、纵坑切梢小蠹、红脂大小蠹，发生在安阳、新乡、焦作、三门峡、南阳、信阳、驻马店、济源 8 市。

安阳、新乡、南阳 3 市发生面积将会增加，焦作、三门峡、驻马店、信阳、济源 5 市发生面积持平。预测全省松树钻蛀性害虫发生将略呈上升趋势。

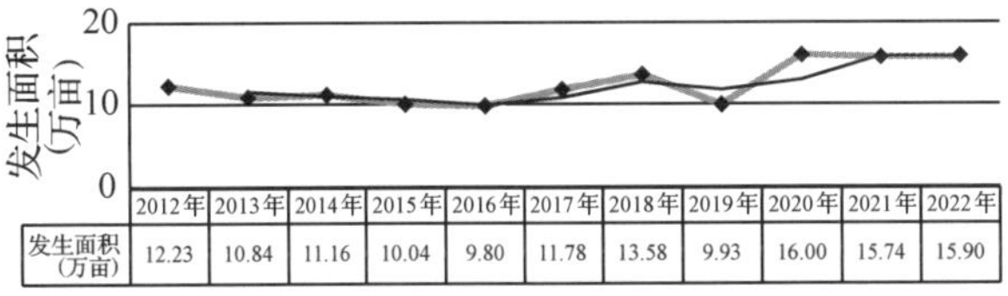

图 17-38 河南省松树钻蛀性害虫历年发生情况及 2022 年发生预测

表 17-14 河南省 2022 年松树钻蛀性害虫发生趋势预测

区划名称	2021 年发生面积（万亩）	2022 年预测发生面积（万亩）	发生趋势
河南省	15.74	15.90	上升
安阳市	2.07	2.10	上升
新乡市	0.86	0.95	上升
焦作市	0.03	0.01	基本持平
三门峡市	2.80	2.81	基本持平
南阳市	3.27	3.30	上升
信阳市	6.50	6.50	持平
驻马店市	0.11	0.13	基本持平
济源市	0.10	0.10	持平

9. 栎类食叶害虫发生呈下降趋势

预测发生 24.81 万亩，发生呈下降趋势。种类有黄连木尺蛾、栗黄枯叶蛾、栓皮栎尺蛾、栎粉舟蛾、黄二星舟蛾、栎黄掌舟蛾、舞毒蛾等。发生于郑州、洛阳、平顶山、安阳、三门峡、南阳、信阳、驻马店、济源 9 市。

图 17-39 河南省栎类食叶害虫历年发生情况及 2022 年发生预测

南阳、信阳、驻马店 3 市将呈上升趋势，洛阳市发生将基本持平，郑州、平顶山、安阳、三门峡、济源 5 市呈将下降趋势。预计全省栎类食叶害虫发生整体将呈下降趋势。

表 17-15 河南省 2022 年栎类食叶害虫发生趋势预测

区划名称	2021 年发生面积（万亩）	2022 年预测发生面积（万亩）	发生趋势
河南省	26.44	24.81	下降
郑州市	3.90	3.80	下降
洛阳市	2.28	2.28	持平
平顶山市	4.12	2.70	下降
安阳市	1.47	1.38	下降
三门峡市	3.12	3.05	下降
南阳市	6.15	6.50	上升
信阳市	0.19	0.85	上升
驻马店市	3.21	3.25	上升
济源市	2.00	1.00	下降

10. 栎类钻蛀性害虫发生将略呈下降趋势

预测发生 2.46 万亩，种类为栎旋木柄天牛、云斑白条天牛，发生于洛阳、平顶山、南阳、信阳、济源 5 个省辖市。

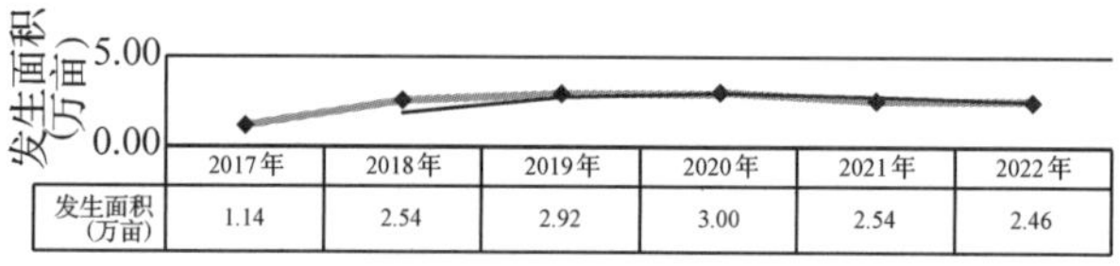

图 17-40 河南省栎类钻蛀性害虫历年来发生情况及 2022 年发生预测

洛阳、平顶山、南阳 3 市发生面积将略有增加，济源市发生面积将明显减少。预计全省栎类钻蛀性害虫整体发生略呈下降趋势。

表 17-16 河南省 2022 年栎类钻蛀性害虫发生趋势预测

区划名称	2021 年发生面积（万亩）	2022 年预测发生面积（万亩）	发生趋势
河南省	2.54	2.46	下降
洛阳市	0.17	0.26	上升
平顶山市		0.50	上升
南阳市	1.07	1.20	上升
济源市	1.30	0.50	下降

11. 泡桐有害生物发生危害将持续减轻

预测发生 4.16 万亩，发生面积有所减少。主要种类为泡桐丛枝病、北锯龟甲、大袋蛾等，发生于郑州、开封、洛阳、平顶山、安阳、鹤壁、三门峡、商丘、周口 9 市。

商丘、周口 2 市面积略有增加，开封、平顶山、安阳、鹤壁、三门峡 5 市发生面积将持平，郑州、洛阳 2 市发生呈明显下降趋势。全省泡桐

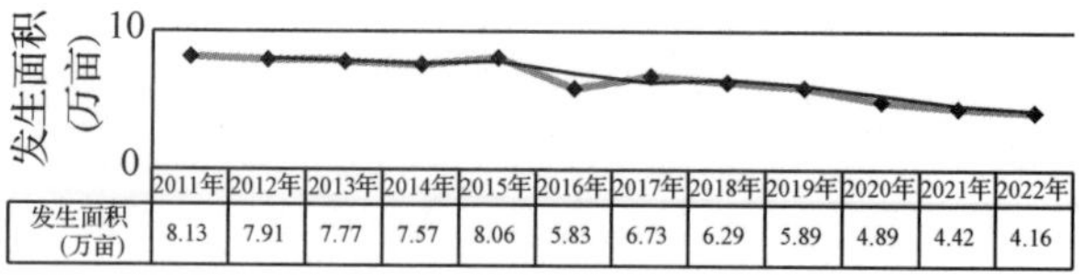

图 17-41 河南省泡桐有害生物历年发生情况及 2022 年发生趋势

表 17-17 河南省 2022 年预测泡桐有害生物发生趋势

区划名称	2021 年发生面积（万亩）	2022 年预测发生面积（万亩）	发生趋势
河南省	4.42	4.16	下降
郑州市	1.94	1.54	下降
开封市	0.21	0.22	基本持平
洛阳市	0.17	0.13	下降
平顶山市	0.02	0.02	持平
安阳市	0.01	0.01	持平
鹤壁市	0.02	0.02	持平
三门峡市	0.09	0.09	持平
商丘市	1.87	1.93	上升
周口市	0.09	0.20	上升

有害生物发生危害整体将持续减轻。

12. 槐树有害生物发生将继续呈下降趋势

预测发生面积约 1.59 万亩，发生面积将略有减少。主要种类为刺槐白粉病、刺槐叶斑病、刺槐尺蠖、刺槐外斑尺蠖、桑褶翅尺蛾等，发生于郑州、洛阳、平顶山、安阳、新乡、商丘、济源 7 市。

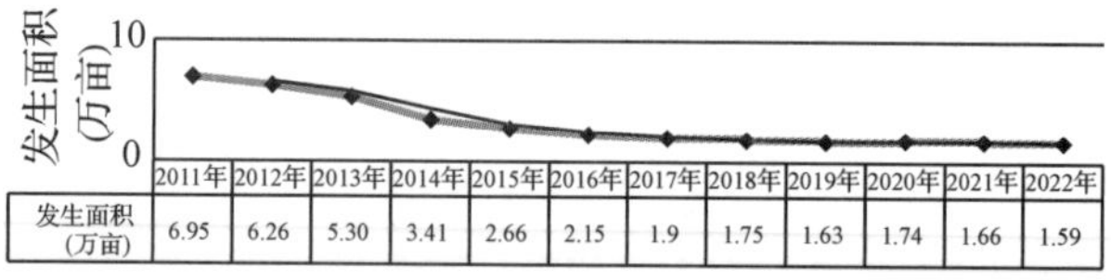

图 17-42 河南省历年来槐树有害生物发生情况及 2022 年发生预测

洛阳、安阳 2 市发生面积将略有增加，郑州、平顶山、新乡、商丘 4 市发生基本持平，济源市发生面积将为零。全省槐树有害生物整体继续将呈下降趋势。

表 17-18 河南省 2022 年槐树有害生物发生趋势预测

区划名称	2021 年发生面积（万亩）	2022 年预测发生面积（万亩）	发生趋势
河南省	1.66	1.59	下降
郑州市	0.35	0.34	基本持平

（续）

区划名称	2021 年发生面积（万亩）	2022 年预测发生面积（万亩）	发生趋势
洛阳市	0.41	0.55	上升
平顶山市	0.23	0.24	基本持平
安阳市	0.00	0.07	上升
新乡市	0.02	0.02	持平
商丘市	0.35	0.37	基本持平
济源市	0.30	0.00	下降

13. 枣树有害生物发生呈上升趋势

预测发生面积约 3.39 万亩，发生面积将会有所增加；主要种类为枣疯病、枣尺蛾、桃蛀果蛾等。发生于郑州、安阳、三门峡 3 市。

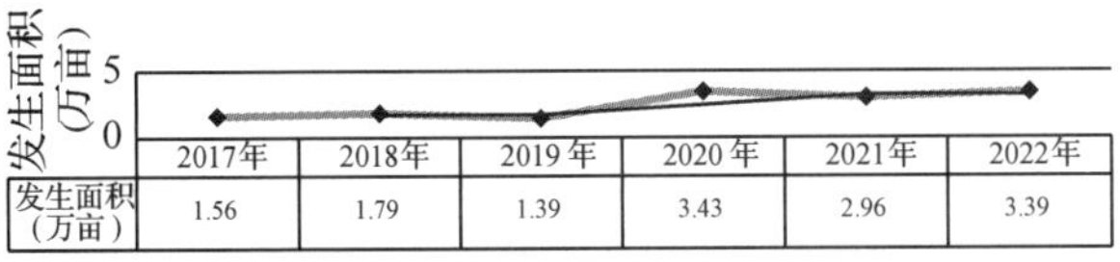

图 17-43　河南省枣树有害生物历年发生情况及 2022 年发生趋势

郑州市发生面积将会增加，三门峡市发生面积基本持平，安阳市发生面积会略有减少。预计全省枣树有害生物发生整体呈上升趋势。

表 17-19　河南省 2022 年枣树有害生物发生趋势预测

区划名称	2021 年发生面积（万亩）	2022 年预测发生面积（万亩）	发生趋势
河南省	2.96	3.39	上升
郑州市	0.42	0.90	上升
安阳市	0.37	0.32	下降
三门峡市	2.17	2.17	持平

14. 核桃有害生物发生危害将会下降

预测发生面积约 4.5 万亩，主要种类为核桃溃疡病、核桃细菌性黑斑病、核桃举肢蛾，发生于郑州、洛阳、新乡、三门峡、济源 5 市。

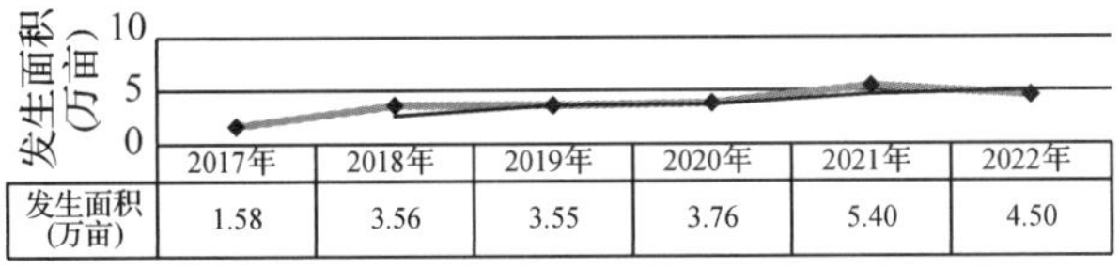

图 17-44　河南省历年来核桃有害生物发生情况及 2022 年发生预测

郑州、洛阳、新乡 3 市发生呈上升趋势，三门峡市基本持平，济源市下降趋势明显。预计全省核桃有害生物发生整体将呈下降趋势。

表 17-20　河南省 2022 年核桃有害生物发生趋势预测

区划名称	2021 年发生面积（万亩）	2022 年预测发生面积（万亩）	发生趋势
河南省	5.40	4.50	下降
郑州市	0.18	0.23	上升
洛阳市	0.13	0.25	上升
新乡市	0.00	0.02	上升
三门峡市	3.99	4.00	基本持平
济源市	1.10	0.00	下降

15. 悬铃木方翅网蝽发生面积将略有减少

预测发生 5.26 万亩，主要发生于郑州、开封、洛阳、平顶山、新乡、商丘 6 市。

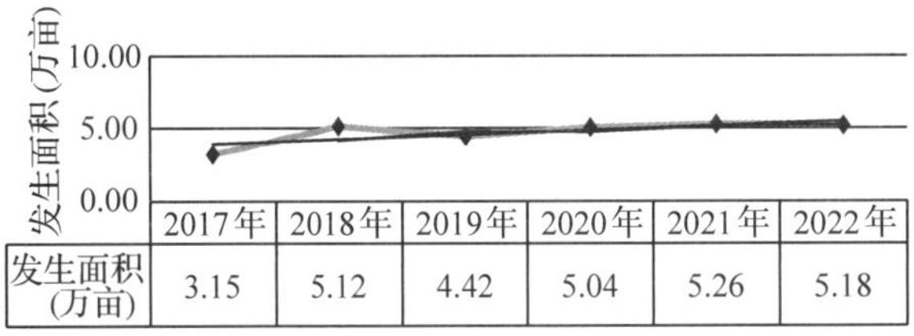

图 17-45　河南省悬铃木方翅网蝽历年发生情况及 2022 年发生预测

郑州市预测发生面积会有所减少，开封、洛阳、平顶山、新乡、商丘 5 市基本持平。全省悬铃木方翅网蝽发生面积整体将略有减少。

表 17-21　河南省 2022 年悬铃木方翅网蝽发生趋势预测

区划名称	2021 年发生面积（万亩）	2022 年预测发生面积（万亩）	发生趋势
河南省	5.26	5.18	下降
郑州市	3.10	3.05	下降
开封市	0.44	0.45	基本持平
洛阳市	0.12	0.10	基本持平
平顶山市	0.37	0.38	基本持平
新乡市	0.37	0.35	基本持平
商丘市	0.86	0.85	基本持平

16. 栎（栗）属种实害虫发生将呈明显上升趋势

预测发生 3.7 万亩，发生呈明显上升趋势，主要发生在信阳市商城县。

17. 其他林业有害生物发生将呈下降趋势

预测发生面积 139.04 万亩，发生面积有所减少，全省各地均有发生。主要种类为松针褐斑病、合欢枯萎病、梨锈病、苹果腐烂病、核桃炭疽病、杉木细菌性叶枯病、重阳木锦斑蛾、杉肤小蠹、黄连木种子小蜂、绿盲蝽、锈色粒肩天牛、淡娇异蝽、膜肩网蝽、丝棉木金星尺蛾等。整体发生呈下降趋势。

三、对策建议

紧紧围绕党中央、国务院印发的《黄河流域生态保护和高质量发展规划纲要》这一重大发展战略，以实施林长制为契机，切实把重大林业有害生物防控工作作为林长制的一项重要内容，强化网格化管理，全面推进全省林业有害生物监测预警、防控减灾和检疫御灾工作。

1. 落实责任，切实做好松材线虫病防控工作

当前松材线虫病疫情受到前所未有的重视，国家林业和草原局就防控工作进行了系统谋划和部署。要提高政治站位，强化相关政策和措施的宣传贯彻落实；要以《全国松材线虫病五年攻坚行动计划》为纲领，以实现“十四五”防控目标为导向，切实做好松材线虫病防控工作；要依法监管疫情防控工作，强化疫情防控行业监管队伍和能力建设，加大疫情防控监管力度，加大对疫情瞒报、疫情除治不力、疫木监管不严等现象的惩治力度。

2. 突出重点，切实做好美国白蛾等林业有害生物防控工作

加大沿黄流域、南水北调中线工程等重点生态部位林业有害生物预防和治理力度，加强联防联治、联防联检区域合作，重点加强对美国白蛾、杨树食叶害虫的综合防控工作，要以减缓蔓延和严防暴发为导向，推行精准预防和治理。要高度关注暴发灾情，采取切实措施，尽可能降低灾害损失。

3. 强化科技支撑，积极推进有关监测、防治技术成果转化应用

积极运用航天遥感、无人机、有人机、物联网等先进技术在防治工作中的应用，对重点生态区开展遥感监测，指导国家级、省级中心测报点应用自动化智能监测系统对区域内重点有害生物开展系统监测。加强对重大林业有害生物防治技术联合攻关，加快新技术推广应用和科技成果转化，着力解决监测、防治、检疫等方面的技术难题。加强与气象、科研等相关部门的协作，建立生产、科研合作平台，加大推进有关技术的研发和成果转化应用力度，进一步提高对新发、突发林业有害生物的应急防控能力。

4. 改革创新，建立健全防治工作新机制

随着当前机构改革的落地，林业有害生物防治工作面临的情况发生了显著变化，一些工作难以落实，传统的防治工作机制难以为继。要适应新形势要求，完善和创新防治制度体系和工作措施。要调动一切有利因素，激发市场活力，积极引导各界力量参与林业有害生物防治工作。要夯实基础，加快天空地相结合的自动化、智能化监测体系建设，建立健全林业有害生物防控工作新模式。

（主要起草人：方松山　朱雨行　郑谊；主审：孙红　李加正）

18 湖北省林业有害生物2021年发生情况和2022年趋势预测

湖北省林业有害生物防治检疫总站

【摘要】2021年全省主要林业有害生物整体发生平稳，发生面积592.2万亩，同比上升0.8%，轻度发生面积占比为73.2%。外来重大林业有害生物扩散蔓延势头得到初步遏制，其中，松材线虫病在黄石港区、石首市、樊城区3个疫区实现无疫情，病死枯死树数量明显下降，三峡库区病死枯死树下降30%以上；美国白蛾发生面积和危害程度持续下降，零星发生，未出现扰民事件；新的外来入侵物种红火蚁在武汉、荆门部分区县非林业用地少量分布，传播扩散风险高；外来有害植物加拿大一枝黄花在武汉、孝感等多地发生，社会关注度高。本土常发性林业有害生物发生总体平稳，以轻度发生为主，局部危害重。其中，马尾松毛虫、杨树食叶害虫、竹类害虫、鼠兔害基数累积，发生面积有所上升；松褐天牛、华山松大小蠹、经济林病虫害因防治力度大，发生面积下降，危害减轻。

全省采取各类措施防治563.4万亩(累计防治作业面积843.3万亩)，其中无公害防治面积513.2万亩，无公害防治率91.1%，实现了预期管理目标。

经综合分析，预计2022年全省林业有害生物将偏重发生，全年发生约630万亩左右，同比呈上升趋势。一是松材线虫病扩散蔓延趋势得到遏制，但疫情基数大，防控任务艰巨。二是美国白蛾发生区疫情得到有效控制，但存在外省输入、省内扩散的风险。三是红火蚁等新的外来入侵物种随苗木运输入侵风险高，防范形势严峻。四是加拿大一枝黄花局地发生，对生物多样性构成一定影响。五是马尾松毛虫、华山松大小蠹、杨树舟蛾、竹类、经济林虫害呈上升趋势，危害加重。六是松褐天牛、林木病害及有害植物整体发生平稳。

针对2022年全省林业有害生物发生趋势，建议：以林长制为抓手，建立健全重大林业有害生物防控工作机制；以外来入侵物种普查为契机，切实加强外来有害生物防控；以创新发展为突破，着力提升防控效能；以宣传发动为引导，营造浓厚防控氛围。

一、2021年林业有害生物发生情况

2021年湖北省主要林业有害生物整体发生平稳，发生592.2万亩(同比上升0.8%)，轻度发生面积占比为73.2%。其中：虫害发生409.4万亩(同比上升0.9%)，病害发生175.8万亩(同比上升0.4%)，森林鼠兔害发生6.9万亩(同比上升38%)，另外有害植物104.9万亩(同比下降4.8%)(图18-1)。

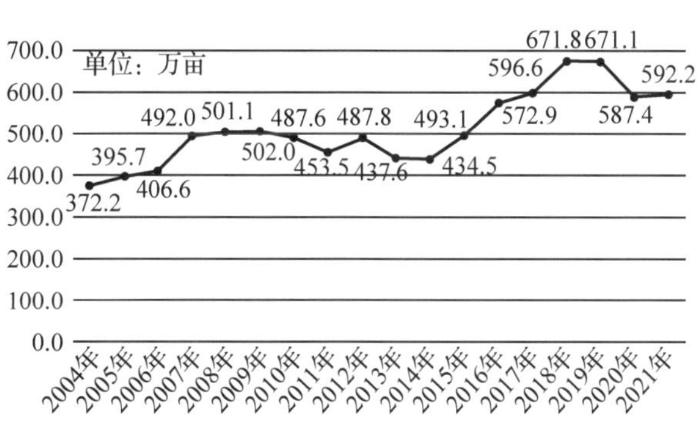

图18-1 2004—2021年湖北主要林业有害生物发生面积

(一)发生特点

外来重大林业有害生物扩散蔓延势头得到初步遏制，其中，松材线虫病在黄石港区、石首市、樊城区3个疫区实现无疫情，病死枯死树数量明显下降，三峡库区病死枯死树下降30%以上；美国白蛾发生面积和危害程度持续下降，零

星发生，未出现扰民事件；新的外来入侵物种红火蚁在武汉、荆门部分区县非林业用地少量分布，传播扩散风险高；外来有害植物加拿大一枝黄花在武汉、孝感等多地发生，社会关注度高。本土常发性林业有害生物发生总体平稳，以轻度发生为主，局部危害重。其中，马尾松毛虫、杨树食叶害虫、竹类害虫、鼠兔害基数累积，发生面积有所上升；松褐天牛、华山松大小蠹、经济林病虫害因防治力度大，发生面积下降，危害减轻。

(二)主要林业有害生物发生情况分述

1. 松材线虫病

2021 年是"十四五"全国松材线虫病疫情防控五年攻坚行动启动年，全省各级党委政府和林业主管部门高度重视，积极推行绩效承包、第三方监管和除治信息化监管等措施，强化防控质量，开展常态化检疫执法行动，严防疫木流失，大部分地区病死枯死树数量较上年同期明显下降，取得了较好的防控效果。据 2021 年秋季普查数据，全省松材线虫病发生面积 141.1 万亩，病死枯死松树 157 万株，比去年下降 16.0%(其中，病死松树 82 万株，比去年下降 15.2%，其他原因枯死松树 75 万株，比去年下降了 16.8%)。疫情涉及 13 个市(州)，82 个县(市、区)，438 个乡(镇)，其中，黄石港区、石首市、樊城区 3 个疫区实现无疫情，无疫情面积 0.2227 万亩。三峡库区病死枯死树下降 30% 以上(图 18-2、图 18-3)。

图 18-2　2018—2021 年湖北松材线虫病发生面积

2. 美国白蛾

据 2021 年美国白蛾成虫性诱监测和幼虫网幕调查统计，全省美国白蛾发生 7725 亩，同比下降 11.5%，呈持续下降态势。美国白蛾在鄂东

图 18-3　2018—2021 年湖北松材线虫病病死树数量

北孝感市的大悟、安陆、孝昌、云梦、孝南，随州市的广水市、随县，黄冈市红安呈点状零星发生。襄阳市的襄州区、枣阳市连续 2 年未诱捕到成虫，有望拔除疫区。非疫区的武汉市东西湖区首次诱捕 5 头越冬代成虫，之后此地及周边区域全年持续开展全面排查，未发现幼虫。各地强化疫情监测，严格落实成虫期性诱监测和幼虫期专项调查，各疫区及时开展 3 代幼虫防治，虫口密度总体较低，轻度零星发生，未引发扰民事件(图 18-4)。

图 18-4　2017—2021 年湖北美国白蛾发生面积

3. 红火蚁

红火蚁是全国农业、林业和进境植物检疫性有害生物，也是全球公认的百种最具危险入侵物种之一。2021 年 5～6 月全省开展红火蚁专项调查，在武汉市蔡甸区大集街绿地美湖住宅区、汉南(经开)区后官湖绿道、东湖高新区佛祖岭一路行道树绿化带、荆门市钟祥市汇源农谷体验园发现红火蚁，林业部门组织了前期调查和防范工作，并向当地政府汇报了疫情，根据职责分工，上述地点疫情防控后续工作分别由当地住建、水利、园林、农业部门牵头组织，林业部门积极参与了联防联治。

4. 马尾松毛虫

马尾松毛虫是湖北省广泛分布的周期性害

虫，一般5～6年一个发生高峰，2016—2017年达到发生高峰期，受发生规律及气候影响，2021年发生面积略呈上升趋势，发生面积57.9万亩，同比上升17.4%，在鄂东北大别山区黄冈大部、孝感大悟及毗邻的武汉黄陂，鄂西北十堰张湾、郧阳、郧西等地发生面积较大。4月、6~7月期间，各马尾松毛虫主要发生区分别采取有人机、无人机喷洒甲维盐、灭幼脲及地面人工喷施白僵菌的方式，对越冬代、第1代幼虫及时进行了防治，达到了有虫不成灾的防治效果(图18-5)。

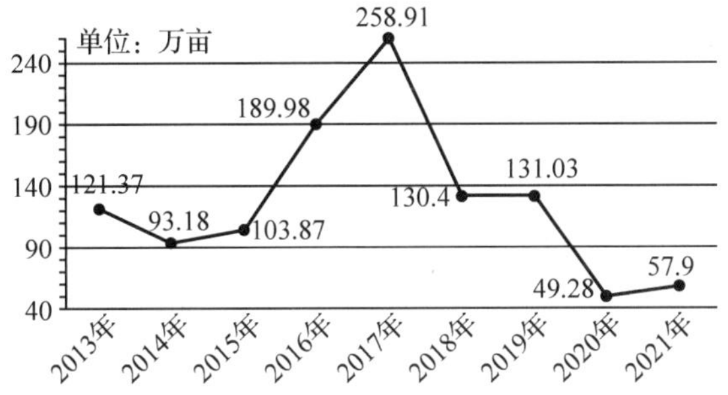

图18-5　2013—2021年湖北马尾松毛虫发生面积

5. 松褐天牛

松褐天牛是松材线虫病的传播媒介，在全省广泛分布。2021年全省发生184万亩，同比下降4.7%。危害较重的地方主要在鄂东的黄冈大部、黄石阳新、武汉黄陂，鄂北随州，鄂中荆门，鄂西北十堰郧阳、张湾、房县，鄂南荆州松滋及三峡库区宜昌夷陵、宜都等地。5~7月，各地陆续采取飞机、无人机、地面人工施药等方式对松褐天牛进行了2~3次药剂防治，全省累计防治296.6万亩。此外，在重点区域开展了松褐天牛成虫发生规律研究、防治效果试验项目，为有效防治提供科学依据(图18-6)。

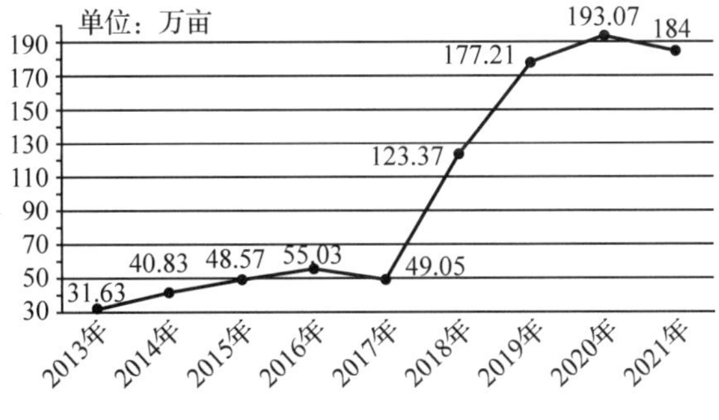

图18-6　2013—2021年湖北松褐天牛发生面积

6. 华山松大小蠹

华山松大小蠹是鄂西北华山松的毁灭性害虫，因个体小、钻蛀危害，前期难以发现，防治手段有限，防治难度较大。2011—2016年，华山松大小蠹在神农架林区大发生，对林区森林资源和生态环境造成了巨大威胁。近几年，通过综合治理，特别是对虫害木实施全面清理，华山松大小蠹种群密度逐渐下降。2021年发生面积0.78万亩，同比下降9.3%，主要发生在鄂西北的神农架林区及周边的宜昌兴山、十堰竹溪、襄阳保康(图18-7)。

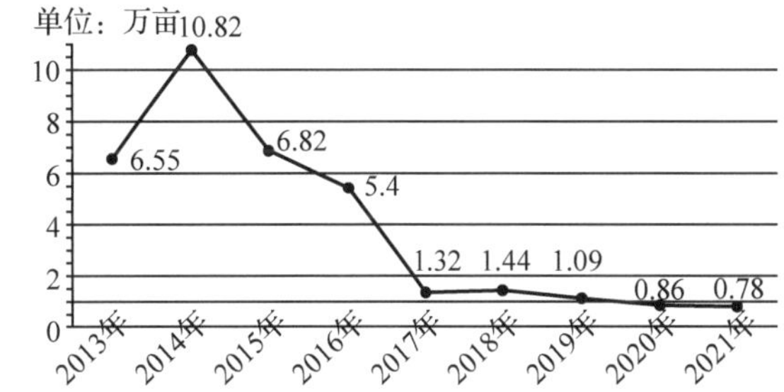

图18-7　2013—2021年湖北华山松大小蠹发生面积

7. 杨树病虫害

杨树病虫害在湖北省杨树产区广泛分布，主要是食叶害虫(杨小舟蛾、杨扇舟蛾)、蛀干害虫(云斑白条天牛、桑天牛)和病害(黑斑病、溃疡病、烂皮病)，全年发生121.4万亩，同比上升6.2%，以轻度发生为主。其中：杨树食叶害虫发生83.4万亩，同比上升11.3%；杨树蛀干害虫发生25.2万亩，同比基本持平；杨树病害发生12.8万亩，同比下降11.1%。主要发生在江汉平原荆州大部、潜江、天门、仙桃，鄂东南咸宁嘉鱼，鄂中荆门沙洋，鄂北襄阳谷城、老河口等地(图18-8、图18-9、图18-10)。

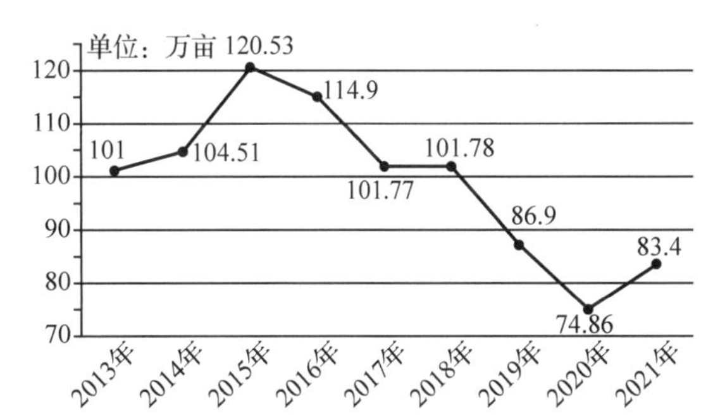

图18-8　2013—2021年湖北杨树食叶害虫发生面积

8. 经济林病虫害

以板栗、核桃、油茶等病虫害为主，全省发生43.2万亩，同比下降9.6%，以轻度发生为主。其中：板栗病虫害发生28.8万亩，同比下

图 18-9　2013—2021 年湖北杨树蛀干害虫发生面积

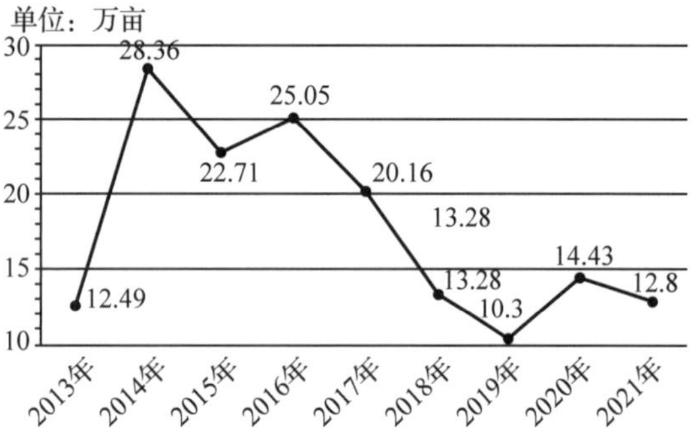

图 18-10　2013—2021 年湖北杨树病害发生面积

降 8.9%，以栗瘿蜂、板栗剪枝象、板栗疫病为主，主要发生大别山区孝感大悟、黄冈罗田、红安等地；核桃病虫害发生 5.8 万亩，同比下降 36.3%，以核桃细菌性黑斑病、核桃长足象、核桃举肢蛾、银杏大蚕蛾为主，主要发生鄂西十堰大部、恩施等地及三峡库区宜昌兴山等地；油茶病虫害发生 7.1 万亩，同比上升 26.8%，以油茶煤污病、油茶炭疽病为主，主要发生在鄂东黄冈麻城、蕲春，咸宁通山、通城，鄂西恩施等地；木瓜锈病发生 1.5 万亩，同比上升 15.4%，发生在十堰郧阳(图 18-11)。

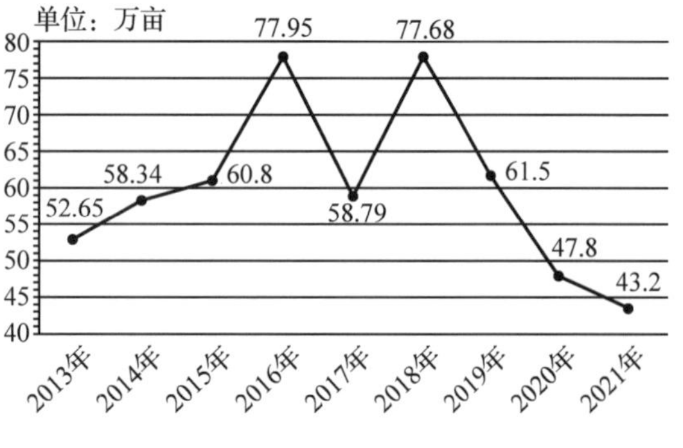

图 18-11　2013—2021 年湖北经济林病虫害发生面积

9. 竹类病虫害

竹类病虫害主要是黄脊竹蝗、刚竹毒蛾、竹笋夜蛾、竹丛枝病、一字竹象。全年发生 12.5 万亩，同比上升 8.7%，以轻度发生为主，主要发生在鄂东南咸宁大部。近年来，咸宁等地注重竹类病虫害的监测防治工作，尤其是 2020 年为应对沙漠蝗虫入侵，各级积极开展黄脊竹蝗监测和防治，竹类病虫害未形成大的危害(图 18-12)。

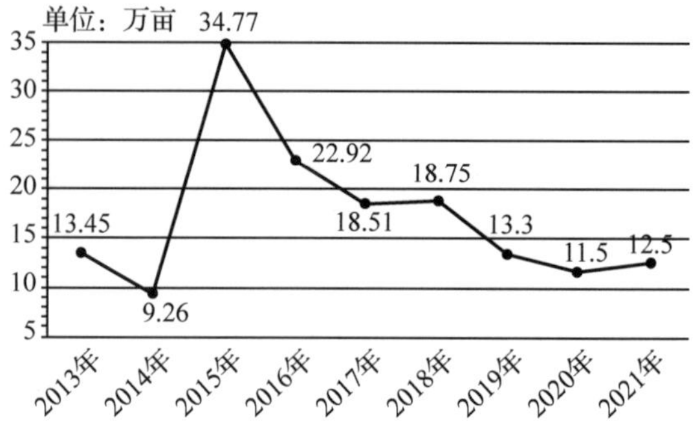

图 18-12　2013—2021 年湖北竹类病虫害发生面积

10. 鼠兔害

鼠兔害主要是草兔、中华鼢鼠。发生 6.9 万亩，同比上升 38%，其中：兔害 2.3 万亩、鼠害 4.6 万亩，主要发生在鄂西北十堰竹溪、竹山、郧阳，鄂东南咸宁崇阳、通城，鄂北襄阳枣阳、南漳等地。

11. 有害植物

有害植物以葛藤为主，少量加拿大一枝黄花。发生 104.9 万亩，同比下降 4.8%，以轻度发生为主。葛藤是本土有害植物，在山区广泛分布，茎蔓生长快，具有较强的攀附和覆盖能力，影响灌木生长，但对乔木影响不大。今年入秋以来，武汉大部、孝感、荆门、襄阳、恩施部分地方发现加拿大一枝黄花，引起社会的广泛关注，经调查大多分布在农地、荒地、路边、城乡结合部；林地外缘有少量分布，面积 1.6 万亩。11 月份在种子成熟前，发生地农林等部门开展联合防除，组织人员采取连根铲除、喷施除草剂的方式进行了防治。

(三)成因分析

1. 异常气候影响林业有害生物发生

气候是影响林业有害生物生长发育重要因素。2020/2021 年冬季气温显著偏高，前冬冷后冬暖，2 月气温历史最高；春季(3~5 月)全省大部平均气温偏高 0.1~1.1℃，有利于害虫越冬蛹的成活，出蛰提前。夏季(6~8 月)降水量江汉平原大部、鄂西南局部、鄂东部分地区偏少1～4.5成，其余大部偏多1成以上，其中鄂西北部分地区偏多5成至1倍；气温较常年同期略偏高0.3℃。秋季(9～11月)温度高，日照多，降水显著偏少。其中江汉平原中北部地区、鄂北、大别山区等地降水量偏少3～7成，干旱晴暖时间持续长，加重了鄂东北地区松树干旱枯萎死亡情况，有利于害虫的发育和虫口积累，马尾松毛虫、杨树舟蛾、竹类害虫等发生面积上升。

2. 人为活动加大外来物种入侵风险

随着经济快速发展，经贸、物流、旅游等活动往来日益频繁，加之各地通讯电力网路建设、铁路公路施工等大型工程建设较多，为外来有害生物跨区域、大范围传播蔓延提供了机会，人为传播风险加大，松材线虫病、美国白蛾、红火蚁、加拿大一枝黄花等外来林业有害生物防控形势依然严峻。

3. 森林健康状况欠佳，抵御灾害能力不足

湖北省林分结构以松、杨为主，且多为纯林，为松褐天牛、马尾松毛虫、杨树食叶害虫提供了广阔的生存和繁育环境，而松褐天牛在松林中的广泛分布，有利于松材线虫病的传播扩散。近些年各地大力发展核桃、油茶等经济林产业，大量种植纯林、栽植密度过大，生物多样性低，且外地品种适应性差，导致林分处于亚健康状态，抗性差，为病虫害大发生创造了客观条件。

4. 防控意识提高，防治效果显现

各地积极贯彻落实《湖北省林业有害生物防治条例》，强化政府防控主体责任，加强林业有害生物防治普法宣传，强化组织领导，加大资金投入，稳步推进松材线虫病、美国白蛾疫情防控攻坚行动，积极开展马尾松毛虫、杨树食叶害虫等常发性林业有害生物监测预防，取得了显著的防治效果。

二、2022年林业有害生物发生趋势预测

(一)2022年总体发生趋势预测

1. 预测依据

据气象部门预测，2021年12月至2022年2月湖北省平均气温大部偏低，降水量除鄂西北北部及鄂北岗地偏多1～3成外，大部偏少1～3成。2022年3～4月全省平均气温全省大部偏高0.2～0.8℃；降水量鄂西西部偏多1～2成，其他大部偏少1～3成。5～9月总雨量鄂西北和鄂东东部偏多1～2成，其他大部偏少1～2成；温度鄂东东部偏低0.1～0.5℃，其他大部偏高0.1～1℃。据上述气象条件，根据各地越冬虫口基数调查、2021年主要林业有害生物发生及防治情况，结合专家会商意见，综合形成2022年主要林业有害生物发生趋势预测。

2. 预测结果

经综合分析，预计2022年全省林业有害生物将偏重发生，全年发生630万亩左右，同比呈上升趋势。其中，虫害发生450万亩，病害发生170万亩，鼠(兔)害发生6万亩。此外，有害植物发生110万亩。

总体趋势：一是松材线虫病扩散蔓延趋势得到遏制，但疫情基数大，防控任务艰巨。二是美国白蛾发生区疫情得到有效控制，但存在外省输入、省内扩散的风险。三是红火蚁等新的外来入侵物种随苗木运输入侵风险高，防范形势严峻。四是加拿大一枝黄花局地发生，对生物多样性构成一定影响。五是马尾松毛虫、华山松大小蠹、杨树舟蛾、竹类、经济林虫害呈上升趋势，危害加重。六是松褐天牛、林木病害及有害植物整体发生平稳。

(二)分种类发生趋势预测

1. 松材线虫病

松材线虫病扩散蔓延趋势得到遏制，乡镇疫点、疫情小班和病死树数量将呈下降趋势，预计发生140万亩。随着“十四五”松材线虫病疫情防控五年攻坚行动的实施，湖北省将逐步实现“控制一批、压缩一批、拔除一批”的疫情防控总体目标，但疫情分布点多面广、病死树基数大，防控任务还很艰巨。当前要着重加强神农架等预防区的监测预防，同时，要切实做好疫区疫木的彻底清理和封锁监管，确保各项防控措施落实到位，进一步巩固防控成效，进一步控制疫情。

2. 美国白蛾

美国白蛾发生区疫情得到有效控制，虫口密度整体维持在较低、稳定的状态，预测发生

0.7万亩，持续呈下降趋势。然而，现有疫区均相邻且与邻省疫区接壤，务必做好联防联治、全面防控，如有漏防，有局部成灾风险。襄阳的枣阳、襄州一直未发现幼虫，连续2年未诱捕到成虫，有望拔除疫情。美国白蛾随苗木调运、交通工具远距离传播风险高，武汉邻近疫区区域已诱捕到少量成虫，有传入疫情的风险，武汉、黄冈、荆州、十堰、荆门等区域要切实抓好监测调查和检疫监管，要外防输入、内防扩散，严防出现新疫情。

3. 红火蚁等新的外来入侵物种

红火蚁可通过飞行自然传播，更容易随植物、土壤、运输工具远距离人为传播，扩散风险较高，目前已在武汉、荆门少量分布，要采取切实有效措施就地灭杀封锁疫情，严防扩散。在办理林木种子、苗木、草坪草和其他繁殖材料检疫审批时，要实施严格检疫，严防红火蚁等新的外来入侵物种传入。

4. 马尾松毛虫

根据马尾松毛虫周期性发生规律，结合2022年气候条件，预计全省发生70万亩，呈上升趋势。大别山区黄冈、孝感，鄂西北十堰等老虫源地虫口密度较大，要关注虫情动态，及时组织防治，防止局部成灾。

5. 松褐天牛

近年来，各地扎实开展松材线虫病疫情防控，通过疫木清理、药剂防治，松褐天牛种群密度得到一定程度控制，预计发生170万亩，整体发生平稳，在鄂东的黄冈、武汉、咸宁，鄂北随州，鄂中荆门，鄂西北十堰，鄂南荆州松滋及三峡库区宜昌夷陵等地偏重发生。

6. 华山松大小蠹

鄂西北华山松树龄整体较大，成、过熟林多，健康状况欠佳，2022年高温少雨气候易加重树势衰弱，华山松大小蠹是次期性害虫，喜危害衰弱木，预计危害将加重，全年发生1万亩，重点发生在鄂西北的神农架林区及周边的宜昌兴山、十堰竹溪、襄阳保康、恩施巴东。

7. 杨树病虫害

预计发生130万亩，其中：杨树食叶害虫发生约90万亩，呈上升趋势，2022年夏季全省大部雨量偏少、气温偏高，有利于食叶害虫发生；杨树蛀干害虫发生约30万亩，呈上升趋势；杨树病害发生约10万亩，呈下降趋势。主要发生在江汉平原的荆州、仙桃、潜江、天门及武汉、咸宁、孝感等地，在局部地区可能暴发。

8. 经济林病虫害

近些年各地大力发展经济林产业，大量外地引种、大面积纯林栽植，造成经济林水土不服、生物多样性匮乏、抗病虫能力差，致使病虫害发生严重，加之气候因素，预计发生47万亩，同比上升。其中：板栗病虫害(栗瘿蜂、板栗剪枝象、板栗疫病)发生约28万亩，同比持平，主要发生在大别山区；核桃病虫害(核桃细菌性黑斑病、核桃长足象、核桃举肢蛾)发生约8万亩，同比上升，主要发生在鄂西十堰、恩施，鄂北襄阳，三峡库区宜昌等地；油茶病虫害(油茶煤污病、油茶炭疽病)发生约10万亩，同比上升，主要发生在鄂东黄冈、黄石、咸宁等地；木瓜锈病发生约1.5万亩，同比持平，发生在鄂西北十堰郧阳。经济林病虫害直接关系到贫困山区林农经济利益，应切实做好监测和防治技术指导。

9. 竹类病虫害

受2022年气候影响，以黄脊竹蝗、刚竹毒蛾为主的竹类病虫害预计发生13万亩，同比有所上升，主要发生在鄂东南咸宁地区。

10. 鼠兔害

预计发生6万亩，呈下降趋势，其中：兔害1万亩、鼠害5万亩，主要发生在鄂西北十堰、襄阳，鄂东南咸宁等地，危害新造林。

11. 有害植物

有害植物繁殖力强，侵占农林用地、影响其他植物生长，近些年，其危害逐渐引起重视，各地加大了防治力度，预计2022年有害植物整体发生平稳，发生110万亩左右，同比持平，其中葛藤约108万亩，加拿大一枝黄花约2万亩。保护地、湿地有可能成为外来有害植物的重点危害区域，需严防入侵，做好防范工作。

三、对策建议

(一)以林长制为抓手，建立健全重大林业有害生物防控工作机制

《中华人民共和国森林法》明确规定，重大林业有害生物疫情防控实行地方政府负责制，主体责任是各级政府。中共中央办公厅国务院办公厅

《关于全面推行林长制的意见》、省委办公厅省政府办公厅《关于全面推行林长制的实施意见》中都明确将松材线虫病防治纳入了林长制的责任范围和考核指标。各地要抓住机遇，主动向党委政府汇报，用好林长制这个杠杆和抓手，发挥好各级总林长总览全局、协调各方的作用，切实推动地方政府按《湖北省林业有害生物防治条例》要求，落实好重大林业有害生物防控主体责任，确保完成松材线虫病防控五年攻坚行动年度任务和总目标。

（二）以外来入侵物种普查为契机，切实加强外来有害生物防控

农业农村部、国家林业和草原局等5部门联合下发《关于进一步加强外来物种入侵防控工作方案的通知》，启动外来入侵物种普查工作，这是全面摸清湖北省外来有害生物分布发生情况、制定防控策略的重要举措。各地林业部门要扎实开展全省所有森林、草原、湿地生态系统外来林业入侵物种普查，重点普查自然保护地，受人为和自然干扰严重的森林和湿地生态系统，经济贸易往来和人类活动频繁地区等外来入侵种重点分布区，强化监测预警，严格实施野生动植物、林草种子、苗木的检疫监管，建立部门协作会商机制，加强外来林业入侵物种综合治理，保障湖北省生物安全和生态安全。

（三）以创新发展为突破，着力提升防控效能

一方面要创新防治机制。针对基层人少事多任务重的现状，各地要适应新形势要求，改进管理方式，完善和创新防控工作模式，统筹乡镇林业站、林场、村级护林员和社会化组织等力量，实行病虫害监测调查网格化管理，大力推行政府购买服务的方式实施专业化防治和第三方质量监管，积极倡导以防控效果可持续控制为考量的多年绩效承包防治。另一方面要创新防治技术。以解决防控工作中“卡脖子”问题和一线需求为导向，加强松材线虫病天空地监测、快捷检测、综合防控、疫木处理等核心技术研究。加快新技术推广应用和科技成果转化，积极应用卫星、无人机遥感监测及物联网等先进技术开展疫情监测预警和疫情除治智能化监管。大力开展多层次业务培训，提高从业人员综合素质。

（四）以宣传发动为引导，营造浓厚防控氛围

继续加大新《中华人民共和国森林法》《关于全面推行林长制的意见》《国务院办公厅关于进一步加强林业有害生物防治工作的意见》《湖北省林业有害生物防治条例》《党政领导干部生态环境损坏责任追究办法》等相关政策法规的宣传力度，提高各级政府和相关部门的生态灾害风险风范意识。像重视新冠肺炎、森林防火一样，重视松材线虫疫情病防控宣传，采取广播电视媒体宣传报道、挂横幅、竖宣传牌、贴告示等方式，广泛宣传松材线虫危害、防控重要性、除治措施及相关责任义务等，营造政府主导、部门协调、社会参与的防控氛围。

（主要起草人：陈亮　戴丽　王君；主审：孙红　李加正）

19 湖南省林业有害生物2021年发生情况和2022年趋势预测

湖北省林业有害生物防治检疫总站

【摘要】2021年湖南省林业草原有害生物发生542.6万亩，比去年下降13.4%。发生特点：一是松材线虫病发生面积与2020年基本持平，疫情基本控制在原有区域，没有出现新的疫情县。二是松毛虫、黄脊竹蝗、松褐天牛发生面积小幅回落。三是杨树病虫害逐渐成为非主要有害生物。四是偶发性有害生物雀丽毒蛾局部地区大面积发生。分析原因，一是近年来全省加强监测预报，及时开展有害生物防治，有效压低了虫口基数，降低了风险。二是松毛虫发生受周期性影响进入较平稳的阶段。三是2021年上半年低温多雨天气，使松褐天牛、黄脊竹蝗等有害生物出蛰和羽化推迟。四是杨树面积进一步减少，杨树病虫害发生面积持续下降。五是9月持续罕见高温，造成雀丽毒蛾等偶发性有害生物发生。预测2022年林业草原有害生物发生面积与2020年略有增长，全省发生面积590万亩，局部将成灾，松材线虫病防控压力持续位于高位。要做好2022年有害生物防控工作，一是建立健全松材线虫病防控林长履责机制，进一步做好松材线虫病等重大林业有害生物防控。二是进一步加强监测预警。三是进一步提升防灾能力。

一、2021年林业有害生物发生情况

2021年，湖南省林业草原有害生物发生542.6万亩，比去年下降13.4%。其中虫害发生400.9万亩，比去年下降16.8%；病害发生141.6万亩，比去年下降2.1%。防治面积399.4万亩，其中无公害防治355.2万亩，无公害防治率88.9%。2021年成灾面积111.6万亩，成灾率6.68%，主要为松材线虫病成灾(图19-1)。

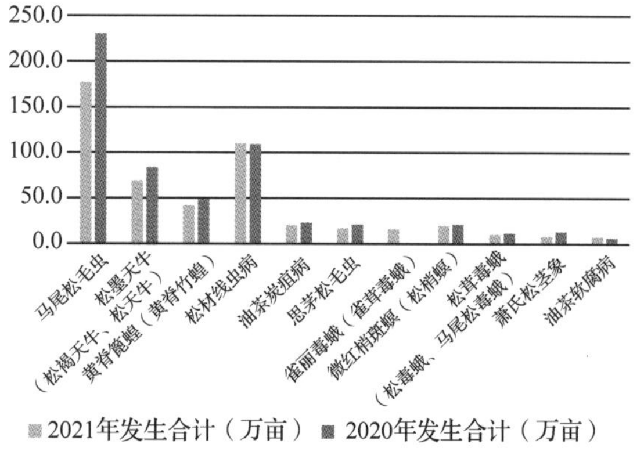

图19-1 湖南省2021年林业草原有害生物发生情况

(一)发生特点

一是松材线虫病发生面积较2020年基本持平，疫情基本控制在原有区域，没有出现新的疫情县，有49个松材线虫病疫区(占疫区数量的65.3%)发生面积持平或减少，有近一半的疫区病死松树数量下降，有4个县市区、10个乡镇实现无疫情。11个县市区发生面积增加2000亩以上，有7个县市区乡镇疫点数增加。二是2021年上半年低温多雨天气，使马尾松毛虫、松褐天牛、黄脊竹蝗等有害生物出蛰和羽化推迟，发生面积、虫口密度均较2020年有小幅下降。三是因寄主面积下降，杨树病虫害逐渐成为非主要有害生物。四是偶发性有害生物雀丽毒蛾在局部大面积发生。

(二)主要林业有害生物发生情况分述

1. 常发性林业有害生物

(1)食叶害虫

马尾松毛虫　2021年全省马尾松毛虫发生176.5万亩，较去年下降23.4%，基本为轻度发生，全省各地都有发生，重点发生在怀化市、邵阳市。全省有87个县市区报告马尾松毛虫发生，

其中49个县市区发生超过1万亩，怀化市溆浦、通道发生超过10万亩(图19-2)。

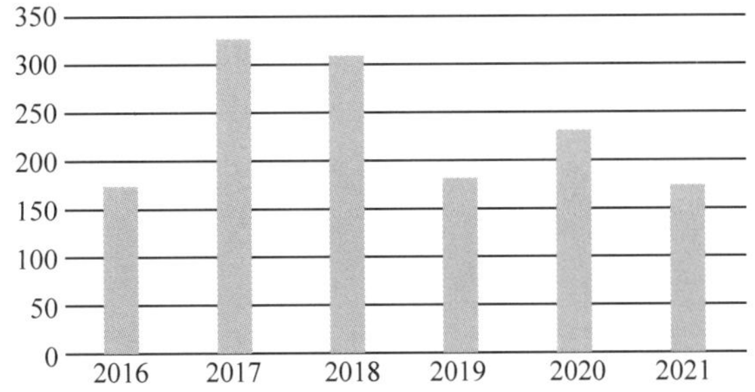

图19-2　湖南省近年来马尾松毛虫发生面积(万亩)

黄脊竹蝗　全省黄脊竹蝗发生42.3万亩，相比2020年年下降12.6%，全省大部分市州均有发生，其中岳阳市、益阳市发生超过5万亩。桃江、岳阳、新邵发生超过3万亩(图19-3)。湖南省高度重视竹蝗的监测和防治工作，多年来坚持做好重点竹林区的联防联治协作，加强长株潭绿心区、怀邵地区、常张益地区的联防联治工作，推广竹腔注射防治、喷烟喷雾防治、尿毒诱杀法等方法防治黄脊竹蝗，取得了比较理想的效果。

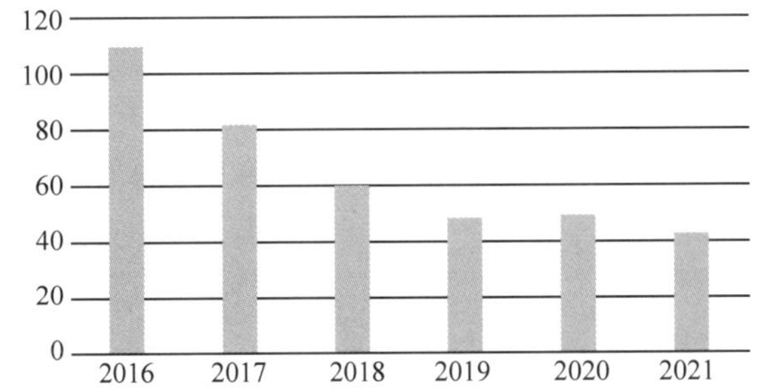

图19-3　湖南省近年来黄脊竹蝗发生面积(万亩)

雀丽毒蛾　偶发性食叶害虫，发生15.6万亩，主要发生在衡阳常宁。

思茅松毛虫　全省发生17.0万亩，比去年同期下降了17.9%。主要发生区域在岳阳、永州。

(2)蛀干害虫

松褐天牛　全省2021年发生69.6万亩(图19-4)，跟去年同期相比下降16.9%，主要发生区域在长沙、岳阳、张家界、怀化、郴州。其中，长沙发生11.4万亩，张家界发生7.9万亩，怀化发生7.9万亩，郴州发生7.8万亩，较2020年分别下降15.2%、39.6%、29.5%、21.8%。经过持续防控，湖南省松褐天牛发生面积呈下降趋势，对遏制松材线虫病的蔓延是一个积极的信号。

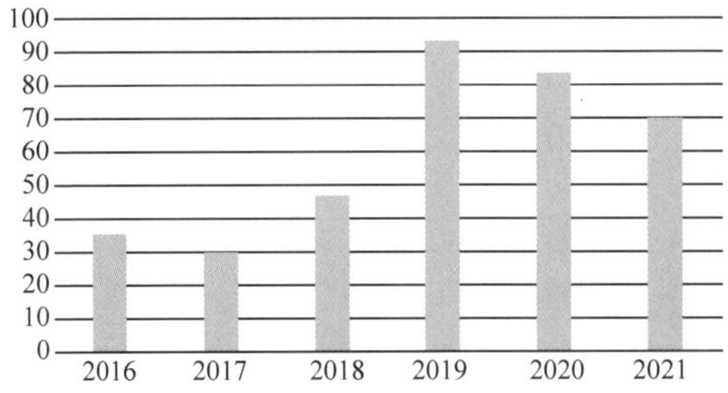

图19-4　湖南省近年来松褐天牛发生面积(万亩)

松梢螟　松梢螟经过重点治理，危害逐年下降。2021年湖南省松梢螟发生面积21.8万亩，较2020年同期下降8.7%。主要发生在怀化、岳阳、衡阳。

萧氏松茎象　发生8.5万亩，比2020年同期减少34.1%。主要发生区域在永州、岳阳。

(3)病害

油茶炭疽病　发生19.7万亩，较2020年下降13.0%。岳阳、怀化、郴州、株洲、衡阳、常德等各油茶种植区均有发生。

油茶软腐病　发生面积8.1万亩，主要发生在永州、岳阳、常德。

2. 外来有害生物

湖南省外来有害生物有桉树枝瘿姬小蜂、松材线虫、湿地松粉蚧、红火蚁、加拿大一枝黄花等12种，其中松材线虫病为主要林业生物灾害。经2021年秋季普查，全省松材线虫病疫情分布于14市州75县(市、区)460个乡镇，发生面积111.21万亩(图19-5)。全省松材线虫病病死松树数量和发生面积与去年基本持平，有49个松材线虫病疫区(占疫区数量的65.3%)发生面积持平或减少，有近一半的疫区病死松树数量下降，有4个县市区、10个乡镇实现无疫情，其中益阳市赫山区连续两年实现无疫情，已按照相关程序要求申请拔点。

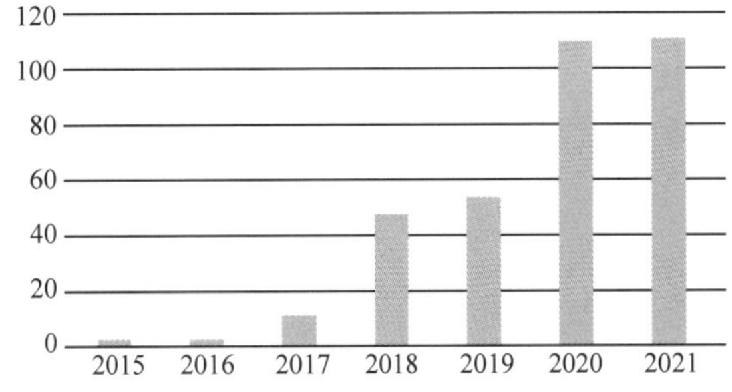

图19-5　湖南省近年来松材线虫病发生面积(万亩)

（三）成因分析

气候因素　一是2020年冬季低温，不利于松毛虫等有害生物越冬，2021年春季低温多雨，使松褐天牛、黄脊竹蝗等有害生物出蛰和羽化推迟，虫口密度降低。二是2021年夏季持续高温，9月平均气温较往年高4℃，导致虫害第三季度发生较往年有所加重。一些偶发性虫害如雀丽毒蛾的大面积发生，可能也与持续的高温有关。

寄主因素　一是湖南省人工林面积较大，森林资源总体质量不高，林分结构相对简单，抵抗林业生物灾害的能力不强，一旦发生危害，很容易出现快速蔓延和扩张，导致局部地区成灾。二是根据环保督查的要求，全省连续对洞庭湖湿地的欧美黑杨进行砍伐，杨树面积显著减少，杨树害虫也随之减少。

其他因素　通过“百日会战”等一系列行之有效的措施，湖南省松材线虫病疫情防控工作成效初显，枯死松树数量和发生面积与去年基本持平，疫情得到控制。

二、2022年林业草原有害生物发生趋势预测

（一）2022年总体发生趋势预测

根据2021年林业草原有害生物发生情况，结合有害生物生物学特性、发生规律及气候特征综合分析，经全省监测预警会商会讨论，预测2022年全省林业草原有害生物发生面积为590万亩。松材线虫病传播扩散形势依然严峻，红火蚁、加拿大一枝黄花等入侵生物在局部地区危害，美国白蛾入侵风险加剧。本土有害生物以马尾松毛虫、黄脊竹蝗、松褐天牛和油茶病虫害等为主。全省林业草原有害生物发生面积持续位于历史高位，危害程度呈逐步上升趋势，在局部地区可能成灾。

（二）分种类发生趋势预测

松毛虫　今年入秋早，多地出现寒露风，秋冬季气温较低，影响松毛虫越冬。预计2022年全省松毛虫发生180万亩，主要发生在怀化、邵阳等地。

松材线虫病　疫情防控工作成效初显，但疫源随松木包装材料大量进入湖南省的风险持续增加，现有疫区呈合流趋势，防控形势可能进一步趋重。

松褐天牛　持续防控使松褐天牛发生面积缓慢下降，预计2022年松褐天牛发生面积60万亩，主要发生在张家界、邵阳、岳阳、益阳、怀化。

黄脊竹蝗　黄脊竹蝗2021年发生点多面广，部分竹林虫口密度呈上升趋势，加上竹材行情走低，经营者防治意愿不高，预计2022年黄脊竹蝗发生50万亩，主要发生在益阳、邵阳、岳阳、长沙。

松梢螟　近年来松科植物新造林持续减少，松林已经郁闭成林，不利于松梢蛀虫的发生发展，虫口密度呈下降趋势。预测2022年全省松梢螟发生15万亩，主要发生在怀化、衡阳、岳阳。

油茶炭疽病、油茶软腐病　当前油茶主要品种抗病能力不强，今年冬季偏暖、明年春季多雨的可能性较大，有利于油茶病害发生。预测2022年油茶两种病害发生面积将超过60万亩，主要分布在怀化、岳阳、郴州、衡阳、永州。

萧氏松茎象　预计发生14万亩，主要发生在永州。

松毒蛾　预计发生8万亩，主要发生在郴州。

三、对策建议

（一）进一步做好松材线虫病等重大林业有害生物防控

建立健全松材线虫病防控林长履责机制，按照“党委领导、党政同责、部门协同、属地负责”的要求，将松材线虫病疫情防控工作纳入林长制督查考核体系，运用好督查考核结果，层层压实地方各级党委政府的防控主体责任和相关部门责任。积极整合现有防治资金，加大多渠道、多层次的投入力度，增加各级财政的投入。落实《湖南省松材线虫病防控五年行动方案》，按照分区分级管理、科学精准施策的要求抓好疫情防控工作，统筹各部门力量开展疫情监测、疫木管控、

疫木除治、检疫执法等工作，抓好区域间联防联控，严防疫木及其制品传出疫区，形成和完善联防联控、群防群控工作格局。

（二）进一步加强监测预警

以40个国家级中心测报点为重点，以点带面，加强监测预警体系建设，严格落实国家级中心测报点管理，落实市州和县级首席测报员制度，定期发布虫情预报，构建覆盖全省的林业草原有害生物监测预警体系，提升全省林业有害生物监测防治工作规范化、信息化、科学化水平。全面谋划，有序推进外来有害生物普查和草原有害生物普查工作，加强美国白蛾等外来入侵生物监测工作。积极推动政府购买林业草原有害生物防治社会化服务，积极探索、建立和完善有害生物监测预报机制和组织模式。

（三）进一步提升防灾能力

坚持强化应急救灾、防治减灾能力建设，完善基础设施，充实防控物资储备，优化防控技术方案，提高应急反应速度。继续强化机构建设，加强队伍培训，提升森防机构业务水平和综合能力。加大科技成果转化和新技术推广应用力度，进一步提升天敌昆虫和微生物的研发与生产能力。继续开展油茶等有害生物绿色防控技术示范基地建设，提升林业有害生物绿色防控技术水平。继续做好“森防管家”林业有害生物综合防控社会化服务试点工作。

（主要起草人：黄向东　戴阳；主审：孙红　李加正）

20 广东省林业有害生物2021年发生情况和2022年趋势预测

广东省森林资源保育中心

【摘要】2021年广东省主要林业有害生物持续偏重发生，全年发生781.06万亩。重大林业有害生物总体仍呈高发频发态势，防控形势严峻。松材线虫病仍呈疫情扩散趋势，新增2个县级发生区，2021年全省共有19个地级市77个县级行政区发生疫情，发生面积443.03万亩，病死松树93.12万株，粤北、粤东等重点生态区位防控形势严峻。薇甘菊在珠三角持续向粤东和粤西地区扩散蔓延，局部地区危害加重。入侵红火蚁分布范围广，发生呈上升趋势，以轻度发生为主，珠三角局部地区危害较重。马尾松毛虫、松蚧虫、经济林病虫及林木病害等整体控制良好，轻度发生。

预计2022年全省主要林业有害生物灾害仍将偏重发生，全省发生约760万亩。松材线虫病疫情仍将呈现偏重发生，发生面积将逐渐下降，病死树数量可能增加，新疫区出现可能性高，防控形势依然严峻。薇甘菊在广东省20个地级市仍呈扩散危害态势，局部地区可能成灾；马尾松毛虫，松蚧虫发生情况趋于稳定，不会造成危害；经济类病虫、林木病害等危害整体减轻，红树林病虫害在局部地区可能偏重成灾。

根据当前广东省林业生物灾害发生特点和形势，建议进一步提高思想认识，明确责任；加强疫情监测调查，及时发现疫情；推进防治进程，加强防治效果监督；进一步加强植物检疫执法，杜绝疫木流失。

一、2021年林业有害生物发生情况

2021年全省林业有害生物发生781.06万亩，其中，轻度发生713.26万亩，中度发生48.26万亩，重度发生19.53万亩，以轻度危害为主；病害合计发生448.73万亩，虫害合计发生251.45万亩，有害植物合计发生80.88万亩(图20-1)；预计成灾面积222.16万亩，成灾面积9.57万亩，成灾率0.68‰。全省发生面积与2020年相比，同比上升1.07%。其中，松材线虫病发生443.03万亩，病枯死松木96.86万株(疫区内病枯死树达到93.12万株)；薇甘菊发生80.37万亩，松树食叶害虫17.74万亩，松树枝干害虫77.81万亩，松树钻蛀害虫111.15万亩，桉树病虫害34.86万亩，经济林病虫11.94万亩，其他有害生物11.44万亩(图20-2)。主要种类：松材线虫病、薇甘菊、松褐天牛、松突圆蚧、湿地松粉蚧、油桐尺蛾、马尾松毛虫、黄脊竹蝗、竹笋禾夜蛾、桉树青枯病、桉树焦枯病、萧氏松茎象、云南杂枯叶蛾、桉树紫斑病、松茸毒蛾、肉桂枝枯病、木麻黄青枯病、桉蝙蛾、广州小斑螟、油茶尺蛾、油桐尺蛾、金钟藤、桉树叶斑病、乌桕黄毒蛾、环斜纹枯叶蛾、桉树枝瘿姬小蜂、肉桂双瓣卷蛾、椰心叶甲、红火蚁、多纹豹蠹蛾、刺桐姬小蜂等50多种。截至11月底，2021年全省防治面积526.95万亩，防治率为67.47%，防治作业面积696.11万亩次；无公害防治面积470.07万亩，无公害防治率为89.21%。

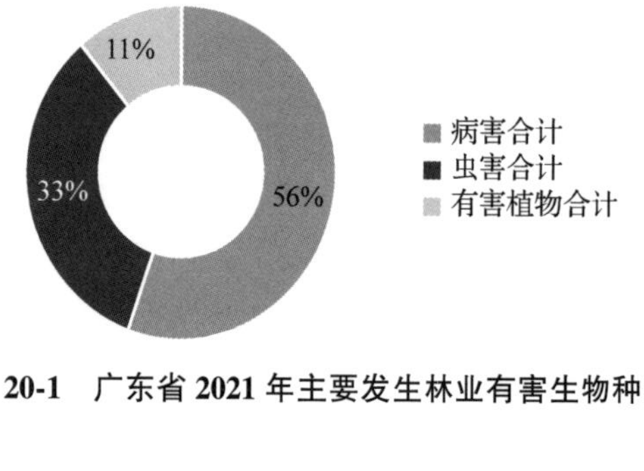

图20-1 广东省2021年主要发生林业有害生物种类

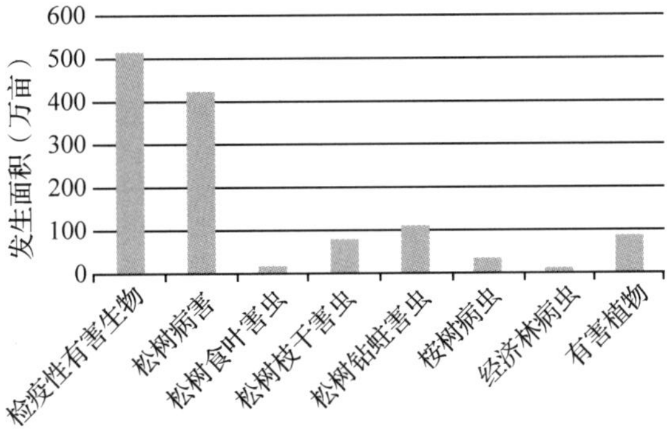

图 20-2　广东省 2021 年主要林业有害生物发生情况

（一）发生特点

1. 重大林业有害生物危害势头减缓

2021 年，松材线虫病广东省 19 个地级市 77 个县级行政区（含 5 个省直属林场）发生，疫情仅扩散 2 个县级行政区，危害势头有所减缓。薇甘菊在 20 个地级市 109 个县发生，发生面积同比下降，扩散势头控制良好，危害减轻，但在局部地区危害仍较重，已从林缘地进入林区危害。入侵红火蚁在全省各地均有分布，但在在林地范围发生较少，危害较轻，主要在林缘周边、森林公园草坪、城市绿道周边等地带跳跃式发生。

2. 常发性林业有害生物控制良好

马尾松毛虫、松茸毒蛾、萧氏松茎象等松树食叶害虫防控体系较成熟，危害逐年减轻。油桐尺蛾等桉树病虫害发生平稳，同比持平，未发现成灾。竹林、肉桂和沉香等经济林病虫害整体发生平稳。黄脊竹蝗虫口密度依然保持较低水平，未出现暴发成灾的现象。肉桂双瓣卷蛾、肉桂枝枯病和沉香黄野螟虽然发生面积不大，但在局部地区危害较重，造成一定的经济损失。

3. 松树枝干害虫继续保持较低危害水平

松突圆蚧、湿地松粉蚧在全省分布发生范围广，但危害逐年减轻，虫口密度较低，基本不造成危害，不需要进行防治。

4. 次生性有害生物在局部地区发生较重

由于广东省进一步优化造林结构，混交林地面积逐渐扩大，城市绿化和红树林等树种种类增多，林业有害生物发生种类也逐渐增加，并且在局部地区危害较重，近几年呈上升危害趋势。

（二）主要种类发生情况分述

1. 松材线虫病

截至 12 月，全省有 19 个地级市 77 个县级行政区（含 5 个省直属林场）发生松材线虫病疫情（图 20-3），发生 443.03 万亩，同比下降 0.1%；涉及松林小班约 3.5 万个，疫情扩散势头略有减缓。全省除深圳市和湛江市外均有发生，在珠海、汕头、肇庆、江门、清远和揭阳市发生新扩散，2021 年新发现四会和连南 2 个县 5 个乡镇发生疫情。病死树数量是 93.12 万株，死树量略有上升。河源、清远、韶关、梅州、肇庆、揭阳市等纯松林地区，病死树仍未清理完毕，防控形势依然严峻。

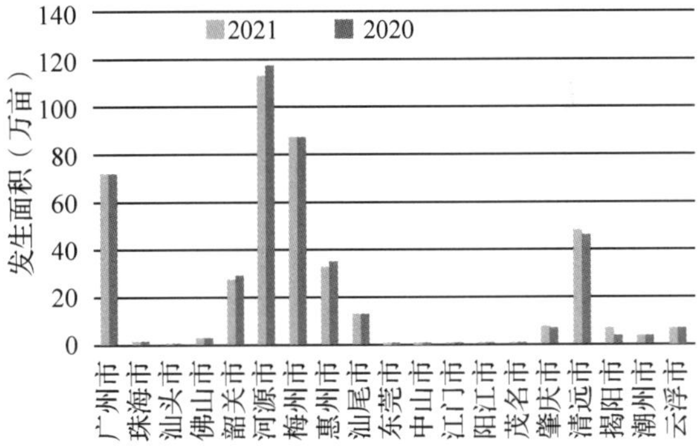

图 20-3　广东省 2021 年各地松材线虫病发生情况对比

2. 薇甘菊

2021 年，薇甘菊发生 80.37 万亩，同比下降 2.15%，发生在除韶关以外的 20 个市 109 个县（图 20-4），以轻度发生为主，受防治经费影响，粤西、粤东地区危害程度加剧，部分地区已从林缘地带进入林区危害，对林木生长造成较大影响。

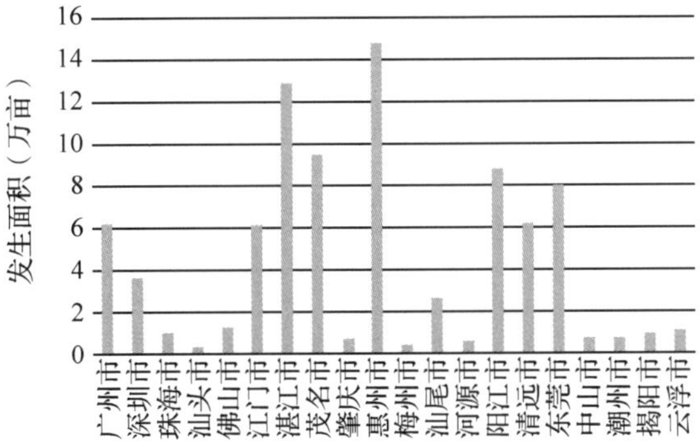

图 20-4　广东省 2021 年各地薇甘菊发生情况对比

3. 入侵红火蚁

全省各地均有分布，发生 12.66 万亩，主要在林缘周边、森林公园公共活动区、城市绿道周边、草坪等地带跳跃式发生，林地范围内发生较少、危害较轻，没有造成人员伤害事件。

4. 松树钻蛀类害虫

松褐天牛发生 98.32 万亩，同比下降 12.14%，以轻度危害为主，局部地区虫口密度较高，河源市东源、新丰江、紫金，清远市英德、阳山，肇庆市封开、德庆等地发生面积较大。萧氏松茎象在广东省危害逐年减轻，发生面积逐年下降，全年发生 0.51 万亩，主要发生在韶关市始兴、乐昌和肇庆市怀集等地。

5. 松树枝干害虫

松突圆蚧和湿地松粉蚧在全省分布范围广，但危害逐年减轻，虫口密度较低，基本不造成危害，不需要防治。松突圆蚧全年发生 58.12 万亩，同比下降 10.31%，主要发生在云浮、阳江、茂名、梅州、肇庆、韶关、江门和汕尾等地，低虫口发生。湿地松粉蚧全年发生 19.69 万亩，同比持平，轻度危害。主要发生在阳江、云浮、肇庆、江门、茂名和汕尾等地(图 20-5)。

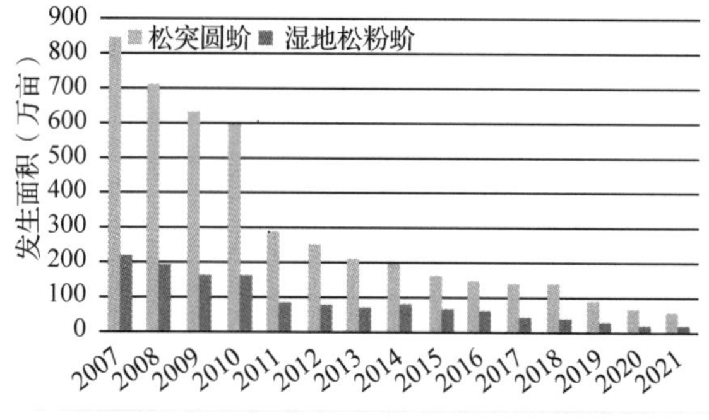

图 20-5 广东省 2007—2021 年两蚧发生动态

6. 松树食叶害虫

马尾松毛虫全年发生 16.88 万亩，同比下降 16.68%，危害持续减轻，主要发生在河源市的连平，韶关市乐昌，云浮市罗定、新兴，肇庆市怀集等地。松茸毒蛾发生 0.86 万亩，同比持平，均为轻度危害，主要发生在阳江市阳春、阳西、阳东，云浮市属林场和茂名化州等地。

7. 桉树病虫害

桉树林主要危害种类有油桐尺蛾、桉扁蛾、桉树枝瘿姬小蜂、桉树青枯病、桉树焦枯病、桉树叶斑病、桉树枯梢病等，发生面积 34.75 万亩，同比持平(图 20-6)。油桐尺蛾发生 28.32 万亩，同比下降 5.5%，主要发生在肇庆市封开、高要、怀集，河源市连平、东源，江门市鹤山、恩平，云浮市云安，茂名市属林场等地，轻度危害，未发现暴发成灾现象。桉扁蛾发生 0.75 万亩，主要发生在茂名市化州、肇庆市德庆和阳江市阳春等地，轻度危害。桉树枝瘿姬小蜂发生 0.29 万亩，主要发生在云浮市云城，湛江市遂溪、廉江，阳江市阳东等地，轻度危害。桉树青枯病、焦枯病、枯梢病和叶斑病等桉树病害共发生 5.38 万亩，同比上升 27.19%，主要发生在肇庆市怀集、德庆、广宁，江门市台山、恩平，清远市清城，阳江市阳东、阳春等地，轻度危害。

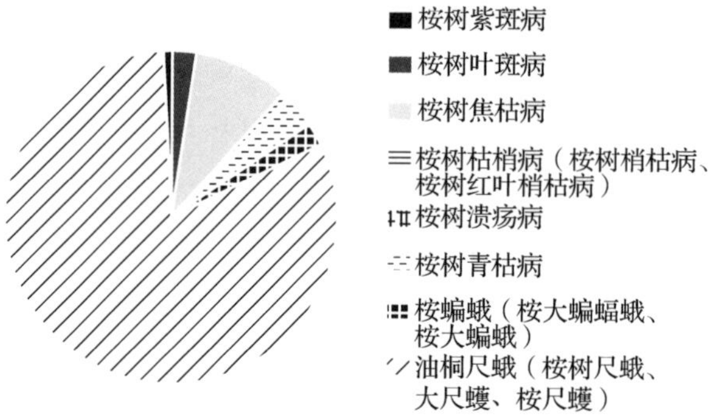

图 20-6 广东省 2021 年桉树病虫害发生情况

8. 经济林病虫

2021 年，危害竹林的种类主要为黄脊竹蝗、竹笋禾夜蛾和环斜纹枯叶蛾，分别发生 6.70 万亩、3.97 万亩和 0.22 万亩，轻度危害，同比持平，单位面积跳蝻数量明显减少，未出现局部成灾的现象。主要分布在肇庆市怀集、广宁，韶关市南雄、曲江、始兴，河源市和平等地。危害肉桂的种类主要为肉桂枝枯病和肉桂双瓣卷蛾，分别发生 0.15 万亩和 0.50 万亩，在云浮市罗定肉桂种植区发生，中度危害，对肉桂种植造成一定的经济损失。沉香黄野螟在茂名市电白、信宜、市属林场，中山市和云浮市属林场的土沉香和莞香上发生 0.62 万亩，轻度危害为主，局部地区虫口密度较大，偏重发生。

9. 其他有害生物

棕榈科植物有害生物主要为椰心叶甲和椰子织蛾，共计发生 0.24 万亩，主要发生在江门市台山，湛江市麻章、遂溪、徐闻、廉江、雷州，茂名市电白等地。江门市台山市沿海防护林木麻黄主要发生木麻黄青枯病 0.33 万亩，轻度危害。红树林病虫害主要有广州小斑螟和栗黄枯叶蛾，共计发生 0.34 万亩，主要发生在湛江市麻章、遂溪，茂名市电白，阳江市海陵和高新区等地。

(三)成因分析

1. 气候异常影响林业有害生物的发生和危害

去冬今春，广东省平均气温较常年同期偏高 1.5℃，降水量较常年同期偏少 40%，暖冬气候降低越冬病虫的死亡率，增加越冬病虫基数，缩短病虫的发育历期。春、夏季连续高温少雨，也使松林的健康程度受到一定影响，导致树势衰弱、抗病虫能力下降，松树死亡速度快，发病时间短，疫情防控难度大大增加。

2. 松材线虫病防控难度大，当前技术措施不能满足防控需求

一是广东省松林面积接近 4000 万亩，大量寄主植物满足媒介昆虫的生长所需，一旦条件适宜极易暴发成灾。二是松材线虫病的发病条件较复杂，具有传播途径多、发病部位隐蔽、发病速度快、潜伏期长，治理难度大的特点。当前经济社会发展加速，交通物流越发便利，导致疫情传播途径隐蔽复杂，目前的检疫封锁手段难以全面覆盖。三是松材线虫病目前现有的防控技术手段在一定程度上存在技术难点和瓶颈，亟待融合现代科技进行创新，以提高实际的防控效果，降低防治成本。

3. 防治资金匮乏造成疫情除治扩散危害

广东各级财政防治资金实施预算制度，也相继加大了林业有害生物防治经费的投入，尤其是松材线虫病经费在逐年增大。但是在粤东西北山区，防治资金有限，少数仅依靠中央和省级财政林业有害生物防治补助经费开展防治工作，发生面积大，病死树数量多，防治任务重；现行的松材线虫病防治技术方案，提高了疫木清理费用，短期内疫木难以及时清理，为疫情的扩散提供了大量的病源，种群数量巨大，大量枯死木滞留山上，导致疫情难以控制。

4. 林分种类结构改变导致有害生物种类发生变化

广东省在各种重点生态工程建设中，为打造宜居生态环境，加大了疏残林、纯松林的改造，大量种植樟树、土沉香、枫树、椎树、荷木等优势阔叶树种和观赏景观树种，树种种类越来越多，成林面积也逐年增加，森林生态系统日趋稳定，生物多样性更加丰富，优势有害生物种群暴发成灾概率降低，次生性害虫危害水平上升，危害种类变化明显，容易出现种群突然上升，局部地区危害成灾的现象。

5. 机构改革导致监测网络体系不健全

广东省地方各级森防机构不健全，防治检疫机构人员少，流动性大，机构改革后人员变动大，森防部门被合并或者取消，从业人员多为非专业人员，且一人身兼多职，经过专业技术培训的人员更少，基层测报人员基本构成是护林员，专业知识基础差，操作能力低，多数是村里的村民，难以负担起全面、高效、及时、准确的林业有害生物监测、检疫和除治任务。而广东省森林面积大，林地面积占国土面积的 70%，监测任务重，公车改革后无车可用，只能依靠人工小范围监测，监测设备落后，监测效率低下。很多林区无法实现全面、及时、有效的监测。

二、2022 年林业有害生物发生趋势预测

(一)2022 年总体发生趋势预测

以预测气候因素与林业有害生物发生发展关系的预测结果为基础，综合分析历年来广东省林业有害生物的发生与防治情况，结合各市预测数据，经过专家会商、修订。

预测 2022 年广东省林业有害生物发生面积 760 万亩，其中，松材线虫病发生 420 万亩，仍处于高位发生态势，粤北、粤西和粤东出现新疫区县及新疫点可能性大，病死树数量基本持平；河源、清远、韶关和梅州等市疫情危害严重。薇甘菊发生面积 90 万亩，比 2021 年略有增加，在粤东、粤西地区呈现快速扩散态势，局部市县危害严重。常发性林业有害生物的危害继续保持低水平，发生面积略有减少；松树食叶害虫发生面积下降，松树钻蛀害虫发生范围可能扩大；桉树病虫害发生面积和危害程度将持续走低；竹林病虫害发生面积与 2021 年基本持平，个别害虫可能局部地区危害严重；其他林业有害生物发生面积平稳或者下降(表 20-1)。

表 20-1　2022 年广东省主要林业有害生物预测发生统计表

主要林业有害生物种类	主要危害寄主	2021 年发生面积	预测 2022 年发生面积	发生趋势
合计	现有林地	781.06	760	下降
松材线虫病	松属植物	443.03	420	下降
薇甘菊	有林地	80.37	90	上升
马尾松毛虫	马尾松	16.97	16	持平
湿地松粉蚧	湿地松等国外松	19.69	16	下降
松突圆蚧	马尾松	58.10	55	下降
松褐天牛	马尾松	98.32	100	上升
油桐尺蛾	桉树	28.32	27	下降
桉树病害	桉树	5.38	4	持平
黄脊竹蝗	青皮竹等竹科植物	6.67	6	下降
竹笋夜蛾	茶竿竹	3.97	2.5	持平
环斜纹枯叶蛾	毛竹	0.22	0.5	持平
广州小斑螟	红树林	0.23	0.5	持平
木麻黄青枯病	木麻黄	0.33	0.5	持平
其他			5	下降

预测依据：

1. 2022 年气象预测

据国家气候中心预测，广东省 2022 年 1～2 月气温接近常年同期或偏高，降水偏少 2～5 成。今年将形成一次弱至中等强度的“拉尼娜”事件，气候因素相对复杂。

2. 历年发生数据

从全省林业有害生物发生发展规律来看，全省林业有害生物发生面积总体呈不断增加的趋势。从近两年松材线虫病和薇甘菊发生数据来看，发生面积均有较大幅度增加(图 20-5)。

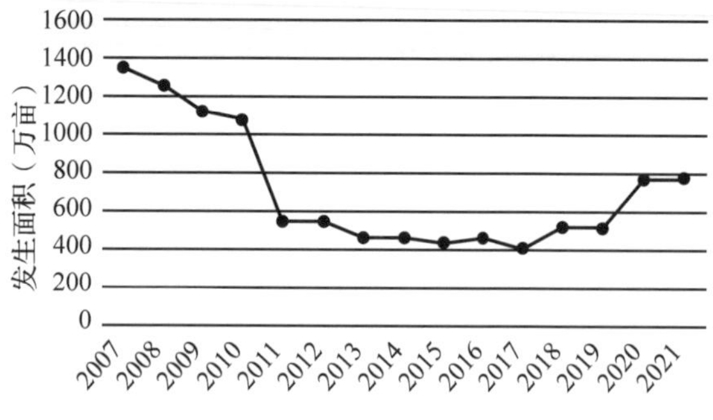

图 20-7　广东省 2007—2021 年林业有害生物发生情况

3. 实际防治情况

2021 年全省防治作业面积 696.71 万亩次，防治面积 525.65 万亩，防治率为 67.41%。主要影响因素是：防治率不高，防治技术简单，防治难度加大，资金未能及时到位，购买服务过程复杂、时间长，造成不能全面、及时开展防治工作。

4. 林分结构改变

近年来广东省实施绿化广东大行动，新造林面积越来越大，这为有害生物发生提供了充足的寄主食物，新造林地有害生物发生多、危害重的可能性较大。根据二类资源调查结果，林分统计标准改变，纯松林面积减少，针阔混和针叶混面积增大，重点区域残次林、纯松林及布局不合理桉树林的改造，乡土树种和珍贵阔叶树面积不断扩大，使得有害生物寄主种类发生变化，纯林面积减少，有害生物种类相应发生变化。

(二)分种类发生趋势预测

1. 松材线虫病

预测松材线虫病发生面积 420 万亩，较 2021 年略有下降，局部地区疫情分布点多面广，发生面积此消彼长，以粤东、粤北为较重发生区域。

预测依据：

(1)松材线虫病疫情历年发生趋势。疫情在粤东北地区危害严重，并逐渐由珠三角地区向粤西地区扩散，2021 年全省有 77 个县发生有松材线虫病疫情，新发点多，疫情反复发生，病死树数量大。粤西地区多地新发松材线虫病，扩散趋势明显，新发疫情的可能性大。

(2)松材线虫病发生区纯松林面积大。2021年梅州、河源、韶关和清远市马尾松林面积大，疫情发生较严重，病死树存量大，疫情将长期处于高发态势，难以短期内控制到较低水平。

(3)松褐天牛2021年发生量。2021年全省松褐天牛发生98.32万亩，且由于气候原因，松褐天牛虫口仍有较高基数，广泛分布在全省松林种植区，极易携带松材线虫跳跃式传播。

2. 薇甘菊

预计薇甘菊2022年发生90万亩，发生面积比2021年略有增加，在粤西和粤东地区继续扩散危害，部分地区盖度较大，在新造林地、水源地、农田、高速公路两旁、铁路边等区域发生依然十分严重，尤其是粤东沿海和粤西地区的个别市县发生会非常严重。

预测依据：

(1)历年发生趋势情况。2013—2021年薇甘菊的发生面积呈明显的逐年上升趋势。

(2)生物学特性。薇甘菊自身繁殖能力强，结籽数量多，不仅可以进行无性繁殖，也可以通过大量的种子随气流、车流、水流远距离传播，极易扩散危害，生长期难以调查，且在路边、篱笆障等特殊区位有美化风景的效果，没有连片防治，造成防治效果不佳。

3. 松树虫害

(1)马尾松毛虫。预测2022年马尾松毛虫发生面积16万亩，与2021年基本持平，虫口密度降低，轻度危害，不排除局部地区危害严重的可能。主要发生在韶关、茂名、阳江、肇庆、云浮、梅州等市。

(2)松褐天牛。依据松褐天牛历年发生数据，上年山上仍有一定数量的枯死松木，预测2022年松褐天牛发生100万亩，发生依然比较严重。主要分布松材线虫病发生区。

(3)松蚧虫。预测松蚧虫发生面积持续下降，预计松突圆蚧2022年发生55万亩，湿地松粉蚧发生16万亩，主要发生在茂名、阳江、云浮、韶关、梅州、肇庆、汕尾等地，多数地区在林间处于低虫口密度，轻度危害不成灾。

预测依据：

(1)气候因素。影响马尾松毛虫灾害发生的气候因子主要是温度和降水，其中上年冬季和当年早春温度是第一影响因子，相互之间呈正相关性，而夏季降水量是第二影响因子，相互之间呈负相关性。今冬明春气候预测结果，平均气温较常年同期偏高，降温较常年同期偏少，提高了马尾松毛虫越冬虫口的存活率，缩短病虫的发育历期，有利于马尾松毛虫的发生。影响松突圆蚧和湿地松粉蚧种群消长的气候因子有气温、相对湿度、降水量和风等，其中气温和降水量是主导因子，当日平均气温过高或过低时，其死亡率增大；降水量越多，其虫口密度越低。近年来，极端高温、低温常现，强降水天气频发，不利于松蚧虫的发生发育。

(2)历年发生防治数据。从马尾松毛虫历年发生防治数据趋势来看，整体呈下降趋势。根据马尾松毛虫的历年发生防治数据，应用多元回归构建预测数学模型 $X(N)=1.2671\times X(N-1)-0.5926\times X(N-2)+0.3297\times X(N-5)$，预计发生17.23万亩。从马尾松毛虫历年发生数据趋势来看，整体呈下降趋势，2021年在局部地区出现了虫口密度大的现象，明年有上升的可能性。松蚧虫的历年发生数据，呈持续走低的趋势，预测明年松蚧虫的发生面积继续下降。

(3)林分情况。近年来，广东省加大纯松林林分改造力度，纯松林面积逐步缩小，松树虫害因寄主面积减少相应减少发生面积。

(4)防治情况。松褐天牛作为松材线虫病的传播媒介昆虫，各地高度重视松褐天牛的防控，积极采取清理病死树、挂诱捕器、飞机喷药防治等多种方法，取得一定的成效，但松褐天牛属钻蛀性害虫，防治难度大。松突圆蚧在林间虫口密度小，基本不造成危害，不需进行防治。

4. 桉树林病虫害。

广东省桉树纯林的面积约2500万亩，结合明年的气候预测、各市和专家会商意见，预测桉树虫害发生合计30万亩，主要种类有油桐尺蛾、桉袋蛾和桉树枝瘿姬小蜂；桉树病害预测发生4万亩，主要种类有桉树青枯病、桉树焦枯病和桉树褐斑病等，发生面积有所下降，主要发生在桉树种植区，如韶关、江门、湛江、茂名、肇庆、河源、清远、云浮等市。

预测依据：

(1)气候因素。广东省历年气候发生规律。

(2)林分情况。广东省桉树林改造力度加大，寄主树面积减少，桉树病虫害发生危害将有所下降。

5. 竹林病虫害

广东省竹林主要危害种类有黄脊竹蝗、竹笋夜蛾和刚竹毒蛾。预测黄脊竹蝗发生6万亩，主要发生在韶关、梅州、清远、肇庆、河源和阳江等市。环斜纹枯叶蛾在韶关预测发生0.5万亩，不会成灾。竹笋夜蛾在肇庆怀集县预测发生2.5万亩，局部地区可能危害偏重。

预测依据：

(1)气候因素。每年1~3月的气温和降水量与黄脊竹蝗的孵化期有密切的关系，气温越高，孵化越早，降雨有助于卵块吸收必要的水分，尽早完成胚胎发育。依据气象部门明年春季的气候预测，预测广东省黄脊竹蝗发生与2021年持平。

(2)林分情况。竹林面积约有500万亩，幼林比例大，且栽植密度大，易发生竹林虫害。

(3)虫口基数。根据黄脊竹蝗监测点卵块收集情况来看，虫口基数比往年同期减少，危害持续减轻。

三、对策与建议

结合广东省目前林业有害生物防控工作现状，提出以下对策与建议：

(一)进一步提高思想认识

贯彻落实习近平生态文明思想，按照《中华人民共和国森林法》和《生物安全法》，从维护国家生物安全的战略高度和保护生态安全的长远维度，深刻认识重大林业有害生物疫情防控的必要性和紧迫性。始终围绕广东省松材线虫病疫情防控五年攻坚行动的总目标，统一思想认识，提高政治站位，科学谋划松材线虫病疫情防控工作，高质量实现广东省“十四五”松材线虫病疫情发生面积和疫点镇数量“双下降”目标，进一步落实松材线虫病地方政府的防治主体责任、林业主管部门的部门责任、森防机构的专业技术责任，建立疫情防治督办问责制度。

(二)进一步加强疫情监测调查

充分利用森林资源一张图，大力推广应用卫星、无人机等航空器遥感监测林业有害生物，加大对重点生态区位、自然保护区、风景名胜区等松材线虫病、薇甘菊和入侵红火蚁发生情况的监测，做到及时监测、准确预报、提早预警，争取“早发现、早除治”，切实在源头上控制疫情的传播蔓延。加强林业有害生物监测预警和防控体系建设，全面应用精细化APP平台，推进疫情常态化监测。实行护林员林业有害生物监测网格化管理，将监测职能落实到山头地块个人，争取提早发现疫情及时准确上报，将监测责任落实到乡镇，提高乡镇和林业站的参与度、及时掌握疫情，提升基层监测站点监测预警和应急反应能力。

(三)进一步加强防治效果监督

将林业有害生物防治经费纳入各级政府涉农资金考核事项，加大资金的投入，规范松材线虫病防治项目承接防治公司的科学除治措施，加强项目发包方项目实施过程的监督管理，不定期抽查防治情况，查验防治现场。引入防治项目第三方监督机制，抽查、评估施工现场除治情况、疫木处理水平、媒介昆虫防治效果等，建立惩戒制度和黑红名单，全面推广项目绩效承包防治模式，杜绝以清理病枯死树数量为核算单价的项目承包方式，科学管控防治效果，确保防治质量和效率，有效减缓疫情危害，保护松林健康。

(四)进一步加强植物检疫执法

按照《松材线虫病防治技术方案》和《松材线虫病疫区和疫木管理办法》要求，严格疫情防控，加强对疫木就地处理、疫木定点处理加工厂粉碎和旋切等的监督，加大对疫木流通领域的监管和安全定点加工利用的管控和巡查，不定期抽查，查看台账，防治疫木流失。加大对松材线虫病防控工作的宣传，组织开展松材线虫病疫木检疫执法专项行动，加强苗木调运等检疫复检，加强省际间检疫执法部门的联防联治。

(主要起草人：刘春燕　李亭潞；主审：孙红　李加正)

21 广西壮族自治区林业有害生物 2021 年发生情况和 2022 年趋势预测

广西壮族自治区林业有害生物防治检疫站

【摘要】2021 年广西林业生物灾害种类多，发生范围广，局部灾害严重，松材线虫病重大疫情仍在扩散蔓延、危害严重，八角叶甲等本土林业有害生物危害较严重，局地成灾。根据各地年度发生防治情况统计，全区林业有害生物总发生面积 530. 46 万亩，同比下降 7. 74%，成灾面积 19. 99 万亩，成灾率 0. 95‰，无公害防治率 99. 14%，实现了预期目标管理任务指标。

经大数据综合分析，结合运用趋势预测模型分析，预测 2022 年全区林业有害生物仍处于多发、高发态势，发生总面积为 546. 11 万亩，与 2021 年相当，松材线虫病等主要生物灾害持续发生，局部严重。2022 年广西林业有害生物防控形势依然严峻，需提高松材线虫病等重大林业有害生物疫情防控意识，加强日常监测监管，稳定专业技术队伍，加大监测防控资金投入，完善日常监测网络，建立关键领域联防联治机制，做好应急物资储备，加强综合治理体系建设，提升疫情监测防控能力。

2021 年广西林业有害生物发生范围广，局部灾害严重。据统计，全年总发生面积 530. 46 万亩，同比下降 7. 74%，发生面积略有下降，但局部危害程度仍然严重。根据广西当前林业有害生物发生规律、防治情况、历年发生大数据、趋势预测数学模型，结合资源状况、生态环境与林分质量、气象信息以及人为影响等多种因素进行综合分析，预测 2022 年广西林业有害生物发生面积为 546. 11 万亩，总体发生趋势上升，松材线虫病等重大林业有害生物灾害严重（图 21-1）。

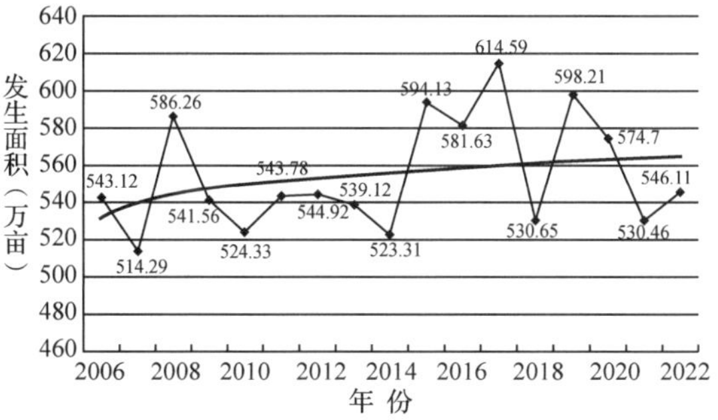

图 21-1　2006—2022 年广西林业有害生物发生趋势

一、2021 年林业有害生物发生情况

2021 年全区下达监测任务 14. 01 亿亩次，实际完成监测面积 14. 10 亿亩次，重点区域监测覆盖率为 100%。全区发生并造成较严重危害的林业有害生物共有 59 种，其中病害 16 种，虫害 41 种，鼠害 1 种，有害植物 1 种，发生总面积 530. 46 万亩，同比下降 7. 74%。病害发生面积 117. 17 万亩，与去年持平，占发生总面积的 22. 09%；虫害发生面积 389. 95 万亩，同比下降 12. 19%，占发生总面积的 73. 51%；鼠害发生面积 0. 33 万亩，占总面积的 0. 06%；有害植物发生面积 23. 0 万亩，同比上升 26. 38%，占总面积 4. 34%（图 21-2）。成灾面积 19. 99 万亩，成灾率为 0. 95‰。主要危害种类有松材线虫病、桉树叶斑病、竹丛枝病、核桃炭疽病、八角炭疽病、马尾松毛虫、松茸毒蛾、松突圆蚧、湿地松粉蚧、松褐天牛、云斑天牛、桉蝙蛾、油桐尺蛾、黄脊竹蝗、刚竹毒蛾、八角叶甲、广州小斑螟、薇甘菊等（附表 21-1）。

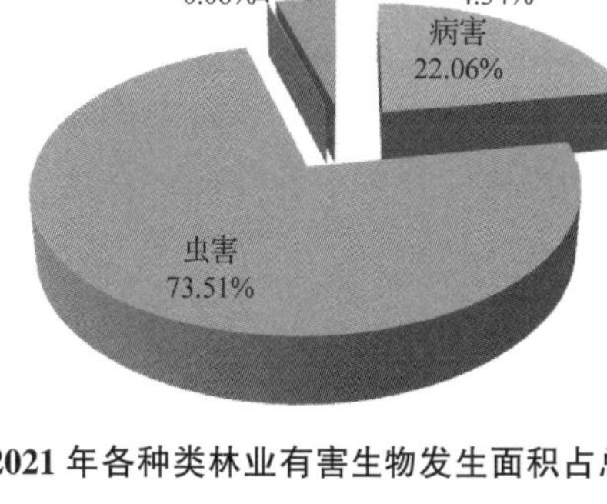

图 21-2　2021 年各种类林业有害生物发生面积占总面积百分比

2021年广西共采购苏云金杆菌50吨、甲维·吡虫啉0.32吨、紫薇清0.6吨、白僵菌37.5吨，太阳能杀虫灯112套，用于预防和除治薇甘菊、松毛虫、松褐天牛、桉蝙蛾、红树林害虫等有害生物。向有害生物发生严重的县区共调拨防治药剂85吨、防治器械85台、诱捕器100套，有关市县(区)也积极购买药剂药械开展防控，把灾害造成的损失控制在较低水平。2021年全区林业有害生物防治作业面积238.56万亩，其中预防面积41.99万亩，实际防治面积168.35万亩，无公害防治率达99.14%。应用飞机喷施药剂防治松褐天牛、桉树病虫害、八角病虫害等林业有害生物共作业53.75万亩，其中在南宁、梧州、贵港、玉林、百色、贺州等地防治松褐天牛共作业15.36万亩，在藤县防治八角病虫害作业35万亩，在三门江林场防治桉树病虫害作业3.39万亩。

(一)林业有害生物发生特点

1. 松材线虫病疫情快速扩散蔓延，灾害严重

2021全区松材线虫病发生面积共49.91万亩，涉及13个市、49个县(市、区)、179个乡镇，较2020年新增发生面积6.55万亩，新增疫区10个、疫点乡镇32个，全区疫情处于多点暴发、持续上升阶段。

2. 本土林业有害生物危害仍然较严重，局部成灾

马尾松毛虫在全区松树种植区均有不同程度的危害，在桂北局地偏重成灾。油桐尺蛾、桉蝙蛾、桉树叶斑病等桉树病虫害在桂东地区和桂中局地发生面积较大，其中桉树叶斑病在贵港市平南县局部区域成灾。竹类病虫发生面积较2020年有所下降，但在桂北地区和桂中局地成灾。八角、核桃、油茶等经济林病虫在桂西、桂东、桂中等局地均呈不同程度危害，其中八角病虫害发生面积较2020年上升1倍多，成灾面积1.26万亩，经济、生态、社会效益损失严重。

广州小斑螟、白囊袋蛾、柚木肖弄蝶夜蛾等红树林害虫在沿海的钦州、北海红树林分布区有不同程度的危害，北海市合浦局部区域发生柚木肖弄蝶夜蛾危害较重。

随着广西大力推广种植珍贵树种，危害土沉香、降香黄檀、格木、柚木等珍贵树种的黄野螟、灰卷裙夜蛾、柚木野螟等在广西多地发生危害。

3. 潜在突发性有害生物时有发生

绢织蛾在南宁市横州危害桉树，局部区域发生较为严重。

(二)主要林业有害生物发生情况分述

1. 外来林业有害生物

外来林业有害生物发生比重较大，发生面积341.08万亩，占全区总发生面积的64.30%，与2020年相比下降13.33%，对广西林业的危害及潜在威胁仍然较大。

松材线虫病　发生49.91万亩。2021年全区共新增三江、资源、平乐、七星、象山、雁山、叠彩、藤县、平南、大化等10个疫区，涉及疫点乡镇17个，发生面积共1.13万亩。39个老疫区中，有21个疫区发生面积有所增加，共新增面积5.83万亩、新增乡镇15个。此外，横州、武鸣、柳城、灵山、靖西、田林、大新和龙州等8个县(市、区)秋季普查无疫情发生，未发现病死松树；柳城县连续两年监测未发现病死松树，达到拔除疫区条件。目前松材线虫病在13个市49个县(市、区)179个乡镇有危害，疫情发生面积达49.91万亩，扩散蔓延和防控形势更加严峻(图21-3)。

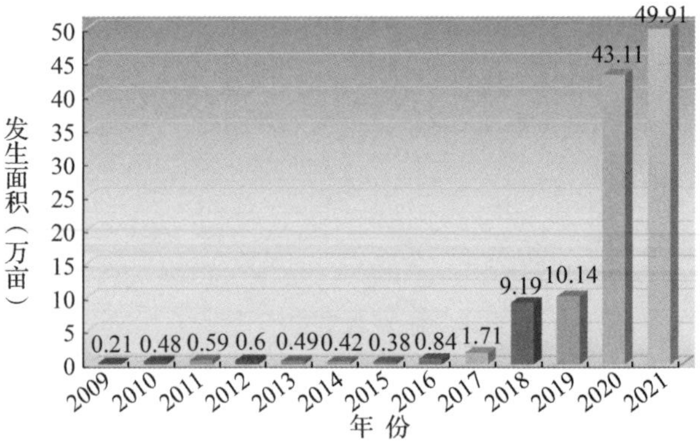

图21-3　广西2009—2021年松材线虫病发生面积

松突圆蚧　发生254.02万亩，与去年相比下降19.06%(图21-4)，占全区林业有害生物总发生面积的47.89%。主要分布于梧州、钦州、玉林等3个市，其中容县、北流等局部区域发生程度中度以上。

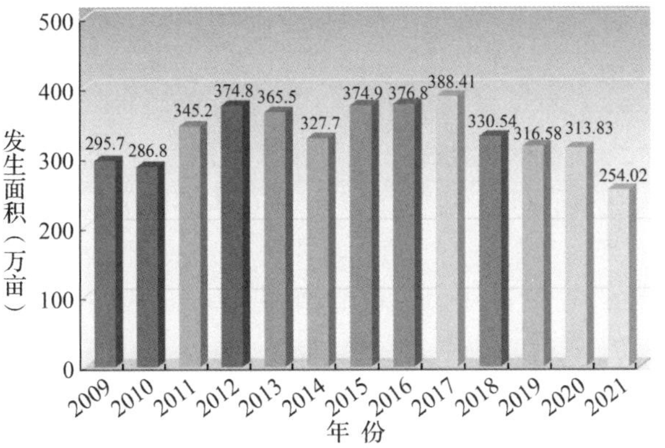

图 21-4　广西 2009—2021 年松突圆蚧发生面积

湿地松粉蚧　发生 13.69 万亩，同比下降 23.61%。发生在梧州市龙圩和苍梧，玉林市容、陆川、博白、玉州、福绵、兴业，发生程度为轻级(图 21-5)。

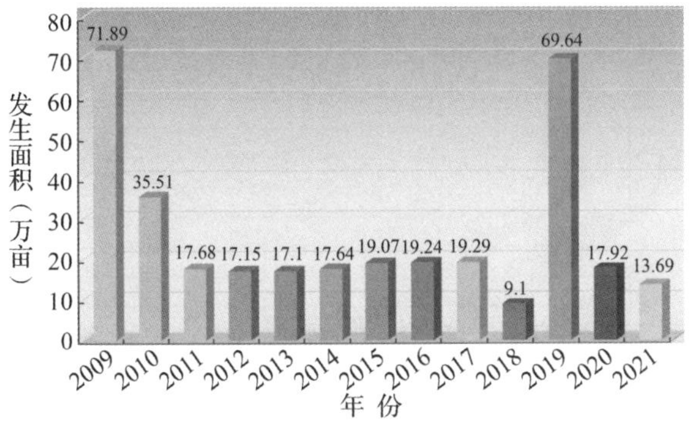

图 21-5　广西 2009—2021 年湿地松粉蚧发生面积

桉树枝瘿姬小蜂　发生 0.46 万亩，与去年持平。分布于梧州、钦州、贵港、玉林、来宾等 5 个市(图 21-6)。

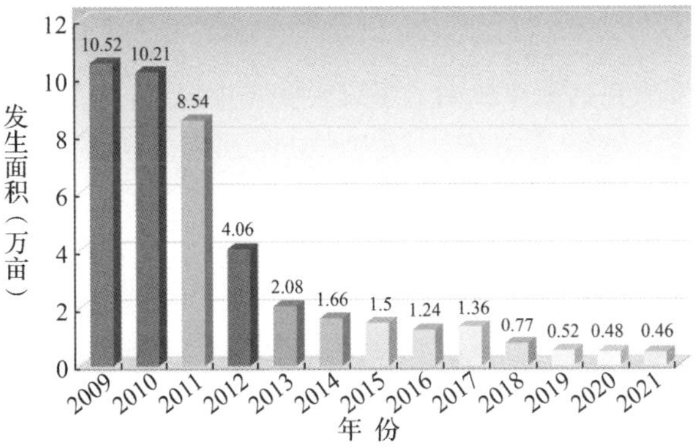

图 21-6　广西 2009—2021 年桉树枝瘿姬小蜂发生面积

薇甘菊　发生 23 万亩，同比上升 26.38%(图 21-7)。主要分布于桂南和桂东南，在南宁市武鸣、钦州钦北区和浦北、玉林市容县等局部区域发生程度重度，玉林市发生面积达 16 万亩，对当地的林木生长造成较大影响。

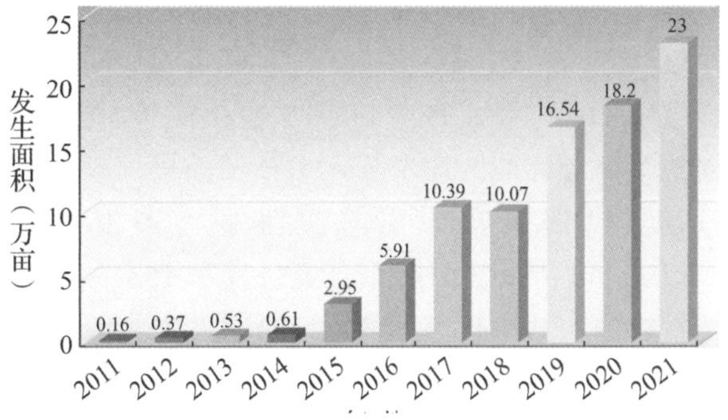

图 21-7　广西 2011—2021 年薇甘菊发生面积

2. 本土林业有害生物

以马尾松毛虫为主的本土林业有害生物发生面积 178.98 万亩，占总发生面积的 31.14%，与去年相比持平。

松树病虫害　发生 36.36 万亩，同比下降 11.88%。2021 年全区松毛虫发生 22.67 万亩，同比下降 24.55%(图 21-8)，全区松树种植区均有不同程度的危害，其中桂林市雁山、临桂、全州、兴安、平乐，钦州市灵山，玉林市博白、百色市田阳、贵港市港北，贺州市八步、昭平，来宾市象州等区域危害偏重，桂林市雁山局地成灾；萧氏松茎象危害得到较好控制，发生 0.57 万亩，与去年持平，主要分布于桂北和桂东，其中桂林市兴安发生中度危害；松褐天牛发生 10.99 万亩，同比上升 45.37%，发生在松林分布区。

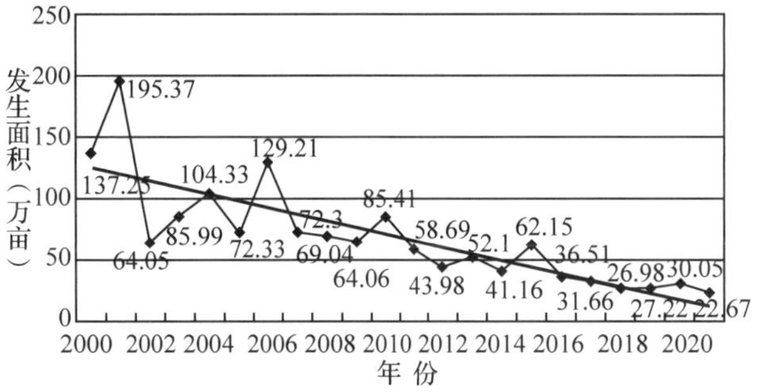

图 21-8　广西 2000—2021 年马尾松毛虫发生面积

杉树病虫害　发生 1.58 万亩，与去年持平。主要种类是炭疽病、叶枯病和杉梢小卷蛾，主要发生在桂西地区，其中杉木叶枯病在百色市乐业局地偏重发生。

桉树病虫害　发生 40.8 万亩，同比下降 12.88%(图 21-9)。病害发生面积 14.84 万亩，主要种类是青枯病、叶斑病和枝枯病，分布于全区速生桉种植区，在贵港、河池、来宾等局部区域危害较严重。虫害发生 25.98 万亩，其中油桐尺蛾、桉袋蛾、桉小卷蛾等食叶害虫发生 17.75 万亩，同比下降 14.91%，在桂林、玉林、河池等市局部地区速生桉人工林区油桐尺蛾危害较重。以桉蝙蛾为主的桉树蛀干害虫发生 8.22 万亩，同比上升 15.19%，分布于全区速生桉种植区，其中桂林、柳州、贺州、来宾等市局部区域桉蝙蛾危害较严重。

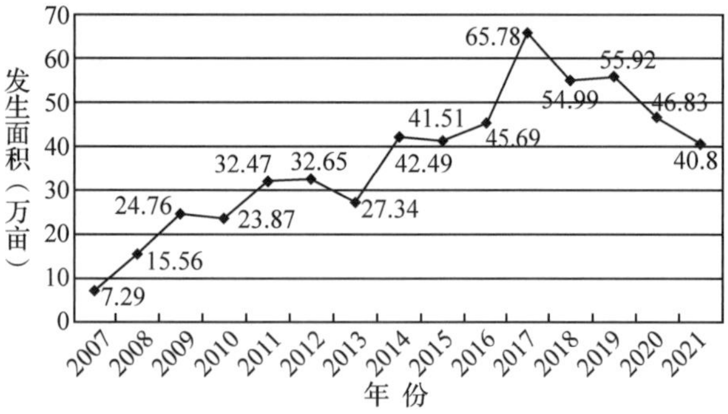

图 21-9　广西 2007—2021 年桉树病虫害发生面积

竹类病虫害　发生 51.88 万亩，同比下降 11.59%(图 21-10)。发生种类有竹丛枝病、黄脊竹蝗、竹茎广肩小蜂、竹篦舟蛾、刚竹毒蛾，其中：竹丛枝病 31.66 万亩，与去年持平，发生在桂林市，其中临桂、灵川等局部区域发生较严重；竹茎广肩小蜂 4.23 万亩，同比上升 10.44%，发生在桂林市，其中兴安发生偏重；黄脊竹蝗发生面积 14.61 万亩，同比下降 12.04%，发生在南宁、柳州、桂林、贺州和来宾市，其中柳州市融安和三江，桂林市临桂、灵川、兴安、永福以及来宾市金秀发生危害偏重，融安、三江、灵川、兴安、永福、金秀等局地成灾；竹篦舟蛾 1.21 万亩，同比下降 43.72%，发生在桂林市临桂、兴安，以中度发生为主。

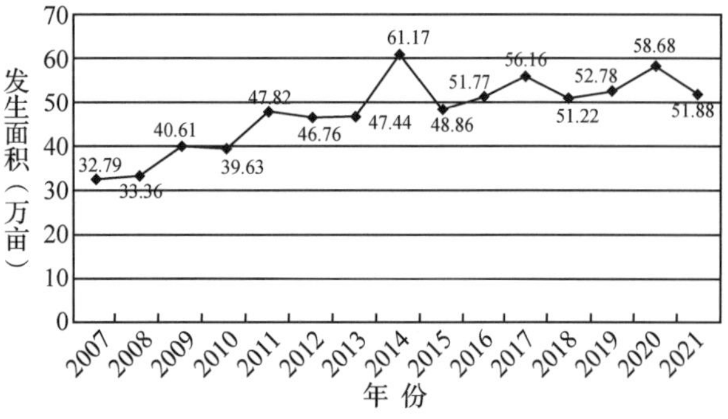

图 21-10　广西 2007—2021 年竹类病虫害发生面积

八角病虫害　发生 43.51 万亩，同比上升 137.76%(图 21-11)。发生种类主要有八角炭疽病、八角煤烟病、八角叶甲、八角尺蠖，其中：八角炭疽病发生 16.76 万亩，同比上升 20.49%，发生在南宁、梧州、钦州、玉林、百色、河池、来宾、崇左等 8 个市，其中百色市凌云、河池市凤山等局部区域偏重成灾；八角叶甲发生 7.01 万亩，同比上升 98.58%，主要发生在南宁、防城港、玉林和百色市，其中南宁市上林、百色市凌云危害严重，局地成灾；八角尺蠖发生 19.65 万亩，是去年的 29 倍，发生在桂东、桂西、桂西南和桂中局部地区的八角种植区，其中梧州市藤县、玉林市容县、贺州市昭平等地局部发生偏重，藤县部分区域成灾，成灾面积 0.78 万亩。

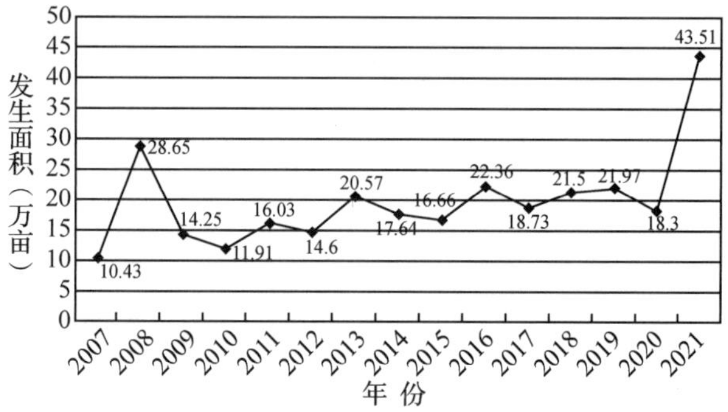

图 21-11　广西 2007—2021 年八角病虫害发生面积

核桃病虫害　发生 10.73 万亩，同比上升 6.98%。病害以核桃炭疽病为主，发生面积 1.48 万亩，发生在河池市凤山，发生程度为中度以下。虫害以云斑天牛危害为主，发生 9.25 万亩，同比上升 9.45%，分布于核桃种植区，主要发生在河池市凤山，多以轻度发生为主。

油茶病虫害　发生 0.79 万亩，同比上升 12.86%。发生种类有油茶炭疽病、油茶织蛾、油茶尺蛾、油茶毒蛾，均为轻度发生。油茶炭疽病发生在百色市田阳、乐业和西林。茶毒蛾发生在柳州市、百色市。

红树林害虫　发生 0.30 万亩，同比下降 45.51%(图 21-12)。危害种类主要有广州小斑螟、白囊袋蛾、柚木肖弄蝶夜蛾等，发生程度总体偏轻局部较重，发生在沿海的钦州、北海红树林分布区。白囊袋蛾在钦州市钦南局部区域发生较严重。广州小斑螟在北海市合浦局部区域发生较严重；柚木肖弄蝶夜蛾在北海市合浦局部区域危害程度达到重度。

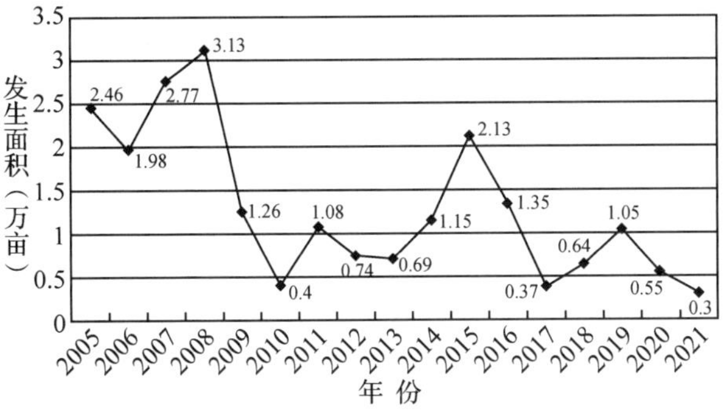

图 21-12　广西 2005—2021 年红树林害虫发生面积

珍贵树种病虫害　发生 0.97 万亩，同比下降 6.73%，危害种类主要有灰卷裙夜蛾、黄野螟、拟木蠹蛾、肉桂双瓣卷蛾、桉蝙蛾等。黄野螟发生 0.29 万亩，在崇左市凭祥和钦廉林场发生危害，以轻度为主。黑肾卷裙夜蛾发生 0.13 万亩，在维都林场轻度发生。

（三）林业有害生物灾害成因分析

2021 年广西林业有害生物发生种类多，分布广，局部危害严重的原因：

1. 森林生态系统较脆弱，林分总体质量不高

近年来，随着大规模人工植树造林，在取得重大建设成果的同时，人工林固有的弱点开始凸现。以桉树、松树、杉木为主的速生丰产林和以八角、油茶、核桃为主的经济林均以纯林为主，造林品种（品系）单一，林分抗逆性十分脆弱，抵抗自然灾害能力低下，为林业生物灾害的发生与传播蔓延提供有利条件，一些常发性病虫害反复成灾。

2. 符合有害生物发生发展趋势

从病害流行学分析，松材线虫病入侵我国 30 多年来，经过入侵、繁殖、稳定适应阶段，已经从始发期转入盛发期，呈现快速暴发增长态势，在全国迅速传播蔓延，在广西从 2017 年下半年开始进入始盛期，短时多点暴发形势是传染性病害流行学的必然趋势。

3. 气候条件有利于有害生物的发生发展

2020 年 11 月至 2021 年 1 月平均气温，桂东大部正常到偏高 0.1～1.0℃，其余地区偏低 0.3～1.6℃；降雨量全区偏少 6～10 成，其中，来宾、南宁、贺州、北海等市的局部地区偏少 9 成以上。从气温和降雨匹配看，虽然冬季短时间降温对高寒山区害虫安全越冬有一定的影响，但低海拔地区冬季温暖，多地出现了重旱、特旱等不同程度的旱情，暖干气候条件，有利于有害生物越冬。

2021 年 1 月 1 日至 4 月 10 日广西大部平均气温比常年偏高 0.5℃以上，降雨量大部较常年同期偏少 1～7 成，降雨量偏少加大了虫害发生发展的风险，钦州、北海和防城港等沿海三市的红树林虫害风险上升。

2021 年前汛期（4 月 1 日至 7 月 11 日），广西各地总降雨量为 138.7～1325.1mm，与常年同期相比，除了桂东北大部局部偏多 1～4 成外，其余大部地区偏少 1～6 成，前汛期温高光足，有阶段性的强降水和高温天气出现，气象条件总体适宜森林病虫害的发生发展。

4. 疫情监测监管不到位

部分地方政府对疫情危害的严重性、疫情防控的重要性认识不到位，将松材线虫病疫情除治工作等同于一般病虫害进行防治，疫情监测及疫木除治监管不严不实，没有真正做到全覆盖，部分地区的疫情没有及时发现。部分疫区由于疫木除治监管不力，除治质量不高，导致疫情扩散蔓延。

5. 群众防控意识不强

部分群众对《生物安全法》《中华人民共和国森林法》《植物检疫条例》等相关法律法规不了解、防控意识不强，在调运松木及其制品时未按照规定申请检疫的现象时有发生。特别是 2021 年 7 月 1 日新《中华人民共和国森林法》实施，木材运输许可随之取消，各地《植物检疫证书》的核发申请大幅减少，数量同比下降达 50%。同时，因木材运输许可证的取消，各地相应取消或调整了原木材检查站，道路方面检疫执法力量大幅削弱，违法违规调运松木等木材及其制品的情况显著增加，这些未经检疫调运或使用的松木及其制品，都极有可能成为松材线虫病疫情的传播源。

6. 联防联控工作未落到实处

各城区、相邻县区间联防联控工作未能有效开展。如松材线虫病交界区域均有枯死松树交替出现，交界区域枯死松树未能实现同步清理，影响防控效果。大部分疫区县林业主管部门与其他相关部门也未建立联防联控机制，部分地区存在电力部门因维护电力设施伐倒松木丢弃林间的情况，基层林业主管部门未能与电力部门进行沟通协调，建立疫木联合处置机制，导致松材线虫病扩散蔓延。

7. 基层防控力量薄弱

机构改革后，全区近1/3的林业局被并入自然资源部门，多数城区未设立独立的防治检疫机构，专业专职人员严重缺乏；县级防治检疫机构中人员老化和技术弱化现象较严重，专业技术能力不强且变动频繁，导致疫情监测、检疫、除治等工作无法正常开展。而且，机构改革后，部分市县林业检疫执法机制尚未协调理顺，不同程度地存在执法悬空、无执法主体、执法主体不明确、执法力量不足等问题。

二、2022年林业有害生物发生趋势预测

(一)广西2021—2022年冬春季气候趋势预测

1. 广西今冬气候总趋势预测

预计广西2021年冬季(2021年12月至2022年2月，下同)各地平均气温在6~16℃之间。与常年同期相比，平均气温大部地区偏低，有阶段性低温发生，时段可能出现在2021年12月下旬到2022年1月上旬、2022年1月下旬到2月上旬，桂北部分地区、桂西高寒山区可能出现冰冻雨雪天气。

预计2021年冬季各地降雨量70~250mm。与常年同期相比，除桂西北部分地区偏多1~2成外，其余大部地区偏少1~3成。冬季出现气象干旱的可能性较大。

2. 2022年春季气候趋势预测

(1)春季气温趋势预测

预计2022年春季平均气温偏高0.1~1.0℃。桂东北为18~20℃，桂北其余地区为20~22℃，桂中、桂南为22~24℃。春播期(2~4月)低温阴雨天气总体偏轻，低温阴雨日数较常年同期偏少。

(2)春季降雨量趋势预测

预计广西2022年春季(3~5月)总降雨量桂北偏多1~2成，桂中、桂南偏少1~2成。桂东北为600~800mm，其余地区为200~600mm。桂中桂南有阶段性气象干旱。

综合气象实况和气候预测分析，桂东、右江河谷、桂南及沿海地区由于虫口积累多，风险较大。

(二)2022年总体发生趋势预测

根据广西林业有害生物发生的历史数据和各市2021年主要林业有害生物监测调查、发生防治情况以及病虫害越冬情况调查，结合资源状况、生态环境与林分质量、气象信息、生物因子以及人为影响等多种因素进行综合分析，运用趋势预测软件的数学模型进行分析，预测2022年广西林业有害生物发生面积为546.11万亩，发生程度局部偏重，总体发生趋势较2021年持平。其中：病害预测发生面积为129.6万亩，发生趋势上升；虫害发生面积为391.21万亩，发生趋势持平；鼠害发生面积0.3万亩，发生趋势下降；有害植物发生面积25万亩，发生趋势上升(详见附表21-2)。

(三)分种类发生趋势预测

1. 松树病虫害

预测2022年发生面积将达354.45万亩，与2021年相比持平。

(1)松材线虫病

松材线虫病疫情仍有扩散趋势，发生53万亩左右，略有上升(6.19%)，老疫区也有面积扩大、疫点增加的可能。新增疫区3个以上，在全区松林分布区特别是重点生态区位、人流物流频繁区域新发疫情的可能性较大。

(2)其他松树害虫

松突圆蚧、湿地松粉蚧在梧州市、钦州市、玉林市的马尾松和湿地松林区继续危害，预计发生265万亩左右。松毛虫(含松茸毒蛾)2022年预计发生22万亩，与2021年持平，主要发生在桂北、桂东和桂南松树分布较多的县区，其中在全州、兴安、平乐、灵山、博白、八步、昭平等局部区域发生较重的可能性较大。萧氏松茎象在桂林市、梧州市、贵港市和贺州市等松林区继续发生危害。

2. 杉树病虫害

预测2022年发生2万亩左右，比2021年上升30.49%，以杉树炭疽病、杉树叶枯病、杉梢

小卷蛾为主，主要发生于百色市和河池市，以轻度发生为主。

3. 桉树病虫害

预测2022年发生51.95万亩，与2021年相比上升25.85%，在全区桉树种植区局部区域发生危害仍然较重。其中病害22万亩，比2021年上升48.28%，青枯病、叶斑病、枝枯病的危害仍将比较严重，其中在贵港市平南县局地成灾的可能性较大；虫害29.95万亩，比2021年上升13.27%，其中桉树枝瘿姬小蜂危害仍在继续，预计2022年发生面积将减少至0.45万亩，主要发生在梧州、钦州、贵港、玉林等局部地区，以轻度发生为主；油桐尺蠖预计发生面积18万亩，与2021年相比上升22.47%，分布于全区桉树种植区，南宁、柳州、桂林、玉林、来宾、崇左等部分地区可能危害较重；桉蝙蛾预计发生8万亩，与2021年相比持平，分布于全区桉树种植区，桂林、玉林、贺州、来宾等市局部区域可能危害较重。

4. 竹类病虫害

预测2022年竹类病虫害发生56万亩，与2021年相比上升7.94%，以毛竹丛枝病、竹广肩小蜂、刚竹毒蛾、黄脊竹蝗、竹篦舟蛾为主，黄脊竹蝗在柳州市融安、三江，桂林市灵川、兴安和永福继续成灾可能性较大。

5. 八角病虫害

预测2022年八角病虫害持续偏重发生，危害面积达40万亩，与2021年相比下降8.07%，以八角炭疽病、八角煤烟病、八角尺蠖、八角叶甲为主，分布于八角种植区，梧州市、百色市局地偏重发生的可能性较大。

6. 油茶病虫害

预测2022年油茶病虫害发生0.8万亩，油茶炭疽病、油茶毒蛾等油茶病虫害在柳州市三江和百色市乐业、西林继续发生危害。

7. 核桃病虫害

预测2022年核桃病虫害发生12万亩左右，与2021年相比上升11.84%，以炭疽病和蛀干害虫云斑白条天牛为主，仍在河池市凤山等地区危害。

8. 红树林害虫

预测2022年红树林虫害发生趋势上升，发生0.5万亩左右，比2021年上升67.9%，北海市和钦州市局部区域灾害仍然较严重。以危害白骨壤为主的广州小斑螟在沿海的钦州、北海红树林分布区仍然有危害，其中钦州市钦南区危害可能较重。危害桐花树、秋茄树为主的白囊袋蛾、星天牛、柚木肖弄蝶夜蛾、桐花毛颚小卷蛾等在钦州市和北海市仍然有危害。外来物种互花米草、鱼藤等危害会进一步加重。

9. 珍贵树种病虫害

预测珍贵树种病虫害危害1万亩左右，发生趋势上升。种类主要有土沉香炭疽病、降香黄檀黑痣病、栎掌舟蛾、荔枝异形小卷蛾、黄野螟、灰卷裙夜蛾、橙带蓝尺蛾、肉桂双瓣卷蛾、桉蝙蛾等。灰卷裙夜蛾在来宾等地危害降香黄檀。黄野螟在崇左、钦州等地危害沉香。

10. 有害植物薇甘菊

预测2022年薇甘菊的发生面积将达到25万亩，比2021年上升8.69%，仍扩散蔓延，主要发生在玉林市，其他市县(林场)也有发生可能。

11. 鼠害

预测2022年鼠害发生0.3万亩，在百色市平果、那坡、乐业、隆林、田林等局部区域仍危害杉木。

三、防控对策与建议

(一)加强监测预警，完善日常监测网络体系

抓好日常监测和重大疫情专项普查工作，及时掌握主要林业有害生物种类及其潜在威胁，加强对中心测报点和测报示范县的管理，推广应用林业有害生物监测预警与应急防控GIS信息管理系统，实现林业有害生物灾害精细化管理。完善全覆盖监测网络，落实县、乡、村监测员，发现死亡松树及时报告。推进各地实行地面网格化监测与无人机监测手段相结合，做好日常监测和定期巡查。目前广西需重点监测和预防外来林业有害生物的入侵，警惕本土松树、桉树、八角、油茶食叶害虫和桉树、经济林蛀干害虫和红树林害虫的危害。

(二)切实抓好松材线虫病等重大林业有害生物防控工作

严格按照《国家林业和草原局关于科学防控松材线虫病疫情的指导意见》《松材线虫病疫区和

疫木管理办法》《松材线虫病防治技术方案（2021版）》要求，开展疫情除治工作。认真落实国家林业和草原局印发的《全国松材线虫病疫情防控五年攻坚行动计划（2021—2025年）》和广西壮族自治区人民政府办公厅印发的《广西开展松材线虫病疫情防控五年攻坚行动八条措施》。探索利用卫星遥感信息化技术监测，加强对重点区域疫情的监测和核查。坚持以疫木清理为核心，抓实抓细今冬明春疫木除治工作。积极开展薇甘菊防治示范工作，探索有效防治方法。

（三）加强检疫执法和检疫监管

强化行政许可事项的事中事后监管，加强产地检疫、调运检疫和检疫复检工作，加强对普及型国外引种试种苗圃的监管，组织做好引进林木种子苗木风险评估。组织开展松材线虫病疫木检疫执法专项活动，打击违法调运、违法加工疫木等行为，从源头控制疫情扩散蔓延。

（四）加强疫情防控督导督办

及时指出松材线虫病疫区存在的问题，要求限期整改，严防疫情扩散。通过随机抽取路线，实地调查走访方式，对市县松材线虫病疫情专项普查工作开展情况、经费落实情况、疫木清理情况等进行专项督导。成立工作组实行分组分片指导，落实一抓到底机制，重点对疫情监测、除治和资金落实情况进行督导，根据各地疫木除治进度、存在问题等情况进行通报。

（五）增强科技支撑能力

加强产、学、研、管四方力量联合，加大部门间、学科间的技术合作，建立有效的技术合作体制和协调机制，重点开展松材线虫病等重大林业有害生物综合防控技术研究。与科研院所合作，积极探索松材线虫病、薇甘菊防治新技术，防止疫情扩散蔓延。

（六）提升应急防控能力

完善重大林业有害生物应急预案，健全应急工作机制。指导各市县开展林业有害生物灾害防控应急演练活动，提高应对突发林业有害生物事件能力。根据林业有害生物发生情况，及时做好喷雾喷粉机、白僵菌、BT粉等应急防控药剂、器械的采购贮备和调拨工作，有效应对突发性林业有害生物灾害。

（七）强化法律法规宣传和技术培训

加强岗位培训，利用互联网、手机微信群、APP等新媒体技术开展在线技术培训，增强培训效果。充分利用网络、广播、电视、报纸和其他各种媒体，深入宣传《生物安全法》《中华人民共和国森林法》《森林病虫害防治条例》《植物检疫条例》等法律法规，增强全民科学防灾减灾的法制意识，营造群防群控氛围。

（主要起草人：刘杰恩　韦曼丽　邓艳　秦江林；主审：孙红　李加正）

22 海南省林业有害生物2021年发生情况和2022年趋势预测

海南省森林病虫害防治检疫站

【摘要】2021年，海南省林业有害生物发生40.48万亩，同比上升2.14%。根据海南省当前森林资源状况、林业有害生物发生规律和调查防治情况，结合气象资料，经综合分析预测，2022年全省林业有害生物总体发生平稳，全年发生41万亩左右。

一、2021年林业有害生物发生情况

2021年海南林业有害生物发生40.48万亩，与2020年相比，发生面积略有增加，同比上升2.14%。其中病害发生0.15万亩，比2020年增加0.11%；虫害发生12.61万亩，同比下降0.94%；有害植物27.71万亩，同比上升3.16%。成灾面积0.17万亩，成灾率0.06‰。全省防治面积合计7.98万亩（防治作业面积10.09万亩次），无公害防治面积合计7.06万亩次，无公害防治率88.39%（图22-1）。

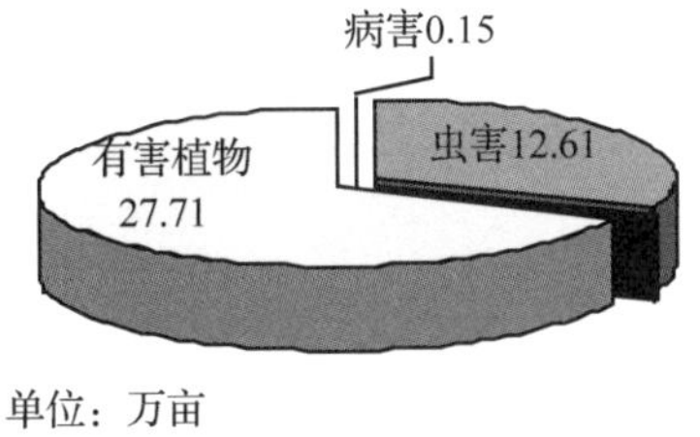

图22-1　2021年各类林业有害生物发生面积

（一）发生特点

2021年林业有害生物总体发生平稳，没有重大林业有害生物灾害和突发事件发生。呈现以下特点：一是薇甘菊仍呈扩散蔓延态势，发生面积增大，危害加重。二是棕榈科害虫疫情略有下降。三是有害植物金钟藤发生面积依然较大。

（二）主要林业有害生物发生情况分述

1. 薇甘菊

薇甘菊继续呈现扩散蔓延态势，全年发生10.76万亩，同比上升13.50%，危害有所加重。主要发生在公路旁、农田边、河道水沟边、撂荒地。主要分布在澄迈、文昌、屯昌、定安、临高、琼海、琼中、海口等市县，其中文昌、定安、临高发生比较严重（图22-2）。

2. 棕榈科害虫

棕榈科害虫是海南省的主要林业有害生物，全年发生12.01万亩，同比下降2.60%。以轻度发生为主，中度以下发生11.73万亩，占97.67%。主要有椰心叶甲、红棕象甲和椰子织蛾。

椰心叶甲　随着释放寄生蜂等生物防治为主、挂药包等化学防治为辅的椰心叶甲综合治理措施在海南省广泛应用，椰心叶甲疫情平稳。全省发生10.58万亩，同比下降2.04%，以轻度发生为主，中度以下发生面积占97.35%，各市县均有发生（图22-2）。

椰子织蛾　以轻度危害为主，全年发生1.34万亩，与2020年基本持平，主要分布在陵水、琼海、三亚、儋州、文昌、澄迈、临高、海口、澄迈等市县（图22-2）。

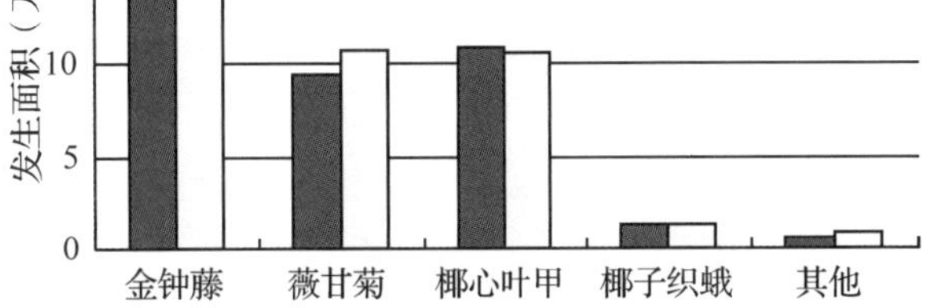

图22-2　主要林业有害生物发生面积

红棕象甲　推广使用以信息素为主的重要入侵害虫红棕象甲综合防治技术，对红棕象甲的监

测防控取得了较好效果。监测发现海南省大部分市县均有分布，但达到发生程度的较少，在澄迈、文昌、儋州、三亚等地发生 0.09 万亩，同比下降 60%(图 22-2)。

3. 金钟藤

金钟藤是海南本土有害植物，主要危害天然次生林，发生 16.95 万亩，同比下降 2.47%，主要发生在中部热带雨林国家公园区域和屯昌、儋州、澄迈、琼海、万宁等地的天然次生林区(图 22-2)。

4. 其他病虫害

其他病虫害以轻度发生为主，其中红火蚁在全省林业用地发生 0.25 万亩，主要分布在海口、琼海、澄迈、屯昌、文昌、定安等地的绿化带及苗木花圃；马尾松毛虫发生 0.19 万亩，主要发生在文昌和黎母山分局；木麻黄青枯病在文昌发生 0.03 万亩；随着树种的更新及野外天敌的增多，桉树病虫害危害较轻。包含桉树焦枯病、桉小卷蛾、桉树枝瘿姬小蜂，全省发生 0.28 万亩，主要发生在儋州(图 22-2)。

5. 未发生松材线虫病

2021 年春秋两季普查结果表明海南目前未发生松材线虫病，零星枯死松树主要是由于干旱、不正确割香、树龄老化、松针锈病等原因所致。

(三)成因分析

1. 气象因素影响林业有害生物的发生和危害

海南省高温高湿气候有利于林业有害生物的发生和危害，椰心叶甲、椰子织蛾等害虫世代重叠，全年危害。下半年，台风天气在 10 月频繁发生，雨水较多，有利于病害发生和薇甘菊等有害植物扩散蔓延。

2. 经济发展加速林业有害生物的传播扩散

随着海南建设自由贸易港力度不断加大，极大地带动了物流、旅游产业。特别是在打造国家生态文明试验区过程中，各类苗木和林木制品跨区域调运数量大幅增加，加速了林业有害生物的传播扩散。

3. 防治不彻底导致灾害反复发生

防控经费投入普遍不足，难于开展全面防治，一些得不到及时防治的区域成为扩散的虫源地，导致灾害反复发生。金钟藤主要发生在天然次生林区，山高路陡，防治难度大，危害面积仍然较大。

4. 独特的生物学特性有利于扩散蔓延

薇甘菊自身繁殖能力强，结籽量多，可通过气流、水流等远距离传播，且防治后复发率高，近年来呈近年上升趋势。

二、2022 年林业有害生物发生趋势预测

(一)2022 年发生趋势预测

根据海南省当前森林资源状况、林业有害生物发生规律、防治情况及气候因素，经综合分析预测：2022 年全省主要林业有害生物整体发生平稳。发生面积 41 万亩左右，其中病害发生约 0.2 亩，虫害发生约 12.5 万亩，有害植物约 28.3 万亩。

(二)分种类发生趋势预测

1. 薇甘菊

海南自由贸易港建设步伐不断加快，促进人流、物流以及区域间的苗木调运，同时重大工程相继开工建设，人为传播隐患加大，加上薇甘菊繁殖能力强，防治后易复发，且不断扩散，难以根除。预计 2022 年发生将继续呈扩散趋势，约 11.5 万亩，主要分布在文昌、屯昌、海口、澄迈、临高、儋州、琼中等市县(图 22-3)。

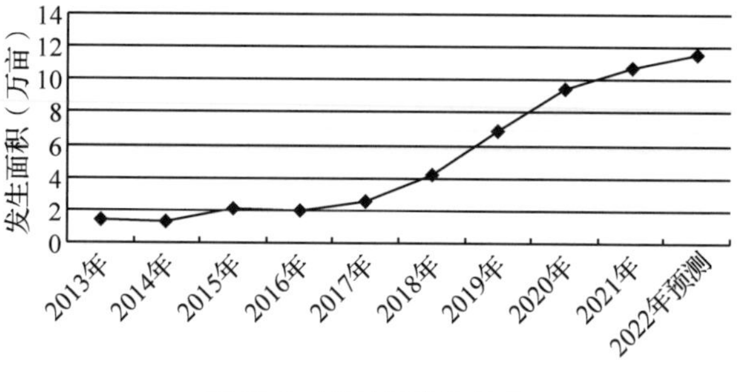

图 22-3 薇甘菊发生趋势

2. 棕榈科病虫害

椰心叶甲　近年来，随着以释放寄生蜂等生物防治为主、挂药包等化学防治为辅的综合治理措施的不断实施，椰心叶甲正在实现可持续控制的防治目标，椰心叶甲疫情相对平稳。预计 2022 年椰心叶甲发生面积基本持平，约 10.5 万亩，以轻度危害为主，全省均有发生(图 22-4)。

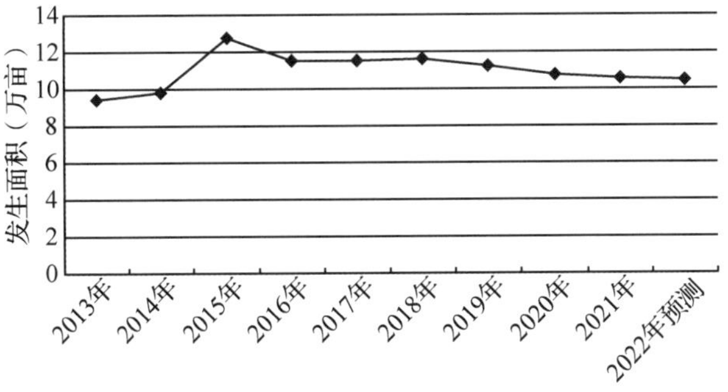

图 22-4　椰心叶甲发生趋势

椰子织蛾　椰子织蛾繁殖速度快，寄主丰富，随物流扩散能力强，尽管受今年冬季气温偏低影响，椰子织蛾传播得到一定程度的抑制，但随着春季气温回暖，发生程度和面积可能会出现一定的反复，预测 2022 年椰子织蛾的发生约 1.5 万亩，以轻度发生为主。主要发生在三亚、陵水、儋州、琼海、文昌、澄迈等市县(图 22-5)。

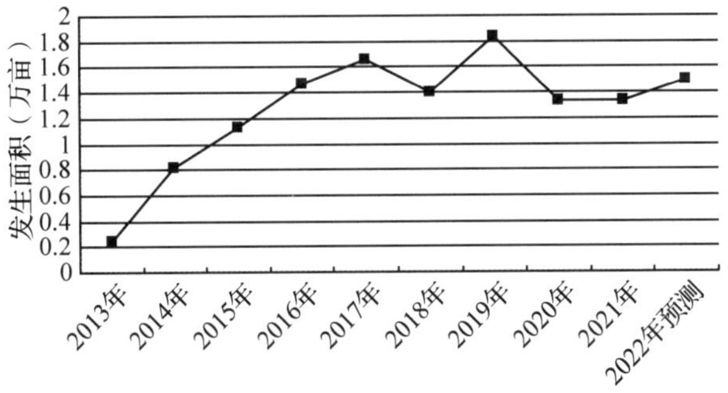

图 22-5　椰子织蛾发生趋势

红棕象甲　根据监测数据分析，红棕象甲相对平稳。预计红棕象甲 2022 年轻度发生，面积约 0.08 万亩，主要发生在三亚、儋州、澄迈、文昌等市县。

3. 金钟藤

金钟藤在热带雨林国家公园区域内发生面积大，对海南省热带天然林区景观造成不同程度的危害，但仍缺乏有效的防治技术，防治难度大。目前，海南省主要通过加大天然林区的森林抚育工作力度，控制金钟藤病害。预计 2022 年发生面积 16.8 万亩左右，主要分布在国家公园区域及屯昌、琼海、儋州等市县。

4. 其他有害生物

红火蚁的防控力度持续加强，红火蚁疫情得到较好控制，预计 2022 年发生面积约 0.25 万亩，主要发生在海口、儋州、澄迈、屯昌等市县。

桉树、松树、木麻黄病虫害及其他食叶害虫等零星分布，预计发生面积约 0.37 万亩。主要发生在东部的文昌及干旱少雨的临高、儋州等西部地区。

5. 松材线虫病

为落实“打一场漂亮的松材线虫病阻击战”的要求，做好松材线虫病预防工作，确保五年攻坚目标实现，海南省将加大经费支持力度，加强码头检疫拦截，对内强化产地检疫和调运检疫的制度，定期清除各类工地丢弃松木制品，从源头上管控，切断松材线虫病的传染源。同时做好日常监测和秋季普查，做到早发现、早报告、早除治。预计明年仍为零疫区。

三、对策建议

(一)强化监测预警，指导防治工作

扎实做好病虫害日常监测工作，进一步加大高速公路、铁路、国道、省道、景区景点等重点区域的监测力度，合理规划、科学布设固定监测点，准确掌握林间动态，及时发布生产性预报，指导市县和有关基层单位做好防治工作，确保有虫不成灾。

(二)加强队伍建设，提高测报水平

将林业有害生物监测预报工作纳入各级林长制考核内容，压实市县预防主体责任和有关部门责任。积极探索基层测报组织模式，充分发挥护林员、林业工作站、科研机构等作用，努力组建一支相对稳定的测报队伍。开展松材线虫病精细化管理平台等业务培训，使基层监测普查人员熟练掌握平台 web 及调查 APP 的各项功能和应用，提升测报水平。

(三)加大资金投入，提升防控能力

继续积极争取各级政府的重视和支持，将监测防治资金纳入政府财政预算。推动地方政府向社会化组织购买监测调查、数据分析、技术服务、防治业务工作，提升防控能力。

(四)筑牢检疫防线，严防疫情传播

对外继续实行“码头拦截、跟踪除害、建档监测”，严防松材线虫病等外来重大林业有害生物的入侵；对内强化产地检疫和调运检疫的制度，从源头上管控，防止林业有害生物传播。

(主要起草人：布日芳　李洪；主审：陈怡帆　徐震霆)

23 重庆市林业有害生物2021年发生情况和2022年趋势预测

重庆市森林病虫防治检疫站

【摘要】重庆市2021年林业有害生物发生565.66万亩，其中，病害发生212.83万亩，虫害发生335.78万亩，鼠(兔)害发生15.13万亩，有害植物发生1.92万亩。松墨天牛、黄脊竹蝗和松蠹虫的发生面积增加，呈现扩散蔓延趋势。松材线虫病、其他主要病虫害、鼠(兔)害发生面积减少。整体同比呈下降趋势，发生程度减轻。

一、2021年林业有害生物发生情况

截至11月25日，发生565.66亩，同比减少3.92%。

其中：轻度发生347.4万亩，同比减少1.46%；中度发生13.37万亩，同比减少36.21%；重度发生204.89万亩，同比减少4.8%。与2020年相比，轻度、中度和重度发生面积减少(图23-1)。

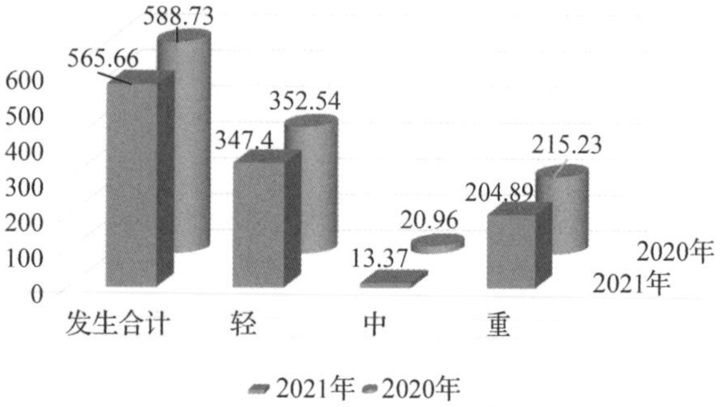

图23-1 重庆市林业有害生物发生程度图(万亩)

其中：森林病害发生212.83万亩，同比减少5.04%；森林虫害发生335.78万亩，同比减少2.88%；森林鼠(兔)害发生15.13万亩，同比减少11.83%。有害植物发生1.92万亩，同比增加13.61%。与2020年相比，森林病害、虫害和鼠(兔)害发生面积都相应减少；有害植物发生面积增大(图23-2)。

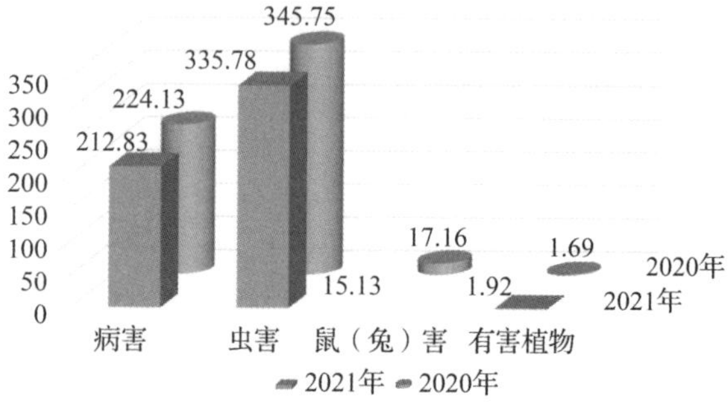

图23-2 重庆市林业有害生物发生种类面积图(万亩)

主要种类有：松材线虫病、松赤枯病、侧柏叶枯病、梨锈病、核桃褐斑病、核桃炭疽病、核桃黑斑病、黄栌白粉病、马尾松毛虫、松墨天牛、华山松大小蠹、亚洲飞蝗、黄脊竹蝗、白带短肛虫脩、褐喙尾虫脩、落叶松球蚜、山竹缘蝽、多斑白条天牛、云斑天牛、粗鞘双条杉天牛、核桃长足象、纵坑切梢小蠹、松梢螟、缀叶丛螟、云南松毛虫、银杏大蚕蛾、蜀柏毒蛾、栗瘿蜂、鞭角华扁叶蜂、落叶松叶蜂、南华松叶蜂、鼠兔、葛藤等33种。

(一)发生特点

(1)危险性林业有害生物松材线虫病基本覆盖全市，虽然发生面积减少，但防控形势仍然严峻。

(2)蛀干害虫松墨天牛、松蠹虫发生面积增加，在渝东北部分区县松蠹虫危害较重。

(3)食叶害虫松毛虫、松叶蜂、蜀柏毒蛾等发生面积整体下降，危害减轻。黄脊竹蝗在渝西部分区县发生面积增加，危害较重。

(4)森林鼠(兔)少部分区县轻度发生，危害较轻。

(5)其他林业有害生物发生的种类多，呈现零星分散发生，其中，鞭角华扁叶蜂、核桃长足

象、栗瘿蜂、落叶松叶蜂、葛藤等在渝东北部分区县危害较重。

（二）主要林业有害生物发生情况分述（图 23-3）

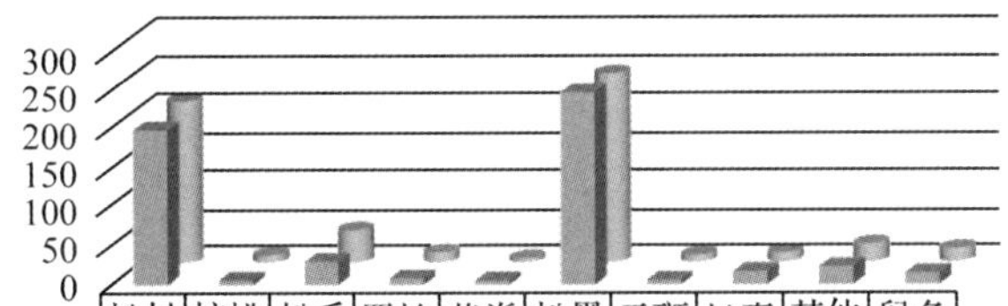

	松材线虫病	核桃病害	松毛虫	蜀柏毒蛾	黄脊竹蝗	松墨天牛	云斑天牛	松蠹虫	其他有害生物	鼠兔害
■2021年	201.96	6.53	30.44	8.65	5.75	250.56	6.38	17.19	23.07	15.13
■2020年	210.22	9.56	42.4	13.35	5.29	246.21	9.25	11.85	23.44	17.16

图 23-3　重庆市 2020 年和 2021 年主要林业有害生物发生面积对比（面积单位：万亩）

1. 松材线虫病

发生面积减少，危害程度减轻。全市除了渝中、奉节、巫溪未发现有松材线虫病以外，其余区县都有发生。发生 201.96 万亩，同比减少 3.93%。

2. 核桃病害

发生面积减少，危害程度有所增加。主要是核桃褐斑病、核桃炭疽病和核桃黑斑病，发生 6.53 万亩，轻、中度发生为主，同比减少 31.69%，分布在城口、巫山和奉节等区县；奉节、巫山发生面积最大、危害较重。

3. 黄脊竹蝗

发生面积增加，危害程度有所增加。发生 5.75 万亩，轻、中度发生为主，同比增加 8.69%，分布在涪陵、大足、江津、永川、璧山、铜梁、潼南、荣昌、万盛和缙云山管理局等区县；璧山、永川危害较重，钢梁和大足发生面积较大。

4. 云斑天牛

发生面积减少，危害程度有所增加。主要危害杨树、桉树、核桃等，发生 6.38 万亩，轻、中度发生为主，同比减少 31.02%，分布在大足、永川、潼南、荣昌、长寿、城口、巫山和酉阳等区县；城口发生面积较大，永川危害较重。

5. 松墨天牛

发生面积增加，危害程度有所增加。发生 250.56 万亩，轻、中度发生为主，部分区县有中、重度发生，同比增加 1.77%，分布在全市大部分区县；万州、涪陵、渝北、巴南、长寿、梁平、忠县、开州、云阳等区县发生面积超过 10 万亩以上；永川、南川、璧山、巫山和酉阳等地危害较为严重。

6. 松蠹虫

发生面积增加，危害程度有所增加。主要是华山松大小蠹和纵坑切梢小蠹。发生 17.19 万亩，轻、中度发生为主，同比增加 45.06%；分布在城口、巫溪、奉节和巫山；纵坑切梢小蠹在巫山和奉节危害较重，华山松大小蠹在城口和巫溪危害较重。

7. 松毛虫

主要是云南松毛虫和马尾松毛虫，发生面积减少，危害程度有所增加，部分林分发生较重。发生 30.44 万亩，以轻、中度发生为主，同比减少 28.21%。云南松毛虫主要分布在酉阳、开州和巫溪，发生面积不大，轻、中度发生。马尾松毛虫是重庆市常发性害虫，广泛分布在万州、涪陵、南岸、綦江、大足、巴南、黔江、长寿、江津、合川、永川、南川、璧山、万盛、铜梁、潼南、荣昌、开州、梁平、武隆、丰都、忠县、云阳、奉节、巫山、石柱、巫溪和酉阳等 28 个区县；万州、南岸、永川、南川、璧山、万盛、开州和酉阳等区县局部危害较重；万州、涪陵、巴南、永川、南川、万盛、丰都和开州等区县发生面积较大。

8. 蜀柏毒蛾

发生面积减少，危害程度减轻。发生 8.65 万亩，轻、中度发生为主，部分地区重度发生，同比减少 35.21%。主要分布在万州、涪陵、万盛、潼南、荣昌、开州、梁平和武等区县；万州危害较重；荣昌和万州发生面积较大。

9. 森林鼠（兔）害

发生面积减少，危害程度减轻。发生 15.13 万亩，轻度发生为主，同比减少 11.83%。主要分布在万州、涪陵、潼南、彭水、巫山、巫溪、城口、荣昌和江津等区县；涪陵、巫山、巫溪和江津等区县发生面积较大。

10. 其他林业有害生物

发生面积减少，危害程度较轻。发生 23.07 万亩，同比减少 1.58%。其中：马松赤枯病 0.09 万亩、侧柏叶枯病 0.22 万亩，轻度发生，分布在荣昌；梨锈病 0.03 万亩，轻度发生，分布在綦江；黄栌白粉病 4 万亩、核桃长足象 1.9 万亩、褐喙尾虫脩 0.6 万亩、栗瘿蜂 5 万亩、落叶松叶蜂 2.4 万亩、落叶松球蚜 0.9 万亩、亚洲飞蝗 0.26 万亩、缀叶丛螟 0.5 万亩，轻、中度为主，部分虫害危害较重，分布在巫山；鞭角华扁叶蜂 0.79 万亩，轻、中度为主，分布在开州、巫山；白带短肛虫脩 0.2 万亩，轻度发生，分布在奉节；粗鞘双条杉天牛 2.3 万亩，轻度发生，分布在武隆、彭水；南华松叶蜂 1.6 万亩，轻度发生，分布在涪陵；山竹缘蝽 0.27 万亩，轻度发生，分布在梁平；松梢螟 0.03 万亩，轻度发生，分布在酉阳；银杏大蚕蛾 0.06 万亩，轻度发生，分布在巫溪；有害植物 1.92 万亩，轻、中度发生，分布在开州和巫山。

（三）成因分析

1. 危险林业有害生物防治难度大

松材线虫病传染性强，防控的复杂性十分严峻，自然传播、人为传播以及多重灾害叠加增大了疫情的防控难度。

2. 寄主面积快速增加、林分结构不合理

重庆市林分结构单一，纯林多，混交林少；针叶林多，阔叶林少等多种原因，导致林业有害生物多发生。

3. 适宜的地理条件

重庆市位于中亚热带湿润季风气候区，冬暖春早，夏热秋凉，大部分地区处于低海拔区域，适宜林业有害生物生长危害。入春比常年提前，气温偏高，日照偏多，降水偏少，造成林业有害生物越冬期死亡率低、发育进度加快。

4. 林业有害生物自身的生物生态学特性所决定

松材线虫病等检疫性林业有害生物以及其他蛀食性害虫自然死亡率低、种群繁殖迅速；其他林业有害生物虽然经常表现出大发生周期，但种群始终在林间存在，并且种群繁殖迅速，种群衰退之后，在条件适宜时很快又大发生。

二、2022 年林业有害生物发生趋势预测

经分析预测：2022 年松材线虫病、松墨天牛、松毛虫稳中有降；森林鼠(兔)害、有害植物和其他病虫害基本持平。

（一）2022 年总体发生趋势预测

在 2021 年全市主要林业有害生物发生与防治情况基础上，结合气候因素、寄主分布情况、各区县预测数据以及林业有害生物发生发展规律，预测 2022 年全市主要林业有害生物发生面积与 221 年基本持平，发生 570 万亩左右，其中：森林病害 204 万亩、森林虫害 349 万亩、森林鼠(兔)害 17 万亩。除松材线虫病外，其他以轻、中度发生为主(图 23-4)。

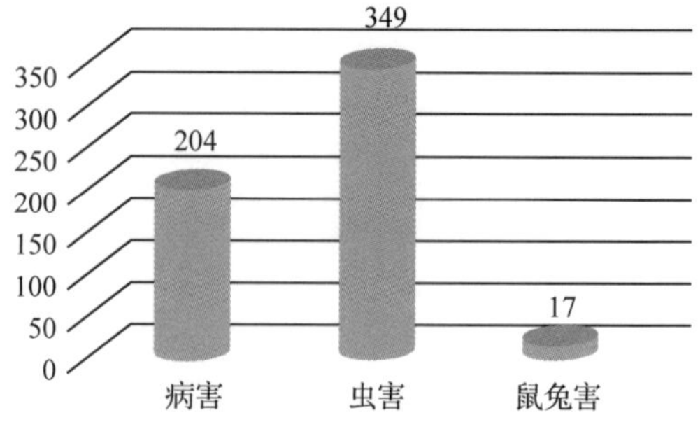

图 23-4　重庆市 2022 年林业有害生物种类发生趋势图(万亩)

（二）分种类发生趋势预测(图 23-5)

1. 松材线虫病

预测发生面积与上年相比减少，危害程度减轻，发生面积约 190 万亩，分布于全市大部分区县。

2. 核桃病害

预测发生面积与上年相比增加，危害程度有所增加；发生面积约 9 万亩，分布在渝东北的部分区县。

3. 其他病害

预测发生面积与相比持平，危害程度减轻；发生面积约 5 万亩，分布在全市大部分区县，在渝东南个别区县危害较重。

4. 松毛虫

预测发生面积与上年相比增加，危害程度有所增加；发生面积约 40 万亩，分布在全市大部分区县，在渝东南及渝西部分地区危害较重。

5. 蜀柏毒蛾

预测发生面积与上年相比增加，危害程度减轻；发生面积约 10 万亩，主要分布在渝东北片区。

6. 黄脊竹蝗

预测发生面积和与上年相比增加，危害程度有所增加；发生面积约 10 万亩，主要分布在渝西片区。

7. 松墨天牛

预测发生面积与上年相比减少，危害程度减轻；发生面积约 240 万亩，分布在全市大部分区县。

8. 云斑天牛

预测发生面积与上年相比增加，危害程度有所增加；发生面积约 9 万亩，主要分布在渝西、渝东南、渝东北片区，在渝西片区的个别区县发生较重。

9. 松蠹虫

预测发生面积与 2021 年相比增加，危害程度有所增加；发生面积约 20 万亩，主要分布在渝东北片区。

10. 森林鼠(兔)害

预测发生面积与上年相比持平，危害程度减轻；发生面积约 17 万亩，主要分布在渝东北、渝东南片区。

11. 其他虫害

预测发生面积与上年相比增加，危害程度减轻；主要包括鞭角华扁叶蜂、粗鞘双条杉天牛、松茸毒蛾、刚竹毒蛾、松叶蜂、白蚁及经济林虫害等，发生面积约 20 万亩，分布在部分区县。

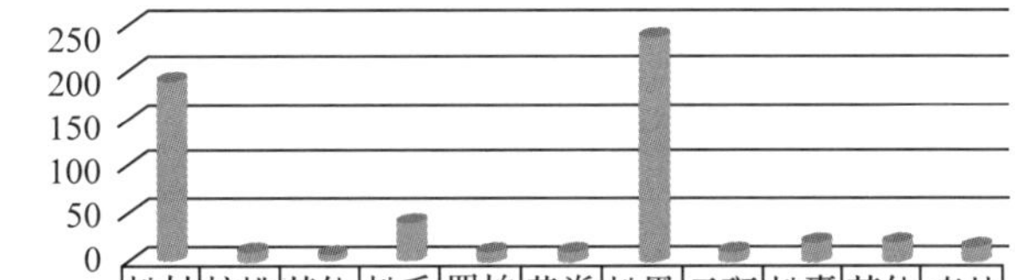

	松材线虫病	核桃病害	其他病害	松毛虫	蜀柏毒蛾	黄脊竹蝗	松墨天牛	云斑天牛	松蠹虫	其他虫害	森林鼠兔害
■系列1	190	9	5	40	10	10	240	9	20	20	17

图 23-5　重庆市 2022 年主要林业有害预测发生面积图(万亩)

三、对策建议

(一)坚决打赢打好松材线虫病防控攻坚战

一是守住点。落实《重庆市松材线虫病疫情防控五年攻坚行动方案(2021—2025 年)》，以拔除疫点为目标，重点突出拔除缙云山国家级自然保护区疫情，抓住山场疫木清理消杀和媒介昆虫防治两个核心，组织实施 2021 年松材线虫病疫木集中除治“冬春战役”、春秋季除治成效检查。二是阻断链。开展松材线虫病等重大林业有害生物联防联治，建立省际间、市内交界地段联防联治体系，强化植物检疫，阻断疫情传播链；开展 2021 年执法专项行动，加大对木材市场、涉木企业等检查排查，严厉打击违法违规行为，坚决阻断疫木利用链；探索将疫木除治队伍纳入企业信用体系管理，出台行业准入制度，强化行业自律，坚决防止除治队伍产业化，阻断除治利益链。三是管住面。压实责任，用好林长制平台，发挥考核指挥棒作用，进一步压实四级林长防治主体责任和部门属事责任；强化宣传，依托重大林业有害生物防控“百日宣传”活动等载体，加强从业人员教育培训，着力营造群防群控氛围；完善防控制度管理体系，加强与指挥部成员单位防控联动协作，健全重大林业有害生物部门联动机制，修订完善《重庆市重大林业有害生物灾害应急预案》，提升应急处置能力。

(二)加强其他林业有害生物防治

抓好松毛虫等其他林业有害生物防治工作。督促城口、巫溪做好华山松大小蠹虫防治工作，探索信息素诱杀与枯死木清除相结合的综合除治方法，压缩危害区域，减少危害程度。指导区县做好松毛虫、蜀柏毒蛾、红火蚁等常发性有害生物防治工作，确保有虫不成灾。继续推进秦巴山区林业有害生物防治能力提升项目建设，提升防治能力。

(三)加强林业有害生物监测预警

落实护林员林业有害生物监测责任，推动林业有害生物监测网格化管理。全面推进精准监测，用好国家林草生态感知系统平台，做好疫情数据信息上报，重点区域采用无人机航拍判读与人工地面勘查相结合，抓好松材线虫病日常监测和秋季普查。启动森林、草原、湿地生态系统外来入侵物种普查工作。加强红火蚁、美国白蛾等有害生物监测预报，确保疫情及时发现、及时取样、及时报告、及时发布预警。

(四)加强检疫执法

按照川渝两地林业部门确定的年度重点工作，用好“云贵川渝藏”“川陕渝鄂”林业植物检疫协作平台，增进强化与交界省份的省际间联防联治协作。加快推进“国家林业和草原局林业有害生物防治检疫管理与服务平台”与“渝快办”政务服务平台对接，推进川渝两省市“一网通办”。持续开展全市松材线虫病无疫情工作，探索疫情确认机制。

(主要起草人：陈录平　曾艳　杨萍；主审：陈怡帆　徐震霆)

24 四川省林业有害生物2021年发生情况和2022年趋势预测

四川省林业和草原有害生物防治检疫总站

【摘要】2021年，全省主要林业有害生物统计发生面积合计936.36万亩，同比减少64.97万亩，较常年均值偏低112.10万亩，呈持续下降趋势(图24-1)。虫害、鼠害发生面积下降明显，病害基本持平。一些主要林业有害生物在局部危害偏重成灾，成灾面积96.71万亩，成灾率2.59‰。松材线虫、红火蚁等检疫性有害生物仍呈扩散蔓延趋势，特别是红火蚁在多地多点新发生。蜀柏毒蛾等常发食叶性害虫总体以轻度、中度危害为主，局部偏重。切梢小蠹虫等钻蛀性害虫，松树病害(除松材线虫病外)、云杉病害等森林病害发生范围趋于稳定，在局部危害偏重。鼠害发生面积持续大幅下降，赤腹松鼠在局部小面积成灾。加拿大一枝黄花、菟丝子等有害植物多点发生，扩散蔓延迅速。全省防治面积681.21万亩，无公害防治率96.61%，防控取得一定成效。松材线虫病致死松树数量较去年同期减少2.9万余株，部分疫区、疫点实现无疫情。

根据全省主要林业有害生物发生防治情况、2022年气候预测结果等，经会商分析研判，预计2022年全省林业有害生物发生总面积950.30万亩，同比增加14万亩。其中，预计病害发生197万亩，同比基本持平；虫害发生709万亩，同比增加13万亩；鼠害发生44万亩，同比基本持平(图24-2)；有害植物发生0.3万亩，同比略有增加。外来有害生物潜在继续扩散蔓延的风险很大，松材线虫病等重大有害生物在局地危害仍然偏重，形势异常严峻，预计全省主要林业有害生物成灾面积95万亩，同比略有减少。

一、2021年全省主要林业有害生物发生及防治情况

2021年，全省主要林业有害生物发生总面积936.36万亩，发生率2.52%，测报准确率93.21%。其中轻度发生612.44万亩，中度发生222.19万亩，重度发生101.73万亩，分别占发生总面积的65%、24%和11%(图24-3)。

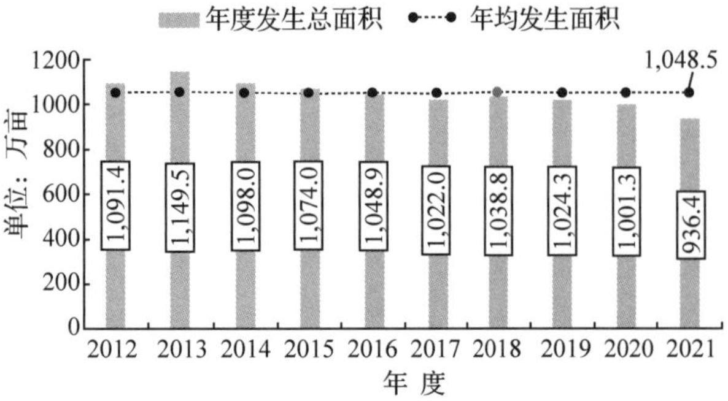

图24-1　2012—2021年四川省主要林业有害生物发生面积图

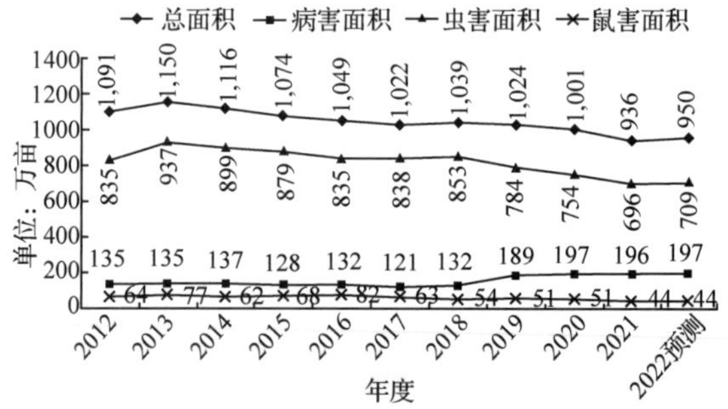

图24-2　2012—2022年四川省主要林业有害生物发生面积分类型趋势图

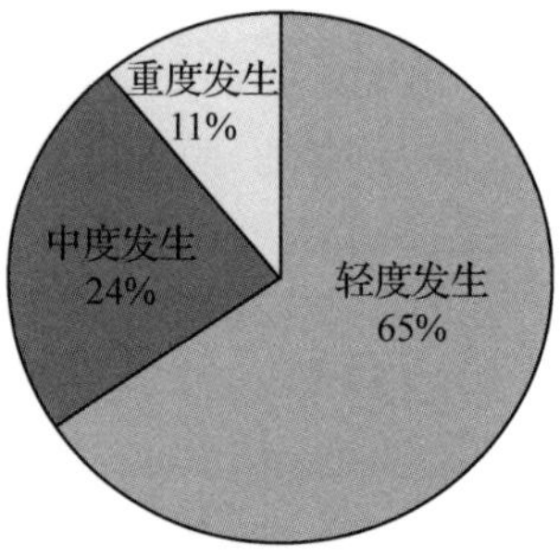

图24-3　2021年四川省主要林业有害生物发生程度百分比图

按类型分，病害发生面积 196.31 万亩，同比减少 0.71 万亩；虫害发生 696.21 万亩，同比减少 57.33 万亩；鼠(兔)害发生 43.58 万亩，同比减少 7.08 万亩(图 24-4)；分别占发生总面积的 21%、74%和 5%；有害植物发生 0.26 万亩，同比增加 0.15 万亩。

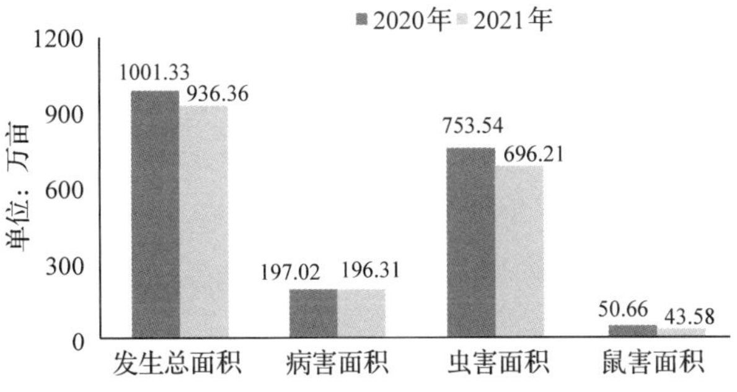

图 24-4　2020 年和 2021 年四川省主要林业有害生物分类型发生面积同比图

各地实施防治面积 681.21 万亩(防治作业面积 780.43 万亩次)，其中人工物理防治 272.54 万亩，生物防治 15.45 万亩，化学防治 31.77 万亩，营林防治 174.53 万亩，生物化学防治 186.92 万亩。无公害防治面积 658.09 万亩，无公害防治率达 96.61%。

(一)全省主要林业有害生物发生特点分析

1. 松材线虫病仍呈扩散趋势，防控形势异常严峻

一是新发疫区、疫点数量持续增加。截至 2021 年 11 月底，全省新发 2 个松材线虫病疫情区(朝天区、前锋区)，新发乡镇级疫点 24 个，增加发生面积 2.67 万亩。目前，全省有松材线虫病疫情发生区 44 个、乡镇级疫点 315 个，疫情发生小班 22013 个，仍在扩散蔓延。二是危害程度有所减轻。秋季普查结果表明，全省松材线虫病发生面积 95.77 万亩；死亡松树 32.97 万株，较去年同期减少 2 万余株；多个疫区、疫点实现无疫情。此外，去冬今春除治松材线虫病死亡松树 125 万余株，较同期相比减少 35 万株，呈大幅逐年下降趋势。三是防控形势仍然严峻。目前，松材线虫病疫情发生区数量占有松林县级行政区的 27.33%，发生面积占松林面积的 2.21%，其他未发生地潜在发生松材线虫病的概率很大；加之如平昌、古蔺等部分老疫区疫木除治质量不高、监管不到位等，导致病死松树数量和疫点数量成倍增加，局部受害严重，继续自然扩散蔓延的风险很大。因此，全省要完成五年攻坚行动计划的目标任务，难度极大，形势不容乐观。

2. 红火蚁传播扩散蔓延加速，多地多点暴发

红火蚁传播途径多样，生存能力强，能在林地、公共绿化地、农耕地等广泛的区域生存。近年来，随着城市公共绿化地、公路绿化带等绿化工程的实施，红火蚁随人为远距离调运的带疫绿化植物传播扩散概率大增，加之其发生定殖后难以根除，导致新发点不断，老发生地不绝的格局，发生点位及面积不断增加。特别是今年红火蚁在多地多点暴发，扩散蔓延迅速。目前，红火蚁发生在四川省林地范围内的涉及到攀枝花、凉山、广元、绵阳、遂宁、巴中等 6 个市(州)的 13 个县级行政区 31 个乡镇，发生面积 6.23 万亩，发生点位及面积同比均大幅增加。

3. 常发食叶性害虫发生总体平稳，在局部危害偏重

主要种类有：蜀柏毒蛾、松毛虫、叶蜂等，经过多年持续大面积的飞机施用无公害农药防治，成效明显，总体以轻度、中度危害为主，但在多年未开展防治的局部地方有危害偏重成灾现象。蜀柏毒蛾是四川省发生面积最大的有害生物，也是周期性暴发明显的害虫，按照其生物学发生规律，今年是小暴发的前一年，发生面积 384.13 万亩，同比增加 9.69 万亩，在南充、巴中、遂宁等地发生面积明显呈上升趋势，在南部、西充、巴州、恩阳、射洪、盐亭等地多年未使用药剂防治的地方，虫口密度累积较高，危害偏重成灾，成灾面积 0.37 万亩。松毛虫发生面积 51.47 万亩，同比减少 1.05 万亩；其中，云南松毛虫发生面积同比略有增加，在昭化区、旺苍县局地偏重发生。马尾松毛虫发生面积同比减少 5.95 万亩。落叶松叶蜂发生面积 5.05 万亩，同比减少 1.4 万亩，在朝天区、旺苍县等局地危害偏重。鞭角华扁叶蜂发生面积 7.09 万亩，同比基本持平。

4. 钻蛀性害虫发生面积呈下降趋势，在局部危害较为严重

主要种类有：松墨天牛、松切梢小蠹、华山松大小蠹、长足大竹象、核桃长足象、云斑天牛等，经过防控，发生面积有所下降，但个别虫种在局部危害偏重。松墨天牛发生面积91.73万亩，同比减少较多；在青川、朝天等地偏重发生。松切梢小蠹虫发生面积49.28万亩，同比基本持平；在汉源县等局地危害云南松小面积成灾，成灾面积0.12万亩。华山松大小蠹发生面积5.57万亩，同比增加1.28万亩，呈逐年上升趋势，在南江发生面积同比增加51.35%；在旺苍、青川等地偏重发生。长足大竹象、核桃长足象发生面积下降幅度较多。云斑天牛发生面积12.09万亩，趋于稳定。

5. 森林病害(不含松材线虫病)发生面积稳中有降，局部危害偏重

主要种类有：松树病害(不含松材线虫病，下同)、云杉病害(云杉落针病、云杉锈病等)等，发生总面积100.54万亩，同比略有下降，发生范围总体趋于稳定，以轻度、中度发生为主，但在部分地方危害仍然偏重，局地小面积成灾。其中，松树病害发生面积19.79万亩，同比减少0.69万亩。其中，华山松疱锈病发生面积4.05万亩，同比增加0.23万亩，在巴中市部分地方危害华山松偏重。云杉病害发生51.13万亩(云杉落针病占95.5%)，同比增加4.92万亩，在阿坝藏族羌族自治州部分人工更新的云杉幼林中发生较为严重。

6. 森林鼠害发生面积呈逐年下降趋势，但在部分林区危害仍然偏重

森林鼠害发生面积43.58万亩，同比减少7.08万亩。主要种类有：赤腹松鼠和黑腹绒鼠，分别发生面积35.44万亩和5.31万亩，同比分别减少2.02万亩和4.00万亩。赤腹松鼠在邛崃市、大邑县等地局部偏重发生。黑腹绒鼠因新造林减少等原因，发生面积呈逐年下降趋势。

7. 有害植物在多地多点新发生，局部危害较为严重

加拿大一枝黄花在成都、内江、南充、绵阳、巴中等地首次多点发现，分布多呈零星点块状。菟丝子、无根藤在成都、遂宁、广安、德阳等地的城市园林绿地、街道旁等的绿化树上寄生危害，扩散蔓延迅速。特别是菟丝子在成都市部分区县寄生危害较去年同期相比面积增大、蔓延速度加快、危害程度加重，严重影响了城市园林植物生长和市容景观。

(二)成因分析

1. 外来林业有害生物快速扩散蔓延，不易根除原因分析

一是外来有害生物传播途径广，特别是近年来随着物流的快速发展以及大量公路、城市绿化建设等工程的实施，植物及其产品往来频繁调运，极易造成有害生物随人为调运带疫的植物及其产品远距离跳跃式传播扩散。二是外来有害生物繁殖生存能力强，一旦定殖不易根除，加之缺乏天敌控制，其自然扩散的概率也很大。三是四川省的气候环境，特别是夏季高温多雨，有利于一些有害生物的快速生长繁殖。四是缺乏有效的防治药剂。

2. 本土林业有害生物发生范围稳定，局部危害偏重原因分析

一是本土有害生物与其发生环境长期以来的环境适应性，加之林间生长着一些可抑制有害生物的天敌，在某种程度上达到了一定的平衡，从而使有害生物不会发生大的灾害。二是人们通过多年的研究，对本土有害生物的生物学特性研究较为清楚，可以开展有针对性地防控，使有害生物不会造成大面积的灾害。三是在部分环境受到干扰(破坏)的地方，或者部分危害隐蔽、防控难度大的有害生物，经过多年的生长繁殖，种群密度增加一定程度后就可能造成在局部区域危害偏重并成灾。四是在高温高湿等适宜有害生物生长繁殖的气候条件下，一些有害生物也可能在短时间内大量繁殖，造成种群密度急剧增加，危害偏重成灾现象。

二、2022年全省主要林业有害生物发生趋势预测

根据全省林业有害生物越冬代虫情调查及78个国家级、省级中心测报点的系统观察，结合全省主要林业有害生物发生流行规律和2021年度防控工作情况，以及四川省气象部门对全省2021年冬季及2022年的气候预测资料，对2022年全省主要林业有害生物发生趋势预测如下：

(一)预测依据

1. 各地虫情调查数据汇总统计分析情况

根据各地2021年秋冬季开展的林业有害生物越冬代虫情调查及40个国家级和38个省级中心测报点系统观察数据汇总统计分析结果。

2. 有害生物发生规律及防治情况

根据不同有害生物的生物学特性及其发生规律，结合2021年全省各地对主要林业有害生物的防治情况等因素综合分析结果。

3. 森林树种组成及林木健康状况

根据不同的森林树种构成、立地条件、林木健康状况等因素综合分析结果。

4. 气候预测发生情况

预计2021—2022年冬季全省平均气温接近常年同期略偏高，其中盆地大部较常年同期偏低，川西高原和攀西地区较常年同期偏高。川西高原北部、盆地西部、中部和南部降水量较常年同期偏多，川西高原西南部和攀西地区西部降水量较常年同期异常偏少。预计2022年春季全省平均气温较常年同期偏高，降水量较常年同期偏少。盆地西南部偏东地区和盆地南部气温较常年同期偏低0.5℃左右，省内其余地区气温较常年同期偏高0.5~1.0℃。

(二)2022年主要林业有害生物发生总体趋势预测

预测2022年全省主要林业有害生物发生面积950.30万亩，同比增加14万亩。

1. 按有害生物发生类型趋势预测

(1)森林病害发生的主要种类：松材线虫病、松树病害、云杉病害、核桃病害等，预计发生197万亩，同比基本持平。其中，预计松材线虫病发生94万亩，同比减少2万亩；除松材线虫病外的森林病害发生面积预计发生103万亩，同比略有增加(图24-5)。

(2)森林虫害发生的主要种类：蜀柏毒蛾、松毛虫、鞭角华扁叶蜂、松叶蜂、松墨天牛、松切梢小蠹虫、云斑白条天牛、长足大竹象、核桃长足象等。自2013年以来，虫害发生面积总体波动变化不大，呈稳中有降的发生趋势，预计2022年发生709万亩，同比增加13万亩，但较常年均值偏低121.77万亩(图24-6)。预计蜀柏

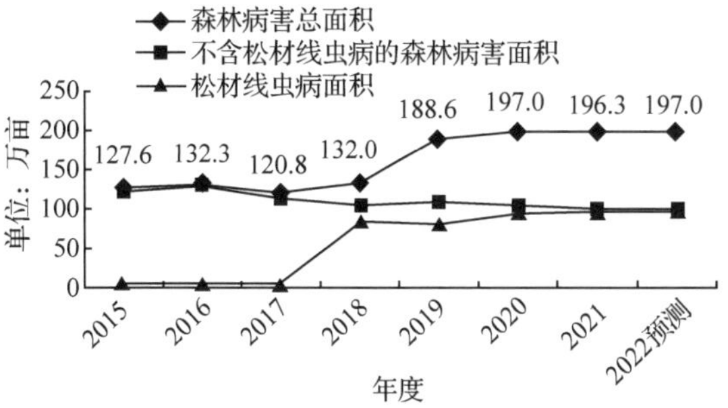

图24-5 2015—2022年四川省森林病害发生面积趋势图

毒蛾等食叶性害虫总体仍然是以轻度、中度危害为主，但不排除在局部地区危害偏重成灾的可能。松切梢小蠹虫等钻蛀性害虫在局部地方危害仍然严重并可能成灾。

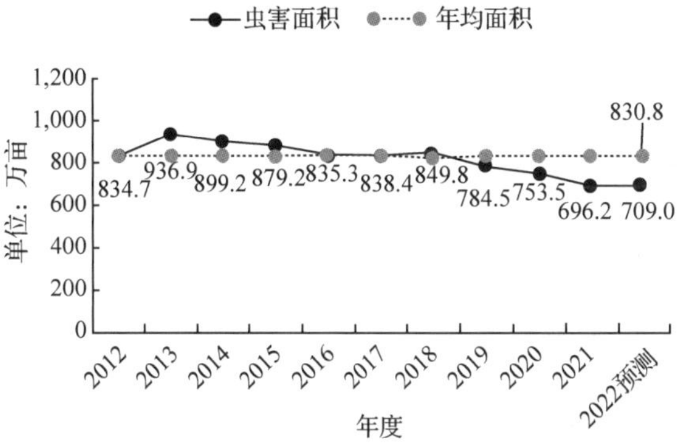

图24-6 2012—2022年四川省森林虫害发生面积趋势图

(3)森林鼠害发生的主要种类：赤腹松鼠、黑腹绒鼠等，主要危害人工营造的中幼林。近年来随着人工新造林面积减少，幼林所占份额逐年下降，加之开展持续防控等，鼠害发生面积自2016年以来呈逐年下降趋势，预计2022年发生44万亩，同比基本持平，较常年均值偏低22.07万亩(图24-7)。

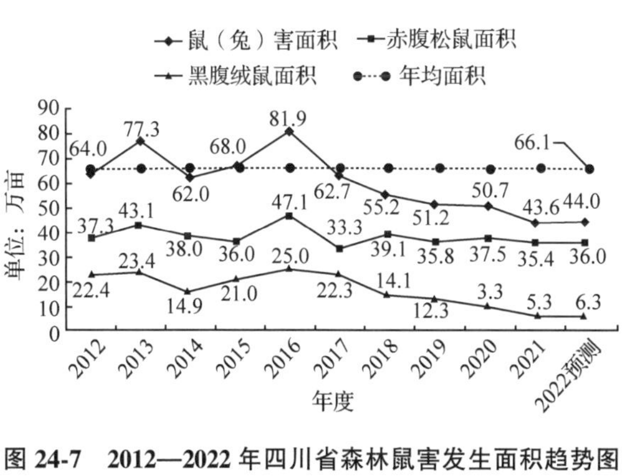

图24-7 2012—2022年四川省森林鼠害发生面积趋势图

(4)有害植物发生的主要种类有：加拿大一枝黄花、菟丝子等，预计发生面积0.3万亩，

同比略有增加。

2. 按市(州)有害生物发生面积趋势预测

预测在成都、达州、阿坝、广元、资阳等地发生面积上升，南充、广安、宜宾、巴中、甘孜、雅安、眉山、遂宁、绵阳等地发生面积下降，其余市(州)发生面积基本持平。

(1)病害：预测在巴中等地发生面积上升，雅安、巴中等地发生面积下降，成都等地发生面积基本持平。

(2)虫害：预测在广元等地发生面积上升，雅安、眉山、巴中、甘孜等地发生面积下降，成都等地发生面积基本持平。

(3)鼠害：预测在巴中等地发生面积上升，雅安、眉山等地发生面积可能下降。

(4)有害植物：预测在成都等地发生面积有所上升。

(三)主要林业有害生物分种类发生趋势预测

1. 病害

(1)松材线虫病　目前全省有44个松材线虫病县级疫情发生区、315个乡镇级疫点。虽然近年来松材线虫病发生增长趋势减缓，枯死松树数量明显下降，但发生的基数大、分布点多面广，防控难度大，其潜在的自然传播蔓延概率很大，形势仍然十分严峻。预测2022年全省松材线虫病疫情仍然可能继续扩散蔓延，并在川北、川南、攀西等局地有新发生疫区、疫点的可能。其中，巴中、广元发生面积、枯死松树数量可能有较大增加。但全省正在大力实施松材线虫病防控“五年攻坚”行动，防控力度不断加大，预计全省发生面积及枯死松树数量将呈下降趋势，预测发生94万亩，同比下降2万亩；枯死松树31万株，同比减少2万株。

(2)松疱锈病等松树病害　发生在阿坝、巴中、广元、雅安、甘孜、内江、泸州、攀枝花、成都、达州、宜宾、凉山、绵阳等地。近年来发生面积稳中有升，预计发生面积20万亩，同比基本持平(图24-8)。其中，检疫性有害生物松疱锈病菌预计发生4万亩，同比基本持平。

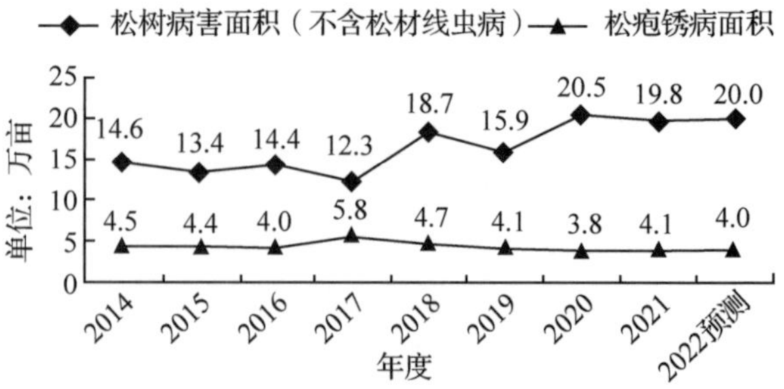

图24-8　2014—2022年四川省松树病害及松疱锈病发生面积趋势图

(3)云杉落针病等云杉病害　发生在阿坝、甘孜、雅安、凉山等地，主要在川西高原的云杉纯林中危害，近年来发生面积总体呈震荡下降趋势，预计发生50万亩，同比略有减少(图24-9)。其中，在云杉病害发生面积中占主要地位的云杉落针病，预计发生48万亩，同比略有减少，但在甘孜发生面积同比可能上升，在汉源县局地危害可能偏重。

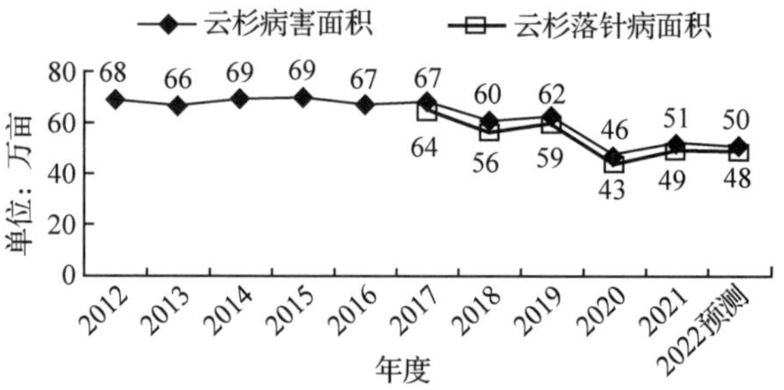

图24-9　2012—2022年四川省云杉病害及云杉落针病发生面积趋势图

(4)核桃黑斑病等核桃病害　分布在成都、广元、巴中、凉山等地，近年来随着各地大力发展核桃产业，种植面积不断增加，核桃病害也随之增加，预计发生13万亩，同比略有减少(图24-10)。在广元发生面积同比呈上升趋势，在部分区域可能偏重发生。

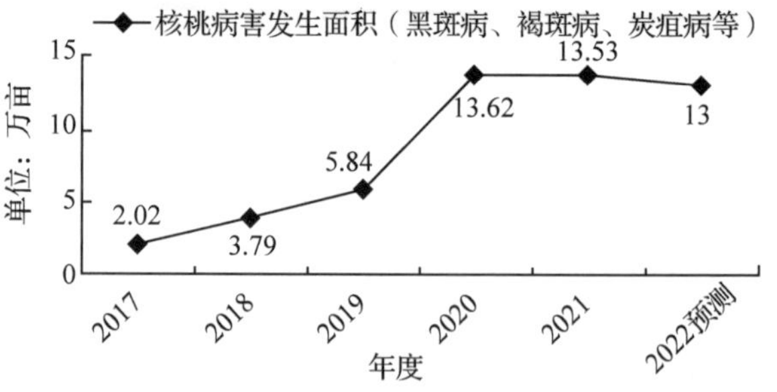

图24-10　2017—2022年四川省核桃病害发生面积趋势图

2. 虫害

(1)蜀柏毒蛾　主要发生在盆周及川北地区16个市70余个县(市、区)，危害柏木林，近年来发生面积呈周期性缓慢上升趋势(图24-11)，预计全省发生390万亩，同比增加6万亩，较常年均值偏少18.61万亩；在达州、巴中、遂宁、广元等地发生面积可能增加。危害程度总体以轻度、中度为主，但在利州、剑阁、苍溪、旌阳、罗江、中江、射洪等局部地方可能偏重发生。

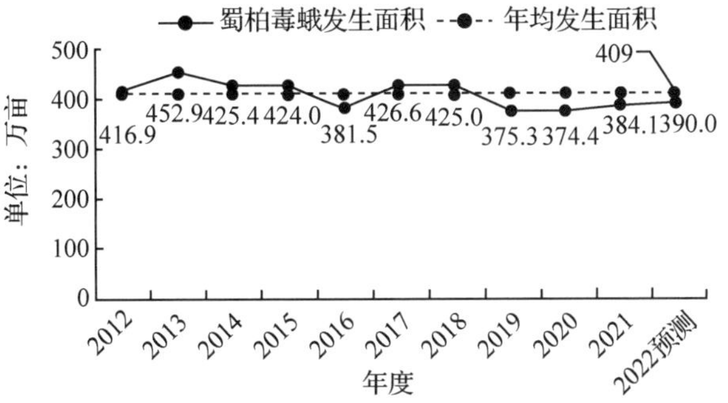

图24-11　2012—2022年四川省蜀柏毒蛾发生面积趋势图

（2）松毛虫（马尾松毛虫、云南松毛虫等）近年来发生面积呈逐年下降趋势，预计发生50万亩，同比略有减少，较常年均值偏少23.25万亩（图24-12），总体以轻度、中度危害为主，但在虫口密度较高的局部区域有成灾风险。

马尾松毛虫　发生在自贡、泸州、广元、乐山、宜宾、广安、达州、巴中等地，危害马尾松，预计发生面积17万亩，同比略有下降，总体以轻度危害为主。在宜宾、自贡发生面积同比可能增加。

云南松毛虫　发生在成都、泸州、绵阳、广元、巴中等地危害柏树，预计发生面积30万亩，同比基本持平。在朝天区、昭化区等地可能偏重发生。

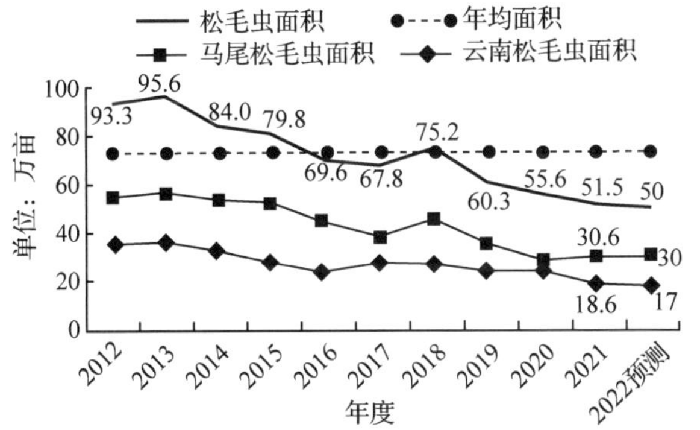

图24-12　2012—2022年四川省松毛虫发生面积趋势图

（3）红火蚁　林业检疫性有害生物，繁殖扩散能力强，传播途径广，目前发生在凉山、攀枝花、广元、遂宁、绵阳、巴中等地的局部林地，在全省呈扩散蔓延趋势，预计发生7万亩，同比略有增加。

（4）松叶蜂（落叶松叶蜂、扁叶蜂等）分布在巴中、广元、凉山等地，主要危害落叶松、马尾松、云南松等，总体以轻度、中度发生为主。近年来发生面积呈上升趋势，预计发生5万亩，同比基本持平。其中，落叶松叶蜂在朝天区、旺苍县局部地方可能偏重发生。

（5）鞭角华扁叶蜂　分布在遂宁、绵阳、广安等地，主要危害柏树，近年来发生面积在6万~7万亩之间波动，预计发生7万亩，同比基本持平。在蓬溪县、船山区等部分区域可能偏重发生。

（6）松墨天牛　松材线虫病的传播媒介昆虫，在四川省松林区分布普遍，部分林区虫口基数较大，近年来发生面积呈逐年下降趋势，预计发生100万亩，同比增加8万亩。在广元、攀枝花等地发生面积可能增加。

（7）松切梢小蠹（纵坑、横坑切梢小蠹）　分布在攀枝花、凉山、雅安、甘孜、阿坝等地的云南松、油松林区，近年来发生面积趋于平稳，预计发生50万亩，同比基本持平。但在汉源县、石棉县等局部地方可能偏重危害。

（8）华山松大小蠹　分布在巴中、广元等地，是危害华山松的先锋害虫，近年来发生面积呈震荡上升趋势，预计发生6万亩，同比略有增加。在巴中、广元发生面积可能增加，在旺苍县、南江县可能偏重发生。

（9）云斑白条天牛　分布在成都、攀枝花、德阳、遂宁、眉山、广安、资阳、凉山等地，主要危害核桃、杨树、柳树、桉树等，形成许多虫孔，影响林木生长，被害植株易风折，降低木材材质，对成片栽植的退耕还林、工业原料林威胁较大。近年来发生面积趋于稳定，预计发生12万亩，同比基本持平。

（10）核桃长足象　分布在成都、广元、巴中、资阳等核桃产区，近年来发生趋于稳定，预计发生13万亩，同比基本持平。在利州区、朝天区、乐至县局部区域可能偏重发生。

（11）长足大竹象　主要危害竹笋及嫩竹，分布在乐山、眉山、雅安、自贡、成都、宜宾和广安等地，近年来总体发生呈稳中有降的趋势，预计发生17万亩，同比略有增加。

3. 鼠害

（1）赤腹松鼠　主要发生在成都、眉山、乐山、雅安等地，啃食危害人工柳杉、水杉、银杏等树皮，造成林木生长缓慢、停滞，甚至死亡，部分区域危害严重。近年来发生面积变化不大，预计发生36万亩，同比略有增加；在雨城区、宝兴县、荥经县、邛崃市、大邑县等局部地方可能危害人工柳杉林成灾。

(2)黑腹绒鼠　发生在成都、绵阳、德阳、阿坝、巴中等地，危害杉木、松树、柳杉、银杏、厚朴、香樟等新造林及幼林等，啃食树干基部树皮，环剥一周导至植株死亡，危害较为严重。近年来发生面积呈逐年下降趋势，预计发生6万亩，同比略有增加。

4. 其他病虫害

主要是危害四川省林业产业林的有害生物，主要种类包括危害桉树的油桐尺蠖、褐斑病、焦枯病等，危害杨树的杨扇舟蛾、锈病、溃疡病、烂皮病等，危害花椒的虎天牛、根腐病、锈病、膏药病等，危害油橄榄的大粒横沟象、炭疽病等；以及危害城区绿化树、四旁树等的菟丝子、无根藤、蚜虫等，预计发生76.3万亩。

三、对策建议

(一)切实提高思想认识，落实防控主体责任

各地区、各部门必须从维护生物安全和生态安全的高度，切实认识到林业有害生物防控工作的重要性和必要性，才能主动担当作为、变“要我防”为“我要防”。依据新修订的《中华人民共和国森林法》和以实施林长制为契机，将林业有害生物防控纳入各级政府考核体系和林长制考核体系，压实各级政府防治主体责任，强化防控工作组织管理和保障体系建设，确保各项防控措施落实到位。

(二)建立完善防控体系，提高防灾减灾能力

以建立林长制为契机，建立完善以护林员为基础的县、乡、村林业有害生物地面监测预警网格化管理体系，将监测任务落实到人头和山头地块，确保灾情疫情早发现、早报告、早处置。以国家级、省级中心测报点管理为抓手，强化主测对象等重大有害生物监测预警，为精准防控重大林业有害生物提供科学依据。加强检疫执法队伍建设，加大检疫力度，防止疫情传播扩散。同时，争取各级政府将重大林业有害生物灾害防控经费纳入财政预算，将防控基础设施建设纳入当地规划，提高生物灾害防控能力。

(三)厘清阻截防控思路，突出防控工作重点

以实施“十四五”规划为契机，切实厘清新时期林业有害生物防控工作思路，明确目标任务，突出防控工作重点，坚定有序地开展防控工作。特别是松材线虫病防控工作，各地要按照制定的《五年攻坚行动方案》及编制的年度实施方案等确定的目标任务，实施疫情分区分级精准防控，集中力量实施攻坚行动，早日拔除一批疫点及疫区，逐步压缩松材线虫病发生面积，减少枯死松树数量，确保森林生态和生物安全。

(四)加大联防联控力度，提高防控工作成效

加强与农业等相关部门的协调配合，厘清部门防控职责，建立完善工作协调机制，积极履职尽责，形成齐抓共管的工作格局。强化区域间，特别是省际间相邻的县(市、区)间，要密切开展联防联治合作，共享数据信息，形成防控合力，提高防控成效。着力抓好川陕渝甘“秦巴山区”等区域间的联防联控。

(五)加大宣传培训力度，营造防控良好氛围

采取多种宣传形式，特别是利用好新传播媒体，加大宣传力度，提高全民对林业有害生物防控认识，营造群防群控的良好氛围，充分发动广大人民群众参与到有害生物防控工作中来。同时，加强基层人员的业务知识培训，提升防控水平。

(主要起草人：刘子雄　陈小平；主审：陈怡帆　徐震霆)

25 贵州省林业有害生物 2021 年发生情况和 2022 年趋势预测

贵州省森林病虫防治检疫站

【摘要】截至 2021 年 11 月 30 日，贵州省林业有害生物发生 269.7208 万亩，与 2020 年的 266.8724 万亩相比基本持平。2020 预测 2021 年发生 275 万亩，测报准确率为 96.95%，达到了国家林业和草原局下达的年度管理指标。根据贵州省当前森林资源状况、林业有害生物发生防治情况，预测 2022 年全省林业有害生物发生面积在 273 万亩左右，较 2021 年发生面积相比稍有上升。

一、2021 年林业有害生物发生情况

截至 11 月 30 日统计，全省林业有害生物发生 269.7208 万亩，其中轻度发生 249.7722 万亩，中度发生 14.6735 万亩，重度发生 5.2751 万亩。在总发生面积中，病害 34.1154 万亩，虫害 226.5126 万亩，有害植物 4.3568 万亩，鼠（兔）害 4.7360 万亩。全省累计防治面积 239.9412 万亩，防治率 88.96%，其中无公害防治面积 238.4074 万亩，无公害防治率为 99.36%（图 25-1 至图 25-3）。

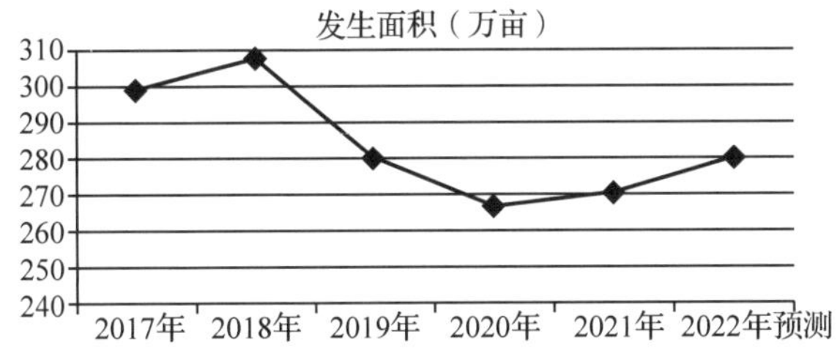

图 25-1 贵州省近 5 年林业有害生物发生面积及 2022 年趋势预测图

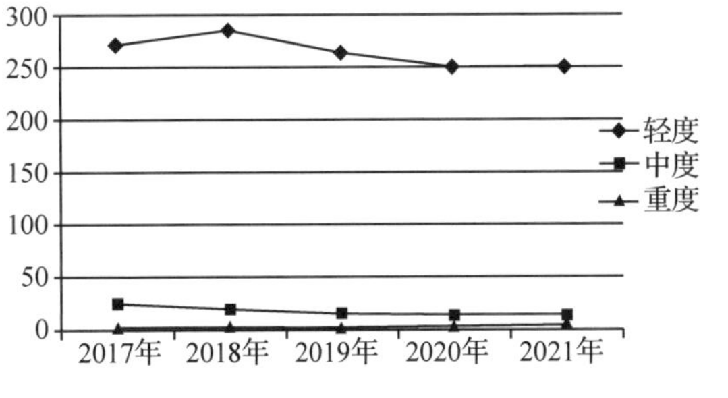

图 25-2 近 5 年发生程度统计图

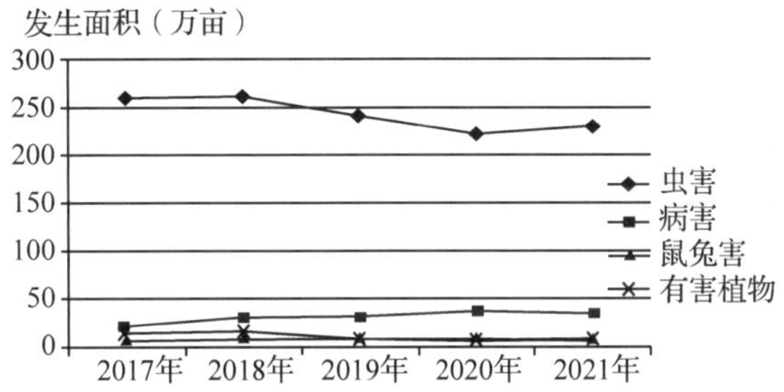

图 25-3 近 5 年发生类别统计图

（一）发生特点

2021 年贵州省林业有害生物发生的基本特点是：

1. 松材线虫病疫点增幅小，但扩散蔓延态势严峻

2021 年，全省松材线虫病新增了贵阳市乌当区 1 个松材线虫病县级疫区。松材线虫病的扩散蔓延态势给贵州省带来进一步的挑战，严重威胁全省松林资源安全，造成较大的经济损失，严重威胁到贵州省梵净山等重要生态区域安全。根据全省春、秋普结果汇总显示，全省松材线虫病发生总面积达 2 万多亩。据统计，黔东南苗族侗族自治州（以下简称黔东南州）雷山、剑河，黔南布依族苗族自治州（以下简称黔南州）荔波等县级疫区暂未发现疫情。但铜仁碧江、万山、松桃，黔东南州榕江，遵义市凤冈发生面积增幅较大，对全省松林资源构成极大威胁，尤其是自 10 月初以来，铜仁市碧江、万山、松桃等地疫情呈扩散蔓延趋势，疫点乡镇、疫情小班及疫情面积大幅增加，对梵净山世界自然遗产地生态安全构成极

大威胁。10月以来，在梵净山周边区域开展了疫情专项普查，积极组织除治工作，切实减少了疫情往梵净山世界自然遗产地扩散蔓延的风险。

2. 外来林业有害生物发生危害严重，威胁全省森林资源安全

2021年来，根据开展的红火蚁疫情核查督导情况来看，全省红火蚁疫情发生危害相对严重，据调查，主要集中在公园、绿化带、商住小区等地，但黔东南榕江、从江等区县有发现危害林地的情况，全省林地范围内有一定面积发生，对森林资源安全造成一定危害。遵义市汇川、新蒲新区和绥阳交界处松林发生的日本松干蚧，经过几年的防治，每年投入大力经费进行防治，但防治成效并不明显，目前，当地松林受日本松干蚧危害面积达3万余亩，枯死松树数量进一步增大，疫情的发生给当地经济社会发展和生态景观造成极大损失，也给当地防控工作带来较大压力。此外，自2019年来，赤水市发现黄脊竹蝗危害，经过两年多的防治，仍呈现大幅扩散蔓延趋势，目前，当地发生黄脊竹蝗达万余亩，且预测2022年将进一步扩散，疫情的发生，严重影响当地竹林资源安全和森林景观。

3. 常发性林业有害生物发生面积占比大，局地森林资源受害严重

受森林资源结构及分布特点的影响，一些常发性林业有害生物如天牛类、象鼻虫类、松毛虫类、松叶蜂类、小蠹虫、毒蛾类、叶甲类、介壳虫类等害虫发生面积较大，但通过采取一定防治措施，危害程度总体偏轻，但局地森林资源受害严重。如中华松针蚧在威宁造成重度以上危害；天牛类，尤其是松墨天牛、云斑天牛、光肩星天牛、蓝墨天牛等种类在毕节市、遵义市和铜仁市局地造成严重危害；萧氏松茎象在铜仁市德江、石阡，黔东南州黎平等地造成一定危害；核桃扁叶甲、核桃长足象和云南木蠹象在毕节市威宁发生危害仍较严重，给当地森林资源和林业产业构成极大威胁。

4. 经济林和林业产业有害生物发生危害日趋严重

近年来由于全省经济林产业的进一步发展，全省广泛种植油茶、竹子、花椒、皂角、核桃、刺梨、板栗、苹果、梨等经济树种，但对病虫害采取的防控措施通常有所缺失，加之经营管理手段较为单一，导致全省经济林树种的病虫害危害程度也有所加重。据统计，全省经济林病虫害发生面积近50万亩，其中造成中度以上危害程度的发生面积达4万余亩。总体来说，经济林和林业产业有害生物发生面积进一步加大，危害程度进一步加剧，一定程度上制约了全省经济林和林业特色产业的发展。

（二）主要林业有害生物发生情况分述

截至11月30日统计，全省已发生的林业有害生物种类较多，一些种(类)发生面积达万亩以上。总体来说，发生面积大、分布范围广、危害严重的林业有害生物种类有：松材线虫病、天牛类、经济林病虫害、象鼻虫类、松毛虫类、叶甲类、小蠹虫类、毒蛾类、介壳虫类、松树病害、叶蜂类、鼠兔害、有害植物等(图25-4)。

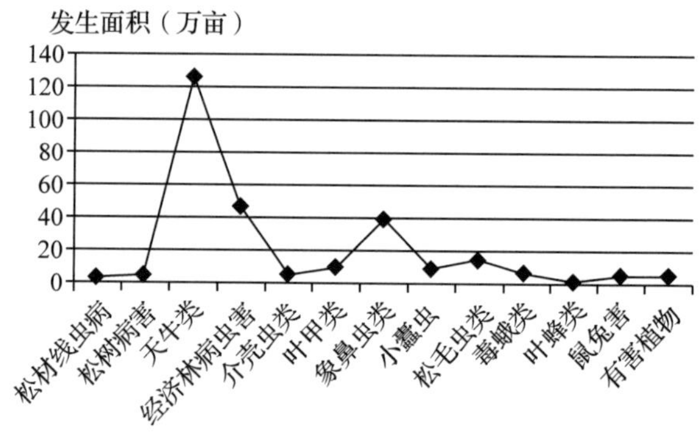

图25-4 全省主要林业有害生物种类发生面积

松材线虫病　发生面积较去年同期增幅较大，发生面积达28651亩。其中：贵阳市乌当发生26.67亩；遵义市播州发生2317亩，凤冈发生1620.3亩，习水发生306亩，仁怀市发生627.3亩；毕节市金沙发生2456.18亩；铜仁市碧江发生9253.6亩，万山发生1342.4亩，松桃发生2885.4亩；黔东南州榕江发生2991亩，从江发生4595亩；黔南州福泉发生229.8亩，黔东南州剑河、雷山，黔南州荔波无疫情。但黔东南州榕江，遵义市凤冈，铜仁市碧江、万山、松桃等地新增疫点乡镇及面积较大，且铜仁市各疫区的疫情有往梵净山世界自然遗产地扩散蔓延的趋势，严重影响。近两年来，贵州省松材线虫病一区数量、发生面积和枯死松树呈大幅增长趋势，尤其今年秋普以来，全省松材线虫病发生面积大幅增加，给全省疫情防控带来巨大挑战，也给全省松林资源带来较大威胁(表25-1、图25-5)。

表 25-1　近年来贵州省松材线虫病发生、枯死松树及县级疫区数量统计表

年份	发生面积（亩）	枯死树数量（株）	县级疫区数量（个）
2013 年	6194	33610	5
2014 年	5873.4	13892	5
2015 年	4877.8	14888	5
2016 年	4364.5	12486	5
2017 年	4048.9	19704	6
2018 年	4598.3	12506	10
2019 年	5019.82	21525	13
2020 年	15568	20940	14
2021 年	28651	42094	15

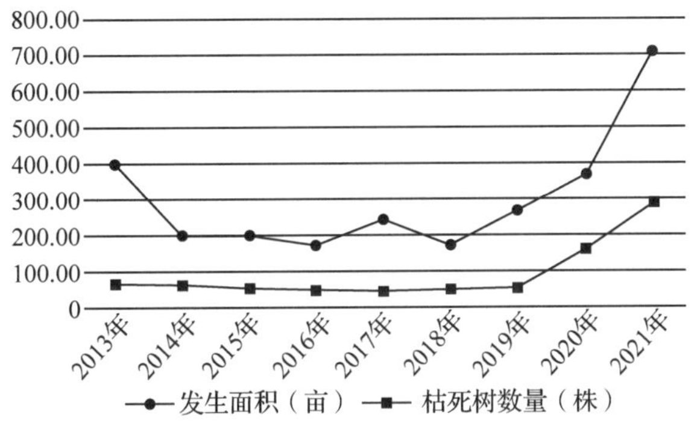

图 25-5　近年来松材线虫病发生及枯死松树示意图

天牛类　发生面积与去年同期有所增加，危害程度较去年有所加重。截至目前，全省天牛类发生面积 126.0021 万亩，其中轻度发生面积 123.6646 万亩，中度发生面积 2.2175 万亩，重度发生面积 0.1200 万亩。在天牛类发生种类中，松墨天牛发生面积占比最大，全省累计发生松褐天牛面积 120.9105 万亩，其中轻度发生面积 119.1191 万亩，中度发生面积 1.7814 万亩，重度发生面积 0.0100 万亩，在全省各地广泛发生。其次是云斑白条天牛和多斑白条天牛，发生面积分别为 2.2721 万亩和 1.8950 万亩，主要在毕节市、铜仁市、黔西南州的部分区县发生，其余地区零星发生。

经济林病虫害　主要包括竹、核桃、桃、李、樱桃、梨、苹果、刺梨、板栗、油茶、花椒等经济树种的病害。全省各地经济树种均有所发生，发生面积达 46.8231 万亩，其中轻度发生面积 42.5187 万亩，中度发生面积 4.0834 万亩，重度发生面积 0.2209 万亩。在经济病害中，竹类、板栗、核桃、油茶、花椒、水果等病虫害发生面积均超过万亩。

象鼻虫类　发生面积与去年同期相比发生面积稍有增加，主要发生种类为萧氏松茎象、云南木蠹象、核桃长足象和剪枝栎实象等种类。象鼻虫类总发生面积 39.2518 万亩，其中轻度发生面积 35.9566 万亩，中度发生面积 2.9309 万亩，重度发生面积 0.3644 万亩。在全省发生的象鼻虫类虫害中，萧氏松茎象发生面积最大，为 16.4508 万亩，与去年同期相当，其中轻度发生面积 16.0974 万亩，中度发生面积 0.3199 万亩，重度发生面积 0.0335 万亩，主要发生在铜仁市和黔东南州各区县，贵阳市、黔南州部分区县有少量发生；云南木蠹象发生面积次之，为 12.8200 万亩，与去年同期基本持平，其中轻度发生面积 11.2400 万亩，中度发生面积 1.3100 万亩，重度发生面积 0.2700 万亩，主要发生在毕节市威宁和六盘水市盘州；核桃长足象发生面积第三，为 7.1951 万亩，比去年同期有所增加，其中轻度发生面积 5.8422 万亩，中度发生面积 1.3010 万亩，重度发生面积 0.0520 万亩，主要发生在毕节市、铜仁市和六盘水市的部分区县，遵义市、黔西南州的个别区县有零星发生；剪枝栎实象发生面积第四，为 2.7070 万亩，与去年同期相比稍有下降，均为轻度发生，主要发生在黔西南州兴义，黔南州罗甸有小面积发生。

松毛虫类（云南松毛虫、思茅松毛虫、马尾松毛虫和文山松毛虫）　发生面积较去年同期有小幅下降，发生面积 13.9366 万亩，其中轻度发生面积 13.0059 万亩，中度发生 0.7607 万亩，重度发生面积 0.1700 万亩。全省各市州均有不同程度分发生，但主要发生在黔东南州、铜仁市和遵义市各区县。

叶甲类　发生面积较去年同期稍有下降，主要发生种类为核桃扁叶甲，主要发生在毕节市威宁、赫章、纳雍、大方、织金，六盘水市六枝特区等地。发生面积为 9.4650 万亩，其中轻度发生面积 8.9670 万亩，中度发生面积 0.3580 万亩，重度发生面积 0.1400 万亩。

小蠹虫　发生面积较去年同期有所下降，危害程度稍有减轻。总发生面积为 8.6030 万亩，其中轻度发生面积 7.9060 万亩，中度发生面积

0.6970万亩。在全省发生的小蠹虫中，松纵坑切梢小蠹发生面积占比最大，达8.5680万亩，其中轻度发生面积7.8710万亩，中度发生面积0.6970万亩。主要发生在毕节市威宁和六盘水市水城、盘州，且在毕节市威宁造成中度以上危害。

毒蛾类　主要发生种类有松茸毒蛾、侧柏毒蛾、茶黄毒蛾等，发生面积较去年同期大幅增加。发生总面积5.7625万亩，其中轻度发生面积5.4098万亩，中度发生面积0.3024万亩，重度发生面积0.0503万亩。在全省毒蛾类虫害发生面积中，松茸毒蛾发生面积最大，为2.8197万亩，其中轻度发生2.4870万亩，中度发生面积0.2827万亩重度发生面积0.0503万亩，主要发生在黔东南州和铜仁市的部分地区，少量发生在黔南州个别区县；侧柏毒蛾发生面积次之，为1.6221万亩，均为轻度发生，主要发生在遵义市、铜仁市、黔东南州部分区县。

介壳虫类　发生面积与去年同期相比增幅较大，且危害程度也有所加重，尤其是日本松干蚧对松林的危害程度较重。介壳虫类主要发生在遵义市绥阳、汇川，黔南州惠水，黔东南州黎平，毕节市威宁等地。截至目前，全省介壳虫类发生面积4.6278万亩，其中轻度发生面积1.3818万亩，中度发生面积1.2912万亩，重度发生面积1.9547万亩。在全省发生的介壳虫种类中，日本松干蚧的发生面积达3.1698万亩，其中轻度发生面积0.3338万亩，中度发生面积1.0812万亩，重度发生面积1.7547万亩，发生面积进一步增大，危害程度进一步加剧，对当地松林资源造成严重损失。

松树病害　发生面积比去年同期大幅下降，主要包括马尾松赤枯病、松树赤落叶病、松落针病、马尾松赤落叶病、华山松煤污病等种类。据统计，松树病害发生面积4.0382万亩，其中轻度发生面积3.9661万亩，中度发生面积0.0721万亩，全省各地均有不同程度发生。在松树病害中，马尾松赤枯病发生面积最大，为2.8076万亩，其中轻度发生面积2.7555万亩，中度发生面积0.0521万亩，主要发生在贵阳市白云区，遵义市仁怀，铜仁市印江，黔南州都匀、平潭、惠水等地，其余地区有零星发生。

叶蜂类　主要包括楚雄腮扁叶蜂、南华松叶蜂和会泽新松叶蜂等种类。总发生面积较去年下降幅度较大，为1.3538万亩，其中轻度发生面积1.1538万亩，中度发生面积0.2000万亩。在全省发生的松叶蜂种类中，南华松叶蜂发生面积最大，为1.0000万亩，其中轻度发生面积0.8000万亩，中度发生面积0.2000万亩，发生在毕节市赫章。

鼠兔害　发生面积较去年同期稍有下降，危害程度有所减轻，发生面积4.7360万亩，其中轻度发生面积3.9848万亩，中度发生面积1.4854万亩，重度发生面积0.0008万亩，主要在黔东南州、铜仁市和遵义市等地危害。在发生的鼠兔害种类中，赤腹松鼠发生面积占比最大，为4.3069万亩，其中轻度发生面积2.8607万亩，中度发生面积1.4454万亩，重度发生面积0.0008万亩，在黔东南州台江造成较大危害，铜仁市德江、遵义市正安有零星发生。

有害植物　根据林业有害生物防治信息管理系统数据统计，全省有害植物发生面积4.3568万亩，其中轻度发生面积3.9848万亩，中度发生面积02350万亩，重度发生面积0.1370万亩，发生面积较去年同期相较有所增加。在全省林业有害植物发生的种类中，紫茎泽兰发生面积最大，达2.9644万亩，其中轻度发生面积2.6494万亩，中度发生面积0.1780万亩，重度发生面积0.1370万亩。主要发生在黔南州、黔西南州、毕节市、安顺市部分区县。

(三)成因分析

2021年度贵州省林业有害生物发生和危害的成因主要有以下几个方面：

1. 气候因素

2020/2021年冬季(2020年12月至2021年2月)，全省平均气温正常略高，主要呈现出前期偏冷后期偏暖的阶段性变化；全省大部分地区为常冬年，西部边缘和局地为冷冬年，东部、北部局部为暖冬年。冬季降水量正常略多，日照时数正常略少。偏高的气温给全省林业有害生物提供了较好的越冬条件，导致2020年林业有害生物越冬虫口密度偏高。春季以来(3~5月)，全省平均气温正常略高，主要呈现出前期偏高、中期偏低、后期偏高的波段性变化；降水量正常略多，呈现出前期偏少、中期正常、后期偏多，东多西少的时空变化分布；日照时数正常略少，呈现出前期略多、中期偏少、后期略少，西多东少的时空特征。夏季以来（2020年6~8月），全省平均气温偏高，降水量正常略多，日照时数正常略少。偏高的气温导致一些偶发性林业有害生物及一些食叶害虫发生面积增大，如黄脊竹蝗、日本松干蚧等。入秋以来，全省气温和日照时数由特高到偏低，降水量由正常略少到偏多，异常的气候导致一些林业有害生物种类发生严重，如松材线虫病、松毛虫等。

2. 松材线虫病疫情发生危害原因

从松材线虫病发生面积及扩散形势来看，全省松材线虫发生原因主要在于：一是铜仁市碧江、万山、松桃，黔东南州从江、榕江，遵义市播州等地的防控力度仍不足，存在疫情监测不到位、除治措施欠缺等问题，导致疫情发生面积扩散严重，给全省松林资源尤其是梵净山世界自然遗产地生态安全造成巨大威胁。二是黔南州荔波，黔东南州雷山、剑河县等县级疫区因措施有力、除治力度较大，实现了松材线虫病春、秋普均无疫情，为疫区的拔除提供坚定基础，且荔波、雷山已经过疫区拔除查定，将于2022年公布拔除疫区。三是借助国家林草局松材线虫病防控五年攻坚计划及蹲点包片指导的契机，各地普查工作开展更为扎实，加之碧江、万山、松桃等地于10月开展的梵净山周边区域松材线虫病疫情专项普查工作，部分疫区县疫情发生实情进一步得以暴露。

3. 森林资源结构及防治成效原因

一是长期以来，全省森林资源结构简单，林分质量不高，树种组成单一，导致一些常发性林业有害生物发生面积常年维持在较高水平，如天牛类、松毛虫类、松叶蜂类、松树病虫害等。二是局部地区受森林资源和防治成效的影响，一些林业有害生物种类危害居高不下，如赤水市的黄脊竹蝗，汇川、绥阳交界的日本松干蚧等，发生面积和危害程度仍有加剧的趋势。三是随着林业有害生物防治技术手段的不断进步，一些食叶害虫、鼠兔害、有害植物等部分林业有害生物的发生危害整体上得以控制，但一些蛀干类害虫如天牛类、小蠹虫类、象鼻虫类等病虫种的防治仍存在一定的技术难点和瓶颈，仍处于高发状态。

4. 经济林和林业产业发展迅速，而林业有害生物防控措施欠缺

多年来，贵州省大力发展经济林，加之近几年来全省林业产业的迅速发展，全省竹、油茶、花椒、皂角、核桃、板栗等经济树种种植面积大幅增加，而种植户、种植基地等一线人员对林业有害生物的防控措施有所欠缺，导致全省经济林和林业产业有害生物呈逐年增加的趋势。但今年6月以来，贵州省针对以上6个林业产业有害生物举办了监测防治技术培训班，将林业产业有害生物监测防治技术培训至基层护林员、种植户、合作社和种植基地等一线人员，为全省林业产业有害生物防控提供技术保障。

二、2022年林业有害生物发生趋势预测

（一）2022年总体发生趋势预测

根据贵州省10年来发生面积情况，通过自回归方法：$X(N)=0.6897\times X(N-6)+0.6161\times X(N-2)-0.2955\times X(N-5)$，预测贵州省2022年总发生面积为285万亩。但综合考虑到2021年发生防控情况、各市州上报的趋势预测报告情况以及气候等因子（根据气象部门预测，2021年冬季气温多地偏低，降雨量较常年略少）来看，由于2021年冬季全省气温整体偏低，不利于林业有害生物越冬存活，因此全省林业有害生物越冬基数将进一步下降。但随着次年春季气候回暖，气温正常偏高，可能导致一些突发性的林业有害生物面积加大，预测2022年总发生面积在273万亩左右，面积较2021年稍有增加，危害程度将有所加重。

（二）分种类发生趋势预测

根据2021年全省林业有害生物发生特点，预测2022年主要发生的林业有害生物种类是松材线虫病、天牛类、经济林病虫害、象鼻虫类、松毛虫类、叶甲类、小蠹虫类、毒蛾类、蚧壳虫类、松树病害、叶蜂类、鼠兔害、有害植物等。

2022年主要病虫害发生面积和分布区域预测如下：

松材线虫病　预测发生 2 万亩左右，发生区域为铜仁市碧江、万山、松桃，黔东南州从江、榕江，遵义市凤冈、仁怀、习水、播州，毕节市金沙等地。2021 年秋普以来，全省松材线虫病疫区增加，部分县级疫区(如黔东南州从江、榕江，铜仁市碧江、万山、松桃，遵义县播州等地)疫情除治不力，导致疫情扩散，全省松材线虫病疫情防控压力日益加大。2022 年，将以国家林业和草原局松材线虫病五年防控攻坚行动和蹲点包片指导疫情防控为契机，加大检疫执法力度，切实做好松材线虫病防控工作，实现发生面积和枯死松树"双下降"的目标，为"十四五"防控工作打下坚实基础。

天牛类　预测发生面积与 2021 年基本持平，发生面积约 125 万亩，其中松褐天牛预测发生面积 120 万亩。全省各地均有发生和危害。

经济林病虫害　预测发生面积 45 万亩，发生面积和危害程度较 2021 年稍有下降，主要危害竹、核桃、桃、李、樱桃、梨、苹果、刺梨、板栗、油茶、花椒等种类。预测全省各地均有发生，毕节市发生面积相对较大。

象鼻虫类　预测发生 42 万亩，主要种类有萧氏松茎象、云南木蠹象、核桃长足象和剪枝栎实象等种类。预测萧氏松茎象发生面积 17 万亩，主要发生在铜仁市和黔东南州各区县；预测云南木蠹象发生面积 12 万亩，主要发生在毕节市威宁和六盘水盘州；预测核桃长足象发生面积 7.5 万亩，主要发生在毕节市、铜仁市和六盘水市的部分区县；预测剪枝栎实象发生面积 2.8 万亩，主要发生在黔西南布依族苗族自治州(以下简称黔西南州)兴义。

松毛虫　预测发生面积 14.5 万亩，与今年基本持平。预测主要发生在黔东南州、铜仁市和遵义市等地。

叶甲类　预测发生面积 10 万亩，较 2021 年小幅增加。预测主要发生在毕节市威宁、赫章、纳雍、大方、织金，六盘水市六枝特区等地。

小蠹虫类　预测发生面积 9.0 万亩，与 2021 年基本持平。预测主要发生在毕节市威宁和六盘水市水城、盘州等地。

毒蛾类　预测发生面积 6 万亩，与 2021 年基本持平。预测主要发生在遵义市、铜仁市、黔东南州的部分县区。

介壳虫类　预测发生面积 5 万亩，较 2021 年稍有增加。预测主要发生在遵义市绥阳、汇川，黔南州惠水，黔东南州黎平，毕节市威宁等地。

松树病害　预测发生面积 4.5 万亩，较 2021 年稍有上升。全省各地均有发生，预测主要危害贵阳市，遵义市，铜仁市，黔南州部分县区。

叶蜂类　预测总发生面积 1.5 万亩左右，比 2021 年发生面积及危害程度稍有增加。其中会南华松叶蜂预测发生面积 1.2 万亩左右，主要在毕节市局地造成危害。

鼠兔害　预测发生面积 5.2 万亩，发生面积及危害程度与 2021 年同期基本持平。主要发生在黔东南州、铜仁市和遵义市等地。其中，赤腹松鼠预测发生面积 4.4 万亩左右，可能在黔东南州局地造成一定危害。

有害植物　预测发生面积 4.8 万亩左右，在 2021 年同期基础上小幅增加。其中，紫茎泽兰预测发生面积在 3.2 万亩左右，主要发生地为黔南州、黔西南州、毕节市、安顺市等地。

三、对策建议

(一)切实抓好五年攻坚行动

根据省人民政府批复的松材线虫病疫情防控五年攻坚行动方案，督促各市(州)抓紧上报五年攻坚行动方案，按照分市(州)目标，根据分区施策原则，落实各区域监测、除治、预防具体措施，狠抓措施落实，压实防控责任，着力开展疫情除治，按期拔除疫区。确保完成"十四五"目标任务。

(二)进一步完善监测网络

实施天空地网络监测，充分发挥护林员的作用，抓好秋季普查和日常监测，切实落实网络化监测，落实乡镇护林员每月一次巡查制度，督促做好巡山记录和枯死树报告记录。各县配备无人机，部分地实施无人机监测，克服人工盲区，重大生态区域利用卫片对枯死松树开展排查定位，完善天空地网络，提高全省预防监测预警水平，切实做到早发现疫情。

（三）抓好今冬明春疫情除治工作

强化以疫木除治为核心，疫木源头管理为根本的防治思路，按照我局批复的疫情除治实施方案，根据今年秋季普查结果，抓好 28651 亩疫木除治工作，督导各地制定防治方案，在除治期间，到各疫区县指导疫木除治，调度疫木除治进度，确保媒介昆虫羽化前保质保量完成除治任务。科学除治疫木，强化山场管理，防治疫木流失，有效压缩各疫区县的发生面积和枯死树数量，早日拔除疫情。

（四）加强检疫监管

开展林业植物及其产品检疫执法行动，督促各县每月开展一次检疫执法，形成检疫执法常态化，重点做好对电力、铁塔、寄递、通讯等重点部门的松木质包装材料检疫监管，加大复检力度，有效实施“外防输入”，阻截人为传播疫情。

（五）加大检疫人员的培训力度

提前安排培训计划，从监测、检疫、防治等方面加强业务工作的培训，提高检疫人员，特别是基层从业人员、护林员的业务技能，提升基层防控能力，切实做到早发现，早除治，有效防控疫情。

（六）做好重点区域疫情防控

着力做好梵净山世界自然地等重点区域疫情防控工作，督促铜仁市碧江、万山、松桃疫木除治，疫木监管，大幅降低疫情发生面积，推进铜仁市编制《梵净山周边区域疫情防控五年攻坚方案》，确保疫情不进入梵净山等重点区域。推进重大生态区域、省级林长责任区域编制松材线虫病疫情防控方案并实施，有力防止疫情入侵重要生态区域。

（七）巩固疫情防控成果

经过两年除治，黔南州荔波、黔东南州雷山已经通过疫区拔除查定，近期上报国家林业和草原局拔除疫区。剑河、乌当、福泉秋季普查无疫情。切实加大疫情防控成果巩固，加强疫情监测和除治力度，力争早日拔除剑河、乌当、福泉疫区。

（主要起草人：丁治国　吴丽君；主审：陈怡帆　徐震霆）

26 云南省林业有害生物2021年发生情况和2022年趋势预测

云南省林业和草原有害生物防治检疫局

【摘要】2021年云南省主要林业有害生物总体呈高发态势，发生面积略有减少，发生总面积558.70万亩，较2020年减少2.44%。2021年全省防治总面积为551.11万亩，防治率98.64%，无公害防治面积540.47万亩，无公害防治率98.07%，成灾面积8.12万亩，成灾率0.24‰，测报准确率96.19%。预测2022年云南省林业有害生物发生面积与2021年基本持平，预测总发生面积560万亩。

一、2021年主要林业有害生物发生情况

2021年，云南省总体发生林业有害生物558.70万亩，其中：病害100.43万亩，虫害414.05万亩，鼠害16.81万亩，有害植物27.41万亩。全省防治总面积为551.11万亩，防治率98.64%(图26-1)。

与2020年相比，鼠害基本持平，虫害减少1.28%，病害减少10.18%，有害植物增加10.93%，林业有害生物发生总面积减少2.44%(图26-2)。

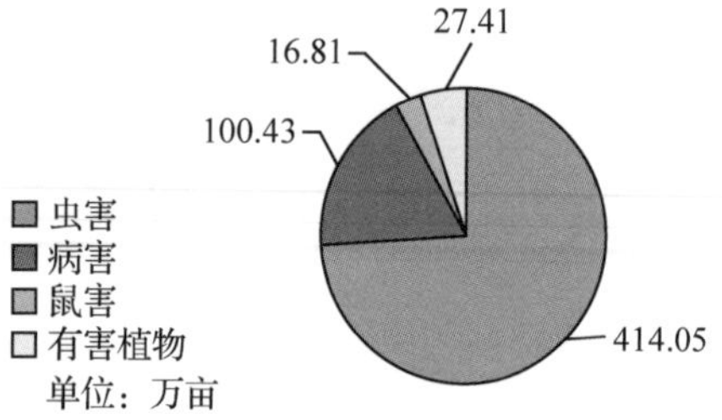

图26-1　2021年林业有害生物发生情况

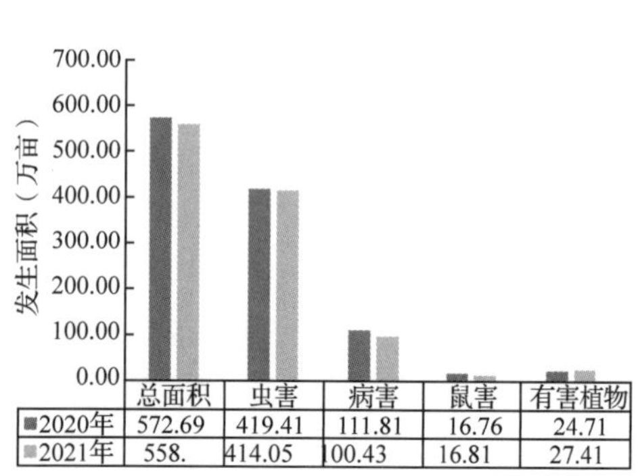

图26-2　2020、2021年林业有害生物发生情况

(一)发生特点

总体来说，2021年林业有害生物发生面积稳中有降，鼠害基本持平，虫害、病害较去年略有下降，但发生种类多，范围广。昆明市西山、文山壮族苗族自治州(以下简称文山州)麻栗坡相继发现松材线虫病新疫情，松材线虫病面临扩散蔓延风险，防控压力增大。白蛾蜡蝉从缅甸大规模迁入临沧市耿马、沧源、镇康危害，发生面积大，扩散风险高。黄脊竹蝗在西双版纳傣族自治州(以下简称西双版纳州)勐腊、普洱市墨江、江城、红河哈尼族彝族自治州(以下简称红河州)绿春仅有少量发生，由于前期防控监测工作到位，未形成扩散蔓延。外来有害植物扩散蔓延趋势严峻，但由于控制良好，薇甘菊发生面积较去年有所减少。

(二)主要林业有害生物发生情况分述

1. 松材线虫病

截至目前，云南省松材线虫病总发生6210.75亩。其中：昆明市西山区发生5226.45亩，涉及马街、碧鸡、海口、团结4个街道，38个小班；文山州麻栗坡发生984.30亩，涉及1个乡镇(大坪镇)，2个林班，5个小班。

昭通市水富连续2年实现了无疫情的除治目标，预计2022年即可申请撤销疫区。

2. 薇甘菊

发生13.39万亩，同比下降6.95%，以轻度发生为主。薇甘菊主要在德宏傣族景颇族自治

州(以下简称德宏州)瑞丽、盈江、陇川、芒市、梁河，临沧市沧源、耿马、镇康发生，普洱市西盟、孟连，保山市腾冲、施甸、龙陵，西双版纳州勐腊、景洪有少量发生(图 26-3)。

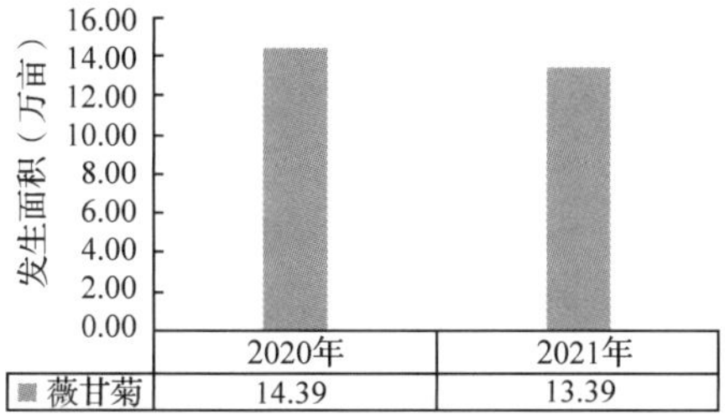

图 26-3　近两年同期薇甘菊发生情况

3. 松毛虫

发生 112.97 万亩，同 2020 年基本持平，轻中度发生为主。普洱市思茅、景谷、墨江、江城、镇沅、宁洱、澜沧、景东，文山州丘北、文山、广南、砚山，临沧市双江、云县、临翔、永德，西双版纳州景洪，红河州红河、弥勒、开远、建水，昆明市石林等地大面积发生(图 26-4)。

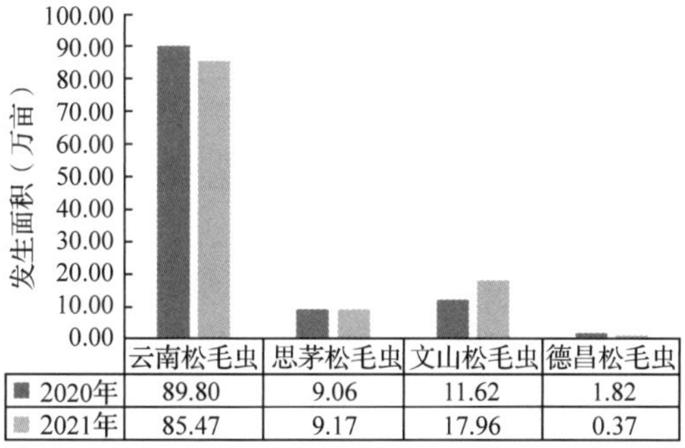

图 26-4　近两年同期松毛虫发生情况

4. 毒蛾类

发生 13.13 万亩，同比增加 5.46%。主要种类有：褐顶毒蛾 8.02 万亩，以轻度发生为主，主要发生在红河州河口、屏边，文山州马关、西畴、麻栗坡，昭通市盐津等地。刚竹毒蛾 1.99 万亩，以轻度发生为主，主要发生在昭通市盐津、彝良、绥江等地(图 26-5)。

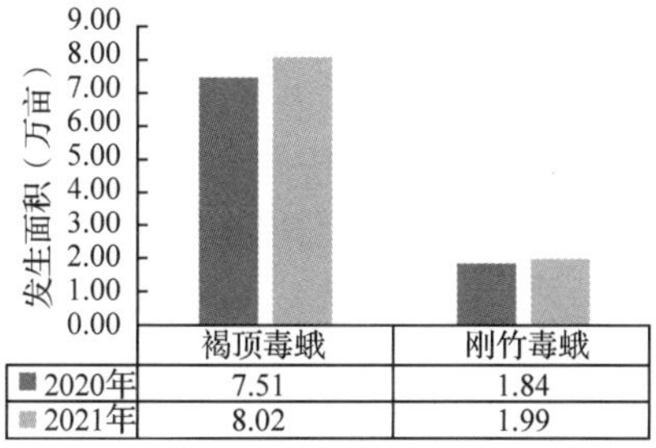

图 26-5　近两年同期毒蛾类发生情况

5. 叶蜂类

发生 10.43 万亩，同比下降 56.90%，轻中度发生。主要种类有：祥云新松叶蜂 2.66 万亩，主要发生在大理州大理白族自治州(以下简称大理州)巍山、宾川，丽江市玉龙、古城，保山市腾冲、隆阳等地。楚雄腮扁叶蜂 6.23 万亩，主要发生在文山州丘北、广南，曲靖市马龙，昆明市石林、宜良，大理州南涧等地(图 26-6)。

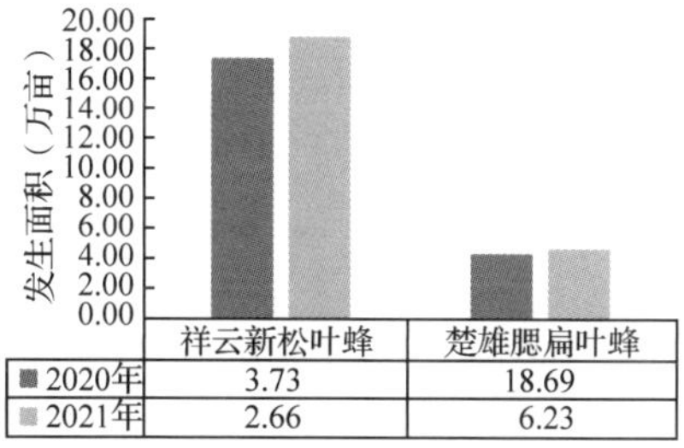

图 26-6　近两年同期叶蜂类发生情况

6. 叶甲类

发生 7.33 万亩，同比增加 3.68%，以轻度发生为主。主要种类有：核桃扁叶甲 1.30 万亩，主要发生在昭通市永善、镇雄、大关，丽江市永胜，临沧市临翔，大理州云龙县，怒江傈僳族自治州(以下简称怒江州)兰坪等地；桤木叶甲 5.05 万亩，主要发生在临沧市凤庆、临翔，昆明市富民、禄劝、寻甸，红河州屏边、元阳，保山市隆阳、龙陵，玉溪市江川、红塔、新平等地(图 26-7)。

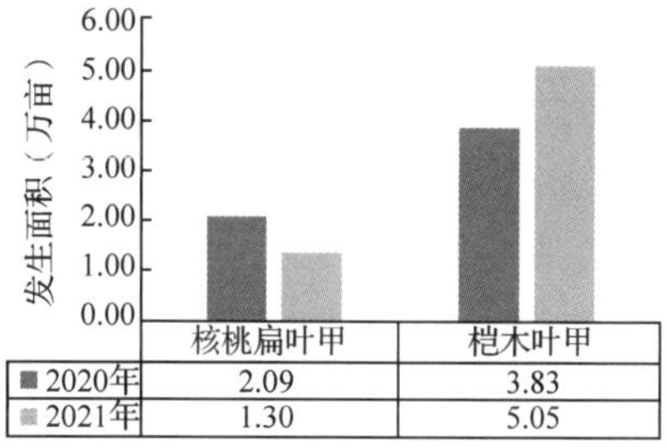

图 26-7　近两年同期叶甲类发生情况

7. 蚧类

发生 20.48 万亩，同比下降 10.41%，轻中度发生为主。主要种类有：中华松针蚧 8.03 万亩，主要发生在大理州弥渡、大理，丽江市玉龙，曲靖市宣威，玉溪市江川、通海，怒江州兰坪等地；花椒绵粉蚧 2.35 万亩，主要发生在昭通市巧家、鲁甸；云南松干蚧 6.06 万亩，主要发生在昭通市昭阳、鲁甸，曲靖市富源等地；日本草履蚧 2.15 万亩，主要发生在大理州大理、漾濞等地(图 26-8)。

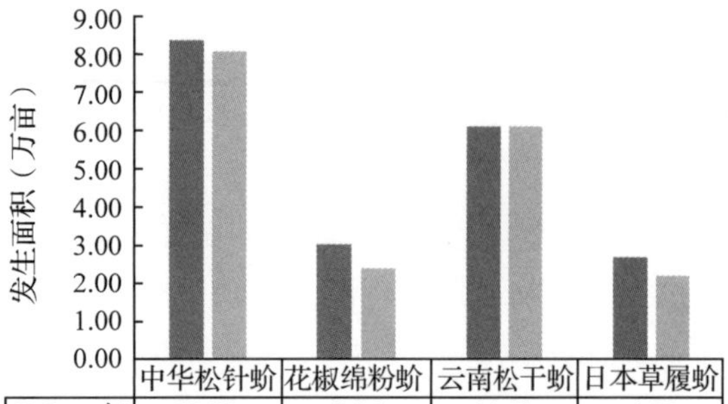

	中华松针蚧	花椒绵粉蚧	云南松干蚧	日本草履蚧
2020年	89.80	9.06	11.62	1.82
2021年	85.47	9.17	17.96	0.37

图 26-8　近两年同期蚧类发生情况

8. 蚜类

发生 13.14 万亩，同比增加 14.26%，以轻度发生为主。其中：华山松球蚜 3.04 万亩，主要发生在玉溪市华宁、峨山，昆明市禄劝，大理州弥渡，昭通市鲁甸，临沧市双江，德宏州芒市等地；绵蚜 5.15 万亩，主要发生在昭通市巧家、昭阳，丽江市宁蒗等地；核桃黑斑蚜 3.86 万亩，主要发生在大理州巍山、南涧，昭通市大关，丽江市永胜，临沧市凤庆等地(图 26-9)。

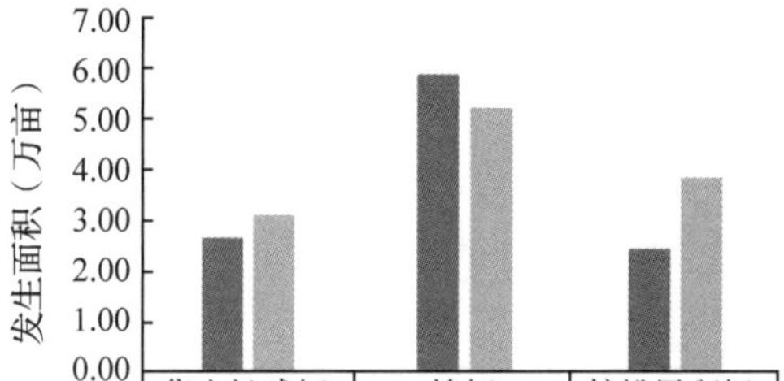

	华山松球蚜	棉蚜	核桃黑斑蚜
2020年	2.69	5.86	2.45
2021年	3.04	5.15	3.86

图 26-9　近两年同期蚜类发生情况

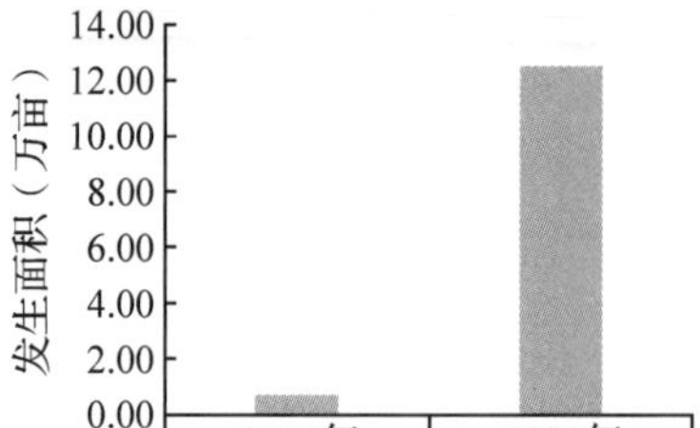

	2020年	2021年
白蛾蜡蝉	0.75	12.53

图 26-10　近两年同期白蛾蜡蝉发生情况

9. 白蛾蜡蝉

发生 12.53 万亩，同比增加 1570.67%，以轻度发生为主。主要发生在临沧市沧源、镇康、耿马等地(图 26-10)。

10. 小蠹虫

发生 94.74 万亩，同比增加 8.50%，以轻中度发生为主，局部地区成灾。其中：云南切梢小蠹 65.75 万亩，主要发生在玉溪市红塔区、峨山、通海、澄江、元江、红塔山自然保护区，大理州祥云、弥渡、大理，曲靖市师宗、陆良、马龙、麒麟、宣威，红河州石屏、弥勒、开远、个旧、蒙自，昆明市宜良、石林、晋宁，文山州丘北、文山，楚雄彝族自治州(以下简称楚雄州)楚雄、禄丰、双柏，丽江市宁蒗、玉龙等地，大理州祥云，红河州石屏、建水，玉溪市峨山等地成灾面积 2000 亩以上；短毛切梢小蠹 17.80 万亩，主要发生在普洱市宁洱；横坑切梢小蠹 7.32 万亩，主要发生在玉溪市新平、江川等地(图 26-11)。

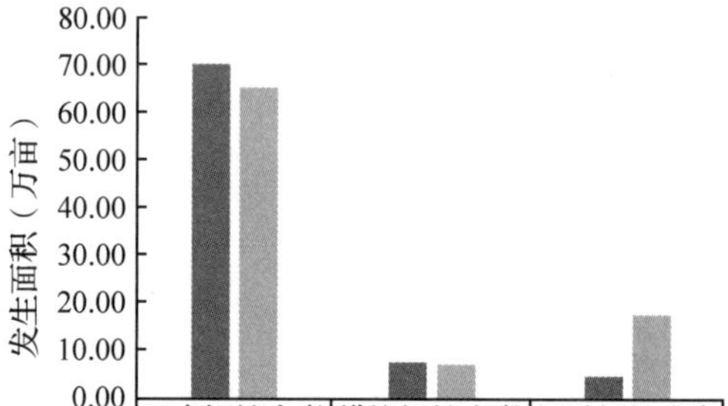

	云南切梢小蠹	横坑切梢小蠹	短毛切梢小蠹
2020年	70.93	7.86	4.40
2021年	65.75	7.32	17.80

图 26-11　近两年同期小蠹虫发生情况

11. 天牛

发生 15.48 万亩，同比增加 27.20%。主要种类有：松墨天牛 9.89 万亩，以轻度发生为主，主要发生在玉溪市澄江、通海、元江、红塔山自然保护区，昆明市石林、宜良、西山，丽江市华坪，楚雄州永仁等地。

12. 木蠹象

发生 7.97 万亩，同比增加 8.14%。主要种类有：华山松木蠹象 7.08 万亩，以轻中度发生为主，主要发生在红河州个旧、石岩寨林场，保山市施甸、隆阳，临沧市临翔、双江，玉溪市澄江、华宁，昆明市禄劝、东川等地。云南木蠹象 0.89 万亩，轻度发生，主要发生在昭通市鲁甸，保山市隆阳，迪庆藏族自治州(以下简称迪庆州)香格里拉等地。

13. 金龟子

发生 30.85 万亩，同比下降 5.83%，以轻中度发生为主。主要种类有：铜绿异丽金龟

13.24万亩，主要在大理州永平、漾濞，临沧市云县、沧源、镇康，楚雄州楚雄、姚安，文山州麻栗坡、文山等地发生；棕色齿爪鳃金龟7.58万亩，主要在玉溪市澄江、元江、江川，曲靖市马龙、麒麟，楚雄州元谋、牟定，大理州云龙等地发生。

14. 经济林病害

发生74.29万亩，同比下降14.03%，以轻中度发生为主，局部地区出现成灾现象。主要种类有：核桃病害44.12万亩，主要在大理州、玉溪市、楚雄州、临沧市等核桃主产地发生，昭通市、红河州、保山市、文山州等地少量发生；板栗病害2.39万亩，主要在昆明市富民、禄劝，玉溪市易门，楚雄州永仁等地发生；橡胶病害5.08万亩，主要在红河州绿春、金平、河口和元阳发生。主要种类有：核桃白粉病7.88万亩，主要发生在楚雄州武定、元谋、南华、楚雄，玉溪市易门，红河州弥勒等地；核桃细菌性黑斑病15.61万亩，主要发生在大理州漾濞、永平、大理、巍山，玉溪市元江、江川等地。板栗溃疡病1.63万亩，主要发生在昆明市富民，玉溪市易门，楚雄州永仁等地。橡胶树白粉病5.08万亩，主要发生在红河州绿春、金平、河口、元阳等地。八角炭疽病12.19万亩，主要发生在文山州富宁、文山、马关、西畴，红河州绿春、屏边、蒙自等地(图26-12)。

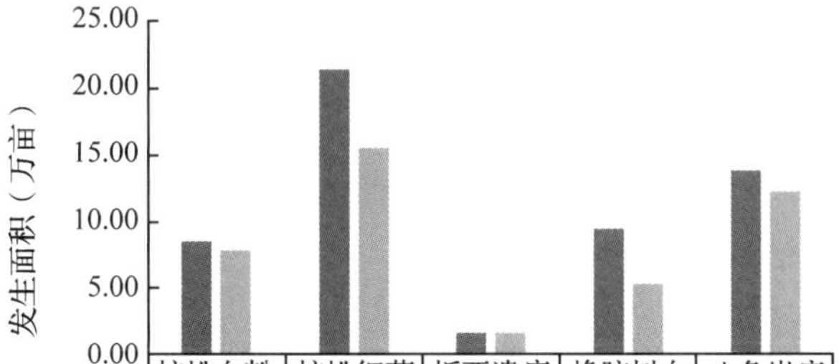

	核桃白粉病	核桃细菌性黑斑病	板栗溃疡病	橡胶树白粉病	八角炭疽病
2020年	8.55	21.34	1.58	9.32	13.79
2021年	7.88	15.61	1.63	5.08	12.19

图26-12　近两年同期经济林病害发生情况

15. 杉木病害

发生11.31万亩，同比下降5.28%。主要种类有：杉木叶枯病5.30万亩，主要发生在红河州屏边、绿春；杉木炭疽病4.75万亩，主要发生在曲靖市师宗、文山州马关、昭通市镇雄、红河州元阳等地。

16. 松树病害

发生7.02万亩，同比增加13.59%，以轻度发生为主。主要发生在丽江市玉龙、迪庆州香格里拉、大理州云龙等地。

17. 鼠害

发生16.81万亩，同比增加0.30%。主要种类有：松鼠类10.82万亩，主要在临沧市云县、凤庆、沧源，德宏州陇川、瑞丽、芒市，保山市龙陵等地发生；短尾鼩毛鼠0.8万亩，主要在临沧市镇康发生；其他鼠害发生4.79万亩。

(三)发生原因分析

(1)今年以来，由于气候持续干旱，边境一线缅民放火烧山，加之新冠肺炎疫情期间防治农药物资流通不畅等方面原因，导致缅甸白蛾蜡蝉大面积集中暴发，加之防治力量薄弱，成为主要虫源区，大量白蛾蜡蝉迁飞入境至临沧市沧源、镇康、耿马等地，危害边境一线公益林、天然林、经济林等森林植物和农作物，给云南省带来巨大防控压力。

(2)云南处于众多松材线虫病疫区的包围之中，据国家林业和草原局2020年年底公告，周边省(自治区、直辖市)疫区数量为：四川42个、贵州14个、广西39个、重庆36个，松材线虫病疫情通过自然或人为方式传入云南省的概率极大。由于历史原因，全省森林中枯死(病死、因灾致死)松树存量巨大，给疫情甄别工作造成很大困难。加之省外疫区疫源管控不严，一些省份陆续发现个别疫区疫木仍在外调，并在调入的松木上检测到松材线虫。

(3)次要害虫上升为主要害虫。经过连年治理，主要害虫的危害得到控制，但是桤木叶甲等次要害虫发生面积呈上升趋势，危害逐渐加重。

二、2022年趋势预测

(一)2022年总体发生趋势预测

根据2021年全省林业有害生物总体发生与防治情况，结合气象资料及云南省林业有害生物发生趋势的会商结果，初步预测云南省2022年林业有害生物发生面积为560万亩，总体趋势与2021年基本持平。其中病害100万亩，虫害

415 万亩，鼠害 18 万亩，有害植物 27 万亩。

(二) 分种类发生趋势预测

1. 主要种类

经济林病害预测发生 80 万亩、杉木病害预测发生 8 万亩，松树病害预测发生 7 万亩，其他病害 5 万亩。小蠹虫预测发生 90 万亩，松毛虫预测发生 125 万亩，金龟子预测发生 25 万亩，天牛预测发生 18 万亩，毒蛾预测发生 12 万亩，叶蜂预测发生 20 万亩，木蠹象预测发生 10 万亩，叶甲预测发生 10 万亩，介壳虫预测发生 20 万亩，木蠹蛾预测发生 7 万亩，蚜虫预测发生 15 万亩，其他种类害虫预测发生为 63 万亩。鼠害 18 万亩，有害植物 27 万亩。

2. 主要危害地区

发生面积较大、危害较为严重的州(市)有普洱市、大理州、红河州、文山州、临沧市、玉溪市、昭通市、楚雄州、昆明市、曲靖市等。其中核桃病虫害危害主要发生在大理州、楚雄州、玉溪市、临沧市等核桃主产业区；松毛虫危害主要发生在普洱市、文山州、临沧市、红河州、玉溪市等地；小蠹虫危害主要发生在玉溪市、普洱市、大理州、曲靖市、文山州、红河州等地；金龟子主要发生在大理州、玉溪市、文山州、临沧市、楚雄州、曲靖市、红河州等地；毒蛾危害主要发生在大理州、昭通市、红河州、文山州、怒江州等地；天牛主要发生在昆明市、玉溪市、楚雄州、曲靖市、丽江市、昭通市等地；叶蜂类主要发生在文山州、红河州、大理州、保山市、昆明市、楚雄州、曲靖市等地；木蠹象危害发生在红河州、保山市、曲靖市、临沧市、昆明市等地；叶甲主要发生在临沧市、楚雄州、红河州、文山州等地；木蠹蛾主要发生在临沧市、大理州、楚雄州等地。

3. 外来有害生物趋势预测

预测 2022 年薇甘菊发生 12 万亩，主要危害区在德宏州、临沧市、普洱市、西双版纳州、保山市等地。检疫性有害生物松材线虫病入侵极高风险地区是昆明市、文山州、昭通市、丽江市、红河州、曲靖市、楚雄州等地，高风险地区是玉溪市、普洱市，不排除滇西地区再次入侵的风险。红火蚁的分布区域为德宏州、曲靖市、德宏州、版纳州、楚雄州等地。

云南边境线长达 4060km，分别与缅甸、老挝、越南接壤，无天然屏障和阻隔条件，外来入侵物种容易自然扩散进入国境，防控任务十分艰巨，不排除黄脊竹蝗、白蛾蜡蝉等再次入侵的风险。

三、对策措施

(一) 强化责任，做好松材线虫病预防和除治工作

强化疫情除治，坚持以疫木清理为核心的综合防治技术路线，严格执行疫情除治各项技术规定，因地制宜组织开展染疫山场疫情除治，逐步控制压缩和消灭疫情。严格按照疫木无害化处置能力确定疫木清理强度，开展疫情除治工作。

按照国家统一部署要求，认真组织开展松材线虫病专项普查工作，加强松科植物及其产品调运检疫监管，严防松材线虫病扩散蔓延。加强地区、区域间的联防联控，健全疫情信息通报和定期会商制度，形成防控合力。

(二) 强化源头管理，加强检疫监管

认真抓好产地检疫和调运检疫监管，严防外来有害生物入侵，防止检疫性有害生物传播扩散。继续开展区域之间联检联控，强化跟踪问责和检查指导。不断完善植物检疫办案程序和执法管理机制，提高全省林业植物检疫执法工作水平。

(三) 强化管理，提升监测预警水平

进一步健全、完善监测预警体系，认真落实监测预报制度，不断调整、完善和优化监测预报网络，进一步加强国家级中心测报点的管理和建设，发挥国家级中心测报点和示范站的骨干作用，努力提高精细化、生产性的灾害预警水平，严格测报信息的监督管理，规范林业有害生物信息统计与报告制度。

各级部门特别是边境一线地区要强化迁飞性有害生物的监测预警工作，增强监测防控工作的科学性和针对性，及时发布预警，为防治工作提供科学依据。

（四）完善联防联治，提高防治成效

切实加强省与省、州市与州市、县与县之间的联防联治，加强协调配合。积极推进不同地区、不同部门形成“统一作业设计、统一防治作业、统一检查验收”的联防联治机制，除治工作要信息共享，宣传同步，除治同期，行动合拍，效果共赢。积极探索以生物防治、生物调控为主的绿色防治手段，推进无公害防治及新药剂药械的推广应用。做好红火蚁、薇甘菊等外来入侵有害生物防治，重点抓好松小蠹、松毛虫等主要有害生物的绿色防治，及时开展技术培训和指导，不断提高科学防治水平。

（主要起草人：陈凯　张家胜　刘玲　封晓玉　尹彩云；主审：陈怡帆　徐震霆）

27 西藏自治区林业有害生物2021年发生情况和2022年趋势预测

西藏自治区森林病虫害防治站

【摘要】2021年全区林业有害生物累计发生367.35万亩(截至11月底)，同比下降2.58%，主要发生在拉萨、日喀则、山南、林芝和昌都，发生面积较大、发生种类较多；那曲市和阿里地区两地发生种类少，整体危害轻等特点。根据西藏当前森林资源状况、林业生态建设情况以及林业有害生物发生规律、防治情况等因素综合分析，预计2022年林业有害生物发生面积约345.16万亩。将进一步加强监测预警、强化检疫执法、加大防治力度，防止西藏林业有害生物扩散蔓延，阻截外来林业有害生物。

一、2021年发生情况

2021年西藏林业有害生物累计发生367.35万亩(截至11月底)，同比下降2.58%，其中虫害207.16万亩，同比下降1.83%；病害90.47万亩，同比下降8.43%；林业鼠(兔)害62.92万亩，同比下降5.02%；矮槲寄生5.79万亩，同比增长26.15%；有害植物1.01万亩，与同期基本持平。防治面积134.11万亩，防治率36.5%，主要采取人工防治、物理防治、化学防治等无公害措施开展了防治工作。

(一)发生特点

2021年西藏林业有害生物发生面积较去年同期有所下降，危害程度较去年偏轻，人工林、退耕还林地、灌木林地及附近村镇、道路天然林呈局部发生，较为严重；常发性林业有害生物春尺蠖、叶蜂等发生面积仍然较大、危害程度严重，尤其拉萨至山南高速公路沿线的山南雅江流域的柳树受春尺蠖和拉萨城区的柳树受叶蜂影响严重，但未造成树木死亡。

(二)主要林业有害生物发生情况分述

1. 病害

杨柳树枝干病害　发生面积较大，局部发生严重，主要集中在人工造林地。主要有杨柳树腐烂病和杨树溃疡病，共计发生面积58.62万亩，同比下降7.1%。

柏树病害　寄主较为单一，主要分布于天然林。主要有大果圆柏、刺柏、铺地柏等作为寄主，整株发黄或者局部发黄，累计发生3.54万亩，同比下降12.38%，以轻度发生为主，较去年存在恢复生长现象，目前，恢复情况较好。主要发生山南市隆子、错那，日喀则市亚东等地，山南市所辖范围较为严重，主要采取了修剪病枝集中烧毁并喷洒多菌灵、石硫合剂等杀菌处理。

苹果(核桃)树腐烂病　发生范围小，危害程度中度以下。累计发生8.47万亩，同比上升2.29%，主要以轻度发生为主、呈零星分布、未成灾。主要发生于海拔相对较低、雨水较为充沛的通风性不良地方，分布在林芝、昌都、山南等地。

高山栎煤污病　高山栎生长所在地山高坡陡，防治难度大，主要在林芝市等地发生。累计发生5.57万亩，同比上升8.78%。该病害自发现以来，采取了疏枝修剪、喷洒杀菌药等措施，目前取得了一定成效。

寄生害　主要包括矮槲寄生和桑寄生，在局部危害严重，主要分布在藏东地区。全区累计发生5.79万亩，同比上升26.1%。矮槲寄生主要以川西云杉、大果圆柏为寄主，桑寄生主要以核桃、杨树为寄主，局部成灾，治理难度大。主要发生在昌都的卡若、边坝、类乌齐、洛隆、江达、左贡、那曲嘉黎等地。

2. 虫害

食叶害虫　主要有春尺蠖、杨二尾舟蛾、叶

蜂等，面积大、分布广、局部成灾。全区累计发生119.57万亩，同比下降8.8%。主要在山南市乃东、扎囊、贡嘎，拉萨市城区及周边城关区、柳悟新区、空港新区、曲水、林周，日喀则市南木林等地发生较为严重，拉萨至山南高速沿线和拉萨城区局部成灾，春尺蠖和叶蜂主要危害柳树，柳树刚吐的嫩叶部分被啃食殆尽，但未造成树木死亡。

杨树蛀干害虫　主要有青杨天牛和杨干透翅蛾，存在扩散蔓延，危害程度较重。全区累计发生4.6万亩，与同期相比增长幅度较大，主要分布于拉萨市曲水、达孜、堆龙德庆区，日喀则市桑珠孜区等地，局部区域藏川杨重度发生，青杨天牛的大部分时间以幼虫和蛹的形态钻蛀于枝干内，严重影响树木的生长和健康，局部区域采取了打孔注药、修剪病枝集中烧毁等除治措施。

小蠹虫类　种类多，危害面广。全区小蠹虫类累计发生43.15万亩，同比上升38.56%。主要有云杉八齿小蠹、光臀八齿小蠹、星坑小蠹、十二齿小蠹、德昌根小蠹等7种小蠹危害天然林。小蠹种类的多样，又主要分布于天然林，不便于开展人工防治，给防治带来了巨大的阻力和困难。主要分布在昌都类乌齐、芒康、边坝、洛隆、左贡，拉萨林周、曲水，山南隆子、加查，日喀则亚东、定日、吉隆，林芝工布江达、米林，那曲索、嘉黎等。

金龟子类　点多，面积小。全区累计发生2.44万亩，同比下降23.02%，主要危害杨、柳树、苹果等经济林，主要分布在拉萨、山南等地人工防护林、苗圃、经济林，大多以成虫形式发现，也存在危害榆树的现象、危害程度较低。

3. 鼠(兔)害

林业鼠(兔)害发生面积有所减轻，局部小面积成灾。全区林业鼠(兔)累计发生62.92万亩，同比下降5.02%，在新造林地、退耕还林地、近河岸造林地危害尤为严重。主要发生在阿里地区、那曲市、山南市及日喀则市部分县区。

4. 有害植物

紫茎泽兰　危害集中，面积较小。紫茎泽兰主要发生于日喀则市吉隆、聂拉木及亚东，全区发生1.01万亩，与同期基本持平，主要生长于道路两旁及山坡之上，今年对全部紫茎泽兰进行了除治，除治效果较好。

(三)成因分析

1. 地方政府重视不够、认识不足

随着松材线虫病疫情寄主植物、传播媒介和分布界限不断发生变化，全国所有松树种类都可能染疫，所有松林分布区都是松材线虫适生区，特别是其他疫区的疫木及其制品非法调运现象屡禁不止，疫情传入西藏的形势非常严峻。虽然2021年以来西藏自治区政府分管副主席就做好松材线虫病等重大林业有害生物防控工作批示4次，但是自上而下对形势把握不准、认识不足，在工作部署、检查督导和保障措施等方面偏软，未将防控资金纳入年度财政预算。

2. 林业有害生物防控工作亟待提高

一直以来，由于机构改革、基层森防机构不健全等各种原因，各方面业务工作较兄弟省份仍相对滞后。尤其是监测预报能力低下，缺乏专业技术人员。防治工作缺乏主动性，仍然存在头痛医头、脚痛医脚，缺乏系统科学指导规划。基层林草部门工作人员少、检疫监管和封锁难度大，特别是近期启用新版林业植物检疫系统，调运检疫更新取消检疫要求环节，区外引进林木种苗及其制品的调运增多，复检难度大。

3. 林业有害生物专技人员极度缺乏

目前，全区地市级森防机构已全覆盖，但那曲市、阿里地区仍为一套人马两套牌子，全区74个县(市、区)均未依法设立县级森防检疫机构。一些已建设机构的地方监测、检疫、防治队伍不健全，人员变动大，专业技术人员极度匮乏，队伍不稳定及业务水平较低，无法有效履行工作职能，严重影响林业有害生物防治、检疫、监测等工作正常开展。同时自治区森防站长期处于人员少，对精细化监管平台使用的钻研程度不够深入，导致全区各级林草工作人员监管平台操作不熟练。

4. 林业有害生物防控资金投入不足

随着西藏生态保护修复力度的加大，西藏林业有害生物防控工作面临的形势严峻，当前投入的防治资金根本满足不了实际需求，制约了林业有害生物防控工作的正常开展，不利于林业经济的健康发展。

二、2022年发生趋势预测

(一)2022年年发生趋势预测

根据西藏当前森林资源状况、林业有害生物发生规律、防治情况等因素综合分析，预计2022年林业有害生物发生面积约345.16万亩。

(二)分种类发生趋势预测

1. 病害

杨柳树枝干病害　主要有杨柳树腐烂病和杨树溃疡病，预测发生45.3万亩，全区大部分县区人工林杨、柳树为主，重点发生在日喀则市拉孜、桑珠孜、白朗，拉萨市曲水、达孜，山南乃东区，阿里普兰、札达等地。

高山栎煤污病　预测发生4.7万亩，重点分布于林芝市巴宜、米林、波密等是重点发生区。

寄生害　面积较大，危害寄主树木的正常生长，预测发生3.8万亩，主要发生在昌都市的类乌齐、洛隆、芒康等区域。

2. 虫害

食叶害虫　2022年食叶害虫主要有河曲丝叶蜂、春尺蠖等，预测发生105.6万亩，主要分布在拉萨周边。

杨树蛀干害虫　预测发生35.2万亩，发生期主要集中在7、8月，拉萨市曲水、达孜区和堆龙德庆区等地是重要发生区。

小蠹虫类　已发现小蠹种类较多，预测全区小蠹虫类发生40.6万亩，昌都地区仍是重点发生区。

3. 鼠(兔)害

预测2022年林业鼠(兔)发生50.32万亩，山南市白朗、隆子，拉萨达孜区、林周，那曲索县等地仍将是重点发生区。

三、对策建议

1. 加强宣传培训，提高重视程度

督促各级林草部门及时向政府和有关部门报告林业有害生物发生、防治信息，提高各级政府和有关部门对林业有害生物防控工作的重视程度。充分利用网络、电视、微信公众号等各种媒体和宣传渠道，以“5·12”防灾减灾日和“12·4”法制宣传日等为契机，宣传、普及有关法律法规、林业有害生物防治知识，提高全社会对林业有害生物防治的关注度，增强公众参与林业有害生物防治的意识，宣传报道对违法违规案件要公开曝光，及时起到警示和震慑作用。以综合培训为重点，科学制订培训计划，加大培训力度，切实提高从业人员的监测、检疫、防治技能。

2. 继续推进普查工作，提升监测预报水平

为全面、及时、准确地掌握林业有害生物动态作为基本目标，继续推进林业有害生物普查工作，进一步完善全区林业有害生物种类、分布、发生等基本情况，为科学预测和防治提供依据。结合林业有害生物监测预警平台体系建设，实时监测各类林业有害生物的发生、分布等情况，做到早发现、早报告、早除治。

3. 加强人才队伍建设

森防工作专业性强，尤其是预测预报、植物检疫工作，而全区大部分森防工作人员非林学专业，更不是森防、森保专业，各级林草部门要根据本地森防工作实际，加强监测、检疫、防治队伍建设，合理配备人员力量，特别是要加强专业技术人员的配备，积极引进和培养森林保护、植物保护等专业人才，壮大防治检疫队伍。

4. 加大投入，强化资金保障

稳定的资金投入是林业有害生物防控的可靠保障，各级政府要将林业有害生物灾害防控纳入国民经济防灾减灾体系，将林业有害生物普查、监测预报、植物检疫和防治基础设施建设等资金纳入财政预算，尤其要高度重视监测预报工作，建立西藏自治区林业有害生物监测预警体系，做到早发现、早报告、早除治，防止有害生物扩散蔓延。

(主要起草人：张海武　魏红艳　桑旦次仁　褚彪　次旦普尺；主审：董振辉)

28 陕西省林业有害生物2021年发生情况和2022年趋势预测

陕西省森林病虫害防治检疫总站

【摘要】2021年陕西省林业有害生物发生情况较去年同比持平，全年发生568.97万亩，同比基本持平，整体危害以轻中度为主，局地造成成灾。呈现的发生特点：松材线虫病疫情扩散蔓延势头得到基本遏制，总体发生面积、病死松树数量双下降。美国白蛾疫情发生范围明显减少，危害程度大幅下降。鼠(兔)害总体发生面积有所上升，局地危害严重。华山松大小蠹、侧柏叶枯病等本土主要林业有害生物总体发生面积基本持平。经济林病虫害总体发生面积基本持平，局部危害重。松树食叶害虫总体发生面积略有下降，危害得到有效控制。

经综合分析，预计2022年陕西省主要林业有害生物总体发生趋势：林业有害生物预测发生550万亩左右，发生面积较2021年略有下降，其中病害发生125万亩左右，虫害发生330万亩左右，鼠(兔)害发生95万亩左右。发生趋势特点：一是松材线虫病疫情发生面积将继续逐步下降，危害程度逐步下降。二是美国白蛾疫情发生范围将逐步压缩，仍有疫情传入和扩散蔓延的风险。三是林业鼠(兔)害发生面积将有所下降，局地将偏重发生。四是经济林病虫将呈大面积发生，局地危害严重。五是干部病虫害发生面积将略有减少，局地危害加重。六是叶部病虫害整体趋轻，局地危害严重。

针对当前陕西省林业有害生物发生态势和形势研判。建议：深入开展攻坚行动，控制疫情态势；完善监测网络体系，及时发现灾害；扎实做好灾害防治，降低灾害损失；严格检疫监管执法，切断传播途径；切实加强宣传培训，提高监测水平。

一、2021年林业有害生物发生情况

2021年全省共发生568.97万亩(轻度481.6万亩、中度73.31万亩、重度14.06万亩，成灾面积59万亩)(图28-1)，同比基本持平，个别种类危害程度加重，局地成灾。其中，虫害发生323.16万亩，同比下降8.8%；病害发生119.95万亩，同比基本持平；鼠(兔)害发生125.86万亩，同比上升26.8%；采取各类措施共防治461.98万亩，防治作业面积565.52万亩。

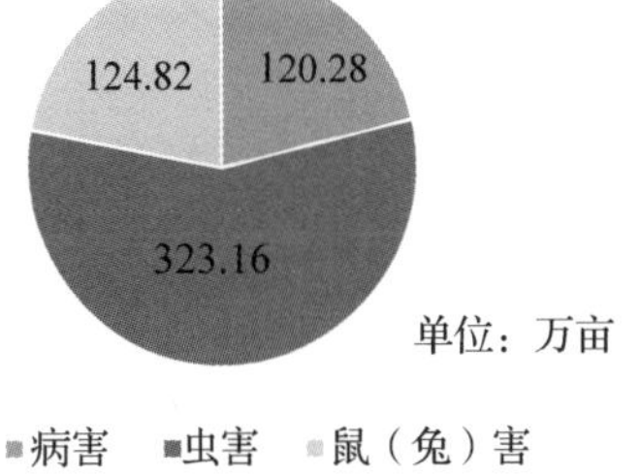

图28-1 2021年陕西省主要林业有害生物发生情况

(一)发生特点

2021年陕西省林业有害生物发生和去年同期相比发生面积总体基本持平，局地中重度以上危害。主要呈现以下特点：

一是松材线虫病疫情扩散蔓延势头得到基本遏制，实现无疫情的疫区(点)数量同比明显增加。总体发生面积同比略有减少，全省病死松树数量呈逐年下降趋势，均呈零星分布，危害程度同比明显下降。

二是美国白蛾疫情发生范围明显减少，危害程度大幅下降，疫情防控成效显著，未成灾。

三是鼠(兔)害总体发生面积有所上升，局地危害严重。在关中地区个别县(区)局地鼠害发生面积有小幅增加，危害程度略有加重。陕北地区兔害发生面积较去年有所上升，危害程度以轻度

为主。

四是华山松大小蠹、侧柏叶枯病等本土主要林业有害生物总体发生面积基本持平。其中，华山松大小蠹发生面积同比基本持平，在局地仍呈重度以上危害。侧柏叶枯病发生面积同比略有减少，局地危害加重，对造林植被造成一定威胁。

五是经济林病虫害总体发生面积基本持平，局部危害重。由于五大干杂果经济林发展迅速，经济林病虫害处于高发态势，危害分布广，局地危害加重，但有效防治面积不够造成果品产量和质量都不高，成为影响产业发展的重要因素之一。

六是松树食叶害虫总体发生面积略有下降，危害得到有效控制。松阿扁叶蜂发生面积较2020年同比减少7.42万亩、下降8.82%，整体呈轻度危害，有虫不成灾。油松毛虫发生面积同比基本持平，轻度危害为主，未造成严重危害。

(二)主要林业有害生物发生情况分述

1. 松材线虫病

根据秋季监测普查结果，全省病死松树283451万株，疫情发生面积47.99万亩(其中无疫情面积1.834万亩)，较2020年减少0.227万亩，分布在西安、汉中、安康、商洛等4市的25个县(区)183个镇办(林场)，其中6个疫区县(较2020年增加5个)、42个镇疫点(较2020年增加28个)在本次普查中未发现病死松树，实现无疫情。各市的疫情具体发生情况为：

西安市发生0.00638万亩，分布在鄠邑区的1个镇办(林场)，本次普查未发现病死松树。汉中市发生13.635万亩，分布在宁强、西乡、镇巴、佛坪、洋县、略阳、留坝、勉县等8个县(区)的55个镇办(林场)，病死松树76212株，同比减少29979株、下降28.23%。其中，留坝、勉县等2个县(区)，12个镇办(林场)疫点在本次普查中未发现病死松树。安康市发生28万亩，分布在汉滨、紫阳、平利、白河、岚皋、宁陕、石泉、汉阴、旬阳等9个县(区)的86个镇办(林场)，病死松树164828株，同比减少65816株、下降28.54%。其中，旬阳市、15个镇办(林场)疫点在本次普查中未发现病死松树。商洛市发生6.3417万亩，分布在柞水、镇安、山阳、商南、商州、丹凤、洛南等7个县(区)的41个镇办(林场)，病死松树42411株，同比减少5307株、下降11.12%。其中，商州区、洛南县等2个县(区)，14个镇办(林场)疫点在本次普查中未发现病死松树。

根据秋季普查结果，西安市鄠邑区及其他疫区的12个疫点，已达到国家《松材线虫病疫区和疫木管理办法》中规定的拔除条件。目前，正在申报核查，待国家林业和草原局和省政府核准撤销疫区、疫点。疫区、疫点撤销后，陕西省将首次实现疫区、疫点、发生面积和病死松树数量“四下降”，即：全省疫区数量下降至24个(减少1个疫区)、全省疫点数量下降至171个(减少7个疫点)，全省疫情发生面积下降至47.18万亩(减少1.03万亩)，病死松树减少101149株、下降26.3%。全省松材线虫病扩散蔓延势头得到基本遏制，疫情发生范围逐步减小，危害程度逐年下降。

2. 美国白蛾

根据统计，美国白蛾疫情发生范围涉及西安市的沣西新城、沣东新城、高新区、鄠邑区4个区9个镇街59个行政村(镇街数量同比减少12个、下降57.14%，行政村数量同比减少115个、下降66.1%)。按照省政府确定的彻底扑灭疫情的防控目标，市、区各级政府和林业部门采取疫情排查、喷药除治、检疫封锁等措施，全力开展防控工作。2021年，全省共诱杀美国白蛾成虫347头(其中：诱杀越冬代成虫342头，诱杀1代成虫5头)，排查烧毁1代卵块6个，清除1代网幕2个。与去年疫情相比，越冬代成虫下降了89%，1代卵块下降了73%，1代网幕下降了99%，2代未发现任何虫态。全省参与普查防治的社会化公司29家，喷防药剂48.9吨，累计喷防面积46万亩次，美国白蛾疫情在陕西省未形成灾害。经过反复查防，沣西新城实现全年无疫情，鄠邑区、高新区连续1代、2代实现无疫情，沣东新城实现2代无疫情，防治成效显著，为稳步拔除疫情奠定了坚实的基础。

3. 林业鼠(兔)害

2021年全省林业鼠(兔)害总体发生面积有所上升，主要是兔害在陕北发生面积有所上升，鼠害在关中个别县(区)局地危害严重。林业鼠(兔)害主要在冬(春)季发生危害，全省范围内均有分布。根据各地上报统计，2021年林业鼠(兔)发生125.86万亩，发生面积较去年增加26.38万亩、上升26.8%，轻度危害为主，部分县区局地成灾1.49万亩。

鼠害发生种类主要有甘肃鼢鼠、中华鼢鼠，共发生62.94万亩(轻度52.73万亩，中度8.28万亩，重度1.38万亩，成灾0.38万亩)，发生面积较去年增加5.35万亩、上升9.29%。主要危害延河流域、渭北高原以及秦岭北麓浅土层林地的新造林地、中幼林地，仍然是影响陕西省造林和生态建设成果的重要因素之一。其中，中华鼢鼠在大部分地区均有分布，发生38.66万亩，在咸阳、延安、宝鸡、安康等地发生面积较大，发生面积均在6万亩以上。咸阳市发生7.84万亩，主要在旬邑、淳化、彬州等县(区)发生，在淳化和旬邑局地成灾(成灾面积0.21万亩)；宝鸡市发生6.8万亩，主要在陇县、麟游、千阳、凤翔等县发生，在麟游、千阳、凤翔局地成灾(成灾面积0.075万亩)；安康市发生6.4万亩，主要在镇坪、平利、岚皋、汉滨等县(区)发生，在平利局地有中度危害，未成灾。延安市发生7.78万亩，主要在安塞、黄龙、劳山林业局等地发生，在安塞局地有重度危害，未成灾；甘肃鼢鼠主要分布在延安地区，发生面积23.9万亩，主要在宝塔、志丹、吴起、延长、富县等县(区)发生，在志丹局地有中度发生，未成灾。罗氏鼢鼠主要分布在巴山地区，发生面积0.387万亩，在汉中市镇巴等地发生，在镇巴局地有中度危害，未成灾。岩松鼠，在渭北高原、关中平原及秦巴山区的核桃板栗主要产区，岩松鼠危害严重，主要是啃食果实，致使核桃、板栗等干杂果经济林减产20%左右。兔害发生种类主要为草兔，共发生59.52万亩(轻度54.99万亩，中度3.82万亩，重度0.71万亩，成灾0.95万亩)，发生面积较去年增加19.61万亩、上升49.89%，轻度危害为主，全省大部分地区均有分布，发生种类以草兔为主。草兔主要分布在延安、宝鸡、咸阳、榆林、渭南、铜川等地，危害以轻度为主，在延长、麟游、凤翔、长武、宝鸡市金台区、宜君等县(区)的局地成灾(成灾面积0.95万亩)。

4. 红脂大小蠹

全年共发生10.78万亩，同比减少3.8万亩、下降26.06%，轻度发生为主，分布在延安市黄龙山和桥山、咸阳旬邑、铜川印台和宜君，在咸阳旬邑局地有小面积中度发生，未成灾。全省共实施防治作业面积10.85万亩。

5. 松树钻蛀害虫

主要包括松褐天牛、华山松大小蠹以及梢斑螟类，全年共发生69.68万亩，同比减少13.48万亩、下降16.21%，局地重度危害，共实施防治作业面积80.88万亩。其中，松褐天牛发生20.06万亩，同比减少0.54万亩，轻中度危害为主，发生区主要分布在陕南3市各县(区)，在汉中佛坪、安康紫阳和商洛商州区的局地有重度危害，佛坪和商州区局地成灾，成灾面积0.35万亩；华山松大小蠹发生16.98万亩，同比增加1.59万亩、上升10.33%，轻中度危害为主，主要分布在省资源局、宝鸡、汉中、安康、西安等地，其中在省资源局宁东局和宁西局、宝鸡马头滩、陇县和眉县等县(区)局地成灾，成灾面积1.3万亩，共实施防治作业面积12.39万亩；梢斑螟类(松梢螟和微红松梢螟)共发生21.76万亩，同比减少10.98万亩、下降33.95%，轻度危害为主，分布在延安、咸阳、铜川等地的部分县(区)和林业局，在延安黄龙山林业局发生面积较大，发生面积达10万亩以上，在铜川宜君局地有中度危害，未造成成灾。全省共实施防治作业面积19.26万亩。

6. 松树食叶害虫

主要发生种类为松阿扁叶蜂、中华松针蚧、油松毛虫，全年共发生47.68万亩，共实施防治作业面积31.2万亩。其中：松阿扁叶蜂发生34.05万亩，同比减少2.86万亩、下降7.75%，轻中度危害为主，主要分布在商洛、宝鸡、汉中、西安、咸阳等地的部分县(区)，商洛地区发生面积较大(占全省82.38%)，洛南发生面积16.49万亩、丹凤发生面积5.7万亩，在岐山、宁强等县(区)的局地有小面积重度危害，在丹凤、洛南、扶风、凤翔等县的局地成灾，成灾面积1.55万亩，共实施防治作业面积21.54万亩。中华松针蚧发生6.1万亩，同比基本持平，轻中度危害为主，主要分布在商洛、宝鸡、西安、渭南等地的部分县(区)，商州区、镇巴、华阴、太白等县(区)有中度危害，在凤县和勉县局地成灾，成灾面积0.033万亩，共实施防治作业面积5.52万亩；松针小卷蛾发生2.83万亩，同比减少2.04万亩、下降41.89%，轻中度危害，主要分布在延安吴起，榆林的佳县、横山、靖边，在吴起局地有中度危害，共实施防治作面积2.73万亩；油松毛虫发生4.7万亩，同比基本持平，轻度危害为主，主要分布在韩城市、延安的黄龙山、省资源局的部分林业局，在太白、龙草坪林业局的局地造成中度危害。全省共实施防治作业面积4.13万亩。

7. 杨树蛀干害虫

总体危害有所减弱，发生面积同比略有增加，局地受害严重。全年共发生25.58万亩，同比增加1.19万亩、上升4.88%，共实施防治作业面积32.51万亩。其中：光肩星天牛发生14.25万亩，同比减少1.27万亩，中重度发生面积同比减少0.42万亩，危害略有减轻，主要分布在关中大部，宝鸡、咸阳、渭南、西安发生面积较大，发生面积2万亩以上，在杨凌、蓝田、金台、城固等县(区)的局地重度危害，在眉县、周至、岐山、陈仓等县(区)的局地造成小面积成灾，成灾面积0.12万亩；青杨天牛发生1.42万亩，同比基本持平，发生区分布在榆林定边，轻度危害为主，局地中度危害；以杨干透翅蛾和白杨透翅蛾为主的透翅蛾类发生2.03万亩，主要分布在渭南、宝鸡的部分县(区)，轻度发生为主，渭南华阴局地有中度危害，宝鸡市高新区局地有小面积成灾，成灾面积0.02万亩。

8. 杨树食叶害虫

全省发生面积较去年略有减少，局地危害加重。全年共发生1.69万亩，同比减少0.2万亩、下降10.58%，共实施防治作业面积1.59万亩。其中：杨小舟蛾发生1.27万亩，同比基本持平，以轻度发生为主，主要分布在西安市、渭南市和杨凌示范区，杨凌局地有中度危害，在西安周至局地小面积成灾，成灾面积0.03万亩。杨扇舟蛾发生0.42万亩，主要分布在咸阳兴平和汉中城固，在城固局地有重度发生、同比减少0.061万亩。

9. 经济林病虫害

经济林病虫害发生面积和危害种类持续增加，经济损失严重。随着核桃、板栗、花椒、柿子、枣等经济林种植面积增大，病虫害危害也加重。经济林病虫害全年共发生161.75万亩，同比减少6.71万亩、下降4%，病害发生面积同比略有增加、危害加重，虫害发生面积同比略有减少、危害减轻，发生种类主要有核桃黑斑病、枣疯病、核桃举肢蛾、核桃小吉丁、栗实象、枣飞象、桃小食心虫、银杏大蚕蛾、花椒窄吉丁，全省共实施防治作业面积148.86万亩。

其中：枣疯病发生10.07万亩，轻度发生，分布在榆林市佳县和延安市延川，以佳县为主要发生区、发生面积8.34万亩。核桃黑斑病发生8.43万亩，轻中度发生为主，主要分布在商洛、宝鸡、西安、安康等地的部分县(区)，宝鸡麟游、商洛山阳和柞水的发生面积达万亩以上，在洛南、山阳、周至、宝鸡高新区的局地成灾，成灾面积0.33万亩；核桃举肢蛾发生28.28万亩，以轻中度发生为主，主要分布在商洛、宝鸡、安康等地的部分县(区)，在商洛发生面积较大，达17.84万亩，在洛南、山阳、麟游、太白等县的局地成灾，成灾面积0.95万亩；核桃小吉丁发生7.23万亩，以轻度发生为主，主要分布在宝鸡、商洛的部分县(区)，在陇县、山阳、麟游、金台区等县(区)的局地成灾，成灾面积0.38万亩；栗实象发生13.72万亩，以轻中度发生为主，主要分布在商洛地区，商南、丹凤、山阳的发生面积均达2万亩以上，局地危害程度减轻，商南局地危害大幅下降，重度发生同比减少2.59万亩，在洛南等局地成灾，成灾面积0.1万亩；枣飞象发生8.66万亩，以轻度发生为主，主要分布在榆林市的清涧、神木，未成灾；桃小食心虫发生12.16万亩，主要危害红枣，以轻度发生为主，主要分布在榆林、咸阳的部分县(区)，榆林发生面积占97.12%，佳县发生面积达7.95万亩，未成灾；银杏大蚕蛾发生5.52万亩，以轻中度发生为主，主要分布在汉中地区和安康的大部分县(区)，在汉中的宁强和城固等地局地有重度危害，勉县局地造成成灾，成灾面积0.023万亩；花椒窄吉丁发生9.18万亩，以轻度发生为主，主要分布在宝鸡和渭南的部分县(区)、韩城市，在凤县和韩城的发生面积较大，均在3万亩左右，在凤县、陈仓区的局地有重度危害，陈仓区局地成灾，成灾面积0.02万亩。

10. 其他主要病害

林木病害较去年发生面积略有减少，局部地区有重度危害。其他主要病害发生种类有侧柏叶枯病、松落针病、杨树溃疡病等，全省共发生

29.88 万亩，实施防治作业面积 27.08 万亩。

其中：侧柏叶枯病发生 13.12 万亩，同比减少 4.08 万亩、下降 23.72%，以轻中度发生为主，局地危害加重，成灾面积有所上升，主要分布在宝鸡地区、延安地区、安康的部分县(区)，在陇县、扶风、陈仓等县(区)的局地有小面积重度危害，延长、陇县等县(区)局地成灾，成灾面积 1.44 万亩；松落针病发生 5.99 万亩，同比减少 49.41%，发生面积大幅减轻，以轻度危害为主，但在个别县区的局地危害加重，主要分布在延安地区，吴起、安塞区的局地呈中度危害，在延长局地成灾，成灾面积 0.9 万亩、同比增加 0.9 万亩；杨树溃疡病发生 2.04 万亩，同比略有减少，局地危害略有加重，以轻度发生为主，主要分布在渭南、宝鸡、咸阳的部分县(区)，其中在兴平和华阴的局地呈中度危害，在华阴局地中度发生面积同比增加 0.035 万亩；松疱锈病发生 2.2 万亩，同比增加 0.77 万亩，以轻度发生为主，主要分布在汉中市略阳，未成灾。

11. 区域性林业有害生物

其他区域性林业有害生物主要有柳毒蛾、刺槐尺蠖、沙棘木蠹蛾，全年共发生 26.08 万亩，同比增加 3.23 万亩，以轻度危害为主，局地有小面积成灾，共实施防治作业面积 43.12 万亩。其中：柳毒蛾共发生 13.13 万亩，以轻度危害为主，主要分布在榆林市榆阳区、神木等地，在榆阳区局地有中度危害，危害面积 0.68 万亩；刺槐尺蠖共发生 8.94 万亩，同比基本持平，主要分布在西安、宝鸡、咸阳、渭南等关中地区，以轻度发生为主，中重度发生面积同比减少 0.28 万亩，在宝鸡市陇县、渭滨区，咸阳市三原的局地造成成灾，成灾面积 0.15 万亩；沙棘木蠹蛾共发生 4.01 万亩，同比基本持平，主要分布在延安市志丹、吴起，轻度发生为主，在志丹的局地有重度危害，危害面积 0.15 万亩，未成灾。

(三)成因分析

1. 松材线虫病疫情扩散蔓延势头得到基本遏制，危害程度有所下降

一是陕西省高度重视松材线虫病疫情防控工作，省政府领导多次进行重要批示，并多次召开专题会议，研究部署松材线虫病防控工作。省林业主管部门多次召开会议，专题安排部署松材线虫病防控工作，制定印发了《陕西省松材线虫病疫情防控五年攻坚行动方案(2021—2025)》《陕西省林业局关于科学防控松材线虫病疫情的实施意见》《秦巴山区松材线虫病疫情防控包片蹲点工作方案》。二是陕西省坚持“防输入、防扩散、防反弹、清疫木、清疫情”防控措施，以检疫封锁和疫情除治为核心，抓好切断传播途径和消灭传染源，使全省疫情态势得到有效控制。三是社会化防治市场的大力推进和严格监督，严格实行防治作业跟班制度和绩效承包制度，确保疫情除治进度和质量。四是疫情发生面积同比略有减少的主要原因是由于商洛市柞水县的部分疫情小班已没有松材线虫病寄主。

2. 美国白蛾疫情发生范围明显减小，危害程度大幅下降

一是陕西省坚持以扑灭疫情为目标，严格按照“全面检疫封锁，监测诱杀成虫，排查烧毁网幕，喷施生物药剂，人工挖除虫蛹”总体防控思路，全力开展疫情除治工作，防治成效显著。二是严格执行“禁苗”政策，加大执法力度，提高执法威慑力。加强对主要道路口检疫封锁、苗圃地苗木就地封锁，绿化建设工地苗木的检疫核查，严防疫情传播。三是加强宣传，通过网络、报纸、微信、公众号、张贴宣传标语、印发宣传资料等多种形式开展宣传，形成了全社会共同支持和参与防控工作的良好氛围。

3. 经济林病虫害总体发生面积持平，局部危害重

一是随着陕西省林业产业经济的大力发展，全省经济林面积逐年增加，主要是核桃、板栗、红枣、花椒等经济林人工纯林面积增长迅速，纯林抗逆性脆弱，抵御病虫害能力差。二是陕西省建立经济林无公害防治示范区，以点带面，进一步提高了林农的防治意识和防治技术水平，导致经济林虫害总体发生面积较去年略有下降。三是受气候影响，经济林病害发生面积略有增加，局地危害严重。

4. 林业鼠(兔)害发生面积有所上升，局地危害严重

一是多年对鼠(兔)害开展综合治理，大力推广环境控制、物理空间隔断、不育剂等无公害综合防治技术，防控成效显著，降低了种群密度，危害程度近年一直以轻度为主。二是近些年，随着关中及陕北地区新造林地和未成林地面积的大量增加，林分结构单一，致使个别地区的鼠(兔)害发生面积有所增加，局地危害加重。

5. 松树钻蛀性害虫发生面积有所下降，局地危害仍然严重

一是华山松大小蠹发生区经过清理虫害木，采取有效防治措施，防治效果良好。二是加大了对松褐天牛的防治力度，今年累计防治作业面积38.13万亩，飞机防治面积14万亩，有效降低了松褐天牛的虫口密度，减少了松材线虫病疫情的自然传播机会。

6. 松树食叶害虫总体发生面积略有下降，危害得到有效控制

一是大力推行无公害防治、飞机防治，推广人工物理防治，限制化学农药使用范围，有效控制了种群密度，降低了危害程度。二是松叶蜂近年通过采取人工喷药、飞机防治等多种措施进行综合防治，整体呈轻度危害、有虫不成灾，防治成效显著，有效控制了连续多年的危害。

二、2022年林业有害生物发生趋势预测

(一)2022年总体发生趋势预测

1. 预测依据

根据陕西省各地林业有害生物2021年发生情况和2022年趋势预测报告、陕西省2021年冬季气象数据和2022年春季全国气候趋势预测、主要林业有害生物历年发生规律和各测报点越冬前有害生物基数调查结果。

2. 预测结果

预计2022年陕西省主要林业有害生物总体发生趋势为：预测发生550万亩左右(图28-2)，发生面积较2021年略有下降，其中病害发生125万亩左右，虫害发生330万亩左右，鼠(兔)害发生95万亩左右。

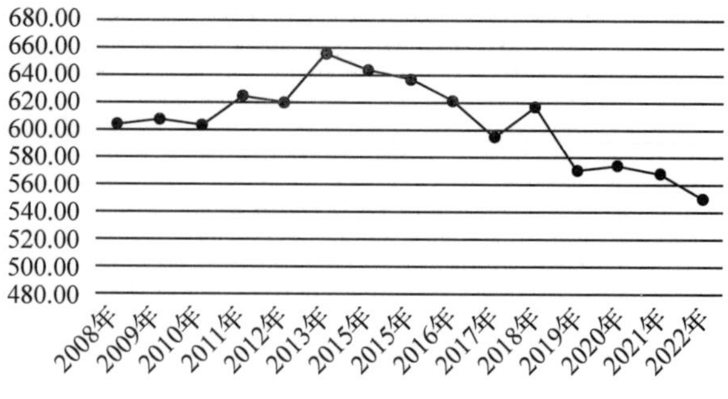

图28-2 陕西省林业有害生物2022年发生趋势预测示意图(万亩)

具体发生趋势特点：一是松材线虫病疫情发生面积将继续逐步下降，危害程度逐步下降。二是美国白蛾疫情发生范围将逐步压缩，仍有疫情传入和扩散蔓延的风险。三是林业鼠(兔)害发生面积将有所下降，局地将偏重发生。四是经济林病虫将呈大面积发生，局地危害严重。五是干部病虫害发生面积将略有减少，局地危害加重。六是叶部病虫害整体趋轻，局地危害严重。

(二)分种类发生趋势预测

1. 松材线虫病

预计2022年全省疫点数量、发生面积和病死松树数量均会有所下降。综合分析松材线虫病发生数据、平均气温、松林分布、松褐天牛发生情况和交通状况等因素，预测发生面积48万亩左右，主要分布在陕南3地市的部分县(区)。综合分析松材线虫病疫情发生原因，多为人为传播。所以，全省其他非疫区都有疫情传入风险。

2. 美国白蛾

预计2022年全省发生面积和发生范围将均会有所下降，危害呈轻度。随着经贸高速发展和城市建设需要，省内近年调运苗木活动频繁，从疫区调入绿化苗木的情况时有发生。根据美国白蛾发生特点及规律，毗邻美国白蛾疫情发生区的各(县)区发生疫情的风险很高，咸阳市秦都、渭城、兴平、武功、西安市长安的传入风险极高。

3. 林业鼠(兔)害

林业鼠(兔)害预测发生面积将有所下降，局部将偏重发生，预测发生95万亩左右(图28-3)。中华鼢鼠在秦巴山区及渭北高原的新植林和中幼

图28-3 陕西省林业鼠(兔)害2022年发生趋势预测示意图(万亩)

林地可能偏重发生，局地成灾。甘肃鼢鼠在延河流域继续轻度发生，局地重度危害。草兔种群数量有略微增加，在关中北部、陕北中南部、秦岭东部广泛分布，对乔灌木林地危害以轻度为主，对关陇山区的草场局地产生轻中度危害。

4. 红脂大小蠹

红脂大小蠹发生将与2021年基本持平，预测发生8万亩左右，主要在延安、铜川、咸阳局地轻度发生，局地中度以上危害，不会成灾。

5. 松树钻蛀害虫

松树钻蛀性害虫危害依然严重，预测发生70万亩(图28-4)，主要发生种类为松褐天牛、华山松大小蠹、松梢螟。其中，松褐天牛预测在汉中、安康、商洛的大部分县(区)发生，发生面积22万亩，局部有中度以上危害；华山松大小蠹，预测发生20万亩，主要在安康、宝鸡、省资源局的部分地区发生，在辛家山、马头滩、宁东局、宁西局等地局地会有中重度危害；松梢螟预测发生28万亩，主要分布在延安市的黄龙山和桥山林业局，铜川和咸阳的部分地区也有少量分布，极个别地区的局地会有重度危害。

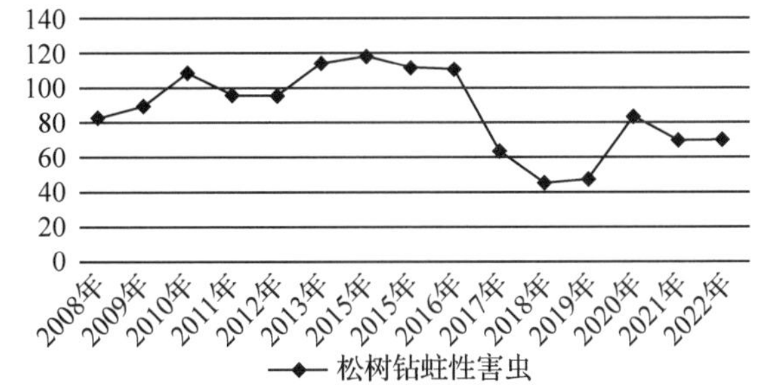

图 28-4 陕西省松树钻蛀害虫2022年发生趋势预测示意图(万亩)

6. 松树食叶害虫

松树食叶害虫发生将略有下降，预测发生50万亩(图28-5)，主要发生种类为松阿扁叶蜂、油松毛虫、松针小卷蛾。其中，松阿扁叶蜂预测发生35万亩，发生区仍以商洛市的大部分县(区)为主，在西安和宝鸡的部分地区也有少量分布，均以轻度发生为主。油松毛虫预测发生5万亩，主要分布在韩城、延安、安康、汉中的部分区县。松针小卷蛾预测发生5万亩，主要分布在榆林的部分区县，在榆阳区局地有中度以上危害。

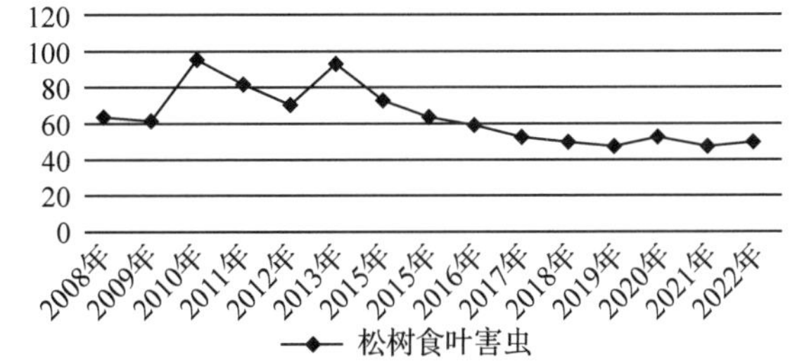

图 28-5 陕西省松树食叶害虫2022年发生趋势预测示意图(万亩)

7. 杨树蛀干害虫

杨树蛀干害虫以轻度发生为主，但局地可能受害严重，预测发生25万亩左右(图28-6)。主要以黄斑星天牛、光肩星天牛、杨干透翅蛾、白杨透翅蛾为主，省内大部分地区均有分布，不排除在西安、宝鸡、咸阳、渭南、榆林局地重度危害的可能。

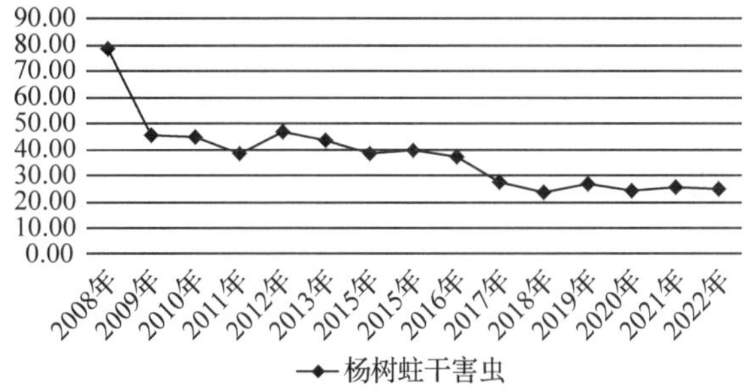

图 28-6 陕西省杨树蛀干害虫2022年发生趋势预测示意图(万亩)

8. 杨树食叶害虫

预计与2021年发生基本持平，预测发生3万亩(图28-7)，总体危害有所减轻。主要以杨小舟蛾为主，预测发生3万亩，主要分布在关中地区，局地可能出现重度危害。

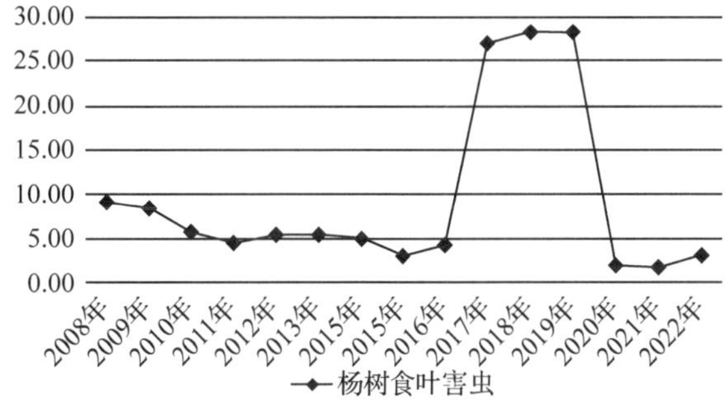

图 28-7 陕西省杨树食叶害虫2022年发生趋势预测示意图(万亩)

9. 经济林病虫害

板栗、核桃、花椒、柿子、红枣等经济林病虫害发生面积预计与2021年基本持平，预测发生160万亩左右(图28-8)，其中核桃黑斑病在西安、宝鸡、咸阳、安康、商洛等地较大面积发生，轻中度为主，预计在蓝田、麟游、山阳等地有重度危害；板栗疫病主要在陕南3市轻中度发生，预计在镇安、商南局地有重度危害。核桃举肢蛾在西安、铜川、宝鸡、汉中、安康、商洛将有较大面积发生，轻中度为主，预计蓝田、陇县、镇安等地将会有重度危害，局地成灾。花椒窄吉丁在宝鸡、渭南、韩城将有轻中度发生，凤县、韩城局地将有重度危害。枣飞象在榆林南部红枣种植区将有较大面积发生，轻中度为主，绥德、吴堡局地将会有重度危害。

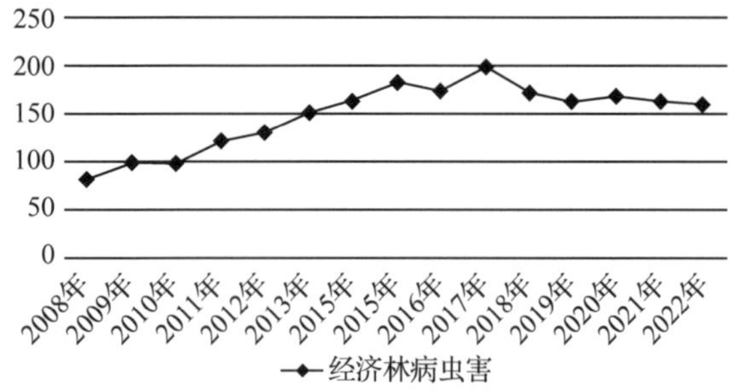

图 28-8 陕西省经济林病虫害2022年发生趋势预测示意图(万亩)

10. 其他主要病害

发生面积预计与2021年基本持平，预测发生30万亩左右，局部地区有重度以上危害。预计松落针病发生15万亩，轻度发生为主，在延安的富县局地有中度以上危害。预计侧柏叶枯病发生15万亩，以轻中度发生为主，在延安、宝鸡、汉中、安康以轻中度发生为主，预计在麟游、扶风局地有重度危害。预计杨树溃疡病发生1万亩，以轻度发生为主，主要分布在宝鸡、渭南、韩城，轻度发生为主。

11. 区域性林业有害生物

总体发生面积预计与2021年持平，预测发生25万亩左右。其中，预计柳毒蛾发生10万亩，主要分布在榆林市榆阳、横山、靖边、神木等地，轻度危害为主，榆阳局地有中度以上危害。预计刺槐尺蠖共发生10万亩，主要分布在宝鸡、咸阳、渭南，以轻度发生为主，在宝鸡市陇县，咸阳市礼泉、永寿的局地呈重度危害。预计沙棘木蠹蛾共发生5万亩，主要分布在延安市吴起，中度发生为主。

三、对策建议

(一)深入开展攻坚行动，控制疫情态势

认清形势提高站位，全面贯彻《陕西省林业局关于科学防控松材线虫病疫情的实施意见》和《陕西省松材线虫病疫情防控五年攻坚行动方案(2021—2025)》，以实现“十四五”防控目标为导向，科学系统开展松材线虫病防控。按照分区分级管理、科学精准施策要求，全面开展疫情精准监测、疫源封锁管控、疫情除治质量提升和健康森林保护等攻坚行动。实施人工地面监测与遥感无人机监测相结合的“天空地”一体化监测，推广应用松材线虫病疫情精细化监管平台，加强疫情精细化监测，强化疫情数据管理和疫情信息核实核查。

(二)完善监测网络体系，及时发现灾害

完善天空地一体化、点线面相结合的监测网络体系，依靠现有林业有害生物测报站点，合理调整布设监测站点，加密高风险区域站点布局。与气象等有关部门共同建立配合、信息互通的监测预警机制，提高监测预报的科学性和准确性。建立健全以测报点为主体、社会化购买服务为补充的监测组织模式，鼓励地方向社会化组织购买监测调查、数据分析、技术服务工作，切实提高监测能力和水平。

(三)扎实做好灾害防治，降低灾害损失

加大对秦岭地区等重点生态区位林业有害生物预防和治理力度，完善和加强省内毗邻市、县(区)之间、毗邻省份之间的联防联治机制，协同合作；美国白蛾要严防外输内扩，继续加大防治力度，进一步提高防控成效。同时，兼顾其他食叶害虫防治，推行精准预防和治理。钻蛀性害虫高发区要整合应用现有成熟监测技术，加强监测，确保灾害早期发现和防治。特别关注突发性、暴发性灾情，采取切实防治措施，降低灾害损失。

（四）严格检疫监管执法，切断传播途径

进一步完善全省检疫封锁方案，合理设置重大林业有害生物检疫检查站；制定完善检疫检查站各项制度，采取明察暗访的方式，检查制度执行情况，确保检查站真正发挥疫情阻截作用；组织开展检疫检查、检疫复检和执法行动，打击违法违规行为，严防境外疫情传入和陕西省疫情的扩散蔓延。

（五）切实加强宣传培训，提高监测水平

通过广播、电视、报刊等多种媒介途径，对《陕西省林业有害生物防治检疫条例》进行全方位宣传，切实提高社会公众对重大林业有害生物危险性和危害性的认识，激发群众参与的主动性和积极性，提高公众参与度；加强对各级测报人员的培训，结合生产工作实际，适时以现场会、培训班等形式举办各类林业有害生物技术培训活动，进一步提高监测技术水平。

（主要起草人：李建康　郭丽洁；主审：董振辉）

29 甘肃省林业有害生物2021年发生情况和2022年趋势预测

甘肃省林业有害生物防治检疫局

【摘要】根据1~11月林业有害生物发生数据统计结果，结合各地林业有害生物发生情况报告，对全省2021年林业有害生物发生情况进行了综合分析。据统计，2021年全省林业有害生物发生587.23万亩，较2020年下降12.25万亩，同比下降2.04%；成灾面积为13.57万亩，成灾率1.21‰。

一、2021年林业有害生物发生情况

2021年全省病害发生112.14万亩，较去年减少3.09万亩，同比下降2.68%，其中轻度发生84.57万亩，中度发生23.98万亩，重度发生3.59万亩；虫害发生278.17万亩，较去年年增加8.19万亩，同比上升3.03%，其中轻度发生226.50万亩，中度发生44.67万亩，重度发生7.00万亩；鼠兔害发生196.92万亩，较去年减少17.62万亩，同比下降8.21%，其中轻度发生173.01万亩，中度发生20.93万亩，重度发生2.98万亩(图29-1、图29-2)。

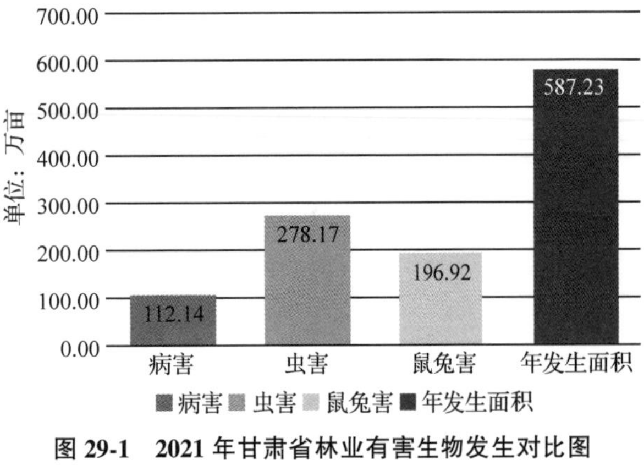

图29-1 2021年甘肃省林业有害生物发生对比图

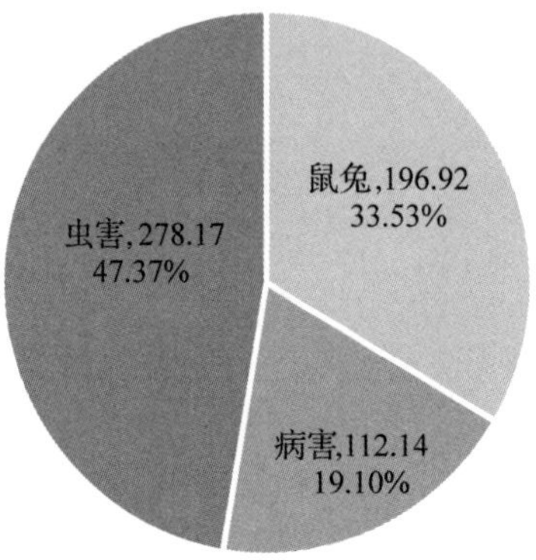

图29-2 2021年甘肃省林业有害生物发生情况(万亩)

(一)发生特点

2021年全省的林业有害生物发生面积较往年略有下降，总体发生以轻度为主，轻度发生面积占总发生面积的82.43%。

(1)陇南市康县新发生松材线虫病，防控形势十分严峻。

(2)阔叶林病虫害在各地多样化，普遍发生。杨树食叶害虫发生面积较2020年有所下降，杨树病害、杨树蛀干类害虫的发生面积较去年有所上升。以轻度发生为主，河西局部有成灾。

(3)针叶林区病虫害发生形势依然严峻，危害面积和发生程度较2020年稳中有升。部分常发性林业有害生物如中华松针蚧、华山松大小蠹等在小陇山林区发生严重，小檗绢粉蝶、云杉四眼小蠹等在祁连山局部已上升为主要有害生物，松赤枯病、松落针病在平凉局地重度发生，潜在危险性林业有害生物如松疱锈病等的发生风险增加。

(4)森林鼠兔害发生面积整体有所减少。其中中华鼢鼠、野兔、达乌尔鼠兔与常年相比发生面积有所下降，大沙鼠害危害比去年有所上升，主要在自然保护区、退耕还林区和未成林地造成危害。

(5)经济林有害生物种类种类多样，分布广

泛，发生与2020年基本持平。随着全省经济林种植面积的不断扩大，呈现防控难度大、复发次数多的态势。

(6)生态荒漠林病虫害发生较2020年增幅明显。白刺毛虫、柽柳条叶甲、柠条豆象等荒漠林病虫害种类的发生危害程度较往年同期呈上升趋势。对生态安全构成严重威胁。

(二)主要林业有害生物发生情况分述

1. 松材线虫病

6月7日国家林业和草原局森林和草原防治总站从陇南市康县送检的4份样品中检出3份样品为松材线虫病，涉及大南峪镇、王坝镇，取样涉及面积85.65亩，死亡181株。经详查，康县全县有各类病死(濒死、枯死)松树12638株，涉及19个乡镇；康南林业总场有各类病死(濒死、枯死)松树3671株。8月3日国家林业和草原局公告(2021年第14号)将陇南市康县划为疫区。

2. 生态阔叶林病虫害

食叶害虫　2021年全省杨树食叶害虫发生22.10万亩，发生面积较2020年减少1.72万亩，同比下降7.22%。其中：春尺蠖发生7.25万亩，较去年减少0.78万亩，主要发生在白银、金昌、武威、张掖、酒泉、临夏、祁连山保护区、敦煌西湖保护区、白龙江林业管理局等地；杨蓝叶甲发生3.30万亩，较去年增加0.91万亩，主要发生在金昌、武威、张掖、酒泉；柳沫蝉发生2.79万亩，主要发生在平凉、临夏、庆阳；大青叶蝉发生2.26万亩，较去年增加0.38万亩，主要发生在武威、酒泉、临夏；黄褐天幕毛虫发生1.72万亩，主要发生在酒泉；杨毛蚜发生1.20万亩，较去年减少1.14万亩，主要发生在金昌、酒泉；草履蚧发生1.06万亩，主要发生在酒泉；大栗鳃金龟发生0.46万亩，主要发生在定西、临夏、莲花山保护区等地，杨潜叶跳象发生0.45万亩，主要发生在武威。刺槐尺蠖发生6.72万亩，主要发生在庆阳、天水两市；刺槐蚜发生6.45万亩，主要发生在平凉、天水、白银等地；舞毒蛾发生0.05万亩，主要发生在白水江林区、武威。

蛀干虫害　2021年全省杨树蛀干害虫发生29.23万亩，较2020年增加3.18万亩，同比上升12.21%。其中：光肩星天牛发生26.68万亩，较去年增加4.16万亩，主要发生在河西、白银、临夏等地；青杨天牛发生1.19万亩，较去年减少0.62万亩，主要发生在酒泉、白银等地；白杨透翅蛾发生0.76万亩，主要发生在平凉、白银等地；杨十斑吉丁发生0.37万亩，较去年减少0.26万亩，主要发生在酒泉。

病害　2021年全省杨树病害发生18.39万亩，较2020年增加2.78万亩，同比上升17.81%。其中：杨树腐烂病发生5.80万亩，比去年增加0.68万亩，主要发生在临夏、平凉、酒泉、庆阳等地；柳树烂皮病发生3.01万亩，比去年增加0.58万亩，主要发生在临夏、定西；杨树叶斑病发生2.33万亩，主要发生在平凉；杨树灰斑病发生2.26万亩，主要发生在临夏；胡杨锈病发生1.68万亩，主要发生在酒泉、敦煌西湖保护区；白杨叶锈病发生1.02万亩，主要发生在白银；青杨叶锈病发生0.73万亩，主要发生在临夏、定西等地；杨树锈病发生0.48万亩，主要发生平凉、定西、兴隆山；杨树黑斑病发生0.35万亩，主要发生定西。刺槐白粉病发生4.88万亩，主要发生在平凉、陇南等地(图29-3)。

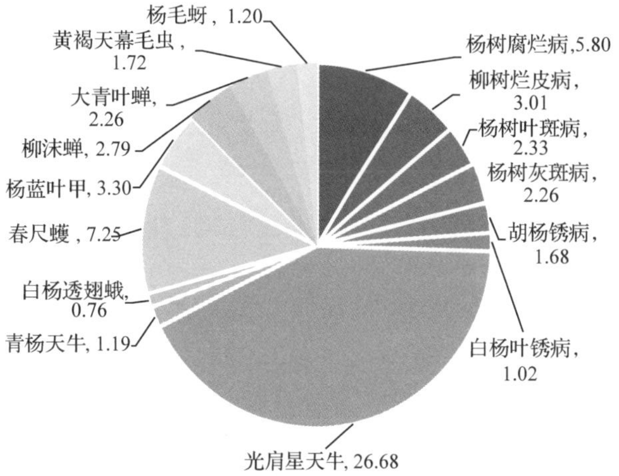

图29-3　2021年甘肃省生态阔叶林主要病虫害发生情况(万亩)

3. 生态荒漠林病虫害

柽柳条叶甲发生9.80万亩，较去年增加1.47万亩，主要发生在张掖高台、酒泉市瓜州、敦煌西湖保护区芦草井保护站、玉门关保护站、土梁道保护站和后坑保护站；柠条豆象发生8.83万亩，较去年增加1.71万亩，主要发生在定西、兰州、白银、连古城保护区；白刺毛虫发生 3.76 万亩，较去年增加 2.16 万亩，主要发生在连古城保护区。

4. 生态针叶林病虫害

2021 年全省针叶林病虫害发生 148.78 万亩，较 2020 年增加 7.26 万亩，同比上升 5.13%。具体种类及发生情况如下(图 29-4)：

除松材线虫病以外的针叶林病害　发生范围广、危害程度重，云杉落针病发生 23.61 万亩，较去年增加 1.83 万亩，主要发生在白龙江林区迭部生态建设局、博峪河、插岗梁、阿夏自然保护区，主要危害人工云杉纯林，发生地块多和上年度发生的地块重复。由于云杉落针病孢子具有越冬性和潜伏期长的特性，历年来对防治工作造成很大的困难；青海云杉叶锈病发生 10.91 万亩，较去年增加 3.35 万亩，主要发生在祁连山、白龙江林区；松落针病发生 10.63 万亩，主要发生在庆阳、陇南、小陇山林区等地；松赤枯病发生 3.35 万亩，主要发生在庆阳、小陇山林区等地；侧柏叶枯病发生 2.95 万亩，主要分布于陇南、天水、庆阳等地；油松松针锈病发生 2.04 万亩，主要发生在庆阳、陇南等地；落叶松落叶病发生 1.46 万亩，主要发生在小陇山林区。

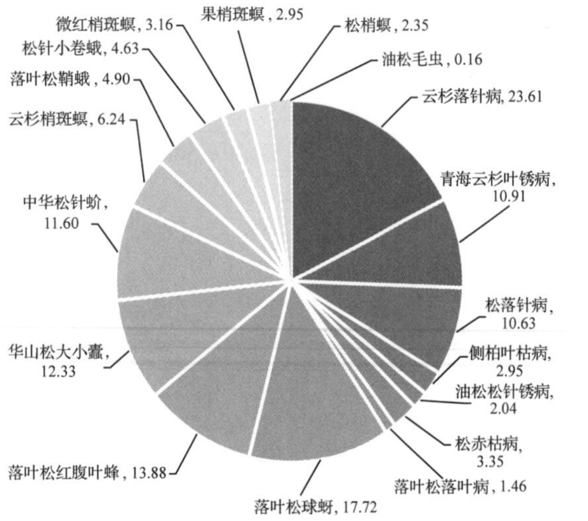

图 29-4　2021 年甘肃省针叶林病虫害发生情况(万亩)

针叶林虫害　落叶松球蚜发生 17.72 万亩，较去年增加 1.58 万亩，主要分布在陇南、平凉、小陇山林区等地；落叶松红腹叶蜂发生 13.88 万亩，较去年增加 2.93 万亩，主要发生在陇南、平凉、小陇山林区等地；华山松大小蠹发生 12.33 万亩，主要发生在陇南武都区，小陇山保护区江洛林场，仍存在扩散态势；中华松针蚧发生 11.60 万亩，主要分布在陇南、小陇山、白龙江林区；云杉梢斑螟发生 6.24 万亩，主要发生在张掖、祁连山林区；落叶松鞘蛾发生 4.90 万亩，主要发生在定西、小陇山等地；松针小卷蛾发生 4.63 万亩，主要发生在庆阳、白银两地；微红梢斑螟、果梢斑螟、松梢螟发生面积分别为 3.16 万亩、2.95 万亩、2.35 万亩，主要发生在庆阳；丹巴鳃扁叶蜂发生 2.31 万亩，主要发生在祁连山林区；钝鞘中脉叶蜂发生面积为 1.10 万亩，主要发生在小陇山林区；油松毛虫发生 0.16 万亩，主要发生在庆阳。

5. 经济林病虫害

2021 年全省经济林病虫害发生 115.11 万亩。具体种类及发生情况如下(图 29-5)：

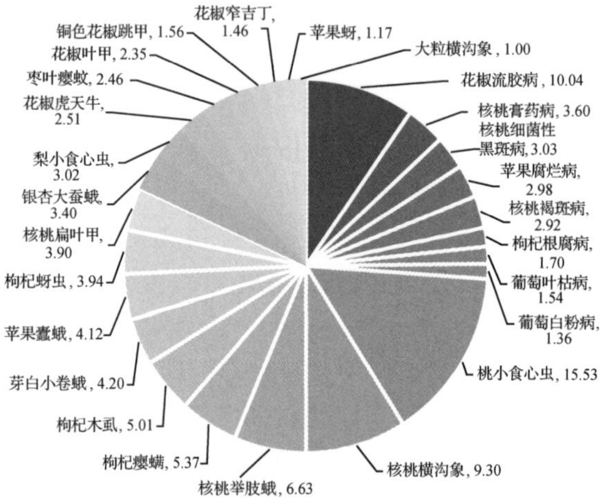

图 29-5　2021 年甘肃省经济林主要有害生物发生情况(万亩)

经济林病害　主要有核桃细菌性黑斑病、核桃膏药病、花椒流胶病、苹果腐烂病、苹果锈病、葡萄叶枯病、葡萄白粉病等。其中花椒流胶病发生 10.04 万亩，主要发生在陇南、临夏；核桃细菌性黑斑病发生 3.03 万亩，较去年减少 8.13 万亩、核桃膏药病发生 3.60 万亩、核桃褐斑病发生 2.92 万亩，主要发生在陇南；枸杞根腐病发生 1.70 万亩，主要发生在白银；葡萄叶枯病、葡萄白粉病分别发生 1.54 万亩、1.36 万亩，主要发生在酒泉；苹果腐烂病发生 2.98 万亩，主要发生在天水、庆阳、定西等地；苹果锈病发生 0.83 万亩，主要发生在庆阳。

经济林虫害　主要有桃小食心虫、核桃横沟象、枸杞木虱、苹果蠹蛾、枸杞瘿螨、花椒绵蚜、核桃举肢蛾、梨小食心虫、花椒虎天牛、铜色花椒跳甲、杏球坚蚧、枸杞蚜虫、银杏大蚕蛾、枸杞负泥虫、苹果绵蚜、云斑天牛、花椒窄吉丁等。其中桃小食心虫发生 15.53 万亩，主要发生在白银、张掖、临夏；核桃横沟象发生面积 9.30 万亩、核桃举肢蛾发生 6.63 万亩、核桃扁叶甲发生 3.90 万亩、银杏大蚕蛾发生 3.40 万亩，主要发生在陇南；枸杞瘿螨发生 5.37 万亩、枸杞木虱发生 5.01 万亩、枸杞蚜虫发生 3.94 万亩，主要分布在白银、酒泉、张掖、武威等地；花椒绵蚜发生 4.26 万亩、花椒虎天牛发生 2.51 万亩、花椒叶甲发生 2.35 万亩、铜色花椒跳甲发生 1.56 万亩、花椒窄吉丁发生 1.46 万亩，主要分布在陇南、临夏、甘南；苹果顶芽小卷蛾发生 4.20 万亩、苹果蠹蛾发生 4.12 万亩、苹果蚜发生 1.17 万亩，主要发生在河西、庆阳等地；梨小食心虫发生 3.02 万亩，主要发生在白银、酒泉、庆阳、兰州等地；枣叶瘿蚊发生 2.46 万亩，主要发生在张掖等地；大粒横沟象发生 1.00 万亩，主要发生在陇南。

6. 鼠兔害

2021 年鼠兔害一次性发生面积为 196.92 万亩，占全省林业有害生物发生面积的 35.77%，其中轻度发生占鼠兔害总发生面积的 86.48%，与去年同期相比减少 17.62 万亩，同比下降 8.21%。其中中华鼢鼠发生 90.52 万亩，与去年同期相比减少 18.43 万亩；轻度发生为主，祁连山林区有成灾。清水中华鼢鼠造成的被害株率达

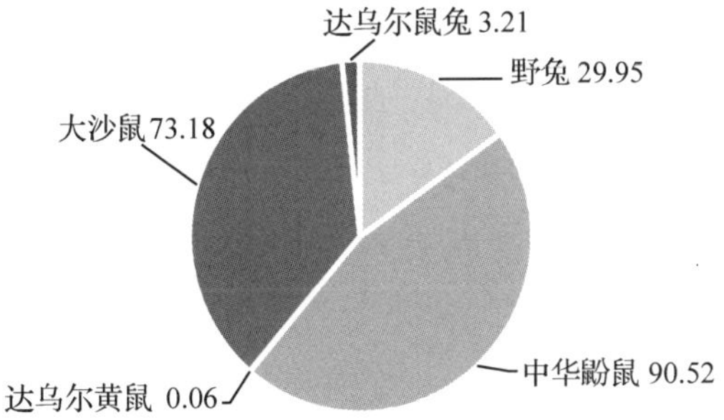

图 29-6　2021 年甘肃省鼠兔害发生情况(万亩)

15.7%，达中度发生。子午岭林区人工油松林林地平均被害株率 7.2%，幼树平均被害死亡率 12.3%，已造成成灾危害，严重影响到造林绿化成果和生态安全。大沙鼠发生 73.18 万亩，比去年同期增加 20.45 万亩，敦煌市大沙鼠危害造成的平均受害株率为 7.1%，在部分梭梭林内呈中度危害；永昌大沙鼠危害灌木受害株率为 31%左右，属中度发生。达乌尔黄鼠发生 0.06 万亩，近年来主要在白银等市发生，与大沙鼠在白银市呈混合发生状，以轻度发生为主，在局部地区对退耕还林、荒山造林等重点林业生态建设工程造成危害。野兔发生 29.95 万亩，比去年同期减少 5.56 万亩，庆阳华亭市调查发现野兔啃食过后被害株率达 38%以上，中度危害。达乌尔鼠兔发生 3.21 万亩，比去年同期减少 4.11 万亩，主要发生在中东部地区的庆阳、临夏等地，啃食油松、红砂、锦鸡儿、白刺、山杨、侧柏等多种林木的树皮和枝梢，轻度发生面积占达乌尔鼠兔全省发生面积的 83.18%(图 29-6)。

(三)成因分析

1. 松材线虫病在康县首次发现

分析主要有以下几个原因：一是康县迷坝、大南峪、王坝、岸门口、两河、阳坝、铜钱等 7 乡镇的 30 个行政村 119.28 万亩林地(松林 12.56 万亩)与陕西省略阳、宁强等松材线虫病疫区直接交界，松林相接。疫情确诊的大南峪镇、王坝镇均与松材线虫病疫区陕西省略阳郭镇林区直接交界，无大江大河等自然屏障。二是甘肃松林资源丰富，气候条件适于松材线虫病疫情发展蔓延，且地势险峻，山大沟深，监测防控难度大。

2. 鼠兔害发生范围广，面积大

(1)中华鼢鼠、野兔、达乌尔鼠兔与常年相比发生面积有所下降。一是随着中央和省市县造林资金投入的加大，陇南、定西等市采取混交营林措施取得显著成效，从一定程度上抑制了鼠兔害的扩散。二是白银市开展鼠害防治试验项目研究，防治效果明显，鼠害危害减轻，发生面积减少。三是退耕还林地中经济林种植区林农对鼠兔危害比较重视，积极防治，防效显著。(2)大沙鼠害危害比去年有所上升。一是河西地区生态林区和天然林区面积较大，防治困难，防治成本高，防治技术研究与试验示范推广工作受到限制，造成防治成效低。二是防治经费紧缺，群众防治的主动性不强，不能实现联防联控，造成年年防治，年年发生，导致其种群数量有所增加。三是近年来，各级林草部门依托退耕还林，三北防护林工程等重点工程项目，重点推进防风固沙、交通绿化等生态造林示范建设，整体造林绿

化面积增大，致使发生危害面积总体上升。

3. 针叶林病虫害呈高发态势

一是近几年来甘肃省多地受春季冰雪冻害、夏季持续高温、冬季气候温暖等气候因素的影响，为病虫害发生创造了有利条件，造成落针病、赤枯病、叶锈病等病害的发生危害日益严重。二是甘肃省针叶林树种结构大多以针叶纯林为主，树种单一，抗病性差，表现为对外界生物或非生物因素的有害影响适应性和抵抗作用相对脆弱，有利于有害生物的传播，导致针叶林病虫害大面积发生。

4. 经济林病虫害发生面积大，发生种类多，危害程度重，对经济林造成严重危害

近年来，甘肃省大力发展特色林果业，为有害生物的发生提供了有利的生存环境，防治任务和防治难度不断加大，加之气候多有异常，导致经济林类病虫害的大面积发生危害。

5. 杨树病害、食叶害虫、蛀干类害虫的总体发生形势依然严峻

甘肃省多地农田防护林、四旁树多以杨树、柳树为主，为杨树食叶害虫、蛀干类害虫的生存、繁殖提供了有利条件。

6. 生态荒漠林病虫害发生面积扩大

一是2021年荒漠林区较往年降雨量少，夏秋两季温度较高，使树木长势减弱，自身抵抗能力衰退。二是荒漠林区立地条件较差，人造林面积增多且多为单一树种，导致荒漠林病虫害的危害越来越大，同时增加了防治难度。三是白刺毛虫、柽柳条叶甲、柠条豆象等荒漠林虫害缺少天敌抑制。

二、2022年林业有害生物发生趋势预测

(一)2022年总体发生趋势预测

根据全省主要林业有害生物发生规律、越冬基数调查结果、结合未来气象预报等环境因素分析，2022年林业有害生物的发生将呈现稳中有升的态势，预测2022年甘肃省林业有害生物发生610万亩，其中病害120万亩，虫害280万亩，鼠(兔)害210万亩。

(二)分种类发生趋势预测

1. 阔叶林病虫害

(1)病害

主要有杨树腐烂病、杨树叶斑病、杨树锈病、刺槐白粉病等，预测发生25万亩左右。

(2)食叶害虫

主要有春尺蠖、杨蓝叶甲、舞毒蛾、黄褐天幕毛虫、杨二尾舟蛾、刺槐尺蠖等，主要分布在河西地区、白银、临夏、平凉、庆阳等地，预测发生面积35万亩左右。

(3)蛀干害虫

主要有光肩星天牛、青杨天牛、杨干透翅蛾、白杨透翅蛾、杨十斑吉丁虫等，主要分布在河西地区、兰州、白银、平凉、天水、临夏等地，预测发生面30万亩。张掖、酒泉等地可能成灾。

2. 针叶林病虫害

主要分布在兰州、白银、庆阳、天水、陇南、甘南、白龙江林区、小陇山林区、祁连山林区等地，预测发生150万亩左右。云杉叶锈病、云杉落针病、云杉梢斑螟等在祁连山林区有蔓延成灾的趋势。

3. 生态荒漠林病虫害

主要有柠条豆象、柽柳条叶甲、白刺毛虫等，主要分布在兰州、白银、定西、酒泉、临夏、敦煌西湖保护区、连古城保护区等地，预测发生20万亩左右。

4. 鼠(兔)害

主要有中华鼢鼠、大沙鼠、达乌尔鼠兔、野兔等，全省各地均有分布，预测发生210万亩，其中中华鼢鼠发生95万亩；大沙鼠发生80万亩；野兔发生30万亩；其他鼠兔害发生5万亩。中华鼢鼠、大沙鼠、野兔等在河西局部地区会偏重发生，可能成灾。

5. 经济林病虫害

全省各地均有分布，预测发生120万亩，局部地区可能成灾。

三、防治对策与建议

(一)加强监测预报，提升监测预报工作整体水平

加强对各级测报站点的管理，合理定制年度

监测任务。及时发布预报信息，准确掌握全省林业有害生物发生情况，为生产防治提供科学依据。

（二）强化政府主导作用，确保防治工作持续有效

政府部门加大对林业有害生物防控工作的资金投入力度，同时加大各部门的协调配合，推动联防统治工作的推进，相关政府部门要责任担当，充分沟通，相互协调，听取意见，要把林业有害生物防治工作列入防灾减灾计划中。确保林业有害生物防治工作的持续有效，促进林业有害生物防治水平的提高。

（三）分类施策，科学防治

针对甘肃省林业鼠(兔)害发生种类多、危害面积大的现状，各地制定本辖区切实可行的林业有害生物综合防治实施方案和技术方案，大力推广应用无公害防治技术，开展科学防治。

（主要起草人：方健惠　张娟；主审：董振辉）

30 青海省林业有害生物2021年发生情况和2022年趋势预测

青海省森林病虫害防治检疫总站

【摘要】2021年青海省林业有害生物发生388.37万亩，实施防治287.93万亩，发生面积同比减少33.55万亩，中度以上发生99.61万亩，危害程度中等偏重，同比略减轻。局部地区成灾，成灾面积0.12万亩，成灾率0.01‰。预测2022年青海省主要林有害生物发生较2021年发生面积呈下降趋势，发生面积为356.10万亩，危害程度呈中等偏重。

一、2021年林业有害生物发生情况

2021年全省林业有害生物发生388.37万亩，同比下降7.95%，其中轻度发生288.76万亩，中度发生91.99万亩，重度发生7.62万亩，成灾面积0.12万亩，成灾率为0.01‰。其中，林地鼠(兔)害发生160.81万亩，同比下降18.50%；虫害发生174.79万亩，同比上升9.47%；病害发生44.01万亩，同比下降24.21%；有害植物发生8.76万亩，同比上升27.70%。年初预测2021年主要林业有害生物发生376.62万亩，测报准确率为96.97%(图30-1、图30-2)。

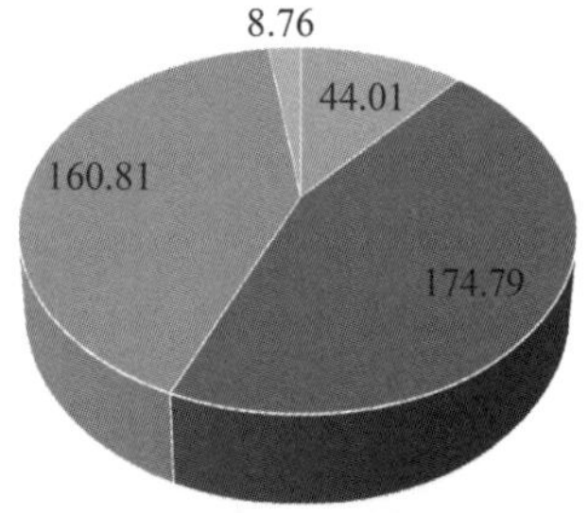

图30-1 2021年林业有害生物发生情况(万亩)

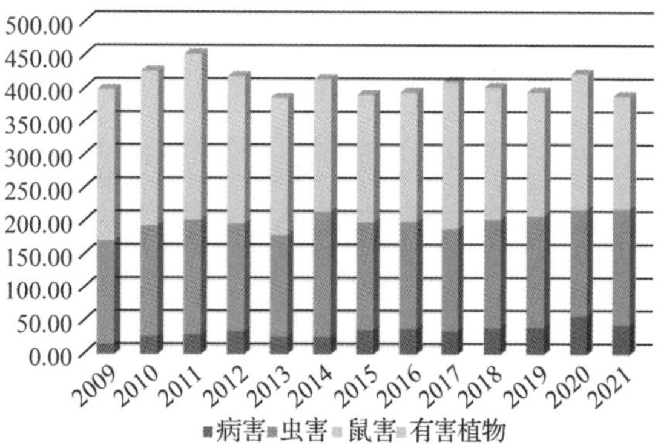

图30-2 2009—2021年林业有害生物发生情况(万亩)

(一)发生特点

2021年青海省林业有害生物发生总面积为388.37万亩，危害程度呈中等，局部地区重度发生。

一是全年林业有害生物发生整体呈平稳态势，未发生突发林业有害生物。二是林业鼠(兔)害仍为青海省主要林业有害生物，发生160.81万亩，占总发生面积的41%，总发生面积和危害程度逐年下降。三是常发性有害生物整体呈下降态势，防控效果明显，但仍有局部发生危害严重。四是灌木林有害生物发生日益严重，灰斑古毒蛾、高山天幕毛虫、丽腹弓角鳃金龟等在生态脆弱的三江源地区发生危害。五是病害发生呈逐年加重趋势，如青杨叶锈病在东部农业区城镇防护林危害严重，云杉锈病在祁连山流域和黄土高原丘陵沟壑区天然林内危害严重。六是针叶树食叶害虫、枝梢害虫发生种类和发生面积逐年增加。七是部分林业有害生物(云杉矮槲寄生害、松萝、圆柏大痣小蜂等)因缺乏简便可行的防治措施，发生面积居高不下，危害呈扩散趋势。八是枸杞有害生物发生面积逐年减少，核桃病害发生面积呈增加趋势。九是松材线虫病已逼近青海省，对青海省松林资源安全造成重大威胁。

(二)主要林业有害生物发生情况分述

1. 林地鼠(兔)害

全省林地鼠(兔)害发生种类主要有高原鼢鼠、高原鼠兔、根田鼠等，发生 160.81 万亩，同比下降 18.50%。其中高原鼢鼠发生面积 133.3 万亩，同比下降 15.26%，主要发生在西宁市辖区及各区县、海东市各区县、海北藏族自治州(以下简称海北州)各县、海南藏族自治州(以下简称海南州)各县、黄南藏族自治州(以下简称黄南州)河南县和果洛藏族自治州(以下简称果洛州)玛可河林区；高原鼠兔发生 23.60 万亩，同比下降 35.34%，主要发生在西宁市湟源、海东市民和、海北州门源，海南州共和、兴海，果洛州班玛、甘德、达日和玛可河林；根田鼠发生 3.91 万亩，同比上升 11.40 %，主要发生在西宁市大通，海北州海晏、刚察，黄南州同仁(图 30-3、图 30-4)。

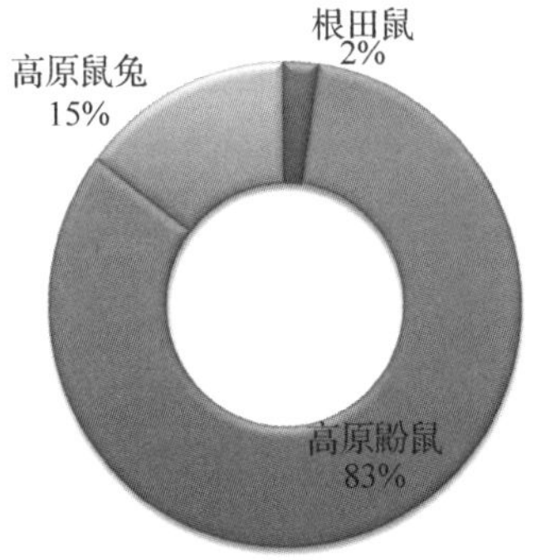

图 30-3　2021 年全省林地鼠害发生情况对比

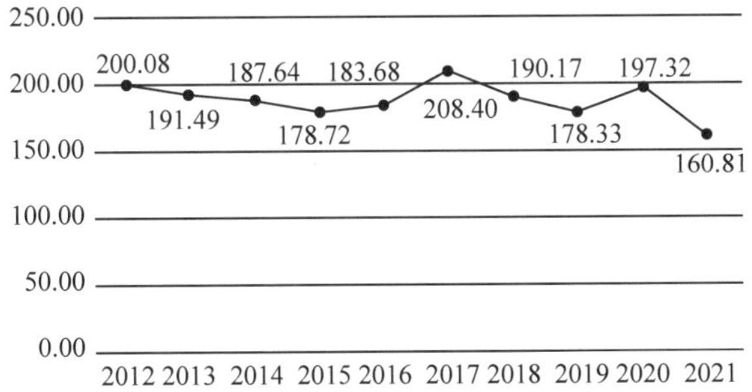

图 30-4　2009—2021 年林地鼠害发生情况(万亩)

2. 经济林有害生物

经济林有害生物主要种类有枸杞有害生物(枸杞瘿螨)和核桃有害生物(核桃褐斑病、核桃腐烂病)，发生 6.9 万亩，发生面积基本持平，轻度危害。其中，枸杞瘿螨发生 4.72 万亩，主要发生在海西蒙古族藏族自治州(以下简称海西州)都兰；核桃褐斑病、核桃腐烂病发生面积 2.18 万亩，主要发生在海东市民和、循化(图 30-5)。

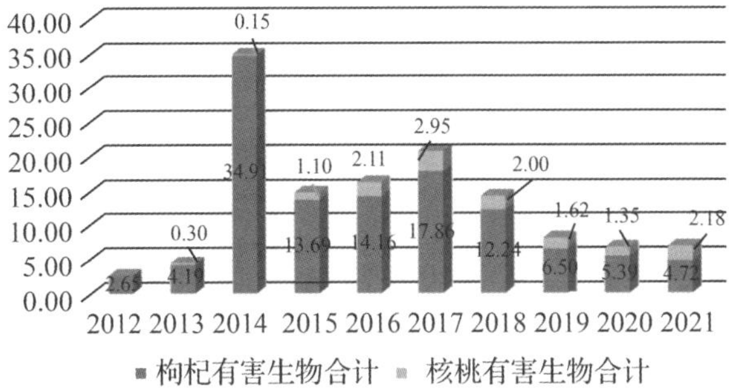

图 30-5　2012—2021 年经济林有害生物发生情况(万亩)

3. 阔叶树有害生物

杨柳榆病害　发生种类有杨树烂皮病、青杨叶锈病、杨树煤污病、生理性病害等，发生 24.13 万亩，同比下降 9.29%。其中青杨叶锈病发生 17.92 万亩，同比上升 3.23%，成灾面积 0.12 万亩，主要发生在西宁市辖区、大通、湟中、湟源，海东市乐都、平安、互助、化隆，海北州门源，黄南州同仁、尖扎，海南州共和、兴海；杨树烂皮病发生 5.55 万亩，同比基本持平，主要发生在西宁市、海东市、海北州、黄南州、海南州、海西州和玉树藏族自治州(以下简称玉树州)大部分县市城镇防护林。

杨柳榆食叶害虫　发生种类有杨柳小卷蛾、春尺蠖、柳蓝叶甲等，发生 8.16 万亩，同比上升 1.37%。其中柳蓝叶甲发生 0.28 万亩，同比下降 37.78%，主要发生在循化；春尺蠖发生 0.74 万亩，同比上升 34.55%，主要发生在海东市民和、乐都和循化；杨柳小卷蛾发生面积 1.41 万亩，同比下降 61.37%，发生在海北州海晏和海南州兴海。

杨柳榆蛀干害虫　发生种类有光肩星天牛、杨干透翅蛾、芳香木蠹蛾、锈斑楔天牛，发生 6.34 万亩，同比下降 5.51%。其中杨干透翅蛾发生 4.6 万亩，同比下降 15.13%，主要发生在海东市民和、互助，黄南州同仁，海南州共和、同德、贵德、兴海，海西州格尔木、德令哈市和都兰；芳香木蠹蛾发生 1.43 万亩，同比上升 107.25%，发生在海东市民和、互助；光肩星天牛发生 0.21 万亩，同比下降 50%，主要发生在西宁市城东；锈斑楔天牛发生 0.1 万亩，同比下降44.44%，主要发生在海南州同德。

杨柳榆枝梢害虫　发生种类有叶蝉、蚜科、蚧科等，发生14.96万亩，同比下降16.10%，全省各地皆有发生。

桦树有害生物　发生种类有高山毛顶蛾、桦尺蠖和肿角任脉叶蜂，发生6.94万亩，同比下降30.25%。其中高山毛顶蛾发生5.66万亩，同比下降12.52%，主要发生在西宁市湟源、海东市北山林场和海北州仙米林场；灰拟桦尺蛾发生0.38万亩，同比下降75.95%，主要发生在海东市互助(图30-6)。

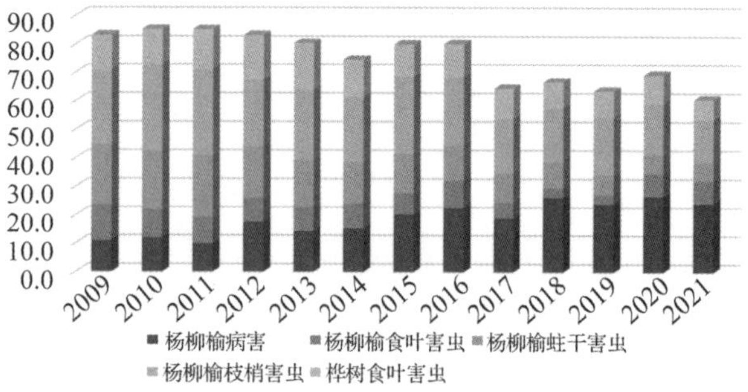

图30-6　2009—2021年阔叶树有害生物发生情况(万亩)

4. 针叶树有害生物

病害　包括落针病、锈病、圆柏枝枯病(暂定名)等，发生17.67万亩，同比下降40.32%。其中云杉锈病发生10.05万亩，同比上升190.46%，主要发生在西宁市大通县，海东市乐都、互助、循化，海北州祁连、门源，黄南州同仁、尖扎、麦秀林场，海南州同德、贵德和果洛州玛沁、玛可河林区；落针病发生3.10万亩，同比下降33.37%，主要发生在黄南州同仁、麦秀林场，海南州贵德及果洛州玛可河林区；圆柏枝枯病(暂定名)上报发生1.43万亩，近年来在青海南部玉树州、果洛州天然圆柏林普遍发生，受连年降水增多、冻害等因素造成树势衰弱，诱发叶黄、叶枯和变色。

蛀干害虫　主要包括光臀八齿小蠹、云杉八齿小蠹、横坑切梢小蠹、云杉大小蠹、黑条木小蠹和松皮小卷蛾，发生22.29万亩，同比下降0.45%。其中光臀八齿小蠹发生10.89万亩，同比下降20.28%，主要发生在海东市互助，海北州祁连和黄南州同仁、尖扎、麦秀林，果洛州班玛，玉树州江西林场；云杉八齿小蠹发生0.46万亩，同比下降86.93%，主要发生在果洛州玛沁；云杉大小蠹发生5.53万亩，同比上升737.88%，主要发生在海北州门源和果洛州玛可河林区；横坑切梢小蠹发生0.96万亩，同比下降37.25%，主要发生在黄南州同仁、尖扎。松皮小卷蛾，发生1.00万亩，同比下降41.86%，主要发生在西宁市、海东市和黄南州。

食叶害虫　发生种类有云杉黄卷蛾、云杉小卷蛾、云杉梢斑螟、侧柏毒蛾、云杉阿扁叶蜂等，发生34.23万亩，同比上升15.10%。其中云杉小卷蛾发生3.81万亩，同比下降3.05%，主要发生在西宁市辖区、大通，海东市互助；侧柏毒蛾发生6.92万亩，同比上升57.99%，主要发生在海东市互助、民和，海北州门源，黄南州同仁、尖扎及麦秀林场；云杉梢斑螟发生3.16万亩，同比上升103.87%，主要发生在西宁市大通、湟中；云杉大灰象发生3.93万亩，同比下降1.75%，主要发生在西宁市辖区、湟源和海东市乐都、互助。

种实害虫　发生种类有圆柏大痣小蜂和云杉球果小卷蛾，发生面积13.22万亩，同比上升92.99%。其中圆柏大痣小蜂发生面积14.42万亩，同比上升105.29%，主要发生在黄南州麦秀林区，海南州同德，海西州都兰及果洛州玛可河林区(图30-7)。

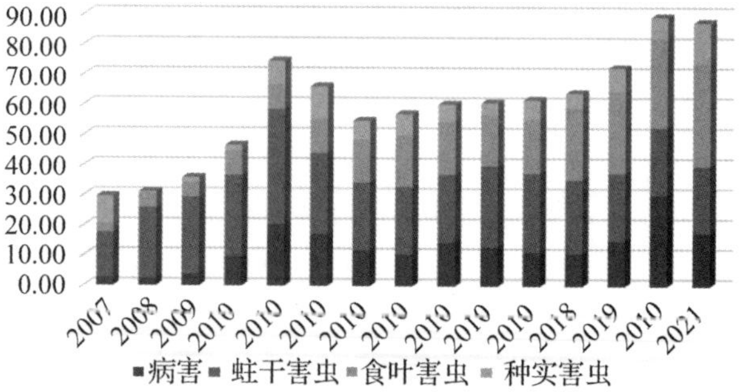

图30-7　2009—2021年针叶树病害发生情况(万亩)

5. 灌木林害虫

主要指危害高山柳、沙棘、柽柳、小檗、白刺等的害虫，发生总面积63.71万亩，同比上升21.89%。其中灰斑古毒蛾发生22.42万亩，同比下降10.32%，主要发生在海西州各市县，果洛州达日；明亮长脚金龟子发生4.1万亩，同比基本持平，发生在海北州海晏、刚察，海南州共和、贵南和海西州天峻；高山天幕毛虫发生1.1万亩，同比下降31.18%，经3年防治，扩散暴发趋势得以控制，主要发生在黄南州泽库县。

6. **有害植物**

发生种类包括云杉矮槲寄生害、松萝。发生8.76万亩，同比上升27.70%。其中云杉矮槲寄生害发生8.63万亩，同比上升27.47%，主要发生在互助、门源、同仁、尖扎、同德、麦秀林场和玛可河林区。

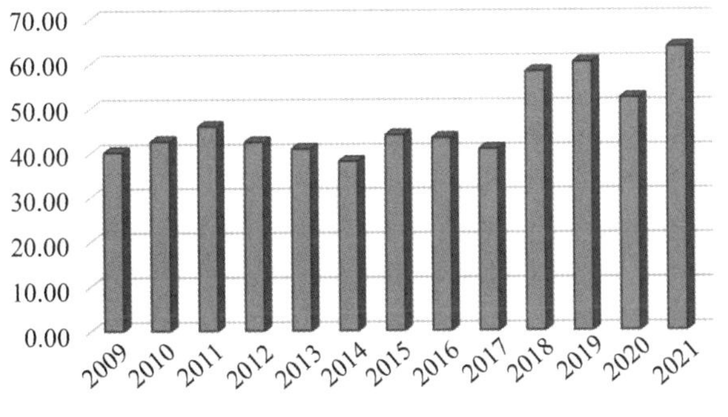

图30-8　2009—2021年灌木林有害生物发生情况(万亩)

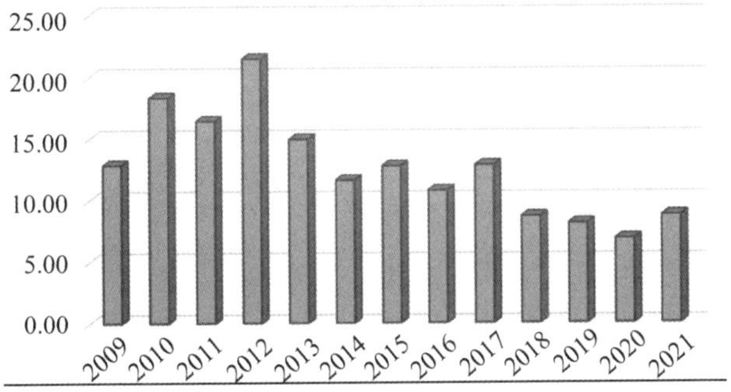

图30-9　2009—2021年有害植物发生情况(万亩)

(三)成因分析

1. 气候异常使全省林业有害生物发生面积居高不下

春季(3~5月)全省平均降水量84.6mm，较常年同期偏多24.4%；全省平均气温4.1℃，较常年同期偏高0.8℃。气象条件有利于鼠害、林木虫害繁衍生存，林业有害生物发生期提前，同时也为云杉叶锈病等林木病害发生创造了条件。夏季(6~8月)，全省平均降水量273.0mm，接近常年同期值，全省平均气温12.9℃，较常年值偏高1.1℃。气温变暖导致蚜虫、叶蝉等枝梢害虫世代增加，危害期延长，湿热气候为青杨叶锈病、云杉叶锈病等病害发生提供了有利条件。

2. 全省造林绿化重点工程用苗以青海云杉为主

云杉有害生物寄主面积大，云杉食叶害虫和枝梢害虫经多年繁殖，发生种类和发生面积呈逐年上升趋势。一些非林业部门管辖的园林、庭院、小区绿化用苗，树种选择追求新、奇、特，跨气候区调用苗木，致使新栽苗木难以适应青藏高原特殊气候，树木生长势弱，极易感染林业有害生物。且复检率达不到100%，易引入外来林业有害生物，监管难度大。

3. 科学防控使传统主要有害生物发生面积和成灾面积逐年减少

近几年，在国家林业和草原局、省政府的大力支持下，全省各地不断强化领导，落实“双线目标”责任，多措并举，有效遏制林业有害生物发生危害。同时生态环境好转，生物多样性得到保障，天然林自然调控能力增强，高山毛顶蛾、灰斑古毒蛾等有害生物受天敌制约，达到有虫不成灾的目的。

4. 松材线虫病传入风险加大

青海天然林主要树种为青海云杉与川西云杉，加之近年引进的绿化树种油松数量大且相对集中，为松材线虫病传入扩散提供的寄主条件。今年松材线虫病在临近省分发生，对青海省松林资源安全造成重大威胁。

二、2022年全省林业有害生物发生趋势预测

(一)2022年总体发生趋势预测

据省气象局预测：预计前冬(2021年11~12月)气温总体偏暖，降水大部偏少，气温与历年同期相比，西宁偏低0.5℃，兴海、都兰、天峻、德令哈接近常年，同德和青南大部偏高2.1~2.5℃，省内其余地区偏高1.1~1.9℃；降水与历年同期相比，海西东部、祁连山中西部地区以及唐古拉山区偏多20%~55%，省内其余地区偏少21%~30%。后冬(2022年1~2月)气温总体偏冷，降水南多北少，气温与历年同期相比，同德、杂多、囊谦偏高0.5~0.9℃，班玛、久治、泽库、贵德、共和、河南接近常年，曲麻莱、玛沁、甘德、达日、治多偏低0.5~0.8℃，省内其余地区偏低1.1~1.9℃；降水与历年同期相比，玉树、果洛、黄南南部、唐古拉山区偏多22%~50%，省内其余地区偏少21%~50%。春

季(2022年3~5月)气温大部偏高，降水大部偏多，气温与历年同期相比，西宁、兴海、玉树偏低0.5℃，冷湖、大柴旦、德令哈、天峻、都兰、茶卡、托勒偏高0.5℃，同德偏高2.8℃，省内其余地区偏高1.1~1.9℃；降水与历年同期相比，柴达木盆地中西部、东部农业区偏少25%~50%，省内其余地区偏多20%~55%。

综合2021年全省林业有害生物发生情况、森林状况、主要林业有害生物发生规律，根据全省各市、州林业有害生物发测报告和各中心测报点2021年有害生物越冬前基数调查结果，预测2022年青海省主要林有害生物发生较2021年发生面积呈下降趋势，为中度发生，发生面积为365.10万亩。其中鼠害预计发生155.45万亩，中度发生，局部地区重度发生；虫害预计发生144.45万亩；病害预计发生50.26万亩；有害植物预计发生5.94万亩(表30-1)。

表30-1 各市(州)、省级林业局2022年林业有害生物预测发生面积

	2021年预测面积(万亩)	2021年发生面积(万亩)	测报准确率(%)	2022年预测面积(万亩)	2022年发生趋势
西宁市	98.00	91.82	93.27	85.71	下降
海东市	88.53	92.23	95.99	81.02	下降
海北州	46.42	44.56	95.83	44.19	持平
黄南州	24.67	25.53	96.63	23.25	下降
海南州	25.26	24.00	94.75	20.03	下降
海西州	40.29	41.52	97.04	46.08	上升
玉树州	15.00	23.69	63.32	20.07	下降
果洛州	25.10	32.07	78.27	21.25	下降
玛可河	13.35	12.94	96.83	14.50	略上升
总计	376.62	388.37	96.97	356.10	下降

(二)分种类发生趋势预测

1. 林地鼠(兔)害

预计发生155.45万亩，仍为青海省主要林业有害生物，发生面积呈下降趋势，危害程度略减轻。其中高原鼢鼠预计发生124.81万亩，发生面积同比下降，呈中度发生，脑山地区、新造林地为主的局部地区偏重发生，甚至成灾。主要发生在西宁市、海东市、海北州、海南州及果洛州玛可河林区；高原鼠兔预计发生26.98万亩，呈中度发生，局部地区重度发生，主要在西宁市、海北州、海南州和海西州；根田鼠预计发生3.51万亩，呈中度发生，主要发生在环青海湖地区的海晏、刚察。

2. 经济林有害生物

经济林有害生物主要包括枸杞有害生物和核桃有害生物，因防治工作到位，均呈轻度发生。预计枸杞有害生物发生6万亩，主要发生在海西州；核桃有害生物为核桃腐烂病、核桃褐斑病、核桃细菌性黑斑病，预计发生1.08万亩，主要发生在海东市民和和循化。

3. 阔叶树有害生物

杨柳榆病害　预计发生面积将进一步增加，危害程度加重，发生29.16万亩，重点发生在人工城镇防护林。其中青杨叶锈病预计发生21.15万亩，主要发生在西宁市大通、湟源，海东市乐都、互助、化隆；杨树烂皮病预计发生5.97万亩，发生面积和危害程度与上年度略下降，在全省大部分县市城镇防护林均有发生。

杨柳榆食叶害虫　预计发生5.48万亩，中等偏轻发生，同比上年呈下降趋势。其中杨柳小卷蛾预计发生2.38万亩，主要发生在西宁市、海东市、海南州、海北州；春尺蠖预计发生0.37万亩，发生面积和危害程度同比基本持平，主要发生在海东市循化、民和和乐都区。

杨柳榆蛀干害虫　预计发生6.43万亩，同比略上升。其中杨干透翅蛾预计发生5.08万亩，主要发生在海东市、黄南州、海南州及海西州；光肩星天牛预计发生0.17万亩，发生面积和危害程度呈下降趋势，主要发生于西宁市和海东市；芳香木蠹蛾预计发生1.18万亩，主要发生在海东市。

杨柳榆枝梢害虫　发生种类有叶蝉、大青叶蝉、蚜科、蚧科等，枝梢害虫繁殖快、繁殖量大，预计发生 12.93 万亩，全省各市州均有发生。

桦树食叶害虫　预计发生 7.79 万亩，同比基本持平，主要发生在西宁市、海东市、黄南州、海北州及海南州天然桦树林。其中高山毛顶蛾预计发生 5.81 万亩，主要发生在海东市互助和海北州门源。

4. 针叶树有害生物

病害　预计发生 20.03 万亩，同比略有上升。果洛州玛可河林区和黄南州天然林区为主要发生区。其中云杉锈病(云杉叶锈病和云杉芽锈病)预计发生 12.38 万亩，同比呈上升趋势，主要发生在西宁市、海东市、海北州、海南州、黄南州和果洛州玛可河林区；落针病预计发生 6.10 万亩，主要在黄南州、海南州和果洛州玛可河林区。

蛀干害虫　受近几年降水增加等气候条件影响，针叶树林分树势增强，结合近几年采取小蠹虫诱捕器防控措施，全省针叶树蛀干害虫发生面积、危害程度均明显降低，预计 2022 年发生 20.22 万亩。其中小蠹虫类预计发生 18.81 万亩，主要发生在西宁市、海东市、海北州、黄南州、果洛州玛可河林区；松皮小卷蛾预计发生 1.16 万亩，主要发生在西宁市、海东市、黄南州；新发现种柏枝细蛾(暂定名)预计发生 0.25 万亩，主要发生在海东市。

食叶害虫　随着近几年气候变化和物流加快，针叶树食叶害虫发生种类与日俱增，发生面积呈上升趋势，预计 2022 年发生面积将达 30.78 万亩。其中云杉梢斑螟预计发生 4.75 万亩，主要发生在西宁市；侧柏毒蛾预计发生 3.76 万亩，主要发生在海东市、海北州和黄南州；云杉小卷蛾预计发生 3.71 万亩，主要发生在西宁市辖区、湟中区；云杉大灰象由于近几年防治、检疫等措施得力，扩散趋势得到控制，预计发生 3.43 万亩，主要发生在西宁市、海东市。

种实害虫　预计发生面积 12 万亩。其中圆柏大痣小蜂一直没有采取有效防治措施，害虫种群数量增逐年增加，预计 2022 年发生面积将达 11.2 万亩，主要发生在海南州、黄南州、海西州、玉树州、果洛州及玛可河林区天然圆柏林。

松材线虫病　目前毁灭性有害生物松材线虫病与青海省紧邻的四川省和甘肃省均有发生，传入青海省的概率增大，入侵形势严峻。2022 年无预测发生面积，但松材线虫病普查、日常监测、检疫监管仍是林业有害生物防控工作的重点内容。

5. 灌木林害虫

预计发生 42.62 万亩，主要分布在西宁市、海东市、海北州、黄南州、海南州、果洛州、海西州及玉树州。其中都兰顿额斑螟预计发生 16.8 万亩，主要发生在海西州；灰斑古毒蛾预计发生 5.16 万亩，主要发生在海西州、果洛州；明亮长脚金龟子预计发生 4.24 万亩，主要发生在海北州、海南州及海西州；丽腹弓角鳃金龟预计发生 10.31 万亩，主要发生在玉树州和果洛州；高山天幕毛虫预计发生 1.5 万亩，主要发生在黄南州、玉树州。

6. 有害植物

预计 2022 年全省有害植物发生 5.94 万亩，其中云杉矮槲寄生害预计发生 5.74 万亩，主要发生在互助、门源、同仁、尖扎、同德、麦秀林场和玛可河林区，危害程度呈中度。

三、对策建议

(一) 加强组织领导，强化责任落实

全面贯彻《国务院办公厅关于进一步加强林业有害生物防治工作的意见》，全面落实“双线目标责任制”，强化目标管理工作，做好 2022 年林业有害生物防控目标任务。持续推进与相关涉林、涉木部门、接壤毗邻省域、县域行业部门建立联防联动机制，通过会议、联合执法等形式，共享重大林业有害生物疫情信息，共同研判疫情防控形势，形成防控合力。

(二) 加强林业有害生物监测预警工作，充分发挥监测预报的防灾减灾实效

监测预警作为林业有害生物防控的基础工作，突出监测预警基础性工作，充分发挥国家级中心测报点的骨干作用和乡镇林业站及护林员的辅助作用，将监测工作落实到人。在完善常规监测调查的基础上，积极探索使用先进监测技术，开展深山密林、偏远地区的监测调查工作，构建

全覆盖、立体的监测预警体系，不断提高监测预警的时效性和短期预报的准确性。严格监测信息管理，认真执行重大灾害应急周报、月报制度和国家级中心测报点信息直报制度，提高信息报告的及时性和准确性。

（三）强化基层预防能力建设，提升公共服务水平

提高国家级中心测报点的监测能力和灾害处置能力，实现全省范围内主要林业有害生物监测的规范化、数字化、智能化和防治的机动化。做好林业有害生物预警信息和短中长期趋势预测发布工作，强化生产性预报，拓宽预报信息发布平台，主动为广大林农群众提供及时的林业有害生物灾害信息和防治指导服务，减少灾害损失。

（四）加强科研工作，提升防控能力

有针对性的组织开展林业有害生物防控技术研究，结合现有科研项目，有选择地引进先进技术，提高全省林业有害生物防控工作科技含量。

（五）全面推进林业有害生物监测精细化管理工作

充分利用“三江源地区松材线虫病防治建设项目”配备的监测预警系统和检疫御灾系统，利用“全国松材线虫病精细化管理平台”，做深做实常态化巡查监测，牢牢把握防控主动权。

（主要起草人：王晓婷；主审：王玉玲）

31 宁夏回族自治区林业有害生物2021年发生情况和2022年趋势预测

宁夏回族自治区森林病虫防治检疫总站

【摘要】2021年宁夏林业有害生物发生面积较2020年略有减少。2021年林业有害生物在宁夏发生平稳，没有重大林业有害生物发生蔓延，危害程度总体下降，发生411.31万亩。预测2022年全区林业有害生物发生面积与2021年基本持平，预测发生440万亩。

一、2021年林业有害生物发生情况

2021年宁夏林业有害生物发生411.31万亩，其中轻度发生312.18万亩，中度发生88.03万亩，重度发生11.1万亩，防治176.98万亩。其中病害发生1.69万亩，虫害发生168.35万亩，防治面积75.98万亩。鼠（兔）害发生面积251.89万亩，其中轻度发生188.69万亩，中度发生58.06万亩，重度发生5.14万亩，防治面积99.7万亩。2021年林业有害生物寄主面积为2046.3万亩，成灾面积3.99万亩，成灾率1.99‰。2020年预测2021年发生面积为440万亩，2021年实际发生面积为411.13万亩，测报准确率为92.98%。防治面积176.98万亩，无公害防治面积177.7万亩，无公害防治率97.02%(表31-1)。

表31-1　2021年宁夏主要林业有害生物发生防治情况表

	发生面积(万亩)	防治面积(万亩)
林业有害生物发生总计	411.31	176.98
鼠(兔)害	251.89	99.7
蛀干害虫	13.99	4.82
沙棘木蠹蛾	9.16	1.38
杨树食叶害虫	60.27	17.3
落叶松红腹叶蜂	12.39	3.6
臭椿沟眶象	9.6	6.87
斑衣蜡蝉	6.28	5.1
苹果蠹蛾	11.3	10.3
经济林及其他病虫害	36.43	27.91

（一）发生特点

2021年全区林业有害生物发生平稳，全年没有重大林业有害生物灾害和突发事件，森林鼠(兔)害、蛀干害虫、沙棘木蠹蛾、春尺蠖、落叶松红腹叶蜂、臭椿沟眶象发生面积同比减少。斑衣蜡蝉、苹果蠹蛾、经济林及其他病虫害发生面积同比增加。

（二）主要林业有害生物发生情况分述

1. 森林鼠(兔)害

在南部山区及吴忠市、中卫市沙区持续危害，发生面积略有减少，同比下降0.023%。2021年全区发生面积为251.89万亩，防治面积99.7万亩。中华鼢鼠和甘肃鼢鼠在宁夏南部山区原州、彭阳、泾源、隆德、西吉、海原、六盘山林业局等人工林区和新造林地发生并造成严重危害。发生198.66万亩。近年各地造林采用物理阻隔网防治，防治效果显著，鼢鼠危害程度减轻，但个别地段危害仍然严重。防治77.8万亩。东方田鼠、野兔、子午沙鼠、蒙古黄鼠在银川市、石嘴山市、吴忠市、中卫市黄河滩地护岸林、农田林网宽幅林带、苗圃、果园及防风固沙林地危害。发生面积53.23万亩，防治面积21.9万亩。

2. 蛀干害虫

发生面积减少，同比下降12.85%。主要有光肩星天牛、红缘天牛、北京沟天牛、榆木蠹蛾等。发生13.99万亩，防治4.82万亩。光肩星天牛在引黄灌区各市县和南部山区危害得到有效控制，通过多年打孔注药防治，全区虫口密度已经下降到1头/株以下，今年发生7.48万亩。发生面积呈逐年减少趋势。红缘天牛主要发生在中

宁，主要危害枣树，发生 0.0978 万亩。北京沟天牛主要发生固原市彭阳，危害刺槐。发生 3.57 万亩。榆木蠹蛾发生 3.57 万亩，防治 0.54 万亩。主要发生于盐池、红寺堡、同心、青铜峡。

3. 沙棘木蠹蛾

持续危害，发生面积同比减少 13.26%。沙棘木蠹蛾在固原市的彭阳、西吉、六盘山林业局等地，发生 9.16 万亩。沙棘木蠹蛾在主要危害 8 年生以上沙棘，严重地区被害株率在 40%以上，株平均虫口密度 10 头。防治 1.38 万亩。

4. 杨树食叶害虫

主要为春尺蠖，在宁夏属于暴发型食叶害虫，主要发生区由于今年各地及时准确的预测，并采取有效防治。今年没有大面积暴发成灾。发生面积同比下降 15.3%。在银川市的贺兰、灵武，吴忠市盐池、同心、红寺堡及中卫市辖区等地发生 60.27 万亩，防治 17.3 万亩。

5. 落叶松红腹叶蜂

由于人工纯林比重大，寄主树种单一，林分结构简单，寄主树木抗病虫能力差，林木长势衰弱，抗病虫能力下降。加之落叶松红腹叶蜂自身繁殖力强，在六盘山地区有扩散蔓延趋势。近几年落叶松红腹叶蜂由于天敌控制危害逐步减轻。此食叶害虫已多年在固原市、六盘山等林区发生危害。2021 年发生面积同比减少 4.17%。发生 12.39 万亩，防治 3.6 万亩。

6. 沟眶象

沟眶象成虫随着沟渠传播呈扩散蔓延趋势。发生面积同比减少 3.9%。在银川市郊、永宁、贺兰、灵武、平罗、青铜峡、利通、中宁、彭阳等地发生。因该虫种危害隐蔽性强，极易扩散蔓延，今年全区引黄灌区普遍发生，发生 9.6 万亩，防治 6.87 万亩。

7. 斑衣蜡蝉

发生面积同比增加 1.45%。此害虫在银川市兴庆、金凤、西夏、贺兰，石嘴山市大武口、平罗，吴忠市辖区、利通区等地发生，主要在居民小区、公园、主干道路两侧的臭椿树上危害，发生 6.28 万亩，防治 5.15 万亩。

8. 检疫性害虫苹果蠹蛾

在沙坡头、中宁、青铜峡、同心、灵武、利通、大武口、惠农发生危害，呈扩散蔓延的趋势，发生面积同比增加 15.9%。发生 11.3 万亩，防治 10.3 万亩。

9. 经济林及其他病虫害

发生面积同比增加 10.75%。发生 36.25 万亩，防治 27.91 万亩。主要有葡萄霜霉病、枸杞黑果病、柳树丛枝病、桃小食心虫、柠条豆象、枸杞瘿螨、枸杞蚜虫、枸杞木虱、红蜘蛛、枣大球蚧等。

(三)成因分析

(1)气候干燥，降雨量少、蒸发量大容易造成食叶害虫暴发。宁夏杨树食叶害虫春尺蠖主要为春尺蠖主要在沙区盐池、灵武、同心等地发生，成因主要是沙区干旱少雨，春尺蠖连续多年发生，容易扩散蔓延。但经过连年化学防治，虫口密度下降，危害减轻。

(2)鼢鼠鼠群密度总体呈上升趋势。近年来由于气候变暖，年平均气温持续上升，降雨量增加，有效积温上升，为鼢鼠的生长提供了适宜的条件。鼢鼠常年在地下生活，受天敌影响少，食物量增加导致鼢鼠大量繁殖，鼢鼠的种群基数总体呈上升趋势。加之近年来退耕还林都是新造林，鼢鼠喜食未成林树。造成树木死亡。加之防治困难，防治资金严重不足，造成连年危害。

(3) 宁夏外来林业有害生物如臭椿沟眶象、斑衣蜡蝉、苹果蠹蛾、北京沟天牛等害虫，随着近年来造林力度加大，外来苗木的大量流入，在各地已造成严重危害。臭椿同时受臭椿沟眶象和斑衣蜡蝉危害，树势衰弱，危害面积呈上升趋势。

(4)杨树蛀干害虫光肩星天牛在引黄灌区和南部山区发生。主要是一代农田林网砍伐后，二代林网虽大部分栽植抗天牛树种，如臭椿、白蜡等，但一代林网残留下来的天牛又在新疆杨等树种上危害。个别零星地段管护和防治不到位，造成在二代林网持续危害。落叶松红腹叶蜂发生主要原因是当地由于落叶松人工纯林面积所占比例较大，一旦暴发容易成灾。

二、2022 年林业有害生物发生趋势预测

(一)2022 年总体发生趋势预测

宁夏回族自治区森防总站在召开全区 2022 年林业有害生物趋势会商会的基础上，根据

相关林业、气象资料研究了2022年林业有害生物发生趋势，根据2022年气象预报和2021年林业有害生物越冬基数调查，认为2022年林业有害生物发生面积较2021年发生面积略有增加。综合各市县的趋势预报做出了2022年全区林业有害生物发生趋势预报，预测2022年全区林业有害生物发生面积为440万亩(表31-2)。

表31-2　2022年宁夏林业有害生物预测发生面积

项目	预测发生面积(万亩)
林业有害生物发生总计	440
鼠(兔)害	260
蛀干害虫	15
沙棘木蠹蛾	10
杨树食叶害虫	65
落叶松红腹叶峰	12
臭椿沟眶象	10
斑衣蜡蝉	7
苹果蠹蛾	11
经济林及其他病虫害	50

(二)分种类发生趋势预测

1. 森林鼠(兔)害

预测2022年发生260万亩。鼢鼠分布于固原市的原州、隆德、西吉、彭阳、泾源、六盘山林业局及中卫市的海原县。中华鼢鼠和甘肃鼢鼠危害主要在地下，啃食树木根部，气候影响不明显。根据2021年冬季鼠害密度调查，每公顷鼠数量平均为5.8头，危害株率平均为10.5%。中华鼢鼠和甘肃鼢鼠2022年将在宁夏南部山区局部地区偏重发生，预测2022年中华鼢鼠和甘肃鼢鼠发生210万亩。其他鼠(兔)害野兔、东方田鼠、子午沙鼠、蒙古黄鼠等主要发生于固原市山区、银川市、石嘴山市、吴忠市、中卫市黄河护岸林及灵武市沙区。预测发生50万亩。

2. 蛀干害虫

预测2022年发生15万亩。主要为光肩星天牛、红缘天牛、北京沟天牛、榆木蠹蛾。光肩星天牛在引黄灌区各市县及固原市等地发生。虫口密度连年下降。实现了有虫不成灾的目标。红缘天牛在中卫市中宁县主要危害枣树。北京沟天牛在固原市彭阳县、原州区发生，主要危害刺槐。榆木蠹蛾在盐池、红寺堡、同心、青铜峡市等地发生。

3. 沙棘木蠹蛾

主要发生于固原市的彭阳、西吉及六盘山林业局。危害蔓延呈上升趋势，由于沙棘木蠹蛾没有有效方法防治，主要是性诱剂防治，预测2022年发生10万亩。

4. 杨树食叶害虫

主要为春尺蠖发生在吴忠市的盐池、同心、中卫市沙坡头区和银川市的灵武等地。主要危害多年生的杨树、榆树、柠条、花棒。因为上述地区干旱少雨，天敌寄生率低，如不及时防治容易造成春尺蠖的蔓延成灾。经过近这几年药物防治，虫口密度和越冬蛹数下降，已不会大面积扩散蔓延危害。2022年危害以轻中度为主。预测2022年发生65万亩。

5. 落叶松红腹叶蜂

于1998年在六盘山林区大面积暴发以来，经过连续多年防治危害已基本得到控制。发生范围主要在六盘山林业局、原州、彭阳、西吉、隆德、泾源和中卫市的海原。主要危害落叶松人工林。为保护水源涵养林，近几年在主要风景区外围采用化学防治外，核心区基本不采用化学防治，利用天敌自然控制，连续多年天敌种群数量增加，基本控制了该虫的扩散蔓延。预测2022年发生12万亩。

6. 臭椿沟眶象和沟眶象

因危害隐蔽性强，成虫随着沟渠传播，有扩散蔓延趋势。预测2022年在银川市辖区、永宁、贺兰、灵武、平罗、青铜峡、利通、中宁、彭阳等地发生10万亩。

7. 斑衣蜡蝉

2022年也呈扩散蔓延趋势。因该虫繁殖力强，易扩散，2022年在银川市兴庆、金凤、西夏、贺兰，石嘴山市大武口、平罗，吴忠市辖区、利通等地发生，预测2022年发生7万亩。

8. 苹果蠹蛾

2022年在沙坡头、中宁、青铜峡、灵武、利通、大武口、惠农等地发生。由于部分果园林农防治不彻底，留有死角。易造成苹果蠹蛾的扩散蔓延。预测2022年发生11万亩。

9. 经济林及其他病虫害

2022年发生面积有增加趋势，在全区普遍发生。主要是部分地区新造林面积的增加，带来林业有害生物扩散蔓延的潜在危险。预测2022年发生50万亩。

三、对策建议

根据当前林业有害生物发生及2022年发生趋势，在明年防治工作思路中要采取以下措施：

(1)加强组织领导，实行“双线”责任制度，强化林业有害生物防治目标管理，为林业有害生物防治工作提供坚强有力的组织保证。

(2)加强林业有害生物的监测预报预警工作，强化预防措施，为防治工作提供科学依据。

(3)强化检疫执法，建立检疫追溯制度，规范检疫工作程序和执法行为，提高检疫工作成效和质量。

(4)加大检疫性害虫苹果蠹蛾防控力度，防止苹果蠹蛾在宁夏扩散蔓延。

(5)加大宣传力度，增强全民林业有害生物防治意识。

1. 森林鼠(兔)害

(1)实行以营林为主进行综合防治。造林前先行防治，降低鼠、兔密度，加强幼林抚育，促进林木生长，加快郁闭速度，缩短成林年限。

(2)在防治工作中要坚持“综合治理”的原则，将捕、灭、隔、引措施相结合，在主要防治季节，以小流域、山头等为单位，采取集中连片，统一防治，以巩固防治效果。

(3)采取以防治专业队为主的组织形式，由护林员或专业队承包防治。根据林业部门制定的防治方案和作业设计进行防治，在工程造林中大力推广物理空间阻隔法预防鼢鼠危害。

(4)加强培训和宣传，推广先进技术。为提高各地的森林鼠兔害防治水平，开展现场培训，使更多的农民掌握地弓箭的使用方法和鼠洞判断要领，提高和普及鼠(兔)害防治的新技术、新知识和新经验。

2. 蛀干害虫

(1)清理严重虫害木与更新改造相结合。营造由多树种、多品系、多种配置模式组成的抗虫混交林，引黄灌区栽植饵木树。在未成林的农田防护林带，运用打孔注药、清理虫害木、捕捉成虫、人工砸卵、伐根嫁接等生物、物理、化学各种有效措施除治。

(2)组建专业防治队伍，以乡林业站为依托，以护林员为主体，从每年5月开始打孔注药灭杀天牛幼虫，在每年天牛成虫、透翅蛾、木蠹蛾羽化期进行无公害化学防治。

(3)逐步形成多树种、多林种、多功能、多效益的抗虫防护林网结构，臭椿、白蜡、刺槐、国槐、沙枣等多树种混交的骨干林网抗虫树种达60%以上，保证骨干林网的相对稳定性，进一步降低株虫口密度。

3. 沙棘木蠹蛾

(1)重度危害区沙棘林更新改造措施。要坚持生态效益与经济效益相结合，封(育)、改(调整树种结构)、造(林)相结合的原则，利用沙棘木蠹蛾很少危害5年生以下幼林的特点，进行更新改造。

(2)中度危害区沙棘林平茬更新措施。春季(或秋季)全面清除沙棘地上部分，通过水平根系萌蘖出新的植株，迅速恢复林分，及时定干、除蘖，加强抚育管理，确保成林，以此达到治理沙棘木蠹蛾灾害的目的。

(3)轻度危害区沙棘林采用灯光及性诱剂诱杀成虫。

4. 杨树食叶害虫、落叶松红腹叶蜂

(1)加强对暴发性食叶害虫的监测工作，保证测报网络的正常运行。加强重点林区和整个分布区的监控，准确预测，及早发现，确保及时有效控制，严防新的暴发和扩散蔓延。

(2)对暴发性食叶害虫的防治，应采取因地制宜分类施策的方针。在重灾区，以高效低毒无公害农药为主开展化学防治，在叶蜂成虫期利用山谷风施放无公害烟剂熏杀。在中度和轻灾区采用保护天敌和物理防治法，使用仿生制剂防治暴发性食叶害虫，降低对天敌的伤害，维持整个森林生态系统的稳定。

(3)筹措专项防治经费。对食叶害虫实行防治作业设计，落实、制定防前和防后指标，根据作业设计的指标进行检查验收，下拨防治资金。在有条件的情况下实行有偿防治服务。

(主要起草人：唐杰　石建宁　曹川健；主审：王玉玲)

32 新疆维吾尔自治区林业有害生物2021年发生情况和2022年趋势预测

新疆维吾尔自治区林业有害生物防治检疫局

【摘要】2021年(3~10月)，据各级测报点填报的发生防治数据统计，新疆林业有害生物寄主总面积15582.99万亩，应施监测面积34677.44万亩，全年实际监测总面积33221.15万亩，监测覆盖率95.8%；全年累计发生总面积2236.85万亩，发生率14.35%，发生面积同比增加165.94万亩；2021年预测发生总面积2240万亩，实际发生总面积2236.85万亩，测报准确率99.85%；2021年全年成灾发生总面积为0，成灾率0。

全年采取各种措施共防治2182.2万亩，防治率97.56%。其中：生物防治626.5万亩，生物化学防治1276.9万亩，化学防治85.3万亩，营林防治1.97万亩，人工物理防治191.5万亩；无公害防治面积2139.7万亩，无公害防治率98.05%。全年累计防治作业面积2453.97万亩次。完成飞机施药防治任务458.45万亩，通过飞机防治、地面防治、生物防治措施等多种防治措施并重，林业有害生物发生蔓延得到了有效控制。

依据2021年秋冬调查和综合分析，2022年全年预测发生2180.4万亩，比2021年减少56.4万亩。其中：病害预计发生152万亩，比2021年减少43万亩；虫害预计发生1231万亩，比2021年减少15.3万亩；森林鼠(兔)害预计发生797万亩，比2021年增加1.9万亩。

2022年将继续坚持政府主导，强化检疫监管，防范外来有害生物入侵；坚持预防为主，强化基层监测和预防能力建设，运用高新监测技术，提高监测预报信息公共服务能力，推动社会化监测和社会化防治服务水平。

一、新疆2021年度林业有害生物监测与发生情况

(一)2021年全疆林业有害生物寄主与应施调查、监测情况

2021年全疆林业有害生物寄主树种总面积为15582.99万亩，与2020年(15493.34万亩)相比增加89.65万亩。2021年应施调查监测面积为34677.44万亩，与2020年(32519.43万亩)相比增加2158.01万亩。全年实际监测总面积为33221.15万亩，监测覆盖率为95.8%。

(二)2021年全疆林业有害生物发生防治情况总述

根据全疆各级测报点上报的2021年林业有害生物发生情况统计，2021年林业有害生物发生2236.85万亩(轻度发生1884.92万亩，中度发生241.09万亩，重度发生110.84万亩)，较去年同期增加165.94万亩，同比增加8.01%。其中，病害发生总计195.06万亩，同比增加50.98%；虫害发生1246.51万亩，同比增加6.21%；鼠害发生795.28万亩，同比增加3.54%(图32-1、图32-2、表32-1)。2021年全区林业有害生物成灾面积为0，成灾率为0。

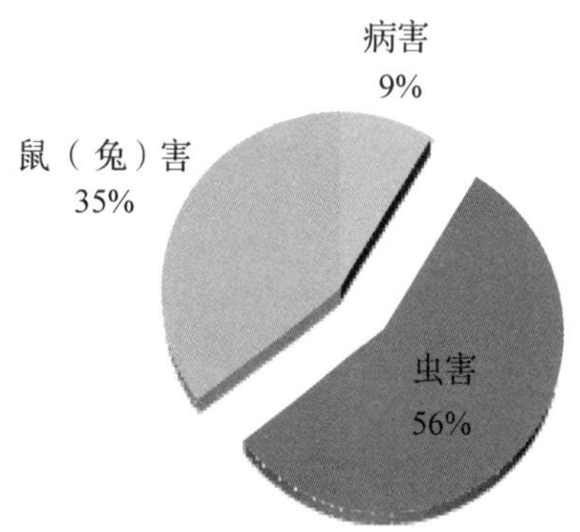

图32-1　新疆2021年林业有害生物发生面积分类对比图

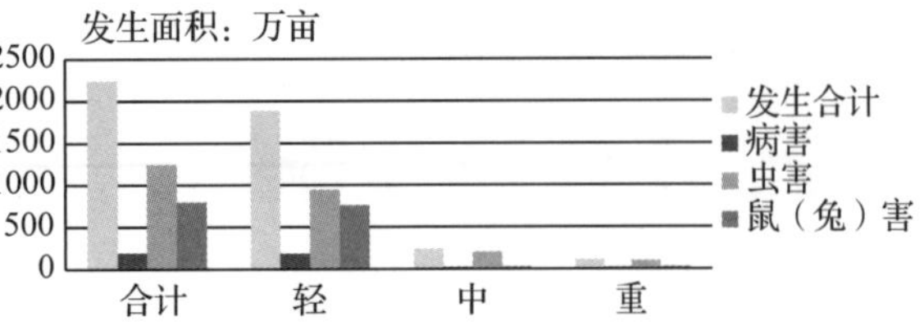

图 32-2 新疆 2021 年林业有害生物发生种类及发生程度对比图

2021 年全年采取各种措施共防治 2182.2 万亩，防治率 97.56%。其中：生物防治 626.5 万亩，生物化学防治 1276.9 万亩，化学防治 85.3 万亩，营林防治 1.97 万亩，人工物理防治 191.5 万亩；无公害防治 2139.7 万亩，无公害防治率 98.05%。全年累计防治作业面积 2453.97 万亩次。

表 32-1 新疆 2021 年林业有害生物发生情况与 2020 年同期对比一览表

名称		2021 年发生面积(万亩)				2020 年发生面积(万亩)				比 2020 年同期增减(万亩)
		轻	中	重	合计	轻	中	重	合计	
林业有害生物发生总计	病害	186.13	7.77	1.17	195.06	95.98	22.11	11.10	129.20	65.87
	虫害	941.08	205.49	99.94	1246.51	859.31	265.96	48.33	1173.60	72.90
	鼠害	757.72	27.83	9.73	795.28	736.08	23.94	8.09	768.11	27.17
	小计	1884.92	241.09	110.84	2236.85	1691.37	312.02	67.52	2070.91	165.94
	危害程度对比	84.3%	10.8%	5.0%		81.7%	15.1%	3.3%		

2021 年为全面深入落实林业有害生物统防统治工作、确保特色林果主产区林果业生产安全以及天然林区的生态安全。今年安排的全疆飞防任务为 337.29 万亩，主要有南疆的和田地区、喀什地区、阿克苏地区、巴音郭楞蒙古族自治州(以下简称巴州)，东疆的吐鲁番市、哈密地区，北疆的昌吉回族自治州(以下简称昌吉州)。实际完成飞防面积 458.45 万亩。防治对象有春尺蠖、枣瘿蚊、黄刺蛾、核桃黑斑蚜、葡萄蛀果蛾、食心虫类、胡杨叶部病害等。选用苦参烟碱、阿维吡虫啉、苜核 · 苏云杆菌、噻虫啉等低毒、低残留、高效的生物药剂。

(三) 2021 年全疆林业有害生物发生特点

新疆地域辽阔，区域性气候差异大，寄主树种分布相当集中而单一，气候变暖、降水量偏多趋势非常明显，而且物流发展迅速而频繁，这对林业有害生物的远距离扩散和大面积发生提供良好的基础。

1. 总体发生趋势严峻，常发性有害生物扩散危害较为明显

2021 年全疆林业有害生物发生种类为 132 种(年度监测种类达 155 种)，其中：病害 30 种、虫害 89 种、鼠(兔)害 11 种。山区天然林有害生物发生种类 12 种(病害 4 种、虫害 8 种)，绿洲人工防护林有害生物 39 种[病害 5 种、虫害 32 种、鼠(兔)害 2 种]，经济林有害生物 64 种[病害 18 种、虫害 43 种、鼠(兔)害 2 种]，天然荒漠河谷林有害生物 17 种[病害 2 种、虫害 6 种、鼠(兔)害 9 种]。其中，春尺蠖、大沙鼠、核桃黑斑蚜、杨蓝叶甲、核桃腐烂病、黄刺蛾、绵蚜、截形叶螨、胡杨锈病等种类的发生明显增加，均超过 10 万亩。

2. 发生面积呈逐年增加趋势，但中度、重度发生呈逐年下降趋势

全疆林业有害生物总发生量 2013 年开始突破 2000 万亩以来，一直稳定在 2000 万亩左右，虽然总发生趋势呈逐年增加趋势，但是，从发生程度来看，在各种防控措施的作用下，中度、重度发生比例呈逐年下降趋势，呈现出“有虫不成灾”的趋势(图 32-3、图 32-4)。

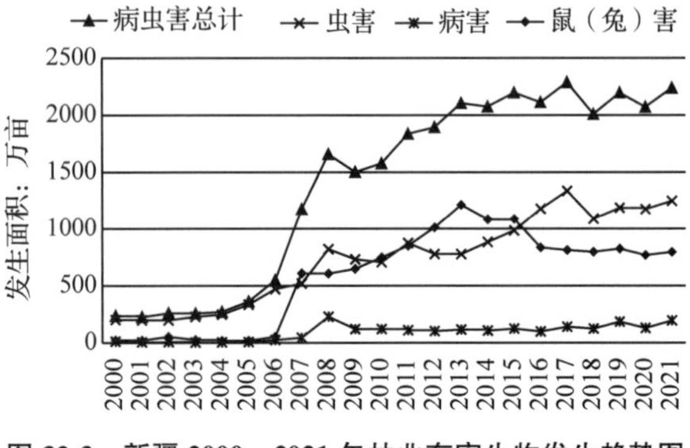

图 32-3 新疆 2000—2021 年林业有害生物发生趋势图

图 32-4　新疆 2000—2021 年林业有害生物发生程度对比图

3. 南北疆气温变化异常原因，林业有害生物发生量呈南疆增加北疆减少

2021 年冬季全区平均气温较常年偏高，3～6 月，频繁出现冷热交替、多雨、强降温等异常天气，南疆气温偏高、北疆气温偏低降水多，导致南疆地区林业有害生物发生明显增加，北疆地区明显减少。

4. 全疆林业有害生物发生量，按照森林资源分布区域，发生种类和发生量极不均衡

全疆林业有害生物发生量，按照山区天然林、绿洲人工防护林、经济林和天然荒漠河谷林四大分布区域分，山区天然林区发生种类有 12 种，发生总量为 20.96 万亩，占全区发生总量的 0.94%；绿洲人工防护林区发生种类有 39 种，发生总量为 156.78 万亩，占全区发生总量的 7.01%；经济林区发生种类有 64 种，发生总量为 858.05 万亩，占全区发生总量的 38.36%；天然荒漠河谷林区发生种类有 17 种，发生总量为 1201.06 万亩，占全区发生总量的 53.69%。

5. 沙棘绕实蝇扩散蔓延趋势较为明显

沙棘绕实蝇历年来仅在北疆的阿勒泰地区布尔津、哈巴河、青河境内发生危害的，2021 年扩散到克孜勒苏柯尔克孜自治州(以下简称克州)阿合奇沙棘林区发生，扩散蔓延趋势较为迅猛，对新疆的沙棘产业造成威胁。

(四)2021 年全疆主要林业有害生物发生情况分述

根据《新版林业有害生物防治信息管理系统》中的林业有害生物大类分类方法，将全疆 2021 年主要林业有害生物发生情况汇报如下：

1. 重大危险性、检疫性林业有害生物发生情况

全国检疫性有害生物

林业有害生物防治信息管理系统显示的全国检疫性林业有害生物主要种类有苹果蠹蛾、杨干象，发生总面积 12.15 万亩(轻度 10.61 万亩、中度 1.01 万亩、重度 0.54 万亩)。

苹果小卷蛾(苹果蠹蛾)　苹果蠹蛾在新疆苹果栽培区普遍发生，全疆发生 11.73 万亩，比去年同期减少 1.41 万亩，主要在伊犁河谷地区、阿克苏地区、巴州、和田地区等地发生，以轻度发生为主，多年处于有虫不成灾(图 32-5)。

图 32-5　新疆 2008—2021 年苹果蠹蛾(苹果小卷蛾)发生趋势图

杨干象(杨干隐喙象、杨干白尾象虫、杨干象甲、白尾象鼻虫)　发生 0.42 万亩(轻度 0.42 万亩)，与去年同期相比减少 0.51 万亩。主要分布在阿勒泰地区阿勒泰市、布尔津、富蕴、青河境内(图 32-6)。

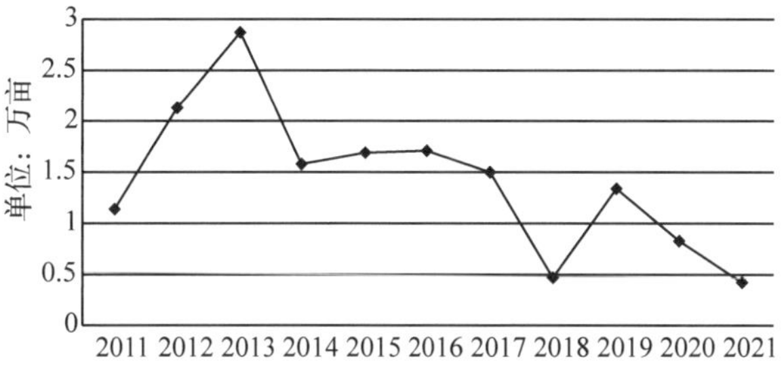

图 32-6　新疆 2011—2021 年杨干象(杨干隐喙象、杨干白尾象虫、杨干象甲、白尾象鼻虫)发生趋势图

枣实蝇　发生 495 亩，比去年减少 30 亩，轻度发生。发生在吐鲁番市托克逊县郭勒布依乡、夏乡、伊拉湖镇、博斯坦乡，高昌区亚尔镇、艾丁湖乡，二堡乡、鄯善县鲁克沁镇(图 32-7)。

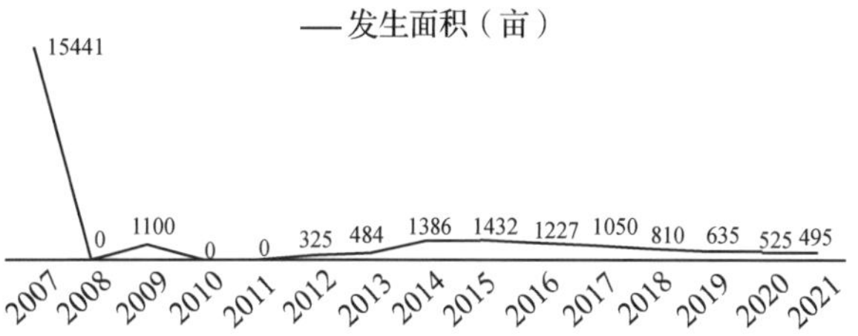

图 32-7　新疆 2007—2021 年枣实蝇发生趋势图

新疆补充检疫性有害生物

光肩星天牛　发生 5.37 万亩(轻度 2.62 万亩、中度 1.27 万亩、重度 1.48 万亩)，与去年同期相比增加 0.31 万亩。主要分布在伊犁哈萨克自治州(以下简称伊犁州)、巴州范围的各县市、乌鲁木齐市米东区、阿克苏地区温宿县，发生面积、危害程度略有加重(图 32-8)。

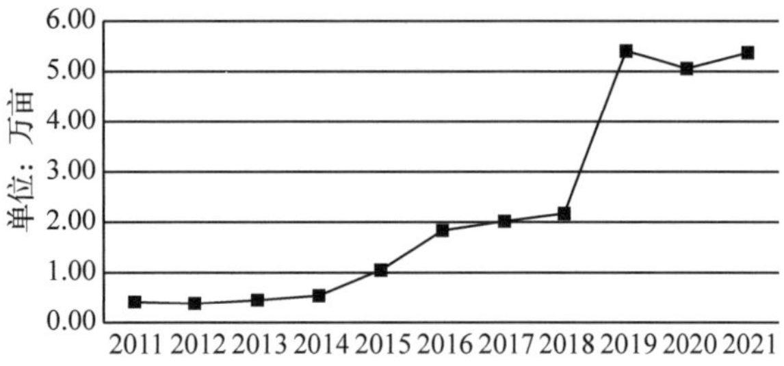

图 32-8　新疆 2011—2021 年光肩星天牛(黄斑星天牛)发生趋势图

苹果小吉丁　发生 4.32 万亩(轻度 4.21 万亩、中度 0.08 万亩、重度 0.08 万亩)，与去年基本持平。主要分布在伊犁州的巩留、新源、特克斯、尼勒克境内的野苹果林中，天山西部国有林管理局巩留分局、西天山自然保护区、伊宁分局辖区内少有发生，均为轻度发生，局部中度发生(图 32-9)。

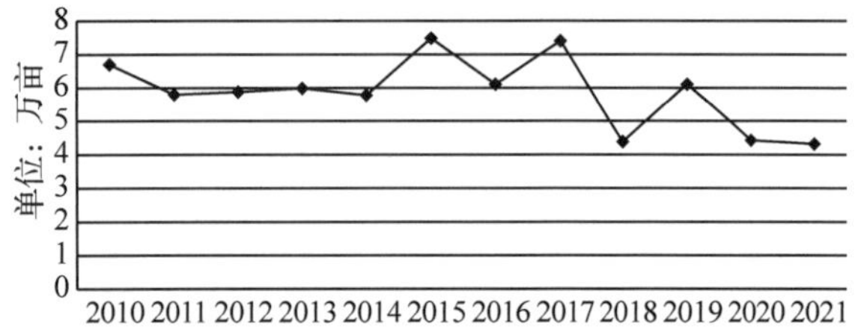

图 32-9　新疆 2011—2021 年苹果小吉丁(苹小吉丁虫、苹果吉丁虫)发生趋势图

白蜡窄吉丁(花曲柳窄吉丁)　发生 0.82 万亩(轻度 0.51 万亩、中度 0.31 万亩)，比去年同期减少 0.18 万亩。主要分布在博尔塔拉蒙古自治州(以下简称博州)博乐市境内，乌鲁木齐市、伊犁州、昌吉州范围也有分布。2019 年发现白蜡窄吉丁疫情以来，各地紧密关注，积极采取各类防控措施。

检疫性、危险性林业有害生物专项调查情况

2021 年各地开展检疫性、危险性病虫害专项调查，未发现扶桑绵粉蚧、松材线虫病、美国白蛾等检疫性、危险性病虫害的疫情。

2. 松树病害发生情况

主要发生在天山西部、天山东部、阿尔泰山国有林管理局辖区的山区天然林区内，主要种类有五针松疱锈病(松孢锈病)、松树锈病等，2021 年进行了监测，但未发现该病害发生。

3. 松树食叶害虫发生情况

松毛虫类　主要有落叶松毛虫(西伯利亚松毛虫)，发生 0.14 万亩(轻度 0.14 万亩)，比去年同期减少 0.08 万亩。主要在阿尔泰山国有林管理局两河源自然保护区、天山东部国有林管理局哈密分局境内发生，发生趋势较为平稳。

松鞘蛾类　主要有兴安落叶松鞘蛾(落叶松鞘蛾)，发生 0.37 万亩，均为轻度发生，比去年同期增加 0.27 万亩。主要在阿尔泰山国有林管理局哈巴河分局、布尔津分局境内发生。

其他松树食叶害虫类　主要有落叶松卷蛾(落叶松卷叶蛾)，发生 9.30 万亩，均为轻度发生，比去年同期减少 1.57 万亩。主要在天山东部国有林管理局哈密分局境内山区天然林区内发生。

4. 松树蛀干害虫发生情况

松天牛类　主要有云杉小墨天牛、云杉大墨天牛。发生 0.01 万亩，均为轻度发生，比去年同期减少 0.01 万亩。主要在阿尔泰山国有林管理局布尔津分局境内发生。

松蠹虫类　主要有脐腹小蠹、泰加大树蜂，发生 0.56 万亩，均为轻度发生。其中，泰加大树蜂发生 0.5 万亩，比去年同期增加 0.18 万亩，在天山西部、天山东部国有林管理局各分局零星发生；脐腹小蠹发生 0.06 万亩，与去年基本持平。主要在克拉玛依市和乌鲁木齐市内在榆树上发生。

5. 云杉病虫害发生情况

病害主要种类有云杉落针病(云杉叶枯病)、云杉锈病、云杉雪枯病、云杉雪霉病等。发生总 3.22 万亩，比去年同期减少 3.11 万亩。虫害主要种类有云杉八齿小蠹，发生 1.59 万亩，比去年同期相比增加 0.87 万亩。主要发生在天山西部、天山东部、阿尔泰山国有林管理局辖区内发生(图 32-10)。

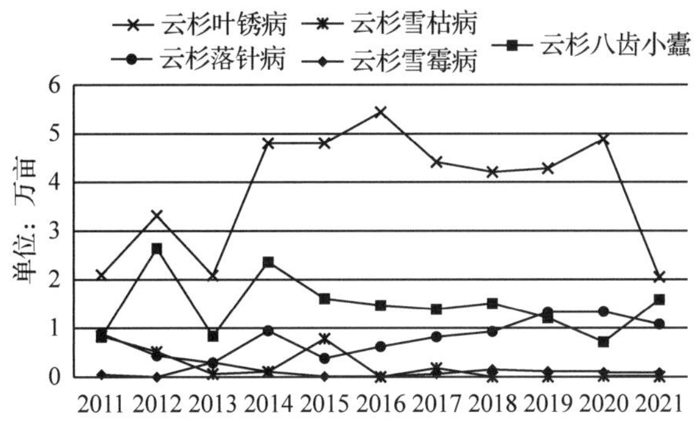

图 32-10　新疆 2011—2021 年云杉病虫害发生趋势图

6. 杨树病害发生情况

主要种类有杨树烂皮病、杨树锈病、胡杨锈病、杨树叶斑病等，发生 98.91 万亩，与去年同期相比增加 43.28 万亩。其中、杨树烂皮病、杨树叶锈病、杨树叶斑病等发生总面积 10.87 万亩，比去年同期增加 1.9 万亩，主要在伊犁州、塔城地区、阿勒泰地区、博州、乌鲁木齐市、克拉玛依市等北疆地区和巴州的靠近北疆的和静县发生；胡杨锈病发生 88.04 万亩(轻度 87.83 万亩、中度 0.19 万亩、重度 0.03 万亩)，比去年同期增加 41.38 万亩，增幅 88.7%，但是在大面积飞机防治作业的影响下，发生程度有明显下降。主要在喀什地区境内天然胡杨林中发生，造成胡杨树叶提早落叶(图 32-11)。

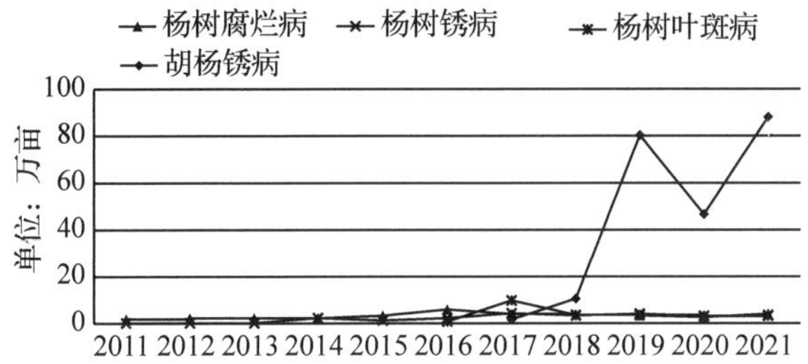

图 32-11　新疆 2011—2021 年杨树主要病害发生趋势图

7. 杨树食叶害虫发生情况

2021 年杨树食叶害虫发生 485.91 万亩(轻度 270.95 万亩、中度 140.65 万亩、重度 74.3 万亩)，比去年同期增加 84.77 万亩。今年整个杨树食叶害虫发生总面积中春尺蠖的发生面积占 80%，大青叶蝉占 2.3%，突笠圆盾蚧(杨齿盾蚧、杨盾蚧)占 1.8%，杨蓝叶甲占 13%，杨毒蛾(杨雪毒蛾)占 0.4%，躬妃夜蛾占 1.2%(仅在巴州且末县梭梭林中发生)，其他杨树食叶害虫发生面积均占总面积的 1%以下。 2021 年除北疆发生危害的杨二尾舟蛾、杨扇舟蛾、分月扇舟蛾、舞毒蛾等种类减少外，集中在南疆发生危害的春尺蠖、突笠圆盾蚧(杨齿盾蚧、杨盾蚧)、杨蓝叶甲、大青叶蝉等种类均有明显的增加。

春尺蠖　发生 388.99 万亩(轻度 176.69 万亩，中度 138.29 万亩，重度 74.01 万亩)，比去年同期增加 17.11 万亩。全疆均有分布。2021 年胡杨林上发生 304.39 万亩，比去年同期增加 72.62 万亩；人工防护林上发生 25.53 万亩，比去年同期减少 25.9 万亩；经济林上发生 59.07 万亩，比去年同期减少 29.66 万亩(图 32-12)。

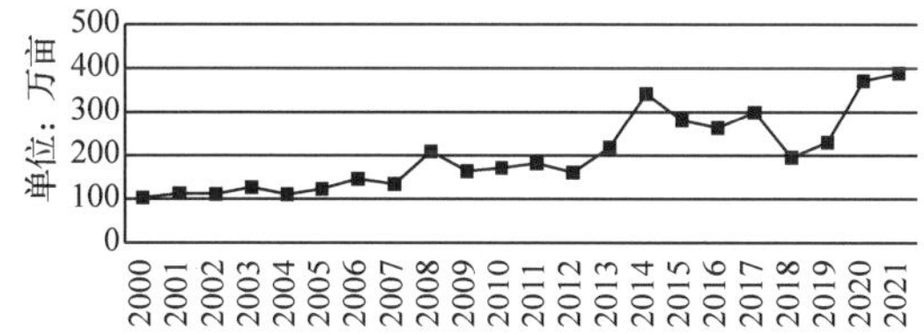

图 32-12　新疆 2000—2021 年春尺蠖发生趋势图

大青叶蝉　发生 11.21 万亩(核桃等经济林上发生 9.3 万亩，新疆杨等人工林上发生 1.91 万亩)，均为轻度发生，比去年同期增加 5.63 万亩，主要在和田地区、阿克苏地区、吐鲁番市各县市发生(图 32-13)。

突笠圆盾蚧(杨齿盾蚧、杨盾蚧)　发生 8.90 万亩(轻度 7.92 万亩，中度 0.75 万亩，重度 0.23 万亩)(杏子等经济林上发生 2.05 万亩，箭杆杨等人工林上发生 6.85 万亩)，比去年同期增加 3.88 万亩，主要在和田地区、喀什地区、阿克苏地区、巴州，伊犁州察布查尔、巩留，巴州库尔勒市境内发生。

杨蓝叶甲　全疆均有发生，发生 62.91 万亩(轻度 62.57 万亩，中度 0.34 万亩)，比去年同期增加 58.59 万亩。全疆均有发生，集中在喀什地区巴楚(图 32-13)。

杨毒蛾(杨雪毒蛾)　发生 1.82 万亩(轻度 1.73 万亩，中度 0.09 万亩)，比去年同期减少 1.26 万亩，主要在伊犁州、塔城地区、阿勒泰地区各县市发生(图 32-13)。

其他　杨二尾舟蛾、杨扇舟蛾、杨叶甲、舞毒蛾、分月扇舟蛾(银波天色蛾)等种类均在伊犁州、博州、塔城地区、阿勒泰地区等北疆地区的高海拔地区发生。发生量和发生程度较为平稳，发生量均有所下降。

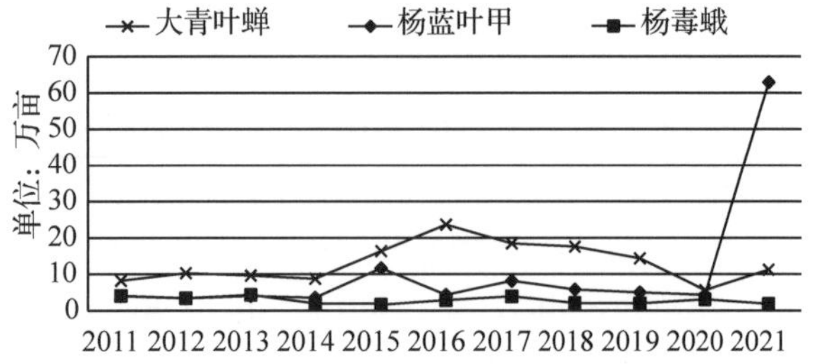

图 32-13　新疆 2011—2021 年大青叶蝉、杨蓝叶甲和杨毒蛾发生趋势图

8. 杨树蛀干害虫发生情况

杨树蛀干害虫有白蜡窄吉丁、杨十斑吉丁、光肩星天牛、山杨楔天牛、青杨天牛、青杨脊虎天牛、白杨准透翅蛾等，发生 10.93 万亩(轻度 7.37 万亩，中度 2.05 万亩，重度 1.51 万亩)，比去年同期增加 0.58 万亩(图 32-5、图 32-14)。青杨天牛发生 1.09 万亩，比去年同期减少 0.47 万亩。南北疆均有分布。白杨透翅蛾发生 1.38 万亩，比去年同期减少 0.4 万亩，南北疆均有分布。其他种类中杨十斑吉丁发生 1.78 万亩，比去年同期减少 0.1 万亩，主要在喀什地区、哈密市、巴州境内发生，山杨楔天牛、杨干象仅在塔城地区、阿勒泰地区范围内发生。比去年同期基本持平或均有所减少。

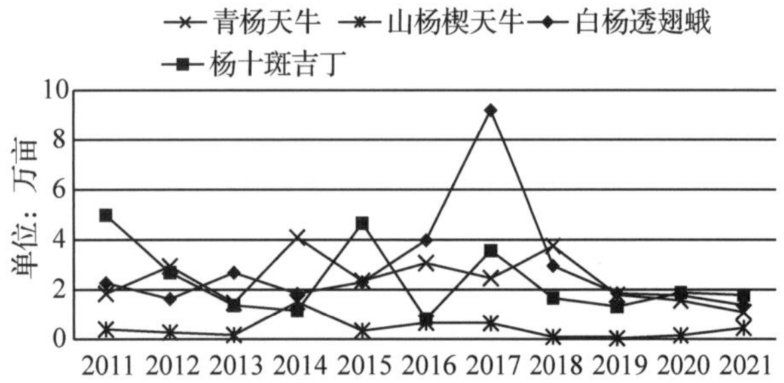

图 32-14　新疆 2011—2021 年杨树蛀干害虫发生趋势图

9. 桦木病虫害

根据防治信息管理系统分类的桦木病虫主要有桦尺蛾和梦尼夜蛾，桦尺蛾主要在博州夏尔希里自然保护区内分布，2021 年没有发生。梦尼夜蛾在南北疆均有发生，寄主树种有杨树、杏树、桃树等。2021 年发生 4.49 万亩(轻度 4.16 万亩、中度 0.30 万亩、重度 0.04 万亩)，比去年同期增加 1.8 万亩(图 32-15)。

10. 经济林病虫害发生情况

2021 年林业有害生物防治信息管理系统显示的 2021 年新疆经济林病虫害发生 779.49 万亩，

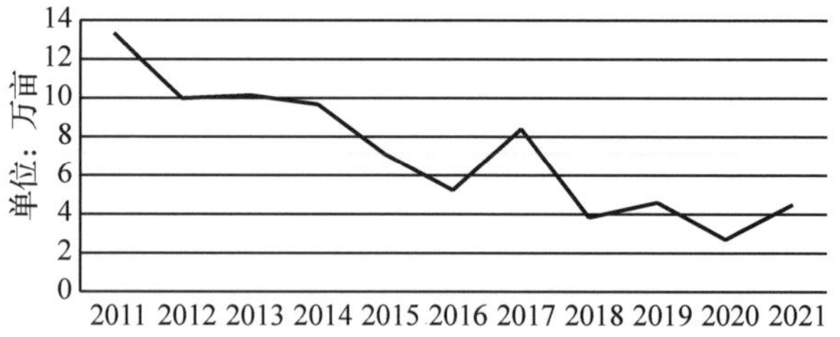

图 32-15　新疆 2011—2021 年梦尼夜蛾发生趋势图

实际发生 855.14 万亩(包括春尺蠖、杨梦尼夜蛾、杨盾蚧、大青叶蝉、黄褐天幕毛虫等)(轻度 744.56 万亩，中度 85.36 万亩，重度 24.93 万亩)，比去年同期增加 30.79 万亩。

(1)核桃病虫害

主要种类有核桃腐烂病、核桃黑斑蚜、核桃褐斑病、核桃黑斑病、春尺蠖、大青叶蝉、苹果蠹蛾等。

核桃腐烂病　发生 47.84 万亩(轻度 45.67 万亩、中度 1.88 万亩、重度 0.29 万亩)，比去年同期增加 12.66 万亩，发生面积和危害程度呈逐年下降趋势。集中在南疆的喀什地区、和田地区、阿克苏地区发生(图 32-16)。

核桃黑斑蚜　发生 104.95 万亩(轻度 82.96 万亩、中度 6.76 万亩、重度 15.24 万亩)，比去年同期增加 21.22 万亩，主要发生在核桃集中种植区阿克苏地区、喀什地区、和田地区。发生面积和危害程度呈逐年上升趋势(图 32-16)。

核桃褐斑病　发生 3.29 万亩(轻度 2.7 万亩、中度 0.59 万亩)，与去年同期增加 0.33 万亩，主要分布在喀什地区各县市(图 32-16)。

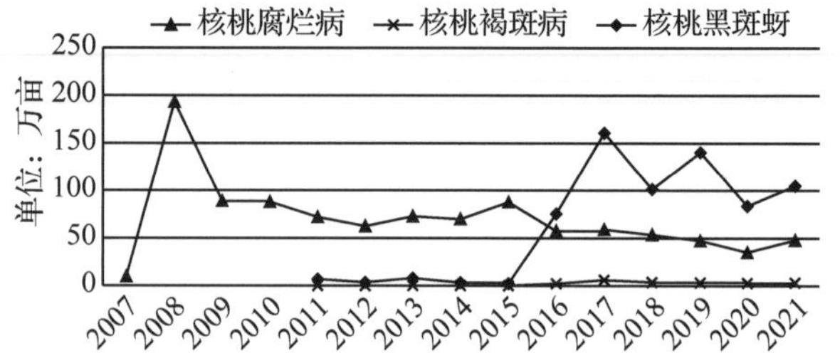

图 32-16　新疆 2007—2021 年核桃病虫害发生趋势图

(2)枣树病虫害

主要种类有枣实蝇、枣粉蚧、枣大球蚧、枣叶瘿蚊、枣缩果病、枣炭疽病、枣叶斑病等。

枣叶瘿蚊　发生 70.34 万亩(轻度 66.67 万亩，中度 3.48 万亩，重度 0.19 万亩)，比去年同期减少 30.58 万亩，发生程度也比去年明显下降。主要在红枣集中种植区的阿克苏地区、喀什地区、克州、巴州和和田地区、哈密市均有发生(图 32-17)。

枣大球蚧　发生 24.83 万亩(轻度 23.06 万亩，中度 1.71 万亩，重度 0.05 万亩)，比去年同期增加 3.83 万亩，主要在喀什地区、和田地区、克州、阿克苏地区、巴州、哈密地区、伊犁州等均有发生(图 32-17)。

枣粉蚧　发生 0.82 万亩，以轻度发生为主，与去年同期持平，主要在喀什地区、哈密市发生。枣缩果病、枣炭疽病、枣叶斑病、枣黑斑病(冬枣黑斑病)等发生总面积为 11.44 万亩，与去年同期持平。主要在喀什地区各县(市)发生危害(图 32-17)。

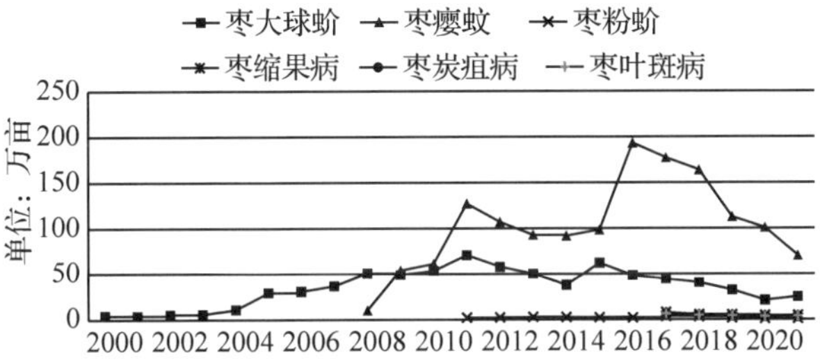

图 32-17　新疆 2000—2021 年枣树主要病虫害发生趋势图

(3)葡萄病虫害

主要种类有葡萄二星叶蝉、葡萄白粉病、葡萄霜霉病、葡萄毛毡病、葡萄蛀果蛾等。

葡萄二星叶蝉　发生 5.24 万亩 (轻度 5.12 万亩，中度 0.11 万亩，重度 0.01 万亩)，比去年同期减少 2.95 万亩，主要在吐鲁番市各县(区)、哈密市伊州区、阿图什市等葡萄集中栽培区发生(图 32-18)。

葡萄霜霉病　发生 1.66 万亩(轻度 1.65 万亩，中度 0.01 万亩)，比去年同期减少 0.27 万亩，主要在昌吉州玛纳斯、呼图壁，伊犁州霍城、伊宁等葡萄集中栽培区发生(图 32-18)。

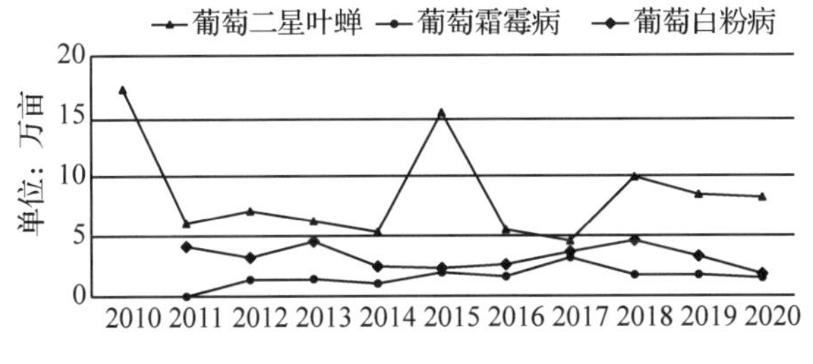

图 32-18　新疆 2010—2021 年葡萄主要病虫害发生趋势图

葡萄白粉病　发生 1.82 万亩(轻度 1.67 万亩，中度 0.15 万亩)，与去年同期持平，主要在吐鲁番市各县(区)、哈密市、昌吉州玛纳斯、阜康市等葡萄集中栽培区发生(图 32-18)。

葡萄毛毡病　发生面积较小，仅在巴州焉耆轻度发生，发生面积 100 亩。

(4)杏树病虫害

主要种类有桑白盾蚧、杏流胶病、杏仁蜂、杏球蚧等。

桑白盾蚧　发生 38.20 万亩(轻度 31.06 万亩，中度 5.8 万亩，重度 1.34 万亩)，与去年同期持平。主要在喀什地区的各县(市)，阿克苏地区拜城，巴州轮台、和硕，克州阿克陶、乌恰，伊犁州伊宁等杏树集中栽培区发生(图 32-19)。

杏流胶病　发生 12.21 万亩(轻度 11.62 万亩，中度 0.44 万亩，重度 0.15 万亩)，比去年同期增加 0.28 万亩，主要在喀什地区、克州，和田地区皮山、策勒，伊犁州察布查尔发生(图 32-19)。

杏球蚧　发生 1.52 万亩，均为轻度发生。主要在伊犁州野果林区发生。

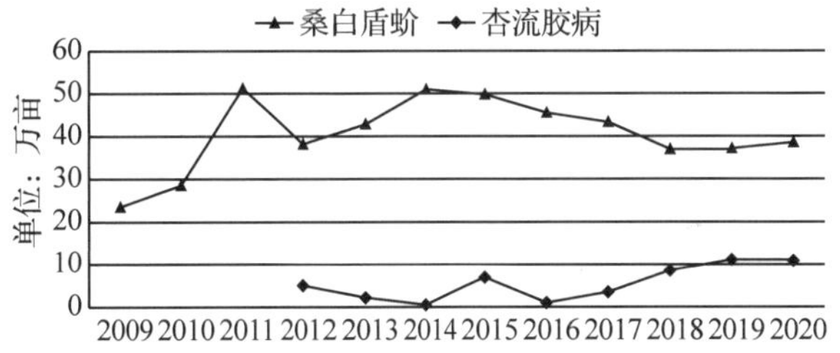

图 32-19　新疆 2009—2021 年杏树主要病虫害发生趋势图

(5)梨树病虫害

主要种类有梨茎蜂、梨木虱、梨圆蚧、梨树腐烂病、李小食心虫(图 32-25)、梨小食心虫(图 32-25)、香梨优斑螟等。

梨茎蜂　发生 5.88 万亩(轻度 5.68 万亩，中度 0.2 万亩)，比去年同期增加 2.54 万亩。主要在巴州库尔勒市、阿克苏地区阿瓦提发生；梨木虱发生 2.98 万亩，与去年同期持平。主要在巴州库尔勒市发生；梨圆蚧发生 1.07 万亩，与去年同期持平。主要发生在巴州若羌，阿克苏地区沙雅、乌什，和田地区墨玉发生；梨树腐烂病发生 0.13 万亩，均与去年同期持平。主要在巴州库尔勒、尉犁梨树集中栽培区发生(图 32-20)。

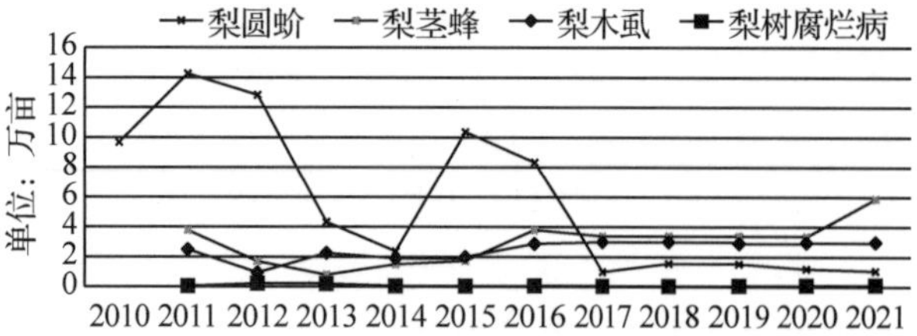

图 32-20 新疆 2010—2021 年梨树病虫害发生趋势图

(6)枸杞病虫害

主要种类有枸杞瘿螨、枸杞负泥虫、枸杞刺皮瘿螨、伪枸杞瘿螨等(图 32-21)。

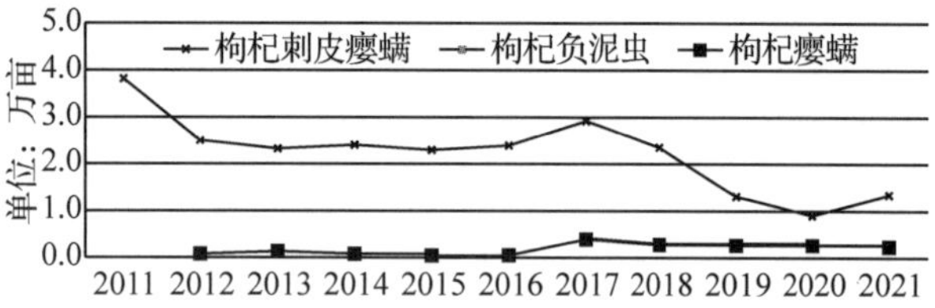

图 32-21 新疆 2011—2021 年枸杞病虫害发生趋势图

枸杞刺皮瘿螨　发生 1.34 万亩，比去年同期增加 0.44 万亩，主要在博州的精河县发生。

枸杞瘿螨、枸杞蚜虫、枸杞负泥虫　发生总面积为 0.53 万亩，与去年同期持平，主要在巴州尉犁，塔城地区沙湾发生。

(7)苹果病虫害

主要种类有苹果小吉丁(图 32-9)、苹果黑星病、苹果蠹蛾(图 32-5)、苹果绵蚜、苹果巢蛾、绣线菊蚜等。

苹果黑星病发生 1.11 万亩，比去年同期增加 0.86 万亩，在伊犁州各县发生。苹果绵蚜发生 0.54 万亩，与去年同期持平，在和田地区和田市、伊犁州各县市发生。苹果巢蛾发生 0.48 万亩，在塔城地区额敏、托里境内发生(图 32-22)。

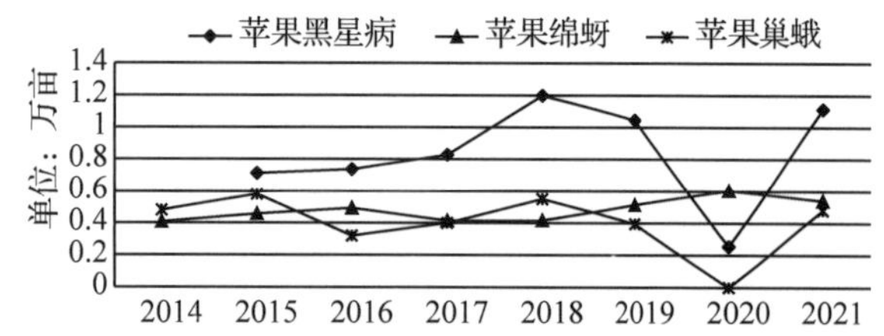

图 32-22 新疆 2014—2021 年苹果病虫害发生趋势图

(8)桃树病虫害

主要种类有桃白粉病、桃树流胶病、桃小食心虫、桃蚜、桃瘤头蚜等(图 32-23)。

桃白粉病发 1.83 万亩，比去年同期减少 0.47 万亩，在喀什地区、克州阿克陶县发生。桃树流胶病发生 0.09 万亩，与去年持平，在喀什地区泽普发生。桃小食心虫发生 0.83 万亩，比去同期减少 1.35 万亩，在阿克苏地区库车、新和发生，危害桃树、枣树、杏子等。桃蚜发生 3.03 万亩，比去年同期增加 0.92 万亩，在克州各县市发生。

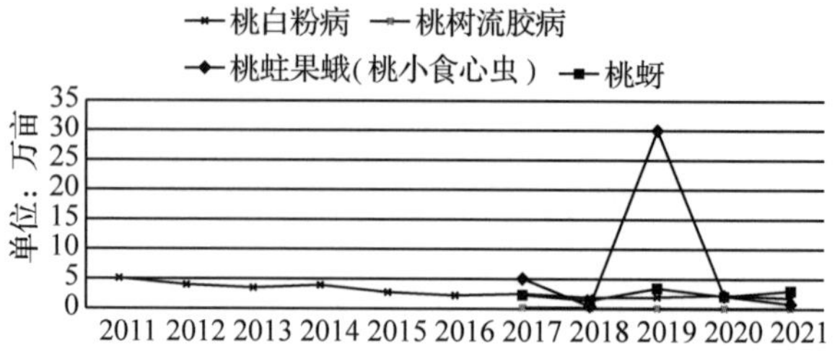

图 32-23 新疆 2011—2021 年桃树病虫害发生趋势图

(9)沙棘病虫害

主要种类有沙棘溃疡病、沙棘绕实蝇、黄褐天幕毛虫、缀黄毒蛾、绢粉蝶等(图 32-24)。

沙棘溃疡病主要在阿勒泰地区青河县发生，今年未发生。沙棘绕实蝇发生 7.96 万亩(轻度 5.43 万亩、中度 1.9 万亩、重度 0.63)，比去年同期增加 5.09 万亩，在阿勒泰地区青河、哈巴河、布尔津和克州阿合奇发生。黄褐天幕毛虫发生 1.32 万亩(轻度 0.5 万亩，中度 0.4 万亩，重度 0.42 万亩)，主要在克州阿合奇沙棘林中发生。

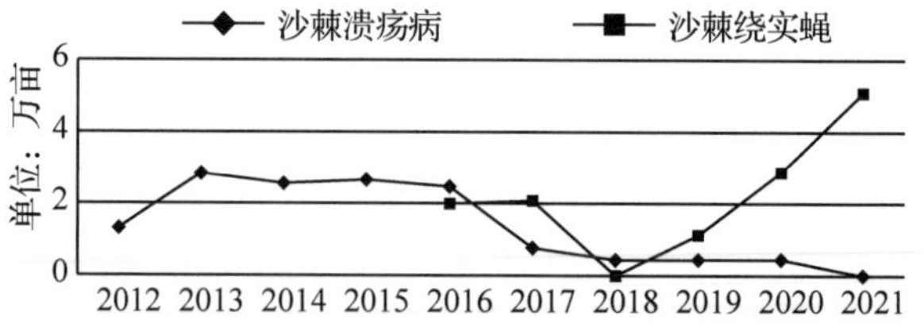

图 32-24 新疆 2012—2021 年沙棘病虫害发生趋势图

(10)果实病虫害

主要种类有梨小食心虫、李小食心虫、苹果蠹蛾、枣实蝇(图 32-7)、白星花金龟、桃小食心虫等(图 32-25)。

梨小食心虫发生 76.04 万亩(轻度 66.01 万亩、中度 9.07 万亩、重度 0.96 万亩)，比去年同期减少 5.67 万亩。主要分布在经济林集中种植区的阿克苏地区、巴州、克州、喀什地区、和田地区、昌吉州。李小食心虫发生 25.3 万亩(轻度 20.51 万亩、中度 4.74 万亩、重度 0.05 万亩)，比去年同期减少 11.2 万亩，集中在南疆的喀什地区发生。白星花金龟发生 1.5 万亩，比去年同期减少 0.84 万亩，均为轻度发生。主要在吐鲁番市各县(区)、昌吉州昌吉、呼图壁、阜康，塔城地区沙湾发生。

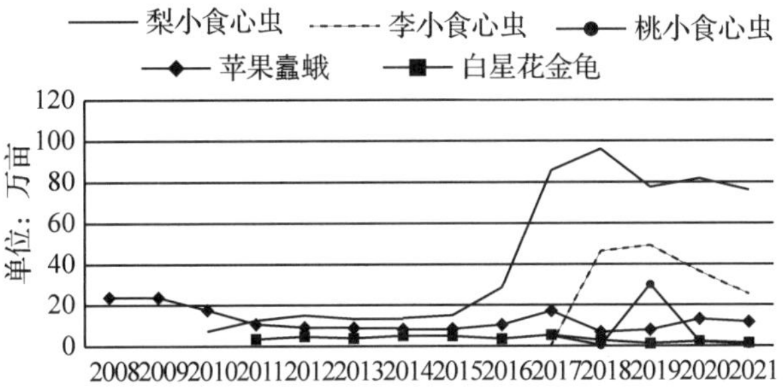

图 32-25　新疆 2008—2021 年果实病虫害发生趋势图

(11)其他经济林病虫害

黄刺蛾　发生 24.94 万亩(轻度 24.19 万亩，中度 0.74 万亩，重度 0.02 万亩)，比去年同期增加 13.33 万亩。主要在阿克苏地区、克州、喀什地区各县(市)、伊犁州新源发生(图 32-26)。

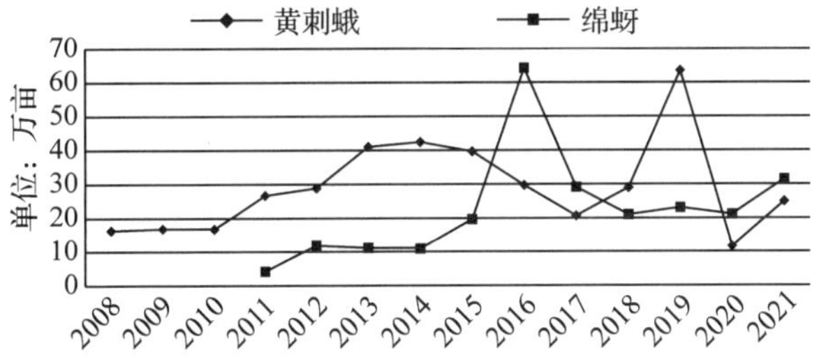

图 32-26　新疆 2008—2021 年黄刺蛾、棉蚜发生趋势图

绵蚜(花椒绵蚜、榆树绵蚜)　发生 31.44 万亩，比去年同期增加 10.32 万亩，主要在喀什地区各县市发生(图 32-26)。

螨类　发生种类有朱砂叶螨、山楂叶螨、截形叶螨、土耳其斯坦叶螨等，发生 228.14 万亩。比去年同期增加 17.12 万亩。山楂叶螨(山楂红蜘蛛)发生量减少，比去年同期减少 8.31 万亩；截形叶螨、朱砂叶螨、土耳其斯坦叶螨发生量增加，比去年同期增加 25.43 万亩。主要在和田地区、阿克苏地区、喀什地区、巴州、哈密市等经济林果主产区发生危害(图 32-27)。

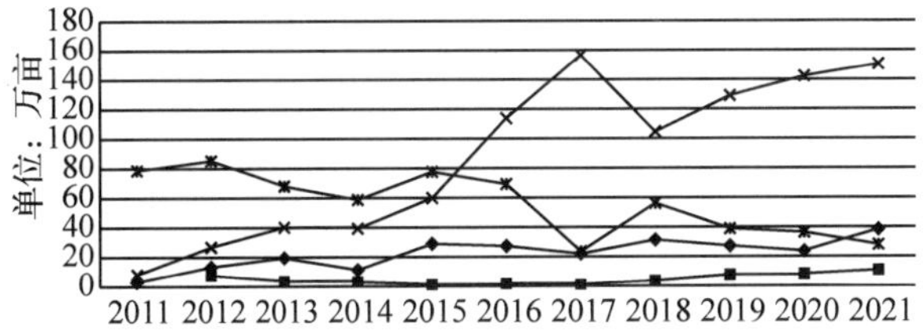

图 32-27　新疆 2011—2021 年螨类害虫发生趋势图

蚧类　发生种类有中亚朝球蜡蚧(吐伦球坚蚧)、扁平球坚蚧(糖槭蚧)、日本草履蚧、杏球蚧、桑白盾蚧(图 32-19)、梨圆蚧(图 32-20)、枣大球蚧(图 32-17)等。发生 82.28 万亩，比去年同期增加 11.28 万亩，主要在南疆和东疆林果主产区发生危害(图 32-28)。

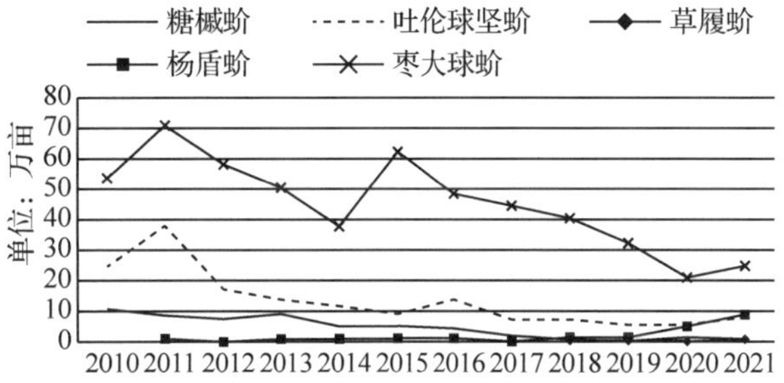

图 32-28　新疆 2010—2021 年蚧类害虫发生趋势图

小蠹类　发生种类有皱小蠹、多毛小蠹，皱小蠹发生 8.98 万亩，比去年同期增加 1.03 万亩。主要在喀什地区、阿克苏地区柯坪、巴州轮台发生。多毛小蠹发生面积为 0.82 万亩，比去年同期减少 0.71 万亩。主要在和田地区皮山发生(图 32-29)。

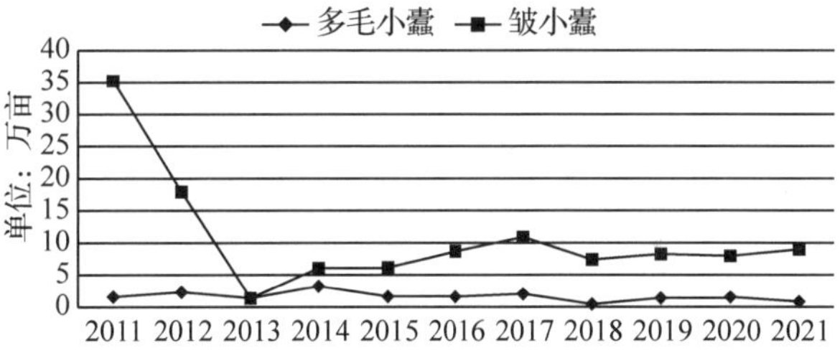

图 32-29　新疆 2011—2021 年小蠹类害虫发生趋势图

醋栗兴透翅蛾　发生 0.07 万亩，与去年同期基本持平，发生较为平稳。主要在阿勒泰地区富蕴县茶藨子(黑加仑)种植区发生。

11. 森林鼠(兔)害发生情况

2021 年，林业鼠(兔)害发生 795.28 万亩(轻度 757.72 万亩，中度 27.83 万亩，重度 9.73 万亩)，比去年同期增加 27.17 万亩。以梭梭、柽柳为主的荒漠林害鼠种类有大沙鼠、子午沙鼠、五趾跳鼠、红尾沙鼠、吐鲁番沙鼠，其中仅大沙鼠发生 719.95 万亩，占鼠兔害总面积的 90.5%，比去年同期增加 10.78 万亩；经济林和绿洲防护林害鼠优势种根田鼠发生 33.16 万亩，与去年同期基本持平；塔里木兔、草兔发生 16.79 万亩，比去年同期增加 7.57 万亩(图 32-30)。

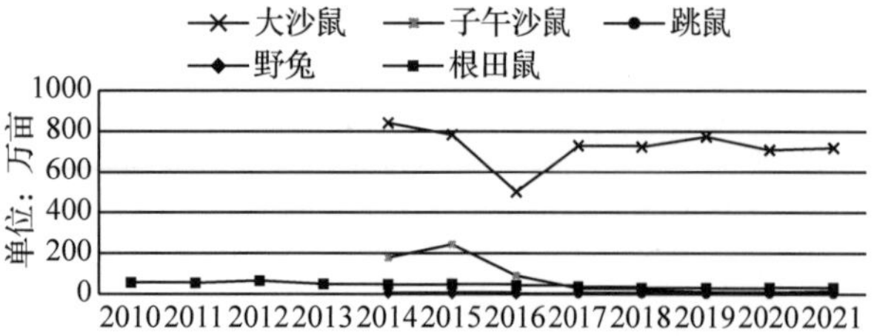

图 32-30　新疆 2010—2021 年森林鼠(兔)害发生趋势图

12. 其他病虫害发生情况

主要发生种类有柽柳条叶甲、梭梭漠尺蛾、榆跳象、榆长斑蚜、桑褶翅尺蛾、榆蓝叶甲(榆绿毛萤叶甲、榆黄毛萤叶甲)、灰斑古毒蛾、朱蛱蝶(榆黄黑蛱蝶)等。发生 34.51 万亩(轻度 33.77 万亩、中度 0.66 万亩、重度 0.08 万亩)，比去年同期减少 34.31 万亩。榆跳象、榆长斑蚜发生 6.28 万亩，比去年同期减少 0.84 万亩。主要在乌鲁木齐市、昌吉州各县(市)、石河子市榆树上发生。柽柳条叶甲发生 12.13 万亩，比去年同期减少 18.96 万亩。主要在和田地区、巴州且末、哈密市伊吾的荒漠灌木林区的红柳上发生(图 32-31)。梭梭漠尺蛾发生 9.37 万亩，比去年同期减少 12.93 万亩，在博州精河县荒漠灌木林区发生。桑褶翅尺蛾发生 1.73 万亩，比去年同期增加 0.56 万亩，主要在乌鲁木齐市内榆树上发生。榆蓝叶甲发生 2.8 万亩，比去年同期增加 1.6 万亩，在巴州和硕县、克州、喀什地区发生。榆黄叶甲发生 0.27 万亩，比去年同期增加 0.08 万亩，主要在吐鲁番市发生。榆黄黑蛱蝶发生 0.65 万亩，与去年持平，在博州阿拉山口市、温泉县发生。黄古毒蛾发生 0.07 万亩，与去年持平，主要在博州甘家湖自然保护区内梭梭林上发生。其余种类均为零星发生。

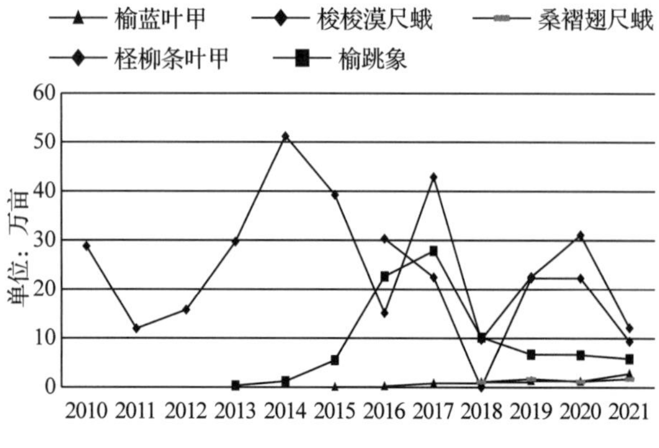

图 32-31　新疆 2010—2021 年柽柳条叶甲、榆跳象、榆蓝叶甲、梭梭漠尺蛾、桑褶翅尺蛾发生趋势图

(五)主要林业有害生物发生成因分析

1. 气候因素

(1)南疆地区因气温偏高、降水偏多，造成春尺蠖、胡杨锈病等常发性林业有害生物大发生。

2020/2021 年冬季(2020 年 12 月至 2021 年 2 月)，东疆、南疆大部特色林果种植区平均气温较常年偏高；2021 年春季(3~4 月)，气温全疆大部偏高；降水塔城地区大部、博州大部、乌鲁木齐市南部山区、巴州大部、阿克苏地区大部、喀什地区大部偏多，全疆其余大部地区偏少；5 月，气温全疆大部偏高；降水量阿克苏地区大部、巴州部分地区偏多，全疆其余大部偏少；6 月上旬初的沙尘天气，中旬初及中旬末至下旬初的风雨、强降温天气偏多；6 月中旬，塔城地区北部大部及伊犁州大部气温偏高，全疆其余大部偏低；克州、喀什地区、和田地区降水偏多，全疆其余大部偏少；下旬平均气温北疆大部和南疆西部地区略偏低，全疆其他地区略偏高；旬降水量北疆偏西地区偏多，其他地区略偏多，南疆大部地区略偏少。在气温高、降雨量多的天气影响下，南疆地区的春尺蠖、胡杨锈病、核桃腐烂病、核桃黑斑蚜、黄刺蛾、螨类发生面积普遍增加。

(2)低温和降水有效遏制了林业有害生物的大发生。

2021 年 6 月中下旬北疆地区频繁发生强降水、雷暴大风、冰雹等强对流天气，山区天然林区局部区域发生了低温冻害。受此天气影响，北疆天然林区林业有害生物发生面积整体较去年有所下降。

2. 人为因素

(1)加大预防为主，地面防治、飞机防治为辅的防控工作力度，有效降低了天然胡杨林区和特色林果主产区经济林病虫害的发生面积和发生程度，有效控制了扩散蔓延趋势。

(2)大力推进预防性统防统治、加强田间管理等增强树势措施，有效降低了特色林果有害生物的大发生。去年冬季开始南疆四地州在经济林管理方面，以果园提质增效活动为契机，加强果园清理、喷洒石硫合剂、整形修剪等综合性预防措施，有效控制了枝枯病、核桃腐烂病、核桃黑斑蚜、桑白盾蚧、枣大球蚧、黄刺蛾等病害虫的持续扩散蔓延。

(3)检疫执法力度不够、疫木处理不合理，造成光肩星天牛扩散蔓延。因巴州、伊犁州等光肩星天牛发生区未能认真落实检疫性害虫处置措施，疫木处理、管控不力，造成发生面积逐年增加。

(4)因新冠肺炎疫情封锁原因，基层森防人员在监测调查关键节点无法开展有效的监测调查工作，还有因基层森防人员极为匮乏、人员不稳定，致使林业有害生物监测调查工作落实不到位，造成部分林业有害生物发生未能如实反映实际发生量，人为降低了发生情况。

3. 营林因素

(1)营林措施不够合理，树种单一性强，核桃、红枣等树种造林密度过密、透风透光条件差，地面防治操作难度大，造成叶部病害、果实病害以及螨类、蚜虫类大发生。

(2)部分边缘地带经济林地块和防护林地块，因地下水位下降严重，灌溉设施不配套，林间卫生条件差，杂草丛生，这对有害生物蔓延生息提供了良好的条件，从而导致蚧类害虫等林业有害生物大发生。

二、2022年林业有害生物发生趋势预测

(一)2022年总体发生趋势预测

根据新疆林业有害生物防治信息管理系统数据、新疆气象中心气象信息数据，以及各地州市林检局2022年林业有害生物发生趋势预测报告、主要林业有害生物历年发生规律和各测报站点越冬基数调查结果，预计2022年新疆主要林业有害生物将会轻度偏中度发生，全年预测发生2180万亩，比2021年减少56.4万亩。其中：病害预计发生152万亩，比2021年减少43万亩；虫害预计发生1231万亩，比2021年减少15.3万亩；森林鼠(兔)害预计发生797万亩，比2021年增加1.9万亩。

(二)2021年主要林业有害生物分种类发生趋势预测

1. 重大危险性、检疫性林业有害生物发生趋势

全国检疫性有害生物发生趋势

2022年全国检疫性林业有害生物预测发生面积为11.23万亩，均为轻度发生，主要种类有苹果蠹蛾、杨干象，枣实蝇。

苹果蠹蛾　苹果蠹蛾在新疆普遍有分布，预测发生9.59万亩，轻度或偏中度发生，与2021年基本持平，虫口密度较低，多年处于有虫不成灾的局面。

杨干象　预测发生0.1万亩，与2021年减少0.32万亩。主要发生在阿勒泰市、青河县，以轻度发生为主。

枣实蝇　预测发生470亩。主要发生在托克逊县郭勒布依乡、夏乡、伊拉湖镇、博斯坦乡、高昌区亚尔镇、艾丁湖乡、二堡乡、鄯善县鲁克沁镇，零星轻度发生。

新疆补充检疫性有害生物发生趋势

光肩星天牛　预测发生5.23万亩，与2021年持平。主要分布在伊犁州、巴州范围的各县市，昌吉市、乌鲁木齐市、塔城地区沙湾县等地方有零星分布，轻度或偏中度发生。在打孔注药等防治措施的不断深入落实下，发生面积、发生程度呈下降趋势。

苹果小吉丁　预测发生4.31万亩，与2021年持平。主要分布在伊犁州的巩留县，新源县境内的野苹果林中，特克斯县、尼勒克县，天山西部国有林管理局巩留分局、西天山自然保护区、伊宁分局辖区内少有发生，均为轻度发生，局部中度发生。在野苹果林中，虽然持续不断地采取飞机防治、生物防治、禁牧等综合防控措施，发生程度下降明显，但是，因防控资金短缺，地处山区，修枝、病枝处理操作难度大等原因，发生面积仍然居高不下。

白蜡窄吉丁(花曲柳窄吉丁)　预测发生0.82万亩，与2021年持平。主要分布在博州博乐市境内，乌鲁木齐市、伊犁州、昌吉州范围也有分布。

2. 松树害虫发生趋势

主要有松线小卷蛾、落叶松毛虫、兴安落叶松鞘蛾、泰加大树蜂、云杉八齿小蠹等，预测发

生总面积为10.1万亩，均为轻度发生，其中：松线小卷蛾预计发生9.4万亩。主要在天山西部、天山东部、阿尔泰山三大国有林管理局范围发生。均与2021年持平。

3. 云杉病虫害发生趋势

主要病害种类有云杉落针病、云杉锈病、云杉雪枯病、云杉雪霉病等。预测发生总面积为6.58万亩，均为轻度发生，比2021年增加2.3万亩。主要发生在天山西部、天山东部、阿尔泰山国有林管理局辖区的山区天然林区内。

4. 杨树病害发生情况

杨树病害预测发生71万亩，比2021年减少33万亩。其中，杨树烂皮病、杨树锈病、杨树叶斑病等预测发生总面积为10.8万亩，杨树锈病比2021年增加3万亩，杨树腐烂病持平，主要在伊犁州、塔城地区、阿勒泰地区、博州、乌鲁木齐市、克拉玛依市等北疆地区和巴州的靠近北疆的和静县发生；胡杨锈病预测发生53万亩，比2021年减少35万亩，主要在喀什地区、阿克苏地区境内天然胡杨林中发生，局部区域发生较重，遭成胡杨提早落叶。

5. 杨树食叶害虫发生情况

杨树食叶害虫预测发生总面积为478.3万亩，比2021年减少12.1万亩。

春尺蠖　杨树食叶害虫发生总面积中春尺蠖的预测发生386.2万亩，占杨树食叶害虫总面积的76%，与2021年持平，均为轻度或偏中度发生，全疆胡杨林和人工防护林、经济林上均有发生。

大青叶蝉　预测发生4.5万亩，比2021年减少6.7万亩。集中在和田地区，杨树和核桃树上混合发生。

杨蓝叶甲　预测发生54万亩，比2021年减少9万亩。全疆均有发生，集中在喀什地区各县市。

梦尼夜蛾　预测发生4.5万亩，比2021年持平。主要在喀什地区、博州、伊犁州境内发生。

杨齿盾蚧　预测发生13.3万亩，比2021年增加4.4万亩。主要在和田地区、喀什地区、伊犁州境内发生。

糖槭蚧　预测发生0.8万亩，与2021年基本持平，主要在和田地区、喀什地区、克州、哈密市等地发生。

杨毒蛾、杨二尾舟蛾、杨扇舟蛾、杨叶甲、舞毒蛾等种类均在伊犁州、博州、塔城地区、阿勒泰地区等北疆地区的高海拔地区发生，预测发生12.6万亩，发生量和发生程度较为平稳，除杨毒蛾、杨二尾舟蛾略有增加外，其他种类基本与2021年持平。躬妃夜蛾在巴州且末县梭梭林区发生，预测发生6万亩，比2021年增加1万亩。

6. 杨树蛀干害虫发生趋势

杨树蛀干害虫预测发生总面积为11.7万亩，与2021年持平。

青杨天牛　预测发生0.87万亩，与2021年基本持平。主要在北疆地区的博州、巴州、伊犁州、塔城地区发生。

白杨透翅蛾　预测发生1.15万亩，与2021年基本持平。主要在南疆喀什地区、阿克苏地区，北疆地区的博州、巴州、伊犁州、塔城地区发生。

杨十斑吉丁　预测发生2.05万亩，与2021年基本持平。主要在喀什地区、哈密市、石河子市发生。

其他山杨楔天牛、杨干象、仅在塔城地区、阿勒泰地区范围内发生，与2021年持平。光肩星天牛、白蜡窄吉丁在伊犁州、巴州、乌鲁木齐市、昌吉市、塔城地区沙湾县发生，与2021年持平。

7. 经济林病虫害发生趋势

经济林病虫害预测发生总面积为754.7万亩(不包括春尺蠖)，与2021年持平。

(1)核桃病虫害

核桃腐烂病　预测发生35.4万亩，比2021年减少12.4万亩，集中在南疆的喀什地区、和田地区、阿克苏地区发生，局部发生严重。

核桃黑斑蚜　预测发生92.13万亩，比2021年减少12.8万亩，主要在核桃集中种植区阿克苏地区、喀什地区、和田地区，轻度或偏中度发生。

核桃褐斑病　预测发生3万亩，与2021年持平，主要在喀什地区各县市发生。

(2)枣树病虫害

枣叶瘿蚊　预测发生54.89万亩，比2021年减少15.5万亩，主要在红枣集中种植区的阿克苏地区、喀什地区、巴州和和田地区、哈密市，轻度或偏中度发生。

枣大球蚧　预测发生25.8万亩，与2021年持平，主要在喀什地区、和田地区、巴州、阿克苏地区、哈密地区发生，轻度或偏中度发生，局部重度发生。

枣粉蚧　预测发生1.1万亩，与2021年基本持平，主要在哈密市轻度或偏中度发生。

枣缩果病　预测发生9.2万亩，比2021年增加4.8万亩，主要在喀什地区各县(市)发生。

(3)葡萄病虫害

葡萄二星叶蝉　预测发生5.1万亩，与2021年持平，主要在吐鲁番市各县(区)、哈密市、阿图什市等葡萄集中栽培区发生，均为轻度发生。

葡萄霜霉病　预测发生1.7万亩，与2021年持平，主要在昌吉州玛纳斯、呼图壁，伊犁州霍城、伊宁，石河子等葡萄集中栽培区发生。

葡萄白粉病　预测发生2.1万亩，比2021年增加0.3万亩，主要在吐鲁番市各县(区)、哈密市、阿图什市、昌吉州玛纳斯县、阜康市等葡萄集中栽培区发生。

葡萄蛀果蛾　预测发生1.5万亩，与2021年基本持平。集中在吐鲁番市高昌区范围发生在。

(4)杏树病虫害

桑白盾蚧　预测发生39.1万亩，与2021年持平，主要在喀什地区的各县(市)，阿克苏地区的拜城、巴州轮台、和硕，克州的阿克陶、乌恰，伊犁州伊宁等杏树集中栽培区发生。

杏流胶病　预测发生12.2万亩，与2021年持平，主要在和田地区、喀什地区、伊犁州的各县(市)杏树栽培区轻度发生。

(5)梨树病虫害

梨茎蜂　预测发生3.7万亩，比2021年减少2.18万亩。主要在巴州库尔勒市梨树集中栽培区发生，轻度或偏中度发生。

梨木虱　预测发生3.4万亩，与2021年基本持平。主要在巴州库尔勒市梨树集中栽培区发生。

梨圆蚧　预测发生0.3万亩，比2021年减少0.7万亩。主要在巴州尉犁发生。

(6)枸杞病虫害

主要种类有枸杞瘿螨、枸杞负泥虫、枸杞刺皮瘿螨、枸杞蚜虫、伪枸杞瘿螨等。预测发生总面积为1.85万亩，与2021年基本持平，主要在博州的精河、巴州的尉犁发生，均为轻度发生。

(7)沙枣病虫害

主要种类有沙枣白眉天蛾、沙枣木虱、沙枣跳甲等。预测发生1.1万亩，与2021年持平，主要在喀什地区、和田地区、阿勒泰地区发生，均为轻度发生。

(8)沙棘病虫害

沙棘绕实蝇　预测发生9万亩，比2021年增加1万亩。主要在阿勒泰地区布尔津、青河，克州阿合奇境内发生。

(9)水果病虫害

主要种类有梨小食心虫、李小食心虫、苹果蠹蛾、白星花金龟、桃白粉病、螨类、蚧壳虫等。

梨小食心虫　预测发生49.1万亩，比2021年减少27亩，轻度发生。主要分布在杏子集中种植区阿克苏地区、巴州、克州、喀什地区、和田地区、昌吉州。

李小食心虫　预测发生32.4万亩，比2021年增加7万亩，轻度发生，集中在南疆的喀什地区。

白星花金龟　预测发生2.3万亩，比2021年增加0.8万亩。主要在吐鲁番市各县(区)，昌吉州昌吉、呼图壁、玛纳斯等葡萄、杏子、西瓜栽培区发生。

桃白粉病　预测发生1.8万亩，与2021年持平，发生比较平稳。集中在南疆的喀什地区各县(市)发生。

螨类　发生种类有朱砂叶螨、山楂叶螨、截形叶螨、土耳其斯坦叶螨等，发生总面积为222万亩，与2021年基本持平。山楂叶螨发生48万亩，比2021年增加20万亩；截形叶螨、朱砂叶螨发生166.4万亩，比2021年减少22.7万亩。土耳其斯坦叶螨发生7.5万亩，比2021年减少3.3万亩。主要在和田地区、阿克苏地区、喀什地区、巴州等特色林果主产区发生危害，均为轻度发生。

其他介壳虫类　主要有吐伦球坚蚧，预测发生8.7万亩。与2021年持平。主要在南疆和东疆林果主产区发生危害。

绵蚜（花椒绵蚜、榆树绵蚜） 预测发生32.5万亩，与2021年持平，主要在喀什地区发生。

（10）其他经济林病虫

主要发生种类有黄刺蛾、多毛小蠹、皱小蠹等。

黄刺蛾 预测发生67万亩，比2021年增加42万亩，主要在阿克苏地区、克州、喀什地区各县（市）轻度或偏中度发生。

皱小蠹 预测发生9万亩，与2021年持平。主要在喀什地区杏树栽培区轻度发生。

多毛小蠹 预测发生0.7万亩，与2021年持平。主要在巴州的轮台、阿克苏地区柯坪、克州的阿克陶、和田地区的策勒发生。

8. 森林鼠（兔）害发生趋势

林业鼠（兔）害预测发生总面积为797万亩，与2021年持平。

以梭梭、柽柳为主的荒漠林害鼠种类有大沙鼠、子午沙鼠、五趾跳鼠、红尾沙鼠、吐鲁番沙鼠，预测发生743.4万亩，其中仅大沙鼠发生716万亩，占鼠兔害总面积的90%，比2021年减少4.3万亩；人工经济林和生态林害鼠优势种根田鼠发生31.7万亩，与2021年基本持平，南北疆绿洲边缘地带均有发生，呈逐年上升趋势；塔里木兔、草兔等兔害预测发生22万亩，比2021年增加21万亩。

9. 其他病虫害发生趋势

主要发生种类有榆跳象、柽柳条叶甲、榆长斑蚜、榆黄黑蛱蝶、榆黄毛萤叶甲、榆绿毛萤叶甲、桑褶翅尺蛾、梭梭漠尺蛾等。预测发生总面积为39.6万亩，与2021年基本持平。

榆跳象、榆长斑蚜 预测发生5.55万亩，与2021年持平，其中：榆长斑蚜发生5.1万亩。主要在乌鲁木齐市、昌吉州各县（市）、石河子市范围榆树上轻度发生。

红柳粗角萤叶甲（柽柳条叶甲） 预测发生13.55万亩，比2021年增加1.4万亩。主要在哈密市、巴州、和田地区发生荒漠灌木林地带红柳上轻度或偏中度发生。

榆绿毛萤叶甲、榆黄黑蛱蝶、榆黄毛萤叶甲、榆绿毛萤叶甲、桑褶翅尺蛾、梭梭漠尺蛾等预测发生总面积为17.4万亩，与2021年持平，主要在克州阿图什市，巴州的和硕，喀什地区喀什、叶城，乌鲁木齐市等地方榆树上轻度或偏中度发生。

三、对策建议

1. 进一步深化国办《意见》的贯彻落实

督促指导各级林业主管部门认真履行职责，加强组织领导，扎实推进国办《国务院办公厅关于进一步加强林业有害生物防治工作的意见》和《新疆维吾尔自治区人民政府办公厅关于林业有害生物防治工作的实施意见》的贯彻落实工作。进一步加强政府的组织领导力，提高全社会参与意识。

2. 强化检疫执法，严防重大危险性林业有害生物传播扩散

继续在春、秋季节抽调基层检疫人员到烟墩、若羌林业有害生物检疫检查站开展检疫执法工作；全面规范各级林业有害生物检疫检查站的检疫执法行为，切实发挥临时检疫检查站职能作用，严防检疫性有害生物入侵及扩散。

3. 进一步提升监测预警能力建设，全面落实监测责任

扎实推进新版林业有害生物防治信息管理系统的应用，保障新疆林业有害生物信息及时、准确报送。加强对各级测报站点的管理，合理制定年度监测任务，加强对各级测报站点规范开展测报工作的督促检查指导力度。加强林业有害生物监测预报投入力度，在森防人员匮乏的情况下，引进智能远程监测高新技术，提高有害生物实时准确监测能力。适时发布生产性预测预报，定期开展趋势会商，科学分析和准确研判林业有害生物发生趋势。真正做到“最及时的监测、最准确的预报、最主动的预警”。

4. 突出重点，强化主要林业有害生物防治

科学制定2022年春季及全年主要林业有害生物防控工作方案，以无公害为主要方法，提高防治效果，实现统防统治，群防群治，兵地联合，联防联治。加大林用药剂药械知识及农药安全管理培训力度，提高防灾减灾能力和防治效果。

5. 牢固树立森林健康的理念，加强森林抚育管理，增强树体抗逆性，提高抗病虫能力

林业有害生物防控工作重点应采取综合防治措施，以预防为主，加强生长期林果树体水肥管理，提高树势，推广使用无公害防治措施，保护生态环境安全和林果果品质量安全；加强秋冬季节树体管理，及时清园，降低病虫越冬基数。

6. 进一步筑牢林业有害生物防控工作基础

加强林业有害生物防控工作宣传，引起全社会对林业有害生物防控工作的重视，积极参与和支持林业有害生物防治工作。加大林业有害生物防控技术的研究，增强科技支撑能力。

（主要起草人：吾买尔·帕塔尔；主审：王玉玲）

33 内蒙古大兴安岭林区林业有害生物2021年发生情况和2022年趋势预测

内蒙古大兴安岭森林病虫害防治(种子)总站

【摘要】2021年内蒙古大兴安岭林区林业有害生物整体发生平稳，全年主要林业有害生物发生384.96万亩，其中病害发生159.02万亩，虫害发生165.28万亩，鼠害发生60.66万亩，灾害面积22.14万亩。总体发生面积稳中略升，落叶松毛虫暴发呈明显上升趋势，病害发生平稳，危害程度偏重，鼠害发生及危害加剧。根据林区森林资源状况、林业有害生物发生及防治情况、今年秋季有害生物越冬基数调查情况，结合2022年气象预报，经综合分析，预测2022年主要林业有害生物发生将有所上升，发生面积约420万亩，其中病害165万亩，虫害200万亩，鼠害55万亩。建议强化目标管理，有效管控生物灾害风险，确保早发现，早防治；强化能力建设，提升队伍整体素质；积极落实管护员监测岗位责任制；加强经费保障制度建设，推动森防工作稳步扎实开展。

一、2021年林业有害生物发生情况

(一)发生特点

(1)总体发生面积稳中有升。2021年发生384.96万亩，同比2020年发生344万亩上升8.75%(图33-1)。

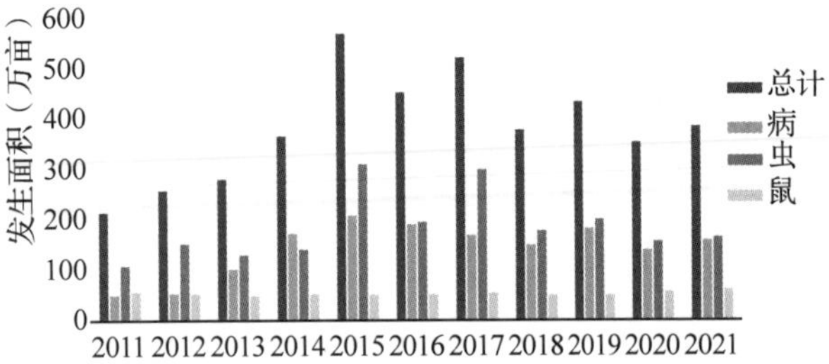

图33-1 历年林业有害生物发生趋势

(2)冬季降雪比往年增加15%以上，夏季雨水比常规增加一倍，虫害整体平稳，落叶松毛虫仍呈扩散趋势，分布范围进一步扩大；病害发生普遍，但人工预防措施到位，整体危害程度下降。

(3)森林鼠害越冬基数增加，春季发生呈上升趋势，局部人工林危害严重。

(二)主要林业有害生物发生情况分述

1. 病害发生情况

病害总体发生面积159.02万亩，占有害生物发生总面积的41.3%，比2020年的140万亩增加约19.02万亩，增长率13.6%，总体分布范围广，局部危害较严重。

落叶松早落病　发生约50.68万亩，比2020年增长76%。其中轻度29.57万亩，感病指数24；中度14.92万亩，感病指数44；重度6.19万亩，感病指数65。主要发生于绰尔、绰源、克一河、阿龙山、满归、大杨树及毕拉河等森工(林业)公司(图33-2)。

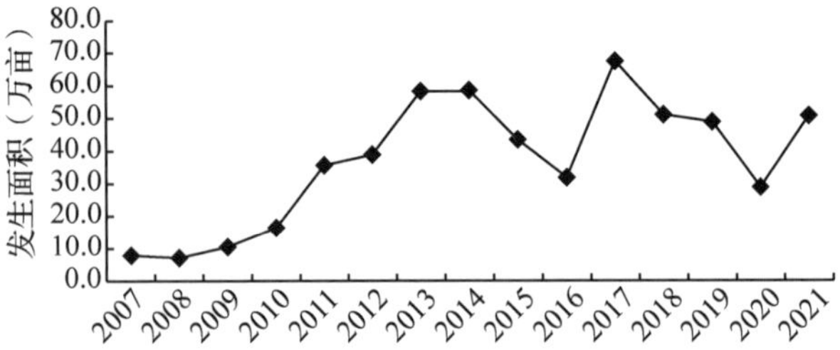

图33-2 落叶松早落病历年发生趋势

松针红斑病　发生约22.17万亩，比2020年增长32%。其中轻度10.42万亩，感病指数25；中度5.50万亩，感病指数43；重度6.27万亩，感病指数66，发生面积和发生程度均显著上升，局地危害十分严重。主要发生于阿尔山、根河、

阿龙山、满归、金河、莫尔道嘎等森工公司(图33-3)。

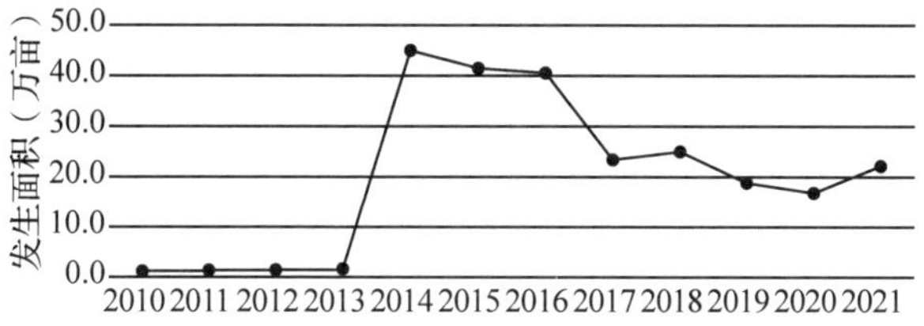

图 33-3　松针红斑病历年发生趋势

阔叶树病害　主要包括白桦黑斑病、杨树叶锈病、柳树叶锈病等病害，发生约 81.30 万亩，与2020年基本持平，但危害程度加重，局部成灾。其中轻度 39.41 万亩，感病指数 24；中度 29.60 万亩，感病指数 48；重度 12.29 万亩，感病指数 69。分布于全林区，主要发生于绰源、乌尔旗汉、库都尔、克一河、满归、阿龙山、吉文、得耳布尔、金河、莫尔道嘎、阿里河、大杨树、毕拉河等森工(林业)公司(图33-4)。

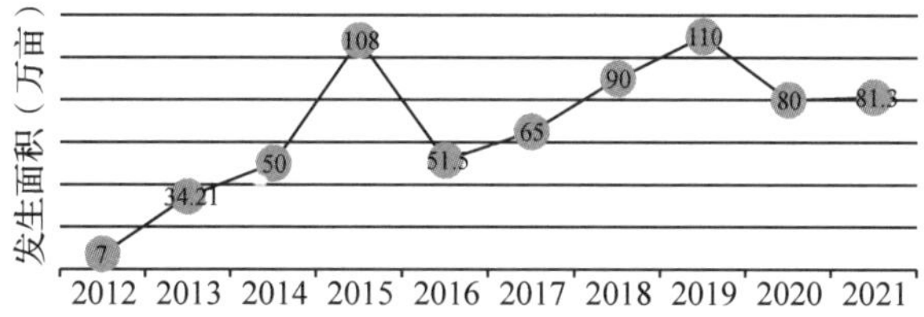

图 33-4　桦树黑斑病发生趋势直方图

松材线虫病　经秋季普查，调查42171个普查点，经取样分析，无松材线虫病发生分布。

2. 虫害发生情况

虫害发生 165.28 万亩，占总发生量的 42.9%，比 2020 年发生 157.2 万亩增加约 8.08 万亩。总体呈稳中有升态势。

落叶松毛虫　整体呈上升趋势，分布面积明显增加。全年发生约 102.5 万亩，其中轻度 56.5 万亩，平均虫口密度 26 条/株；中度 28.6 万亩，平均虫口密度 61 条/株；重度 17.4 万亩，平均虫口密度 284 条/株。最高虫口达到3000头/株。主要发生于绰尔、阿尔山、绰源、乌尔旗汉、克一河、毕拉河、库都尔、莫尔道嘎、阿里河、大杨树等森工(林业)公司。绰尔森工公司发生40多万亩，除常规防控外，开展了应急防治，应急防治面积 13.44 万亩(图33-5)。

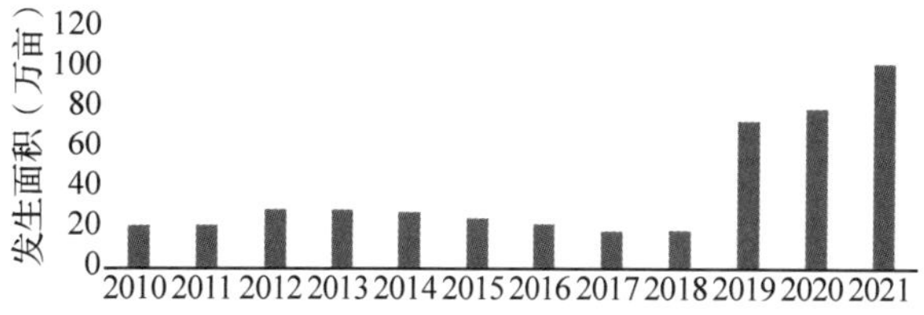

图 33-5　落叶松毛虫历年发生趋势直方图

落叶松鞘蛾　呈平稳趋势，但虫口密度稳中有升。发生约 17.5 万亩，其中轻度 13.3 万亩，平均虫口密度 17 头/100cm 延长枝；中度发生 3.6 万亩，平均虫口密度 42 头/100cm 延长枝；重度发生 0.5 万亩，平均虫口密度 78 头/100cm 延长枝。主要发生于阿尔山、库都尔、克一河、甘河等森工公司(图33-6)。

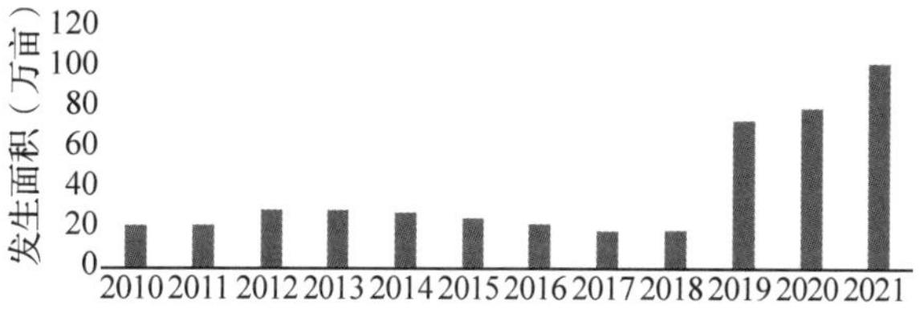

图 33-6　落叶松鞘蛾历年发生趋势

模毒蛾(舞毒蛾)　整体呈平稳下降趋势，2021年发生 5.3 万亩，平均虫口密度为 18 条/株，该虫分布范围较大，重点发生于阿尔山、库都尔、乌尔旗汉、图里河、得耳布尔、莫尔道嘎、大杨树和吉文等森工(林业)公司(图33-7)。

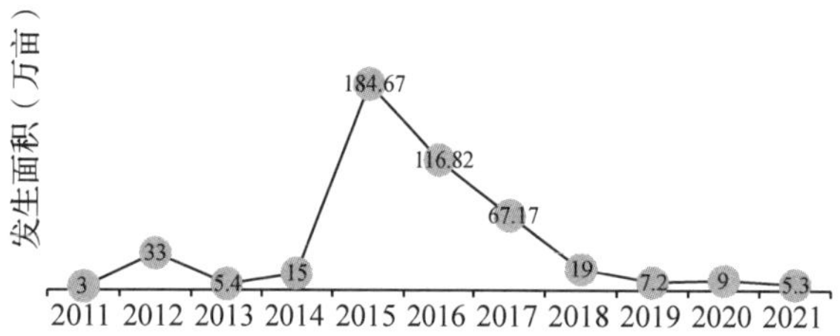

图 33-7　模毒蛾历年发生趋势

中带齿舟蛾(梦尼夜蛾、白桦尺蠖)　整体呈下降趋势。全年发生 9.7 万亩，其中轻度 6.3 万亩，虫口密度28头/株，中度 3.4 万亩，虫口密度58头/株。主要发生于阿尔山、乌尔旗汉、库都尔、根河、图里河等森工公司(图33-8)。

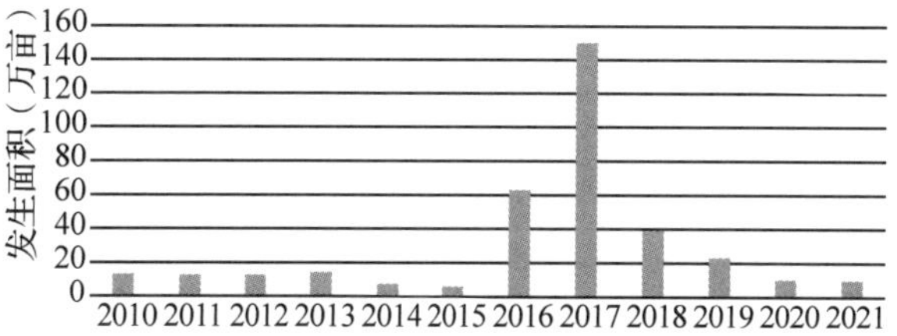

图 33-8　中带齿舟蛾发生趋势

稠李巢蛾　呈平稳趋势。发生约3.77万亩，其中轻度2.00万亩，中度1.53万亩，重度0.24万亩。在全林区均有分布(图33-9)。

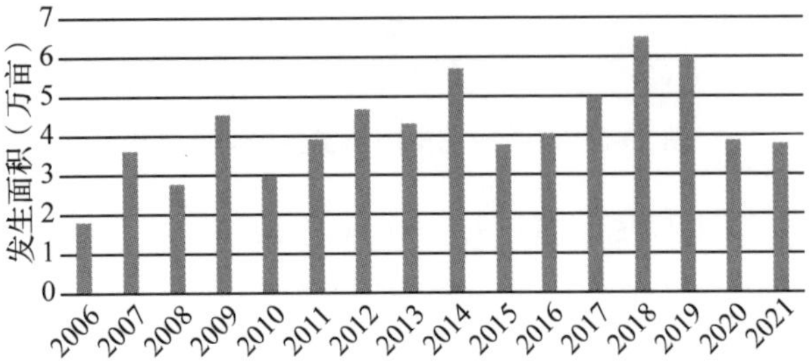

图33-9　蛀干害虫历年发生趋势直方图

柞树害虫　呈平稳趋势。包括栎尖细蛾、柞褐叶螟、栎瘿蜂等，发生6.8万亩，其中轻度2.4万亩，中度2.8万亩，重度1.6万亩。分布于毕拉河、大杨树、阿里河等森工(林业)公司(图33-10)。

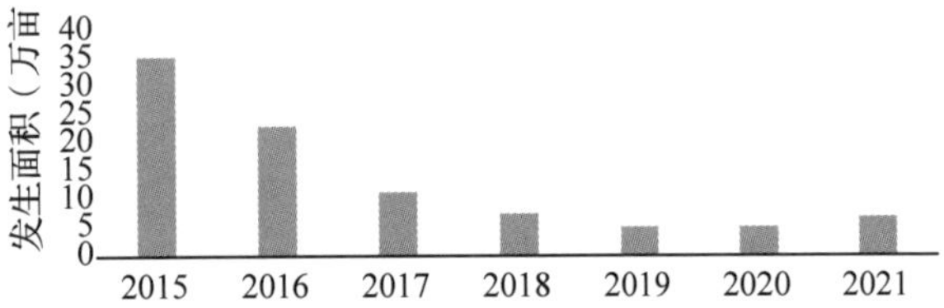

图33-10　鼠害历年发生趋势直方图

蛀干害虫　蛀干害虫主要包括云杉大墨天牛、云杉小墨天牛、落叶松八齿小蠹，整体与2020年基本持平，发生8.9万亩，其中轻度5.0万亩，被害株率6%；中度2.2万亩，被害株率14%；重度1.7万亩，被害株率29%。主要发生于库都尔、毕拉河、金河、满归等森工(林业)公司(图33-11)。

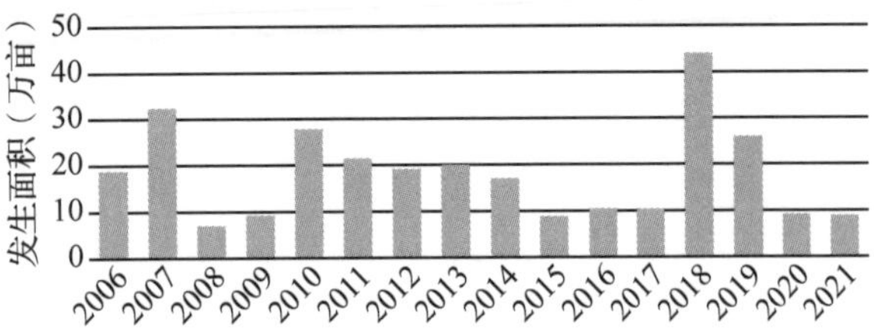

图33-11　蛀干害虫历年发生趋势

3. 鼠害发生情况

主要为棕背䶄和莫氏田鼠。发生60.66万亩，占病虫害总发生量的15.7%，比2020年增加约3.86万亩，同比略有上升，受害程度有所加重。捕获率7%以下，苗木被害率38%以下。主要发生于金河、根河、乌尔旗汉、克一河、绰源、甘河、吉文、阿尔山、得耳布尔和阿龙山等森工公司(图33-12)。

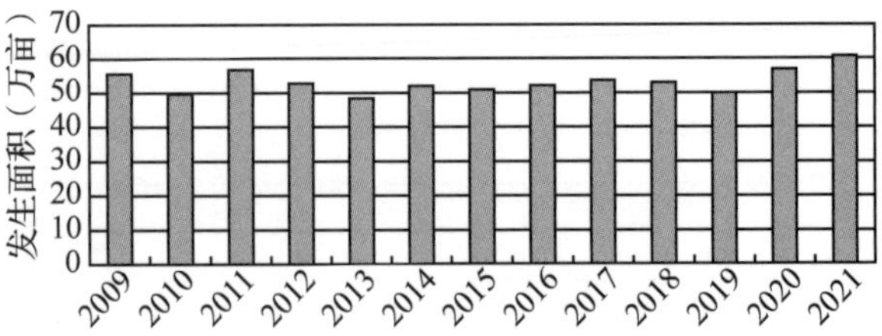

图33-12　鼠害历年发生情况

(三)成因分析

1. 森林病害发生原因

气候因素影响突出，2021年春夏季林区大部分地区潮湿多雨，降雨量同比增加一倍以上，是森林病害偏重发生的重要原因之一；连续多年采取了喷雾、烟剂、人工清理病原物等综合预防措施，使病原微生物密度有效降低，没有造成严重灾害；同时病害早期监测得到加强，在发病初期做到及时准确监测预报，发现病害苗头立即采取预防措施，保护了树木健康。

2. 森林虫害发生原因

落叶松毛虫周期性发生是其暴发的主因，毗邻地区松毛虫扩散到林区范围内并严重暴发是外在诱因；大面积人工纯林，森林质量欠佳，抵御虫害风险能力弱，是该虫暴发的环境因子，致使局部发生危害加重；局部有草地螟危害沙棘造林苗木，且监测到位，防控及时，没有造成严重损失。

3. 森林鼠害发生成因

一是极端天气因素影响到害鼠的存活率，致使春天鼠存活率增加。二是人工造林主要在立地条件差的地方或在树冠下造林，新造林面积18万亩，近十年累计造林面积为100多万亩。三是鼠害越冬基数增加，种群密度比上年同期增加20%以上。四是天敌对害鼠种群抑制作用有滞后效应。五是林区专项防治经费保障有力，新造林地采取了边造林边防治的预防措施，综合防治能力显著提高，尽管鼠害发生面积有所扩大，但危害程度属于中度以下。

(四)监测防治情况

森工集团对林业有害生物监测预报工作十分重视，将林业有害生物“测报准确率”和“监测覆盖率”指标纳入森工集团年度考核，层层签订目标管理责任状。全年计划监测1.24亿亩，实际监测1.22亿亩，监测覆盖率98.8%(指标90%)；预测发生410万亩，实际发生384.96万亩，测报准确率达到93.5%(指标91%)；计划踏查点38570个，实际完成40346个，完成指标的105%；计划一般标地3740块，实际完成4229块，完成指标的113.1%；计划灯诱监测点168处，实际完成402处，完成计划的239.3%；计划信息素监测点570个，实际完成407个，完成指标的71.4%；计划无人机监测点165个，实际完成259个，完成指标的157%；计划发布预报590次，实际完成1011次，完成指标的171%。测报考核指标达标，较好地完成了林业有害生物监测预报工作年度任务。2021年共完成防治任务258.26万亩。其中病害87.76万亩，虫害117.26万亩，鼠害约54.24万亩。对重大林业有害生物落叶松毛虫开展了应急防治13.44万亩。林业有害生物减灾258.26万亩，防治效果达到90%以上，达到预防灾害的目的，防灾减灾成效显著。

内蒙古森工集团以习近平新时代中国特色社会主义思想为指导，贯彻尊重自然、顺应自然、保护自然的生态文明理念，树立保护生态环境就是保护生产力、改善生态环境就是改善生产力的理念，以全面提升林业有害生物监测预报能力为抓手，进一步夯实保障生态安全底线的能力，进一步健全和完善林区森防机构，现建设有24个基层森防站，177个林场监测站(点)，全部有人管，已基本形成三级监测管理体制。进一步加强人才队伍建设，林区森防系统有专职测报员205人，兼职测报员1670人，林场设至少1名专职或兼职森防员。进一步加大监测预报资金支持力度，今年投入监测预报专项经费约1000万元，有力保障林业有害生物监测预报各项工作顺利开展。进一步加大新技术推广应用，开发了啄木鸟监测调查软件，累计配发180台数据采集仪，100套调查工具包。各基层单位共购置192台数据采集仪，100套工具包，数字化智能化监测应用正在形成。进一步加大建章立制工作，先后制定《内蒙古大兴安岭林区林业有害生物防治情况考核管理办法》《内蒙古大兴安岭林区林业有害生物监测预报标准化管理规范》，修订了《内蒙古大兴安岭林区重大林业有害生物灾害防控应急预案》，为加强森防质量管理提供了重要制度依据。

二、2022年发生趋势预测

(一)2022年总体发生趋势预测

根据林区各级森防专业机构的林业有害生物秋季越冬基数调查结果，结合当地历史发生情况和2022年气候预测情况，经综合分析，预测2022年林业有害生物发生420万亩，其中病害165万亩，虫害200万亩，鼠害55万亩。与历年平均相比呈稳中有升趋势，病害总体呈高位运行，虫害呈上升趋势，鼠害持平。局部落叶松早落病、桦树黑斑病、松针红斑病、落叶松毛虫、蛀干害虫和棕背䶄可能成灾。

(二)主要林业有害生物发生趋势预测

1. 森林病害

预测2022年森林病害发生面积约165万亩。

阔叶树病害(白桦黑斑病、杨柳叶锈病等) 预测2022年发生72万亩。整体呈平稳趋势，预计分布于全林区(图33-13)。

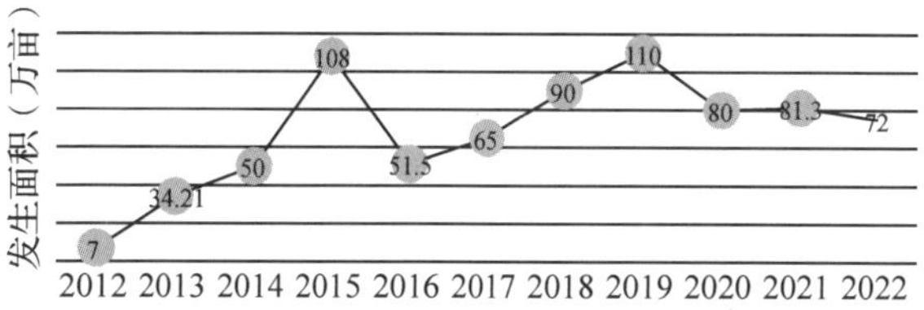

图33-13 阔叶树病害2022年发生趋势

落叶松早落病 预测2022年发生65万亩，整体呈上升趋势，局部危害可能加重。预计主要分布于阿尔山、绰尔、绰源、乌尔旗汉、根河、满归、阿龙山、甘河、吉文、阿里河、大杨树、毕拉河等森工(林业)公司(图33-14)。

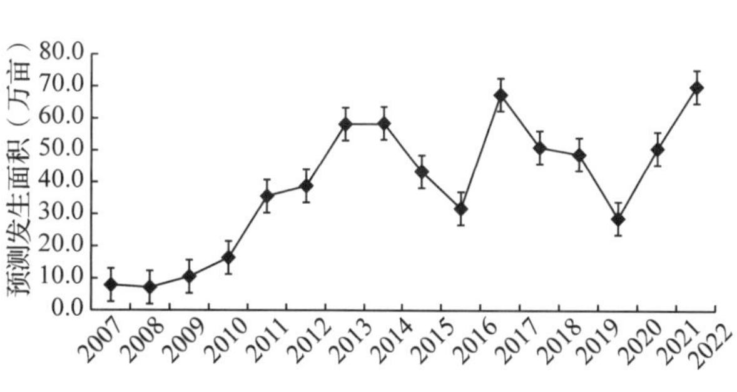

图33-14 落叶松早落病2022年发生趋势

松针红斑病 预测2022年发生23万亩，呈稳中有升趋势，危害程度趋于加重。预计分布于全林区，重点为北部的根河、阿龙山、满归、莫尔道嘎、北部原始林区管护局等森工公司(图 33-15)。

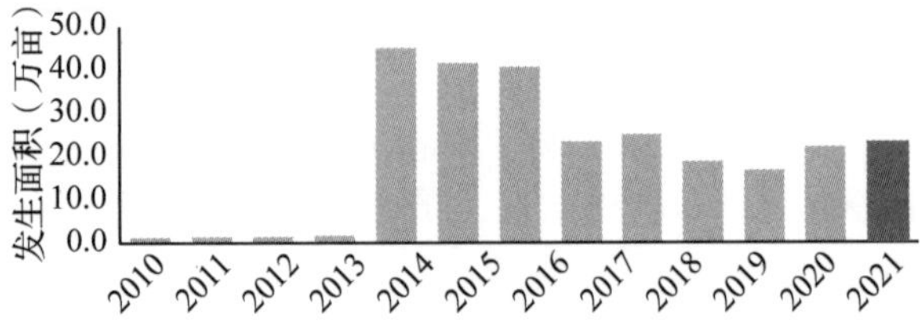

图 33-15　松针红斑病 2022 年发生趋势

其他病害　落叶松癌肿病、松疱锈病、松落针病、山杨瘿螨病其他病害等，预测 2022 年发生约 5 万亩，呈平稳趋势。预计主要分布于阿尔山、伊图里河、克一河、得耳布尔、库都尔、莫尔道嘎等森工(林业)公司。

2. 森林虫害

预测 2022 年森林虫害发生面积约 200 万亩。

落叶松毛虫　预测 2022 年发生 130 万亩，虫口密度 20~500 头/株。预测轻度发生 50 万亩；中度发生 44 万亩；重度发生 36 万亩。仍将呈上升趋势。预计重点分布于南部林区的阿尔山、绰尔、绰源，中部的乌尔旗汉、库都尔、图里河，东部的克一河、阿里河、大杨树、毕拉河，北部的莫尔道嘎、根河、得耳布尔等森工(林业)公司(图 33-16)。

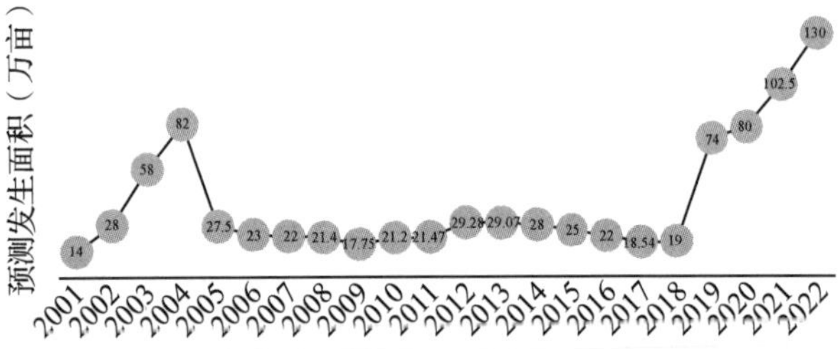

图 33-16　落叶松毛虫 2022 年发生趋势

落叶松鞘蛾　预测 2022 年发生 20 万亩，虫口密度 11~47 头/100cm 样枝整体发生的趋势为稳中有升。预计主要分布于南部的阿尔山；中部的乌尔旗汉和图里河；东部的甘河和克一河；北部的莫尔道嘎、阿龙山等森工公司(图 33-17)。

模毒蛾(舞毒蛾)　预测 2022 年发生约 7 万亩。预测虫口密度为 24~29 头/株，种群呈下降趋势。预计主要分布于北部的莫尔道嘎、得耳布尔、额尔古纳；中部的乌尔旗汉、库都尔、图里河；东部的大杨树和南部的绰源、阿尔山等森工(林业)公司(图 33-18)。

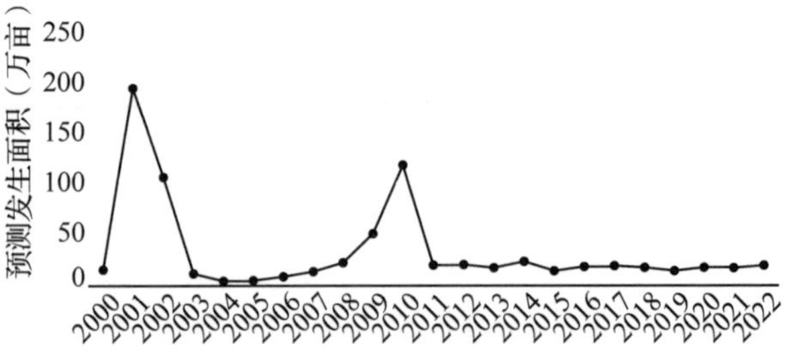

图 33-17　落叶松鞘蛾 2022 年发生趋势

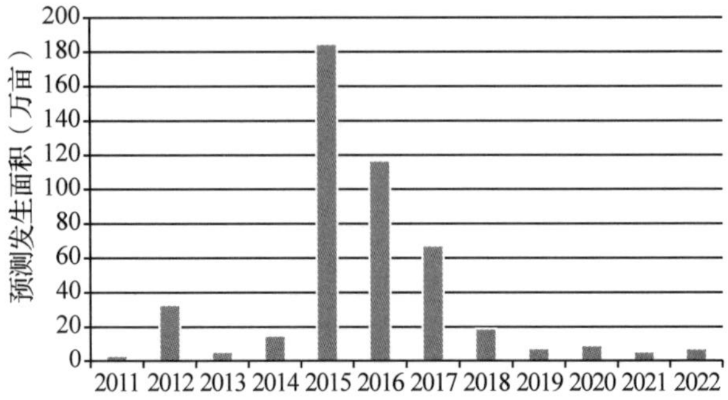

图 33-18　模毒蛾(舞毒蛾)2022 年发生趋势

中带齿舟蛾(白桦尺蠖、梦尼夜蛾)　整体平稳态势，2022 年预测发生约 10 万亩。平均蛹密度为 0.2~11 头/m^2。预计主要分布于南部的阿尔山东部的乌尔旗汉、库都尔、图里河和东南部的毕拉河等森工(林业)公司(图 33-19)。

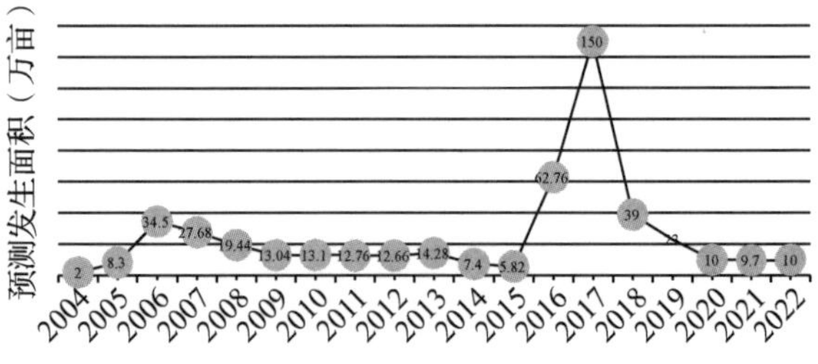

图 33-19　中带齿舟蛾(白桦尺蠖、梦尼夜蛾)2022 年发生趋势

稠李巢蛾　整体呈上升趋势，2022 年预测发生约 4 万亩。平均卵块密度为 8~58 块/株。预计主要分布于北部、东部和东南部的各森工(林业)公司(图 33-20)。

柞树害虫(柞褐叶螟、栎尖细蛾)　整体平稳趋势，2022 年预测发生约 9 万亩。平均虫口密度为 124 头/m^2。预计主要分布于东南部的大杨树、毕拉河和阿里河等森工(林业)公司和毕拉河自然保护区(图 33-21)。

蛀干害虫(云杉大小墨天牛、落叶松八齿小蠹)　预测 2022 年发生 10 万亩，整体呈平稳趋势。预计主要发生在北部的金河、满归、莫尔道

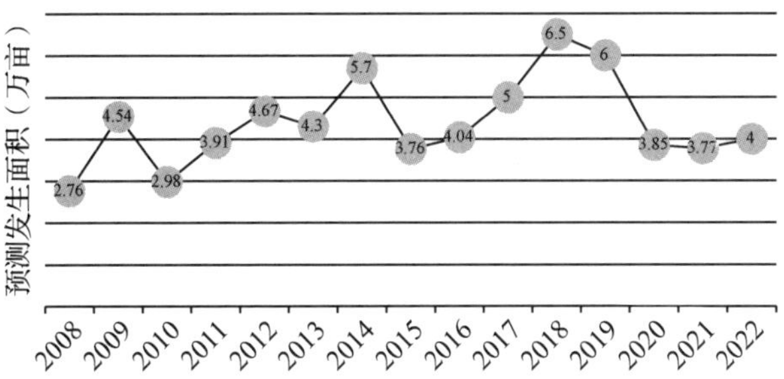

图 33-20　稠李巢蛾 2022 年发生趋势

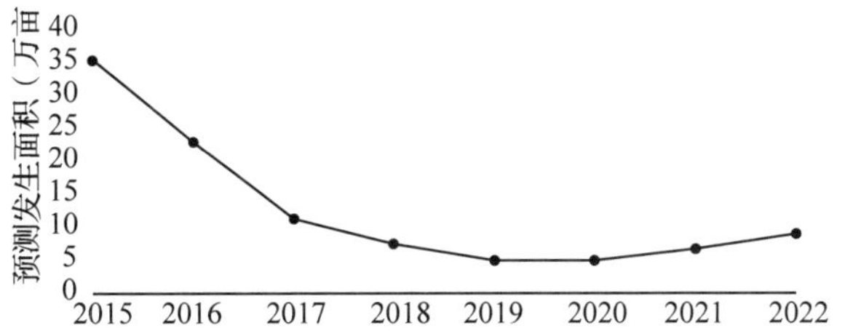

图 33-21　柞树害虫 2022 年发生趋势

嘎、阿龙山；东部的吉文、克一河；东南部的毕拉河等森工（林业）公司的过火林地和水淹地（图 33-22）。

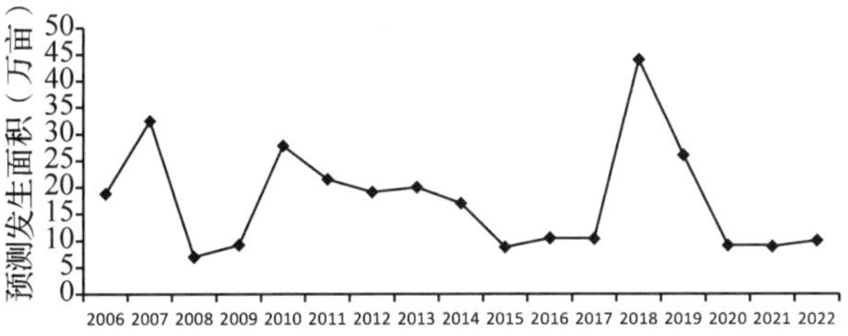

图 33-22　蛀干害虫 2022 年发生趋势

其他害虫　2022 年预测发生 10 万亩，主要包括桦叶小卷蛾、松瘿小卷蛾、柳沫蝉、沙棘木虱、落叶松球蚜及松大蚜等。预计主要发生于北部原始林区管护局、库都尔、得耳布尔、乌尔旗汉、阿里河、大杨树等森工（林业）公司。

3. 森林鼠害

根据气象部门预测，2022 年冬季内蒙古大兴安岭林区降雪量较常往年略偏多，有阶段性强降雪过程，森林鼠害发生总体呈平稳略升趋势，预测发生约 55 万亩，其中轻度约 34 万亩、中度约 16 万亩、重度约 4 万亩。主要鼠类为棕背䶄和莫氏田鼠，从 2021 年秋季鼠密度平均夹日捕获率为 4. 12%，重点发生区域在火烧迹地造林集中区、幼林分布集中、水湿地改造林地，低洼造林地段，以及公路、林场周边造林区，特别是樟子松幼树造林区危害将呈加重态势。重点发生于北部的金河、根河、阿龙山、得耳布尔、莫道道嘎森工公司；东部的克一河、吉文、阿里河和甘河森工公司；中部的伊图里河、图里河、库都尔和乌尔旗汉森工（林业）公司；东南部的大杨树、毕拉河森工（林业）公司（图 33-23）。

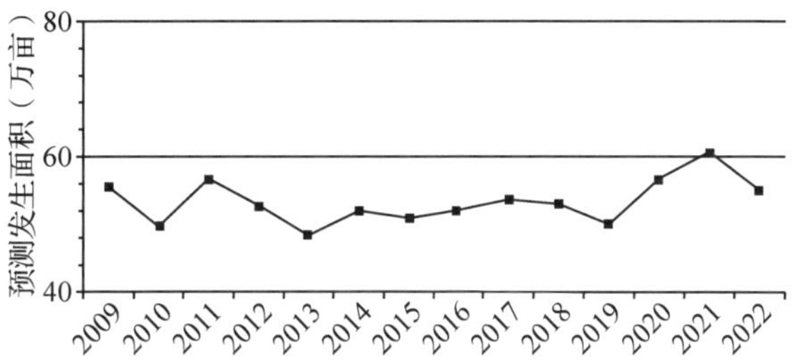

图 33-23　鼠害 2022 年发生趋势

三、对策建议

（一）强化目标管理，有效管控生物灾害风险

强化目标管理，加强对重点旅游景区、生态脆弱区有害生物的防治，积极推广开展生物天敌防治、引诱剂诱杀防治、常规喷烟喷雾防治及超低量喷雾防治等综合防治措施，依托科技推广示范项目，加强普查力度，确保早发现，早防治，有效管控生物灾害风险。

（二）强化能力建设，提升队伍整体素质

加强落实相关法律法规、政策措施，做到依法监测、检疫和防治，夯实测报体系。同时做好测报员队伍建设，充分发挥管护员职能，健全岗位责任制，划定林业有害生物监测范围，做到及时发现异常及时报告，为及时有效处置重大疫情提供人员保障。同时加强监测预报技术培训工作，推广应用监测预报新技术，需要切实推进监测位点前移，加强数据信息采集自动化，实现全林监测与重点区位监测相结合，做到及时监测，准确预报，主动预警。

（三）加强经费保障建设

为确保林业有害生物的监测预报、检疫检验及防治工作的顺利开展，建立健全森防经费保障机制，为维护生态安全、建设美丽中国充分发挥行业积极作用。

（主要起草人：张军生　孙晓艳；主审：于治军）

34 大兴安岭林业集团公司林业有害生物2021年发生情况和2022年趋势预测

大兴安岭森林病虫害防治检疫总站

【摘要】2021年大兴安岭林业集团公司林业有害生物总计发生225.23万亩，与上一年度相比明显下降。以红斑病为主的樟子松叶部病害呈大幅度下降趋势，其他病虫害鼠害变化不大，基本持平。综合分析樟子松叶部病害大幅下降原因，主要受温度、降雨等气候条件的影响。2021年春夏季气候变化平稳，极端天气少，导致樟子松叶部病害发生呈下降趋势。

预测2022年大兴安岭林业集团公司林业有害生物发生224.65万亩，总发生面积与上一年基本持平，以落叶松毛虫为主的虫害发生面积大幅度下降，红背䶄、棕背䶄等鼠害略有下降，红斑病、叶枯病为主的樟子松叶部病害发生面积明显上升。

根据林业有害生物发生特点及当前所面临的形势分析，建议：加大监测力度，做到及时监测、准确预报、主动预警；提早做好防治预案，做到早发现、早除治；转变思路，开拓创新，应用先进的测报技术方法和手段，提高监测调查数据的准确性。

一、2021年林业有害生物发生情况

2021年大兴安岭林业集团公司林业有害生物总计发生225.23万亩，与上一年度相比明显下降，下降幅度11.68%。其中：轻度发生95.42万亩，中度发生129.81万亩。病害总计发生32.15万亩，同比下降47.6%，轻度发生21.21万亩，中度发生10.94万亩；虫害总计发生46.51万亩，同比下降19.41%，轻度发生26.56万亩，中度发生19.95万亩；鼠害总计发生146.57万亩，同比上升6.46%，轻度发生47.65万亩，中度发生98.92万亩。

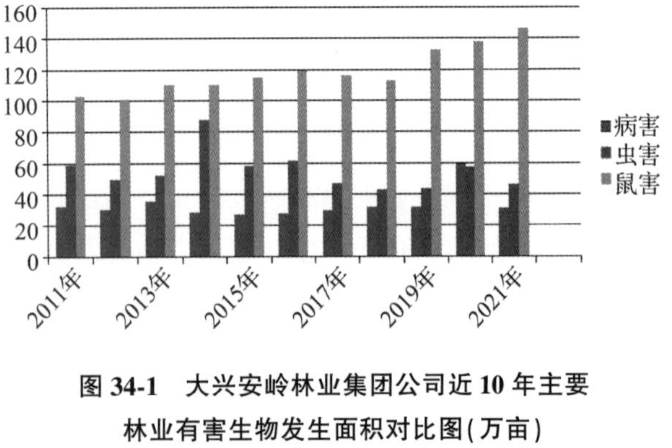

图34-1　大兴安岭林业集团公司近10年主要林业有害生物发生面积对比图(万亩)

(一)发生特点

总体发生趋势明显下降，下降幅度11.68%。以樟子松红斑病为主的樟子松叶部病害在大兴安岭岭北发生明显减轻；东部落叶松毛虫由于越冬虫口死亡率较高，发生面积有所下降；以棕背䶄、红背䶄为主的林业鼠害发生面积居高不下，对新植林地依然构成较大威胁；其他常规林业有害生物种类发生较为平稳。

(二)主要林业有害生物种类发生情况分述

1. 病害

松针红斑病　发生25.59万亩，同比下降，轻度发生15.29万亩，中度发生10.3万亩，全区均有发生。

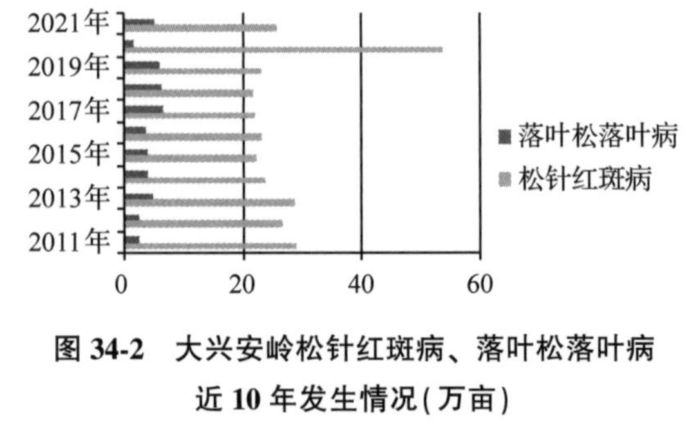

图34-2　大兴安岭松针红斑病、落叶松落叶病近10年发生情况(万亩)

落叶松落叶病　发生 5.30 万亩，同比上升，轻度发生 5.30 万亩，发生地点在呼中林业局、十八站林业局。

松针锈病　发生 0.35 万亩，同比持平，轻度发生 0.30 万亩，中度发生 0.05 万亩，发生地点在技术推广站和农林科学院基地。

松落针病　发生 0.15 万亩，同比下降，轻度发生 0.15 万亩，发生地点在新林林业局。

松疱锈病　发生 0.49 万亩，同比下降，轻度发生 0.17 万亩，中度发生 0.32 万亩，发生地点在技术推广站和农林科学院基地的种子园内。

松瘤锈病　发生 0.17 万亩，同比下降，轻度发生，发生地点在呼中林业局。

云杉锈病　发生 0.10 万亩，同比下降，轻度发生，发生地点在呼中林业局。

2. 虫害

图 34-3　大兴安岭虫害近 10 年发生情况(万亩)

落叶松毛虫　发生 17.70 万亩，同比下降，轻度发生 7.40 万亩，中度发生 10.03 万亩，发生地点松岭林业局、新林林业局、呼中林业局、图强林业局、阿木尔林业局、十八站林业局、韩家园林业局、加格达奇林业局、双河自然保护区。

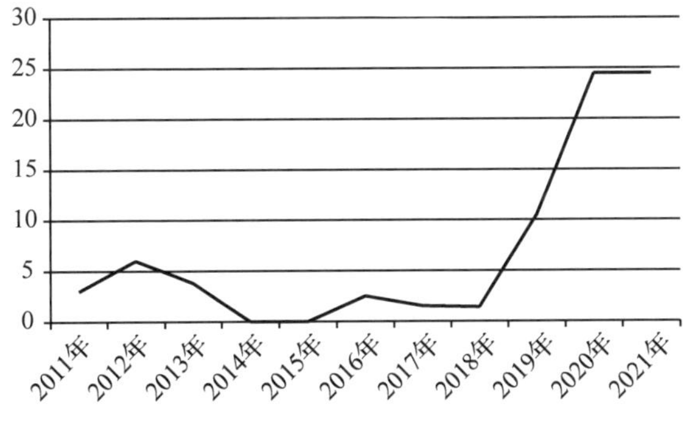

图 34-4　大兴安岭落叶松毛虫近 10 年发生情况(万亩)

落叶松鞘蛾　发生 1.82 万亩，同比上升，轻度发生 1.82 万亩。主要发生在呼中林业局、南瓮河自然保护区、呼中自然保护区、绰纳河自然保护区、多布库尔自然保护区、双河自然保护区。

樟子松梢斑螟　发生 0.89 万亩，同比上升，轻度发生 0.25 万亩，中度发生 0.64 万亩，发生地点在技术推广站种子园内和农林科学院基地。

落叶松八齿小蠹　发生 2.80 万亩，同比上升，轻度发生 2.50 万亩，中度发生 0.30 万亩。发生地点在新林林业局、十八站林业局、阿木尔林业局、南翁河自然保护区、绰纳河自然保护区、呼中自然保护区、多布库尔自然保护区、岭峰自然保护区、双河自然保护区、盘中自然保护区、北极村自然保护区。

松瘿小卷蛾　发生 0.62 万亩，同比下降，轻度发生 0.52 万亩，中度发生 0.10 万亩。主要发生在图强林业局和技术推广站、农林科学院基地的人工林内。

稠李巢蛾　发生 8.28 万亩，同比上升，轻度发生 4.20 万亩，中度发 4.08 万亩。主要发生在松岭林业局、呼中林业局、塔河林业局、图强林业局、阿木尔林业局、漠河林业局、十八站林业局、韩家园林业局、加格达奇林业局、呼中自然保护区、绰纳河自然保护区、双河自然保护区、技术推广站、农林科学院基地。

黄褐天幕毛虫　发生 3.58 万亩，同比下降，轻度发生 2.30 万亩，中度发生 1.28 万亩。发生地点在塔河林业局、韩家园林业局、加格达奇林业局。

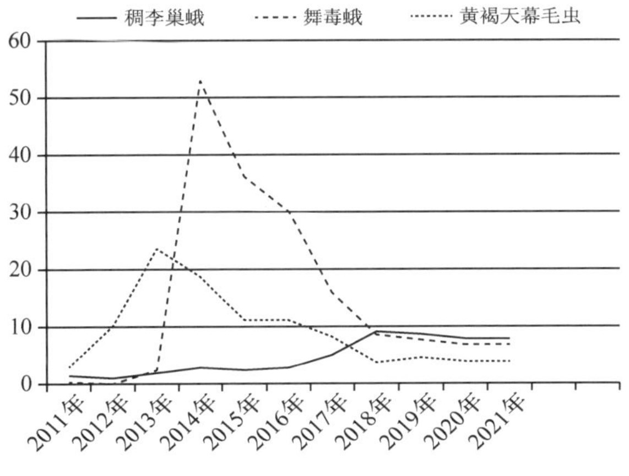

图 34-5　大兴安岭主要食叶害虫近 10 年发生情况(万亩)

舞毒蛾　发生 4.85 万亩，同比下降，轻度发生 3.55 万亩，中度发生 1.30 万亩。主要发生在塔河林业局、韩家园林业局、加格达奇林业局、技术推广站。

柳毒蛾(雪毒蛾)　发生 1.50 万亩，同比下降，轻度发生 0.50 万亩，中度发生 1.00 万亩，发生地点在松岭林业局。

落叶松球果花蝇　发生 0.82 万亩，同比下降，轻度发生 0.32 万亩，中度发生 0.50 万亩，发生地点在图强林业局和加格达奇林业局。

栎尖细蛾　发生 0.4 万亩，轻度发生 0.2 万亩，中度发生 0.2 万亩，发生地点在技术推广站。

红松球蚜　发生 0.25 万亩，中度发生，发生地点在新林林业局。

柞潜叶蛾　发生 0.1 万亩，轻度发生，发生地点在农林科学院。

分月扇舟蛾　发生 2.9 万亩，轻度发生，发生地点在十八站林业局、韩家园林业局。

3. 鼠害

以棕背䶄为主的森林鼠害：发生 146.57 万亩，同比上升，轻度发生 47.65 万亩，中度发生 98.92 万亩，全区均有发生。主要发生地点为中幼龄林造林地，东南部地区发生面积较大，危害较为严重，北部地区较轻。

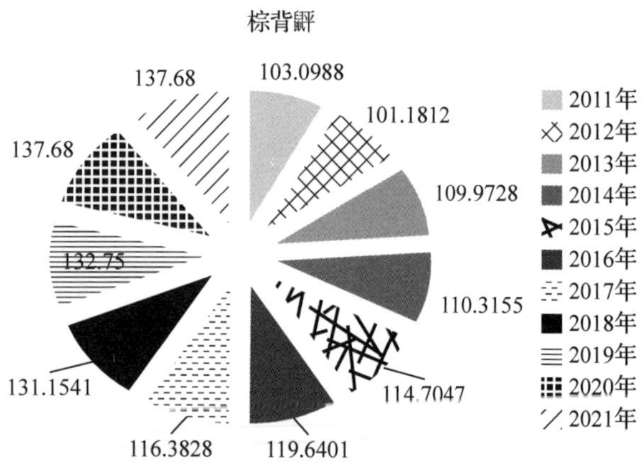

图 34-6　大兴安岭主要鼠害棕背䶄鼠近 10 年发生情况(万亩)

(三)原因分析

1. 病害发生情况原因分析

一是连年的气象过程异常是病害发生情况波动的主要原因。二是防治困难，防治技术手段落后，灾害得不到及时、有效控制。三是最佳防治作业时间与防火期冲突，防治作业时间受限，影响防治效果。

2. 虫害发生情况原因分析

以落叶松毛虫为主的虫害发生，主要是由于 2020 年冬季极端天气天数多于往年，越冬存活率底，2021 年发生面积大幅下降。

3. 鼠害发生情况原因分析

一是越冬鼠口基数偏高，种群密度较大。二是人工林面积逐年增加，主要造林树种为樟子松，害鼠喜食。三是资金投入不足，防治技术落后，使害鼠发生得不到有效控制。

二、2022 年林业有害生物发生趋势预测

(一)2022 年总体发生趋势预测

综合分析，预测 2022 年大兴安岭林业集团公司林业有害生物发生面积为 224.65 万亩，与上年基本持平。其中：病害预测发生 40.74 万亩，同比上升 30.37%；虫害预测发生 37.57 万亩，同比下降 19.22%；鼠害预测发生 146.34 万亩，同比下降 0.16 %。

(二)分种类发生趋势预测

1. 病害

松针红斑病　预测发生 25.58 万亩，同比略有下降，轻度发生 15.48 万亩，中度发生 10.10 万亩，全区均有发生。

落叶松落叶病　预测发生 6.15 万亩，同比上升，轻度发生，发生地点在新林林业局、呼中林业局、阿木尔林业局、十八站林业局、韩家园林业局、加格达奇林业局。

樟子松疱锈病　预测发生 0.46 万亩，同比略有下降，轻度发生 0.17 万亩，中度发生 0.29 万亩，发生地点在技术推广站。

松针锈病　预测发生 1.30 万亩，同比发生上升，轻度发生 0.30 万亩，中度发生 1.00 万亩，发生地点在加格达奇林业局、技术推广站。

云杉叶锈病　预测发生 0.9 万亩，同比略有下降，轻度发生，发生地点在呼中林业局、阿木尔林业局、韩家园林业局。

松瘤锈病　预测发生 0.20 万亩，同比略有上升，轻度发生。发生地点在呼中自然保护区。

松落针病(偃松、西伯利亚红松)　预测发生 6.15 万亩，偃松轻度发生 2.00 万亩，中度发生

4.00万亩；发生地点在呼中林业局；西伯利亚红松轻度发生0.09万亩，中度发生0.06万亩，发生地点在新林林业局。

2. 虫害

落叶松八齿小蠹　预测发生2.43万亩，同比略有上升，轻度发生2.00万亩，中度发生0.43万亩，发生地点在新林林业局、图强林业局、阿木尔林业局、十八站林业局、南翁河自然保护区、呼中自然保护区、绰纳河自然保护区、多布库尔自然保护区、岭峰自然保护区、盘中自然保护管理区、北极村自然保护区。

稠李巢蛾　预测发生5.55万亩，同比略有下降，轻度发生1.15万亩，中度发生4.40万亩，发生地点在松岭林业局、呼中林业局、塔河林业局、图强林业局、阿木尔林业局、漠河林业局、十八站林业局、加格达奇林业局、双河自然保护区、技术推广站。

落叶松鞘蛾　预测发生0.95万亩，同比略有下降，轻度发生，地点发生在呼中林业局、图强林业局、南瓮河自然保护区、呼中自然保护区、多布库尔自然保护区、岭峰自然保护区。

松瘿小卷蛾　预测发生0.52万亩，同比略有下降，轻度发生，主要发生在图强林业局和技术推广站。

梢斑螟　预测发生0.65万亩，同比略有上升，轻度发生0.46万亩，中度发生0.19万亩，发生地点在图强林业局和技术推广站。

落叶松毛虫　预测发生15.00万亩，同比大幅下降，轻度发生8.20万亩，中度发生6.80万亩，发生地点在松岭林业局、新林林业局、呼中林业局、图强林业局、阿木尔林业局、十八站林业局、韩家园林业局、加格达奇林业局和双河自然保护区。

黄褐天幕毛虫　预测发生3.85万亩，同比略有下降，轻度发生2.15万亩，中度发生1.70万亩，发生地点在塔河林业局、韩家园林业局、加格达奇林业局、技术推广站。

舞毒蛾　预测发生5.15万亩，同比略有上升，轻度发生3.75万亩，中度发生1.40万亩，发生地点在塔河林业局、韩家园林业局、加格达奇林业局、技术推广站。

雪毒蛾　预测发生1.00万亩，同比略有下降，轻度发生0.50万亩，中度发生0.5万亩，发生地点在松岭林业局。

分月扇舟蛾　预测发生1.00万亩，同比略有下降，轻度发生0.36万亩，中度发生0.64万亩。发生地点在韩家园林业局。

落叶松球果花蝇　预测发生1.22万亩，同比上升，轻度发生0.52万亩，中度发生0.7万亩，发生地点在图强林业局、加格达奇林业局。

柞褐叶螟　预测发生0.10万亩，同比下降，轻度发生，发生地点在加格达林业局。

红松球蚜　预测发生0.15万亩，轻度发生0.05万亩，中度发生0.10万亩。发生地点在新林林业局。

3. 鼠害

以棕背䶄为主的森林鼠害，预测发生146.34万亩，同比略有下降，轻度发生54.92万亩，中度发生91.42万亩，除8个自然保护区外，全区均有发生。主要发生地点为中幼龄林造林地，东南部地区发生面积较大，危害较为严重，北部地区较轻。

三、对策建议

（一）强化目标管理，落实防控主体责任

层层签订防控目标责任书，将重大林业有害生物防控任务、目标纳入绩效考核指标，提高各级领导对林业有害生物防控工作的重视程度，确保各项责任落实到位。

（二）加强监测预报，提升灾害预警能力

加大监测调查力度，提高监测覆盖率，确保灾害及时发现；严格执行疫情报告制度，避免疫情信息迟报、虚报、瞒报现象发生；积极研究探索，推广应用利用无人机等先进监测调查手段，提升监测预报技术水平。

（三）加大培训力度，提高从业人员业务水平

基层测报员更换频繁，文化水平低，应定期对测报员进行业务培训。采用课堂教学与现地培训相结合的方式，确保培训工作取得成效，从而提高基层测报员专业技术水平。

（四）拓宽疫情发现渠道，降低灾害损失

充分发挥护林员作用，逐步建立以护林员监测为基础的网格化监测平台；建立有奖举报制度，积极引导广大群众参与疫情监测，鼓励社会公众提报疫情信息，拓宽疫情发现渠道，确保疫情发现及时。

（五）注重联防联治，控制灾害扩散蔓延

加强与毗邻省、市间沟通协作，建立联防联控机制，疫情信息共享，防控措施联动，有效控制灾害扩散蔓延。

（主要起草人：高丽敏　许铁军；主审：于治军）

35 新疆生产建设兵团林业有害生物 2021 年发生情况和 2022 年趋势预测

新疆生产建设兵团林业和草原有害生物防治检疫中心

【摘要】2021 年新疆生产建设兵团(以下简称“兵团”)林业有害生物整体偏轻度发生，发生总面积 180.66 万亩。因气候变化，梨木虱、蚜虫等大面积发生，鼠害发生总面积较上一年度有所减少，但局部危害有所加重，其他常发性林业有害生物整体轻度发生。预测 2022 年兵团林业有害生物发生面积约 165 万亩，总体偏轻度发生。由于目前兵团林业有害生物监测预报体系不健全、队伍人员不稳定、基层技术力量薄弱、病虫害预测预报准确率不高，建议进一步加强病虫害监测和预报体系与能力提升建设，开展宣传培训指导，加快新技术、新装备应用，推动兵团林业有害生物预测预报高质量发展。

一、2021 年主要林业有害生物总体发生情况

2021 年兵团林业有害生物发生总面积 180.66 万亩，其中，轻度发生 137.63 万亩，中度以上发生 43.03 万亩，占总发生面积的 23.82%，整体偏轻度发生。林木病害发生 4.14 万亩，其中轻度发生 4.01 万亩，中度以上发生 0.14 万亩；虫害发生 142.85 万亩，轻度发生 102.08 万亩，中度发生 34.65 万亩，重度发生 6.12 万亩；鼠害发生 33.68 万亩，轻度发生 31.56 万亩，中度以上发生 2.11 万亩。兵团林业有害生物监测覆盖率 85.76%，无公害防治率达到 95%。

(一)发生特点

总体发生以轻度为主，没有重大林业生物灾害和突发事件发生。

(1)病害发生面积较去年减少 23.62%，总体以轻度发生为主。主要以葡萄霜霉病、葡萄白粉病、梨树腐烂病、苹果白粉病等经济林病害为主。

(2)虫害发生总面积较去年增加 27.56 万亩，年增幅 23.90%，总体以轻度发生为主。主要为春尺蠖、梨木虱、朱砂叶螨、光肩星天牛等。

(3)鼠害发生面积较去年减少 33.87%，局部发生较重，主要是根田鼠、大沙鼠、子午沙鼠。

(二)主要林业有害生物发生情况分述

1. 病害

发生 4.14 万亩，以轻度发生为主，其中，轻度发生 4.01 万亩，中度以上发生 0.14 万亩。其中葡萄霜霉病发生面积最大，为 1.36 万亩，较去年相比减少 54.52%，但仍占病害总面积的 32.85%。发生区域主要集中在第二、七、八师特色经济林区。

(1)经济林病害：发生 4.03 万亩，较去年减少 0.93 万亩，总体以轻度发生为主。主要种类有葡萄病害、苹果病害、梨树腐烂病、枣树黑斑病等。

葡萄病害　发生 2.32 万亩，较去年减少 0.76 万亩，轻度发生 2.22 万亩，整体呈轻度发生。主要种类是葡萄霜霉病、葡萄白粉病，主要集中在第二、四、七、八师。

苹果病害　整体以轻度发生为主，发生 1.01 万亩，较去年减少 0.28 万亩，主要种类有苹果黑星病、苹果白粉病、苹果腐烂病。苹果黑星病发生 0.30 万亩，苹果白粉病发生 0.50 万亩，苹果腐烂病发生 0.21 万亩。苹果病害主要分布在第三、四师苹果种植区。

梨树腐烂病　均为轻度发生，发生 0.64 万亩，较去年增加 0.19 万亩。主要发生在第一、三师香梨主产区。

枣树病害　整体以轻度发生为主，发生110亩，较去年减少1240亩。主要种类是枣褐斑病，发生区域主要集中在第三师。

（2）生态林病害：发生0.1万亩，总体以轻度发生为主。主要种类有：胡杨锈病、杨树烂皮病、榆树黑斑病等。

杨树病害　发生748亩，均为轻度发生。主要种类是胡杨锈病、杨树烂皮病，发生区域主要集中在第七、八师。

榆树黑斑病　发生357亩，均为轻度发生。发生区域主要集中在第七师130团。

2. 虫害

发生142.85万亩，较去年增加27.56万亩，轻度发生102.08万亩，中度发生34.65万亩，重度发生6.12万亩，较去年减少2.72万亩。轻度发生面积占总面积的71.46%。

（1）食叶害虫：发生119.48万亩，较去年增加23.28万亩，总体以轻度发生为主，其中春尺蠖、杨梦尼夜蛾、杨毒蛾、舞毒蛾、分月扇舟蛾、桑褶翅尺蛾、榆长斑蚜、五倍蚜有中度及以上发生。

春尺蠖　发生111.83万亩，较去年增加25.20万亩，轻度发生73.50万亩，中度发生32.62万亩，重度发生5.72万亩，新疆南北疆11个团场均有分布。主要发生在南疆第一、二、三师天然胡杨林、人工防护林。

杨梦尼夜蛾　发生2.73万亩，较去年大幅减少，减少4.61万亩，减少62.81%，主要集中北疆第四、七、八师防护林和天然荒漠林。

梭梭漠尺蛾　发生1.12万亩，均为轻度发生，主要集中在第八师148团，其余地区零星发生。

榆长斑蚜和五倍蚜　发生面积分别为0.97万亩和0.93万亩，轻度发生分别为0.66万亩和0.54万亩，五倍蚜主要集中在第二师，榆长斑蚜主要集中在第八师，其余地区零星发生。

（2）蛀干害虫：发生2.65万亩，较去年增加1.36万亩，总体以轻度发生为主。主要种类有光肩星天牛、杨十斑吉丁虫、白杨透翅蛾、黄斑星天牛、纳曼干脊虎天牛、突笠圆盾蚧、梨圆蚧等。

光肩星天牛　发生1.24万亩，较去年增加0.88万亩，中度以上发生0.3万亩，主要分布在第二焉耆垦区、四师伊犁和昭苏垦区。

白杨透翅蛾　发生0.83万亩，中度以上发生0.23万亩，主要分布在第五、八师人工防护林；

突笠圆盾蚧　发生0.25万亩，中度及以上发生0.07万亩，主要分布在第八、十师团场防护林。

杨十斑吉丁虫　发生0.19万亩，均为轻度发生，主要分布在第十师；

梨圆蚧　发生0.10万亩，少量中度发生，主要分布在第三师。

（3）经济林虫害：整体发生20.55万亩，较去年增加4.39万亩，均为轻度发生。主要种类有枣叶瘿蚊、苹小食心虫、梨小食心虫、木虱类（梨木虱、沙枣木虱、枸杞木虱）、螨类（李始叶螨、朱砂叶螨、枸杞瘿螨）等。

木虱（梨木虱、沙枣木虱、枸杞木虱）　发生6.11万亩，均为轻度发生，主要分布在第二、三、七师经济林区。

枣叶瘿蚊　发生3.60万亩，较去年大幅减少，以轻度发生为主，中度发生0.05万亩，主要分布在第三师红枣经济林。

螨类（朱砂叶螨、枸杞瘿螨、土耳其叶螨、李始叶螨）　发生7.81万亩，主要分布在第一、二、三、七师经济林。

食心虫（苹小食心虫、梨小食心虫）　发生2.47万亩，以轻度发生为主，少量中度发生，主要分布在第一、三师。

（4）其他害虫：总发生为0.17万亩，以轻度发生为主。其中枸杞负泥虫发生面积最大，为0.16万亩，主要集中在第七师130团。

3. 鼠（兔）害

全兵团鼠（兔）害发生33.68万亩，轻度发生31.56万亩，中度以上发生2.12万亩。主要集中在第六、七、八、九、十、十三师公益林地、退耕还林地、荒漠林地，人工林主要以幼龄林危害为主。主要种类有根田鼠、子午沙鼠、大沙鼠，未出现大面积成灾，局部发生较重。

（1）根田鼠发生20.13万亩，主要分布在第四、七、九、十师荒漠林、人工新植林。

（2）大沙鼠发生9.36万亩，总体以轻度发生为主，中度发生1.99万亩，主要分布在第六、七、八、十、十三师天然林。

(3)子午沙鼠发生3.95万亩，主要分布在第八师沙漠边缘天然林。

(三)成因分析

1. 自然因素的影响

2021年全疆大部地区年平均气温略偏高，年降水量偏少，灾害性天气对林业有害生物发生影响较轻。病虫害的发生很大程度上依赖于自然条件，气候变化影响了树木的生长发育，局部地区蚜虫种群数量有所增加，危害加重。另外，生态脆弱区因气候干燥，降雨稀少，对林木生长环境影响大，致使树木长势衰弱，易受到病虫危害。

2. 监测预报人员不稳定

从事兵团林业有害生物监测预报的人员变动频繁、流失严重，队伍不稳定，造成基层正常的监测预报难以开展，任务质量难以保证，数据准确度下降，信息上报的时效性不高。

3. 基层技术力量薄弱

目前由于兵团林业有害生物监测体系不完善、机构不健全，多数从事测报工作的在岗人员为兼职，且为非专业技术人员。另外缺乏专业系统的培训，能力水平不高，无法高质量完成林业有害生物预测预报各项任务。

二、2022年林业有害生物发生趋势预测

(一)2022年总体发生趋势预测

根据新疆生产建设兵团2021年区域气候情况、林木生长情况、林业有害生物调查情况，预测2022年林业有害生物预测发生约165万亩，整体以轻度发生为主。林木病害发生约8万亩，虫害发生约110万亩，鼠害发生约47万亩。

(二)分种类发生趋势预测

1. 病害

2022年病害预测发生8万亩，整体发生情况较去年有所增加，为轻度发生。

(1)杨树病害：预计2022年预测发生1.32万亩，主要有杨树烂皮病、杨树溃疡病、杨树锈病、胡杨锈病等，发生区域主要分布在南、北疆立地条件差、环境恶劣的人工林地、生态林及各团部分胡杨、杨树道路林及退耕还林，发生程度为轻度，随着林带更新，树种增加，病害会有所减轻。

(2)经济林病害：预测发生5.32万亩，危害程度为轻度，其中：葡萄霜霉病预测发生3.21万亩，整体为轻度发生，主要分布在主要发生在第五、七、八、十三师等葡萄产区。其他病害主要包括梨树腐烂病、苹果腐烂病、核桃腐烂病、苹果黑星病、苹果白粉病、苹果褐斑病等。结合2021年防治情况，预测发生面积2.11万余亩，危害程度呈轻度，各种植区域均有分布。

(3)其他病害：预测发生1.36万亩，发生程度为轻度，少量病害中度发生，主要分布在全师各个团场公益林、道路林、退耕还林、苗圃等区域。

2. 虫害

预测2022年发生110万亩，以轻度发生为主，在南北疆各垦区均有发生。

(1)食叶虫害：预测发生79.85万亩，总体为轻度发生，主要包括春尺蠖、杨梦尼夜蛾、梭梭漠尺蛾等。其中：春尺蠖预测发生64.85万亩，杨梦妮夜蛾预测发生4.22万亩，梭梭漠尺蛾预测发生2.23万亩，其他食叶害虫发生8.55万亩，发生情况总体为轻度发生，部分区域中度偏重度发生。

(2)蛀干害虫：预测发生6.34万亩，以轻度发生为主。主要种类有光肩星天牛、白蜡窄吉丁、白杨透翅蛾等。光肩星天牛已在许多师团发现，白蜡窄吉丁也已经大面积出现。

(3)经济林虫害：预测发生23.56万亩，发生情况总体为轻度发生，主要种类为螨类(朱砂叶螨、李始叶螨)、枸杞负泥虫、枸杞瘿螨、枸杞木虱，其中朱砂叶螨预测发生9.41万亩，李始叶螨预测发生1.54万亩，枸杞瘿螨预测发生2.75万亩，枸杞木虱预测发生1.68万亩，以上均为轻度发生。

(4)其他虫害：预测其他虫害发生0.25万亩，以轻度发生为主。发生种类主要为叶蝉、蝗虫等，主要分布区域为团场一些树林、防护林、退耕还林、枸杞园等地。

3. 森林鼠害

预测发生约47万亩，以轻度发生为主，局

部地区中度发生。发生种类以根田鼠、大沙鼠、子午沙鼠为主，草兔零星发生，主要分布区域为辖区公益林、退耕还林地等。

根田鼠发生面积最大，为31.52万亩，大沙鼠发生10.39万亩，子午沙鼠4.45万亩，发生程度均为轻度发生。

三、对策建议

林业有害生物监测预报是一项技术性强且复杂、长期坚持积累的基础性工作，在结合兵团林长制全面推行的同时，应乘势而上，把握林业改革大势，积极进取，改革创新，衔接配套，加强监测预报体系建设，强化人员队伍管理，不断提高基层监测预报人员技术水平和能力。结合兵团监测预报工作实际，现提出如下建议：

1. 强化落实主体责任

认真贯彻落实《国务院办公厅关于进一步加强林业有害生物防治工作的意见》精神，积极衔接对接兵团全面推行林长制的具体要求，配套完善林业有害生物监测预警各项制度，明确师、团林业行政主管部门有关林业有害生物监测的主体责任，争取纳入各级林长制目标考核内容，并建立长效机制。

2. 完善监测体系建设

加强监测预警体系和完善测报网络建设、提高监测预警能力已成为兵团林业有害生物防灾减灾的基础性、关键性环节。各师市要切实加强区域内林业有害生物测报站(点)建设，建立健全测报网络体系，强化落实中心测报点职能，加大基层测报队伍建设，选配专业技能强的测报人员，形成全覆盖的精干高效监测网络队伍。

3. 创新监测预警机制

积极探索运用现代新技术开展科学、方便、快捷、准确的监测预报新方法，推进兵团林业有害生物监测智能化、信息化的发展进程，不断提高基层测报站的测报水平和预警能力，为及时准确向社会发布林业生物灾害预警信息提供可靠的决策依据。同时，创新建立监测调查政府社会化购买服务性机制，为适应新常态转变发展方式，满足林业有害生物监测预警和重大疫情调查等各方面需要。

4. 加大技术培训力度

据不完全统计，目前一方面由于兵团基层林业专业技术人员缺乏，力量薄弱；另一方面随着管护工作量和任务的增加，责任艰巨而繁重，加之条件艰苦和福利待遇较低等原因，导致之前专业技术骨干调离或转岗频繁发生，出现测报人员减少、技能不强和经验不足的局面。因此加大技术培训力度，提高测报技术水平和能力成为当务之急。

5. 增加测报经费投入

各师市要将林业有害生物调查普查、监测预报运行管理和基础设施设备建设等需要的资金纳入财政预算，加大资金投入。同时，各师市辖区内的风景名胜区、公园和林果、林木等的经营者，要按照“谁经营、谁防治”的要求，自行投资投劳开展有害生物防治，逐步建立林业有害生物防治资金投入机制。另外兵团应参照国家标准对25个兵团级测报站(中心)建立年度测报补助经费制度。

6. 开展科研成果转化

整合优势资源，加大基础性科学技术研究力度，加强重大林业有害生物监测智能装备技术研究与示范应用、大数据人工智慧监测系统技术攻关，不断提升兵团林业有害生物灾情监测预警能力和科技成果转化水平，推动兵团林业有害生物监测工作实现高质量发展。

(主要起草人：刘长青　牛攀新　吴凤霞　轩娅萍　董宁；主审：于治军)